Management-Reihe Corporate Social Responsibility

Reihe herausgegeben von
René Schmidpeter, Internationale Wirtschaftsethik und CSR, Cologne Business School,
Köln, Deutschland

Das Thema der gesellschaftlichen Verantwortung gewinnt in der Wirtschaft und Wissenschaft gleichermaßen an Bedeutung. Die Management-Reihe Corporate Social Responsibility geht davon aus, dass die Wettbewerbsfähigkeit eines jeden Unternehmens davon abhängen wird, wie es den gegenwärtigen ökonomischen, sozialen und ökologischen Herausforderungen in allen Geschäftsfeldern begegnet. Unternehmer und Manager sind im eigenen Interesse dazu aufgerufen, ihre Produkte und Märkte weiter zu entwickeln, die Wertschöpfung ihres Unternehmens den neuen Herausforderungen anzupassen sowie ihr Unternehmen strategisch in den neuen Themenfeldern CSR und Nachhaltigkeit zu positionieren. Dazu ist es notwendig, generelles Managementwissen zum Thema CSR mit einzelnen betriebswirtschaftlichen Spezialdisziplinen (z. B. Finanzen, HR, PR, Marketing etc.) zu verknüpfen. Die CSR-Reihe möchte genau hier ansetzen und Unternehmenslenker, Manager der verschiedenen Bereiche sowie zukünftige Fach- und Führungskräfte dabei unterstützen, ihr Wissen und ihre Kompetenz im immer wichtiger werdenden Themenfeld CSR zu erweitern. Denn nur, wenn Unternehmen in ihrem gesamten Handeln und allen Bereichen gesellschaftlichen Mehrwert generieren, können sie auch in Zukunft erfolgreich Geschäfte machen. Die Verknüpfung dieser aktuellen Managementdiskussion mit dem breiten Managementwissen der Betriebswirtschaftslehre ist Ziel dieser Reihe. Die Reihe hat somit den Anspruch, die bestehenden Managementansätze durch neue Ideen und Konzepte zu ergänzen, um so durch das Paradigma eines nachhaltigen Managements einen neuen Standard in der Managementliteratur zu setzen.

Weitere Bände in der Reihe http://www.springer.com/series/11764

Alexandra Hildebrandt · Werner Landhäußer
(Hrsg.)

CSR und Energiewirtschaft

2., aktualisierte und überarbeitete Auflage

Springer Gabler

Hrsg.
Alexandra Hildebrandt
Burgthann, Bayern, Deutschland

Werner Landhäußer
Geschäftsführer, LOOXR GmbH
Leinfelden-Echterdingen
Baden-Württemberg, Deutschland

ISSN 2197-4322   ISSN 2197-4330   (electronic)
Management-Reihe Corporate Social Responsibility
ISBN 978-3-662-59652-4   ISBN 978-3-662-59653-1   (eBook)
https://doi.org/10.1007/978-3-662-59653-1

Die Deutsche Nationalbibliothek verzeichnet diese Publikation in der Deutschen Nationalbibliografie; detaillierte bibliografische Daten sind im Internet über http://dnb.d-nb.de abrufbar.

Einbandabbildung: Michael Bursik
Herausgegeben von René Schmidpeter Dr. Jürgen Meyer Stiftungsprofessur für Internationale Wirtschaftsethik und CSR Cologne Business School (CBS) Köln, Deutschland

Springer Gabler ist ein Imprint der eingetragenen Gesellschaft Springer-Verlag GmbH, DE und ist ein Teil von Springer Nature.
Die Anschrift der Gesellschaft ist: Heidelberger Platz 3, 14197 Berlin, Germany

Vorwort Prof. Dr. René Schmidpeter

Die Internalisierung der externen Kosten hat begonnen – die Energiewirtschaft braucht neue Geschäftsmodelle

© Andrea Bowinkelmann/LSB NRW

Erfolgreiche Wirtschaftsräume benötigen gut ausgebildete Menschen, moderne Infrastruktur sowie eine effiziente Energie- und Informationsversorgung. Aufgrund von steigender Weltbevölkerung, zunehmender Ressourcenknappheit und hoher Marktvolatilitäten steht derzeit insbesondere die Energiewirtschaft vor großen Herausforderungen. Denn die gegenwärtigen Geschäftsmodelle der Energiewirtschaft sind zwar rentabel, aber verursachen oft hohe externe Kosten für die Umwelt bzw. die Gesellschaft. Risiken der Kernkraft, des Fracking und hohe CO_2-Emissionen bei der Energiegewinnung sind gesellschaftlich nur mehr schwer bzw. gar nicht mehr zu vermitteln. Unglücke wie zum Beispiel der Nuklearunfall bei TEPCO in Japan oder DEEPWATER HORIZON im Golf von Mexiko haben das Bewusstsein für negative Aspekte der Energiegewinnung im öffentlichen Bewusstsein weiter verstärkt. Die drei Treiber (Politik, Stakeholder, Märkte) der Internalisierung von externen Kosten der Energiegewinnung beginnen zu wirken: 1) Zum einen hat die Politik mit der „Energiewende" in Deutschland reagiert und klare Grenzen gezogen. 2) Zum anderen sind die Stakeholder der Energiekonzerne– allen voran die Kunden immer bewusster in der Wahl ihrer Energielieferanten. 3) Zudem zeigen die aktuellen Marktentwicklungen, wie wichtig eine nachhaltige Energiesicherung für unseren Wirtschaftsraum ist. Die Energiemärkte werden in Zukunft immer mehr die wahren Kosten der Energiegewinnung (einschließlich der negativen Auswirkungen) im Energiepreis widerspiegeln und so die Knappheit der Energieversorgung immer deutlicher anzeigen. Und die Erschütterung internationaler Energietransportrouten durch politische Konflikte wird weitere Diskussionen über eine gesicherte und nachhaltige Energiegewinnung und -versorgung für Europa nach sich ziehen.

Die geschilderten Entwicklungen sowie die steigende Transparenz im Energiesektor führen schon heute dazu, dass einseitig an bloßer Shareholder Value Maximierung ausgerichtete Managementmodelle in der Energiewirtschaft sowohl zu suboptimalen gesellschaftlichen, als auch betriebswirtschaftlichen Ergebnissen führen bzw. die bestehenden Unternehmen der Energiewirtschaft über kurz oder lang ruinieren. Erfolgreiche Unternehmen hingegen fokussieren nicht mehr auf die Frage, wie können wir kurzfristig den Gewinn maximieren, sondern, wie können wir überhaupt profitable und nachhaltige Geschäftsmodelle für den Energiesektor der Zukunft entwickeln. Unternehmen richten dabei ihre Geschäftsmodelle immer stärker am Prinzip der gemeinsamen Wertschöpfung für Unternehmen und Gesellschaft – dem Shared Value – aus. Ziel ist es die externen Kosten der Energiegewinnung und -verteilung immer weiter zu reduzieren und gleichzeitig den eigenen positiven Impact auf die Gesellschaft zu erhöhen. Erfolgreiche Manager erkennen, dass nur auf diese Weise langfristig die Wettbewerbsfähigkeit gesichert sowie ausreichend Gewinne für das Unternehmen erzielt werden können. Der vermeintliche Gegensatz zwischen Stakeholdern und Shareholdern löst sich in dieser neuen proaktiven CSR-Perspektive auf und führt zu ganz neuen Produkt-, Service-, Prozess- und Managementinnovationen.

Es ist daher nicht verwunderlich, dass das Interesse an nachhaltigkeitsorientierten Energieunternehmen sowohl bei den Kunden, den MitarbeiterInnen und insbesondere den Investoren zunimmt. Denn strategische CSR-Ansätze fördern die Innovationskraft, die Mitarbeiteridentifikation, die Unternehmensreputation und somit den nachhaltigen Geschäftserfolg. Corporate Social Responsibility als betriebswirtschaftlicher und strategischer Ansatz wird so zum Treiber der unternehmerischen Wertschöpfung! In der Management Reihe Corporate Social Responsibility schafft die vorliegende Publikation mit dem Titel „CSR und Energiewirtschaft" das notwendige Grundwissen für die Integration des CSR-Ansatzes in die Strategien der Energieunternehmen. Darauf aufbauend stellt das Buch konkrete Instrumente für ein modernes, nachhaltigkeitsorientiertes CSR- und Nachhaltigkeitsmanagement im Energiesektor dar und unterlegt diese mit erfolgreichen Beispielen aus der Praxis. Alle LeserInnen sind herzlich eingeladen, die in der Reihe dargelegten Gedanken aufzugreifen und für die eigenen beruflichen Herausforderungen zu nutzen sowie mit den Herausgebern, Autoren und Unterstützern dieser Reihe intensiv zu diskutieren. Ich möchte mich last but not least sehr herzlich bei den Herausgebern Alexandra Hildebrandt und Werner Landhäußer für ihr großes

Engagement, bei Michael Bursik und Janina Tschech vom Springer Gabler Verlag für die gute Zusammenarbeit sowie bei allen Unterstützern der Reihe aufrichtig bedanken und wünsche Ihnen, werte Leserinnen und werter Leser, nun eine interessante Lektüre.

Prof. Dr. René Schmidpeter
CBS, Köln

Vorwort der Herausgeber Dr. Alexandra Hildebrandt und Werner Landhäußer zur 2. Auflage

„Es braucht eine Organisation und eine adäquate Struktur, damit die kollektive Energie auch zu kreativen und praktikablen Lösungen führt."[1]

© Peter Stumpf, Düsseldorf

---

[1]Hopkins (2014, S. 83).

© Hagen Schmitt Photography/Mader GmbH & Co. KG

Der wachsende Energiebedarf bei begrenzten natürlichen Ressourcen stellt Energieversorger, Industrie und Verbraucher gleichermaßen vor immer neue Herausforderungen.
Die Energiekosten belasten Unternehmen immer mehr. Ihnen stehen zwar leistungs-
fähige Technologien für die regenerative Energiegewinnung zur Verfügung, doch stoßen
Großkraftwerke zunehmend auf Ablehnung. Nach dem Atomunfall von Fukushima 2011
erklärte die Bundesregierung den Ausstieg aus der Atomenergie. Es war weltweit eine
einzigartige Reaktion auf die japanische Katastrophe. Das 13. Gesetz zur Änderung
des Atomgesetzes, das der Deutsche Bundestag am 31. Juli 2011 beschloss, kehrte zum
rot-grünen Gesetz von 2002 zurück bzw. verschärfte es sogar noch, indem es den Ausstieg beschleunigte.

Die Energiewende – der Ausstieg aus der atomaren und fossilen Energiewirtschaft
und eine 100 Prozent-Energieversorgung durch erneuerbare Energien – ist eines der
wichtigsten Vorreiterprojekte des gesellschaftlichen Transformationsprozesses zu einem
nachhaltigen Wirtschaften. Bis 2050 sollte nach Vorgabe der EU die Energieproduktion
weitgehend auf regenerative Erzeugung umgestellt sein. Eine der großen Herausforderungen bei der Etablierung einer zukünftig nachhaltigen Energieversorgung ist die
Volatilität seitens vieler erneuerbarer Energiequellen.

Viele Menschen haben allerdings den Eindruck, dass die Energiewende beschlossen
und geschafft sei. Doch das ist ein Trugschluss. Es besteht noch immer akuter Handlungsbedarf. Die Energiewende steht für Neuanfang, für Pionierarbeit, aber auch für
Unsicherheit, die vor allem die konkrete Umsetzung betrifft. Sie ist die größte Infra-
strukturtransformation, die unsere Volkswirtschaft je gesehen hat. Neben dem fort-
gesetzten Aufbau erneuerbarer Energiequellen kommt es im nächsten Schritt vor allem
darauf an, die Infrastruktur für die Vernetzung und Harmonisierung der dezentralen
Erzeugungslandschaft sicherzustellen. Alle Interessensgruppen sind aufgerufen, die
Energiewende als dynamisches Projekt verstehen. Mit der Energiewende steigen die
Flexibilisierungs-Anforderungen an das Stromsystem der Zukunft. Es muss sich weg
von einer Struktur verändern, bei der Großkraftwerke Elektrizität an die Kunden liefern,
hin zu einem dezentralen Netz, in dem viele Lieferanten und ein andermal Abnehmer

sind. Das ist zwar kein Problem, weil Strom in beide Richtungen fließt, doch es müssen Speichermöglichkeiten eingeplant werden, der Stromverbrauch muss intelligent reduziert und so organisiert werden, dass bisherige Spitzenlasten abflachen. Je dezentraler das Energienetz gegenseitiger Abhängigkeit gewoben wird, desto stärker wächst der nachhaltige Umfang mit Energie. Das ist wichtig, denn Energieeffizienz muss die Erneuerbaren begleiten.

Das zeigt: Der Ausbau der erneuerbaren Energien (EE) ist zum Erreichen der Klimaschutzziele notwendig und muss im Einklang mit den Zielen des Natur- und Umweltschutzes erfolgen. Er ist daher bewusst so zu steuern, dass er im Einklang mit Natur und Landschaft verwirklicht wird. Ziel muss ein landschafts- und standortbezogener Mix aus (flächen)effizienten EE-Anlagen mit möglichst niedrigen Auswirkungen auf Mensch, Natur und Landschaft sein. Dafür sind auch neue Wege nötig. Unerlässlich ist beispielsweise das stärkere Einbeziehen der städtischen Räume, insbesondere durch den dezentralen Ausbau von Photovoltaik auf Dächern.

Landschaftsbild und Landschaftserleben sollten bei der Planung und Zulassung von EE-Anlagen künftig besser berücksichtigt werden, auch sollten die Bürgerinnen und Bürger verstärkt in diese Prozesse eingebunden werden. https://www.umweltdialog.de/de/umwelt/energiewende/2019/Naturschutz-und-Energiewende-Einklang-ist-moeglich.php (Abruf: 22.04.2019).

Das Soziale Nachhaltigkeitsbarometer zur Energiewende 2018 https://www.iass-potsdam.de/sites/default/files/2019-02/IASS_Nachhaltigkeitsbarometer.pdf (Abruf: 22.04.2019) ergab: Eine große Mehrheit der Bevölkerung steht weiterhin hinter der Energiewende, quer durch alle Bildungs-, Einkommens- und Altersgruppen. Die Bevölkerung wünscht sich, dass es beim Klimaschutz schneller vorangeht aber auch, dass soziale Gerechtigkeit stärker als bisher berücksichtigt wird. Zurückhaltung gibt es bei der Bereitschaft, mehr für den Klimaschutz zu zahlen, bei der Elektromobilität und bei Investitionen in eigene Wind- oder Solaranlagen. https://www.baumev.de/News/9319/VergesseneEnergiewendeimWrmemarkt.html.

Scheitert der Umbau hierzulande, werden die Folgen wohl auf dem gesamten Planeten zu spüren sein. Die Energiewende kann nur gelingen, wenn sie für den Einzelnen fassbar wird und fragmentierte Debatten, Sichtweisen und Interessenlagen zusammengeführt werden. Das ist auch ein Anspruch dieses Buches.

Der Markt der Energiewirtschaft wird sich auch in der Zukunft weiter drastisch verändern. Erneuerbare Energien stehen uns dabei in unendlicher Menge zur Verfügung.

2019 betrug der Anteil erneuerbarer Energien an der Stromerzeugung in Deutschland rund 50,3 %. Der Durchschnittswert für das Jahr 2019 lag bei insgesamt 45,4 % April 2018 bis April 2019. Im (Stand: April 2019). https://mail.google.com/mail/#inbox/FMfcgxwCgCVwhbFHrVgmtHzBjVqMGmhM.

Um das Klimaschutzziel 2030 sozial ausgewogen zu erreichen und Strafzahlungen von bis zu 60 Mrd. EUR zu vermeiden, muss die Bundesregierung jetzt entsprechend reagieren: Das zeigen Agora Energiewende und Agora Verkehrswende in ihrem Mitte Mai 2019 vorgelegten Papier 15 Eckpunkte für das Klimaschutzgesetz https://www.

agora-energiewende.de/fileadmin2/Projekte/2019/15_Eckpunkte_fuer_das_Klimaschutz-gesetz/Agora_15_Eckpunkte_Klimaschutzgesetz_WEB.pdf (Abruf: 27.05.2019).

Beide Einrichtungen wurden unabhängig voneinander von der Stiftung Mercator und der European Climate Foundation initiiert. Zu den empfohlenen Maßnahmen gehören eine CO_2-Bepreisung von 50 € pro Tonne verbunden mit einer Klimabonus-Rück-erstattung von jährlich 100 € pro Kopf, zudem die steuerliche Förderung von Klima-schutz bei der Gebäudesanierung und in der Industrie sowie Anreize für den Kauf klimafreundlicher Autos. Die Maßnahmenvorschläge sind als Eckpunkte für das Klima-schutzgesetzt gedacht, das die Bundesregierung 2019 verabschieden will. Alle Vor-schläge sehen konkrete Gesetzesänderungen vor und sind so konzipiert, dass sie noch 2019 vom Bundeskabinett beschlossen werden können (Stand: Mai 2019).

Um im Wettbewerb weiterhin nachhaltig mithalten zu können, müssen Unternehmen rechtzeitig auf wichtige Entwicklungen am Markt reagieren. Die Verbesserung der Energieeffizienz wird deshalb zum zentralen Innovationsfeld. Damit verbunden sind u. a. folgende Fragen, die in diesem Buch aus verschiedenen Perspektiven beantwortet werden:

Was bedeutet CSR in der Energiewirtschaft? Was sind die größten Heraus-forderungen? Wie ist die Energiewende finanzierbar? Was muss vordringlich geschehen? Mit welchen Technologien ist der Umstieg zu schaffen? Wie umweltfreundlich sind erneuerbare Energien? Wie können Fehlentwicklungen verhindert werden? Was muss die Politik leisten? Liegen in Zukunft Energie- und Steuersparen eng beieinander? Wie kann die Energiewende vor Ort beschleunigt werden? Wo steht der Mittelstand? Weshalb ent-scheidet das Engagement der Bundesländer über das Gelingen des grünen Umbaus?

Energie ist kein isoliertes Phänomen, das ohne Zusammenhang mit anderen gesellschaftlichen Bereichen und Entwicklungen zu sehen ist. Auch die 2. Auflage des Buches folgt deshalb einem interdisziplinären Ansatz und führt Erkenntnisse aus Wirt-schaft, Wissenschaft, Politik und Medien zusammen, die zeigen, dass es keine Trennung von innen und außen gibt. So haben „die Möglichkeiten erneuerbarer Energien auch mit unseren inneren Ressourcen zu tun". Die Energiewende kann nur gelingen, wenn sie mit einer Änderung unseres eigenen Verhaltens einhergeht, die Eigenverantwortung gestärkt wird und das Bewusstsein dafür, dass unbefriedigende Situationen durch gezielte Maß-nahmen vor Ort und geeignete politische Rahmenbedingungen geändert werden können.

Es ist zugleich ein Buch der Vielfalt – das betrifft nicht nur die darin enthaltenen The-men, sondern auch die hier vertretenen Autorinnen und Autoren, die aus den unterschied-lichsten Lebens- und Arbeitsbereichen kommen und alle Generationen abdecken. So finden sich hier Beiträge ausgewiesener Experten neben Denkbruchstücken von Menschen, die gerade erst beginnen, sich mit dem Thema zu beschäftigen. Denn die Energie dieses Buches braucht auch Anfängergeist, der mit einem besonderen Chancenblick verbunden ist.

So finden sich im Buch auch zahlreiche Beispiele für regionale Energiemanagement-konzepte, die die „Energiewende von unten" besser koordinieren und zeigen, wie sich die Energiewende fair gestalten lässt. Ein nachhaltiger Umgang mit den natürlichen Lebensgrundlagen erfordert, weit in die Zukunft vorauszuschauen, schreibt Fritz Reheis, der als einer der geistigen Väter von Begriff und Konzept der Entschleunigung gilt: „Der

Mensch muss Vorsorge betreiben und dafür entsprechende Techniken entwickeln. Eine Aufgabe, die die Gesellschaft als Ganze zu bewältigen hat. Es geht um die Kultur, die in die Natur eingelassen ist und sie klug überformen sollte." (Fritz Reheis: Die Resonanz-Strategie. Warum wir Nachhaltigkeit neu denken müssen. Oekom Verlag, München 2019, S. 97) In bezug auf die Energieversorgung sollte die Sonne als Energiequelle ernst genommen werden: „Eine nachhaltige Energieversorgung muss sich deshalb so weit wie möglich an den Phasen der Sonne orientieren." (Ebd., S. 105)

Wir geben dieses Buch gemeinsam heraus, weil es zugleich die Folge eines nachhaltigen Weges ist, auf dem wir uns immer wieder begegneten, inspiriert und ausgetauscht haben. Es macht Freude zu sehen, wenn sich Gedanken, Gespräche und Projekte zu einem nachhaltigen Produkt fügen, das die Auseinandersetzung mit einem der wichtigsten Themen unserer Zeit befördert. Von besonderer Bedeutung ist, dass ein Unternehmer Mitherausgeber ist, denn er kennt die Bedürfnisse und Herausforderungen des Mittelstands aus eigener Erfahrung.

Zu den Herausforderungen, die Unternehmen heute bewältigen müssen, gehören steigende Kosten für Energie und Ressourcen, ein international uneinheitliches regulatorisches Umfeld, die Gefahr der Abwanderung von ressourcenintensiven Industrien in Volkswirtschaften mit niedrigeren Energie- und Ressourcenkosten, aber auch Engpässe bei strategisch wichtigen Rohstoffen.[2]

Es ist uns ein wichtiges Anliegen, ein komplexes Thema wie CSR und Energie zu vereinfachen und praxisnah einer möglichst breiten Leserschaft zugänglich und im besten Wortsinn „bewusst" zu machen. Es geht um das Große im Kleinen und das Kleine im Großen, um gesamtheitliche Zusammenhänge und eine nachhaltige Steuerung der gesamten Wertschöpfungskette.

Ein besonderer Schwerpunkt liegt auf dem Endverbraucher, dem die Energiewende in kleinen Schritten nähergebracht werden soll. Dass Unternehmen vor allem von den strategischen Ansätzen profitieren können und das entsprechende Werkzeug für die Umsetzung benötigen, zeigt der aktuelle Energieeffizienz-Index für die deutsche Industrie, aus dem hervorgeht, dass Energieeffizienzmaßnahmen in den Unternehmen nur schleppend umgesetzt werden. Sie haben bislang vor allem kleine Energieeffizienz-Projekte umgesetzt oder geplant, aber bei den großen Maßnahmen sind sie nach wie vor zurückhaltend.[3] Vor diesem Hintergrund ist es umso wichtiger, auf positive Praxisbeispiele zu verweisen, die zeigen, wie CSR-, Energie- und Ressourcenstrategien als Wettbewerbsvorteil genutzt werden können, aber auch, wie die zu erwartende Rohstoffsituation in der langfristige Wettbewerbsanalyse berücksichtigt werden kann sowie der Energie- und Ressourcenthematik bei Standortentscheidungen.

Es ist aber auch ein Buch von Unternehmern für Unternehmen, denn eine Mehrheit der Deutschen achtet nach eigenen Angaben beim Kauf von Produkten darauf,

---

[2]http://www.eia.gov/ieo

[3]www.eep.uni-stuttgart.de

wie sie sich auf das Klima auswirken. Dabei fühlen sie sich allerdings nicht von den Herstellern unterstützt, wie eine Umfrage der Europäischen Investitionsbank (EIB) ergab. Deshalb fordern viele Verbraucher, dass der Staat die Unternehmen zu mehr Klimaschutz bewegen soll (wie dies möglich ist, zeigt dieser Band). Für die laut eigenen Angaben repräsentative Studie wurden Ende 2018 europaweit 25.000 Menschen befragt, etwa 1000 davon in Deutschland. 61 % der Deutschen berücksichtigen beim Einkauf von Lebensmitteln, Handys oder Autos sowie beim Buchen von Reisen ihren Angaben zufolge den Klimaschutz. Frauen ist dies wichtiger als Männern: So gaben 65 % der Frauen an, dass ihnen dies „sehr" oder „ziemlich wichtig" sei, aber nur 58 % der Männer. Die Umfrage legt nahe, dass das Angebot der Unternehmen nicht zu den Konsumwünschen der umweltbewussten Verbraucher passt, wie die EIB erklärte. Demnach fühlen sich 53 % der Deutschen von den Unternehmen bei ihren Klimaschutzbemühungen allein gelassen.

Der Strommarkt ist dafür laut EIB ein gutes Beispiel. Die Befragten nannten die folgenden Gründe, warum sie keinen grünen Strom nutzen: 28 % finden ihn „zu teuer", 19 % sagen, es sei „nicht immer möglich" und 24 % antworteten mit „weiß nicht". Die Antwort „weiß nicht" könnte laut EIB auf einen Informationsmangel und eine zu geringe Sensibilisierung für nachhaltige Energiequellen hindeuten. 56 % der Deutschen sprachen sich in der Umfrage für staatliche Regulierungsmaßnahmen aus, um die Firmen zu mehr Klimaschutz zu bewegen. Dabei halten 36 % Vorschriften und Sanktionen und 20 % finanzielle Anreizen in Form von Subventionen und Steuererleichterungen für die wirkungsvollsten Maßnahmen.

Die Umfrage zeigt, dass die Bürgerinnen und Bürger von den Unternehmen mehr Engagement erwarten. https://www.csr-news.net/news/2019/04/10/beim-einkauf-aufs-klima-achten/ (14.04.2019).

Ohne das Engagement und die leidenschaftliche Energie der Autorinnen und Autoren und ihrer Teams würde es dieses Buch nicht geben. Wir bedanken uns bei allen, die zum Gelingen dieses Bandes beigetragen und sich immer am Machbaren orientiert haben. Prof. Dr. René Schmidpeter sei herzlich für sein Vertrauen gedankt, dieses Thema in die CSR-Buchreihe aufzunehmen – aber auch für die jahrelange stets angenehme und inspirierende Zusammenarbeit. Janina Tschech vom Verlag Springer danken wir für die perfekte Begleitung, aber auch für alles, was seit Jahren darüber hinaus reicht und „Energie bindet".

Wir wünschen Ihnen eine inspirierende und bereichernde Lektüre und hoffen, dass dieses Buch auch eine nie versiegende Energiequelle ist für das, was wir schon heute brauchen: Zukunftskompetenz.

Burgthann   Dr. Alexandra Hildebrandt
Leinfelden-Echterdingen   Werner Landhäußer
Mai 2019

Literatur

Hopkins R (2014) Einfach. Jetzt. Machen! Wie wir unsere Zukunft selbst in die Hand nehmen. Oekom Verlag, München

Vorwort Dr. Barbara Hendricks

© Deutscher Bundestag/ Inga Haar

Wir befinden uns am Scheideweg. Wir müssen jetzt unsere Wirtschafts- und unsere Lebensweise so verändern, dass wir unseren eigenen Planeten nicht weiter zerstören, um ihn lebenswert an die kommenden Generationen übergeben zu können. Wir müssen außerdem dafür sorgen, dass der Wandel zur Treibhausgasneutralität von der gesamten Gesellschaft getragen wird, was bedeutet, dass wir einen sozial gerechten Wandel benötigen, eine „Just Transition". Klimaschutz darf kein Elitenprojekt sein. Die Rendite des Wandels muss bei möglichst allen Menschen ankommen. Das bedeutet auch, dass wir diejenigen mit einbeziehen, die aufgrund des Wandels um ihre Arbeit fürchten. Genauso wie es unsere Aufgabe ist, den Ausstieg aus den fossilen Kraftstoffen voranzubringen, ist es unsere Pflicht, ein neues Wohlstandsversprechen für diejenigen zu schaffen, die ihren Wohlstand bedroht sehen. Der Klimaschutz muss unsere Gesellschaften grüner, aber auch gerechter machen.

Gerade in Zeiten, in denen sogenannte alternative Fakten wissenschaftliche Erkenntnisse herausfordern, sollten wir nicht müde werden, die Errungenschaften der Aufklärung zu verteidigen und wissenschaftliche Gewissheiten nicht verleugnen. Der IPCC, ein Zusammenschluss der renommiertesten Forscherinnen und Forscher der ganzen Welt, der für die Vereinten Nationen den aktuellen Stand der Klimaforschung

zusammenträgt und bewertet, sagt uns unmissverständlich: Die Erwärmung des Klima-
systems ist Realität. Und es ist extrem wahrscheinlich, dass menschliches Handeln dafür
die Hauptursache ist. Es wäre mehr als fahrlässig, diese Erkenntnis zu missachten. Der
Klimawandel ist kein fernes Zukunftsszenario; er ist schon heute Realität. Der weltweite Trend zu immer schneller steigenden Durchschnittstemperaturen hält an: 2017
war global das drittwärmste Jahr seit Beginn der regelmäßigen Wetteraufzeichnungen im
19. Jahrhundert. Damit wurden 9 der 10 wärmsten Jahre ab dem Jahr 2000 verzeichnet.

Die Geschichte der Menschheit und die Entwicklung unserer Volkswirtschaften waren
immer geprägt von Knappheit und Anpassung. Entgegen den Annahmen des Club of
Rome im Jahr 1972 wird dieses Jahrhundert jedoch nicht durch einen Mangel an fossilen
Ressourcen geprägt sein, sondern durch die begrenzte Aufnahmefähigkeit von Klimagasen durch die Atmosphäre. Die in Paris beschlossene Begrenzung des Anstiegs der
globalen Mitteltemperatur auf deutlich unter zwei Grad Celsius entspricht einem Budget
von etwa 700 bis 800 Gt CO_2. Das ist die maximale Menge, die die Menschheit noch in
der Atmosphäre ablagern darf, bevor das Zwei-Grad-Ziel mit großer Wahrscheinlichkeit
verfehlt wird. Demgegenüber stehen geschätzte 15.000 Gt CO_2, die als Kohle, Öl und
Gas im Boden lagern.

Für die internationale Klimapolitik hat dies gravierende Konsequenzen: Die ent-
scheidungstragenden politischen Akteure müssen durch strenge Regeln und Verträge
dafür sorgen, dass die fossilen Ressourcen im Boden bleiben und die Atmosphäre als das
Allmendegut der gesamten Menschheit geschützt wird.

Im Jahre 2015 haben sich in Paris nach langen Jahren der mühsamen Verhandlungen
alle Staaten dieser Erde auf dieses Ziel geeinigt. Für all die Länder, in denen der Klimawandel schon heute eine reale Bedrohung ist, für alle Menschen, die befürchten, dass der
Klimawandel ihren bescheidenen Wohlstand vernichtet, ist dieses Abkommen ein großes
Geschenk, ein Hoffnungszeichen. Ich bin froh und sehr dankbar, für die deutsche Regierung und gemeinsam mit den Staaten der EU zu diesem historischen Abkommen in Paris
beigetragen zu haben.

Klimaschutz muss auch als große Chance zur Modernisierung unserer Wirtschaft verstanden werden. Es besteht die begründete Hoffnung, dass der technische Fortschritt
der erneuerbaren Energien deren Stromgestehungskosten so weit senken kann, dass für
die Gewinnung und Nutzung fossiler Energieträger keine ökonomischen Anreize mehr
bestehen. Die Behauptung, man fördere wirtschaftliche Entwicklung am besten, indem
Umweltauflagen weitgehend gestrichen würden, ist antiquiert. Diejenigen, die auf den
Strukturen der Vergangenheit beharren, verpassen die Zukunft. Das gilt für Staaten. Das
gilt aber auch für jedes einzelne Unternehmen. Deutschland sollte Vorreiter und Ideen-
geber für den Wandel in Richtung Treibhausgasneutralität sein – und zwar im ureigenen Interesse! Denn wenn wir nicht Vorreiter sind, werden andere die Märkte der
Zukunft gestalten. Dann blieben wir zurück. Wir haben findige Ingenieurinnen und
Ingenieure, die die Technologien von morgen entwickeln können. Wir haben mutige
Unternehmerinnen und Unternehmer und bestens ausgebildete Arbeitnehmerinnen
und Arbeitnehmer. Wer, wenn nicht wir, kann die Technologien bereitstellen, die

nachhaltigen Wohlstand für die Zukunft schaffen, ohne dabei unseren Planeten zu zerstören?

In Deutschland sind die Erneuerbaren Energien zu einer unserer wichtigsten Energiequellen geworden. Wir decken heute bereits über ein Drittel unseres Stromverbrauchs aus Erneuerbaren Energien (40 % im Jahr 2018). Und ich bin sicher: Wir werden eine vollständige Versorgung aus Erneuerbaren Energien erreichen. Technologien wie die Photovoltaik, deren wirtschaftlicher Nutzen noch vor zehn Jahren in Zweifel gezogen wurde, sind marktfähig. Moderne Windkraftanlagen stehen zwischen den Schornsteinen alter Fabriken. Sie sind das Symbol eines neuen Zeitalters. Technologien für intelligente Stromnetze werden entwickelt und finden weltweit Interesse. Die Behauptung, Klimaschutz schade der Wirtschaft, ist längst widerlegt.

Ich bin der festen Überzeugung, dass die Technologien der Zukunft ökologisch sein werden. Auf der anderen Seite werden Produkte, die die Umweltkomponente ignorieren, am Markt immer weniger erfolgreich sein. Das gilt für die großen Spritschlucker auf der Straße, für die stromfressende Waschmaschine genauso wie für fossile Energie. Die Frage ist heute nicht mehr, ob wir in Richtung einer CO_2-neutralen Wirtschaft gehen. Die Frage ist: Wie gehen wir es an und wann erreichen wir es?

Dr. Barbara Hendricks MdB
Bundesministerin a.D.
Deutscher Bundestag

Vorwort Prof. Dr. Maximilian Gege

CSR – Corporate Social Responsibility bzw. unternehmerische Gesellschaftsverantwortung im Jahr 2015 bedeutet nicht zuletzt einen freiwilligen, über die gesetzlichen Forderungen hinausgehenden Beitrag der Wirtschaft zur Energiewende, einem der großen Gesellschaftspro-jekte des 21. Jahrhunderts. Wie kann, wie soll dieser Beitrag aussehen? Welche Chancen und Perspektiven bietet die Energiewende verantwortungsbewussten Unternehmen?

Diesen Fragen geht das vorliegende Buch nach und trifft damit aus Sicht des Bundesdeut- schen Arbeitskreises für Umweltbewusstes Management – B.A.U.M. e. V. voll ins Schwarze. B.A.U.M. ist mit weit über 500 Mitgliedern das größte Unternehmensnetzwerk für nachhaltiges Wirtschaften in Europa und weiß, welche Themen die Unternehmen aktuell ganz besonders beschäftigen. Das energie- und umweltpolitische Thema Nummer 1 bei Global Playern wie kleinen und mittleren Unternehmen ist die Energiewende.

Dabei ist die Energiewende mehr als der Ausbau erneuerbarer Energien. Unsere größte heimische „Energiequelle" heißt Energieeffizienz und Eliminierung von überflüssigem Energieverbrauch. Diese Einsicht ist zwar seit langem vorhanden. Aber erst jetzt scheint sie bei den beteiligten Akteuren in gezieltes Handeln überzugehen. Die Verabschiedung eines Nationalen Plans für Energieeffizienz (NAPE) durch die

Bundesregierung Ende letzten Jahres mag als Signal gesehen werden, dass Energieeffizienz als zweite Säule der Energiewende nunmehr auf Augenhöhe mit den erneuerbaren Energien wahrgenommen wird und politisch vorangebracht werden soll. Der
Energiewende 1.0 (Erneuerbare) muss die Energiewende 2.0 (Energieeffizienz) folgen.

Eine spannende Frage dabei ist: Was können Unternehmen zur Energiewende 2.0
beitragen? Energieeffizienz ist für die deutsche Volkswirtschaft als Ganze und für jedes
Einzelunternehmen wichtig, um überflüssige Kosten zu eliminieren und sich Wettbewerbsvorteile zu verschaffen. Die Ausgaben für den gesamten Endenergieverbrauch in
Deutschland betrugen zuletzt rund 356 Mrd. €. Der Anteil der Industrie und des Sektors
Gewerbe, Handel, Dienstleistungen (ohne Verkehr) am Energieverbrauch lag bei 45 %;
das entspricht rd. 160 Mrd. €. Wenn man von einem wirtschaftlichen Einsparpotenzial
von durchschnittlich 25 % ausgeht, könnten in den beiden Sektoren rd. 40 Mrd. € an
Energiekosten eingespart werden.

Bei fast jedem zweiten KMU machen die Ausgaben für Strom und Wärme mehr als
5 % der Betriebskosten aus, bei jedem fünften mehr als 10 % – ein stattlicher Anteil,
zumal die Energiepreise stetig steigen. Z. B. haben sich die Strompreise für Industriekunden zwischen 2002 und 2014 um 125 % auf rd. 11,6 Cent erhöht. Wenn es Unternehmen gelingt, in diesem Bereich zu sparen, haben sie nicht nur Kostenvorteile,
sondern auch Wettbewerbsvorteile.

Diese werden für Unternehmen immer wichtiger. Aus den regelmäßigen Umfragen
des KfW-Mittelstandspanels wissen wir: rund zwei Drittel der mittelständischen Unternehmen (63 %) melden eine steigende Wettbewerbsintensität in den vergangenen fünf
Jahren. Dabei werden Qualität und Effizienz als die wichtigsten strategischen Hebel
gesehen, um im Wettbewerb zu bestehen. Doch auf dem Weg zu mehr Energieeffizienz,
Energiekostensenkung und Klimaschutz besteht noch großer Nachholbedarf, vor allem
bei den kleineren KMU.

Die Einsparpotenziale enorm. Laut dena lassen sich bei den sog. „Querschnittstechno-
logien" zwischen 25 % (Lüftungsanlagen) und 70 % (Beleuchtung) der Energiekosten
sparen. Bei Pumpensystemen wird das Einsparpotenzial auf 30 % beziffert, bei Druckluft auf 50 %, bei der Informationstechnologie auf 75 % und bei Gebäuden auf 80 %.

Aus den tausenden von Energieberatungen der B.A.U.M. Consult GmbHs, unseren
kommerziellen B.A.U.M.-Töchtern wissen wir, dass man von einem durchschnittlichen
wirtschaftlichen Energieeinsparpotenzial bei KMU von rund 25 % ausgehen kann, wobei
die absolute Höhe der Energiekosten mit der Unternehmensgröße und Branche variiert.

Nach unseren Erfahrungen lassen sich die jährlichen Energiekosten in Gewerbe-
betrieben wie folgt ansetzen:

- bis zu 10 Mitarbeitern: 3000–9000 €, d. h. bis zu rd. 2500 € Einsparpotenzial
- bis zu 20 Mitarbeitern: 7000–24.000 €, d. h. bis zu rd. 6000 € Einsparpotenzial
- 20–50 Mitarbeiter, je nach Branche: 32.000 € (Elektrotechnik) und 240.000 € (Glas,
  Steine/Erden), d. h. bis zu 60.000 € Einsparpotenzial

- 100–250 Mitarbeiter: 210.000 € (Elektrotechnik), d. h. bis rd. 50.000 € Einsparpo-tenzial, 590.000 € (Metallverarbeitung), d. h. bis zu 150.000 € Einsparpotenzial, 1,5 Mio. € (Glas, Steine/Erden, chem. Erzeugnisse), d. h. bis zu 375.000 € Einsparpotenzial.
- Diese Zahlen zeigen: Energieeffizienz ist in zahlreichen Betrieben eine unterschätzte wirtschaftliche Ressource mit spürbaren Auswirkungen auf die Wettbewerbsfähigkeit.
- Warum lassen so viele KMU die Einsparpotenziale trotzdem immer noch liegen? Drei Gründe stellen wir immer wieder fest
- Die Unternehmen haben unzureichende Finanzmittel zur Umsetzung von Energieeffizienzmaßnahmen. Die notwendigen Investitionen stehen vielfach in Konkurrenz mit anderen (betrieblichen) Investitionen. Vorrang bei Investitionen hat das Kerngeschäft.
- Viele KMU sagen uns, keine ausreichenden personellen Kapazitäten für die Beschäftigung mit Energieeffizienz und die Identifikation, Planung und Umsetzung von Energieeffizienzmaßnahmen zu haben.
- Die Amortisationszeiten von Energieeffizienzmaßnahmen werden von den KMU häufig als zu lang angesehen. Aufgrund der knappen Finanzmittel (Mittelkonkurrenz) wird eine Entscheidung häufig zugunsten der Investition mit der geringsten Amortisationszeit gefällt.

Nicht nur ein Verein wie B.A.U.M., auch die Politik sucht nach Wegen und Modellen, diese Hürden zu überwinden. Mit dem Nationalen Plan für Energieeffizienz (NAPE) hat die Bundesregierung das Thema Energieeffizienz groß auf die Agenda gesetzt. Eines der vier Handlungsfelder zielt auf die überwindung genau dieser Hürden ab: die Entwicklung bzw. Förderung neuer Geschäftsmodelle, bei denen Energiedienstleister für Kunden Effizienzmaßnahmen umsetzen und finanzieren.

Hier setzt das vom Bundesumweltministerium i. R. der Nationalen Klimainitiative geförderte B.A.U.M.-Pilotprojekt REEG – Regionale EnergieEffizienzGenossenschaften an. Es basiert auf dem von mir entwickelten BAUM-Zukunftsfondsmodell, das ich in den Büchern „Die Zu-kunftsanleihe" (2004) und „Erfolgsfaktor Energieeffizienz" (2011) beschrieben habe. Die REEG sind ein neues, innovatives Aktivierungs-, Finanzierungs- und Umsetzungsmodell für Energieeffizienzinvestitionen. Zwar gibt es bereits an die 1000 Energiegenossenschaften in Deutschland, doch ihr Fokus liegt auf dem Ausbau der erneuerbaren Energien. Zwar gibt es 15–30 private Contractoren am Markt, die Einspar- Contracting anbieten, aber keine genos-senschaftlichen Energiedienstleister, in denen die relevanten gesellschaftlichen Kräfte in der Region vereint sind: Kommunen, Wirtschaft und Bürger. Zielgruppen sind dementsprechend kommunale Einrichtungen, gemeinnützige und kirchliche Einrichtungen, kleine und mittlere Unternehmen sowie Privathaushalte. Für letztere hat B.A.U.M. erst kürzlich den Ratgeber „Meine persönliche ENERGIEWENDE" veröffentlicht.

Die REEG löst die Informations- und Finanzierungsprobleme, die von der Inangriff-
nahme von Effizienzinvestitionen abhalten mögen. In der vom Bundeswirtschaftsministerium eingerichteten Plattform Energieeffizienz, Arbeitsgruppe „Innovative
Finanzierungskonzepte" ist des-halb B.A.U.M. e. V. mit dem REEG-Modell vertreten.
Das Modell des genossenschaftlichen Einsparcontractings mit dezidiertem regional-
politischen Anspruch gilt als ein chancenreiches Modell bei der Suche nach neuen Konzepten zur Weckung des schlafenden Riesen Energie-effizienz.

Ich wünsche allen Lesern eine anregende und bereichernde Lektüre.

Prof. Dr. Maximilian Gege
Vorsitzender B.A.U.M. e. V.

Vorwort von Wolfgang Saam

Was wir für einen verantwortungsvollen Umgang mit Energie und Rohstoffen brauchen

Energie und natürliche Ressourcen sind eine fundamentale Grundlage für wirtschaftliches Handeln – in gewissem Sinne die „Lebensgrundlage" eines Unternehmens: Beim produzierenden Gewerbe stehen ohne Ressourcen und Prozessenergie die Fertigungsbänder still und genauso brauchen Handel, Dienstleister und das Gewerbe Energie für Transport, IT und die Beheizung ihrer Gebäude. Insofern gehen Unternehmen seit jeher mit Energie und natürlichen Ressourcen sparsam um – schon aus rein wirtschaftlichem Kalkül, denn es sind knappe und zu bezahlende Güter. Ein verantwortungsvoller Umgang erfordert aber sicherlich mehr als das. Wie also sieht für Unternehmen, im Sinne der „Corporate Social Responsibility" ein besonders verantwortlicher Umgang mit unseren natürlichen Ressourcen aus?

Das große Ganze im Blick haben

Es fängt mit der Grundhaltung an: Unternehmen, die ein überzeugendes Nachhaltigkeitsengagement zeigen, tun dies aus ihrer Grundüberzeugung heraus. Sie ordnen ihre wirtschaftliche Tätigkeit in das große Ganze ein: Unsere Welt, die Endlichkeit unserer natürlichen Lebensgrundlagen und die Notwendigkeit, dass wir auch in hundert Jahren noch eine Grundlage für unseren Wohlstand brauchen. Daraus resultiert eine geschärfte Wahrnehmung für die Auswirkungen des eigenen wirtschaftlichen Handelns. Dies führt bei authentischem Unternehmertum auch zu einem besonders engagierten Engagement für Umwelt und Ressourcenschonung.

Für familiengeführte Unternehmen liegt das ohnehin auf der Hand: Die Übergabe an die nächste Familiengeneration verpflichtet zu langfristigen Planungshorizonten und zu einer Kontinuität im Handeln – beides sind wichtige Grundlagen der Nachhaltigkeit. Unabhängig von der Eigentümerstruktur kann der Blick für das große Ganze aber auch andere Gründe haben, wenn wichtige Bezugsstoffe oder die Produktpalette ökologisch wertvoll oder besonders sensibel gegenüber Umwelteinflüssen sind. Auch Hersteller von Effizienztechnologien sind durch die eigenen Produkte sensibilisiert und treten als glaubwürdige Vertreter des „Green Growth" auf, wenn sie nicht nur auf klimafreundliche Effekte ihrer Produkte bei Kunden verweisen, sondern auch eigene ambitionierte Maßnahmen ergreifen. Betroffenheit des Geschäftsmodells ist ebenfalls ein Treiber, der besonders gut zeigt, dass nachhaltiges Wirtschaften immer ökonomische und ökologische Faktoren im Ganzen betrachten muss. Die Versicherungsbranche hat zum Beispiel eine hohe Betroffenheit vom Klimawandel. Kaum verwunderlich also, dass Versicherer den Klimawandel sehr früh auch als ökonomische Herausforderung begriffen haben und seither aktiv Vermeidungs- und Anpassungsstrategien entwickeln.

Von der Grundüberzeugung zum ganzheitlichen Ansatz

Die Grundüberzeugung ist zwar wichtig, hilft allein aber noch nicht. Für einen besonders verantwortungsvollen Umgang mit natürlichen Ressourcen ist die Entwicklung eines ganzheitlichen Ansatzes zur strategischen Ausrichtung des Nachhaltigkeitsmanagements und der systematischen Umsetzung in allen Unternehmensteilen nötig. Ausgangspunkt hierbei ist letztlich wieder die Sensibilität für das eigene Wirtschaften, denn sie definiert die Handlungsfelder eines verantwortlichen Umgangs mit Energie und Rohstoffen: Wie sind Beschaffung, Produktion, Vertrieb und Energiebezug organisiert? Alle Bereiche kommen auf den ökologischen-energetischen Prüfstand – in der Regel wird dies mithilfe integrierter Managementsysteme gemacht. Die Effekte lassen sich sehen – durch die selbstgesteckten Ziele zur kontinuierlichen Verbesserung im Rahmen der Managementsysteme erzielen Unternehmen deutlich bessere Einsparungen von Energie- und Umweltmedien als es ohne sie der Fall wäre. Das Berichtswesen gegenüber der Öffentlichkeit ist ein weiterer Aspekt, an dem man verantwortungsvolles Unternehmertum festmachen kann. Unternehmen mit anspruchsvollen Energie- und Umweltleistungen kommunizieren ihre Aktivitäten aus ihrem Selbstverständnis heraus in Form von Nachhaltigkeitsberichten oder Umwelterklärungen.

Mitarbeiter und Netzwerke

Entgegen der verbreiteten Meinung, dass es bei der Steigerung der Ressourceneffizienz primär um technisch-investive Maßnahmen geht, spielen auch „weiche Instrumente" eine zentrale Rolle: Der „Faktor Mensch" wird oftmals unterschätzt, ist aber entscheidend! Nur wenn Mitarbeiter vom Energiesparen überzeugt sind, können Maßnahmen bei der Maschinenführung, im Logistikzentrum oder beim Fahren des Firmenwagens auch tatsächlich greifen. Mit einem weiteren „Beauftragten" ist es allerdings nicht getan. Nur wenn die Steigerung der Ressourceneffizienz strategisches Unternehmensziel ist und Maßnahmen und Instrumente konsequent im Unternehmen kommuniziert werden, kann ihre Umsetzung gelingen. Dem Top-Management kommt hier eine besondere Verantwortung zu, denn nur wenn der Umgang mit Energie und Ressourcen von der Leitungsspitze mit Priorität versehen wird, kann etwas im ganzen Unternehmen passieren.

Systematische Lernstrukturen sind ein weiteres erfolgreiches Instrument zur Verminderung des „Corporate Carbon Footprint". Unternehmensnetzwerke zur Energieeffizienzsteigerung sind ein Instrument des systematischen Wissenstransfers, mit dem Erkenntnisse über erprobte Praxislösungen zu Effizienzsteigerung zwischen Unternehmen multipliziert werden. „Wissen wächst, wenn man es teilt", auf diese Formel lässt sich der Netzwerkgedanke bringen. Gerade in branchenübergreifenden Netzwerken ist die Anwendungsvielfalt hoch, sodass ein breites Energiesparspektrum behandelt werden kann. Die Klimaschutz-Unternehmen sind ein deutschlandweites und branchenübergreifendes Exzellenznetzwerk und sie zeigen, dass Effizienzsteigerungen auf hohem Niveau möglich sind, gerade wenn man einen offenen und vertrauensvollen Austausch mit anderen Unternehmen pflegt.

Vor dem Hintergrund endlicher Ressourcen und der steigenden Nachfrage einer wachsenden Weltbevölkerung ist Effizienz die Schlüsselstrategie des 21. Jahrhunderts. Es geht um verantwortungsvolle wirtschaftliche Tätigkeit, nicht um das Einstellen derselben wie einige Wachstumskritiker meinen. Viele Unternehmen haben schon heute die Zeichen der Zeit erkannt – das zeigt auch dieser Herausgeberband.

Wolfgang Saam
Geschäftsführer der Klimaschutz- und
Energieeffizienzgruppe der Deutschen Wirtschaft e. V.

Vorwort von Prof. Dr. Gesine Schwan

Diskussionen über Corporate Social Responsibility sind seit vielen Jahren aktuell: sie reichen von den verschiedenen Vorstellungen von unternehmerischer Verantwortung, über deren Umsetzung, Benchmarks, Berichtsleitlinien und schließlich deren nachhaltige Wirksamkeit. Auch wächst die Gruppe derjenigen, die sich für die Nachhaltigkeitsleistung von Unternehmen interessieren. Während anfänglich besonders NGOs die unternehmerische Verantwortung im Blick hatten, sind zunehmend auch Mitarbeiter, Kunden und Investoren daran interessiert. Auch sind neben freiwilligen Initiativen wie dem „Global Compact", den der frühere Generalsekretär der Vereinten Nationen Kofi Annan im Juli 2000 auf den Weg gebracht hat, neue verbindliche Ansätze zur Berichterstattung über die Nachhaltigkeit von Unternehmen auf den Weg gebracht worden. Die von der Europäischen Union im Jahre 2014 verabschiedete CSR-Richtlinie wurde mit dem CSR-Richtlinien-Umsetzungsgesetz (CSR-RUG) ins deutsche Recht übertragen und trat 2017 in Kraft. Das Gesetz verpflichtet große Unternehmen von öffentlichem Interesse, Informationen zu Nachhaltigkeitsthemen offenzulegen. Doch warum brauchen wir das? Und worin besteht unternehmerische Verantwortung in der Energiewirtschaft? Können Leitlinien die unternehmerische Verantwortung für Good Governance – von der kommunalen bis zur globalen Ebene – unterstützen?

Traditionell sehen Unternehmen ihre Verantwortung darin, ihr Unternehmen zu betriebswirtschaftlichem Erfolg zu bringen. Sie erwarten dafür gute, vor allem verlässliche Rahmenbedingungen von der Politik. Infolge der ökonomischen Globalisierung, die der Aktivität von Unternehmen grenzüberschreitende Räume eröffnet hat, ist staatlich begrenzte Politik dazu immer weniger in der Lage, weil ihr Wirkungsbereich räumlich und zunehmend auch in der Sache – z. B. hinsichtlich der Hoheit über rechtliche Regelungen – hinter dem der Wirtschaft zurückbleibt.

Die Erfahrungen der letzten Jahre haben aber eindringlich gezeigt, dass Marktwirtschaft Regeln braucht, um wirtschaftliche unternehmerische Partikularentscheidungen mit grenzüberschreitenden Gemeinwohlanforderungen wie sozialer Gerechtigkeit zu vereinbaren – von der Vermeidung von Mono- oder Oligopolbildung bis zur Beachtung von Umwelt, von Ressourcenknappheit zu globaler Sicherheit. Was einem Energieunternehmen Gewinn bringt, kann für die Gesellschaft zu hohen externen Kosten führen. Zugleich brauchen unternehmerische Investitionen gute und verlässliche Rahmenbedingungen. Die kann staatliche Politik aus mehreren Gründen mit ihren traditionellen Akteuren und Verfahren nicht mehr allein herstellen:

- Staaten müssten sich grenzüberschreitend auf Politiken einigen, was angesichts der Verschiedenheit nationalstaatlicher Interessen und Machtgrundlagen nur sehr schwer gelingt. Die diesbezüglichen Schwierigkeiten der EU zeigen das. Die Vereinten Nationen können diese Funktion nicht global erfüllen.
- Staatliche Politik müsste auch innerstaatlich zu einer Einigung der immer heterogeneren Gesellschaften in der Lage sein. Das gelingt ihr aus Gründen der Machtkonkurrenz und des zeitlich begrenzten Handlungshorizontes nicht mehr. Sie müsste überdies eine sachliche Regelungskompetenz aufbringen, die ihr allein, ohne Beiträge aus der Zivilgesellschaft, nicht mehr zu Gebote steht. Sie steht schließlich unter dem Druck sehr unterschiedlicher Interessen, die vor allem über ungleich gewichtige Machtpotenziale verfügen. Damit wird Ungerechtigkeit begünstigt.
- Auch sind die technologischen, sozialen und intellektuellen Produktionsbedingungen immer im Fluss. Verlässliche Rahmenbedingungen müssten dieser unablässigen Veränderung Rechnung tragen, dürfen nicht zu einem einengenden Korsett erstarren. Das geht nur, wenn alle beteiligten Akteure miteinander in verständigungsorientierter Kommunikation bleiben, ohne die Interessen- und Aufgabenkonflikte unter den Tisch zu kehren.

Good Governance verlangt daher nach einer „antagonistischen Kooperation" zwischen staatlicher Politik, Unternehmen und „organisierter Zivilgesellschaft", die in einem rationalen Austausch von Argumenten der drei Akteure aus ihrer jeweiligen Perspektive nachhaltige Lösungen finden können. In der Energiewirtschaft ist das besonders dringlich. Energie ist eine entscheidende Grundlage erfolgreichen Wirtschaftens und der Daseinsvorsorge aller. Ihre Auswirkungen auf Klima und Umwelt, die rechtliche Organisation und die externen Effekte ihrer Produktion, auch von deren Beendigung haben massive

Folgen für das Zusammenleben der Menschen. Die Frage des Ausstiegs aus der Kohle ist ein wichtiges aktuelles Beispiel in diesem Rahmen. Wer trägt die Verantwortung für die externen Effekte auf Klima und Umwelt bei einem späten Ausstieg? Wie kann der Ausstieg sozialverträglich gestaltet werden? Wer hat welche Verantwortlichkeiten zu übernehmen und wie kann eine faire, wenn auch konfliktbewusste Kooperation von Wirtschaft, Politik und Zivilgesellschaft gestaltet werden?

Wenn also von unternehmerischer Verantwortung die Rede ist, muss der Dialog mit der Gesellschaft mitgedacht werden. Dieser bietet die Chance, die Vielfalt an Perspektiven zu verstehen, zukünftige Entwicklungen besser abzuschätzen und Verantwortlichkeiten zuzuordnen. Weder die Energiewirtschaft, noch die Politik oder die Zivilgesellschaft allein, können langfristige Lösungen zu den Herausforderungen ohne die Mitwirkung der anderen Stakeholdergruppen umsetzen.

Mit den Trialogen® der HUMBOLDT-VIADRINA Governance Platform möchten wir diesen Dialog befördern. Sie sind eine Alternative zum bisherigen Lobbying und zur intransparenten Zusammenarbeit zwischen Ministerialbürokratie und Wirtschaft, die die demokratische Politik zugleich ergänzt und zugunsten von nachhaltigen Lösungen modifiziert. Die aktive Teilnahme daran wäre CSR als Übernahme verantwortlicher Mitgestaltung von Good Governance zugunsten von Gerechtigkeit und Gemeinwohl, aber auch im eigenen Interesse an verlässlichen, transparenten Rahmenbedingungen für Investitionen und nicht zuletzt an einer erheblich besseren Einsicht in zukünftige gesellschaftliche Entwicklungen als Grundlage zukünftiger Märkte.

Prof. Dr. Dr. h.c. Gesine Schwan
Präsidentin und Mit-Gründerin der
Humboldt-Viadrina Governance Platform, Berlin

Die Originalversion des Buchs wurde revidiert. Ein Erratum ist verfügbar unter
https://doi.org/10.1007/978-3-662-59653-1_41

Inhaltsverzeichnis

Herausgeber- und Autorenverzeichnis

Über die Herausgeber

Dr. Alexandra Hildebrandt ist Publizistin, Nachhaltigkeitsexpertin und Bloggerin. Sie studierte Literaturwissenschaft, Psychologie und Buchwissenschaft. Anschließend war sie viele Jahre in oberen Führungspositionen der Wirtschaft tätig. Bis 2009 arbeitete sie als Leiterin Gesellschaftspolitik und Kommunikation bei der KarstadtQuelle AG (Arcandor). Beim den Deutschen Fußball-Bund (DFB) war sie 2010 bis 2013 Mitglied der DFB-Kommission Nachhaltigkeit. Den Deutschen Industrie- und Handelskammertag unterstützte sie bei der Konzeption und Durchführung des Zertifikatslehrgangs „CSR-Manager (IHK)". Sie leitet die AG „Digitalisierung und Nachhaltigkeit" für das vom Bundesministerium für Bildung und Forschung geförderte Projekt „Nachhaltig Erfolgreich Führen" (IHK Management Training). Im Verlag Springer Gabler gab sie in der Management-Reihe Corporate Social Responsibility die Bände „CSR und Sportmanagement" (2014), „CSR und Energiewirtschaft" (2015) und „CSR und Digitalisierung" (2017) heraus. Aktuelle Bücher bei SpringerGabler (mit Werner Neumüller): „Visionäre von heute – Gestalter von morgen" (2018), „Klimawandel in der Wirtschaft. Warum wir ein Bewusstsein für Dringlichkeit brauchen" (2020).

Werner Landhäußer, Jahrgang 1957, ist Gesellschafter der Mader GmbH & Co. KG. Zusammen mit Kollegen übernahm er das Unternehmen 2003 mit einem klassischen MBO aus einem internationalen Konzern. Bis Mitte 2019 war er zudem Geschäftsführer. Nach langjähriger Konzerntätigkeit lernte er die kurzen Entscheidungswege und die offene Kommunikationskultur in einem mittelständischen Unternehmen zu schätzen. Die strategische Weiterentwicklung von Mader hin zu einem sozial, ökologisch und ökonomisch erfolgreichen Unternehmen steuerte er mehr als 15 Jahre lang gemeinsam mit Peter Maier, ebenfalls geschäftsführender Gesellschafter bei Mader. Mitte 2018 entschlossen sich die beiden zur Gründung des Start-ups LOOXR, einem Spin-off der Mader GmbH & Co. KG, das die Digitalisierung des gesamten Druckluftprozesses zum Ziel hat. Seine Vision einer nachhaltigen, werteorientierter Unternehmensführung führt er als CEO auch im neuen Unternehmen fort.

Dr. René Schmidpeter ist CSR-Stratege, Vordenker und Publizist. Er hat den Dr. Jürgen Mcycr Stiftungslehrstuhl für Internationale Wirtschaftsethik und Corporate Social Responsibility an der Cologne Business School inne. In Forschung und Lehre bearbeitet er das Thema der gesellschaftlichen Verantwortung mit einem genuin betriebswirtschaftlichen Ansatz. Das daraus abgeleitete CSR-Verständnis ist praxiskompatibel und hat das Potenzial den Unternehmenswert, als auch den gesellschaftlichen Mehrwert zu steigern. Er ist unter anderem Herausgeber der Managementreihe Corporate Social Responsibility im Springer Gabler Verlag sowie der internationalen Buchreihe CSR, Sustainability, Ethics and Governance bei Springer.

Dr. Barbara Hendricks ist seit 1994 Mitglied des Deutschen Bundestages. Von 1998 bis 2007 war sie Parlamentarische Staatssekretärin beim Bundesminister der Finanzen. Von Dezember 2013 bis März 2018 war die promovierte Historikerin Bundesministerin für Umwelt, Naturschutz, Bau und Reaktorsicherheit.

Nach ihrem Studium der Geschichte und Sozialwissenschaften in Bonn mit dem Staatsexamen für das Lehramt an Gymnasien war Barbara Hendricks zunächst von 1978 bis 1981 Referentin in der Pressestelle der SPD-Bundesfraktion und von 1981 bis 1990 Sprecherin des nordrhein-westfälischen Finanzministers, danach Referatsleiterin im Umweltministerium NRW.

Mitglied der SPD ist sie seit 1972 und gehörte von 2001 bis 2013 dem Bundesparteivorstand der SPD an, seit 2007 als Schatzmeisterin.

Seit 2018 ist Hendricks ordentliches Mitglied im Auswärtigen Ausschuss sowie im Unterausschuss Auswärtige Kultur- und Bildungspolitik. Barbara Hendricks wurde am 29. April 1952 in ihrem Wahlkreis in Kleve am Niederrhein geboren.

Prof. Dr. Maximilian Gege ist Gründungsmitglied und Vorsitzender des Bundesdeutschen Arbeitskreises für Umweltbewusstes Management (B.A.U.M.) e. V., mit rund 550 Unternehmen verschiedener Größen und Branchen heute die größte Umweltinitiative der Wirtschaft in Europa. Er bekleidet zahlreiche Funktionen in Beiräten und Jurys. So ist er Mitglied der Jury des Deutschen Nachhaltigkeitspreises, des German Renewable Awards u. a. Prof. Gege ist Begründer des B.A.U.M.-Zukunftsfonds, eines innovativen Instruments zur Finanzierung von Energie-Effizienzmaßnahmen (vgl. u. a. seine Publikationen „Unterwegs zu einem ökologischen Wirtschaftswunders" und „Erfolgsfaktor Energieeffizienz – Investitionen, die sich lohnen"). Für sein umfassendes Engagement erhielt er zahlreiche nationale und internationale Auszeichnungen, darunter das Bundesverdienstkreuz und den Vision Award. Seit 2001 ist er Honorarprofessor der Leuphana Universität Lüneburg. Die von ihm initiierte Kampagne „Solar – na klar!" wurde 2001 von der EU als „Best National Renewable Energy Partnership" ausgezeichnet. Sozial engagiert sich Professor Gege durch seine Stiftung „Chancen für Kinder".

Wolfgang Saam ist Mitbegründer von Klimaschutz-Unternehmen e. V. Bevor er 2013 zum Geschäftsführer berufen wurde, baute er die Klimaschutz-Unternehmen im Rahmen eines Projekts beim Deutschen Industrie- und Handelskammertag (DIHK) auf. Er studierte Politikwissenschaft und Volkswirtschaftslehre an den Universitäten Freiburg i. Brsg., der University of Michigan (USA) und machte seinen Abschluss als Diplom-Verwaltungswissenschaftler an der Universität Potsdam. Als Geschäftsführer vertritt er den Verband in politischen Gremien, gegenüber den Medien und bei Konferenzen mit Vorträgen. Wolfgang Saam ist Mitglied des Beirates der Hochschule für nachhaltige Entwicklung Eberswalde und Fellow der Robert-Bosch-Stiftung im deutsch-türkischen Führungskräfteprogramm „likeminds".

Prof. Dr. Gesine Schwan, geboren 1943 in Berlin, ist Politikwissenschaftlerin. Sie absolvierte ein Studium der Romanistik, Geschichte, Philosophie und Politologie in Berlin und Freiburg mit Studienaufenthalten in Warschau und Krakau.

Seit 1972 ist sie Mitglied der SPD, seit 2014 Vorsitzende der Grundwertekommission der SPD und seit Dezember 2015 Co-Vorsitzende des Sustainable Development Solutions Network (SDSN) Germany als Nachfolgerin von Dr. Klaus Töpfer.

Von 1977 bis 1999 war sie Professorin für Politikwissenschaft, sowie von 1992 bis 1994 Dekanin am Fachbereich Politikwissenschaft an der FU Berlin. 1999 wurde sie Präsidentin der Europa-Universität Viadrina in Frankfurt (Oder) und trug entscheidend zu deren Entwicklung bei.

Von 2005 bis 2009 war Gesine Schwan Koordinatorin der Bundesregierung für die grenznahe und zivilgesellschaftliche Zusammenarbeit mit Polen. Sie kandidierte 2004 auf Vorschlag von SPD und Bündnis90/Die Grünen und 2009 auf Vorschlag der SPD für das Amt des Bundespräsidenten.

Gesine Schwan gründete gemeinsam mit anderen Wissenschaftlern im März 2009 dieHUMBOLDT-VIADRINA School of Governance und war von Juni 2010 bis Juni 2014deren Präsidentin.

Gesine Schwan ist jetzt Präsidentin und Mit-Gründerin der Humboldt-Viadrina Governance Platform in Berlin.

Gesine Schwan erhielt zahlreiche Auszeichnungen, darunter 2004 den Marion Dönhoff Preis für internationale Verständigung und Versöhnung, den Erich-Fromm-Preis sowie im März 2017 den August-Bebel Preis. 2006 erhielt Frau Schwan die Ehrendoktorwürde des Europäischen Hochschulinstituts Florenz. Sie ist Trägerin des Verdienstordens der Bundesrepublik Deutschland, des Ordens „Bene merito" der Republik Polen und Großoffizier der Ehrenlegion der Republik Frankreich. Im Dezember 2018 wurde Frau Schwan die Ehrendoktorwürde der Sorbonne Centre Panthéon verliehen.

Berlin, 17.12.2018/CN

Autorenverzeichnis

Ulrike Böhm Mader GmbH & Co. KG, Leinfelden-Echterdingen, Deutschland

Prof. Dr. Bernd Britzelmaier Fakultät für Wirtschaft und Recht, HS Pforzheim, Pforzheim, Deutschland

Dr. Daniel Dorniok FAKULTÄT II, Department Wirtschafts- und Rechtswissenschaft, Carl von Ossietzky Universität Oldenburg, Oldenburg, Deutschland

Dr. Heinz Dürr Heinz und Heide Dürr Stiftung, Berlin, Deutschland

Ellen Enslin Ecofair Consulting e.K., Usingen, Deutschland

Dr. Colin von Ettingshausen BASF Schwarzheide GmbH, Schwarzheide, Deutschland

Andrea Fischer karriere tutor®, Königstein im Taunus, Deutschland

Gunther Gamst DAIKIN Airconditioning Germany GmbH, Unterhaching, Deutschland

Mirjam Gawellek Köln, Deutschland

Dr. Miriam Goos Stressfighter Experts, Amsterdam, Niederlande

Julia Göring-Krebs Julia Göring, Intercoiffeure, Coburg, Deutschland

Dr. Monika Griefahn Institut für Medien Umwelt Kultur, Monika Griefahn GmbH, Buchholz, Deutschland

Lothar Hartmann memo AG, Nachhaltigkeitsmanagement, Greußenheim, Deutschland

Chris Hausner Cetus Group (Cetus Consulting & Cetus Capital), Wanchai, Hong Kong

Dr. Alexandra Hildebrandt Burgthann, Deutschland

Hartwig Kalhöfer B E T Büro für Energiewirtschaft und technische Planung GmbH, Aachen, Deutschland

Stefanie Kästle Mitglied der Geschäftsleitung, Mader GmbH & Co. KG, Leinfelden-Echterdingen, Deutschland

Ines Knauber-Daubenbüchel Carl Knauber Holding GmbH & Co. KG, Bonn, Deutschland

Dr. Gesa Köberle Tomorrows Business GmbH, Stuttgart, Deutschland

Jens Kraiss Cooning GmbH, Urbach, Deutschland

Dr. Patrick Kraus Fakultät für Wirtschaft und Recht, HS Pforzheim, Pforzheim, Deutschland

Olaf Krebs Olaf Krebs Intercoiffeure, Feucht, Deutschland

Tim Krecklow Produktmanagement, ads-tec Energy GmbH, Nürtingen, Deutschland

Matthias Krieger Krieger + Schramm Unternehmensgruppe, Dingelstädt, Deutschland

Lars Kroll karriere tutor®, Königstein im Taunus, Deutschland

Werner Landhäußer LOOXR GmbH, Leinfelden-Echterdingen, Deutschland

Prof. Dr. Jessica Lange WERTEmanagement Jessica Lange, Bokholt-Hanredder, Deutschland

Christine Leffler maxx-solar & energie GmbH & Co. KG, Waltershausen, Deutschland

Sören Maerz Maerz Roch Garms GmbH, Hamburg, Deutschland

Dr. Christiane Michulitz B E T Büro für Energiewirtschaft und technische Planung GmbH, Aachen, Deutschland

Dr. Neil Moore Business School, University of Chester, Chester, Großbritannien

Hans-Joachim Neuerburg c/o Bianca Quardokus Deutscher Olympischer Sportbund, Hamburg, Deutschland

Dr. Werner Neumann BUND e. V., Altenstadt, Deutschland

Werner Neumüller Neumüller Ingenieurbüro GmbH, Nürnberg, Deutschland

Sabine Nixtatis karriere tutor®, Königstein im Taunus, Deutschland

Dieter Ortmann maxx-solar & energie GmbH & Co. KG, Waltershausen, Deutschland

apl. Prof. Dr. Niko Paech Fakultät III, Plurale Ökonomik, Universität Siegen, Siegen, Deutschland

Katharina Pavlustyk Öffentlichkeitsarbeit, Königstein im Taunus, Deutschland

Bianca Quardokus Deutscher Olympischer Sportbund, Frankfurt, Deutschland

Gisela Rehm Marketing, Häcker Küchen GmbH & Co. KG, Rödinghausen, Deutschland

Petra Reinken Wortwolf, Soltau, Deutschland

Catherine Rommel Tomorrows Business GmbH, Stuttgart, Deutschland

Tim Ronkartz B E T Büro für Energiewirtschaft und technische Planung GmbH, Aachen, Deutschland

Dr. Ina Schmidt Denkräume, Reinbek, Deutschland

Edzard Schönrock prÅGNANT NACHHALTIGKEIT. KOMMUNIKATION., Hannover, Deutschland

Olaf Schulze Director Energy Management, METRO AG, Düsseldorf, Deutschland

Bernhard Schwager Zentralstelle Nachhaltigkeit und Ideenschmiede, Robert Bosch GmbH, Stuttgart, Deutschland

Prof. Dr. Peter Stokes Business School, University of Chester, Chester, Großbritannien

Konstantin Strasser MEP Werke GmbH, München, Deutschland

Thi Loan Strasser MEP Werke GmbH, München, Deutschland

Felix Sühlmann-Faul Braunschweig, Deutschland

Vanessa Süß Marketing & Kommunikation, ads-tec Administration GmbH, Nürtingen, Deutschland

Tina Teucher München, Deutschland

Tanja Walther-Ahrens Berlin, Deutschland

Prof. Dr. Hubert Weiger BUND e. V., Nürnberg, Deutschland

Martin Weiss TT-RHC/ESC6, Bosch Thermotechnik GmbH, Wernau, Deutschland

Stefanie Zahel Carl Knauber Holding GmbH & Co. KG, Bonn, Deutschland

Josef Zotter c/o Christa Bierbaum, Zotter Schokoladen Manufaktur GmbH, Riegersburg, Österreich

Teil I

Energiewende – Chancen und Herausforderungen aus Unternehmenssicht

Von Erfolgen, Rückschlägen und einer klaren Vision. Die Energiewende in Deutschland vorantreiben und einem breiten Publikum zugänglich machen

Thi Loan Strasser und Konstantin Strasser

Gibt das Leben dir eine Zitrone,
mach Limonade draus.

1 Ein Pionier auf dem deutschen Energiemarkt

„Wir gestalten unkomplizierte innovative Lösungen, um jedes Zuhause grün, unabhängig und zukunftsfähig zu machen. Damit unsere Kunden ihre Zeit für die Dinge nutzen können, die ihnen wirklich wichtig sind."

Die Geschichte hinter mir (Konstantin Strasser) als Gründer der MEP Werke GmbH (My Energy Partner) ist keine typische. Ich wuchs in einer Großfamilie auf, besuchte keine Universität und schmiss meine Lehre, bevor ich ein neues Talent an mir entdeckte: Das Verkaufen. Ich startete im Vertrieb eines Fensterunternehmens und arbeite mich schnell in eine leitende Position hoch. Da ich das große Potenzial des Wandels auf dem Energiemarkt erkannte, riskierte ich viel, gründete eine Kapitalbeteiligungsgesellschaft und investierte unter anderem in den Bau von großen Solarparks, welche hohe Gewinne verhießen. Nachdem dieses Modell anfangs gut funktionierte, musste ich es aufgrund von rückwirkend durch die Politik drastisch verringerten Einspeisevergütungen aber bald hinterfragen. Viele Unternehmen schafften es nicht, sich von dieser Krise zu erholen und mussten in dieser Zeit die Insolvenz anmelden. Unzählige Investorengelder gingen

T. L. Strasser (✉) · K. Strasser
MEP Werke GmbH, München, Deutschland
E-Mail: sabrina.Kaindl@mep-werke.de

K. Strasser
E-Mail: info@mep-werke.de

© Springer-Verlag GmbH Deutschland, ein Teil von Springer Nature 2019
A. Hildebrandt und W. Landhäußer (Hrsg.), *CSR und Energiewirtschaft*, Management-Reihe Corporate Social Responsibility, https://doi.org/10.1007/978-3-662-59653-1_1

verloren und die Gerichtsverhandlungen über die Rechtmäßigkeit der gestrichenen Vergütungen dauern zum Teil noch bis heute an. Ich ließ mich dennoch nicht davon abhalten, weiter auf dem Energiemarkt tätig zu sein und entschloss mich 2011 zusammen mit meiner Frau Thi Loan dazu, ein neues Unternehmen mit einem neuen Geschäftsmodell zu gründen. Mit MEP (My Energy Partner) wollten wir eine neue Zielgruppe – die privaten Haushalte – angehen. Genauso ungewöhnlich wie mein Werdegang ist auch das (damals) unkonventionelle Konzept unseres Unternehmens.

Am Anfang wurde uns gesagt, kein deutscher Hauseigentümer würde je einen 20-Jährigen Mietvertrag für eine Solaranlage unterschreiben. Heute haben wir knapp 10.000 Kunden, die genau das getan haben. Kritiker wird es immer geben. Wichtig ist, immer an sich und seine Vision zu glauben. Als einer der Pioniere in der Vermietung von hochpreisigen und komplexen Produkten als günstige Rundum-sorglos-Mietpakete haben wir Privathaushalte dabei unterstützt, sich mit grüner Energie zu versorgen und diese effizient und intelligent zu nutzen – ohne hohe Anfangsinvestitionen oder großen Aufwand. Auch im Bereich der Finanzierung erneuerbarer Energien ging My Energy Partner neue Wege. Über unser Mutterunternehmen Strasser Capital GmbH haben wir die erste strukturierte Finanzierungslösung ihrer Art in Europa entwickelt, die sich den Mieterverhältnissen im deutschen Photovoltaik-Markt widmet. So konnte der Markt der privaten Energiewende erstmals auch für institutionelle Investoren geöffnet werden. Heute sind wir mit My Energy Partner einer der Marktführer auf dem deutschen Solarmarkt. Doch diese Positionierung entstand nicht etwa durch Stillstand oder eine einzige gute Idee zur richtigen Zeit. Vielmehr mussten wir unser Konzept ständig überdenken, überarbeiten und neuesten Entwicklungen anpassen, um weiterhin erfolgreich sein zu können. Statt auf die Miete setzen wir inzwischen auf individuelle Finanzierungslösungen sowie den Verkauf der Anlagen und erweitern unser Portfolio stetig um weitere Produkte im Bereich Energie und Haushalt. Nur so können wir langfristig auf dem dynamischen Energiemarkt bestehen und unserer Vision von grüner Energie für alle nachgehen.

2   Eine Erfolgsgeschichte mit Hindernissen

Zusammenfassung

My Energy Partner blickt auf ein enormes Wachstum, viele Erfolge und zahlreiche Auszeichnungen zurück. Heute zählt das Unternehmen zu den Marktführern auf dem deutschen Solarmarkt und hat sich dennoch die Agilität eines Start-ups beibehalten. Doch die Erfolgsgeschichte war keineswegs immer geradlinig. Eine Abmahnung der Verbraucherzentrale, Lieferschwierigkeiten, Kapazitätsprobleme im Service und die Kommunikation mit den Netzbetreibern stellten große Herausforderungen für das Unternehmen dar. Diese Zeit war schwer, jedoch mindestens genauso lehrreich. My Energy Partner konnte sich aufgrund der Kritik hinterfragen, umstrukturieren und verbessern. Damit sind nun die besten

> Voraussetzungen für eine erfolgreiche Zukunft gelegt, in der sich das Unternehmen außerdem ein Umdenken in der Politik und bei der Verbraucherzentrale wünscht. Aufgeben war für My Energy Partner nie eine Option.

Seit der Gründung hätten wir uns das Wachstum und den Erfolg unseres Unternehmens nicht besser vorstellen können. Durch das innovative Angebot, starke Vertriebsstrukturen und unerbittlichen Willen, konnten wir unsere Kundenzahlen fast jedes Jahr mehr als verdoppeln. Infolgedessen konnte auch die Mitarbeiterzahl stetig ausgebaut und ein Umzug in die prestigeträchtigen Highlight Towers in München realisiert werden. Dort sitzen wir nun neben Riesen wie IBM Watson, Osram oder Microsoft. Zwischenzeitlich war etwa jede zehnte neuinstallierte Solaranlage in Deutschland eine Miet-Anlage von My Energy Partner, womit wir maßgeblich zur Verbreitung dieser Technologie und der Energiewende beitragen konnten. Diese Entwicklungen blieben natürlich nicht unentdeckt, weswegen viel mediale Aufmerksamkeit, etliche Einladungen zu Events sowie Award-Nominierungen folgten. Wir konnten uns zum Beispiel bereits zwei Mal im begehrten Ranking der FOCUS Wachstumschampions platzieren. Das Nachrichten-Magazin kürt in Kooperation mit dem Datendienst STATISTA damit jährlich diejenigen Unternehmen in Deutschland, die das stärkste Umsatzwachstum aufweisen. Bei der Auszeichnung 2018 verbesserten wir uns nicht nur um 25 Plätze auf den 21., sondern schafften es im Bereich Energie und Versorger sogar auf Platz Eins. Ebenfalls zwei Mal wurden wir im europäischen Vergleich unter den „Financial Times 1000: Europe's Fastest Growing Companies" gelistet. Neben diesen Auszeichnungen konnten wir weitere Preise in den Bereichen Nachhaltigkeit und Finanzierung erringen. Darunter der internationale „Finance for the Future Award", der Unternehmen auszeichnet, die mit ihrem innovativen Finanzmanagement zu einer nachhaltigen Wirtschaft beitragen und der unter anderem von Deloitte vergeben wird. Im Endeffekt haben wir mit My Energy Partner wohl genau das umgesetzt, wovon jedes junge Start-up träumt: Mit einem neuen Konzept oder Produkt erfolgreich sein und schnellstmöglich zu einem Marktführer der Branche heranwachsen. Inzwischen sind wir zwar kein klassisches Start-up mehr, behalten uns jedoch den jungen Spirit, die Agilität sowie den Mut zu ständigen Veränderungen und neuen Wegen bei.

Im März 2018 gab es jedoch einen herben Rückschlag: Die Verbraucherzentrale Nord-Rhein-Westfalen mahnte unser Unternehmen für dessen AGB ab. Diese Abmahnung stellte allerdings vor allem wegen der Art der Kommunikation eine große Herausforderung für uns dar. Die Verbraucherzentrale gab die Meldung ohne vorausgehendes Gespräch zur Klärung direkt an sämtliche Medien. So bekamen wir noch vor Erhalt der eigentlichen Abmahnung erste Interviewanfragen ohne überhaupt von deren Existenz oder Inhalt zu wissen. Besonders ärgerlich scheint in diesem Zusammenhang die Tatsache, dass wir unabhängig von der Abmahnung bereits Lösungen in die Wege geleitet hatten, um die vorhandenen Probleme zu lösen. Die Schwierigkeit bestand aber vor allem darin, dass My Energy Partner nicht allein Urheber der Probleme war, sondern diese vielmehr im komplexen Zusammenspiel zwischen Kunde, Unternehmen, Energieversorger und Netzbetreiber begründet lagen. Als Anbieter von günstigem, grünen Strom stellen wir grundsätzlich eine Konkurrenz für die Netzbetreiber dar. Diese müssen allerdings bestimmte Schritte bis zur Inbetriebnahme einer Solaranlage genehmigen und wir können somit nicht komplett unabhängig arbeiten. Einer dieser Schritte ist der Zählertausch, der bei jeder Anlageninstallation stattfinden muss und dessen Termin in einem längeren Prozess beantragt werden muss. So vergehen bis zu einer Terminvereinbarung mit dem Netzbetreiber beispielsweise gerne bis zu zwölf Wochen. Reagiert der Betreiber nicht rechtzeitig oder ist der Kunde zum vorgeschlagenen Termin verhindert, startet das Verfahren von Neuem. Weiterhin stellt die Kommunikation mit den unzähligen lokalen Anbietern eine große Herausforderung dar, da wir somit auch viele unterschiedliche Ansprechpartner und Prozesse zu koordinieren haben. Durch unser enormes Auftragswachstum kam es im genannten Zeitraum zudem zu Lieferschwierigkeiten einiger Hersteller, wodurch viele Kunden lange Wartezeiten in Kauf nehmen mussten. Gleichzeitig wurde auch unser Service von den zunehmenden Anfragen und Beschwerden auf eine harte Probe gestellt. Zu diesem Zeitpunkt waren unsere Strukturen noch nicht auf solche Ereignisse ausgelegt und wir konnten unseren Kunden somit nicht den Service bieten, der ihnen zusteht und der unserem eigenen Anspruch gerecht wird.

2.1 Was nimmt My Energy Partner aus dieser Zeit mit?

Gegenwind ist mittlerweile für uns fast normal. Als Pionier (wir waren eines der ersten Unternehmen mit einem Solaranlagen-Mietmodell, das erste mit einer strukturierten Finanzierung hierfür) bekommt man immer Gegenwind. Medien, Partner, Mitarbeiter und sonstige Stakeholder sagen einem immer wieder, dass etwas nicht funktionieren könne. Wir haben es uns ganz einfach zur Aufgabe gemacht, das Gegenteil zu beweisen. Das besondere an unserer Firma ist, dass wir uns immer wieder neu erfinden mussten, um auf dem dynamischen Markt der Erneuerbaren Energien zu bestehen. Es ist uns trotz vieler Hindernisse gelungen, innovative Lösungen zu finden und neue Wege zu gehen, um unserer Vision von sauberer Energie für alle zu folgen. Für die Zukunft wünschen wir uns als Unternehmen vor allem ein Umdenken in der Politik und bei der Verbraucherzentrale. Noch besser standardisierte Netzanschlussprozesse zum Beispiel würden es deutschlandweit agierenden Mittelstandsunternehmen wie uns ermöglichen, ebenfalls zu standardisieren. Somit könnten wir effizienter, kundenfreundlicher sowie gewinnbringender arbeiten, was für wohl jedes wirtschaftlich agierende Unternehmen wünschenswert ist. Weiterhin sind wir der Meinung, dass die Verbraucherzentrale wirklich im Sinne der Verbraucher handeln sollte. Dazu zählt auch, nicht direkt ganze Unternehmen und Geschäftsmodelle aufs Spiel zu setzen, wenn es zu Problemen kommt. Der Fokus sollte vielmehr darin liegen, gemeinsam mit den kritisierten Unternehmen Lösungen zu finden, die am Ende auch dem Verbraucher am meisten nützen. Neben einem deutlichen Image-Schaden gegenüber Presse sowie Neu- und Bestandskunden blicken wir als Gründer und Geschäftsführer auch finanziell gesehen negativ auf das Verhalten der Verbraucherzentrale zurück. Wir verzeichneten in den Vormonaten ein sehr starkes Wachstum, waren in Finanzierungsgesprächen mit einem der weltweit größten Vermögensverwalter. Dieser Deal ist vor dem Hintergrund der Abmahnung geplatzt.

Allerdings haben wir die Situation auch zum Anlass genommen, das gesamte Geschäftsmodell unter die Lupe zu nehmen. Dabei ist ein völlig neues Angebot entstanden, welches für Kunden sogar noch vorteilhafter ist als das bisherige Mietmodell. Die Umstellung auf Kauf- und Finanzierungsangebote punktet unter anderem mit einer höheren Wirtschaftlichkeit, da nun auch ein Stromspeicher in das Paket integriert werden konnte – dies war uns bei der Miete leider nicht möglich. Zudem wurden Lösungen gefunden, dieselben Schutz- und Serviceleistungen für das Kaufmodell anzubieten und dem Kunden dadurch mehr Sicherheit zu geben. Wir bauen unser Produktportfolio stetig aus und bieten unseren Kunden durch den neuen Speicher in Verbindung mit einer Monitoring-Lösung die Möglichkeit, ihren Solarstrom auch zu Nicht-Sonnenzeiten nutzbar und vor allem sichtbar machen. Durch dieses intelligente Energiemanagement kann Energie effizienter genutzt, Strom und Kosten eingespart und damit nicht zuletzt die Umwelt geschont werden. Weiterhin wurde ein neues Service-Center mit verbesserten Strukturen sowie einem umfassenden Ticketsystem zur zentralen Bearbeitung von Kundenanliegen eingeführt. Damit können wir nun all unseren Kunden einen schnellen, guten und zuverlässigen Service bieten. Darüber hinaus sind wir im Moment dabei, eine My Energy Partner Community aufzubauen, in der sich Kunden gegenseitig austauschen, Informationen einholen und exklusive Vorteile genießen können. Diese sozialen und kundenorientierten Maßnahmen decken sich perfekt mit unserer Vision, grüne Energie jedem zugänglich zu machen und nicht einfach nur ein Produkt zu verkaufen.

Wir sind das beste Beispiel dafür, dass gerade aus schwierigen Situationen heraus Erfolge entstehen können. Wir sind sehr dankbar allen Kunden, Mitarbeitern und Partnern gegenüber, die uns auf unserem steinigen Weg begleitet haben und weiter begleiten. Wichtig ist in solch einer Situation, dass man sich nicht nur der Krise, sondern auch den damit verbundenen Möglichkeiten bewusst ist. Eine Niederlage ist immer gleichzeitig die Chance etwas besser zu machen. Sie zwingt einen dazu, neue Wege zu gehen, neu zu denken und Dinge auszuprobieren, die man normalerweise aus Bequemlichkeit oder um Risiken zu vermeiden nicht umgesetzt hätte. Auch sollte man sich eine gewisse Flexibilität erhalten. Wir hätten angesichts der Abmahnung der Verbraucherzentrale aufgeben oder krampfhaft versuchen können, unlösbare Probleme in den Griff zu bekommen. Stattdessen haben wir das gesamte Geschäftsmodell einfach neu gedacht und haben damit letztendlich sogar ein noch besseres Angebot entwickeln können.

3   Wer viel bewegen will, muss groß denken

Zusammenfassung
Wer Veränderung erreichen möchte, muss eine große Zahl von Menschen erreichen. Genau das hat My Energy Partner mit seinem Konzept umgesetzt: Möglichst viele Haushalte an der privaten Energiewende beteiligen. Gleichbedeutend mit dem Ziel, möglichst viele Menschen zu erreichen, steht der Wunsch, einen möglichst positiven Einfluss auf unsere Gesellschaft auszuüben. Thi Loan Strasser hat deshalb gemeinsam mit ihrem Mann eine Stiftung ins Leben gerufen, die weltweit soziale Projekte realisiert. Als Flüchtlingskind aus Vietnam weiß sie aus eigener Erfahrung, dass Privilegien nicht selbstverständlich sind und man der Gesellschaft etwas zurückgeben sollte. Neben der Strasser Foundation setzen die Gründer auch bei My Energy Partner, Mitarbeitern und Kunden auf Aufklärung zum Thema Nachhaltigkeit. Für sie steht fest: Unternehmen sollten sich ihrer gesamtgesellschaftlichen Verantwortung bewusst sein und diese entsprechend nutzen.

Heute reicht es nicht mehr aus, tolle Ideen zu haben und Start-ups zu gründen. Um dem Klimawandel hier und jetzt begegnen zu können, brauchen wir grüne Geschäftsmodelle, die für die breite Masse funktionieren und sich damit flächendeckend am Markt durchsetzen können. Nur wenn möglichst viele Menschen die Möglichkeit haben, ohne großen Aufwand oder hohe Kosten einen positiven Beitrag für unsere Umwelt zu leisten, haben wir eine Chance den Klimawandel aufzuhalten. Gerade bei diesem Punkt können wir mit My Energy Partner punkten. Durch die Möglichkeit, Solarprodukte in günstigen monatlichen Raten zu beziehen, kann sich nahezu jeder eine Solaranlage leisten. Somit wurde der Anteil der Menschen, die eigene grüne Energie produzieren können, in der Vergangenheit erhöht. Bereits rund 10.000 Haushalte haben zusammen mit uns eine Solaranlage installiert, was zu einer jährlichen CO_2-Einsparung von etwa 18.000 t führt. Auch unser neues Finanzierungsmodell führt diesen Weg fort und stellt sicher, dass Solarenergie für viele Menschen erschwinglich ist. Oft scheitert es bei Privathaushalten nämlich nicht am Willen, sondern schlichtweg an den Mitteln, um aktiv einen Beitrag zur Energiewende zu leisten. Vor allem junge Familien, die vielleicht gerade ein Eigenheim finanziert haben, werden damit unterstützt und können ihr Zuhause von Beginn an nachhaltig gestalten ohne weitere große Investitionen stemmen zu müssen.

My Energy Partner haben mein Mann Konstantin und ich gemeinsam gegründet. Als Mutter von vier Töchtern ist es auch mir eine Herzensangelegenheit, der jungen Generation bessere Chancen zu bieten und in deren Bildung zu investieren. Ich selbst wurde 1973 in Vietnam geboren. Im Alter von fünf Jahren, floh ich mit meiner Familie vor dem Vietnamkrieg über das Chinesische Meer und kam mit der Cap Anamur nach Deutschland. Meine ersten deutschen Wörter lernte ich dann während eines mehrwöchigen

Krankenhausaufenthalts wo ich, nicht gewöhnt an das hiesige Klima, eine Lungenent-zündung auskurierte. Gleich nach dem Abschluss meiner mittleren Reife begann ich eine Ausbildung zur Rechtsanwaltsgehilfin in der Münchner Kanzlei Haug & Partner, wo ich bis 1996 beschäftigt war. Seit 2011 bin ich Geschäftsführerin von My Energy Partner. Gleichzeitig unterstütze ich meine Familie, die in München mehrere Restaurants betreibt, und habe vor kurzem einen lang gehegten Traum realisiert – die Eröffnung mei-nes ersten eigenen Restaurants, dem Jaadin Grillhouse.

Ein weiteres unserer gemeinsamen Projekte ist die Strasser Foundation, eine Stiftung Bürgerlichen Rechts. 2010 gegründet, verfolgt sie seitdem das Ziel, bedürftige Men-schen auf der ganzen Welt, insbesondere Kinder und deren Familien, zu unterstützen. Zahlreiche Projekte werden in meiner vietnamesischen Heimat umgesetzt. Der Umfang der Hilfsprojekte, geht dabei aber weit über das reine Sammeln von Spenden hinaus. So wurde etwa das Haus meines Onkels Van-Te Nguyen zu einem Begegnungszentrum für Senioren gemacht, in dem ältere Menschen kostenlos essen, sich austauschen oder Seel-sorge in Anspruch nehmen können. Einem Kinderheim in Ho-Chi-Minh-Stadt konnten wir mit unserer Foundation neben Tischen und Bänken zum Erledigen der Hausaufgaben unter anderem Schulgelder zur Verfügung stellen. Auch in Kooperation mit My Energy Partner konnten wir schon Projekte, wie die Versorgung eines brasilianischen Dorfs mit Solarenergie, realisieren. Zukünftig wollen wir auch andere Investoren und Stifter mit an Bord nehmen. So wird der Wirkungsgrad der Stiftung nochmals erhöht. Unsere langfristige Vision ist es, das Konzept von My Energy Partner noch einmal als Non-Pro-fit-Organisation aufzubauen und den Menschen so die Möglichkeit zu geben, sich auf Basis einer geregelten (Energie-)Infrastruktur selbstständig eine Zukunft aufbauen zu können. Neben solchen Hilfsprojekten tragen wir als Ausbildungsbetrieb sowie Förderer von Forschungs- und Hochschulprojekten zu Bildung und somit auch den Innovationen von morgen bei. Ebenso legen wir ein Augenmerk auf die eigene Community und Mit-arbeiter, die über Social Media, Newsletter und Newsticker immer über neueste Trends der Branche und Tipps rund um nachhaltiges Leben informiert werden. Mitarbeiter, Kun-den, Lieferanten und sämtliche Stakeholder bilden einen großen Kreis an Menschen, die gemeinsam viel erreichen können. Wir finden, dass jedes Unternehmen gesellschaftliche Verantwortung trägt, sich derer bewusst sein und entsprechend handeln sollte.

4 Ausblick – Was wird sich auf dem Energiemarkt tun?

Zusammenfassung

Für das Management von My Energy Partner steht fest, dass die Zukunft in den Erneuerbaren Energien liegt. Der Energiemarkt wird sich entsprechend verändern und dezentralisieren und alte Versorgermodelle werden innovativen Konzep-ten weichen. Energie wird mehr und mehr auf individuelle Lösungen setzen und außerdem eng mit neuesten Entwicklungen in Bereichen wie Smart Home oder E-Mobility verwoben sein. Dementsprechend möchte My Energy Partner sein Produktportfolio ausbauen und statt vielen Einzelprodukten ein ganzheitliches Portfolio anbieten, welches es dem Kunden ermöglicht, Zeit, Energie und Kosten zu sparen.

Auf der einen Seite wird es immer wichtiger werden, Einsparungspotenziale in unserem Energiekonsum auszumachen und möglichst effiziente Geräte zu verwenden sowie zu entwickeln. Deshalb sehen wir großes Potenzial bei den Themen Smart Home und insbesondere Haushaltsgeräten, die jeden Privathaushalt bei der Verbrauchsoptimierung unterstützen. Auf der anderen Seite muss die Energie, die wir verbrauchen, aus natürlichen Quellen kommen. Fossile Rohstoffe sind endlich, produzieren viele Neben- und Giftstoffe und tragen erheblich zum voranschreitenden Klimawandel bei. Atomkraft hat bereits in der Vergangenheit ihr gefährliches Potenzial gezeigt, weswegen der schrittweise Abbau und die Abschaltung der Kraftwerke unabdingbar sind. Fraglich bleibt nach wie vor eine sichere und möglichst umweltschonende Endlagerung des entstandenen Atommülls. Erneuerbare Energien hingegen stellen die beste und einzige Lösung dar, um unseren Planeten langfristig und nachhaltig mit Energie versorgen zu können. Ängste, dass unser Verbrauch nicht allein durch Erneuerbare Energien gedeckt werden kann, sind unbegründet. Treiben wir den Ausbau einer wohlüberlegten Mischung aus Erdwärme, Biomasse, Wind-, Gezeiten- und Sonnenenergie sowie passenden Speichern voran, kann eine flächendeckende Versorgung gewährleistet werden. Wir sind der festen Überzeugung, dass sich die Energiewende umsetzen lässt. Wichtig ist dabei aber, neue Ideen zu entwickeln und neue Strukturen zu schaffen, damit innovative Geschäftsmodelle entstehen und bestehen können. Der Energiemarkt wird in Zukunft mehr und mehr dezentral gestaltet sein, bestehende Versorgermodelle ablösen und Convenience in den Vordergrund rücken. Das bedeutet, dass immer weniger Haushalte ihren Strombedarf (ausschließlich) mit klassischen Methoden, Energiequellen und Versorgern decken werden. Es wird viele neue, spannende Modelle und Unternehmen geben, die eine längst fällige Revolution auf dem Energiemarkt vorantreiben. Damit kann neben dem Effekt der umweltfreundlichen Produktion letztlich auch die Verteilung und der Transport des Stroms effizienter gestaltet werden. Erneuerbare Energien und individuelle Versorgungsangebote werden selbstverständlich sein.

Darauf basierend wollen wir als My Energy Partner auch unsere Marke neu positionieren. Das bedeutet, dass wir uns nach diesen Trends richten und unser Produktportfolio entsprechend ausbauen werden. Neben unserem Hauptgeschäft, den Solaranlagen, wollen wir also auch Produkte unter anderem aus den Sparten Smart Home und E-Mobility anbieten, um unsere Kunden in sämtlichen Lebensbereichen zu unterstützen. Statt allerdings viele verschiedene Einzelprodukte zu verkaufen, wollen wir mit einem ganzheitlichen, stimmigen Konzept überzeugen. Unsere Kunden sollen smarte und kompatible

Geräte bekommen, die keine reinen Spielereien sind, sondern als vernetzte Einheit den Alltag des Kunden erleichtern. Menschen sollen durch die Systeme von My Energy Partner ihre Zeit mit den Dingen verbringen können, die ihnen wichtig sind, Einsparungspotenziale nutzen und ganz nebenbei auch noch die Umwelt schonen. Wir glauben, dass sich die Energiewende wirklich realisieren lässt und freuen uns, einen Anteil an allen kommenden Entwicklungen haben zu dürfen und mehr und mehr Menschen mit innovativen Lösungen zu versorgen. Schritt für Schritt wollen wir mit My Energy Partner deutsche Haushalte deshalb grüner, smarter und effizienter machen. Langfristig wollen wir der Partner für alle Energie- und Haushaltsthemen und einen ganzheitlichen, nachhaltigen Energie-Zyklus werden.

5   Unsere Tipps für Gründer

Zusammenfassung

Laut Thi Loan Strasser sollten Gründer verschiedene Fähigkeiten entwickeln, um ihren Arbeitsalltag zu meistern und damit den Erfolg ihres Unternehmens sicherzustellen. Dazu gehören für sie im speziellen Selbstorganisation, Kreativität und Selbstvertrauen, um komplexe Problemstellungen lösen zu können. Offenheit und Mut hingegen helfen insbesondere bei Umstrukturierungen wie es in Zeiten der Digitalisierung von Nöten ist. Ein weiterer wichtiger Faktor für junge Unternehmen sind die frühzeitige Forderung und Förderung der eigenen Mitarbeiter sowie eine gute Feedback-Kultur, um eine individuelle Entwicklung der Mitarbeiter sicherzustellen. Grundsätzlich sollten sich Gründer nicht von anfänglichen Schwierigkeiten, Skepsis oder Kritik entmutigen lassen und an sich und ihre Idee glauben.

Die Gründung eines Unternehmens ist eine spannende Angelegenheit, die enorm viel Potenzial zur Entwicklung neuer Fähigkeiten für alle Beteiligten innehat. Für uns als Geschäftsführer spielen vor allem Selbstorganisation und Kreativität eine wichtige Rolle zur erfolgreichen Führung eines Unternehmens. Gerade abstrakte Probleme oder Herausforderungen, denen man sich zum ersten Mal gegenübersieht, erfordern eine gewisse Kreativität und ein Andersdenken, um gelöst werden zu können. Ansonsten hilft es, wenn man generell gut organisiert ist und nicht gleich den Überblick verliert, wenn ein Problem etwas vielschichtiger ist. Selbstvertrauen und ein ruhiges Vorgehen tragen ebenso dazu bei, dass man nicht gleich in Panik verfällt, wenn man vor einer zunächst scheinbar unlösbaren Aufgabe steht. Ein Problem wird besser durch analytisches Vorgehen gelöst, ein anderes eher durch kreatives Ausprobieren. Da gibt es nicht eine Fähigkeit, die einen dazu befähigt, alle Probleme gleich gut lösen zu können. In Zeiten der Digitalisierung ergänzen insbesondere Offenheit und Mut zentrale Fähigkeiten eines

Gründers. Offenheit und Mut dazu, Prozesse komplett neu zu gestalten oder gar zu streichen und Bewährtes durch neue Techniken und Systeme zu ersetzen. Vieles erfordert am Anfang eine gewisse Umstellung und Aufwand, birgt aber großes Potenzial für Kosten- und Zeiteinsparungen. Die Digitalisierung ermöglicht es uns, Prozesse schneller und besser abbilden zu können. Unser gesamter Antrags-Prozess etwa läuft mittlerweile voll digitalisiert. So kann noch während eines Vor-Ort Beratungstermins eine erste technische Prüfung für die Machbarkeit einer Solaranlage stattfinden. Wir können die Digitalisierung nutzen, um die Kommunikation mit dem Kunden für beide Seiten sehr viel einfacher zu gestalten. Unser Vertrieb arbeitet zum Beispiel mit Whatsapp, etwa um fehlende Fotos beim Kunden anzufragen. Der macht dann einfach mit seinem Handy die entsprechenden Bilder und schickt sie über den Messenger an My Energy Partner zurück.

Als Führungskraft hat man sehr großen Einfluss auf die Ergebnisse des Unternehmens, aber auch auf die Entwicklung seiner Mitarbeiter. Die Art wann, wie oft und vor allem wie wir Feedback geben spielt dabei eine zentrale Rolle. Als Führungskräfte sollten wir uns intensiv mit unseren Mitarbeitern beschäftigen und herausfinden, welcher Führungsstil und welche Art von Kritik am besten sind. Denn nur gut ausgebildete, motivierte und lernwillige Mitarbeiter bringen die Leistung, die das Unternehmen am Ende langfristig zum Erfolg führt. Investitionen in die eigenen Mitarbeiter sind deshalb mit die wichtigsten Investitionen, die man als Gründer tätigen kann. Dies kann erreicht werden, indem wir ihnen früh Verantwortung übertragen und ihnen so die Möglichkeit geben, eigene Erfahrungen und vor allem auch Fehler zu machen. Bei My Energy Partner haben wir den Grundsatz, unseren Mitarbeitern schnell einen großen Handlungsspielraum zu geben. Wenn wir sehen, dass jemand in einem Bereich gut ist, übergeben wir ihm gerne mehr Verantwortung in diesem Bereich, auch wenn auf dem Papier möglicherweise noch bestimmte Fähigkeiten fehlen. In vielen Konzernen gehen Kompetenzen verloren, weil man zu starr an bestimmten Regelungen festhält, etwa dass ein Mitarbeiter erst alle Stationen vom Junior bis zum Senior über mehrere Jahre hinweg durchlaufen haben muss, bevor er eine bestimmte Position einnehmen darf. Wenn wir Macherqualitäten junger Menschen stärken möchten, müssen wir sie auch machen lassen.

Zu guter Letzt bleibt noch zu sagen, dass man sich nicht durch Schwierigkeiten, Misserfolge oder Kritik entmutigen lassen sollte, an sich selbst und seine Idee zu glauben. Sich seine persönliche Vision immer wieder ins Gedächtnis zu rufen, auf aktuelle Geschehnisse anzuwenden und immer nach den eigenen Werten zu handeln, kann dabei helfen, den schwierigen Weg eines Gründers erfolgreich zu meistern. Wir wünschen jedem neuen Gründer viel Erfolg und vor allem viel Spaß.

Die Herausgeber dieses Buches bedanken sich bei Sabrina Kaindl (MEP Werke), die maßgeblichen Anteil an der Erstellung und Koordination dieses Beitrags hat.

© MEP

© MEP

Thi Loan Strasser und Konstantin Strasser sind die beiden Geschäftsführer der MEP Werke GmbH (My Energy Partner). Beide kommen aus einfachen Verhältnissen und lernten früh, ohne finanzielle Mittel oder höhere Bildung ihren Weg zu gehen. Während Thi Loan mit fünf Jahren als Flüchtlingskind aus Vietnam nach Deutschland kam und eine Ausbildung zur Rechtsanwaltsgehilfin begann, entdeckte Konstantin Strasser über Umwege zunächst den Vertrieb und anschließend die Solarbranche für sich. Zunächst investierte Konstantin Strasser in den Bau großer Solarparks, musste nach plötzlich gesenkten Einspeisevergütungen allerdings ein neues Geschäftsmodell entwickeln.

2011 gründete das Paar deshalb My Energy Partner und hat seither viele Veränderungen der Branche und damit auch ihres Unternehmens gemeistert. Das damals vollkommen neue Konzept von bezahlbaren Miet-Solaranlagen für Privathaushalte machte sie zu Pionieren auf dem deutschen Energiemarkt. Bald zählte My Energy Partner zu den führenden Unternehmen der Solarbranche und kann sich bis heute erfolgreich auf dem Energiemarkt positionieren. Konstantin Strasser konzentriert sich derzeit auf die strategische Führung des Unternehmens sowie seiner Kapitalanlagengesellschaft Strasser Capital GmbH, wohingegen sich Thi Loan Strasser zusätzlich in der Gastronomiebranche Träume verwirklicht und vor kurzem ein eigenes Restaurant mit ihren Geschwistern eröffnet hat.

Thi Loan und Konstantin Strasser setzen sich gemeinsam für den Ausbau der Erneuerbaren Energien ein und teilen die Vision, jedem Haushalt die private Energiewende zu ermöglichen. Seit 2010 realisieren sie außerdem weltweit soziale Projekte mit der eigens gegründeten Strasser Foundation. Künftig planen sie das Geschäftsmodell von My Energy Partner weiter auszubauen, das Produktportfolio stetig zu erweitern und das erfolgreiche Konzept als Non-Profit Organisation für benachteiligte Menschen zur Verfügung zu stellen. Menschen in ärmeren Ländern soll mit geregelter Energieversorgung die Grundlage gegeben werden, sich eigenständig etwas aufzubauen.

Die BASF Schwarzheide GmbH auf dem Weg zum Nachhaltigkeits-Champion

Colin von Ettingshausen

1 Einleitung

Wer erinnert sich nicht an den Sommer 2018? Ich erinnere mich noch sehr gut an die Satellitenbilder unseres Landes aus jenem Sommer, die sich von denen der Mittelmeer-Anrainerstaaten nicht mehr unterschieden haben. Es hat über mehrere Wochen hinweg nicht geregnet. Es war viel zu trocken. Wenn der sehr trockene Sommer 2018 etwas Gutes hatte, dann die Tatsache, dass der Klimawandel noch stärker in der öffentlichen Wahrnehmung angekommen ist. Wir brauchen auch deshalb mehr Nachhaltigkeit!

Die chemische Industrie hat das längst erkannt und arbeitet in der gemeinsamen Nachhaltigkeitsinitiative Chemie[3] von VCI, IG BCE und BAVC geschlossen daran, das Prinzip Nachhaltigkeit als Leitbild zu verankern. Beim Chemie-Konzern BASF ist Nachhaltigkeit bereits im Unternehmenszweck verankert.

BASF: Chemie, die verbindet – für eine nachhaltige Zukunft

Eine lebenswerte Zukunft mit besserer Lebensqualität für alle muss aus Sicht der BASF die folgenden drei Kriterien erfüllen: ökologische, ökonomische und gesellschaftliche. BASF verbindet wirtschaftlichen Erfolg mit dem Schutz der Umwelt und gesellschaftlicher Verantwortung. Dieses Prinzip wurde in der im Jahr 2018 vorgestellten neuen

Die Originalversion dieses Kapitels wurde revidiert. Ein Erratum ist verfügbar unter
https://doi.org/10.1007/978-3-662-59653-1_41

C. von Ettingshausen (✉)
BASF Schwarzheide GmbH, Schwarzheide, Deutschland
E-Mail: colin.von-ettingshausen@basf.com

© Springer-Verlag GmbH Deutschland, ein Teil von Springer Nature 2019, korrigierte
Publikation 2020, A. Hildebrandt und W. Landhäußer (Hrsg.),
CSR und Energiewirtschaft, Management-Reihe Corporate Social Responsibility,
https://doi.org/10.1007/978-3-662-59653-1_2

Konzernstrategie noch fester und noch verbindlicher verankert. Im Zentrum der Strategie der BASF stehen die Kunden.

Für die Kunden will BASF das führende Chemie-Unternehmen in der Welt sein. Dazu wurden sechs strategische Handlungsfelder definiert: Innovation, Produktion, Digitalisierung, Portfolio, Mitarbeiter und Nachhaltigkeit. Zum BASF-Konzern gehören weltweit sechs Verbundstandorte sowie 355 weitere Produktionsstandorte in mehr als 90 Ländern. Seit 1990 ist die BASF Schwarzheide GmbH als 100 %ige Tochter der BASF SE wichtiger Teil des Produktions-Netzwerkes und drittgrößter BASF Standort in Europa.

BASF Schwarzheide GmbH

Die BASF hat seit 1990 mehr als 2 Mrd. EUR in den ehemaligen Volkseigenen Betrieb „Synthesewerk Schwarzheide" investiert. Der Standort betreibt derzeit 17 Produktions- und Infrastrukturanlagen. Zum Produkt-Portfolio gehören Polyurethane, technische Kunststoffe, Schaumstoffe, Pflanzschutzmittelwirkstoffe, Veredlungschemikalien und Lacke. Die BASF beschäftigt in Schwarzheide derzeit rund 2000 Mitarbeiter.

Die BASF Schwarzheide GmbH hat eine sehr erfolgreiche Historie. Darauf baut der Standort auf und entwickelt sich kontinuierlich weiter. Die neue Konzernstrategie mit dem Dreiklang der Nachhaltigkeit bietet dafür große Chancen. Deshalb möchte sich der Standort Schwarzheide zum Nachhaltigkeits-Champion in der BASF-Gruppe entwickeln. Voraussetzung dafür sind starke Partner.

Am 7. Februar 2019 haben die BASF SE und die Landesregierung Brandenburg eine gemeinsame Erklärung veröffentlicht in der sich beide Partner dazu bekennen, den Standort Schwarzheide weiter zu stärken und auszubauen. Dazu zählen die Potenziale neuer Technologien und Energien, die Logistik sowie die Fachkräftesicherung. Vor dem Hintergrund der Energiewende in der Lausitz kommt dem Standort Schwarzheide als industriellem Leuchtturm eine besondere Verantwortung zu. Diese besondere Verantwortung wird für die drei Aspekte der Nachhaltigkeit betrachtet, Ökologie, Ökonomie und Gesellschaft.

Für die Ökologie geht es um die Reduktion von CO_2, der Nutzung von erneuerbaren Energien und um Kreislaufwirtschaft, der sog. Circular Economy. Aus ökonomischer Sicht will der Standort die Produktionsanlagen noch effizienter mit ressourcenschonenden Produkten und hoher Anlagenverfügbarkeit betreiben. Dies sichert Wettbewerbsfähigkeit im Markt und Zuverlässigkeit für die Kunden. In Bezug auf die Gesellschaft sind für den Standort Arbeitsplatzsicherung, Fachkräfteentwicklung und die Attraktivität der Lausitz ausschlaggebend. Für alle drei Aspekte der Nachhaltigkeit gibt es konkrete Initiativen und Projekte.

Ökologie

Das Ziel des Konzerns bis 2030 CO_2-neutral zu wachsen, unterstützt der Standort mit der Weiterentwicklung der Infrastruktur. Mit dem Spatenstich für eine neue Rückstandsverbrennungsanlage sind dazu bereits im Jahr 2018 erste Schritte eingeleitet worden. Mit dem Konzept der Kreislaufwirtschaft soll der Gebrauch von Ressourcen entlang der gesamten Wertschöpfungskette verbessert werden. Dazu zählt auch eine ressourcenschonende Abfallwirtschaft. Im Jahr 2018 konnten Spezialunternehmen aus dieser Branche für das Abfallmanagement am Standort gewonnen werden. Mit den neuen Partnern können Abfallströme besser und nachhaltiger getrennt werden.

Als Beitrag zur erfolgreichen Kreislaufwirtschaft schaut der Standort auch intensiv auf die Energieversorgung. Deshalb wird das Kraftwerk mit einer Investitionssumme von über 70 Mio. EUR modernisiert. Das ist wichtig um eine noch effizientere Kraft-Wärme-Kopplung zu erlangen, was letztlich die Stromkosten weiter senken und die Attraktivität des Standortes und der Region erhöhen wird. Die BASF konzentriert sich beim Kreislauf-Gedanken aber nicht nur auf unternehmenseigene Geschäftstätigkeiten.

Erneuerbare Energien spielen für ökologische Nachhaltigkeit eine große Rolle. Als Blaupause für die Lausitzer Energiewende wurde gemeinsam mit wichtigen Partnern das Reallabor „chEErs" ins Leben gerufen. Unter dem Namen „chEErs", kurz für: Chemie und Energie aus Erneuerbaren in Schwarzheide, tritt der Standort im Konsortium aus chemischer Industrie, Technologielieferanten, EE-Erzeugern, Vermarktern und Netzbetreibern an, um zu zeigen, dass erneuerbare Energien im industriellen Maßstab nutzbar sind.

Diese Maßnahmen erhöhen die Attraktivität des Standortes weiter und schaffen so die Basis für zukünftige Investitionen in neue Produktionsanlagen und neue Produkte. Dadurch entsteht ein Umfeld, in dem die Weiterentwicklung des Standortes auch aus ökonomischer Sicht erfolgen kann.

Ökonomie

Eine effiziente und wirtschaftliche Logistik ist branchenübergreifend eine wichtige Grundvoraussetzung für Schwarzheide und die Region. In der Lausitz eröffnen sich logistisch besondere Potenziale. Der Industriestandort Schwarzheide verfügt über das östlichste Kombiverkehrsterminal in Deutschland und ist durch die Fertigstellung der niederschlesischen Magistrale direkt mit der neuen Seidenstraße verbunden. Das Terminal kann überregional den Logistikverkehr nach Osteuropa und Asien als Gateway mit Hub-Funktion bündeln. Auf diesem Weg werden Ganzzüge effizient in östliche Destinationen, aber auch in Richtung West- und Südeuropa konsolidiert. Die BASF unterstützt daher auch den Bau eines weiteren großen Kombiverkehrsterminals in Schwarzheide, um als Logistikdrehscheibe den Handel in der Region weiter anzukurbeln und damit den Wandel zu gestalten – eine einmalige Gelegenheit für die Region.

Ein Katalysator für Nachhaltigkeit am Standort ist die Digitalisierung, die auch als Handlungsfeld in der Konzernstrategie der BASF fest verankert ist. Die digitale Transformation des Standortes bringt enorme Veränderungen mit völlig neuen Prozessen, Arbeitsweisen und ebenso völlig neuen Produktions- und Infrastrukturanlagen mit sich. Alle Produktions- und Infrastrukturanlagen haben deshalb digitale Zielbilder erstellt, auf die kontinuierlich hingearbeitet wird. Mithilfe der Digitalisierung ist es bereits gelungen, Besserstellungen von mehreren Millionen Euro pro Jahr zu realisieren. Schon heute ist absehbar, dass aus einer ganzheitlichen Betrachtung ein deutlicher Wettbewerbsvorteil hervorgeht. Durch bessere Produktqualität, höhere Effizienz, gesteigerte Anlagenverfügbarkeit und reduzierten

Rohstoffeinsatz schafft der Standort Werte für die Kunden der BASF. Es geht dabei aber nicht nur um neue Technologien wie künstliche Intelligenz, Big Data oder Augmented Reality. Es geht vor allem um die Menschen am Standort und in der Lausitz. Es geht um gesellschaftliche Nachhaltigkeit.

Gesellschaft

Die Digitalisierung verändert die Arbeitswelt. Tätigkeiten werden wegfallen, sich ändern, neue Tätigkeiten werden entstehen. Der Standort Schwarzheide geht fest davon aus, dass der Fachkräftebedarf weiter ansteigen wird. Ein vielfältiges Aufgabenspektrum, gelebte Sozialpartnerschaft und die Vereinbarkeit von Familie und Beruf machen die BASF Schwarzheide GmbH zu einem attraktiven Arbeitgeber. Den Facharbeiterbedarf sichert die BASF in Schwarzheide über eine eigene Ausbildung. Mit etwa 10 % liegt die Ausbildungsquote fast doppelt so hoch wie der Bundesdurchschnitt. Durch Hochschul-Kooperationen werden frühzeitig Kontakte mit dem akademischen Nachwuchs hergestellt.

Über ein individuelles Aus- und Weiterbildungsprogramm werden alle Mitarbeiter für die Digitalisierung mitgenommen. Dies wird mit neuesten Lehr- und Lernmethoden geschehen. Deshalb unterstützt die BASF in Schwarzheide die Stadt Schwarzheide bei der Ausarbeitung und Umsetzung eines Leistungszentrums Lausitz. In diesem Aus- und Weiterbildungszentrum sollen zukünftig für mehr als 80 Unternehmen die Kompetenzen der industriellen Fachkräfte gesichert werden. Das Leistungszentrum Lausitz wird darüber hinaus überregionale Strahlkraft entwickeln und die Attraktivität der Region weiter erhöhen.

Als Unternehmen der chemischen Industrie ist die BASF Schwarzheide GmbH ganz besonders auf Fachkräfte aus den Bereichen Mathematik, Informatik, Naturwissenschaft und Technik angewiesen. Auch deshalb engagiert sich der Standort gesellschaftlich mit Programmen, die Begeisterung für MINT-Fächer erzeugen. Genannt seien hier die MINT[plus] Charta, das Förderprogramm MINT[plus] Praxis und die Initiative MINT[regio], die alle darauf abzielen, den MINT-Nachwuchs in der Lausitz zu fördern und zu fordern.

2   Zusammenfassung und Ausblick

Der Klimawandel, die Änderungen der geopolitischen Machtverhältnisse, die Strukturveränderungen durch Digitalisierung oder die Migrationsbewegungen erzeugen Umbrüche mit großen Ausmaßen. Gleichzeitig wird die Welt immer unbeständiger, ungewisser, komplexer und mehrdeutiger. In einer solchen Welt sind ein entschlossenes Vorgehen und verlässliche Verbündete unverzichtbar.

Für eine nachhaltige Zukunft betrachtet die BASF Schwarzheide GmbH ökologische, ökonomische und gesellschaftliche Aspekte bei allen Entscheidungen. Deshalb wird die Infrastruktur modernisiert, die Energieversorgung optimiert, die logistische Anbindung verbessert, Prozesse digitalisiert sowie in Aus- und Weiterbildung investiert. Dies geschieht gemeinsam mit der Wirtschaft, Wissenschaft und Politik der Region.

Als Vorreiter der digitalen Transformation in der BASF-Gruppe, zukünftiger Nachhaltigkeits-Champion und Brandenburger Leuchtturm-Unternehmen leistet die BASF Schwarzheide GmbH entsprechende Beiträge für eine nachhaltige Zukunft, „in der Region, mit der Region, für die Region".

© Fotocredit: Colin von Ettingshausen

Dr. Colin von Ettingshausen, geboren 1971 in Düsseldorf. Seit 2012 kaufm. Geschäftsführer und Arbeitsdirektor der BASF Schwarzheide GmbH. Mitglied der Tarifkommission Bundesarbeitgeberverband Chemie, stellv. Vorsitzender des Verwaltungsausschuss Agentur für Arbeit Cottbus sowie Mitglied der Vollversammlung IHK Cottbus. Studium der Betriebswirtschaftslehre in Dortmund und Plymouth (UK). Studium der International Relations und Economics in Oxford. Von 1999 bis 2012 verschiedene Positionen in Vertrieb und Marketing für Autoreparaturlacke des BASF Unternehmensbereichs Coatings Solutions in Münster, Johannesburg, Salzburg und Yokohama. Silbermedaille im Zweier ohne Steuermann bei den Olympischen Spielen von Barcelona 1992. Ruder-Weltmeister im Deutschlandachter in Prag 1993. Teilnehmer im Zweier ohne Steuermann bei den Olympischen Spielen von Atlanta 1996.

Energie für den Handel – Herausforderungen für Unternehmen und Politik

Olaf Schulze

Vorausschauende und nachhaltige Energiepolitik ist nicht nur betriebswirtschaftlicher Selbstzweck für Unternehmen. Ihre Relevanz als Großverbraucher und Großemittenten ist für jede nationale Regierung, aber auch für die Europäische Union beim Erreichen politisch gesetzter Ziele in den Bereichen Klimaschutz und Energieversorgung evident. Die politischen Anforderungen und Verpflichtungen zu nationalen wie internationalen Klimaschutzzielen, Energieeinsparzielen wie Ausbau erneuerbarer Energieerzeugung können nur *mit* und *nicht gegen* die Interessen von Industrie und Handel erreicht werden. Unternehmen unterliegen daher nicht nur politischen Vorgaben, sondern sie können ihren Einfluss, ihre Bedeutung und Erfahrung auch nutzen, um die notwendigen regulatorischen Maßnahmen mitzugestalten. Unternehmen und Politik sind Partner, um sozio-ökologische Ziele wie Wohlstand, gesellschaftlichen Frieden, Klimaschutz, Ressourceneffizienz und Nachhaltigkeit zu erreichen. Doch Fakt ist, für ihren Geschäftserfolg brauchen Unternehmen stabile und verlässliche Rahmenbedingungen, kaufkräftige Kunden und eine lebenswerte Umwelt.

Die Energiepreise auf den Weltmärkten sind in den letzten Jahren wieder gestiegen. Auch Abgaben und Umlagen, wie StromNEV- und Offshore-Umlage, sowie indirekte Regulierungen, etwa die Notwendigkeit der Installation von Leistungsmessungen bei der Weiterleitung von Strom nach § 62b EEG, verteuern Energie stetig. Mittel- und langfristig ist das Ende der fossilen Energieversorgung unabwendbar, in Frankreich und

O. Schulze (✉)
Director Energy Management, METRO AG, Düsseldorf, Deutschland
E-Mail: olaf.schulze@metro.de

© Springer-Verlag GmbH Deutschland, ein Teil von Springer Nature 2019
A. Hildebrandt und W. Landhäußer (Hrsg.), *CSR und Energiewirtschaft*,
Management-Reihe Corporate Social Responsibility,
https://doi.org/10.1007/978-3-662-59653-1_3

21

Deutschland ist der Kohleausstieg gesellschaftlich schon adressiert[1]. Der Klimawandel erfordert dramatische Reduktionen von klimaschädlichen Emissionen. Die Energiewende ist sicher und muss daher im unternehmerischen Handeln eingepreist und als ein potenzielles Risiko gemanaged werden.

Moderne Handelsunternehmen stehen daher vor großen Herausforderungen: Sie benötigen Energiemengen für den Betrieb ihrer Märkte, Depots, Filialen, Warenhäuser und Läger sowie für den Warentransport. Sie müssen die damit einhergehenden Energiekosten unter Kontrolle halten und sich gleichzeitig ihrer Verantwortung gegenüber der Gesellschaft für Umweltschutz und Nachhaltigkeit zu stellen.

Der Handel von morgen ist klimaneutral, energetisch hocheffizient, sein Transportmanagement umweltverträglich. Handel ist Wandel! Neue Vertriebsformen, etwa die Belieferung von Kunden, setzen sich mehr und mehr durch; Verkaufsformate ändern sich, Immobilien-Portfolien wechseln die Eigentümer, die Handelsunternehmen die Betreiber.

METRO hat auf dem Weg in seine Zukunft als fokussiertes Großhandelsunternehmen zahlreiche dieser Veränderungen durchlaufen: 2013 wurden die Hypermärkte von Real International in Osteuropa und 2015 die Vertriebslinie Kaufhof verkauft, 2017 wurde die METRO AG von der Ceconomy AG, Betreiberin u. a. der Media- und Saturn- Märkte, abgespalten[2]. Derzeit steht das Einzelhandelsunternehmen Real in Deutschland mit mehr als 270 SB-Warenhäusern zum Verkauf. Umgekehrt wurden in den vergangenen Jahren viele METRO Großmärkte in Russland, China, Indien, Frankreich und Türkei, aber auch Depots und Verteilzentren etwa in Polen, in der Tschechischen Republik, Deutschland und ganz aktuell in Myanmar[3] eröffnet.

1   Energie für METRO – eine strategische Herausforderung

Der Energiebedarf pro einzelnem Großmarkt, Depot und Lager mag für sich genommen unerheblich erscheinen, aber für die Vielzahl der einzelnen Standorte mit insgesamt 7,4 Mio. m² Verkaufsfläche, davon 5,5 Mio. m² Verkaufsfläche von METRO Großhandel, verbrauchte METRO insgesamt – im Geschäftsjahr 2017/2018 2324 GWh (Gigawattstunden) Strom, 1167 GWh Wärme und Treibstoffe sowie 5,1 Mio. m³ Trinkwasser[4].

---

[1] https://www.kommission-wsb.de/WSB/Navigation/DE/Home/home.html, letzter Aufruf 08.03.2019; https://www.energiezukunft.eu/klimawandel/frankreich-vollzieht-kohleausstieg-bis-2023-gn104422/, letzter Aufruf 10.03.2019.

[2] https://archiv.metrogroup.de/pressemitteilungen/2017/07/12/aufteilung-der-metro-group-ab-geschlossen, letzter Aufruf 10.03.2019.

[3] http://www.nationmultimedia.com/detail/business/30326945, letzter Aufruf 08.03.2019.

[4] https://reports.metroag.de/corporate-responsibility-report/2017-2018/responsibility-metro/secure-planet/business-operations.html, letzter Aufruf 10.03.2019.

Allein in Deutschland werden von den Standorten der METRO Deutschland, die über 110 Großmärkte und Depots betreibt, ca. 210 GWh Strom verbraucht.

Für die Beschaffung dieser Ressourcen für METRO Großmärkte – wurden im Geschäftsjahr 2017/2018 weltweit rund 191 Mio. € aufgewendet. Die Energiekosten bleiben dabei stabil eine der größten Kostenpositionen und belaufen sich auf rund 0,7 % vom Umsatz, in Deutschland aufgrund der im internationalen Vergleich sehr hohen Energiepreise sogar 1 %.

2   Zuerst Fukushima, dann Pariser Klimakonferenz – eine Wende und Übernahme von Verantwortung auch für METRO

Der dramatische Anstieg der Energiekosten in vielen Ländern, in denen die Vertriebs-linien der METRO tätig sind, fand ihren vorläufigen Höhepunkt in den explodierenden Großhandelspreisen für Strom, Erdgas und Öl nach dem verheerenden Reaktorunfall in Fukushima im März 2011. METRO entwickelte deshalb eine Vier-Säulen-Energie-strategie, basierend auf:

1. alle Energieverbräuche messen, bewerten und mit zentralen KPI steuern
2. die Energieverbräuche durch Verhaltensänderung und gezielte Investitionen reduzieren,
3. die benötigte Energie am Großmarkt so weit sinnvoll und technisch möglich selbst kosten- und umweltbewusst produzieren, und
4. die wesentlichen Energiebedarfe am Energiegroßhandel längerfristig und strategisch einkaufen

Die Dramatik des bedrohlichen Klimawandels und das gemeinsame Ziel der Vereinten Nationen, die Erderwärmung auf 2 °C bis 2050 zu beschränken, waren Anlass, die unter-nehmenseigene Energiestrategie neu auszurichten und METRO zu einem eigenen Klima-schutzziel 2030 zu verpflichten: Bis 2030 soll der eigene CO_2 Fußabdruck, berechnet je m^2 Verkaufs- und Belieferungsfläche, um die Hälfte sinken (Vergleichswert: 2011).

3   Die Energiestrategie 2030

METRO hat die im Jahr 2011 entwickelte Energiestrategie 2020[5] Ende 2015 vor dem Hintergrund der Pariser Klimakonferenz COP 21 als eigene Energiestrategie 2030 weiterentwickelt, im Scope erweitert und in der Umsetzung fokussiert:

---

[5]METRO AG Handelsbrief, Ausgabe Oktober 2014, Seite 11, http://www.metrogroup.de/politik/handelsbrief#trade-letter-publications, letzter Aufruf 09.03.2019.

ENERGIESTRATEGIE DER METRO.

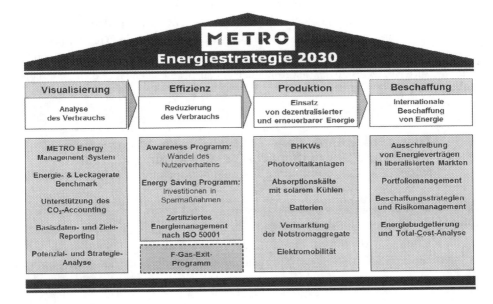

Abb. 1 METRO Energiestrategie 2030

1. METRO Energy Management System (MEMS) Betrieb und Erweiterung des unternehmenseigenen Energy Management Systems zur systematischen und strukturierten Messung, Auswertung, Bewertung und Monitoring der Energieverbräuche.
2. Energy Saving Programm (ESP)/Energy Awareness Programm (EAP): Energieeinsparung durch investive technische Maßnahmen und Verhaltens- und Bewusstseinsänderung der Mitarbeiterinnen und Mitarbeiter zum Energieverbrauch, F-Gas-Exit-Programm (FEP)[6]: Nutzung von natürlichen Kältemitteln und Ausstieg aus der Nutzung von fluorinierten Gasen in den Kühlmitteln der Kälteanlagen[7] sowie Einführung der ISO 50001 Energy Management Zertifizierung
3. Smaragd- und Rubin-Initiative: Errichtung dezentraler Energieerzeugungsanlagen in den Märkten zur Deckung des Eigenverbrauchs durch Erneuerbare Energien mit dem Ziel der Reduktion von Energiekosten und -emissionen. Verpflichtung in der EV*100 Initiative: Errichtung von Ladeinfrastruktur für Elektrofahrzeuge.
4. Risikogesteuerte Beschaffung der benötigten Energiemengen am internationalen Energie-Großhandelsmarkt (Abb. 1).

---

[6]The F- Gas-Exit Program of METRO GROUP – strategy and execution in Cold Chain Management, U.Herbert/J. Kreyenschmit, Bonn, ISBN 978-3-9812345-2-7, S. 89 ff.
[7]https://www.theconsumergoodsforum.com/initiatives/environmental-sustainability/key-projects/refrigeration/, letzter Aufruf 10.03.2019.

Diese Energiestrategie wurde mit einer entsprechenden Organisation und Funktion unterlegt, und führte dazu, dass in diesen nicht verkaufsrelevanten Bereichen Energy Manager als neue Funktion eingesetzt wurden. Bei METRO wurden regionale Energy Manager etabliert, die in einem Land angestellt sind und für mehrere Länder die energie-programmbezogenen Querschnittssonderaufgaben, wie Verbrauchsreporting, Planung und Überwachung der technischen Einsparmaßnahmen oder Durchführung von Einspar-checks der Großmärkte wahrnehmen. Beispielsweise ist eine Funktion Energy Manager bei METRO Ungarn implementiert. Der Energy Manager ist für alle METRO Groß-märkte in Bulgarien, Serbien, Rumänien, Moldawien, Kroatien, Ungarn, in der Tschechi-schen Republik und Slowakei zuständig und unterstützt die jeweiligen Head of Technical Operations (HoTO) in allen Energiefragen. Die HoTOs der METRO sind die Kolleginnen und Kollegen, in Details im Aufgabengebiet je nach Bedarf und Land angepasst, die sich mit ihren Teams um die Wartung und Instandsetzung sowie den technischen Betrieb unserer Großmärkte kümmern.

Die Erfahrungswerte sowie die Messwerte aus dem METRO Energy Management System MEMS bestätigten, dass sich der Energie- und Ressourcenverbrauch – im Detail abhängig vom Format des jeweiligen Großmarktes und der Klimazone, in der sich der Großmarkt befindet – beim Verbrauch zu etwa 70 % in Strom, 20 % in Wärme und 10 % in Wasser und Abwasser sowie hinsichtlich der Kosten zu 80 % in Strom, zu 10 % in Wärme und zu 10 % in Wasser und Abwasser aufteilt.

In einer Vielzahl von Großmärkten wird wegen der klimatischen Bedingungen keine Wärmequelle benötigt beziehungsweise für die kurze Zeit, etwa im Süden der Türkei im Winter, die nötige Raumwärme mit der Klimaanlage aus Strom – erzeugt. Basierend auf der Datenlage stand für METRO – vor allem wegen des starken Anstiegs der Energie-kosten, aber auch für die Erreichung des Klimaschutzzieles – fest, dass die wesentlichen Einsparungen aus den Stromverbräuchen erzielt werden müssen. Das Ziel war somit vorgegeben: Energiekosten, vorrangig Stromkosten, einsparen und energieverbrauchs-getriebene Emissionen reduzieren.

4   Das weltweite METRO Energy Management System MEMS[8]

Wichtig und erfolgsimmanent war, die Energieverbräuche transparent, sichtbar und messbar zu machen – mit einem Reporting auf mindestens monatlicher Basis. Bereits einige Jahre zuvor begonnen, aber insbesondere in den Geschäftsjahren 2011 und 2012 umgesetzt, wurden alle METRO Großmärkte weltweit mit dem *METRO Energy Management System* **MEMS** versehen. Das MEMS besteht aus einer Datenbank und

---

[8]METRO GROUP Energymanagement digital – Das METRO-ENERGY-MANAGEMENT-SYS-TEM MEMS, in A. Hildebrandt/W. Landhäußer, CSR und Digitalisierung, Springer Gabler 2017, S. 465 ff.

einer zentralen Benutzeroberfläche. In dieser Datenbank werden alle Zähler, sowohl Haupt- als auch Unterzähler, mit ihren Verbräuchen, unabhängig ob Strom, Wärme oder Wasser, verwaltet, bewertet, ausgewertet und durch zum Beispiel Lastprofile transparent dargestellt.

Um diese Transparenz zu gewährleisten wurden in allen METRO Märkten die Hauptzähler und eine Vielzahl von Unterzählern installiert und mit dem Energiemanagementsystem verbunden. Mittlerweile sind in über 760 METRO Märkten insgesamt mehr als 6000 Messpunkte installiert. Diese ermöglichen die Echtzeitmessung aller Verbräuche mit registrierenden Leistungsmessungen. Die Zähler mit einer sogenannten Standardlastprofilmessung, wie die meisten Gas- oder Wasserzähler, werden durch manuelle Ablesung in das MEMS eingepflegt.

Damit sind die Energieverbräuche zum Großteil transparent und Verbräuche sowie potenzielle als auch realisierte Einsparungen messbar – eine unabdingbare Voraussetzung für ein nachhaltiges Energiemanagement.

Bei der Verkabelung der Zähler mit den Dataloggern als Zwischenspeicher in den Schaltschränken der Bestandsmärkte wurde in existierende Systeme eingegriffen, sodass nicht immer sämtliche Unter-Verbräuche gemessen werden.

Wichtig war es zudem, das lokale Management an Bord zu haben, um zumindest die Minimumstandards zu berichten – also die Messung der Hauptzähler und mindestens der Pluskälte, also der Kälteanlage für die Temperaturen über Null Grad Celsius zur Kühlung von Molkereiprodukten und der Kälteanlage zur Tiefkühlung. Da der größte Teil des Stroms in den Kälteanlagen verbraucht wird, sind diese Daten von besonderer Relevanz. Der technisch richtigen und vollständigen Installation musste die vollständige Dokumentation folgen, damit im MEMS die Geräte den Großmärkten und Aggregaten zugeordnet werden und die Wandlerfaktoren korrekt rechnen.

Entstanden ist so eine komplexe Software, die neben der Optimierung und Verbesserung der Datenbank und der Auswertungssoftware auch die Wartung und Reparatur der Datalogger und Energiezähler in den Großmärkten erforderlich macht. Zähler und Datenlogger sind elektronische Geräte, die vor Defekten nicht geschützt sind, die aber auch Objekt mancher Begierde sind. So wurde in einigen Märkten anstatt einer komplexen Verkabelung der Zähler mit den Dataloggers, den Zwischenspeichern für die Zähler im Markt, eine kostengünstigere Funklösung gewählt. In einigen Fällen wurde von Unbekannten die dafür genutzte GSM-Karte entwendet, wohl in der Absicht, diese Karten zum Telefonieren zu verwenden. In einigen asiatischen Ländern traten für europäische Verhältnisse unerwartet hohe elektrische Spannungsschwankungen auf, sodass wir auch hier eine Lernkurve absolvieren mussten, um den wiederholten Ausfall der Zähler zu vermeiden.

Ein Benutzungshemmnis des MEMS für die für den Energieeinsparerfolg wichtigen Haustechniker war das Fehlen von lokalen Sprachen, vor allem Übersetzungen für die englischen Fachbegriffe, sodass wir das MEMS fortwährend um zusätzliche lokale Sprachen erweiterten.

In der Zwischenzeit haben wir auch ein LOCS-Modul entwickelt, das elektronische „Logbook of Cooling Systems", mit dem die gesamten Bestands- und Nachfüllmengen von Kältemitteln registriert und ausgewertet werden.

Beide Systeme, MEMS und LOCS, unterliegen regelmäßigen Anpassungen und Veränderungen, um den Anforderungen der Anwender in den METRO Ländern und Märkten gerecht zu werden.

Bereits seit Juli 2014 haben wir das EMC Energy Monitoring Center für alle METRO Märkte weltweit im METRO Shared Service Center in Pune/Indien eingerichtet. Dazu wurde ein Ticketing Modul in MEMS integriert, mit dem die Feststellungen des EMC an die Energy Manager für eine weitere Bearbeitung, und von dort an die HoTOs in den jeweiligen Länder – weitergeleitet werden können. Hier können wir sogar die Zeitdifferenz zu Indien nutzen – wenn das EMC seine Monitoringanalysen vom Vortag fertig stellt, können die technischen Abteilungen in Mittel- und Osteuropa bei Arbeitsbeginn bereits die Abweichungen im Energieverbrauch analysieren und bearbeiten.

Ist MEMS perfekt? Leider und natürlich nicht. Verschiedenste Anforderungen an User und Technik müssen erfüllt werden, Daten sollen komplett, vollständig, richtig sein und die Kosten im Rahmen bleiben. MEMS ist eine gute Software, entwickelt für die Anforderungen von METRO – allerdings vor einem guten Jahrzehnt. Auf die eingangs beschriebenen, eingeleiteten Veränderungen haben wir bereits vor vielen Monaten reagiert, bald werden wir auch hier Ergebnisse zeigen können.

5 Klimagase sollen spezifisch von 2011 bis 2030 halbiert werden

METRO hatte sich bereits 2011 das eigene Klimaschutzziel gesetzt, bis 2020 gegenüber 2011 den Carbon Foot Print um 20 % je Quadratmeter Verkaufsfläche zu reduzieren. 90 % der nach dem Green House Gas Protocol berechneten und berichteten Emissionen werden direkt und indirekt durch Energieanwendungen bei METRO verursacht, spezifisch zu ca. 60 % durch Strom, 10 % durch Wärme (Erdgas, Heizöl, Fernwärme) und 20 % durch Emissionen aus Kältemittelleckagen, wobei die Kälteanlagen wiederum ca. 40 % des Stromverbrauchs verursachen. Die anderen 10 % der Klimawirkungen werden durch den Papierverbrauch (5 %), Dienstreisen (2 %) und die Firmenflotte (3 %) verursacht. Da Ende 2015 abzusehen war, dass wir das für 2020 gesetzte Klimaschutzziel schaffen, wäre es nicht ambitioniert gewesen, ein „WEITER SO" auszurufen. Deshalb setzte sich METRO ein neues Klimaziel für 2030: Die Emission von Klimagasen im Vergleich zu 2011 pro Quadratmeter Verkaufs- und Lieferfläche zu halbieren. Das bedeutet schlichtweg, dass wir zur Erreichung deutlich mehr Beiträge im Energiebereich leisten müssen, und somit auch die Energiestrategie 2030 konsequent umsetzen.

Schon in 2010 wurde parallel mit der Einführung von MEMS ein sogenanntes Carbon Intelligent System nach dem GreenHouse Gas Protocol corporate standard[9] entwickelt, um die konzernweiten Emissionen für das Geschäftsjahr 2011 als Basisjahr neu, einheitlich und transparent zu berechnen.

Für die einzelnen METRO Länderorganisationen wurden sodann spezifische Teileinsparziele berechnet. Damit steht seit 2011 auch ein METRO weites System zur Ermittlung und Bewertung unserer CO^2-Emissionen zur Verfügung, das mittlerweile durch eine neue Software aktualisiert wurde.

6   Das Energieziel: 35 % weniger Energieverbrauch bis 2030

MEMS schafft die notwendigen Voraussetzungen für Energieeinsparung, da es in der Lage ist, die Einsparpotenziale aufzuzeigen, die Verbräuche zu visualisieren und damit die notwendigen Einsparmaßnahmen einzuleiten.

Auf der Grundlage der Energieverbräuche im Jahr 2011 wurden im Laufe des Jahres 2012 zu erreichende Einsparziele für die Geschäftsjahre 2013 bis 2020 ermittelt, und im Geschäftsjahr 2015 bis 2030 angepasst, um das globale Klimaschutzziel 2030 zu erreichen: 35 % Reduktion des Energieverbrauchs je Quadratmeter Verkaufsfläche. Außerdem soll die Reduktion der F-Gase um 90 % gegenüber 2011 und der Betrieb von mindestens 50.000 kWp Photovoltaik-Anlagen erfolgen – und zwar als Exekution der Energiestrategie Jahr für Jahr bis 2030.

Ein Wärmeverbrauchsziel gibt es dagegen nicht. Der Wärmeverbrauch hat zwar immerhin 10 % Einfluss auf den Carbon Foot Print und auf rund 20 % der Energiekosten, wir sehen aber ein enormes Potenzial der Reduktion des Wärmeverbrauchs als Annex zum F-Gas-Exit-Programm, da in den meisten CO_2-Kälteanlagen dann Wärmerückgewinnungsanlagen integriert werden, die zu einer deutlichen Verringerung der fossilen Wärmeträger führen. Da wir den allergrößten Teil der Kälteanlagen bis 2030 mit natürlichen Kältemitteln betreiben werden, ist die Wärmebedarfsreduktion ein damit einhergehender positiver und ausdrücklich gewollter Effekt.

7   Ziel- und Risikosteuerung durch Energie-KPI

Ziel war es, faire, realistische und erreichbare Einsparziele zentral vorzuschlagen. Daher haben wir für die Zielberechnung die unterschiedlichen Bedingungen, insbesondere die Klimazonen, den technischen Zustand der Großmärkte, Öffnungszeiten

---

[9]The Greenhouse Gas Protocol, http://www.ghgprotocol.org/files/ghgp/public/ghg-protocol-revised.pdf, download vom 09.03.2019.

und Storeformate berücksichtigt. Um die fehlende Vergleichbarkeit wegen des Alters der Gebäude und der technischen Ausstattung der Großmärkte zu berücksichtigen, haben wir die besten 10 % und die schlechtesten 20 % der Märkte in der Einsparziel-bewertung eliminiert. Die bestperformenden Märkte erhielten ein statisches Einsparziel. Die schlechtesten 20 % der Märkte haben technische oder operative Besonderheiten, die einer gesonderten Detailanalyse und Zielsetzung bedürfen.

Für die Märkte, die im Ranking zwischen 10 bis 80 % liegen, wurden die Einspar-ziele auf Marktebene bis zum in diesem Ranking besten Markt berechnet, sodann auf Landesebene aggregiert, und diese Einsparung in kWh je Quadratmeter Verkaufsfläche als mögliches Potenzial ermittelt.

Intern wurden die Einsparpotenziale lebhaft diskutiert und hinterfragt, ob die loka-len Gegebenheiten ausreichend berücksichtigt worden waren. Es gibt vielerlei Gründe, warum Märkte mehr Energie benötigten als andere. Doch darum geht es im Kern die-ser Zielsetzung nicht: Es geht nicht darum zu ergründen, warum der nach Format und Klimazone vergleichbare METRO Markt in Esslingen weniger Energie je Quadratmeter Verkaufsfläche benötigt als Korntal, beide bei Stuttgart, oder warum Leipzig und Dres-den, beide baugleich und zeitgleich errichtet, Verbrauchsunterschiede aufweisen. Die Aufgabe für jeden Standort ist es, Energie einzusparen – Jahr für Jahr, Monat für Monat. Dabei haben die Märkte mit dem höheren Energieverbrauch oft auch das vermutlich höhere Einsparpotenzial.

Warum erwähnen und beschreiben wir so breit die (Be-)Messung, (Be-)Wertung und Ziel(be)rechnung? Weil es unserer Meinung nach in der Praxis extrem wichtig ist, die Ziele transparent darzustellen und nachvollziehbar zu berechnen. Die Ziele müssen für diejenigen, die in den Ländern und Großmärkten die Einsparungen erreichen sollen, **smart,** also **S**pecific, **M**easurable, **A**chievable, **R**ealistic und **T**ime framed, sein. Ohne die Akzeptanz der Kolleginnen und Kollegen in den Großmärkten und in den Länder-organisationen vor Ort und ohne den Willen, auf die Erreichung dieser Ziele engagiert hin zu arbeiten, sind diese Ziele wertlos. Die Energieeinsparungen werden nur vor Ort in den Großmärkten erreicht, von den Kolleginnen und Kollegen in der Non-Food Abteilung wie in der Instorelogistik, beim Fisch-, Fleisch-, Food- & Vegetableverkauf. Sie müssen „an Bord sein" und mit ihrem Verhalten und ihren Ideen die Zielerreichung ausgestalten (Abb. 2).

Mittlerweile werden auf Monatsebene zentral, transparent und präsent die Strom-einsparungen je Land in Prozent gegenüber dem Vorjahr und gegenüber den eigenen Zielvorgaben, die Leckagerate der Kälteanlagen in Prozent und gegenüber den eigenen Zielvorgaben festgehalten. Quartalsweise werden – auf Monatsbasis – auch der Wasser- und Wärmeverbrauch analysiert und berichtet sowie die relevanten Klimaemissionen berechnet.

TOTAL ELECTRICITY CONSUMPTION SAVINGS (EAP+ESP)
CUM. FEB 2019 VS. PY (TARGET FY18/19: 2,15%)

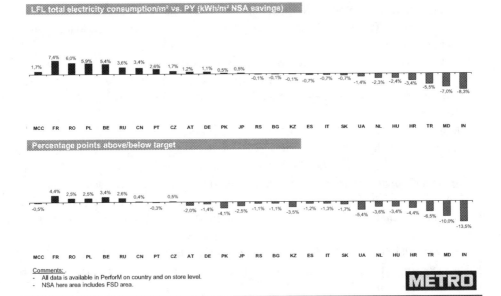

Abb. 2 KPI Stromeinsparung Februar 2019

8   Energie Einsparung – EAP und ESP Programm

Mit dem MEMS wurden Energieverbräuche messbar und transparent. Als zweite und wichtige Säule des METRO Energy Managements wurden zwei Haupteinsparfelder ermittelt und erkannt:

- Zum einen die Optimierung des technischen Equipments, der Beleuchtung und der Gerätschaften durch Ersatzinvestitionen und eine optimierte Wartung und Instandhaltung.
- Zum anderen in der Veränderung des Verbrauchsverhaltens insbesondere durch die Mitarbeiterinnen und Mitarbeiter in den Märkten.

Wahrhaft nachhaltige und schnell umzusetzende Maßnahmen zur Energieeinsparung sind auf die Verhaltensänderung und Steigerung des Energiebewusstseins der Mitarbeiter angewiesen. Die Beschäftigten in den Märkten und den Verwaltungen können beeinflussen, wieviel Strom benötigt wird, in dem sie das Licht ausschalten, die Heizungen oder Klimaanlagen drosseln, die Rolltore schließen. Dieser Prozess führt zu schnellen Erfolgen, benötigt aber Verständnis und Akzeptanz seitens der Mitarbeiter und die Aufmerksamkeit und auch die Vorbildfunktion der Marktmanager, der Regional Manager und der jeweiligen Geschäftsführung sowie ein zielgerichtetes Training. Natürlich dürfen die notwendigen Abläufe im Markt dadurch nicht behindert werden. Aber beispielsweise eröffnen sich außerhalb der Öffnungszeiten bei der Warenverräumung in die Regal Einsparpotenziale, wenn Licht nur dort genutzt wird, wo tatsächlich auch Arbeiten stattfinden.

9   Energy Awareness Programm (EAP) – auf die Mitarbeiter kommt es an!

Die Ideen, wie Abläufe auch unter energetischer Sicht optimiert werden können, kommen ganz überwiegend aus den Märkten, wo die Mitarbeiterinnen und Mitarbeiter, die Energie einsparen müssen, auch arbeiten. Deshalb ist das Best Practice Sharing, der Austausch von Erfahrungen und Verhaltensweisen, sehr wichtig und erfolgswesentlich. Noch wichtiger ist es jedoch, dass die Mitarbeiterinnen und Mitarbeiter Ideen entwickeln und ihr Verhalten ändern. Deshalb wurde das *Energy Awareness Programme* (**EAP**) speziell dazu entwickelt, Energieeinsparung durch Änderungen des Verhaltens zu vermitteln.

Ausgelobt wurde dazu in 2013 zunächst ein Wettbewerb in drei Kategorien: 1) der Markt, der gegenüber 2012 am meisten Strom pro Quadratmeter Verkaufsfläche einspart; 2) die beste Energieeinsparidee und 3) der beste „Homesaver". Für letztere wurden Mitarbeiter gebeten, ihren eigenen Energieverbrauch für das Jahr 2012 und sodann für das Bewertungsjahr 2013 mittels ihrer Stromrechnung einzureichen. Warum „Homesaver"? Unsere Mitarbeiter sind der Schlüssel zum Erfolg unseres Awarenessprogramms. Über die Ausschreibung dieser Kategorie sollten sie dazu motiviert werden, dass sie auch zu Hause Energiekosten einsparen können und diese Verhaltensweisen im Unternehmen nicht nur angewendet, sondern sogar skaliert werden können. Für jede Wettbewerbskategorie wurden drei Preise ausgelobt und unternehmensöffentlich im Frühjahr 2014 gewürdigt. Der beste „Homesaver" war ein Mitarbeiter aus einem METRO Großmarkt in China, die beste Einsparidee – eine abzuarbeitende Checkliste für geschlossene Tore, Kühlmöbel, etc. – wurde von einem Kollegen aus Belgien eingereicht, und der am besten performende Markt im Kalenderjahr 2013 war der METRO Großmarkt in Vösendorf, Österreich.

Damit sich die besten Einsparideen und Verhaltensweisen rasch verbreiten, wurden und werden auf einer speziellen Seite im METRO Intranet regelmäßig EAP-News veröffentlicht. Der Fokus dieser EAP-News war in erster Linie die private Verbrauchsoptimierung unserer Mitarbeiterinnen und Mitarbeiter beim Wäschewaschen, Heizen, Lüften, Beleuchtung, aber auch beim Autofahren. Erst in zweiter Linie wurde dann auch auf ein betriebliches Einspar-Verhalten hingewiesen, um den Beschäftigten zu ermöglichen, privat wie auch unternehmerisch Einsparpotenziale zu entdecken und anzuwenden.

Zwar ist die Einsparung durch eine Verhaltensänderung theoretisch unendlich optimierbar, allerdings kann Licht nur einmal ausgeschaltet werden und unsere Kunden dürfen weder während ihrer Zeit in unseren Großmärkten noch an der Ware Qualitätseinbußen feststellen. Für das Einsparprogramm gilt, die Energieeinsparung muss das Kerngeschäft fördern.

10 Energy Saving Programm (ESP) – Effiziente Technik kurzfristig realisiert

Bereits 2011 wurde ein sogenanntes „Low Hanging Fruit"- Projekt als eine Säule der METRO Energiestrategie gestartet, bei dem alle Vertriebsmarken in sich kurzfristig binnen vier Jahren amortisierende Energieeffizienzmaßnahmen investierten. Hieraus wurde ein *Energy Saving Programm* (**ESP**) entwickelt, bei dem das Ziel besteht, durch energiesparende Technik dauerhaft Energie einzusparen. Projekte und Ideen für das Programm wurden in den Märkten gesammelt und zentral analysiert und budgetiert. Nach einer technischen Freigabe, etwa für die Installation von Eco-Lüftern in den Kühlmöbeln oder für Lichtoptimierungsprojekte, erhalten die jeweiligen Landesorganisationen nun für die in den Märkten umzusetzenden Maßnahmen ein Budget zugewiesen. Alle Maßnahmen werden zentral überwacht, also im Ergebnis die Umsetzungszeit gesteuert. Wenn das Budget freigegeben ist, entspricht die Umsetzungszeit auch der Zeit bis zur Erreichung der Amortisation der Investments. Prämisse für alle Maßnahmen ist eine Payback-Periode von unter vier Jahren. Umgekehrt bedeutet dies, dass Maßnahmen mit längeren Amortisationszeiten derzeit nicht als Energieeinsparmaßnahmen umgesetzt werden.

Gestartet sind wir 2011 mit einer Payback-Periode von vier Jahren als Voraussetzung. Zwischenzeitlich ist der Payback auf fünf Jahre verlängert worden. In der Praxis erreichen wir durch den Mix der technischen Maßnahmen im Schnitt einen Payback von unter vier Jahren.

Bei vielen technischen Neuerungen bedurfte es zunächst einiger Pilotprojekte, um sowohl das Engineering beim Einbau als auch das Verhalten im Betrieb der technischen Lösungen zu überwachen. Nach Bewährung werden diese Projekte oft zum Best Practice. Solche Pilotprojekte sind zum Beispiel der Einbau von Tageslicht-Solar Tubes in den METRO Märkten in Pakistan und Portugal oder Skydomes in einem Markt in Polen, wo in den bestehenden Dächer Lichtkuppeln eingebaut wurden, um das Tageslicht zu nutzen. Dies muss unter Anpassung der Gebäudeleittechnik erfolgen, sodass mittels Tageslichtsensoren die Beleuchtung gedimmt oder ausgeschaltet wird. Diese Solar Tubes sollen das Licht in den Markt lassen, nicht jedoch die Wärme, beziehungsweise in Polen im Winter die Kälte. Es musste also bereits in der Konzeptionsphase ausgeschlossen werden, dass die Einsparungen aus dem sinkenden Energieverbrauch für Licht durch höhere Klimatisierungs- oder Heizenergieverbräuche aufgehoben werden.

In dem italienischen METRO Markt Baranzate sind sogar Präsenzsensoren in den Hochregalreihen installiert, sodass zum einen Tageslicht effizient genutzt wird und zum anderen durch Dimmung und Präsenzmelder in kundenfrequenzarmen Zeiten auch das Kunstlicht als solches optimiert wird. In den Großmärkten Moskau und Krakow wurden schon vor einigen Jahren die ersten LED-Parkplatzbeleuchtungen installiert, die danach zu einem Standard in vielen METRO Großmärkten geworden sind. In Nürnberg wurden Kühlschrankglastüren mit besonderer Beschichtung getestet. Normalerweise haben solche Glastüren eine Rahmenheizung, damit diese nicht beschlagen und so dem Kunden die Sicht auf das Angebot verwehren. Durch die Sonderbeschichtung wird keine Rahmenheizung benötigt. Pro Tür sind das nur wenige Watt, die eingespart werden, aber auf den Markt insgesamt gerechnet ist diese Maßnahme spürbar. Nach einer noch andauernden Testphase, die jedoch wirklich vielversprechend ist, dürfte das ein neuer technischer METRO Standard werden und in vielen anderen Märkten umgesetzt werden. Ein weiteres Projekt, das nun ausgerollt wird, ist die Spannungsoptimierung, die wir in Märkten in Österreich und Italien durch Spannungsoptimierungsboxen umsetzen konnten. Sie hat sich technisch bewährt und zu einer nachgewiesenen Einsparung von rund 4 % des Gesamtstrombedarfs geführt. In Deutschland haben wir in Leipzig und Würselen in die Rollsteigen für kundenfrequenzarme Zeiten eine Geschwindigkeitsdrosselung der Laufsteige installiert. In der Planung gingen wir davon aus, dass sich damit viel Energie einsparen lässt. Das Ergebnis hingegen war ernüchternd, unsere Prognosen zu positiv. Das Projekt wird (derzeit) nicht weiter forciert.

Wo stehen wir also? Wir suchen nach neuen Einsparmaßnahmen, um Energie- und Kosteneffizienz mit Klimaschutz bestmöglich zu verbinden. In der Praxis erfolgen die meisten ESP-Maßnahmen in Lichtprojekten, vor allem LED-Anwendungen, und in der nachträglichen Installation von Kühlmöbeltüren. Die Tiefkühlmöbel haben schon seit vielen Jahren komplett Türen und Abdeckungen. Bei den Normalkühlregalen gibt es noch Potenzial. In Ungarn, Bulgarien, Kroatien ist diese Auf- oder Nachrüstung bereits abgeschlossen, in anderen Ländern gibt es noch einzelne Märkte, in denen wir das Projekt noch umsetzen müssen. Dies wird aber spätestens mit dem Austausch der Kälteanlagen im F-Gas-Exit Programm passieren.

Die Verbreitung erfolgreicher Ideen und Maßnahmen ist kein Selbstläufer. Für uns ist das Best Practice Sharing ein immanenter Teil unseres Energiemanagements. Dazu wurden bisher etwa 50 One-Pager entwickelt und im konzerneigenen Intranet veröffentlicht, die eine kurze Beschreibung der Maßnahme, ein Bild, den Ansprechpartner, also „Owner", der Best Practice enthalten. Außerdem finden institutionalisierte monatliche Web-Konferenzen mit den Energy Managern und HoTOs statt, auf denen der Austausch zu diesen Best Practice fester Teil der Agenda ist.

11   ISO 50001 Energy Management und interner CO_2 Preis

In den ersten Jahren wurden die 20 % der METRO Großmärkte mit dem höchsten spezifischen Energieverbrauch in ihrem Cluster nach Format und Klimazone, nach und nach einem Energieaudit unterzogen und die Einsparpotenziale ermittelt. Wenn diese Märkte auf kurzfristige Sicht einer Renovierung unterzogen werden sollten, werden die Einsparpotenziale mit dem Umbau und der Erneuerung abgearbeitet.

Als 2012 die EU-Energieeffizienz-Richtlinie 2012/27[10] beschlossen wurde, wonach zur Erhöhung der Energieeffizienz in der Union entweder qualifizierte Energieaudits erstellt oder Energiemanagement-Systeme eingeführt werden müssen, konnten wir erste Erfahrungen aus der METRO Energiestrategie bereits nutzen. Konsequenterweise haben wir uns sodann entschlossen, bei den METRO Unternehmen in Deutschland in 2015 die ISO 50001 Energy Management einzuführen und die Erstzertifizierung 2016 erhalten. 2019 steht das Wiederholungsaudit an. METRO Frankreich hat bereits 2015 die Erstzertifizierung erreicht und kann aus der Methode der umgesetzten ISO jedes Jahr konsequent relative hohe Energieeinsparungen durch den kontinuierlichen Verbesserungsprozess generieren. Andere METRO Länder, z. B. METRO Österreich, haben sich für die Erstellung von Energieaudits für ihre 12 Großmärkte entschieden. Am Ende ist es nahezu gleich, für welches Verfahren sich die METRO Länder entscheiden – die ISO 50001 erfordert einen wesentlich höheren Steuerungs- und auch Implementierungsaufwand, ermöglicht aber kontinuierlichere Einsparungen und die Steigerung der Energieeffizienz (Abb. 3).

Ende 2016 haben wir uns in der Folge entschieden für die Priorisierung von Energieeinsparprojekten einen unternehmenseigenen CO_2-Preis in die interne Investitonswirtschaftlichkeitsberechnung einfließen zu lassen, um das Ziel der Wirtschaftlichkeit mit dem Ziel der bestmöglichen CO_2-Einsparung zur Erreichung unseres Klimaschutzziels zu verbinden. Maßnahmen, die zu einer hohen CO_2-Einsparung führen, werden relativ durch eine kürzere Paybackzeit privilegiert.

Seit Ende 2016 liegt unser interner CO_2-Preis bei 25 € pro Tonne. Dabei haben wir uns an den seinerzeitigen Vermeidungskosten orientiert. Nun, fast drei Jahre später, sprechen unsere Erfahrungen dafür, den CO_2-Preis zur Straffung der Lenkungswirkung deutlich zu erhöhen. Wir werden unseren internen CO_2-Preis künftig mit 50 € pro Tonne berechnen.

12 F-Gas-Exit-Programm (FEP) 2030

Kälteanlagen sind einerseits die Hauptverbraucher von Strom in Lebensmittelmärkten und für einen vorrangig auf Food fokussierten Großhändler wie METRO zudem das technische Rückgrat. Eine Kälteanlage muss verlässlich funktionieren. Mit der EU Verordnung 517/2014 über fluorierte Treibhausgase[11] besteht in der EU eine starke Regulierung, wonach ab 2020 nur noch recycelte Kältemittel mit einem Global Warming

[10]https://eur-lex.europa.eu/legal-content/DE/TXT/HTML/?uri=CELEX:32012L0027&from=DE, letzter Aufruf 10.03.2019.

[11]https://eur-lex.europa.eu/legal-content/DE/TXT/PDF/?uri=CELEX:32014R0517, letzter Aufruf 10.03.2019.

Zertifikat

In einem Zertifizierungsaudit hat die Organisation

Metro AG

am Standort

Metro-Straße 1, 40235 Düsseldorf

und weiteren Standorten gemäß Zertifikatsanlage

nachgewiesen, dass ein Energiemanagementsystem eingeführt wurde und erfolgreich angewendet wird entsprechend der Norm

ISO 50001

DIN EN ISO 50001 Ausgabe Dezember 2011

für die Tätigkeit

Groß- und Einzelhandel, Betrieb von Großhandels- und Einzelhandelsimmobilien, Handelslogistik. Onlinehandel und Belieferungsservices, Immobilienmanagement und - entwicklung, Vermögensverwaltung, Gebäudemanagement

Dieses Zertifikat wurde ursprünglich ausgestellt am 15.12.2016, zuletzt geändert am 27.11.2018 und ist gültig bis zum 14.12.2019.

Berlin, den 27.11.2018

Prof. Dr.-Ing. Jan Uwe Lieback
Geschäftsführer

Andreas Lemke
Leiter der Zertifizierungsstelle

DAkkS
Deutsche
Akkreditierungsstelle
D-ZM-10001-01-00

Nr. B-16-17319d

GUTcert Eichenstraße 3b · 12435 Berlin · Germany
Tel. +49 30 2332021-0 · info@gut-cert.de · www.gut-cert.de

afnor
GROUPE

Abb. 3 ISO 50001 Zertifikat METRO AG

Potenzial[12] >2500 verwendet werden dürfen, ab 2030 sind diese vollständig verboten. Fakt ist, F-Gase sind über Jahrzehnte die technisch sehr tauglichen Kältemittel gewesen, die auch heute noch zahlreiche unserer Kälteanlagen weltweit betreiben. METRO hat bereits 2013 beschlossen, bis 2030 nahezu vollständig aus der Nutzung der fluorinierten Kältemittel auszusteigen, die Kälteanlagen nach Beendigung ihres Lify Cycle, wo technisch möglich, auf natürliche Kältemittel umzustellen und das konzerneigene F-Gas-Exit-Programm gestartet[13].

Mit einer Maßnahmenplanung auf Marktebene bis 2030 sollen die Kälteanlagen im Wesentlichen auf natürliche Kältemittel umgerüstet sein. Damit werden gegenüber 2011 einerseits 90 % der Kältemittelemissionen reduziert, andererseits deutliche Stromeinsparungen – bis zu 30 % – erreicht durch zum einen den Einsatz neuer Kälteanlagen mit moderner CO_2-Technologie oder anderen natürlichen Kältemitteln, etwa Propan, Propen oder in Lagerhäusern auch Ammoniak und andererseits der Benutzung geschlossener Kühlmöbel.

Warum die Einschränkung: Wo technisch möglich? Die CO_2-Technologie war und ist noch nicht überall eingeführt, wo METRO Stores betreibt. So haben wir 2015 die erste subkritische Kälteanlage in China im neuen Großmarkt Weifang und 2018 die erste transkritische Kälteanlage in China im Großmarkt Beijing installiert[14]. Bis dahin gab es in China keine solche Anlage – METRO hat hier Pionierarbeit geleistet. Ähnlich ist es in Russland, wo wir 2018 gleich zwei transkritische Kältenanlagen in den neuen Großmärkten Moskau-Aparinki und Odintsovo in Betrieb genommen haben. Voraussetzung für die Inbetriebnahme von CO_2-Anlagen ist, dass Errichter, Service Provider und Installateure vor Ort sind, um diese hochmoderne, energieeffiziente und klimafreundliche Technologie zu warten und im Fall einer Störung, die immer möglich ist, eingreifen kann.

Wie ist also der Stand? Mittlerweile sind schon mehr als 25 % der METRO Märkte „ready for 2030", aber den längeren Weg haben wir noch vor uns. Neben China, Russland und Deutschland, wo bereits 2008 in Hamburg-Altona die erste CO_2-Kälteanlage in Betrieb ging, betreiben wir unter anderem in Frankreich, Italien, den Niederlanden, Österreich, Rumänien, Spanien und seit 2018 auch in Bulgarien und Polen solche Kälteanlagen. Im April 2019 sind in Rödelheim und in Dubrovnik[15] die neuesten CO_2-Kälteanlagen in Betrieb genommen worden.

[12]https://unfccc.int/process/transparency-and-reporting/greenhouse-gas-data/greenhouse-gas-data-unfccc/global-warming-potentials, letzter Aufruf 10.03.2019.

[13]https://www.metroag.de/en/media-centre/news/2018/11/22/metro-honored-for-fgas-exit-program, letzter Aufruf 08.03.2019.

[14]http://r744.com/articles/8058/chinas_first_transcritical_co2_store_opens, letzter Aufruf 08.03.2019.

[15]http://www.r744.com/articles/8966/metro_opens_co2_tc_ejector_store_in_croatia, letzter Aufruf 03.05.2019.

Die zwingend notwendige Priorisierung von Kälteanlagen im FEP erfolgt anhand eines Scorings. Ziel ist es, Investitionen möglichst effizient und intelligent einzusetzen. Die Errichtung einer Kälteanlage ist neben der Gebäudehülle eines Großmarktes das teuerste Bauteil. Intern wurde deshalb ein Scoring der Kälteanlagen aufgesetzt. Aus dem Alter der Anlagen, der Leckagemenge und Leckagerate, den Wartungs- und Reparaturkosten und den zu vermeidenden Energiekosten einer neuen Anlage wird eine Punkteliste gebildet. Das Alter der Anlagen allein ist beispielsweise kein ausschließliches Kriterium für eine Austauschdringlichkeit, indiziert aber nach fünfzehn, zwanzig oder fünfundzwanzig Jahren eine hohe Anfälligkeit, zum Beispiel gibt es teilweise keine Ersatzteile mehr. Wir erreichen so, dass die Energiefresser und Leckagereißer unter den Kälteanlagen zuerst ausgetauscht werden.

13 Kundenakzeptanz als weiterer Erfolgsfaktor

Doch nicht nur die technische Bewährung ist ein Erfolgsfaktor für die Investitionen in Kühlmöbel und Kälteanlagen, sondern auch die mögliche Auswirkung auf das Kundenverhalten.

Große interne Vorbehalte bestanden beispielsweise bezüglich der Abdeckung der Kühlregale mit Glastüren oder der Obst- und Gemüseabteilungen mit Glaswänden und Glastüren. Energetisch ist die Sache simpel: Mit Glastüren an den Kühlregalen lassen sich mindestens 20 % der Kälteenergie einsparen. Aber führen Glastüren tatsächlich zu dem befürchteten Umsatzrückgang der gekühlten Waren, weil die Kunden durch die Türen Kaufhemmungen entwickeln und anstatt die Türen zu öffnen und zu schließen eher auf die Ware verzichten? Die Analysen zeigen, dass sich diese Befürchtungen nicht bewahrheiten. Nicht nur in Pilotmärkten, sondern in Pilotländern wie der Tschechischen Republik und Ungarn, wurden die Kühlregale flächendeckend geschlossen und haben sich bewährt – sowohl in Bezug auf Energieeffizienz als auch Kundenfeedback. In Deutschland bestätigten Umfragen sowohl bei Kunden als auch bei Mitarbeiterinnen und Mitarbeiter, dass die Kühlmöbeltüren eine hohe Akzeptanz finden. In neuen oder renovierten Märkten werden deshalb immer mehr geschlossene Kühlmöbel eingesetzt, wie beispielsweise in Düsseldorf, Leverkusen, Leipzig, Röhrsdorf, Dresden und weiteren 15 deutschen METRO Großmärkten.

In den Bestandsmärkten wird in den nächsten Jahren der Anteil der geschlossenen Kühlmöbel weiter zunehmen. Wichtig ist deshalb, methodisch gute und erfolgreiche Beispiele zu finden, um die Mitarbeiter vor Ort von den technischen Neuerungen zu begeistern.

Umgekehrt, sind zum Beispiel in Sofia, unserem umsatz- und kundenfrequenzstärksten Markt in Bulgarien, 2018 mit einer für Bulgarien einmaligen Ejektor-CO_2-Kälteanlage[16]

---

[16]http://www.r744.com/articles/8608/metro_retrofits_bulgarian_store_with_co2_tc_ejector_system; letzter Aufruf 08.03.2019.

ausgestattet, die Niedrigkühlmöbel offen geblieben. Das vorhandene Storelayout lässt einerscits nur relativ enge Gänge zwischen den Kühlmöbeln zu, Türen würden bei Öffnen und Schließen diesen Umstand verstärken. Umgekehrt ist der Großmarkt nahezu rund um die Uhr sehr stark frequentiert. Die Kundenfreundlichkeit der Lauf- und Türenwege war hier in der Abwägung der zu ergreifenden Maßnahmen wichtiger.

Insgesamt werden bei METRO bereits seit 2013 jährlich etwa 20 Mio. € in energie-technische Maßnahmen – unabhängig von kompletten Renovierungen oder Neubau – investiert. Dies sind jährlich zwischen 500 und 1000 Einzelprojekte – in rund 760 Märkten weltweit. Neubauprogramme, im speziellen energetische Maßnahmen, – wie beispiels-weise in Russland, China, Indien und der Türkei umgesetzt – dienen als Best Case und Matritze und fließen über das ESP in die Anwendung in Bestandsmärkten ein, aber auch umgekehrt – was sich bewährt hat, findet Einzug in die Neubauprojekte. Hervorzuheben ist beispielsweise die Installation von LED-Technik: die Einrichtung von Full-LED Märk-ten in Indien oder China hat die Lernkurve für die Bestandsmärkte extrem beschleunigt. LED Notausgangs-Beleuchtung, die sich an den bis zu 20 Ausgangstüren eines Großmark-tes befindet, wurde beispielsweise in Nishni Novgorod als Pilotstandort umgesetzt und ist heute kaum noch aus den Stores wegzudenken.

LED ist nicht einfach, jedenfalls nicht einfacher als herkömmliche Röhrenbeleuchtung. Licht muss immer auch smart sein, es dient nicht nur der bloßen Beleuchtung, sondern schafft auch Atmosphäre, Behaglichkeit, und Wohlgefühl für den Kunden. Deshalb ist LED für uns vorrangig eine Technik, die sich im Wettbewerb zu den Leuchtstofflampen hinsichtlich Leuchtstärke, Lichtfarbe, Abstrahlung, Preis und Payback bewähren muss. In den Bestandsmärkten ist LED aktuell eine Technik, die etwa für die Außenbeleuchtung, METRO Schriftzugbeleuchtung oder als Holmenbeleuchtung in den Hochregalen und Regalbeleuchtung in den Miniracks eingesetzt wird. Aber auch die Deckenbeleuchtung wird nach und nach auf LED umgestellt. Oft sind es kleine Maßnahmen, die Großes bewirken.

14   Dezentrale Verantwortung

Was in der Umsetzung der METRO Programme noch wichtig ist – die ESP Budgets wer-den zwar zentral verwaltet und zugeteilt, aber die Projekte werden lokal als Idee kreiert und vor Ort umgesetzt. Die notwendige Administration darf nicht dazu führen, dass die Techniker vor Ort behindert werden, denn sie sollen die Maßnahmen umsetzen. Reports und Dokumentation dürfen deswegen nur einen kleinen Teil ihrer Aufgaben ausmachen. Zum anderen muss die zentrale Budgetverwaltung als Chance genutzt werden, länderüber-greifend die technischen Tender durchzuführen: statt standortbezogenen Ausschreibungen werden länderübergreifende Ausschreibungen des technischen Einkaufs vorgenommen.

Insgesamt werden von dem Budget, das bis 2030 durchgeplant ist und in etwa glei-cher Größenordnung Jahr für Jahr für Energieeinsparmaßnahmen eingesetzt wird, ca. 70 % in Beleuchtung, ca. 20 % in die Kühlaggregate und -möbel, und zu 10 % in die Optimierung der Gebäudeleittechnik eingesetzt.

Im ESP werden auch Projekte umgesetzt, die zwar vorrangig keine Endenergie einsparen, aber nachhaltig Energiekosten und -emissionen reduzieren. So wurden in Russland, und in Deutschland in Regensburg und Freiburg, die Wärmequellen von Heizöl auf Erdgas umgestellt. Der Großmarkt im bulgarischen Plovdiv wurde beispielsweise lange Zeit mit Heizöl beheizt, ein Erdgasanschluss ist nicht vorhanden. Seit 2018 wird der neue Heizungsbrenner vor Ort mit CNG (Compressed Natural Gas) betrieben – kosteneffizient und klimaschonender.

15   Sonderfall: METRO Campus in Düsseldorf

Einen Sonderfall stellt der METRO Campus in Düsseldorf dar, an dem rund 5000 Mitarbeiterinnen und Mitarbeiter tätig sind. Allein das Headquarter benötigt mehr als 22.000 MWh Strom und verbraucht damit mehr Energie als METRO Länder wie Kroatien, Serbien, Kasachstan oder die Slowakei. Es handelt sich um einen Bürobetrieb mit unterschiedlichen Verhaltensweisen und Befindlichkeiten der Mitarbeiter.

Deswegen wurden in der jüngeren Vergangenheit verschiedene EAP Maßnahmen durchgeführt. Unter anderem wurden Mitarbeiterberatungen zu Energieeinsparungen durchgeführt, mehrmals wurden Energiechecks durchgeführt, zuletzt 2017. An einem Freitagabend, nach Möglichkeit vor einem verlängerten Wochenende, wird ermittelt, ob im Einzelfall vergessen wurde, in den Büros oder technischen Räumen, etwa Toiletten oder Kaffeeküchen, das Licht auszuschalten. Sehr oft wurde dabei festgestellt, dass PCs, Drucker oder Bildschirme nur in den Standby Modus geschaltet sind. Allein das Abschalten dieser Geräte birgt ein immenses Potenzial an Energieeinsparung, das individuell durch die Mitarbeiter zu erreichen ist. Durch die Energiechecks, deren Reports und die Sensibilisierung der Mitarbeiterinnen und Mitarbeiter soll erreicht werden, systematisch auch im Headquarter den Energieverbrauch zu reduzieren. Gleichzeitig wurden die Flurdrucker auf schwarz-weiß und beidseitigen Druck voreingestellt und lokale Drucker dürfen nicht mehr in die Netzwerke eingebunden werden. Damit sollen einerseits in Zeiten des papierlosen Büros der Papierverbrauch und andererseits der Stromverbrauch durch lokale Drucker, welche die ganz überwiegende Zeit nicht genutzt werden, reduziert werden. Gleichzeitig wurden auch hier technische Maßnahmen umgesetzt, insbesondere in der Allgemein- und Flurbeleuchtung. Die Parkhäuser und Tiefgaragen sind auf LED Beleuchtung umgestellt und in den technischen Räumen wurden LED- Lampen mit bewegungsabhängiger Dimmung installiert.

Höhepunkt war das Be1-Projekt, das neue Headquarter der METRO AG in Düsseldorf, in dem bei der Renovierung 2017 viele dieser Maßnahmen konsequent umgesetzt wurden. So kann auch das Headquarter einen spürbaren Beitrag leisten und jeder Mitarbeiter und Vorgesetzte kann seinen Beitrag zum Gelingen der Energie- und Nachhaltigkeitsziele des Unternehmens leisten. Natürlich ist auch der METRO Campus ISO 50001 zertifiziert.

Aktuell läuft zudem die Errichtung von 50 Elektrofahrzeug-Ladepunkten in den Parkhäusern für unsere Mitarbeiter und die E-Fahrzeuge der Unternehmensflotte. Neben den bestehenden 20 Ladepunkten wollen wir in den nächsten Monaten eine wegweisende Ladeinfrastruktur schaffen und so auch zu einem klimafreundlicheren Straßenverkehr in Düsseldorf beitragen. Die Installation von Ladeinfrastruktur und der dafür notwendigen großen Trafostation stellt ein enormes Investment dar, doch unsere Positionierung als EV*100 Mitglied[17] , Botschafter für alternative Antriebe und unsere Dienstwagen-Richtlinie geben hier einen klaren Weg vor. Wir setzen auf den Gebrauch von Elektrofahrzeugen – nun muss nur noch die Automobil-Industrie aufschließen.

16   Wasser

METRO verbrauchte im Geschäftsjahr 2017/2018 insgesamt rund 5,1 Mio. m^3 Trinkwasser. Zwar erzeugt der Wasserbrauch als solcher keine Emissionen, aber es handelt sich um eine wichtige natürliche Ressource. Deshalb wurde der Wasserverbrauch schon vor einigen Jahren in den Scope der METRO Energiestrategie aufgenommen. Zum Schutz der knappen Ressource, vor allem wenn es um sauberes Trinkwasser geht, und mit dem Ziel der Verbrauchsreduktion hat METRO die METRO Water Initiative[18] gegründet. Eine Initiative, die in Zusammenarbeit mit Lieferanten, Kunden und Mitarbeitern Bewusstsein für die globale Wasserkrise und den effizienten Umgang mit der Ressource schafft.

Im Verbund mit dem anfallenden Abwasser fallen für METRO Kosten im zweistelligen Millionenbetrag an. Auch deshalb steht Wasser, wie andere Commodities, unter Beobachtung und Risiko-Management. Allerdings sind die Möglichkeiten, im Bestand Wasser einzusparen, in der Regel auf das Verbrauchsverhalten beschränkt. Dazu gibt es eine Vielzahl von kleinen Möglichkeiten, die in der Water-Good-Practice-Guideline zusammengefasst sind. Von einfachen Dingen, wie einer bedarfsangepassten Trockeneisproduktion, ein Projekt von METRO China, über die wassersparende Reinigung der Großmärkte in Deutschland, gibt es zum Beispiel den Einbau berührungsfreier Wasserarmaturen in Plovdiv (Bulgarien) oder im Gastro-Trainingszentrum METRO Prag. Im Großmarkt in Opole (Polen) wurde eine Waschmaschine für Transportboxen getestet und eingeführt: Die Mehrweg-Plastikboxen für den Warentransport zum Kunden müssen nach jeder Nutzung gereinigt werden. Dazu werden diese nicht etwa mit einem Schlauch gereinigt, sondern auf Gestellen wie bei einer Geschirrspülmaschine aufgestellt – die

---

[17]https://www.metroag.de/mediacenter/news/2019/02/04/ein-jahr-ev100-metro-foerdert-elektromobilitaet-im-alltag, letzter Aufruf 22.04.2019.
[18]https://www.metroag.de/en/media-centre/news/2018/03/22/metro-draws-attention-to-global-water-scarcity, letzter Aufruf 10.03.2019.

Maschine ist $2 \times 2 \times 5$ m groß und die Reinigung erfolgt sehr wassersparend. Das Wasser wird übrigens zu einem großen Teil aus der Wärmerückgewinnung der CO_2-Kälteanlage erwärmt[19]. Bei Rungis Express, unserem Premium-Lebensmittel-Lieferant, haben wir am Standort Meckenheim eine neue komplette Waschstraße für solche Transportboxen errichtet und sparen so seit 2018 jährlich mehr als 2 Mio. L Trinkwasser[20].

Bei komplexen Umbauten oder Neubauten achten wir auch auf die Regenwassernutzung und natürliche Versickerung. Im Greenstore Dongguan in China wird das Regenwasser in den Sanitärräumen und für Reinigungsprozesse verwendet. Im ZEROone Store in St. Pölten in Österreich wird sämtliches Regenwasser aufgefangen und versickert auf dem Grundstück, entweder auf den Parkplätzen, die mit Rasengittersteinen ausgestattet sind, in einem Regenwassergraben, wird für die Gartenabteilung im Großmarkt verwendet und für die Zwecke der Versickerung in einem großen Tank unter der Laderampe an der Rückseite des Großmarktes zwischengespeichert.

Im Geschäftsjahr 2017/2018 haben wir uns das Ziel gesetzt, von 2016/2017 als Basisjahr bis 2025 5 % Trinkwasser je Quadratmeter Netto-Betriebsfläche einzusparen. Die technischen Möglichkeiten zur Wassereinsparung sind in den Bestandsgebäuden limitiert. Herausgefordert sind wir auch dadurch, dass die Zunahme der Belieferung unserer Kunden mit einem steigenden Wasserverbrauch einhergeht, ebenso wie der Trend zu Ultra-Frische-Produkten, also der Erhöhung des Frische-Anteils am Sortiment. Für das aktuelle Geschäftsjahr 2018/2019 hat sich METRO das Ziel gesetzt, 72 Mio. L Trinkwasser einzusparen. Im Vorjahr haben wir bereits 100 Mio. L Wasser weniger verbraucht.

17   FAZIT und Risikobewertung

Die Einsparprogramme greifen: Bei METRO konnten im Geschäftsjahr 2017/2018, berechnet auf den Quadratmeter Verkaufsfläche, gegenüber dem Geschäftsjahr 2011 bereits 22,7 % Strom eingespart werden.

Allerdings: Die Low Hanging Fruits sind größtenteils geerntet. Die Einsparungen von Anfangs bis zu 4 % jährlich werden nun geringer. Ursache ist allerdings nicht, dass uns die Ideen ausgehen, sondern dass wir viele Rebound- Effekte auf dem Weg von 2011 beziehungsweise 2015 bis 2030 erkennen. Um einige Beispiele anzuführen:

1. Die neuen Großmärkte werden vornehmlich in Indien, China, Russland, Pakistan und der Türkei eröffnet, die einen klimabedingt viel höheren Energiebedarf, vor allem für die Kühlung, haben.

---

[19]http://r744.com/articles/8891/iiar_heatcraft_installs_first_transcritical_system, letzter Aufruf 10.03.2019.

[20]https://www.metroag.de/en/media-centre/news/2018/03/22/metro-draws-attention-to-global-water-scarcity, letzter Aufruf 10.03.2019.

2. Das Sortiment und damit das Storeformat ändern sich. Das Angebot an Non-Food in den Stores nimmt ab, während Food in Relation deutlich wächst. Innerhalb des Food-Sortiments steigt der Bedarf an gekühlter Ware, von Tiefkühl über Molkerei-produkte, Obst und Gemüse bis Fisch und Fleisch. Während die Non-Food-Verkaufs-fläche im Grunde nur Beleuchtung benötigt, bedarf die Food-Verkaufsfläche, vor allem im Ultra-Frische und Frische-Bereich, einer wesentlich höheren Kühlung und unter Umständen auch Klimatisierung.

3. Der Anteil von Food-Belieferung wächst Jahr für Jahr zweistellig und macht heute schon mehr als 20 % am Umsatz der METRO aus. Dies hat zum einen Aus-wirkungen auf die Klimaemissionen durch die Zustellung, zum anderen aber auch auf die Bemessung der Verkaufsfläche. So gab es 2011 in vielen Ländern, auch in Deutschland, kaum Belieferung, die Verkaufsfläche bemaß sich faktisch am Verkaufs-raum. Seitdem hat sich unsere Verkaufswelt rasant geändert, in nahezu jedem Store wurden separate Belieferungsdepots gebildet: Die Verkaufsfläche verringerte sich, der Energieverbrauch ist im Zweifel beim Vergleich „like for like", also „gleiches mit Gleichem", gestiegen. Denn die an den Kunden zu liefernde Ware wird in den Schließzeiten kommissioniert, entsprechende Kühlzellen wurden erweitert. Das alles muss einerseits durch die Energieeinsparungen überkompensiert werden, andererseits haben wir uns entschlossen, die Verkaufsfläche nunmehr als Netto-Betriebsfläche zu bemessen, also nach Verkaufsraum und Fläche, auf der die Kundenbelieferung im Großmarkt vorbereitet wird.

4. E-Mobilität: METRO hat sich in der EV*100 Initiative der The Climate Group[21] , in der METRO Mitglied ist, zum Auf- und Ausbau von Ladeinfrastruktur für Elektro-fahrzeuge für Kunden verpflichtet. Ende 2018 wurden schon mehr als 250 EV-Lade-punkte für METRO Kunden weltweit betrieben. Da der Strom nicht von METRO verwendet und verbraucht wird, haben wir uns entschieden, diesen nicht in unserer Energiebilanz abzubilden. Wir rechnen aus heutiger Sicht in 2030 mit einem Strom-verbrauch durch Kunden-Elektrofahrzeuge in Höhe von rund 35.000 MWh jährlich, also mehr als die METRO Großmärkte in Portugal, Bulgarien oder Österreich derzeit jährlich insgesamt verbrauchen.

18　Eigene Energie- und Wärmeerzeugung

Nachdem der Energieverbrauch durch MEMS messbar und transparent gemacht wurde und der Verbrauch durch die Energieeinsparprogramme reduziert wurde und wird, stellt die dezentrale Energieerzeugung am Markt zur Kosten- und Emissionsreduktion die dritte Säule der METRO Energiestrategie dar. Durch die dezentrale Energieerzeugung

[21]https://www.theclimategroup.org/ev100-members, letzter Aufruf 08.03.2019.

werden, abgesehen von der Vermeidung von Übertragungsverlusten, keine KWh reduziert, sie können jedoch günstiger und im Zweifel sogar ohne jede Emission bei der Produktion erfolgen. Ziel ist es, den Fremdstrom- beziehungsweise Fremdenergieverbrauch aus dem öffentlichen Netz zu reduzieren.

Für die Eigenerzeugung werden Photovoltaikanlagen und Blockheizkraftwerke (BHKW) favorisiert, weil nur diese direkt am Großmarkt aufgebaut werden können. Die Errichtung von Windrädern am Markt lässt sich allenfalls mit Kleinwindrädern mit einer Leistung von wenigen Kilowatt baurechtlich und verkehrssicherungsrechtlich darstellen. Ein Pilotprojekt wurde an unserem Logistikzentrum für Frischfisch in Groß-Gerau durchgeführt und letztlich eingestellt. Die Anlage erwies sich als nicht wirtschaftlich. In unserem Greenstore Dongguan in China[22] sind hingegen viele 300 W-Windräder auf den Parkplatzleuchten aufgebaut, welche die Parkplatz-LED leuchten lassen und tagsüber in eine Batterie einspeisen, die für 72 h Beleuchtung ausreicht.

Rubin-Initiative: Da in den Märkten je nach Klimazone und Format – für die Fleisch- und Fischaufbereitung – Warmwasser für Heizung und Lebensmittelaufbereitung benötigt wird, stellen Blockheizkraftwerke, die gleichzeitig Wärme und Strom produzieren, eine gute Alternative zum Fremdstrombezug dar, da sie durch die Verbrennung von Erdgas sehr effizient Strom und Wärme produzieren. In den letzten Jahren konnten bei METRO Deutschland sechs Blockheizkraftwerke (BHKW), dimensioniert auf die Bedürfnisse des jeweiligen Marktbetriebs, errichtet werden[23]. Die seit Juli 2013 durch METRO Deutschland betriebenen BHKW[24] in Düsseldorf und Berlin produzieren ca. 25 % des im Großmarkt benötigten Stroms und decken den gesamten Wärmebedarf ab. Die Kostenvorteile belaufen sich auf rund 5 % für die erzeugte Energie, die Emissionseinsparungen beziffern sich auf circa 380 t CO_2 pro Jahr und Anlage.

Der Ausbau der BHKW in Deutschland wurde mittlerweile von METRO gestoppt. Neue BHKWs sind mit der Änderung des Erneuerbare-Energien-Gesetzes (EEG) ab dem 1. August 2014 und der Einführung einer EEG-Umlage auf den eigenerzeugten Strom in den Bestandsmärkten nicht mehr wirtschaftlich. Volkswirtschaftlich war dieser Schritt wohl notwendig und er hat zu einer Dämpfung der EEG-Umlage gegenüber der zu erwartenden Höhe der Umlage ohne diese Regelung geführt. METRO Deutschland hat insgesamt auch keine Nachteile erlitten, aber der BHKW-Rollout wurde abrupt unterbrochen, denn es macht keinen Sinn, in Bestandsmärkten durch das BHKW circa 1 Cent

---

[22]http://www.dongguantoday.com/investment/parks/201807/t20180727_7899047.shtml, letzter Aufruf 08.03.2019.

[23]Potz Blitz, Manager Magazin vom 22.11.2013, http://www.manager-magazin.de/magazin/artikel/energie-neues-stromzeitalter-die-etablierten-konzerne-schrumpfen-a-944499-7.html, letzter Aufruf 10.03.2019.

[24]https://www.pressebox.de/inaktiv/eon-se/E-ON-und-METRO-Cash-Carry-werden-Energie-partner-dezentrale-Energieversorgung-fuer-METRO-Standorte-in-Deutschland-und-Russland/boxid/597314, letzter Aufruf 10.03.2019.

pro kWh gegenüber dem emissionsstärkeren Fremdstrombezug einzusparen und über die anteilige EEG Umlage gleichsam für diesen eigenerzeugten Strom circa 2 Cent pro kWh als EEG-Umlage zu bezahlen. Der Aufbau einer BHKW-Infrastruktur in Kooperation mit E.ON in Russland[25] geht hingegen voran. Die Großmärkte in Nishni Novgorod[26] und Ivanovo sind bereits ausgestattet und in der nächsten Zeit werden wir beobachten und bewerten, ob ein Roll-Out auf andere Großmärkte opportun ist.

Im METRO Großmarkt in Schwelm wurde 2011 eine Gasturbine errichtet, die sowohl Wärme als auch Kälte und Strom erzeugt und damit jährlich rund 570 t CO_2 einspart. Diese technische Lösung war seinerzeit im Handel einzigartig, weil mit der Wärme der Gasturbine die Pluskälte über eine Absorptionskälteanlage erzeugt wurde und der Strom der 4×220 KW- Turbinenmodule für die Stromversorgung und für den Betrieb der CO_2- Tiefkühlkälteanlage verwendet worden ist[27].

Smaragd-Initiative: METRO hat und wird auf den Dächern der Großmärkte mindestens 50.000 kWp Photovoltaik bis 2030 errichten und betreiben. Die letzten Jahre brachten hier ein schwungvolle Entwicklung: Ende des Geschäftsjahres 2017/2018 haben wir bereits 26.000 kWp mit mehr als 50 Photovoltaikanlagen zum Eigenverbrauch betrieben. Ziel ist allerdings nicht die Erreichung einer regulatorisch festgelegten Einspeisevergütung, sondern die Eigenerzeugung von Strom für den Verbrauch im Großmarkt. Da die Photovoltaikanlagen (PV) auf dem Dach errichtet werden, stellt diese Technik im Ergebnis die flexibelste Möglichkeit der Stromeigenproduktion dar. Wir arbeiten derzeit daran, an mehreren Standorten, zumindest teilweise, den benötigten Strom, dann emissionsfrei, aber auch günstiger als Fremdstrom, zu produzieren. PV-Anlagen betreiben wir auf unseren Großmärkten in China (20 Standorte), Japan (3), Indien (10), Pakistan (2), Türkei (2), Spanien (2), Italien (2), Deutschland[28] (2) und Österreich (1).

Sofern der jeweilige nationale Gesetzgeber nicht jede Eigenproduktion mittels Photovoltaikanlagen durch weitere Umlagen oder Umlageerhöhung regulatorisch unwirtschaftlich macht, sehen wir hier den geeignetsten Weg, die völlig emissionsfreie Eigenproduktion von Strom, nachhaltig durch eine Vielzahl von Anlagen, die über den Lebenszyklus des Großmarktes betrieben werden, vorzunehmen.

Weitere dezentrale Projekte sind die Solarthermie in den METRO Märkten in Rom und Antalya sowie die Heizung mittels Wärmepumpen im Großmarkt in München-Pasing,

---

[25]„Man muss sich ja regelrecht vor Berlin fürchten", Handelsblatt vom 25.06.2014, http://www.handelsblatt.com/unternehmen/industrie/oekostromreform-man-muss-sich-ja-regelrecht-vor-berlin-fuerchten/10104022.html, letzter Aufruf 10.03.2019.

[26]https://www.eon.com/en/about-us/media/press-release/2016/worldwide-energy-partner-metro-and-eon-now-also-reducing-energy-costs-in-russia.html, letzter Aufruf 08.03.2019.

[27]Energiemanagement im Einzelhandel, https://www.energiekongress.com/award/, letzter Aufruf 10.03.2019.

[28]https://www.pressebox.de/inaktiv/eon-se/METRO-und-E-ON-vereinbaren-bundesweite-Photovoltaik-Initiative/boxid/877980, letzter Aufruf 10.03.2019.

sodass die jeweils erzeugte Wärme oder Kälte nicht mehr durch Erdgas oder andere Wärmeträger erzeugt werden muss.

Insgesamt bleibt festzuhalten, dass es wichtig ist, die Projektverantwortung im Unternehmen wahrzunehmen und die Effizienzprojekte voranzutreiben. Die Umsetzung kann ohne Weiteres arbeitsteilig durch die Einbindung strategischer Partner erfolgen.

19   Elektro- und alternative Mobilität

Die Förderung von Elektromobilität als eine klimafreundliche und alternative Möglichkeit, die Emissionen des Straßenverkehrs zu reduzieren, ist in die Energiestrategie von METRO eingebettet[29]. Denn E-Mobilität ohne EV-Ladestationen ist nicht möglich, und Ladestationen greifen einerseits sehr deutlich in die bestehende Betriebsinfrastruktur der Großmärkte ein, andererseits sind sie Innovationstreiber etwa für die Verwendung von Speicherbatterien und Photovoltaikerzeugung.

Insbesondere zur Schaffung eines Mehrwerts für unsere Kunden wird die Ladeinfrastruktur bedarfsorientiert an den Großmärkten ausgebaut, damit diese während des Einkaufs im Großmarkt ihr Elektrofahrzeug auf- oder nachladen können. Da der Betrieb von Ladestationen tatsächlich weit von unserem Kerngeschäft entfernt ist, suchen wir hier arbeitsteilig gezielt strategische Partnerschaften. Wir haben die an E-Mobilität interessierten Kunden, die Partner haben Erfahrung im Ladegeschäft.

Die aktuell mehr als 250 Ladepunkte befinden sich auf den Parkplätzen der METRO Großmärkte in den Niederlanden, Belgien, Frankreich, Spanien, und Italien. In Bulgarien sind bereits 8 der 11 Großmärkte ausgestattet, in Polen sind es sieben, und bis zum Jahresende 2019 werden die weiteren 23 folgen. In Deutschland wurde der Großmarkt Düsseldorf bereits 2012 mit 8 Ladepunkten versehen, die heute gut frequentiert sind, auch Hamburg-Harburg, Koblenz, Mainz-Kastell und demnächst Frankfurt-Rödelheim laden zum Laden ein. Aber: Wir sind vorsichtig, denn die Ladeinfrastruktur und deren Betrieb ist wirklich noch teuer und auf Sicht kein Business für METRO. Unsere Investitionen können nicht allein in den Ausbau von Ladeinfrastruktur betoniert werden, während wir bei anderen Energieprojekten echte Effizienz erreichen können. Wir sehen, dass zum Beispiel in Deutschland große Förderprogramme aufgesetzt werden, um die Ladeinfrastruktur zu entwickeln. Leider können wir davon nicht profitieren, weil unsere METRO Großmarkt-Parkplätze in den Gewerbegebieten aus gutem Grunde nicht 24/7 zugänglich sind[30].

---

[29]https://lebensmittelpraxis.de/handel-aktuell/19122-nachhaltigkeit-metro-setzt-sich-fuer-elektromobilitaet-ein.html, letzter Aufruf 10.03.2019.

[30]Strom aus dem Supermarkt, Handelsblatt vom 20.03.2019, https://www.handelsblatt.com/politik/deutschland/elektromobilitaet-strom-aus-dem-supermarkt-handel-fordert-finanzielle-hilfen-vom-bund/24119528.htm, letzter Aufruf 20.03.2019.

Nichtsdestotrotz bekennen wir uns zu unseren Ausbauzielen und wollen 2030 mehr als 1000 Ladepunkte für unsere Kunden weltweit anbieten[31]. Ein Ziel, das wir wohl schon früher erreichen werden.

20   Energieeinkauf

Die Energiemengen, die nach Greifen der Energieeinsparmaßnahmen und Abzug der Eigenproduktion benötigt werden, müssen am internationalen Markt beschafft werden. Dies ist praktisch nach wie vor der Großteil an Strom – und in der Zukunft, aber deutlich abnehmend – Wärme. Der Wärmeträgerbedarf, also Erdgas, Heizöl oder Fernwärme, wird in Zukunft abnehmen, weil einerseits weitere Energieeffizienzmaßnahmen greifen, andererseits durch das METRO F-Gas-Exit-Programm in allen neuen Kälteanlagen mit natürlichen Kältemitteln Wärmerückgewinnungsanlagen installiert werden, sodass die Wärmebeschaffung eine nachrangige Rolle spielen wird. Die Abwärme der Kälteanlagen kann dann für die Warmwasseraufbereitung benutzt werden.

Der Energieeinkauf selbst führt zu keiner Effizienz. Allerdings kann ein emissionsfreier Energieverbrauch etwa durch den Einkauf von Grünstrom oder Bioerdgas erfolgen. Wir wollen aber einerseits erreichen, dass der Strom am Großmarktdauerhaft erzeugt wird, und der Grünstrombezug nicht etwa den Preisvolatilitäten der Grünstrom qualität am Markt ausgeliefert ist. Außerdem ist uns eine gesicherte und transparente Lenkungswirkung des etwaigen Mehrbetrages für den Grünstrombezug wichtig. Deshalb haben wir uns entschieden, anstatt etwa Grünstromzertifikate für eine regenerative Stromerzeugung ohne direkte Lenkungswirkung im Ausland zu kaufen, wir in die Grünstromerzeugung am Markt investieren – aber nur an den Standorten, wo es auf lange Sicht wirtschaftlich ist, was über das Smaragd-Projekt mit den Photovoltaikanlagen sichergestellt wird.

Da die Grünstromzertifikate weder physische Kilowattstunden noch direkte CO_2-Emissionen von METRO einsparen, sondern uns nur über die Ziellinie der Klimaschutzziele 2030 bringen würden, investieren wir die für eine solche Zertifikatebeschaffung aufzuwendenden Kosten besser in auf Dauer kosten- und emissionssparende Energieprojekte. Natürlich könnten wir uns durch Zertifikate klimaneutral stellen, in dem wir so etwa Nachhaltigkeitsprojekte in Schwellen- und Entwicklungsländern finanzieren. Das Instrumentarium finden wir auch grundsätzlich gut, aber anstatt uns über Certified Emission Reductions[32] (CERs) klimaneutral zu stellen, investieren wir physisch

---

[31]Strom aus dem Supermarkt, Handelsblatt vom 20.03.2019, https://www.handelsblatt.com/politik/deutschland/elektromobilitaet-strom-aus-dem-supermarkt-handel-fordert-finanzielle-hilfen-vom-bund/24119528.htm, letzter Aufruf 20.03.2019.

[32]https://www.carbonfootprint.com/certifiedemissionreductioncer.html, letzter Aufruf 10.03.2019.

in Energieeffizienz- und Eigenerzeugungsmaßnahmen für unsere Großmärkte in China, Indien, Pakistan oder Myanmar – also genau dort, wo Klimakompensationsprojekte über CERs entwickelt werden.

Dort, wo die regenerative oder umweltfreundliche Energie durch Dritte dezentral in der Nähe eines Großmarktes produziert wird, nutzen wir diese Möglichkeiten uneingeschränkt. So beziehen wir Strom aus einem Biomassekraftwerk für das METRO Großlager in Reichenbach, Wärme aus dem Biomasseheizwerk für einen METRO Großmarkt in Brunn-thal, oder den Windstrom aus den Windrädern für unsere vier METRO Märkte in Bangalore in Indien. Bereits seit 2009 bezieht METRO in Deutschland ausnahmslos schwefelarmes Heizöl und konnte hierdurch den Ausstoß von Emissionen deutlich reduzieren.

Dort, wo allerdings der Grünstrombezug eine Lenkungswirkung entfaltet, in den Beziehungen zu unseren Kunden einen Mehrwert darstellt, der auch geachtet und hono-riert wird, oder andere gewünschte Effekte unterstützt, stehen wir dem Bezug offen gegenüber. So beziehen wir in Österreich das gesamte Stromportfolio aus österreichischer Wasserkraft, garantiert emissionsfrei. In Deutschland decken wir uns für 300 MWh mit Herkunftsnachweisen – Grünstrom aus Wasserkraftwerken in Bayern – ein, um auch die letzten Zweifler, ob Elektrodienstfahrzeuge auch wegen des deutschen Energiemixes wirklich weniger Emissionen im Lebenszyklus verursachen als Verbrennungsfahrzeuge, von der guten Sache zu überzeugen. Der Stromverbrauch unserer Elektrofahrzeuge in Deutschland ist seit 2018 durch Grünstrom-Herkunftsnachweise bilanziell emissionsfrei.

In Frankreich beziehen wir künftig einen Teil des benötigten Stroms aus Windkraftan-lagen, die in unserem Auftrag von einem Anbieter in das Stromportfolio integriert werden[33].

Schließlich nutzen wir seit Mitte 2018 als Standardeinstellung die Internet-Suche Ecosia, sodass über die Liefer- und Dienstleisterkette eine Treibhausgaskompensation ebenfalls erfolgt. Denn die in Berlin sitzende Öko-Suchmaschine Ecosia investiert einen Großteil seines Gewinns in weltweite Wiederaufforstungsprojekte.[34]

21 Nachhaltigkeit von Neubauten 5 Sterne- Bewertung

Wenn bereits der gesamte Bestand an Großmärkten durch ESP, EAP, FEP, Smaragd, Rubin und weitere Initiativen zur Reduktion der Klimaemissionen um 50 % bis 2030 beitragen muss, dann müssen erst recht neue Märkte, wesentliche Umbauten und

---

[33]https://www.edf.fr/groupe-edf/espaces-dedies/journalistes/tous-les-communiques-de-presse/le-groupe-edf-et-metro-france-signent-un-contrat-inedit-pour-un-approvisionnement-en-ener-gie-d-origine-eolienne, letzter Aufruf 22.04.2019.

[34]https://www.faz.net/aktuell/wirtschaft/unternehmen/metro-kooperiert-mit-gruener-suchmaschi-ne-ecosia-15911979.html, letzter Aufruf 14.03.2019; FAZ online: METRO „googelt" jetzt grün, https://www.faz.net/aktuell/wirtschaft/thema/metro-group, letzter Aufruf 21.03.2019.

Renovierungen wesentlich effizienter sein, also die für 2030 unternehmensintern gesteckten Ziele schon jetzt erreichen.

Deshalb wurde zur Bewertung der Nachhaltigkeit eines solchen neuen Marktes oder Umbaus eine „Five-Star-Evaluation", also 5-Sterne-Bewertung eingeführt. Ein Projekt mit 5 Sternen erfüllt unsere METRO Anforderungen an die Nachhaltigkeit von Groß-märkten mit absolutem Bestmaß. Bewertet werden dafür der Stromverbrauch, mit einer anteiligen 40 % Gewichtung – weil der Stromverbrauch den höchsten Anteil am Car-bon Foot Print der METRO hat, die Stromeigenerzeugung durch erneuerbare Ener-gie, insbesondere Photovoltaik sowie der Betrieb von Kälteanlagen mit natürlichen Kältemitteln mit je 20 % Gewichtung. Photovoltaik übernimmt einen hohen Anteil der emissionsfreien Energie und Kälteanlagen haben eine hohe Relevanz als Großver-braucher von Strom und als Emittent aus Kältemittelleckagen. Weiterhin fließen in die Bewertung ein: das Kriterium Elektrofahrzeugladestationen und technische Highlights, also Innovationstreiber, sowie die Verwendung nachhaltiger Baumaterialien mit einer Gewichtung zu je 10 %. Innerhalb der jeweiligen Kategorie werden volle, halbe und viertel Sterne vergeben.

Bei der Kategorie Stromverbrauch wird ein voller Stern vergeben, wenn das Neubau-projekt mindestens einen um 25 % besseren Verbrauch als das spezifische Landesziel 2030 erreicht, ein halber Stern für die Erreichung des 2030 Ziels und ein viertel Stern für die Unterschreitung des Stromeinsparziels im Eröffnungsjahr.

Im Bereich Photovoltaik wird ein voller Stern bei mindestens 50 % Stromeigen-erzeugungsrate des Großmarktes, ein halber Stern bei mindestens 25 % und ein viertel Stern bei einem geringeren Anteil oder dem Einsatz eines hocheffizienten Blockheiz-kraftwerkes vergeben.

Die Bewertung der Kälteanlagen resultiert in einem vollen Stern für die Installation einer hocheffizienten Ejektor-Kälteanlage, die CO_2-, oder andere natürliche Kältemittel nutzt. Einen halben Stern gibt es für eine transkritische CO_2-Anlage ohne Ejektor und einen viertel Stern für eine subkritische Kälteanlage und den Einsatz geschlossener Kühlmöbel.

Weiter fließen in die Bewertung Highlights ein, zum Beispiel gibt es einen vollen Stern für die Installation eines Elektrofahrzeug-Ladepunkts, wenn gleichzeitig zwei wei-tere Highlights installiert sind, zum Beispiel Tageslichtnutzung und Präsenzsensor oder berührungsfreie Wasserarmaturen, Regenwassernutzung, etc. Einen halben Stern gibt es, wenn ein Elektrofahrzeug-Ladepunkt und ein technisches Highlight implementiert sind. Einen viertel Stern gibt es dann, wenn nur ein Highlight wirksam wird.

Auch im Bereich Baumaterialien gibt es ein entsprechendes Scoring. Ein voller Stern wird erreicht, wenn überwiegend natürliche recycelbare Baustoffe eingesetzt werden, ein halber Stern für wesentliche Elemente aus natürlichen recycelbaren Baustoffen, d. h. mindestens 50 % der Träger oder Fassade oder Fußboden, und einen viertel Stern für die Verwendung nachhaltiger Baustoffe zu einem geringeren Anteil, etwa natürliche Gewebe, Gründächer oder begrünte Fassaden, die Vermeidung von Plastikbaustoffen oder die Verwendung natürlicher Farben.

Um die fünf Sterne für Nachhaltigkeit zu erreichen, muss eine hohe Messlatte über-
wunden werden. Bisher hat allein der ZEROone Store, der Nullenergiegroßmarkt
im österreichischen St. Pölten, diese fünf Sterne erreicht. Der Großmarkt, eröffnet im
Oktober 2017, weist einen extrem niedrigen Stromverbrauch auf durch 100 % LED,
Tageslichtnutzung, Verzicht auf eine Klimaanlage durch natürliche Querlüftung, Ejektor-
kälteanlage und Verwendung gekühlter Räume und geschlossener Kühlregale nach dem
Zwiebelprinzip. Das Gebäude, gebaut aus regionalem Holz, verzichtet auf eine externe
Heizung und setzt auf Kernaktivierung und Wärmepumpenbetrieb sowie die Erzeugung
des benötigten Stroms mit einer 1008 kWp Photovoltaikanlage. Der zeitgleiche Über-
schuss des Photovoltaikstroms wird im eigenen Bilanzkreis von METRO Österreich
verbraucht, bilanziell wird der Großmarkt durch die PV Anlage vollständig versorgt.
Weiterhin zeichnet sich der Store durch 100 % Versickerung des Regenwassers auf dem
Grundstück, sowie 10 Ladepunkte für EV aus. Für sein Gesamtkonzept wurde der Großmarkt mit dem EHI Energy Award 2018 ausgezeichnet[35].

Der Greenstore im chinesischen Dongguan schafft 2,5 Punkte, also die Untergrenze
des „grünen" Bereichs. Der im Sommer 2016 nachhaltig umgebaute Bestandsgroß-
markt setzt auf eine subkritische Kälteanlage, ein intelligentes Air-Conditioning-System,
Tageslichtnutzung, LED, geschlossene Kühlmöbel, Regenwassernutzung für Toiletten-
spülung, Betrieb von AC und DC Ladesäulen sowie einem Ladekarussell für Elektrofahr-
räder und Stromeigenerzeugung mit einer 800 kWp Photovoltaikanlage auf dem Dach,
dem Parkdach und der Südfassade des Großmarktes.

Für die Entscheider über die Nachhaltigkeit von Investitionen wurde aus dem Punkte-
system eine Ampel aggregiert: GRÜN (top) ist die Skala von 2,5 bis 5,0 Punkten, GELB
(okay) rangiert von 1,0 bis 2,5 Punkten und ORANGE von größer NULL bis 1,0 Punkten (es gibt eine Energie- und Umweltverbesserung in dem Umbau).

Bei METRO, wie bei jedem Wirtschaftsunternehmen, steht Nachhaltigkeit im Kontext
zu vielen anderen Geschäftsprinzipien – in erster Linie natürlich unter dem Gesichtspunkt der Profitabilität. Ein nachhaltiger Großmarkt, der nur Verluste einfährt, muss
genauso hinterfragt werden, wie ein hochprofitabler Großmarkt, der eine Klimabelastung
darstellt und dem Klimaschutzziel abträglich ist.

22   Die LKW- und Dienstwagen- Flotte

METRO verbraucht in Deutschland nicht nur jährlich mehr als 4 Mio. L Heizöl, sondern
über 10 Mio. L Kraftstoff für die ca. 1600 Dienst- und Funktionsfahrzeuge, 150 LKW
der Logistikflotte und 150 leichte LKW für die Kundenbelieferung.

---

[35]https://www.handelszeitung.at/handelszeitung/ehi-energiemanagement-award-fuer-me-
tro-markt-st-poelten-174368, letzter Aufruf 08.03.2019.

Abb. 4 Expresslieferungsfahrzeug in Wien Simmering

Hinsichtlich der Dienstwagen ist es sowohl durch den technischen Fortschritt als auch durch die Einführung einer CO_2-Komponente in der Dienstwagen-Policy gelungen, den Normtreibstoffverbrauch zu reduzieren. Die Dienstwagen-Policy ermöglicht es natürlich, auch Elektrofahrzeuge als Dienstfahrzeuge anzuschaffen. Der Anteil der Elektro- und Hybrid-Fahrzeuge ist jedoch gegenwärtig gering. Aber hier zeichnet sich ein steter Fortschritt ab, wir sind bereit, die Ladeinfrastruktur steht – nun muss nur noch die Automobil-Industrie Elektrofahrzeuge liefern[36].

Für die Funktionsfahrzeuge unserer Außendienstmitarbeiter haben wir sogar einen bemerkenswerten Anteil von CNG-Fahrzeugen bestellt, um hier Beiträge zum Umweltschutz in den Städten zu leisten. Denn unsere Kunden, Hoteliers, Gastronomen, Caterer und unabhängige Händler, die von unserem Außendienst besucht und beraten werden, befinden sich in der Regel in den (Innen-)Städten.

Für die Belieferung unserer Kunden werden an vier Großmärkten in Österreich, zum Beispiel in Wien-Simmering und Graz, Elektro-Vans eingesetzt. Im niederländischen Vianen fahren Hybrid-LKWs zu den Kunden und in Paris werden die Kunden durch E-Busse beliefert (Abb. 4).

In Österreich befindet sich ein 27 t-Elektro-LKW im Test. Der LKW wird an einer 43 kW Gleichstrom-Ladestation an der Rampe am Großmarkt Wien-Vösendorf aufgeladen. Es handelt sich um einen Pilotversuch, von einer Wirtschaftlichkeit sind wir im konkreten Fall noch weit entfernt (Abb. 5).

Sämtliche schwere LKW in Deutschland erfüllen die Euro 6-Norm. Wir hoffen zudem, in den kommenden Monaten die ersten CNG-Antriebe in den Fuhrpark aufnehmen zu

---

[36]Eon und Ikea fordern schnelleren Umstieg auf E-Mobilität, FAZ.net vom 20.03.2019 https://www.faz.net/aktuell/wirtschaft/diginomics/eon-vattenfall-metro-und-ikea-fordern-schnelleren-umstieg-auf-e-mobilitaet-16098512.html, letzter Aufruf 20.3.2019.

Abb. 5 Elektro Truck METRO Vösendorf/Österreich. Foto: Olaf Schulze

können. Hier optimieren wir weiter, auch hinsichtlich der Emissionen. Apropos Euro 6: Mittlerweile bekommt auch Ad blue® Kostenrelevanz, weil wir mehr als 120.000 L dieser Zusatzstoffe jährlich zur Reinigung der Abgase in unserer LKW-Flotte verbrauchen.

23   Wie geht es weiter?

Die Weltbevölkerung wächst alle drei Jahre um rund 300 Mio. Menschen. Vorrangig in den Wachstumsregionen, den Schwellenländern, wird die Nachfrage nach Energie und Mobilität weiter rasant steigen. Nach einer Studie des Weltenergierates wird die globale Nachfrage nach Energie bis 2050 um 70 bis 100 % steigen[37], sich also praktisch verdoppeln. Dies hätte deutliche Preissteigerungen bei Energierohstoffen und Energiepreisen zur Folge. Die Menschheit hat schon fast 40 % aller Erdölvorräte aus der Erde geholt. Mit

---

[37]Bis 2050 droht Verdopplung des Energiebedarfs, Spiegelonline vom 13.11.2017, http://www. spiegel.de/wissenschaft/natur/prognose-bis-2050-droht-verdopplung-des-energiebedarfs-a-516942. html, letzter Aufruf 20.3.2019.

spektakulären Funden riesiger Reserven rechnen Experten kaum noch, beziehungsweise wird die Exploration immer aufwendiger, teurer und mit neuen Risiken unkalkulierbar.

Besonders stark wird die Nachfrage nach Strom steigen, auch in Deutschland, etwa durch die Elektrifizierung vieler Prozesse, vom Autoladen bis zu den Wärmepumpen. Dabei trägt die Elektrizitätserzeugung bereits heute mit 41 % zu den weltweiten Kohlendioxidemissionen bei. Der immer schneller steigende Kohlendioxid-Gehalt der Luft ist dabei vorwiegend verantwortlich für den Klimawandel[38]. Die Zuwachsrate in den vergangenen zehn Jahren ist die größte seit 50 Jahren. 78 % der Erhöhung gehen auf die Nutzung fossiler Brennstoffe zurück. Bis 2100 wird ein Temperaturanstieg zwischen 2 und 6,4 °C vorhergesagt. Doch unter Anbetracht der Risiken und Konsequenzen gilt es, den Temperaturanstieg gemeinsam mit Anstrengungen und Bekenntnissen aller Länder auf maximal 2 °C zu begrenzen.

Nationales Handeln allein wird diesen dramatischen Entwicklungen nicht gegensteuern können. Die europäische Dimension der Energiepolitik hat daher in den vergangenen Jahren beträchtlich an Bedeutung gewonnen. Die Herausforderungen des Klimawandels sowie die Verknappung fossiler Energieträger und die sich zuspitzenden geopolitischen Krisen in wichtigen Regionen fossiler Energiequellen haben zu einer weitreichenden Europäisierung energiepolitischer Entscheidungen beigetragen.

Dabei berührt Energiepolitik nicht nur direkte Fragen wie Energiemix, Netzausbau, Versorgungssicherheit, CO_2-Einsparziele und soziale Gerechtigkeit – wie etwa die Gelbwestenproteste in Frankreich[39] zeigen – sondern hat zudem Auswirkungen auf eine Reihe von auch für die METRO relevanten anderen europäischen Politikfeldern. So sind unter dem Stichwort „Energieeffizienz" weitere Anpassungen des Ökodesigns für bestimmte Produkte zu erwarten (z. B. Toprunner-Modelle) oder aber auch neue Anforderungen in der Abfall- und Rohstoffpolitik, bei der Kennzeichnung von Produkten, Recyclingquoten, (Plastik)- Verpackungsreduktionen, Rücknahme- und Verwertungspflichten, Herkunfts- und Energiekennzeichnungen. Weitere Regularien sind zu erwarten und die Entwicklungen auf politischer Ebene müssen aufmerksam beobachtet werden, um rechtzeitig unternehmensrelevante Auswirkungen zu erkennen und zu berücksichtigen. Anforderungen an Energieeinsparung und Klimagasvermeidung werden das Gebäudemanagement ebenso betreffen wie die Verwaltungseinheiten und das Supply-Chain-Management. Die Gebäudeenergieeffizienzrichtlinie der EU 2018/844[40]

---

[38]Vgl. Et all: Hans Joachim Schellnhuber, Selbstverbrennung – Die fatale Dreiecksbeziehung zwischen Klima, Mensch und Kohlenstoff, Bertelsmann-Verlag 2015, München; Al Gore, Wege zum Gleichgewicht – Ein Marshallplan für die Erde, Fischer Taschenbuch Verlag 1994, Frankfurt.

[39]http://www.spiegel.de/netzwelt/web/gelbwesten-in-frankreich-was-man-ueber-die-protestbewegung-wissen-sollte-a-1243292.html; letzter Aufruf 10.03.2019.

[40]https://eur-lex.europa.eu/legal-content/DE/TXT/PDF/?uri=CELEX:32018L0844, letzter Aufruf 08.03.2019.

wird in den nächsten Monaten in nationales Recht umgesetzt und harte Pflichten zur Errichtung von Elektrofahrzeug-Ladestationen, aber auch zu den Energiepässen regeln.

Wir kennen auch noch wesentliche Lernfelder: Bisher ist es uns nicht gelungen, einerseits vernünftige preiswürdige Energiespeicherlösungen zu finden, obwohl wir in jedem METRO Großmarkt über viele hundert Kilowatt Kälteleistung verfügen, und andererseits unsere vielen Notstromaggregate als Reservekraftwerke im Strommarkt anzubieten.

Die Erhöhung der Energie- und Ressourceneffizienz wird für die wirtschaftliche Leistungsfähigkeit eines Unternehmens in Zukunft bedeutsam sein. Entsprechend der strategischen Ausrichtung der METRO sollen uns die Investitionen in Energieeffizienz und Umrüstung auf erneuerbare Energien an allen Standorten und dem Headquarter fit für die Zukunft machen.

Wir haben eine Verantwortung gegenüber unseren Mitarbeiterinnen und Mitarbeitern, unseren Kunden, unseren Lieferanten und Partnern, unseren Aktionären und der Gesellschaft. Unser Profikunden, also Hoteliers, Restaurants, Caterer und Trader stehen zum Beispiel in Bezug auf steigende Energiekosten vor den selben Herausforderungen wie wir. Wir können unsere Kunden stärken, indem wir energiesparende Produkte und Lösungen im Sortiment haben oder Energiedienstleistungen, etwa Strom- und Gaslieferverträge[41], natürlich auch Ökostromprodukte, verkaufen.

METRO gehört zu den etablierten europäischen Handelsunternehmen und operiert weltweit in 36 Ländern. Hieraus erwachsen gleichermaßen Chancen und Verantwortung. „Immer eine Dimension voraus schauen" – als Partner für Politik und Gesellschaft, für unsere Kunden, unsere Mitarbeiterinnen und Mitarbeiter, unsere Lieferanten und Partner, unsere Aktionäre, unsere Gesellschaft und unser Europa – das ist und bleibt unsere Philosophie und unsere Strategie. Und es gibt viel zu tun!

Olaf Schulze 1963 in Halle/Saale geboren, Director METRO AG. Er leitet den Bereich Facility, Energy & Resource Management der METRO AG. Seit 2005 METRO GROUP, zunächst Geschäftsführer METRO Energy Management. Berufliche Stationen u. a. Leiter Recht und Versicherungen Geberit Mapress GmbH, Langenfeld; Leiter Recht und Personal EuroPower Energy GmbH, Frankfurt a. M., Gruppenleiter Recht und Versicherungen Thüringer Energie AG, Erfurt. Olaf Schulze studierte Staats- und Rechtswissenschaften an der Martin-Luther-Universität Halle-Wittenberg und legte 1993 in Düsseldorf das zweite juristische Staatsexamen ab.

© Susanne Halkias

---

[41] https://www.portalderwirtschaft.de/pressemitteilung/298975/metro-und-ampere-beschliessen-energie-kooperation.html, letzter Aufruf 08.03.2019; https://prospekte.metro.de/ampere-stromtarif/page/1, letzter Aufruf 08.03.2019.

Vordenken, vorleben, vorangehen – Was verantwortungsbewusste Klimaschutz-Unternehmen auszeichnet

Stefanie Kästle

1 Einleitung

Die Klimaschutz-Unternehmen sind eine unternehmerische Exzellenzinitiative für Klimaschutz und Energieeffizienz. Als branchenübergreifender Zusammenschluss von Unternehmen aller Größenklassen aus Deutschland zeigen die Klimaschutz-Unternehmen modellhafte Beispiele zur optimalen Energienutzung und zum Klimaschutz für Unternehmen aller Branchen und Größen auf. Nur besonders engagierte Unternehmen werden nach intensiver, wissenschaftlicher Prüfung in den Kreis der „Klimaschutz-Unternehmen" aufgenommen. Der Beitrag zeigt am Beispiel der Mader GmbH & Co. KG, was es konkret bedeutet, wenn sich ein Unternehmen freiwillig zu messbaren und ambitionierten Klima- und Energieeffizienzzielen verpflichtet, die CO_2-Emissionen verringert und durch innovative Dienstleistungen und Produkte einen herausragenden Beitrag zur betrieblichen Energieeffizienz leistet.

2 Klimawandel in Wirtschaft und Gesellschaft

2.1 Über die Klimaschutz-Unternehmen

Die Klimaschutz-Unternehmen haben sich als „Klimaschutz-Unternehmen. Die Klimaschutz- und Energieeffizienzgruppe der Deutschen Wirtschaft e. V." zusammengeschlossen.

S. Kästle (✉)
Mitglied der Geschäftsleitung, Mader GmbH & Co. KG, Leinfelden-Echterdingen, Deutschland
E-Mail: stefanie.kaestle@mader.eu

© Springer-Verlag GmbH Deutschland, ein Teil von Springer Nature 2019
A. Hildebrandt und W. Landhäußer (Hrsg.), *CSR und Energiewirtschaft*,
Management-Reihe Corporate Social Responsibility,
https://doi.org/10.1007/978-3-662-59653-1_4

Mitglied des Verbands können nur besonders engagierte Unternehmen werden, die nach einer intensiven, wissenschaftlichen Prüfung eine positive Empfehlung des Beirats erhalten, in dem das Bundesumweltministerium, das Bundeswirtschaftsministerium und der Deutsche Industrie- und Handelskammertag vertreten sind. Jedes Klimaschutz-Unternehmen hat dadurch seine herausragenden Leistungen in den Bereichen Klimaschutz und Energieeffizienz unter Beweis gestellt und erfüllt damit den Anspruch der Exzellenzinitiative.

Wir, die Klimaschutz-Unternehmen, sind ein Zusammenschluss von Unternehmen in Deutschland, die durch eine konsequente Umsetzung herausragender Innovationen eine Vorreiterrolle bei Klimaschutz und Energieeffizienz einnehmen.

Wir haben herausragende Klimaschutz- und Energieeffizienzprojekte in unseren Unternehmen erfolgreich umgesetzt, verpflichten uns freiwillig zu messbaren und ambitionierten Zielen und entwickeln uns kontinuierlich weiter.

Wir verringern dadurch die CO_2-Emissionen, zeigen Verantwortung für die Lebensgrundlagen zukünftiger Generationen und verbessern damit nachhaltig unsere Wettbewerbsposition. Wir sehen uns als Vorbild und Multiplikator in der deutschen Wirtschaft. Quelle: https://www.klimaschutz-unternehmen.de/ueber-uns/unser-verband/.

Das branchenübergreifende und deutschlandweite Exzellenznetzwerk für Klimaschutz und Energieeffizienz hat derzeit 37 Mitglieder (Stand: April 2019).

2.2   Wertebasierte Führung als Basis

Seit 2014 gehört die Mader GmbH & Co. KG offiziell zu den Klimaschutz-Unternehmen. Im Rahmen der Frühjahrskonferenz der Klimaschutz- und Energie-Effizienzgruppe der Deutschen Wirtschaft am 31. März 2014 in Berlin zeichneten das Bundesministerium für Umwelt, Naturschutz, Bau und Reaktorsicherheit (BMUB), das Bundesministerium für Wirtschaft und Energie (BMWi) und der Deutschen Industrie- und Handelskammertag (DIHK) das Unternehmen für sein langjähriges und umfassendes Umweltengagement aus.

Dies sei eine große Anerkennung für das Engagement im Bereich Energieeffizienz und Umweltschutz, aber auch für die grundsätzliche Unternehmensphilosophie, sagte Gesellschafter und Geschäftsführer Peter Maier damals, und verwies in diesem Zusammenhang auf die wertebasierte Führungskultur, die seine Mitstreiter Werner Landhäußer, ebenfalls Gesellschafter und Geschäftsführer, aktiv umsetzen und vorleben.

Zu den definierten Werten und der grundsätzlichen Haltung der Unternehmensleitung zählt unter anderem der komplexe Themenbereich Verantwortung. Was bei der Verantwortung für die eigenen Mitarbeiter und das Unternehmen beginne, setze sich im verantwortungsbewussten Handeln für die Gesellschaft und die Umwelt logisch fort. „Nachhaltigkeit ist hier das treffende Stichwort und der Maßstab, an dem wir uns messen lassen wollen."[1] (Werner Landhäußer). Für Mitarbeiter und Geschäftsführung sind Ökonomie, Ökologie und soziale Verantwortung eine Einheit – genau wie die ganzheitliche Betrachtung der gesamten Druckluftkette.

Als Lösungsanbieter der energieintensiven Technik Druckluft sieht sich das Unternehmen in einer besonderen gesellschaftlichen Verantwortung. Denn obwohl der Energieträger Druckluft durch den vergleichsweise niedrigen Wirkungsgrad sehr teuer sei, ist er aus der Industrie und vielen automatisierten Anwendungen nicht wegzudenken. Unternehmerisches Ziel ist es, durch die ganzheitliche Betrachtung der Druckluftkette Energieeinsparpotenziale aufzudecken und durch nachvollziehbare Argumentation auch Kunden davon zu überzeugen diese tatsächlich zu nutzen.

Neben diesen nach außen gerichteten Aktivitäten leistet das Unternehmen seinen Beitrag zur Reduktion des CO_2-Ausstoßes auch durch interne Maßnahmen. Wie heißt es so schön: Man muss erst einmal vor der eigenen Türe kehren! Angefangen bei regelmäßigen Projekten, die die gesamte Belegschaft für ressourcenschonendes Wirtschaften sensibilisieren sollen bis zu klaren Zielvorgaben zur Einsparung von Papier, Heizöl, Strom und Benzin – entscheidend ist eine zielgerichtete, regelmäßige Kommunikation und eine konsequente Umsetzung der beschlossenen Maßnahmen.

Dabei ist es wichtig, über entsprechende Zahlen zu verfügen und aktiv die Zieleinhaltung einzufordern. Jeder einzelne Mitarbeiter kann etwas beitragen. Sei es, indem er oder sie weniger ausdruckt oder bewusst die Raumtemperatur hinterfragt. Verringerung des CO_2-Ausstoßes durch bewusste Anschaffung entsprechender Firmenfahrzeuge, Virtualisierung der Firmenserver, CO_2-neutraler Druck von Werbematerialien, klimaneutraler Paketversand und der Bezug von Strom aus 100 % Wasserkraft sind nur einige Maßnahmen, die gemeinsam mit der Unternehmensleitung angestoßen und umgesetzt wurden.

Nachhaltigkeit ist für Mader kein luftleerer Begriff, er impliziert für alle, die hier arbeiten, neben der Verantwortung für die eigenen Mitarbeiter, die Gesellschaft auch die Verantwortung für die Umwelt. Nun gilt Druckluft auf der einen Seite als unverzichtbar für die Industrie, auf der anderen Seite ist sie aber auch eine der energieintensivsten Technologien. Daher sehen es alle Beteiligten als ihre Pflicht an, das technisch Mögliche dafür zu tun, die Auswirkungen auf die Umwelt möglichst gering zu halten. Ein wenig beeinflusst auch die schwäbische Herkunft unsere Arbeit – zuzusehen, wie in vielen Unternehmen Energie im Bereich der Druckluftversorgung schlichtweg verschwenden, tut der schwäbischen Seele weh.

---

[1]http://www.gesichter-der-nachhaltigkeit.de/gesichter/stefanie-k%C3%A4stle, aufgerufen am 17.4.19.

2.3   Meilensteine für die Verbesserung der Energieeffizienz

Mit dem Einstieg in das Umweltmanagement nach DIN ISO 14001 und Einführung des Energiemanagementsystems nach DIN ISO 50001 wurde im Unternehmen konsequent der Istzustand analysiert und konkrete Zahlenwerte ermittelt. Wie hoch ist der Papierverbrauch pro Kopf? Wie viel CO_2 produzieren unsere Firmenfahrzeuge? Wie hoch ist der Stromverbrauch? Gleichzeitig haben wir analysiert, wo es Optimierungspotenziale gibt und begonnen diese in Angriff zu nehmen. Angefangen mit dem Austausch der Beleuchtung, Virtualisierung unserer Firmenserver und bewusste Auswahl von Firmenfahrzeugen mit reduziertem CO_2-Ausstoß.

Viele der festgestellten Optimierungspotenziale waren abhängig vom Verhalten jedes Einzelnen. Das und die Tatsache, dass Mader auch im Tagesgeschäft permanent seine Kunden für das Thema Energieeffizienz sensibilisieren will, macht deutlich, dass die Mitarbeiter bei diesem Thema der Dreh- und Angelpunkt sind.

Den Startschuss gaben Schulungen zum betrieblichen Umweltmanagement, gefolgt von Workshops, die die Azubis organisierten und das umweltbewusste Verhalten auch im privaten Bereich in den Fokus stellten. Vorträge und Seminare zum Thema Energieeffizienz und Umwelt sind seither fester Bestandteil des betrieblichen Schulungsplans. Im Rahmen von Mitarbeiterinitiativ-Teams wurden außerdem alle aktiv ermutigt, Verbesserungsvorschläge zu dem Thema einzureichen. Als Erfolgsfaktor betrachten wir aber vor allem die regelmäßige und aktive Information der Mitarbeiter z. B. über aktuelle Verbrauchszahlen sowie das Einbinden in alle damit zusammenhängenden Maßnahmen.

Ein weiterer wichtiger Meilenstein war der Umzug 2018 in das neue Firmengebäude nach Echterdingen. Das Gebäude ist energetisch auf dem neusten Stand. Eine Kombination aus Luft-Wärme-Pumpe und Pelletsheizung sorgt für optimale Temperaturen. Der Energiebedarf wird größtenteils über die Photovoltaikfassade gedeckt. Der Einsatz von LED-Beleuchtung im gesamten Gebäude – in den Büroräumen zudem komplett helligkeitsgesteuert – bringt einen weiteren energetischen Vorteil.

Um auch die Kunden für das Thema Energieeffizienz speziell im Bereich Druckluft zu sensibilisieren, führt Mader u. a. Druckluftaudits durch. Durch die Auditierung werden Energieeinsparpotenziale über die gesamte Druckluftkette transparent gemacht. Als erstes Unternehmen weltweit hat Mader sein Druckluft-Audit „Mader AirXpert" nach DIN EN ISO 11011:2015 zertifizieren lassen. In einem umfassenden, dreitägigen Audit überprüften die Experten vom TÜV Süd die methodisch korrekte Vorgehensweise und Validität der ermittelten Daten der von Mader angebotenen Energieeffizienz-Dienstleistungen. Mit der Zertifizierung bestätigt der TÜV Süd, dass Mader seine Druckluft-Audits nach normgerechter, weltweit standardisierter, transparenter Methodik durchführt[2].

---

[2]https://www.mader.eu/loesungen/maximale-energieeffizienz-erreichen/druckluft-audit-din-iso-11011, aufgerufen am 17.4.19.

Durch das Engagement des Unternehmens im IHK-Energieausschuss und das Mitwirken in Energiekreisen, die Kooperation mit Energieberatern und den Austausch mit
Energiemanagern möchten alle ihr Wissen nachhaltig ausbauen und gleichzeitig andere
am Wissen des Unternehmens teilhaben lassen.

2.4   Nachwuchsförderung mit gesellschaftlicher Verantwortung verbinden

Mit dem Nachwuchsförderprogramm für Auszubildende wirbt Mader um junge Talente
und wirkt so der sinkenden Zahl der Lehrstellenbewerber entgegen. Grund hierfür ist der
demografische Wandel, der unter anderem bewirkt, dass immer mehr geburtenschwache
Jahrgänge auf den Arbeitsmarkt treffen, während die geburtenstarken Jahrgänge aus dem
Berufsleben ausscheiden.

Um auch in Zukunft erfolgreich zu sein und dem Fachkräftemangel entgegen zu
wirken, müssen Unternehmen heute schon die Talente von morgen gewinnen. Mader
erreicht dies mit einem Nachwuchsförderungsprogramm für Auszubildende, das als zentrales Thema für die strategische Personalentwicklung besondere Bedeutung hat. Zum
Ausdruck kommt dies auch durch die Ausbildungsquote von 10 %.

Während der Ausbildung legt das Unternehmen großen Wert auf die Übernahme von
Verantwortung und Eigenständigkeit seiner Auszubildenden. So sind diese beispiels-
weise für die Präsentation des Unternehmens auf der jährlichen Ausbildungsmesse in
Leinfelden-Echterdingen verantwortlich. Bereits zu Beginn der Ausbildung übernehmen
die Auszubildenden ein gemeinsames Projekt mit den Schwerpunktthemen Soziales
Engagement und Ökologie.

> „Von diesen Projekten profitieren die Auszubildenden in vielerleich Hinsicht. Sie trai-
> nieren ihre Methodenkompetenz, insbesondere ihre Präsentations-, Moderations- und
> Organisationsfähigkeit. Ganz ‚nebenbei' tun sie etwas für ihre soziale Kompetenz: Sie
> übernehmen Verantwortung für das Projekt und ihren Beitrag, müssen sich abstimmen und
> organisieren. So wachsen sie als Team zusammen und knüpfen wertvolle Kontakte für ihre
> weitere Ausbildung. Darüber hinaus können wir mit Projekten wie diesen durch die zusätz-
> liche Unterstützung von Bedürftigen, unserer sozialen Verantwortung gerecht werden", so
> Carolin Lenz, Ausbildungsleiterin bei Mader.

Beispiel hierfür ist der 2017 ausgerichtete Klimatag bei Mader. Diesen haben wir im
Rahmen der deutschlandweiten Aktionswoche der Klimaschutz-Unternehmen für Schülerinnen und Schüler des Philipp-Matthäus-Hahn-Gymnasiums in Leinfelden-Echterdingen, einem unserer Bildungspartner, bei uns im Haus veranstaltet. Nach einem
informativen Einstieg zu den „Auswirkungen des Klimawandels in Deutschland" durch
Maria Peukert, von der Geschäftsstelle der Klimaschutz-Unternehmen, waren die Schülerinnen und Schüler selbst gefragt. An verschiedenen Mitmach- und Lernstationen
befassten sie sich mit den vielfältigen Aspekten von Klimaschutz. Neben dem sparsamen

Umgang mit Wasser und Energie, spielten auch Ernährung, Abfalltrennung und Mobilität eine Rolle. Moderiert und gestaltet wurden die Stationen von Mader-Auszubildenden. Am Ende der Veranstaltung sammelten die Schülerinnen und Schüler Ideen, wie sie das Erlernte im Schulalltag umsetzen können.

Parallel dazu recherchieren, formulieren und veröffentlichen die Auszubildenden Nachhaltigkeitstipps im Intranet. Mit solchen Maßnahmen soll das Thema Energie sparen und Umwelt schonen regelmäßig in Erinnerung gerufen werden.

2.5   Umweltpreis für Unternehmen in Baden-Württemberg 2014

In der Kategorie Handel und Dienstleistungen erhielt die Mader GmbH & Co. KG den „Umweltpreis für Unternehmen 2014". Mit dem Preis würdigt die Landesregierung Baden-Württemberg Vorbilder, die ihren Betrieb besonders ökologisch und klimaschonend ausgerichtet haben. Umweltminister Franz Untersteller zeichnete insgesamt fünf baden-württembergische Unternehmen mit dem begehrten Preis aus.

Die Auszeichnung zeigt, dass Mader mit der übergreifenden Betrachtung des Druckluftprozesses und der daraus entstehenden Vorteile nicht nur bei seinen Kunden auf offene Ohren stößt, „sondern auch andere Interessengruppen dafür begeistern kann" (Werner Landhäußer).

Von der praktischen Umsetzung des ganzheitlichen Ansatzes im gesamten Unternehmen konnten sich insgesamt sieben Mitglieder der Umweltpreis-Jury bereits im Juni 2014 bei einer Unternehmensbegehung überzeugen. Neben den Dienstleistungen, die Mader seinen Kunden anbietet (z. B. Energieeffizienzanalysen, Leckagemessungen und maßgeschneiderte Druckluftkonzepte) ist die Einbindung der Mitarbeiter in alle Maßnahmen zur Energieeffizienzsteigerung innerhalb des Unternehmens ein wesentlicher Pfeiler des ganzheitlichen Ansatzes.

Zudem sehen sich die Mitarbeiter als Botschafter einer energieeffizienten Drucklufterzeugung und -nutzung. Sie möchten ein Bewusstsein für den Energieaufwand der Drucklufterzeugung schaffen, denn nach wie vor gilt in vielen Unternehmen: Hauptsache der Kompressor funktioniert.

Ganzheitlich ist unser Ansatz aber auch in anderen Bereichen. So behält unsere Qualitäts-, Umwelt- und Energiebeauftragte nicht nur die internen Prozesse im Blick, sie berät auch andere Unternehmen bei der Einführung von Energie- und Umweltmanagementsystemen, unterstützt bei der Auswahl passender Druckluft-Kennzahlen und informiert über die vielfältigen Fördermöglichkeiten in diesem Bereich. Mit Dienstleistungen wie diesen will Mader den Einstieg in eine energieeffiziente Druckluftversorgung vereinfachen und gleichzeitig seiner Verantwortung gegenüber Umwelt und Gesellschaft gerecht werden.

2.6   Nominierung für den Deutschen Nachhaltigkeitspreis

2017 war Mader, nach 2015, bereits zum zweiten Mal unter den TOP 3 Deutschlands nachhaltigster Unternehmen.[3] In der Kategorie KMU überzeugte Mader laut Jury mit der „starken Adressierung und erfolgreichen Umsetzung von Nachhaltigkeit im Unternehmen, insbesondere in der sozialen Dimension", mit „digitalen und nachhaltigen Produktinnovationen", die eine höhere Ressourceneffizienz der Kunden ermögliche und Nachhaltigkeitsbewusstsein schaffe sowie der „internen Einsparung von Ressourcen".[4]

Stefanie Kästle, geboren 1982, studierte nach ihrer Ausbildung zur Rechtsanwaltsfachangestellten Wirtschaftsrecht. Anfang 2011 begann sie ihre berufliche Laufbahn im Personalwesen bei Mader. Ab Ende 2011 war sie verantwortlich für das Qualitäts-, Umwelt- und Energiemanagement im Unternehmen. Zuletzt leitete sie den Bereich Energieeffizienzmanagement, in dem die Energie- effizienz-Dienstleistungen des Unternehmens zusammengefasst sind. Ab Oktober 2017 ist sie Mitglied der Geschäftsleitung, ab Mitte 2019 Geschäftsführerin. Sie ist für die kaufmännischen Bereiche bei Mader zuständig. Ihre Themen sind u. a. nachhaltige, werteorientierte Unternehmensführung und die Sensibilisierung von Kunden und Belegschaft für die effiziente Nutzung von Energie.

---

[3]https://www.nachhaltigkeitspreis.de/presse/pressemitteilungen/news/deutschlands-nachhaltigs- te-unternehmen-nominiert-1/?tx_news_pi1%5Bcontroller%5D=News&tx_news_pi1%5Baction% 5D=detail&cHash=d9772d81607ba132bc5a8e4cbeb68917, aufgerufen am 17.4.19.
[4]https://www.mader.eu/aktuell/2017/mader-gehoert-erneut-zu-deutschlands-nachhaltigsten-unter- nehmen, aufgerufen am 17.4.19.

Die Energie, die uns antreibt. Nachhaltigkeit als Kerngeschäft der memo AG

Lothar Hartmann

1 Das Fundament

Der Grundstein für die heutige memo AG wurde vor fast 30 Jahren gelegt. Ulrike Wolf, Helmut Kraiß, Jürgen Schmidt und Thomas Wolf gründeten 1990 einen Versandhandel, der umweltverträgliche Büro- und Werbeartikel zu marktgerechten Preisen für gewerbliche Endverbraucher anbot. Umwelt- und Klimaschutz waren zum damaligen Zeitpunkt noch Nischenthemen und die Käufer von entsprechenden Produkten wurden als „Ökolatschenträger" belächelt. Das Thema rückte nur ab und zu in den öffentlichen Fokus – meist durch Katastrophenmeldungen wie die Explosion des Kernreaktors in Tschernobyl im April 1986 oder die Meldungen zum Waldsterben durch sauren Regen. Dennoch wollten die Gründer von memo nicht nur die Welt verbessern, sondern ehrgeizige betriebswirtschaftliche Ziele und gesellschaftliches Engagement unter einen Hut bringen. Das ist bis heute so geblieben: Nachhaltigkeit ist das Kerngeschäft der memo AG. Dennoch muss das „grünes" Unternehmen auch schwarze Zahlen schreiben. Was sich seitdem geändert hat: Umwelt- und Klimaschutz sind als Themen in der Mitte der Gesellschaft angekommen. Menschen, die einen bewussten Lebensstil verfolgen und möglichst nachhaltig einkaufen, gelten als modern und zukunftsorientiert.

L. Hartmann (✉)
memo AG, Nachhaltigkeitsmanagement, Greußenheim, Deutschland
E-Mail: l.hartmann@memo.de

© Springer-Verlag GmbH Deutschland, ein Teil von Springer Nature 2019
A. Hildebrandt und W. Landhäußer (Hrsg.), *CSR und Energiewirtschaft*,
Management-Reihe Corporate Social Responsibility,
https://doi.org/10.1007/978-3-662-59653-1_5

2   Sprechen wir zuerst über unseren eigentlichen Energiebedarf als Unternehmen

Bereits seit dem Jahr 2001 beziehen wir Strom aus 100 % regenerativen Energien. Alleine durch diese simple Maßnahme konnten wir die in diesem Bereich verursachten Emissionen um 97 % reduzieren. Selbstverständlich müssen IT-Hardware, Bürogeräte, Beleuchtung und andere technische Geräte und Anlagen bei uns auch energieeffizient sein. Und auch unseren Kunden bieten wir ein umfangreiches Techniksortiment an, bei dem Energieeffizienz im Gebrauch Grundvoraussetzung für die Listung bei uns ist. Da wir auch bei unseren Mitarbeitern umwelt- und klimaverträgliches Handeln fördern, bieten wir zusammen mit der Naturstrom AG einen steuer- und sozialversicherungsfreien Arbeitgebergutschein für Ökostrom an.

Als wir 1995 an unseren heutigen Standort in Greußenheim im Landkreis Würzburg gezogen sind, konnten wir für unsere Wärmeversorgung aus zeitlichen Gründen nur eine technisch ausgereifte Ölheizung installieren. Im Jahr 2006 haben wir dann eine Holz-Hackschnitzel-Heizung in Betrieb genommen. Die Ölheizung dient seitdem nur noch als Ausfallsicherung oder als Zusatzkapazität an extrem kalten Wintertagen oder während langer Kälteperioden. Seit Inbetriebnahme der Holz-Hackschnitzel-Heizung können wir mindestens 90 % unseres Energiebedarfs zur Wärmeversorgung mit erneuerbaren Ressourcen decken. Die Hackschnitzel werden regional im Rahmen von Durchforstungs- und Landschaftspflegemaßnahmen gewonnen (Abb. 1).

Als ganzheitlich nachhaltiges Unternehmen ist uns ein intensiver, persönlicher und regelmäßiger Kontakt zu unseren Stakeholdern und insbesondere zu unseren Kunden und Lieferanten sehr wichtig. Um die Umwelt- und Qualitätsstandards unserer Produkte und die Zufriedenheit unserer Kunden sicher zu stellen, sind Geschäftsreisen unvermeidbar und werden in Zukunft eher noch zunehmen.

Innerhalb Deutschlands fliegen wir grundsätzlich nicht. Auf Geschäftsreisen sind wir – soweit möglich auch in angrenzende Länder – mit der vergleichsweise umweltverträglichen Bahn unterwegs und reisen als Geschäftskunde der Deutschen Bahn durch den Einsatz von 100 % Ökostrom klimaneutral. Alle Mitarbeiter, die regelmäßig unterwegs sind, erhalten dafür vom Unternehmen eine BahnCard.

Bereits seit 2011 gibt es in unserem Fuhrpark ein reines Elektrofahrzeug, das für Kurzstrecken in der Region genutzt wird. „Betankt" wird das Fahrzeug mit Strom aus 100 % regenerativen Energien, womit wir die bisher gefahrenen knapp 40.000 km nahezu emissionsfrei zurückgelegt haben. In diesem Jahr werden wir zusammen mit unserem Partner Naturstrom vier Elektroladesäulen am Standort installieren, an denen nicht nur Mitarbeiter, sondern auch Besucher der memo AG ihre Elektrofahrzeuge mit 100 % Ökostrom laden können (Abb. 2).

Für unsere Außendienst-Mitarbeiter stehen mittlerweile drei Erdgasfahrzeuge zur Verfügung. Diese werden fast ausschließlich mit CNG (Compressed Natural Gas) betrieben. CNG hat gegenüber LPG und anderen Kraftstoffarten vor allem den Vorteil, dass es einen höheren Energiegehalt und damit eine größere Reichweite hat. Gasbetriebene

Abb. 1 Heizanlage. (Copyright: memo AG)

Fahrzeuge sind darüber hinaus deutlich umwelt- und klimaschonender als herkömmlich betriebene Fahrzeuge, da sie weniger Kohlendioxid und Rußpartikel sowie nahezu keinen Feinstaub ausstoßen.

In den Jahren 2016 und 2017 haben wir im Rahmen unserer Klimabilanz insgesamt 452, bzw. 447 t CO_2e verursacht und damit das Ziel von 525 t im Jahr 2020 bereits frühzeitig erreicht.

Sprechen wir jetzt über die andere Art der Energie, die wir benötigen – die Energie, die uns tagtäglich bei unserer Arbeit antreibt

Angesichts des fortschreitenden Klimawandels und der damit zusammen hängenden, globalen Probleme, der Trägheit der Politik sowie der lauter werdenden Stimmen der Klimaleugner könnte man tatsächlich den Mut verlieren. Was können wir als kleines Unternehmen, bzw. was kann der Einzelne schon ausrichten? Die Antwort ist: Jeder kann etwas tun und sollte das auch, denn es geht um unsere und vor allem um die Zukunft der nachfolgenden Generationen.

Abb. 2 Elektrofahrzeug. (Copyright: memo AG)

Als Unternehmen wollen wir mit gutem Beispiel voran gehen. Die Geschäftsführung der memo AG hat deshalb Nachhaltigkeit zum Kerngeschäft des Unternehmens bestimmt. Dabei fokussieren wir uns nicht auf einzelne Aspekte, sondern setzen das Thema im Unternehmen ganzheitlich um. Gerade deshalb ist eine sorgfältige Planung und Abwägung von Investitionen und Maßnahmen essenziell. Nachhaltige Zieldefinitionen erfordern meist einen höheren Einsatz personeller und finanzieller Ressourcen. So stehen wir immer wieder vor der großen Herausforderung, geeignete und machbare Lösungen für die praktische Umsetzung unserer Unternehmensstrategie zu finden, auch wenn diese sich nicht immer ökonomisch lohnen. Ein Beispiel ist das oben bereits erwähnte Elektrofahrzeug, dessen Anschaffungskosten in Höhe von 34.000 EUR sich vermutlich bis heute nicht amortisiert haben.

Mit unserem Sortiment bieten wir zukunftsfähige, „enkeltaugliche" Produkte an, die Mensch, Umwelt und Klima möglichst wenig belasten. Ein hundertprozentig nachhaltiges Produkt allerdings gibt es in der Praxis nicht. Denn jedes Produkt benötigt Rohstoffe und verursacht Umweltauswirkungen durch Herstellung, Gebrauch und Recycling. Bei jeder Entscheidung für oder gegen ein Produkt wägen wir dessen Vor- und Nachteile genau ab und setzen dafür enorm viel Energie und (Lebens)Zeit ein. Manchmal stoßen wir dabei auch an die Grenzen der Machbarkeit – wenn es beispielsweise um Produkte mit einer komplexen Wertschöpfungskette geht. So ist es bei technischen Geräten schon für Großunternehmen eine immense Herausforderung, die komplette Kette zu überwachen. Für uns als Mittelständler ist das unmöglich. Dennoch bewerten wir auch hier was möglich ist: Energieeffizienz, Strahlungsarmut, verwendete Basismaterialien, recyclinggerechte Konstruktion. Und auch wenn es eventuell ökonomisch für uns (noch) nicht rentabel ist, listen wir gerne Leuchtturmprodukte, die Vorreiter für mehr ökologische und soziale Aspekte in der Lieferkette sind. Sie sind für uns der erste Schritt zu einer nachhaltigen Entwicklung in noch sehr konventionell orientierten Produktbereichen.

Als Versandhändler sind wir Mitverursacher der Probleme, die vor allem in Innenstädten und Ballungsgebieten auftreten. Immer mehr Menschen bestellen im Internet und nicht nur, aber auch durch den verstärkten Lieferverkehr nehmen die ökologische Belastung der Umwelt und die gesundheitliche Belastung der Bewohner dort stetig zu. Gerade die letzte Meile – der logistische Fachbegriff für den Transport der bestellten Ware zur Haustür des Kunden – stellt auch die Versandhändler und Paketdienstleister vor ein großes Problem, denn neben dem häufig sehr geringen Platz zum Parken und Rangieren sind die Kunden in vielen Fällen nicht zu Hause oder nicht erreichbar. Wir haben deshalb im Jahr 2016 begonnen, mit Radlogistik-Unternehmen zusammen zu arbeiten, die die Pakete unserer Kunden mit Elektro-Lastenrädern auf der letzten Meile befördern. Da wir dabei darauf achten, dass die Lastenräder mit Ökostrom betrieben werden, sind diese emissionsfrei unterwegs. Vor allem der personelle und finanzielle Aufwand für uns und für unsere Partner ist dabei aber nicht unerheblich, angefangen bei der technischen Anbindung bis hin zur Suche nach geeigneten Microhubs. Dennoch haben wir es geschafft, dass unsere Kunden innerhalb des Berliner S-Bahn-Rings und in Frankfurt auf diese Weise beliefert werden. Ein Ausbau ist geplant – alleine schon wegen unserer Grundüberzeugung, dass die Belieferung mit Elektro-Lastenrädern auf der letzten Meile einen Teil der bestehenden Probleme lösen kann.

Wenn man sich intensiv mit der Vielfalt an Themen rund um Nachhaltigkeit beschäftigt, lässt einen das nicht mehr los. Man wird fast süchtig danach, machbare Lösungen für eine bessere Welt zu finden – auch wenn es immer wieder Rückschritte gibt.

Die erforderliche Energie dafür erhalten wir in erster Linie durch die zahlreichen Menschen, Unternehmen und Organisationen, die uns als Mitarbeiter, Kunden, Lieferanten und Partner zum Teil seit Beginn an treue Wegbegleiter sind. Die uns mit ihrem Lob und manchmal auch mit ihrer Kritik fordern und fördern. Und die für uns und für andere nachhaltige Unternehmen wertvolle Lobbyarbeit leisten. Wir alle haben uns gemeinsam auf den Weg gemacht, um den Kindern und Jugendlichen, die heute zu Recht freitags nicht in die Schule, sondern auf die Straße gehen, eine lebenswerte Zukunft zu ermöglichen.

Unser Ziel ist es, noch viel mehr Menschen im beruflichen und im privaten Bereich von nachhaltigen Produkten zu überzeugen. Wirtschaftlicher Erfolg führt allerdings auch zu einem höheren Versandvolumen und damit alleine im Warenversand zu steigenden

Emissionen. Als Unternehmen befinden wir uns auf einer ständigen Gratwanderung, um gleichzeitig wirtschaftlich erfolgreich zu sein und andererseits möglichst nachhaltig zu handeln.

Lothar Hartmann ist Leiter Nachhaltigkeits- und Qualitätsmanagement bei der memo AG. Er wurde am 18. März 1967 in Nürnberg geboren. Nach dem Abitur absolvierte er erfolgreich ein Studium der Betriebswirtschaftslehre an der Universität Erlangen-Nürnberg. Seit 1996 ist er für den Bereich Qualitäts- und Nachhaltigkeitsmanagement der memo AG, einem Versandhandel für ökologisch und sozial verträgliche Alltagsprodukte im Büro und zu Hause, zuständig. Seine Aufgabe ist die Beratung, Koordination und Unterstützung aller Abteilungen im Unternehmen zu nachhaltigkeitsrelevanten Themen. Weiterhin ist er für die Erstellung des bereits mehrfach ausgezeichneten Nachhaltigkeitsberichtes der memo AG verantwortlich. Doch nicht nur der Nachhaltigkeitsbericht, auch das Unternehmen selbst wurde bereits mehrfach für seine nachhaltigen Leistungen ausgezeichnet, u. a. mit dem Deutschen Nachhaltigkeitspreis 2009 oder mit dem Nachhaltigkeitspreis Logistik 2017.

Nachhaltige Energiewirtschaft durch Erneuerbare Energien. Wie Unternehmen Verantwortung übernehmen

Am Beispiel von maxx-solar & energie in Südafrika

Christine Leffler und Dieter Ortmann

1 Einleitung

Die Welt steht vor einer doppelten Herausforderung: Trotz begrenzter Ressourcen muss ein steigender globaler Energiebedarf gedeckt werden, um allen Menschen Zugang zu Energie und Volkswirtschaften nachhaltiges Wachstum zu ermöglichen. Gleichzeitig muss der Ausstoß von Treibhausgasen verringert und die Umwelt geschützt werden. Damit dies gelingen kann, bedarf es einer globalen Transformation hin zu nachhaltigen Energiesystemen (Bundesministerium für wirtschaftliche Zusammenarbeit und Entwicklung 2014, S. 41).

Der vorliegende Beitrag beschreibt, wie ein Unternehmen aus dem Bereich der erneuerbaren Energien (Solarenergie) durch verschiedene Projekte in Südafrika einen Beitrag zur nachhaltigen Entwicklung vor Ort leistet – und damit als Corporate Citizen agiert und im Rahmen seiner wirtschaftlichen Tätigkeit Corporate Social Responsibility (CSR)-Maßnahmen umsetzt. Als Praxisbeispiel wird dabei die Firma maxx-solar & energie GmbH & Co. KG herangezogen.

Zunächst werden die Begriffe CSR, Corporate Citizenship und Stakeholder definiert. Nach einer kurzen Vorstellung des Unternehmens werden Projekte vorgestellt, die maxx-solar & energie in Südafrika umsetzte und welche als positive Beispiele für eine gelungene CSR-Strategie in einem Land des globalen Südens gelten können. Die Beschreibung der Projekte erfolgt dabei in Hinblick auf die Kernbegriffe Corporate Citizenship und Stakeholder. Im Beitrag werden zudem die Energiesituation in

C. Leffler (✉) · D. Ortmann
maxx-solar & energie GmbH & Co. KG, Waltershausen, Deutschland
E-Mail: c.leffler@gmx.com

D. Ortmann
E-Mail: d.ortmann@maxx-solar.de

© Springer-Verlag GmbH Deutschland, ein Teil von Springer Nature 2019
A. Hildebrandt und W. Landhäußer (Hrsg.), *CSR und Energiewirtschaft*,
Management-Reihe Corporate Social Responsibility,
https://doi.org/10.1007/978-3-662-59653-1_6

Südafrika und die damit verbundenen Herausforderungen dargestellt, die sowohl für die Gesellschaft als auch für Unternehmen vor Ort bestehen. Am Ende des Beitrags wird ein kurzes, persönliches Fazit gezogen.

1.1 Corporate Social Responsibility- Treiber für nachhaltiges Wirtschaften in Entwicklungsländern?

Für den Begriff CSR liegt aktuell noch keine einheitliche Definition vor (Industrie- und Handelskammer Nürnberg für Mittelfranken [IHK] 2015a). Die EU-Kommission hat 2001 CSR beschrieben „als ein Konzept, das den Unternehmen als Grundlage dient, auf freiwilliger Basis soziale Belange und Umweltbelange in ihre Unternehmenstätigkeit und in die Wechselbeziehungen mit den Stakeholdern zu integrieren" (Europäische Kommission 2001, S. 7).

Dem folgenden Beitrag wird, zur Analyse des Praxis-Beispiels, dieser CSR-Begriff zugrunde gelegt, der mit der Benennung von Stakeholdern auf einen wichtigen Aspekt von CSR verweist. Als Stakeholder bezeichnet werden

> […] Gruppen, die Einfluss auf den geschäftlichen Erfolg eines Unternehmens nehmen können. Dazu zählen Aktionäre, Mitarbeiter, Kunden oder Investoren. Weil der Geschäftserfolg ebenso von Akzeptanz und Glaubwürdigkeit des Unternehmens bei bestimmten Vertretern aus Wissenschaft, Politik, Medien und anderen Institutionen abhängt, werden diese ebenfalls unter die Stakeholder gefasst (Happe et al. 2017, S. 318–319).

CSR beinhaltet, die Interessen der Stakeholder wahrzunehmen und zu beachten. Nur dann kann CSR glaubwürdig umgesetzt werden und dem Unternehmen einen langfristigen Erfolg sichern. Dabei können die Unternehmen in sogenannten Stakeholder-Dialogen die Interessen der Stakeholder abfragen (IHK Nürnberg für Mittelfranken 2015b).

Einen weiteren zentralen Aspekt von CSR, der bei der Analyse des Praxisbeispiels zugrunde gelegt wird, ist das Konzept Corporate Citizenship (CC).

> [Unter] Corporate Citizenship (CC) versteht man bürgerschaftliches oder gesellschaftliches Engagement von Unternehmen. […] Darunter fallen alle Spenden-, Sponsoring- und Stiftungsaktivitäten sowie die Förderung des freiwilligen gemeinnützigen Einsatzes von Mitarbeitern. […] Dabei integrieren sie das gesellschaftliche Engagement in ihre Unternehmensstrategie und machen es zu einem festen Bestandteil ihrer Unternehmenskultur. Beide Seiten – also sowohl die Wirtschaft als auch das Gemeinwesen – gewinnen bei dieser Art des unternehmerischen Einsatzes (IHK Nürnberg für Mittelfranken 2015c).

Besonders erfolgreiche CC sieht dabei vor, dass Unternehmen in ihrem gesellschaftlichen Engagement nicht allein handeln, sondern Kooperationen eingehen: „Denn im Idealfall führt das gesellschaftliche Engagement zu langfristigen sog. trisektoralen Partnerschaften mit öffentlichen Behörden und gemeinwohlorientierten NGOs, im Rahmen derer ein gemeinsamer Lösungsansatz für gesellschaftliche Probleme gesucht und umgesetzt wird." (Pommerening 2005, S. 26).

Sowohl CSR als auch CC definieren die unternehmerische Verantwortung gegenüber der Gesellschaft als wichtige Kernaufgabe. Auch beinhalten beide Konzepte, dass Stakeholder und deren Interessen bei allen Aktivitäten zu berücksichtigen sind (Pommerening 2005).

Während jedoch CSR stets am Kerngeschäft eines Unternehmens ausgerichtet ist, gilt dies für CC nicht notwendigerweise:

> Corporate Social Responsibility (CSR) beinhaltet das systematische Wahrnehmen von Verantwortung gegenüber der Gesellschaft im Rahmen der eigentlichen Geschäftätigkeit des Unternehmens, d. h. in allen Unternehmensbereichen und entlang der gesamten Wertschöpfungskette. [...] Corporate Citizenship (CC) hingegen beinhaltet das systematische Wahrnehmen von Verantwortung außerhalb dieser eigentlichen Geschäftätigkeit. Die deutsche Übersetzung Bürgerschaftliches Engagement von Unternehmen trifft den Kern dieses Ansatzes. Hier geht es darum, dass Unternehmen in das Gemeinwesen eingreifen und dabei bestimmte Anspruchsgruppen ihres gesellschaftlichen Umfelds fördern. Zur Umsetzung eines derartigen Engagements stehen Unternehmen die Instrumente Corporate Giving (Spenden), Corporate Volunteering (persönlicher Einsatz) und Corporate Foundations (Stiftungsgründung) zur Verfügung. Unternehmen können alle Arten von Ressourcen und besonders auch ihre spezifischen Kompetenzen zur Förderung gesellschaftlicher Gruppen einsetzen (Pommerening 2005, S. 27).

1.2 Die Umsetzung von CSR am Beispiel maxx – solar & energie in Südafrika

Im Folgenden werden Projekte des Unternehmens maxx-solar & energie in Südafrika vorgestellt und anhand der beiden Konzepte CSR und CC darauf hin analysiert, inwiefern sie Beispiele für nachhaltiges Wirtschaften im Sinne von CSR darstellen. Es wird gezeigt, dass das Unternehmen stets entlang seiner Kernkompetenz (Vertrieb und Installation von Photovoltaikanlagen) handelte und dabei Stakeholder immer wieder in die Weiterentwicklung seiner CSR- und CC-Maßnahmen einbezog. Das in Form mehrerer Projekte nachhaltige und verantwortliche Wirtschaften im Sinne von CSR verschaffte sowohl dem Unternehmen Vorteile als auch der Gesellschaft vor Ort, die von Innovationen und Investitionen im Bereich der erneuerbaren Energien profitierte.

1.2.1 maxx-solar & energie – eine kurze Unternehmensvorstellung

Das Unternehmen maxx-solar & energie wurde 2008 von dem Geschäftsführer Dieter Ortmann in Waltershausen (Thüringen) gegründet. Aktuell hat das Unternehmen 26 Mitarbeiter und Mitarbeiterinnen. Im Jahr 2018 hatte es einen Jahresumsatz von mehr als 10 Mio. EUR.

„Maxx-solar & energie ist eines der marktführenden Unternehmen im zukunftsweisenden Bereich der angewandten Erzeugung von sauberem Strom mit der Kraft der Sonne." (maxx solar & energie GmbH & Co. KG. 2019a). Das Unternehmen plant, verkauft und baut Photovoltaikanlagen, die verschiedene Leistungen (niedrig bis sehr hoch) abdecken. Auch Ladeinfrastruktur für E-Autos sowie Batteriespeicher sind Teil des Unternehmensportfolios (maxx solar & energie GmbH & Co. KG. 2019a).

Das Unternehmen beschäftigt sich weiterhin mit Themen wie Nachhaltigkeit, technischen und wirtschaftlichen Entwicklungen in der Solarbranche, Batterietechnik sowie der E-Mobilität. So ist es in Thüringer Vorreiter im „Bau von privaten, gewerblichen und landwirtschaftlich genutzten Solaranlagen und Solarparks." (maxx solar & energie GmbH & Co. KG. 2019a).

Neben diesen wirtschaftlichen Faktoren engagiert sich das Unternehmen auch im Bereich des Corporate Givings in Thüringen. Beispiele dafür sind das Sponsoring des „maxx-solar-LINDIG-cycling team" (Frauenradteam), Baumpflanzaktionen sowie Spenden an Kinderhospize.

In den folgenden Abschnitten wird auf Aktivitäten des Unternehmens in Südafrika eingegangen und analysiert, inwiefern sich in den dort durchgeführten Projekten Nachhaltigkeit im Sinne von CSR realisiert.

1.2.2 Die maxx-solar academy in Südafrika

Obwohl das Unternehmen maxx-solar & energie keine (Vor-)Produkte aus Afrika bezieht, hat es doch erkannt, dass unternehmerische Verantwortung auch über die eigenen Landesgrenzen hinaus gelebt werden kann und sollte. Dass damit nicht nur die Erschließung neuer Märkte verbunden ist, sondern auch nachhaltige Entwicklung angestoßen werden kann, wird an der Gründung der maxx-solar academy in Südafrika deutlich.

Im Jahr 2011 wurde vom Geschäftsführer von maxx-solar & energie gemeinsam mit Antje Klauss-Vorreiter (Landesverband Thüringen der Deutsche Gesellschaft für Sonnenergie e. V. [DGS]) und Tim Suchomel die maxx-solar academy gegründet, „heute eine der größten Solarschulen Afrikas." (maxx solar & energie GmbH & Co. KG. 2019b).

Ziel der maxx-solar academy in Südafrika ist es dem Fachkräftemangel im Bereich der Erneuerbaren Energien, besonders der Solarenergie vor Ort, entgegenzuwirken und Solarteure auszubilden, die sowohl Kenntnisse über den Bau und die Pflege von Solaranlagen besitzen, als auch die nötigen Projektmanagementkenntnisse für die Planung von Solaranlagen verfügen.

Der Aufbau der Solarschule wurde durch das Bundesministerium für wirtschaftliche Zusammenarbeit und Entwicklung unterstützt, im Rahmen des Programms „developpp.de Entwicklungspartnerschaften mit der Wirtschaft" (Klauss-Vorreiter 2012). Die maxx-solar academy bietet vorwiegend Kurse für:

- Planer und Bauleiter von Photovoltaik-Freiflächenanlagen
- Betreiber von Photovoltaik-Freiflächenanlagen
- Planer, Installateure und Eigentümer von Photovoltaik-Aufdachanlagen

- Schüler und Lehrlinge im Gemeindezentrum iThemba Labantu und
- Sommerkurse für die Studenten des College of Cape Town (maxx solar & energie GmbH & Co. KG. 2019c).

Mit der maxx-solar academy wurde eine Einrichtung gegründet, die keinen direkten Gewinn für das Unternehmen erwirtschaftet, sodass es als eine Maßnahme im Sinne von CC angesehen werden kann. Im Rahmen dieser Aktivitäten wurden Kooperationspartner aus dem gemeinnützigen Bereich gewonnen, eigenes Kapital (Corporate Giving) wurde in das Projekt investiert und technisches Wissen (Corporate Volunteering) eingebracht (Dubielzig und Schaltegger n. d.).

Auch nachdem die maxx-solar academy aufgebaut war, führte der Geschäftsführer zusammen mit Vertreterinnen der DGS Thüringen Gespräche mit verschiedenen lokalen Akteuren, um den (weiteren) Bedarf an Weiterbildungen im Photovoltaikbereich zu ermitteln. Der Einbezug der lokalen Akteure durch einen Stakeholder-Dialog ist ein wichtiger Teil von CSR und CC und ermöglichte eine Anpassung der Kurse an die lokalen Bedingungen. 2012 wurden die Kurse noch vorwiegend am College of Cape Town in Kapstadt angeboten. „Die Professoren des College möchten eine langfristige Kooperation mit der maxx-solar academy aufbauen, da sie mittelfristig nicht nur den Veranstaltungsort für die Kurse stellen wollen, sondern die Technikerausbildung am College um den Bereich Solartechnik ergänzen möchten." (maxx solar & energie GmbH & Co. KG. 2019c).

Das Projekt entwickelt sich zu einer Multi-Akteurs-Partnerschaft weiter und möchte vor allem einen Beitrag zur nachhaltigen Entwicklung in Südafrika, besonders im Bereich der Solarenergie, ermöglichen. Das verdeutlicht die Berücksichtigung des CC-Konzepts durch das Unternehmen und dessen Entwicklungsziel in Südafrika.

Die maxx-solar academy wurde als Modellprojekt auch in weitere afrikanische Länder übertragen, wie 2014 nach Tansania und Ägypten, 2016 nach Namibia, Simbabwe, Lesotho und Botswana (maxx solar & energie GmbH & Co. KG. 2019d). Im April 2015 konnten über das Projekt bereits 1000 Kursteilnehmer (inkl. Teilnehmer aus Tansania und Ägypten) erreicht werden (maxx solar & energie GmbH & Co. KG. 2019e). Bis heute ist die Akademie ein Gemeinschaftsprojekt mit der DGS Thüringen und maxx-solar & energie aus Thüringen.

1.2.3 Aufbau eines Alumninetzwerks

Durch den Aufbau der maxx-solar academy hatte maxx-solar & energie neue Stakeholder gewonnen, die nun ihre Interessen gegenüber dem Unternehmen deutlich machten: Die Absolventen und Absolventinnen der maxx-solar academy (Stakeholder) trugen den Wunsch an das Unternehmen heran, auch nach ihrer erfolgreichen Ausbildung (u. a. beim Aufbau eigener Unternehmen) weiter unterstützt zu werden. Das Unternehmen reagierte mit dem Aufbau eines Alumni-Netzwerkes.

Alle Teilnehmer der maxx-solar academy trainings werden in das maxx Alumni-Programm aufgenommen. In regelmäßigen maxx-alumni Treffen werden Informationen über aktuelle Entwicklungen, erfolgreiche Projekte, aber auch aktuelle Probleme am Markt ausgetauscht Die maxx-gruppe bietet den kleinen lokalen Installationsfirmen (maxx-alumni) alle Unterstützung, die sie brauchen, um ihr eigenes Geschäft aufzubauen. Die maxx-gruppe bietet den maxx-alumni:

– Zugang zu Qualitätsprodukten vorrangig von deutschen Unternehmen
– Teilnahme an Gemeinschafsständen auf Messen
– Interessenvertretung der kleinen Installateure im Südafrikanischen Solarverband SAPVIA
– Pilotprojekte als Referenzen für die maxx-alumni
– Rabatte (maxx solar & energie GmbH & Co. KG. 2019f).

Neben der Akademie hat maxx-solar & energie ein breites Netzwerk geschaffen und Kooperationen aufgebaut, um den Absolventinnen und Absolventen eine Zukunftsperspektive im Bereich der erneuerbaren Energien zu ermöglichen.

1.2.4 „BMI- be more independent"

Inwiefern das Engagement des Unternehmens zur Lösung gesellschaftlicher Probleme beitragen kann, die sich aus Besonderheiten der Energiewirtschaft in Südafrika ergeben, zeigt das Beispiel des von maxx-solar entwickelten Produkts „BMI- be more independent".

In Südafrika kommt es regelmäßig zu geplanten, regional begrenzten Stromausfällen, um auf den zu hohen Energiebedarf, besonders in den Abendstunden (Eskom 2014a) reagieren zu können und landesweite Stromausfälle zu verhindern (Eskom 2014b). „Loadshedding wird als Notfall für kurze Zeit implementiert – meistens über zwei Stunden, manchmal aber auch für vier oder fünf Stunden." (Kappstadtmagazin 2019). Viele Menschen in Südafrika setzen daher auf die Energieversorgung durch Dieselgeneratoren. Dies ist nicht nur wirtschaftlich sehr kostspielig, der Einsatz dieser Energieerzeuger stellt auch eine hohe Belastung für die Umwelt dar (Quitzow et al. 2016, S. 16). Zugleich gilt:

> […] wenn Energie nicht verfügbar, nicht effizient nutzbar oder nicht bezahlbar ist, bleiben wichtige Bedürfnisse unerfüllt. Diese Art der Armut hat für die Betroffenen dramatische Folgen: Ihre Lebensqualität ist davon beeinträchtigt, oft auch ihre Gesundheit; ihre Bildungschancen sind genauso eingeschränkt wie ihre Möglichkeiten, Einkommen zu generieren (BMZ 2014, S. 15).

Maxx-solar & energie widmete sich diesem Thema, indem das Unternehmen ein eigenes Produkt entwickelte, das den Namen „BMI – be more independet" trägt. Das BMI schaltet bei Stromausfällen direkt auf den sogenannten Inselbetrieb oder Direktverbrauch um (maxx solar & energie GmbH & Co. KG. 2019e). Es handelt sich somit um ein autarkes Energieversorgungssystem. Alle Photovoltaikanlagenbesitzer haben die

Möglichkeit ein solches System zu installieren und sich damit unabhängig von Strom-ausfällen zu machen. Der Inselbetrieb funktioniert durch die zusätzliche Installation von Wechselrichtern und Batteriespeichern, die die ausgebildeten maxx-solar academy-Abgänger ebenfalls installieren können und über die maxx-energy Ltd. in Südafrika beziehen können.

Das Unternehmen versucht damit einen Beitrag zur Lösung eines gesellschaftlichen Problems zu leisten: Es handelt sich daher sowohl um eine Maßnahme aus dem Bereich CC als auch aus dem CSR-Bereich.

Ein Wissens- und Innovationstransfer durch Berücksichtigung des eigenen Kern-geschäfts kann der südafrikanischen Bevölkerung mehr Unabhängigkeit von Strom-ausfällen verschaffen, die wirtschaftlichen Verluste durch Stromausfälle reduzieren, umweltverschmutzende Dieselgeneratoren überflüssig machen und einen Beitrag zur Erweiterung der Geschäftsfelder der maxx-solar academy-Absolventinnen und -Absolventen schaffen, da sie nun neben Solaranlagen auch Batteriespeicher und Wechselrichter in ihr Geschäftsportfolio aufnehmen können. Das Unternehmen schafft somit sowohl einen Mehrwert für die ortsansässigen Firmen, als auch für die Umwelt und Gesellschaft.

Es handelt sich hier somit um eine Verknüpfung der beiden Konzepte CSR und CC: CC wird in Form des Wissens- und Innnovationstransfers und in Form der Wahrnehmung des Problems Loadshedding für die südafrikanische Bevölkerung umgesetzt. Das Unter-nehmen setzt allerdings eine Maßnahme um, die langfristig mit wirtschaftlichen Vor-teilen sowohl für das Unternehmen als auch für seine Stakeholder (Absolventen und Absolventinnen der maxx-solar academy) verbunden ist. Da es sich um die freiwillige Übernahme sozialer Verantwortung durch maxx-solar & energie handelt, die dabei erlaubt, einen Gewinn zu erwirtschaften, handelt es sich zugleich um ein Beispiel für CSR.

1.2.5 Das Solaranlagen-Miet-Modell

Solaranlagen sind in Südafrika auch ohne Subventionierung wirtschaftlich. Allerdings fehlt es Menschen, die gerne Solaranlagen auf ihren Häusern und Gebäuden installieren würden, häufig an der Möglichkeit diese über Kredite zu finanzieren (maxx solar & ener-gie GmbH & Co. KG. 2019f).

Maxx-solar & energie reagierte auch auf diese Herausforderung mit einer innovati-ven Lösung, indem es seine Erfahrungen aus Deutschland auf Südafrika übertrug und ein den Solaranlagen-Miet-Modellen aus Deutschland ähnliches System in Südafrika einführte (pv-magazin 2016). Die Herausforderung eines Solaranlagen-Miet-Modells besteht darin, Betreiber von Solaranlagen und mögliche Investoren zusammenzubringen und eine Lösung zu entwickeln, die das Projekt nachhaltig und gewinnbringend für beide Seiten werden lässt. Das erste Projekt, dass maxx-solar & energie in Südafrika in diesem Bereich startete, wurde gemeinsam mit der „Dominican Grimley School", einer Schule für taube und taubstumme Schülerinnen und Schüler, durchgeführt. Die Ordensschwestern, die die Schule leiten, sahen ein großes Potenzial im Bereich der erneuerbaren Energien (pv-magazin 2016). Das Pilotprojekt wurde mit einem lokalen Installateur umgesetzt. Da es sich um ein Pilotprojekt handelt, geht es vorwiegend darum den Menschen vor Ort zu zeigen, wie Solaranlagen-Miet-Modelle funktionieren können (pv-magazin 2016).

Insofern das Unternehmen zunächst nicht seinen eigenen Gewinn im Blick hat, sondern die gemeinsame, soziale Verantwortung, die es in Südafrika trägt, kann das Pilotprojekt als Maßnahme im Sinne von CC und CSR betrachtet werden. Die Schule erreicht nicht nur finanzielle Einsparungen, sondern kann auch (weitgehend) auf Dieselgeneratoren verzichten und so schrittweise unabhängig von fossilen Brennstoffen werden.

1.3   Fazit und Zusammenfassung

Das Unternehmen maxx-solar & energie bringt sein technisches und wirtschaftliches Wissen nach Südafrika, um Menschen zu unterstützen, die an der Energiewende interessiert sind und aktiv daran mitarbeiten wollen. Nachhaltiges Wirtschaften und Verantwortung über die eigenen Landesgrenzen hinaus sind Teil der maxx-solar & energie-Unternehmensphilosophie. Dabei erschloss das Unternehmen sich einen neuen Markt in Südafrika – und mittlerweile auch in anderen afrikanischen Staaten – und leistet dort auch weiterhin einen Beitrag zur nachhaltigen Entwicklung. Das Beispiel maxx-solar & energie zeigt zudem auf, dass es nicht immer entscheidend ist, ob ein Unternehmen zuerst die Interessen seiner Shareholder berücksichtigt und sich erst danach dem Thema CSR widmet, oder ob es zuerst aus einer rein philanthropischen Motivation heraus handelt. In beiden Fällen kann für die Gesellschaft, in der das Unternehmen aktiv wird, ein nachhaltiger Gewinn entstehen.

Literatur

Bundesministerium für wirtschaftliche Zusammenarbeit und Entwicklung (BMZ), Referat Öffentlichkeits- Informations- und Bildungsarbeit (Hrsg) (2014) BMZ Informationsbroschüre 1/2014: Nachhaltige Energie für Entwicklung – Die Deutsche Entwicklungszusammenarbeit im Energiesektor. https://www.bmz.de/de/mediathek/publikationen/themen/energie/Materialie240_Informationsbroschuere_01_2014.pdf

Dubielzig F, Schaltegger S (n. d.) Corporate citizenship. http://www2.leuphana.de/umanagement/csm/content/nama/downloads/pdf-dateien/CC_Dubielzig-Schaltegger_Lexikon_Public_Affairs.pdf

Eskom (2014a) Homepage. http://www.eskom.co.za/news/Pages/EmergencyDeclared18Jun.aspx. Zugegriffen: 13. Apr. 2019

Eskom (2014b) Homepage. http://loadshedding.eskom.co.za/loadshedding/description. Zugegriffen: 6. Apr. 2019

Happe V, Horn GA, Otto K (2017) Das Wirtschaftslexikon- Begriffe, Zahlen, Zusammenhänge, 3. Aufl. Dietz, Bonn

Industrie- und Handelskammer Nürnberg für Mittelfranken (2015a) Lexikon der Nachhaltigkeit. Corporate Social Responsibility. https://www.nachhaltigkeit.info/artikel/corporate_social_responsibility_unternehmerische_1499.htm

Industrie- und Handelskammer Nürnberg für Mittelfranken (2015b) Lexikon der Nachhaltigkeit. Stakeholder. https://www.nachhaltigkeit.info/artikel/stakeholder_anspruchsgruppen_1505.htm

Industrie- und Handelskammer Nürnberg für Mittelfranken (2015c) Lexikon der Nachhaltigkeit. Corporate Citizenship. https://www.nachhaltigkeit.info/artikel/corporate_citizenship_1036.htm

Kapstadtmagazin (2019). Homepage. https://www.kapstadtmagazin.de/stromausfall. Zugegriffen: 6. Apr. 2019

Klauss-Vorreiter A (2012) Maxx-solar academy Südafrika. DGS SolarSchule Thüringen und maxx-solar auf dem Weg nach Südafrika. https://www.sonnenenergie.de/sonnen-energie-redaktion/SE-2012-02/Layout-fertig/PDF/Einzelartikel/SE-2012-02-s062-DGS_Aktiv_vor_Ort-maxx-solar_academy_Suedafrika.pdf

Kommission der Europäischen Gemeinschaft (2001) GRÜNBUCH Europäische Rahmen-bedingungen für die soziale Verantwortung der Unternehmen. KOM 366. Brüssel. http://ec.europa.eu/transparency/regdoc/rep/1/2001/DE/1-2001-366-DE-1-0.Pdf

maxx solar & energie GmbH & Co. KG. (2019a). Homepage. https://maxx-solar.de/ueber-uns/. Zugegriffen: 31. März 2019

maxx solar & energie GmbH & Co. KG. (2019b) Homepage. https://maxx-solar.de/unternehmen/suedafrika-consulting-msa-fuer-den-mittelstand/. Zugegriffen: 10. März 2019

maxx solar & energie GmbH & Co. KG. (2019c) Homepage. https://maxx-solar.de/presse/maxx-solar-academy-suedafrika/. Zugegriffen: 13. März 2019

maxx solar & energie GmbH & Co. KG. (2019d) Homepage. https://maxx-solar.de/foerderung-finanzierung-planung/maxx-solar-thueringen-solar-foerderung-solar-invest/. Zugegriffen: 13. März 2019

maxx solar & energie GmbH & Co. KG. (2019e) Homepage. https://maxx-solar.de/unternehmen/maxx-solar-in-suedafrika-eine-erfolgsgeschichte/. Zugegriffen: 13. März 2019

maxx solar & energie GmbH & Co. KG. (2019f) Homepage. https://maxx-solar.de/presse/maxx-solar-in-afrika-stromstattschoki/. Zugegriffen: 13. März 2019

Pommerening T (2005) Gesellschaftliche Verantwortung von Unternehmen. Eine Abgrenzung der Konzepte Corporate Social Responsibility und Corporate Citizenship. https://www.upj.de/fileadmin/user_upload/MAIN-dateien/Infopool/Forschung/pommerening_thilo.pdf

pv-magazin (2016) Homepage. https://www.pv-magazine.de/2016/07/12/der-gewinner-maxx-solar-energy/. Zugegriffen: 6. Apr. 2019

Quitzow R, Röhrkasten S, Jacobs D, Bayer B, Jamea EM, Waweru Y, Matschoss P (2016) Die Zukunft der Energieversorgung in Afrika. Potenzialabschätzung und Entwicklungsmöglichkeiten der erneuerbaren Energien. IASS STUDY- Institute for Advanced Sustainability Studies (IASS) Potsdam. https://www.iass-potsdam.de/sites/default/files/files/studie_maerz_2016_die_zukunft_der_afrikanischen_energieversorgung_web.pdf

© Christine Leffler

Christine Leffler studierte Politikwissenschaft in Münster und Cluj-Napoca (Rumänien). Seit 2014 arbeitet sie bei einer internationalen Frauenrechtsorganisation als Projektreferentin und betreut dort Projekte in der Entwicklungszusammenarbeit mit Afrika. Das Thema Nachhaltigkeit war für sie schon immer wichtig. Angesichts der wachsenden Bedeutung der Ziele für nachhaltige Entwicklung (SDGs) für ihre Projekte beschäftigt sie sich auch beruflich verstärkt mit dem Thema Nachhaltigkeit im internationalen Kontext. 2019 schloss sie den Zertifikatslehrgang „CSR-Manager (IHK)" erfolgreich ab und arbeitete im Zuge dessen mit Unternehmen aus verschiedenen Branchen zusammen, unter anderem mit dem Unternehmen maxx-solar & energie aus Waltershausen, das seit Jahren auch in Afrika aktiv ist.

© Dieter Ortmann

Dieter Ortmann gründete 2008 das Unternehmen maxx-solar & energie, dessen Geschäftsführer er bis heute ist. Das Unternehmen ist markführend und zukunftsweisend im Bereich der angewandten Erzeugung von sauberem Strom mit der Kraft der Sonne. Maxx-solar & energie steht auf den Säulen Projektgeschäft, Großhandel, Service und Wartung sowie Heizen mit regenerativem Strom. 2011 gründete Dieter Ortmann die maxx-energy pty Ltd South Afrika, auch hier ist er heute noch als CEO tätig. In Südafrika betreibt maxx-solar die aktuell größte Solarschule im südlichen Afrika und einen Großhandel für Photovoltaik. Vor seiner Tätigkeit im Bereich der Erneuerbaren Energien gründete er das Unternehmen maxx-garden (2001). Mit dem maxx-trac entwickelte er dort den ersten Allrad Rasentraktor, der serienmäßig verkauft wurde. Daneben ist Dieter Ortmann seit 2017 auch akkreditierter Insights MDI Trainer und unterstützt junge Talente bei ihrer persönlichen Entwicklung.

Teil II
Gesellschaft unter Strom

Energiemanagement: Das Bosch Engagement für eine nachhaltige Sicherung der Energieversorgung

Bernhard Schwager, Tim Krecklow, Martin Weiss und Vanessa Süß

1 Ressourcenschonende Energieerzeugung in Zeiten des Klimawandels

Aktuellen Prognosen zufolge wird die Erderwärmung bis zur Jahrhundertwende bei mehr als 3 °C liegen, ein Grad höher, als es von 196 Mitgliedsstaaten der Klimarahmenkonvention der Vereinten Nationen in Paris 2015 ratifiziert wurde. Deshalb fordert der Weltklimarat in seinem jüngsten Sonderbericht ein schnelles Handeln: Bis 2050 müssen die Emissionen auf null zurückgehen. Unternehmen spielen hierbei eine große Rolle. Denn rund 24 % des weltweiten Energieverbrauchs entfallen auf die Industrie. Mehr als auf den Verkehr. Eine intakte Umwelt und die Verfügbarkeit von Ressourcen sind die Basis der Wirtschaft und die Lebensgrundlage jetziger und künftiger Generationen.

Als international führendes Technologie- und Dienstleistungsunternehmen mit weltweit rund 410.000 Mitarbeitern (Stand: 31.12.2018) in den vier Unternehmensbereichen

B. Schwager (✉)
Zentralstelle Nachhaltigkeit und Ideenschmiede, Robert Bosch GmbH, Stuttgart, Deutschland
E-Mail: bernhard.schwager@de.bosch.com

T. Krecklow
Produktmanagement, ads-tec Energy GmbH, Nürtingen, Deutschland
E-Mail: T.Krecklow@ads-tec.de

M. Weiss
TT-RHC/ESC6, Bosch Thermotechnik GmbH, Wernau, Deutschland
E-Mail: martin.weiss2@de.bosch.com

V. Süß
Marketing & Kommunikation, ads-tec Administration GmbH, Nürtingen, Deutschland
E-Mail: v.suess@ads-tec.de

© Springer-Verlag GmbH Deutschland, ein Teil von Springer Nature 2019
A. Hildebrandt und W. Landhäußer (Hrsg.), *CSR und Energiewirtschaft*,
Management-Reihe Corporate Social Responsibility,
https://doi.org/10.1007/978-3-662-59653-1_7

Mobility Solutions, Industrial Technology, Consumer Goods sowie Energy and Building Technology versteht die Robert Bosch GmbH[1] es daher als ihren Auftrag, die Ziele des Pariser Abkommens zu unterstützen. Durch nachhaltige Produkte, Technologietransfer, aber vor allem, indem das Unternehmen selbst handelt. Als produzierendes Unternehmen mit rund 440 Tochter- und Regionalgesellschaften in 60 Ländern sieht sich Bosch in einer besonderen Verantwortung. Um den Klimaschutz aktiv mitzugestalten und negative Umweltauswirkungen zu begrenzen, reduziert das Unternehmen direkte und indirekte CO_2-Emissionen, setzt auf umweltschonende Technologien, steigert die Energieeffizienz an seinen Standorten und nutzt Ressourcen verantwortungsbewusst.

Bosch hat seine bisherigen Ziele der CO_2-Reduktion relativ zur Wertschöpfung in den vergangenen Jahren schnell übertroffen. Nachdem 20 % weniger Kohlendioxid-Emission nicht 2020, sondern bereits 2014 erreicht wurde, steht nun eine Reduktion um 35 % im Fokus. Mit aktuell gut 31 % Verringerung der Treibhausgasemissionen verglichen mit dem Basisjahr 2007 wurde dieses Vorhaben weitgehend umgesetzt. Viele Tausend Projekte und Einzelmaßnahmen an den weltweiten Standorten haben dazu beigetragen. Doch hier will Bosch nicht stehen bleiben und intensiviert deshalb seine bereits erfolgreichen Anstrengungen zur CO_2-Reduzierung. So verkündet CEO Dr. Volkmar Denner auf der Bilanzpressekonferenz am 9. Mai 2019: „Wir sind das erste große Industrieunternehmen, das das ehrgeizige Ziel der CO_2-Neutralstellung in nur gut einem Jahr realisiert. Ab 2020 wird Bosch keinen CO_2-Fußabdruck mehr hinterlassen. Alle 400 Bosch-Standorte rund um den Globus werden von 2020 an klimaneutral sein." Um dies zu erreichen, setzt das Unternehmen auf vier wesentliche Hebel. Bosch steigert die Energieeffizienz, erhöht den Anteil regenerativer Energien an der Energieversorgung, kauft vermehrt Ökostrom zu und kompensiert unvermeidbaren CO_2-Ausstoß. Im Ergebnis sollen so 3,3 Mio. Tonnen CO_2 bis 2020 neutralisiert werden.

2 Energieeffizienz und Eigenerzeugung in der Fertigung

Im Fokus stehen dabei vor allem die Energieeffizienz und die Eigenerzeugung von Energie aus regenerativen Quellen, denn hier liegen die wesentlichen Hebel, um die Bosch Klimaziele zu erreichen und zukünftig noch zu steigern. Bis 2030 will Bosch 1700 GWh Energie einsparen und 400 GWh des Energiebedarfs selbst regenerativ erzeugen. Um die entsprechenden Maßnahmen auch finanziell zu fördern, hat die Bosch-Geschäftsführung für die Jahre 2018 bis 2030 ein jährliches Zusatzbudget von 100 Mio. EUR bewilligt.

Allein in 2018 wurden in der Bosch-Gruppe rund 1000 Energieeffizienz-Projekte analysiert, konzipiert und deren Umsetzung gestartet, durch die Bosch insgesamt 325 GWh Energie einsparen bzw. umweltschonend selbst erzeugen kann. Bei mehr als 300 dieser

---

[1]https://www.bosch.de/unser-unternehmen/bosch-in-deutschland/

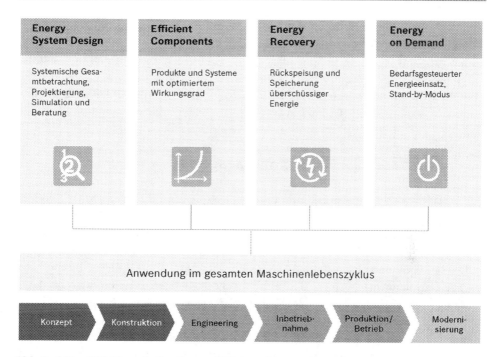

Abb. 1 Mit „4EE Rexroth for Energy Efficiency" ermöglicht Bosch Rexroth einen energiesparenden Produktionsprozess. (Quelle: Bosch Rexroth)

Projekte hat die Umsetzungsphase bereits begonnen. Zusammen mit den in 2018 implementierten Projekten werden jährlich rund 109 GWh Energie eingespart, davon 66 % im Bereich der Gebäudetechnik und Infrastruktur sowie 27 % in der Fertigung. Zudem erzeugte Bosch 2018 bereits 55 GWh regenerative Energie in eigenen Anlagen, 40 GWh davon durch Solarkraft. Aktuell gewinnt Bosch in seinen 29 PV-Anlagen weltweit 40 GWh pro Jahr.

Bosch Rexroth hat mit dem Projekt GoGreen bereits seit 2011 die energiesparende Produktion im Fokus. Rund 200.000 t CO_2 wurden seit Projektbeginn mit etwa 600 Maßnahmen in den 30 beteiligten Werken eingespart. Der Kern von GoGreen ist eine ganzheitliche Analyse von Fertigungswerken mit dem Ziel, CO_2-Emissionen zu reduzieren. Im industriellen Umfeld liefert Bosch Rexroth als globaler Partner ein einzigartiges Portfolio für mobile Anwendungen, Fabrikautomation, Anlagenbau und Engineering mit modernster Technologie und einzigartigem Branchenwissen. Dabei nutzt Bosch-Rexroth sein umfangreiches Know-how auch, um Maschinenhersteller und industrielle Anwender auf dem Weg zu einer höheren Energieeffizienz zu unterstützen. Es ist in der Systematik „4EE – Rexroth for Energy Efficiency" (Abb. 1) gebündelt, die auch im Projekt GoGreen eine zentrale Rolle spielt und vier Hebel umfasst: Der erste Hebel besteht in der systematischen Gesamtbetrachtung der kompletten Automatisierung mit Projektierung,

Simulation und Beratung. Energieeffiziente Produkte und Systeme mit optimiertem Wirkungsgrad bieten einen weiteren Ansatz. Den dritten Hebel stellen Rückgewinnung, Speicherung und Nutzung bislang ungenutzter Energien dar. Dazu zählen beispielsweise hydraulische Speicher-Lade-Schaltungen in Verbindung mit rückspeisefähigen Antrieben. Die Bedarfsregelung z. B. in Form von drehzahlvariablen Pumpenantrieben ermöglicht besonders hohe Energieeinsparungen.

3   Bosch Lösungen im Energiemanagement

Der Energiemarkt ist zunehmend von dezentralen Anlagen und erneuerbaren Energiequellen geprägt. Die Netzinfrastruktur wird nach und nach zu Smart Grids ausgebaut. Gleichzeitig werden die Anforderungen im Smart Metering und dem damit verbundenen Rollout intelligenter Zähler und Messsysteme immer konkreter. Netzbetreibern, Messstellenbetreibern und -dienstleistern, Händlern und Lieferanten bietet Bosch neue Ansätze im Energiemanagement. Die Bosch Connected Energy Solutions setzen neue Maßstäbe für einfaches und intelligentes Energiemanagement. Unsere Lösungen sind bereits bei mehr als 250 Energieunternehmen erfolgreich im Einsatz und werden kontinuierlich weiterentwickelt. Mit Produkten wie dem Smart Meter Gateway Manager oder Software zur Vernetzung dezentraler Energieanlagen zu virtuellen Kraftwerken schafft Bosch Lösungen für einen erneuerbaren, dezentralen zukunftsfähigen Energiemarkt: durch intelligente Nachfrage- und Angebotssteuerung können Leistungs- und Nachfragespitzen abgefedert werden, sodass sich das gesamte Energiesystem effizienter gestalten lässt. Der Umweltnutzen ist offensichtlich: mehr erneuerbare Energie kann in das System einfließen, weniger Leitungen werden benötigt.

Neben dem Mobilitätssektor bieten insbesondere auch die Energie- und Gebäudetechnik große Potenziale für Bosch. Der größte Hebel zur Erreichung der Klimaziele bei Gebäuden und Industrie liegt dabei in der Thermotechnik. Hier sind derzeit nur etwa 17 % aller Industrieanlagen in Deutschland auf dem neuesten Stand der Technik. In deutschen Wohngebäuden arbeiten nur 19 % aller installierten Heizanlagen effizient und nutzen Erneuerbare Energien (Abb. 2). Durch den flächendeckenden Einsatz moderner Heiztechnik ließen sich allein in Deutschland jährlich rund 31 Mio. t CO_2 einsparen – das entspricht circa 20 % der CO_2-Emissionen im deutschen Straßenverkehr. Mit effizienter Technik und individuellen Energiedienstleistungen lassen sich also beachtliche Mengen an Strom, fossilen Brennstoffen und Kohlendioxid einsparen – und mit innovativen Produkten wie den aktuellen Energiemanagement-Systemen leistet Bosch einen Beitrag, diese Potenziale auszuschöpfen.

„Ein Beitrag zur Verbesserung der Technik und der Wirtschaft sollte immer auch den Menschen und den Völkern nützlich sein", war ein Grundsatz von Robert Bosch, den das Unternehmen später in den Anspruch „Technik fürs Leben" übersetzt und damit Geschichte geschrieben hat. Das Fundament dieser Strategie ist stets unverändert geblieben. Die Unternehmens-Werte bestimmen heute genauso das tägliche Handeln

Effizienzstruktur
Heizungsbestand 2017

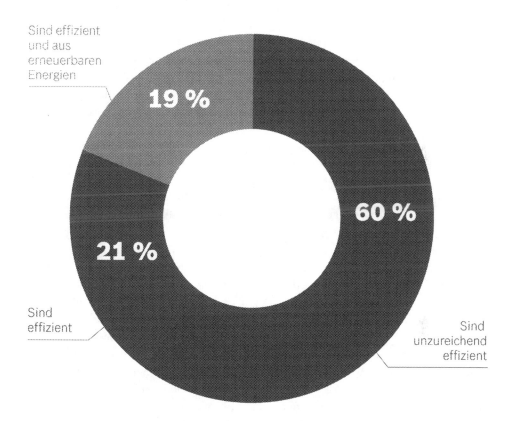

Datenquelle: Erhebung des Schornsteinfegerhandwerks für 2017, BDH Schätzung

Abb. 2 Effizienzstruktur bei Heizungsanlagen 2017. (Quelle: BDH)

wie zu Lebzeiten von Robert Bosch. Das bedeutet: Bosch arbeitet intensiv daran, die gesellschaftlichen Herausforderungen von heute zu lösen und nimmt gleichzeitig schon die Zukunft in den Blick. Dabei vertraut Bosch auf das, was das Unternehmen auszeichnet: herausragende Innovationskraft, ein ganzheitliches Nachhaltigkeitsverständnis und der unternehmerische Wille, zu mehr Lebensqualität der Menschen beizutragen. Im Bereich des Energiemanagements schreibt Bosch jetzt zwei wichtige neue Kapitel der Unternehmensgeschichte: Dazu wurden innovative Systeme sowohl für ganze Quartiere als auch für Haushalte entwickelt.

4   Batteriespeicher als Lösung für das Energiemanagement im Quartier

Eine zunehmend dezentrale Energieerzeugung durch Windkraft- und Photovoltaik-Anlagen sowie durch neue Verbraucher wie die Elektromobilität führt die Stromnetze an ihre Grenzen. Dabei liegt das Problem nicht an der generellen Energieverfügbarkeit. Die Herausforderungen ergeben sich durch zeitlich und örtlich asynchrone starke Leistungsspitzen sowohl bei der Einspeisung als auch bei der Entnahme aus dem Netz. Temporäre Engpässe und Spannungsprobleme können die Folge sein und die Versorgungssicherheit und -qualität gefährden. Ein flächendeckender Ausbau der Netzinfrastruktur zur Abdeckung von Spitzenbelastungen wäre teuer und würde die Strompreise über steigende Netzentgelte in die Höhe treiben.

Projektentwickler und Kommunen suchen deshalb alternative Ansätze. Projekte wie „Flex4Energy"[2] fokussieren die Nutzung sogenannter Flexibilitätspotenziale in Quartieren. Damit ist die Möglichkeit gemeint, Energie zu speichern oder abzugeben. Lithium-Ionen-Batteriespeichersysteme sind hierfür besonders geeignet, da sie in beiden Richtungen einsetzbar sind. Durch die zunehmende Verbreitung von Batteriespeichersystemen und die bessere Steuerbarkeit von Anlagen im Zuge der Nutzung eines intelligenten Energiemanagements entstehen immer mehr Flexibilitätspotenziale an vielen Stellen im Netzgebiet.

Während technisch der Nutzung dieser Flexibilitätspotenziale nichts im Wege steht, existieren bisher keine Instrumente am Markt, über die beteiligte Akteure Nachfrage und Angebot unkompliziert und in Übereinstimmung mit den geltenden Rechtsvorschriften verhandeln können. Diese Lücke hat „Flex4Energy" geschlossen: Der Fachbereich Elektrotechnik und Informationstechnik der Hochschule Darmstadt entwickelte im Rahmen des Projekts erstmals einen Marktplatz, der gezielt den Handel mit regionalen Flexibilitätspotenzialen ermöglicht. Ein ADS-TEC Batteriespeichercontainer (Abb. 3) dient hier als sogenannter Quartierspeicher zur Pufferung der Energieerzeugung der Solaranlagen auf den Hausdächern. Um den Solarstrom bedarfsabhängig und effizient zu nutzen, erfüllt das Speichersystem mehrere Ziele gleichzeitig, indem es den Eigenverbrauchsanteil im Ort erhöht und zugleich Trafo und Infrastruktur sowie das Netz schützt und entlastet.

Der Speicher kann seine noch verfügbaren Leistungsreserven als Flexibilitätspotenziale auf dem Marktplatz anbieten und damit ein zusätzliches Einkommen erwirtschaften, was wiederum die Wirtschaftlichkeit der Investition erhöht.

Auch in Bezug auf die zunehmende E-Mobilität spielen Batteriespeicher im leistungsbegrenzten Verteilnetz eine große Rolle. Hohe angeforderte Ladeleistungen überlasten die Niederspannungsnetze und sorgen bei Errichtung der Infrastruktur durch Stadt, Kommune oder Projektentwickler für hohe Kosten. Abhilfe schaffen auch hier Energiespeicher, die flexibel auftretende Lastspitzen, z. B. durch Elektrofahrzeuge, abfangen können.

---

[2]https://www.flex4energy.de

Abb. 3 „Flex4Energy" Quartierspeicher von ADS-TEC in Groß-Umstadt. (Foto: ADS-TEC)

Realisiert wurde diese Anwendung bereits in Großrettbach im Landkreis Gotha. Dort ist der erste netzdienliche Stromspeicher im Netzgebiet der TEN Thüringer Energienetze in Betrieb. Der „PowerBooster" (Abb. 4) ist ein Komplettsystem im Mini-Container mit integrierter Leistungselektronik, Temperaturregelung, Steuerungselektronik sowie Sicherheits- und Energiemanagementsystem von ADS-TEC.

Mit einer Kapazität von 240 kWh übernimmt der PowerBooster netzdienliche Aufgaben wie Lastspitzenkappung und Frequenzhaltung und hat eine Lebensdauer von mindestens 10 Jahren. Großrettbach bietet mit 370 kWp PV-Erzeugerleistung und einer Verbraucherlast von etwa 70 kW ideale Bedingungen für ein netzdienliches Quartierspeichersystem (Abb. 4). Normalerweise wird überschüssiger Solarstrom über den Ortsnetz-Transformator zurück in das Mittelspannungsnetz gespeist. Bei starker Sonneneinstrahlung übersteigt inzwischen die PV-Erzeugung die Leistungsfähigkeit der vorhandenen Infrastruktur und des Trafos. Der PowerBooster nimmt die überschüssige Leistung aus der PV-Anlage auf und schützt so Infrastruktur samt Trafo. Gleichzeitig versorgt er zeitversetzt beispielsweise abends und nachts den Ort mit der tagsüber gewonnenen und gespeicherten Energie aus der PV-Anlage. Es handelt sich um ein Gemeinschaftsprojekt der TEAG Thüringer Energie, TEN Thüringer Energienetze und KomSolar, die auch die Betriebsführung übernehmen.[3] Durch Kombination aus

---

[3]http://bit.ly/ads-tec-grossspeicher

Abb. 4 Outdoor-Batteriesystem „PowerBooster" in Großrettbach. (Quelle: ADS-TEC)

erneuerbaren Energiequellen, Batteriespeichern, E-Mobilität und Energiemanagement wird im Quartier eine sehr hohe Ausnutzung des lokal erzeugten Stroms erreicht. Dies senkt die Energiekosten für die Anwohner und erreicht gleichzeitig eine emotionale Verbundenheit mit der lokalen Quartiersinfrastruktur, deren Verwendung auch den CO_2-Footprint des Quartiers verringert.

5   „Schwarmspeicher" erreichen Wirtschaftlichkeit und Stabilität im Stromnetz

Doch nicht nur im abgegrenzten Quartier bietet die Anwendung eines Batteriespeichers und intelligentem Energiemanagement Vorteile: Übergreifend können aggregierte Einzelbatterien als sogenannter „Schwarmspeicher" auch zur Stabilität des Stromnetzes beitragen. Als Beispiel setzte die egrid applications & consulting GmbH im Jahr 2017 für die Allgäuer Überlandwerk GmbH das Projekt „Schwarmspeicher Allgäu" um. Dabei wird ein verteiltes stationäres Großbatteriespeichersystem von ADS-TEC aus Lithium-Ionen-Zellen eingesetzt, das in einer Multi-Purpose-Anwendung als Batteriekraftwerk betrieben wird. Das Gesamtsystem hat eine Leistung von 2,5 MW, eine Kapazität von 1,7 MWh und ist auf fünf verschiedene Standorte aufgeteilt. Die Installation erfolgte niederspannungsseitig in Umspannwerken und Ortsnetzstationen.

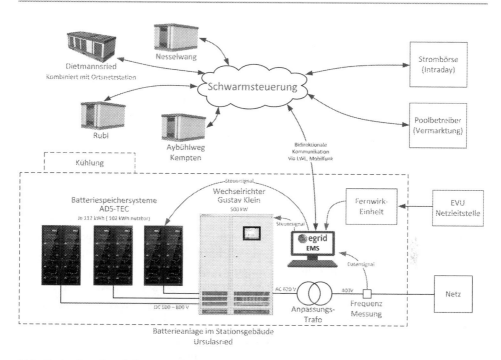

Abb. 5 Ausbau des „Schwarmspeichers Allgäu". (Abbildung: egrid)

Bestehende Infrastrukturen für die Speicher werden dabei genutzt. Durch die räumliche Verteilung der einzelnen Speicher konnten mehrere Anwendungen identifiziert und kombiniert werden, um die Wirtschaftlichkeit des Projekts zu steigern. Die Speichersteuerung wird dazu aufgeteilt und besteht sowohl aus einer zentralen als auch aus einer dezentralen Komponente. Die Folge ist ein effizienter und sicherer Dauerbetrieb. Hauptaufgabe des Speichersystems ist die Stabilisierung des Stromnetzes durch Bereitstellung von Primärregelleistung. Außerdem liefert das System lokale Dienstleistungen und Synergien mit Netzkomponenten. Dazu gehört die Bereitstellung von Notstrom für kritische Netzinfrastrukturbetriebsmittel sowie die Einhausung stationärer Batteriespeicher durch eine Kombination der intelligenten Ortsnetzstation. Nachdem das Projekt Schwarmspeicher Allgäu (Abb. 5) im Jahr 2017 fertiggestellt wurde und in den Regelbetrieb überging, soll dieser Schwarm nun stetig erweitert werden. Im Dezember 2018 kam eine sechste baugleiche Anlage hinzu, die aufgrund des Vorgängerprojekts günstiger und schneller projektiert werden konnte. Anlageneigentümer ist in diesem Fall eine Energiegenossenschaft, die ihr Engagement im Bereich Energiewende so aktiv vorantreibt. Die Vermarktung und den technischen Anlagenbetrieb übernimmt die Allgäuer Überlandwerk GmbH als Dienstleistung. Dieses Modell soll in Zukunft ausgebaut werden, um so weitere Anlagen in den Schwarm zu integrieren. Zielgruppe sind neben Energieversorgern und Genossenschaften auch Gewerbebetriebe. Diese können stationäre

Batteriespeicher zum Beispiel zur Reduzierung des Leistungs- und Energiepreises, zur Vermarktung von Regelleistung oder im Rahmen von USV-Anwendungen nutzen. Dabei sind kurze Amortisationszeiten von 3 bis 4 Jahren möglich.

Aufgrund der regionalen Verteilung der Batterien auf fünf Standorte trägt das System als Verbund nicht nur zur Stabilisierung des Verbundnetzes durch Erbringung von Primärregelleistung bei. Die einzelnen Speicher können auch als eigenständige Systeme betrieben werden und so auf lokaler Ebene Systemdienstleistungen erbringen.

6 Batteriespeichersysteme bieten fast unbegrenzte Skalierungsmöglichkeiten

Die Beispiele in Großrettbach und der „Schwarmspeicher Allgäu" belegen die Vorteile einer Kombination aus Speichertechnologie und intelligenter Gesamtsystemregelung im Zuge der Elektrifizierung und Sektorenkopplung insbesondere in Quartieren. Basierend auf jahrzehntelanger Erfahrung entwickelt und produziert ADS-TEC hochwertige Lithium-Ionen-Batteriespeichersysteme inklusive Energiemanagementsystem. Beginnend bei wenigen Kilowattstunden für private Einheiten oder Gewerbe reichen die Speicherlösungen bis in den Multi-Megawattstunden-Bereich für Industrie und Infrastruktur. Die modulare Bauweise und ein umfassendes IT-Managementsystem ermöglichen nahezu unbegrenzte Skalierungsmöglichkeiten. Einen großen Bedarf an batteriebasierten Ladesystemen sieht ADS-TEC in naher Zukunft für die E-Mobilität. Verbraucher werden ihre Energie bald häufiger selber ernten und einsetzen. Dies geschieht hauptsächlich im leistungsbegrenzten Verteilnetz, wo sich ein teurer Netzausbau meist nicht lohnt. Bosch Thermotechnik und ADS-TEC bündeln deshalb ihre Aktivitäten im Bereich elektrischer Speichersysteme, Ladeinfrastruktur und deren Management: Dazu hat Bosch Thermotechnik im Oktober 2018 eine 39-prozentige Beteiligung an der ADS-TEC Energy GmbH erworben, einem 100-prozentigen Tochterunternehmen der ADS-TEC-Gruppe mit Hauptsitz in Nürtingen. Die daraus entstehenden neuen Möglichkeiten, dezentrale, digitale elektrische Energiesysteme aus der Nische in die breite Fläche des Alltags zu entwickeln, spielen zusätzlich zum wachsenden Anteil regenerativer Energien, der Elektromobilität sowie der Elektrifizierung im Bereich der Wärmeversorgung eine gewichtige Rolle zur Erreichung der Klimaschutzziele. Die Kombination verschiedener Erzeugungs-, Management- und Verbrauchstechnologien durch ADS-TEC und Bosch eröffnet außerdem für Energieversorger, Stadtentwickler und Infrastrukturbetreiber neue, profitable Betriebs- und Geschäftsmodelle, insbesondere in Kombination mit der steigenden Anzahl an Elektrofahrzeugen. Parallel dazu werden ganzheitliche Energielösungen, die zu mehr Wohnkomfort und geringeren Wohnkosten im Quartier führen, immer wirtschaftlicher. Zusätzlich können die Verteilnetze durch Aggregierung der einzelnen Energielösungen stabilisiert werden, wodurch der Netzausbau mit weniger Zeitdruck und Kosten realisiert werden kann.

Der Einsatz von Batteriespeichern und Energiemanagement im gesamtheitlichen Energieversorgungskonzept von Quartieren ermöglicht Bürgern, von der Energie- und Mobilitätswende täglich zu profitieren.

7 Energiespeicher können Leben retten: „PowerBooster" Einsatz in der Demokratischen Republik Kongo

Wie das Beispiel des „Schwarmspeichers" zeigt, ermöglicht der Einsatz erneuerbarer Energien in Kombination mit Energiespeichern gerade für Städte, Kommunen und Projektentwickler ökologische und wirtschaftliche Vorteile. Doch die Energiespeichertechnik kann auch in besonders strukturschwachen Gebieten der Erde von großem Nutzen sein: Die Demokratische Republik Kongo (DR Kongo), laut dem HDI (Human Development Index) der Vereinten Nationen ein sehr gering entwickeltes Land, wird schon bald von einem Energiespeicher profitieren. Bereits heute bezieht das Land dank Wasserkraft über 90 % seiner Energie aus erneuerbaren Quellen.[4] Das für Deutschland proklamierte Ziel – bis 2025 gut 40 % der Energie aus erneuerbaren Quellen zu produzieren – hat die Demokratische Republik Kongo schon lange erreicht.[5] Die Gesamtproduktion aller Anlagen zur Elektrizitätsgewinnung liegt bei 9 Mrd. kWh, also 122 % des derzeitigen Eigenbedarfs des Landes.[6] Ein unzureichender technischer Ausbau, mangelnde Wartung und Instandhaltung sowie hohe Übertragungsverluste führen jedoch dazu, dass das Land seine Potenziale bei weitem nicht ausschöpft.[7]

Die Konsequenz: Das zentralafrikanische Land hat eine der weltweit niedrigsten Elektrifizierungsraten und nimmt in diesem Bereich nur Platz 189 von 195 Ländern ein.[8] Gegenüber der Wasserkraft ist die Nutzung der Sonnenenergie bisher kaum erschlossen. Ende 2017 waren lediglich 3,66 MW PV installiert.[9] Ein Ausbau der Photovoltaik kombiniert mit Speichertechnologie würde dem Land eine nahezu lückenlose und durchgängige Energieversorgung seiner Bewohner ermöglichen. Heute haben weniger als 17 % der Bevölkerung Zugang zur Elektrizität, in den ländlichen Gebieten gerade mal 1 %.[10] Der Pro-Kopf-Verbrauch an elektrischer Energie liegt bei 182 kWh im Jahr – in

---

[4]http://hdr.undp.org/en/indicators/163906

[5]https://www.bmwi.de/Redaktion/DE/Dossier/erneuerbare-energien.html

[6]https://www.laenderdaten.info/Afrika/Kongo-Kinshasa/energiehaushalt.php

[7]https://www.export.gov/article?Id=Congo-Democratic-Republic-Energy

[8]https://www.indexmundi.com/facts/indicators/EG.ELC.ACCS.ZS/rankings

[9]https://www.pv-magazine.com/2019/03/28/african-development-bank-approves-20m-to-back-congo-minigrids/

[10]World Bank, WDI, https://databank.worldbank.org/data/reports.aspx?source=2&series=EG.ELC.ACCS.ZS&country=COD.

Abb. 6 Der „PowerBooster" ermöglicht die Aufrechterhaltung einer kontinuierlichen Stromversorgung in einem großen Provinzkrankenhaus in der DR Kongo. (Foto: ADS-TEC)

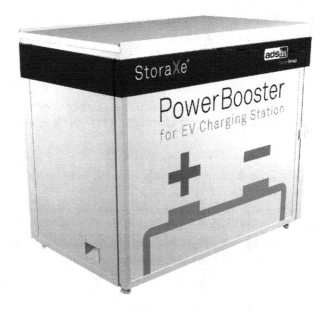

Deutschland verbraucht jeder Einwohner rechnerisch 6385 kWh jährlich, bezogen auf den Landesgesamtverbrauch.[11] Mangels Elektrifizierung eines Großteils des Landes richtet sich das Leben nach dem Stand der Sonne, Licht ist der limitierende Moment vieler Lebensbereiche. Die ADS-TEC Energy GmbH bereitet aktuell das Outdoor Batteriesystem „PowerBooster" (Abb. 6) für den Einsatz in der DR Kongo vor. Das Ziel ist die Aufrechterhaltung einer kontinuierlichen Stromversorgung in einem großen Provinzkrankenhaus. Davon profitieren ab Herbst 2019 im Krankenhaus in der Stadt Vanga 450 stationäre und 1300 ambulanten Patienten der „Mission de Vanga sur Kwilu".

Das Krankenhaus ist ein Referenzhospital für den gesamten Gesundheitsdistrikt von etwa 250.000 Einwohnern. Im Vergleich mit anderen Einrichtungen des Landes verfügt dieses Krankenhaus in der sieben Millionen Einwohner zählenden Provinz Bandundu über eine sehr gute Infrastruktur und verfolgt ein ganzheitliches Konzept, das auf die Bekämpfung der Ursachen von Krankheiten wie Unterernährung, Mangelernährung, Malaria, Magen-Darm-Erkrankungen und Tuberkulose abzielt und nicht nur auf die Behandlung der Symptome. Behandlungen und Operationen können nach der Installation des „PowerBooster" endlich auch dann erfolgen, wenn die Sonne nicht scheint. So retten Energiespeicher tatsächlich Leben.

Im Gegensatz zu den vorangegangenen Beispielen werden netzdienliche Aufgaben und Ziele wie Lastspitzenkappung und Frequenzerhaltung bei diesem Einsatz des „PowerBooster" nicht im Vordergrund stehen. Auch die Versorgung von

---

[11]https://www.indexmundi.com/map/?t=0&v=81000&r=af&l=en

Schnellladestationen im leistungsbegrenzten Verteilnetz sind kein vornehmliches Ziel. Neben dem Einsatz im Krankenhaus sind auch weitere Anwendungsbereiche denkbar, denn analog zu den vorangegangenen Quartierskonzepten können auch hier Batteriespeicher, erneuerbare Energien und intelligentes Management den Lebensstandard der Menschen verbessern. Wo in Deutschland ökonomische oder ökologische Vorteile interessant sind, kann der Quartiersspeicher im Kongo die Deckung der Grundbedürfnisse vorantreiben. Strom, um zu kochen, um für Licht zu sorgen, um die manuellen Arbeitsschritte aus jeglichen Wirtschaftsbereichen zu automatisieren. All das dezentral und realistisch rein aus erneuerbaren Quellen, für Dörfer oder kleine Wohngemeinschaften, aber auch als gesamtheitlich denkbares, ausrollbares Konzept für eine ganze Region.

8 Energiemanagement sichert zukünftig die Energieversorgung in Wohngebäuden

Neben den Bereichen Mobilität und Stromerzeugung in Quartieren ist auch im Bereich der Energieversorgung von Wohngebäuden ein technologischer Wandel und ein Trend zur Elektrifizierung zu erkennen. Treiber hierfür sind einzelne Elemente der CO_2-Gesetzgebung, allen voran die kontinuierliche Verschärfung der CO_2 bzw. primärenergie-basierten Grenzwerte in den Gebäudestandards. Im Fokus steht hier die Europäische Gebäuderichtlinie *(Directive on Energy Performance of Buildings – EPBD)*[12] sowie deren Umsetzungen auf nationaler Ebene, ergänzt durch nationale Initiativen wie z. B. das Verbot von Gas- und Öl-Wärmeerzeugern im Neubau in den Niederlanden.

Die Verschärfung der Primärenergiegrenzwerte führt dazu, dass sich Wärmepumpen-Systeme vor allem im Neubau, zunehmend auch bei Sanierungen durchsetzen, oft ergänzt durch elektrische Zusatz- oder Flächenheizungen. Berücksichtigt man, dass die privaten Haushalte 2017 einen Anteil von ca. 26 % des Endenergieverbrauchs in Deutschland hatten (665 TWh von gesamt 2542 TWh) und davon ca. 75 % für Raumwärme verwendet wurden, liegt das langfristige Potenzial für dieses elektrische Verbrauchssegment bei ca. 20 % des gesamten Endenergieverbrauchs in Deutschland.[13]

Ein weiterer Elektrifizierungstreiber sind die steigenden Anteile an Photovoltaik- und KWK-Systemen im Wohngebäudebereich. Mit über 400 MWp allein im Bereich der PV Kleinsysteme betrug das Wachstum in diesem Segment in 2018 ca. 15 % gegenüber dem Bestand (Abb. 7).

---

[12]EU-Richtlinie 2003: Richtlinie 2002/91/EG des Europäischen Parlaments und des Rates vom 16. Dezember 2002 über die Gesamtenergieeffizienz von Gebäuden, Amtsblatt der Europäischen Gemeinschaften, 4. Januar 2003.

[13]Umweltbundesamt auf Basis AG Energiebilanzen, Auswertungstabellen zur Energiebilanz der Bundesrepublik Deutschland 1990 bis 2017, Stand 07/2018.

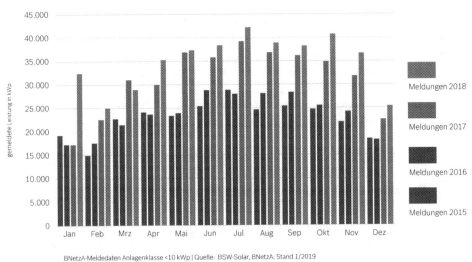

Abb. 7 Monatlicher PV-Zubau im Kleinanlagen-Segment. (Quelle: BSW Solar, BNetzA)

Durch PV- und KWK-Systeme verändert sich die Last-Charakteristik des Gebäudes. Durch die eigene Stromerzeugung wird aus einem bislang nur konsumierenden Netzteilnehmer ein Prosumer, also ein Teilnehmer der zeitweise als Erzeuger (Producer) wie auch als Verbraucher (Consumer) auftritt. Aufgrund der Asymmetrie zwischen Bezugspreis und Einspeisevergütung entsteht zudem ein finanzieller Anreiz für Lastverschiebung und Speicherung.

Letzter wesentlicher Treiber der Elektrifizierung ist die Elektromobilität mit hohen Wachstumsraten und inzwischen relevanten Stückzahlen (Abb. 8). In Haushalten mit Elektrofahrzeugen wird sich der durchschnittliche Stromverbrauch deutlich erhöhen. Ausgehend von 20.000 km jährlicher Fahrleistung und einem Durchschnittsverbrauch von 20 kWh/100 km steigt der Stromverbrauch um ca. 4000 kWh, was in etwa dem aktuellen Durchschnittsverbrauch eines 4-Personen-Haushalts entspricht. Weiterhin wird der Wunsch nach kurzer Ladezeit zu Ladelösungen mit bis zu 22 kW Ladeleistung führen und voraussichtlich sogar einen Markt für speichergestützte Schnelllader mit noch höheren Ladeleistungen schaffen. Die Hausanschlussleistungen in vielen europäischen Ländern liegen in der Größenordnung dieser Ladeleistungen, was dazu führt, dass zusätzliche Maßnahmen zum Schutz vor Überlast erforderlich werden. Die Entwicklungen im Bereich der Mobilität führen mittelfristig zu einer deutlich stärken Belastung der Stromnetze, insbesondere im Bereich der Niederspannung. Um die Anpassung der Netzinfrastruktur volkswirtschaftlich sinnvoll zu gestalten, können

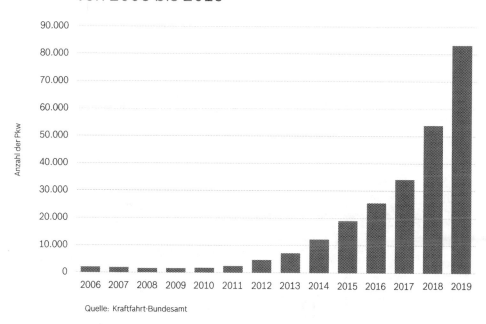

Abb. 8 Anzahl Elektroautos in Deutschland (2006–2019). (Quelle: KBA)

Energiemanagement-Systeme einen Beitrag leisten, um die Aufwände für den Netzausbau zu reduzieren.

9   Energiemanagement-Systeme als Baustein der Netzintegration

Eine Möglichkeit zur Reduktion der Netzbelastung durch die zusätzlichen Verbrauchs- und Einspeisemengen sind Energiemanagement-Systeme ergänzt durch elektrische Kleinspeicher (4–20 kWh) für den Wohngebäudeeinsatz. Der Speicher fungiert hier als Ausgleichselement zwischen erzeugter Energie und Verbrauch. Detektiert der Speicher eine Einspeisung oder einen Netzbezug, versucht er dies durch Aufnahme oder Abgabe von elektrischer Leistung auszugleichen. Bei entsprechender Systemauslegung kann so an den meisten Tagen im Jahr der Verbrauch in Zeiten ohne PV-Erzeugung durch den Speicher gedeckt werden und über das gesamte Jahr eine Autarkie von mehr als 70–80 % erreicht werden. Auf diese Weise wird zwar die mittlere Netzbelastung reduziert, jedoch

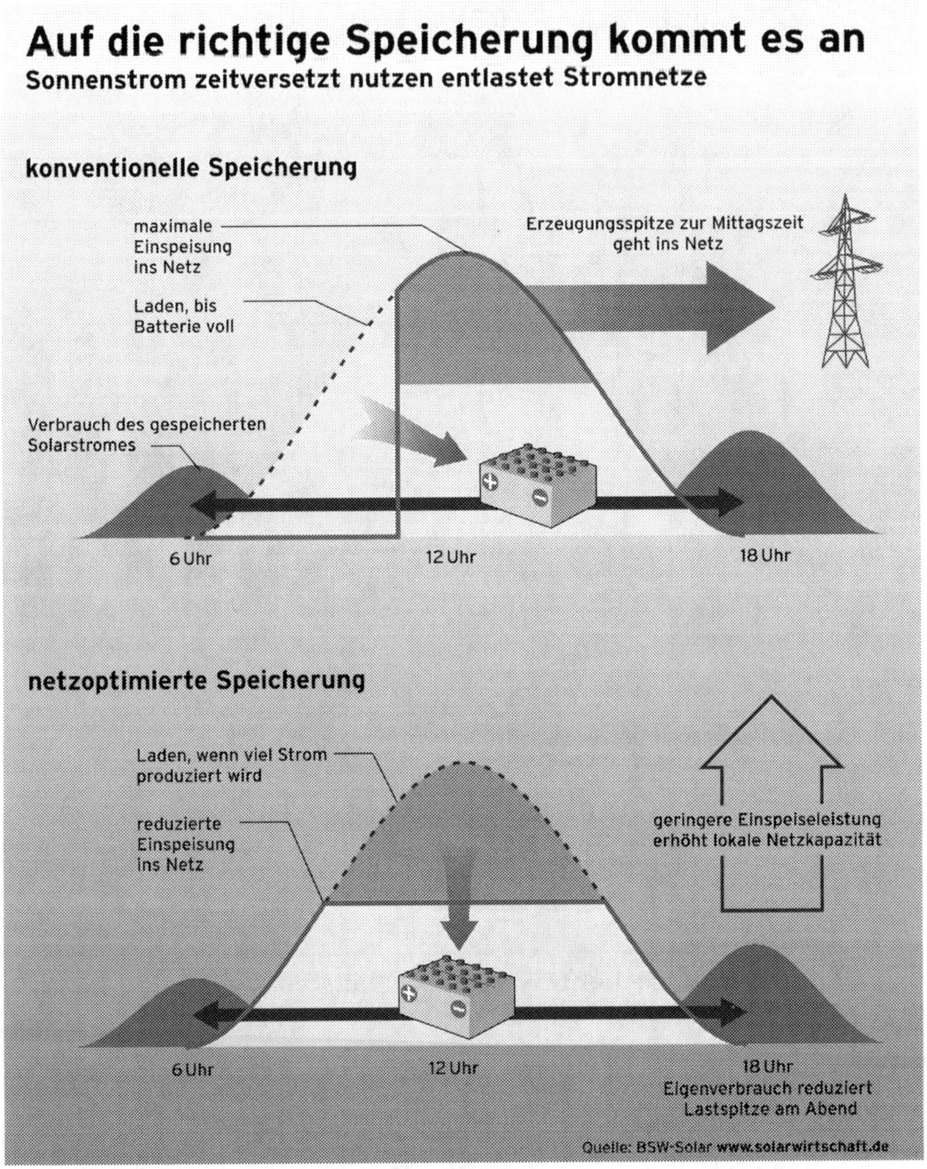

Auf die richtige Speicherung kommt es an
Sonnenstrom zeitversetzt nutzen entlastet Stromnetze

konventionelle Speicherung

maximale Einspeisung ins Netz

Erzeugungsspitze zur Mittagszeit geht ins Netz

Laden, bis Batterie voll

Verbrauch des gespeicherten Solarstromes

6 Uhr   12 Uhr   18 Uhr

netzoptimierte Speicherung

Laden, wenn viel Strom produziert wird

reduzierte Einspeisung ins Netz

geringere Einspeiseleistung erhöht lokale Netzkapazität

6 Uhr   12 Uhr   18 Uhr
Eigenverbrauch reduziert
Lastspitze am Abend

Quelle: BSW-Solar www.solarwirtschaft.de

Abb. 9 Konventionelles Ladeverhalten vs. netzoptimiertes Laden. (Quelle: BSW) https://www.solarwirtschaft.de/fileadmin/user_upload/PV-netzoptimierter_Betrieb_130.124-G.jpg

nicht die auslegungsrelevanten Maximalwerte. Die konventionelle Betriebsstrategie (Abb. 9) von Speichern führt dazu, dass das System schnellstmöglich zu 100 % beladen wird, jedoch zu Zeiten der maximalen Einspeiseleistung oft keine Energie mehr aufnehmen kann und die Einspeisespitze daher erhalten bleibt.

Für eine Verbesserung der Netzdienlichkeit ist daher ein übergeordnetes Energiemanagement-System sinnvoll. Diese optimiert den Betrieb des Gesamtsystems durch aktive Steuerung (teil-) flexibler Lasten wie Wärmepumpen und Elektrofahrzeuge sowie die Einbindung des elektrischen Speichers. Kernfunktionen eines solchen Systems sind:

- Reduktion von Last- und Einspeise-Spitzen durch vorausschauenden Betrieb basierend auf Prognosen und Nutzerinformationen
  Hierdurch kann zusätzlich die Drosselung der PV-Anlage aufgrund von Einspeiselimitierungen vermieden werden, was den Anlagenertrag je nach Auslegung um ca. 2–5 % erhöht
- Erhöhung von Autarkie und Eigenverbrauch durch aktive Lastverschiebung
  Insbesondere Wärmepumpensysteme bilden hier einen thermischen Speicher, welcher durch geringfügige Überhitzung der Räume einen vorgezogenen Verbrauch erzeugt und Autarkie-Steigerungen von bis zu 10 % ermöglicht (eigene Rechnung, Gebäude KfW55 50 kWh/m^{2}a, PV 6,2 kWp, Stromverbrauch 3750 kWh/a)
- Überlastschutz durch Drosselung von flexiblen Verbrauchern
  Bei geringen Haushalts-Anschlussleistungen kann die maximal verfügbare Leistung in Systemen mit Elektrofahrzeugen und Wärmepumpen schnell überschritten werden, sobald zusätzliche Verbraucher im Gebäude aktiv sind. Das Energiemanagement-System übernimmt in dieser Situation Priorisierung und Verteilung der verfügbaren Leistung und reduziert entsprechend die Leistungsaufnahme der flexiblen Verbraucher
- Visualisierung und Coaching
  Visualisierung des Verbrauchsverhaltens und Informationen über Einsparpotenziale können nachhaltig zur Reduktion des Stromverbrauchs beitragen oder frühzeitig auf Fehlfunktionen von Geräten hinweisen.

10 Ausblick: Standardisierung und Energiemarktinteraktion

Obwohl Energiemanagement-Systeme bereits seit 2012 am Markt verfügbar sind, gibt es bis heute nur wenige Aktivitäten im Bereich Standardisierung.

Im Zuge der Einführung intelligenter Messsysteme in Deutschland wurde 2018 das Lastenheft „Steuerbox" des VDE/FNN[14] veröffentlicht, welches die Steuerbox als Komponente des Messsystems einführt, das für die Steuerung flexibler Lasten und Erzeuger zuständig ist. Fokus der aktuellen Spezifikation ist zunächst aber nur die Ablösung der heutigen Rundsteuertechnik und damit die Interaktion zwischen Netzbetreibern und Erzeugungsanlagen bzw. flexiblen Lasten. Eine künftige Aufweitung der Anwendungsfälle ist angedacht, jedoch sind noch keine Veröffentlichungen bekannt.

---

[14]https://shop.vde.com/de/fnn

Neben der Standardisierung auf Netzebene entwickelt der EEBus e. V. ein auf Use-cases basierendes Datenmodell, welches herstellerübergreifende Interoperabilität für Energiemanagement- und Monitoring Anwendungsfälle innerhalb des Gebäudes gewährleisten soll. Die erste Version des Standards wurde 2016 veröffentlicht und wird mit der Version 1.1 auf Anwendungsfälle für das Laden von Elektrofahrzeugen ausgeweitet. Seit 2018 wurden bereits mehrere EEBus-fähige Produkte im Markt eingeführt sowie eine Vielzahl weiterer angekündigt. Bosch ist Mitglied des EEBus e. V. und selbst auch Anbieter von EEBus-fähigen Geräten sowie von Softwarelösungen zur Implementierung des Standards.

Ein weiteres Arbeits- und Forschungsfeld im Bereich der Energie-management-Systeme ist die Weiterentwicklung hin zu interaktiven Teilnehmern am Strommarkt mit dem Ziel, Ausgleichsmechanismen auf Verteilnetzebene und regionaler Energieversorgung zu schaffen. Ein wichtiges Element hierbei ist die Einführung intelligenter Messsysteme, die aufgrund der zeitaufgelösten Abrechnungsdaten neue Ansätze und Geschäftsmodelle ermöglichen. Durch die hohe Teilnehmerzahl am Strommarkt stehen dezentrale Kommunikationskonzepte zurzeit stark im Fokus, also der direkte Austausch von Information, Energie und Zahlungen zwischen zwei Marktteilnehmern. Energiemanagement-Systeme können dabei eine zentrale Rolle einnehmen und einerseits als aggregierende und steuernde Einheit innerhalb des Gebäudes fungieren sowie Transaktionen am Strommarkt vornehmen und umsetzen.

Bernhard Schwager: © Autor

Bernhard Schwager studierte von 1980 bis 1985 *Technische Chemie* an der Fachhochschule Nürnberg. Zwischen 1985 und 2005 war er zuerst als Umweltschutzbeauftragter eines Werkes und später als Referent für die Unternehmensreferate *Umweltschutz und Technische Sicherheit* der Siemens AG tätig, anschließend wechselte er zur Robert Bosch GmbH. Im Mai 2006 wurde Schwager zum Präsidenten des Verbandes der Betriebsbeauftragten für Umweltschutz e. V. (VBU) und im Mai 2008 zum Obmann des Ausschusses *Umweltmanagementsystem/Umweltaudit* im deutschen Institut für Normung (DIN NAGUS) sowie im August 2017 in den erweiterten Vorstand des Bundesdeutschen Arbeitskreises für umweltbewusstes Management (B.A.U.M. e. V.) und im Juni 2018 in den Vorstand des Deutschen Netzwerks für Wirtschaftsethik (DNWE) gewählt. Seit Januar 2009 hält er einen Master der *Umweltwissenschaften* und ist Autor bzw. Mitautor verschiedener Bücher und Artikel. Schwager ist innerhalb der *Zentralabteilung Arbeits-, Brand- und Umweltschutz* als Leiter der Geschäftsstelle Nachhaltigkeit von Bosch tätig. In dieser Funktion ist er unter anderem Ansprechpartner für die verschiedenen Stakeholdergruppen und treibt Nachhaltigkeitsthemen voran. Dazu vertritt der Umweltwissenschaftler das Unternehmen in verschiedenen nationalen (B.A.U.M., DIN, DNWE, FCI, VBU) und internationalen Organisationen (ISO, Global Compact, GRI) und Industrieverbänden (BDI, econsense, ZVEI).

Tim Krecklow: © Autor

Tim Krecklow ist seit April 2019 als Leiter Produktmanagement für den Bereich Energy verantwortlich für die Produktstrategie und das Portfoliomanagement von Batteriespeichern und Ladeinfrastrukturlösungen der ADS-TEC GmbH. Zuvor war er als Teamleiter für Vertrieb und Geschäftsmodellentwicklung bei der Robert Bosch GmbH ebenfalls im Markt für stationäre Batteriespeichertechnologie aktiv. Durch seinen Einstieg im internationalen Produktmanagement für Blockheizkraftwerke bei der Bosch Thermotechnik GmbH arbeitete er seit 2014 an energiewirtschaftlichen Fragestellungen. Herr Krecklow hat seinen Master of Science in Energiewirtschaft und -Technik mit dem Schwerpunkt Klimaökonomik in einem Kooperationsstudiengang der RWTH Aachen und den Universitäten Duisburg und Münster abgeschlossen.

Martin Weiss: © Autor

Dr. Martin Weiss studierte Technische Kybernetik in Stuttgart und Valencia und graduierte 2006 als Diplomingenieur an der Universität Stuttgart. Nach seinem Studium begann Weiss als Doktorand im Bereich Forschung und Vorausentwicklung bei Bosch. Seit 2009 arbeitet er als Forschungsingenieur im Themenfeld Solartechnik. 2011 übernahm Weiss die Leitung für das Projekt Vorausentwicklung Photovoltaik Systemtechnik und promovierte an der Fakultät für Energie-, Verfahrens- und Biotechnik der Universität Stuttgart im Themenfeld Energiemanagement. Seit 2016 arbeitet er als Projektleiter des Energiemanagement-Systems bei Bosch Thermotechnik GmbH.

Vanessa Süß: © Bosch

Vanessa Süß hat in Frankfurt am Main Volkswirtschaftslehre und Politikwissenschaften studiert. Seit Mai 2018 ist sie bei ADS-TEC für das Marketing sowie die Presse- und Öffentlichkeitsarbeit unter anderem für die Bereiche Energiespeicher und Schnelladetechnologie verantwortlich. Zuvor war sie als Ländermanagerin und Beraterin für die Gesellschaft für Internationale Zusammenarbeit in Deutschland und in Indien tätig.

Energiegenossenschaften aus der Perspektive institutionen- und organisationstheoretischer Zugänge

Daniel Dorniok und Niko Paech

1 Einleitung

Energieerzeugung, -vermarktung und -versorgung etc. sind gerade im Bereich der dezentralen und regenerativen Energieerzeugung ein relativ neues Betätigungsfeld von genossenschaftlichen Aktivitäten. Die aktuellen Entwicklungen der politisch forcierten Energiewende (politisch gewollter Atomausstieg, Maßnahmen zur Eindämmung des Klimawandels, dezentrale regenerative Energieerzeugung, EEG) und deren Analyse können sich nicht auf technische und ökonomische Aspekte beschränken, allein schon weil es sich bei den ausschlaggebenden Umsetzungsmaßnahmen um soziale Entwicklungen (Umsetzung alternativer Lebens- und Verbrauchskonzepte, alternative Organisationsformen etc.) handelt. Die Spanne aktiver Akteure in diesem Bereich reicht von 100 %-Erneuerbare-Energien-Kommunen und -Regionen über mittelständische Planungs- und Projektierungsunternehmen bis hin zu regionalen Vereinen und bürgerbeteiligten Unternehmen in Rechtsformen wie GmbHs und GbRs. Energiegenossenschaften (EG) sind dabei eine weitere Organisationsform, welche genutzt wird, um diese Wende organisiert zu vollziehen. Bislang besteht ein Mangel an Arbeiten, die den Untersuchungsgegenstand der EG und die aktuellen Entwicklungen theoretisch aufarbeiten.

D. Dorniok (✉)
FAKULTÄT II, Department Wirtschafts- und Rechtswissenschaft, Carl von Ossietzky
Universität Oldenburg, Oldenburg, Deutschland
E-Mail: daniel.dorniok@uni-oldenburg.de

N. Paech
Fakultät III, Plurale Ökonomik, Universität Siegen, Siegen, Deutschland
E-Mail: niko.paech@uni-siegen.de

© Springer-Verlag GmbH Deutschland, ein Teil von Springer Nature 2019
A. Hildebrandt und W. Landhäußer (Hrsg.), *CSR und Energiewirtschaft,*
Management-Reihe Corporate Social Responsibility,
https://doi.org/10.1007/978-3-662-59653-1_8

101

Diese Lücke möchte der vorliegende Beitrag bearbeiten und untersuchen, wie die Entstehung, Verbreitung und die Vorteile von EG aus unterschiedlichen theoretischen Perspektiven erklärt werden können. Dabei sollen insbesondere Theorien Beachtung finden, die einerseits die Funktionen von EG für gesellschaftliche Gruppen, einzelne Individuen und soziale Strukturen untersuchen und andererseits die Auswirkungen der Umwelten auf die Organisationen beleuchten. Sowohl institutionalistische Ansätze, die Principal-Agent-Theorie, der Ressourcenabhängigkeitsansatz, als auch die Theorie interorganisationaler Beziehungen zielen auf die Analyse dieser Bereiche ab und werden im Folgenden auf den Untersuchungsgegenstand gerichtet. Zunächst wird aus einer institutionenökonomischen Sicht analysiert, welche Vorteile und Möglichkeiten die Organisationsform der Genossenschaft zur Bildung, Entwicklung und der Existenz von organisierten Formen im Energiebereich bietet. Darüber hinaus werden weitere Erklärungsansätze angeführt, die an diese Theorie anschließen, sie ergänzen und flankieren: Die Principal-Agent-Theorie behandelt die Beziehungen zwischen Auftraggebern und Auftragnehmern auch unter Kostengesichtspunkten, der Ressourcenabhängigkeitsansatz entsprechend Input-Output-Beziehungen, bei denen die Kosten bzw. Abhängigkeiten von anderen Akteuren durch Kooperationen gesenkt werden können. Mithilfe der Theorie der interorganisationalen Beziehungen werden Organisationskollektive als vorteilhafte kooperative Formen der Zusammenarbeit zwischen Organisationen thematisiert.

2 Institutionentheoretische Gründe für die Organisationsform Genossenschaft: Ein Überblick

Zu den wichtigsten Fragestellungen der Institutionenforschung zählt, warum sich überhaupt Organisationen bilden, und damit folglich Institutionen (z. B. ein kollektives Regelwerk) als „eine auf Dauer angelegte kooperative Veranstaltung von Individuen mit nicht notwendigerweise identischen Interessen zur Sicherung von höchst prekären möglichen Vorteilen gemeinsamen und koordinierten Verhaltens" (Schauenberg und Schmidt 1983, S. 249).

Die Institutionenökonomik eignet sich zur Analyse von Energiegenossenschaften besonders, da sie Aspekte der Abwägung hinsichtlich der Vor- und Nachteile bestimmter organisationaler Designs verarbeitet, die in der Praxis für alle Organisationen relevant und bei ihrer Gründung und Entwicklung maßgeblich sind. Zu denken ist dabei besonders an eine adäquate Balance zwischen Partizipationsanspruch von Mitgliedern und der Stabilisierbarkeit der Organisation als Ganzes. Aufgrund schwieriger Umstände und oft nicht zu bewältigenden Komplexitäten sind insbesondere dezentrale und demokratische Wirtschaftsformen, die aufgrund ihrer politischen Wünschbarkeit propagiert werden, oftmals gescheitert oder haben nur deshalb überlebt, weil daraus bestimmte organisationale Kompromisse zwischen politischem Anspruch und Handhabbarkeit hervorgegangen sind. Alle „Opfer" (Picot 1993), die durch eine Bewältigung dieser Gradwanderungen zu tragen sind, von wem auch immer, sind Transaktionskosten, die sich nicht nur als monetäre Größe, sondern auch über verbale, qualitative Beschreibungen oder über sinnliche Wahrnehmung erschließen. Für Energiegenossenschaften besonders bedeutsam sind beispielsweise die „Selbstausbeutung" der Ehrenamtlichen.

Die Institutionenökonomik ist somit nicht mit einer betriebswirtschaftlich-strategischen Frage nach mehr oder weniger Profitorientierung oder anderen Zielsetzungen zu verwechseln. Es geht vielmehr allein darum zu klären, warum bestimmte institutionelle Designs im Dienste welcher Ziele auch immer entstehen und sich handhaben lassen. Es geht dabei nicht darum, Transaktionskosten monetär zu eruieren, zu saldieren oder sich dieser auch nur bewusst zu sein. Es wird nicht impliziert angenommen, dass Gründer oder Mitglieder von Energiegenossenschaften sich vor allem (oder auch nur wesentlich) von der Abwägung zwischen Markt und Hierarchie als solche in ihren Projekten leiten lassen. Viele Aufbrüche und Bewegungen, die sich selbst als solidarische, demokratische, anti-kapitalistische, nachhaltige oder emanzipatorische Formen des Wirtschaftens beschrieben haben, waren seit den 70er Jahren einer enormen Selektion unterworfen, sind größtenteils verschwunden, wenige haben überdauert, neue sind hinzugekommen. Wir können nicht ausschließen, dass das Scheitern, Überleben und die Neuentstehung von organisationalen Formen stark davon beeinflusst ist, dass durch bestimmte – auch ganz zufällig oder aus sozialen Experimenten heraus – Suchprozesse jene überlebensfähigen Kompromisse zwischen (hierarchischer) Kontrolle und politisch gewollter emanzipatorischer Fluidität gefunden wurden. Das können sehr wohl Prozesse des Trail-and-error, der Bestätigung im Praxistest und dann schließlich der Imitation des sichtbar Bewährten sein. Aber die Beschreibung dessen, was warum unter welchen Bedingungen diese Dynamik überlebt, kann durch den Transaktionskostenansatz geleistet werden.

In einer ersten Näherung der Neuen Institutionenökonomik wird auf die Ausgestaltung von Märkten verwiesen, für deren Nutzung Transaktionskosten aufgebracht werden müssen. Transaktionskosten können (in Unterscheidung zu Produktionskosten) als Kosten für die Begründung und Nutzung von Institutionen (vgl. Richter 1998) verstanden werden und umfassen somit nicht nur die externen Kosten für Operationen in Märkten, sondern auch organisationsinterne Kosten für die Überwachung, Motivation und Koordination von Organisationsmitgliedern. Transaktionskosten umfassen nach Picot (1993) unter anderem Anbahnungskosten etwa zur Ermittlung des Transaktionspartners, Vereinbarungskosten etwa für Vertragsverhandlungen, Kontrollkosten etwa zur Überprüfung der Qualität des Tauschobjektes, Durchsetzungskosten etwa Realisierung von Ansprüchen vor Gericht, Anpassungskosten etwa bei Änderung der Verträge. Diese lassen sich wiederum auf die Grundkategorien der Informations-, Kommunikations- und Koordinationskosten, Suchkosten, Anbahnungskosten, Vereinbarungskosten, Abwicklungs-, Anpassungs- und Kontrollkosten (Coase 1960, S. 15; Picot 1982, S. 270; Windsperger 1983, S. 896) zurückführen. Angenommen wird dabei generell, dass Transaktionspartner zum einen nur über eine begrenzte Rationalität (z. B. unvollständige

Informationen, vgl. Simon 1957) verfügen und zudem auch opportunistisch, also eigen-
nützig handeln. Gemäß Coase (1937) bilden sich organisationale Zusammenhänge genau
dann, wenn sie gegenüber dem Markt Transaktionskostenvorteile erzielen (bei geringeren internen gegenüber den externen TAK bei gleichen Produktions- und Leistungs-
kosten). Spezifischer erklärt Williamson (1981) die Entstehung von Organisationen,
indem er zu den Charakteristika der begrenzten Rationalität und des Opportunismus der
Transaktionspartner noch unvollständige Verträge als grundsätzliche Annahme hinzufügt.
Daraus folgen „Ex-Post-Überraschungen", die durch die ohnehin vorliegenden Formen
von begrenzter Rationalität, Vertragslücken, Vereinbarungskosten, Durchsetzungskosten
oder die Inanspruchnahme rechtlicher Mittel verstärkt werden. Die Transaktionskosten-
theorie legt nahe, dass Akteure, die an einer Transaktion, also notwendigerweise an
einem Prozess zur Klärung, Vereinbarung und Koordination eines Leistungsaustausches
beteiligt sind und mit Informationsproblemen und Unsicherheiten über die Handlungen
der anderen involvierten Akteure konfrontiert sind, vor einem Entscheidungs- oder
Optimierungsproblem stehen: Durch welches institutionelle Arrangement lassen sich
Transaktionskosten verringern (vgl. z. B. Picot 1982)? Aus diesem Blickwinkel lassen
sich verschiedenste alternative Organisationsformen vergleichen und Transaktionskosten
senkende Maßnahmen, bis hin zu digitalen Innovationen, gestalten (z. B. Staatz 1987;
Frese 1990).

Williamson (1975) hat die Spezifität des Transaktionsobjektes, insbesondere die sich
daraus ergebende Transaktionsatmosphäre als maßgeblichen Bestimmungsgrund für die
Höhe der Transaktionskosten analysiert. Die Transaktionsatmosphäre umfasst sämtliche
soziokulturellen und technischen Faktoren, die in einer gegebenen Situation Einfluss
auf die Transaktionskosten haben. Dazu zählen Umweltfaktoren wie 1) die Unsicherheit bezogen auf die Vorhersehbarkeit und die Anzahl der notwendigen Änderungen
der Leistungsvereinbarung, 2) die Spezifität verstanden als Wertdifferenz zwischen der
beabsichtigten Verwendung und der zweitbesten Verwendung der Ressource bzw. des
Transaktionsobjektes und 3) die Häufigkeit/Wiederholung der betreffenden Transaktion.

Nun kann gezeigt werden, dass mit dem Hierarchiegrad des Organisationsaufbaus die
Struktur der damit korrespondierenden Transaktionskosten variiert, deren Verlauf und
Höhe – zu unterscheiden sind fixe und variable Transaktionskosten – wiederum von der
Spezifität abhängig sind.

Es lassen sich drei idealtypische Organisationsformen unterscheiden, mit denen
jeweils eine andere Transaktionskostenfunktion, bezogen auf die Kombination von
fixen und variablen Kosten, korrespondiert. Zwischen den Eckpunkten dieses Spek-
trums möglicher Hierarchieausprägungen, nämlich der Hierarchie und dem Markt,
existieren beliebig viele Ausdifferenzierungen. Während ein zentralistisches Unternehmen ein Höchstmaß an Kontrolle über alle ausführenden Akteure ausüben kann und
somit diesbezügliche Unsicherheit mindern kann, ist die Investition (=hohe fixe Transaktionskosten) in die Schaffung in diese Organisationsstruktur entsprechend hoch.
Aber mit zunehmender Spezifität, wodurch wiederum die Unsicherheiten und deshalb
der Kontrollbedarf steigen, erweist sich die Hierarchie insoweit als vorteilhaft, als die

Transaktionskosten

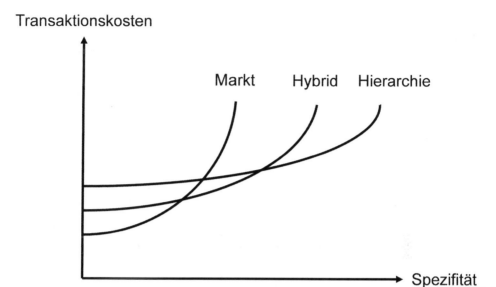

Abb. 1 Transaktionskosten, Spezifität und Integrationsform

Investition in Kontrollorgane vergleichsweise ergiebigere Skaleneffekte generiert. Das Gegenteil gilt für die Marktlösung (Abb. 1).

Zu den hybriden Organisationsformen zählen Netzwerke, Kooperationen, Gemeingüter, Supply Chains, „intermediäre" Unternehmen mit dezentralen oder vergleichsweise hierarchiefreien Strukturen. EG sind als Organisationen mit flacher Hierarchie zu verstehen, die zwischen Hierarchie und Hybrid zu verorten wären. Genossenschaften können als Resultat einer Abwägung zwischen den Vorteilen der Hierarchie und dezentralen Marktlösungen verstanden werden, d. h. sie würden sich gemäß der institutionentheoretischen Logik optimal im Sinne einer Minimierung der Transaktionskosten erweisen und wären in einem tendenziell mittleren Bereich der Spezifität zu verorten. Dennoch tragen sie die formalen Merkmale einer prinzipiell hierarchischen Unternehmensform. Sie können somit zwar innerhalb der Kategorie „Hierarchie" verortet werden, allerdings – je nach konkreter Ausgestaltung – im Übergangsbereich zur Kategorie „Hybrid". Werden dann die beiden anderen zuvor genannten Einflussfaktoren berücksichtigt, lassen sich drei Tendenzaussagen treffen, die sich in empirisch überprüfbare Thesen überführen lassen (siehe dazu auch Abb. 2).

Diese Charakteristika eröffnen eine methodische Perspektive zur Analyse möglicher Vorteile der genossenschaftlichen Organisationsform, wenngleich dies in der Praxis der relevanten Entscheidungsträger eher gemäß einer einfachen Heuristik, etwa als tendenziell geeignet erscheinender Kompromiss zwischen hierarchiebedingter Kontrollierbarkeit und politisch angestrebter demokratischer Gestaltbarkeit erfolgen dürfte. Der vergleichsweise netzwerkartige Charakter von Genossenschaften (offener Zugang

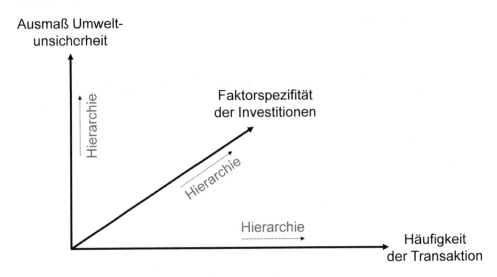

Abb. 2 Einflüsse auf die optimale Koordinationsform

aus dem sozialen Umfeld) kann über Synergieeffekte gerade Transaktionskosten der Informationsgewinnung, Suchprozesse, Kontrolle oder Überwachung senken (siehe dazu auch die Ausführungen in den anschließenden Kapiteln). Weiterhin gründet diese Organisationsform nicht selten auf einer Transaktionsatmosphäre, die aufgrund kohärenter Sozialstrukturen oder „Community-Effekten" prägnante Vertrauensgewinne gewährt.

Weiterhin können Genossenschaften aus transaktionskostentheoretischer Sicht gerade im Energiesektor vielfältige Vorteile in Bezug auf die interne Organisation zugeschrieben werden: Ihre Entstehung gründet auf Skaleneffekten (aufgrund funktional bedingter Mindestgrößen, z. B. für den Vertriebsapparat) und auf Transaktionskosteneinsparungen im Vergleich zu einer marktlichen Koordination (durch spezifische Investitionen, Plastizität von Produktionsfaktoren, Risikoeffekte, Externalitäten, Einfluss von Vertrauen auf die Transaktionsbeziehung zwischen Mitgliedern und der Genossenschaft). Von Belang sind dabei die Eindämmung von opportunistischem Verhalten der Mitglieder sowie strukturelle Merkmale (fixierte Grundsätze, wie demokratische Organisation, Förderung der Mitglieder etc.), die auf effektive Weise für Vertrauen und für die Kontrolle einer Berücksichtigung eigener Interessen (in Hinsicht auf die Voranbringung nachhaltiger Produktionsweisen) sorgen. Zudem entfallen aufgrund der Offenheit der Organisationsform, der Freiwilligkeit der Mitgliedschaft (schneller und leichter Ein- und Austritt), vorhandener Solidarität und der ehrenamtlichen Mitarbeit monetäre Kosten für die Auswahl, Rekrutierung und Kontrolle von Mitarbeitern. Weiterhin tendieren Genossenschaften dazu, Screening-Effekte, Sanktionsmechanismen, eine anreizorientierte Auszahlungssystematik und eine kooperative und partizipative Kultur strukturell zu begünstigen. Das Demokratieprinzip „Eine Person – eine Stimme" erlaubt theoretisch eine einfachere Kontrolle der Entscheidungsträger bzw. des Vorstandes und folglich eine effektivere

Übertragung von Verfügungsrechten an Entscheider.[1] Zudem kann das Identitätsprinzip, welches bedeutet, dass Mitglieder (Anteilseigner) zugleich die Bezieher der erstellten Leistungen sind, eine hohe Interessenkongruenz begünstigen, sodass der Kontrollaufwand zwecks Eindämmung opportunistischen Verhaltens sinkt. Mit anderen Worten: Genossenschaften heben die strikte Trennung von Eigentum und Verfügungsgewalt zumindest graduell auf (vgl. Engels 1997). Aus Sicht eines einzelnen Investors lohnt sich der Beitritt zu einer Genossenschaft, wenn die damit verbundenen Kooperationsvorteile die selbst zu erbringenden Aufwendungen an Mitgestaltung (zwecks Kontrolle) übersteigen – im Vergleich zu anderen möglicherweise verfügbaren Organisationsformen. In stark hierarchischen Gebilden sind einzelne Entscheider oder Expertensysteme häufig von verkürzten Informationen abhängig, die von den tieferen Managementebenen stammen, verbunden mit dem Risiko von Fehlentscheidungen aufgrund von Nichtwissen (vgl. Dorniok 2013). Dies kann in Genossenschaften (qua Satzung „Eine Person – eine Stimme") durch die demokratische Ausgestaltung von Informations- und Entscheidungsprozessen und somit aufgrund einer „kollektiven Intelligenz" durch die Mitgliederschaft, welche aktuelle Entwicklungen der Umwelt des Systems, insbesondere im regionalen Kontext, beobachtet, gemildert werden. Die Vielzahl von Mitgliedern, deren Interesse, Vorkenntnisse, regionale Bindung, technisches Wissen bilden eine dezentrale Wissensressource, denn die Mitglieder verfügen über ein vergleichsweise ausgeprägtes Informations-, Rede- und Stimmrecht, sind von vielen Entscheidungen selbst direkt betroffen und sind daher motiviert, eigene Wahrnehmungen einzubringen, um die Entscheidungsqualität des Vorstandes zu verbessern. Entscheidungen basieren somit auf einer breiteren Wissensbasis und werden von Organisationsmitgliedern mitbeobachtet und nachvollzogen. Empirisch wäre zu prüfen, ob sich Energiegenossenschaften – verglichen mit alternativen Organisationsformen (AG, GmbH, GbR) – besser an ihre jeweilige Umwelt anpassen können, weil sie Informationen und das Wissen der direkt von ihren Entscheidungen Betroffenen erhalten können. Zumindest die Umsetzung von Werten, Normen und Erfahrungen durch die Organisation, gesichert über die Genossenschaftsverfassung, ermöglicht kollektive Identitäten, lokale Bindungen, eine Eigentümer-Kunden-Kongruenz, demokratische Organisationsstrukturen sowie eine Motivation zur ehrenamtlichen Wahrnehmung von Aufgaben der Geschäftsführung und Kontrolle. Die Mitgliedschaft in einer Energiegenossenschaft hat den Vorteil der Niedrigschwelligkeit: Energiegenossenschaften ermöglichen einen leichten Ein- und Austritt von Mitgliedern, durch eine offene Organisationskultur mit offenen Strukturen, die neue Mitglieder einbindet und es ermöglichen, dass diese zeitnah und zunächst ohne viel Vorwissen „mitmachen" können. Darüber hinaus sind meist auch die monetären Hürden mit einem niedrigen „Eintrittsgeld" relativ gering. Energiegenossenschaften ermöglichen als formale rechtlich anerkannte Organisationsform zudem erleichterte Zugänge

---

[1]Inwiefern die demokratische Mitbestimmung in der genossenschaftlichen Praxis funktioniert und genutzt wird, wäre empirisch zu untersuchen.

zu Finanzierungsmöglichkeiten, aber: EG und Genossenschaften insgesamt werden auch gegründet, um überhaupt gemeinschaftlich wirtschaftlich, sozial und kulturell handlungsfähig zu werden.

Andererseits existieren Bereiche, in denen sich Genossenschaften im Zuge ihrer Größenentwicklung gerade aus Gründen einer Minimierung von Transaktionskosten an andere Unternehmensformen angleichen. Ein solcher „institutioneller Isomorphismus" (Bager 1994) erinnert an das von Oppenheimer (1896) in die Diskussion gebrachte Transformationsgesetz, welches besagt, dass sich Genossenschaften im Zuge ihrer Entwicklung zu herkömmlichen Kapitalgesellschaften entwickeln bzw. diesen angleichen. Eine solche (tendenzielle) Abkehr vom genossenschaftlichen Förderauftrag könnte im Falle größerer Energiegenossenschaften relevant werden, insbesondere wenn die Ziele der Mitglieder von denen der delegierten Entscheidungsträger abweichen, oder im Falle politisch motivierter Energiegenossenschaften, d. h. wenn mehr Gewicht auf die Veränderung politischer und gesellschaftlicher Bedingungen als auf „klassische" Selbsthilfe oder wirtschaftliche Mitgliederförderung gelegt wird, diese von den Mitgliedern aber eingefordert werden. Das erstgenannte Phänomen ist zumeist beobachtbar, wenn ein Management zwecks Professionalisierung angestellt wird. Damit kann einhergehen, dass die Vorteile einer tendenziell basisdemokratischeren Entscheidungsstruktur verringert werden und eine „abgekapselte" Organisationsspitze mit separater Entscheidungsrationalität resultieren. Bonus (1987) vermutet, bezogen auf Genossenschaften im Allgemeinen, in solchen Tendenzen eine „Mutation der Genossenschaft als unternehmerisches Konzept". Schoppe (1996, S. 178) sieht sogar die Gefahr, dass die „Genossenschaft am Scheideweg steht, ihre Identität oder ihre Existenz zu verliert."

Als zusammenfassende These lässt sich festhalten: Aus transaktionskostentheoretischer Sicht können Genossenschaften im Energiesektor vielfältige Vorteile zugeschrieben werden, andererseits besteht die Gefahr, dass sich Genossenschaften in bestimmten Bereichen im Zuge ihrer Größenentwicklung gerade aus Gründen einer Minimierung von Transaktionskosten an andere Unternehmensformen angleichen.

3   Energiegenossenschaften aus Sicht der Principal-Agent-Theorie

Der Principal-Agent-Ansatz behandelt Beziehungen zwischen Akteuren wie Auftraggeber und Auftragnehmer, Arbeitgeber und Arbeitnehmer, Käufer und Verkäufer, Führungsperson und Mitarbeiter usw. Es werden Konstellationen untersucht, in denen zwecks Effizienzoptimierung ein sogenannter „Principal" einen „Agenten" gegen eine Vergütung mit der Durchführung einer bestimmten Aufgabe betraut. Dies geschieht auf der Grundlage eines Vertrages und ermöglicht es dem Auftraggeber, von der spezialisierten Arbeitskraft des Auftragnehmers zu profitieren. Andererseits muss der Principal sicherstellen, dass der Agent die vereinbarte Leistung erbringt, die nicht nur seinem eigenen Interesse, sondern den Vorstellungen/Vereinbarungen beider Parteien entspricht. Das in der Principal-Agent-Theorie behandelte Problem liegt in Informationsasymmetrien hinsichtlich (Fach-)Wissen, Handlungsmotivation und Ergebniskontrolle zwischen den beteiligten Parteien. Es kann angenommen werden, dass der Agent, also der Auftragnehmer, aufgrund seiner Spezialisierung über mehr Informationen verfügt als der Auftraggeber. Durch diesen Wissensunterschied kann sich der Agent vertragsabweichende Handlungsspielräume verschaffen, die für den Auftraggeber gleichzeitig zusätzliche Kosten der Überprüfung, der Sanktionierung etc. bedeuten. Negative Folgen steigen dabei mit der Größe des Unterschiedes der jeweiligen Interessen von Principal und Agent, wenn also der Agent seinen Wissensvorsprung zu seinem eigenen Nutzen nutzt. Zur Vermeidung bzw. Begrenzung dieser Problematik kann der Principal versuchen, sein Informationsdefizit zu verringern, etwa durch ein Kontroll- und Informationssystem, oder er kann versuchen, die Interessen des Agenten durch entsprechende Anreize (z. B. leistungsabhängige Vergütung) an seine eigenen Interessen anzugleichen (vgl. Schedler 2007). Diese Strategien verursachen entsprechende Kosten. Aus diesem Grunde ist es das Ziel der Agenturtheorie, von vornherein Konstellationen und Arrangements zu schaffen, die geringe Agenturkosten haben und keine Absicherungsmaßnahmen benötigen (vgl. Schreyögg 2008). Solche günstigen Konstellationen lassen sich bei der Arbeitsorganisation in Energiegenossenschaften finden. Diese zeichnet sich dadurch aus, dass Aufgaben zumeist freiwillig und von Ehrenamtlichen übernommen werden. Die Gesamtinteressen der Organisation können dabei als Gesamtheit der Interessen aller Mitglieder und im Raster der Principal-Agent-Theorie als „Principal" begriffen werden, während die einzelne Person, die mit bestimmten Aufgaben betraut wurde, jeweils der „Agent" ist. Durch die genossenschaftliche Organisationsweise mit ihren spezifischen Werten und die Förderung von Mitgliedern, die Freiwilligkeit und Möglichkeit der Mitarbeit und Mitentscheidbarkeit („one person one vote") der organisationalen Ausgestaltung und von weiteren Projekten werden Unterschiede in der Interessenlage von Mitgliedern und der Organisation minimiert und gegenseitiges Vertrauen generiert. Zudem profitieren die nicht operativ tätigen Mitglieder, je nach finanzieller Beteiligung, im gleichen Maße von generierten Renditen etc. wie aktive ehrenamtliche Mitglieder, auch solche in Vorstands-Positionen o. Ä. Hinzu kommt, dass aktive Mitglieder in Energiegenossenschaften zumeist intrinsisch motiviert sind, und auch ihre Motive und Ziele für die Mitgliedschaft begründen sich jenseits reiner Rendite-Erwartungen, etwa in Richtung einer Erzeugung regenerativer Energie, Klimaschutz etc. um ihrer selbst willen. Gerade diese Ziele sind auch für die strategische Ausrichtung der Energiegenossenschaft insgesamt bedeutsam. Es kann also zu einer gewissen Deckungsgleichheit der Interessen jener Akteure kommen, die als Principal und Agenten interpretierbar sind. Dies kann die Kosten für professionelle Anreizsysteme senken, insoweit hinreichendes gegenseitiges Vertrauen besteht. Somit fallen nur geringe Kosten für Informations- und Kontrollsysteme an. Mitglieder und Mitarbeiter motivieren und kontrollieren sich bis zu einem gewissen Grade quasi selbst, mit ihren eigenen Motiven und Zielen als „Benchmark". Durch die heterogene Zusammensetzung der Mitglieder in Energiegenossenschaften stehen der Organisation zudem nicht nur engagierte und „kostenlose" Mitarbeiter zur Verfügung, sondern auch verschiedenste und spezielle Kenntnisse und Wissens-Ressourcen. Dieser Aspekt steht auch beim Ressourcenabhängigkeitsansatz im Fokus.

4   Ressourcenabhängigkeitsansatz

Der Ressourcenabhängigkeitsansatz basiert auf der Prämisse, dass Organisationen zur Erhaltung ihrer Operationsfähigkeit von Ressourcen (materielle und immaterielle Ressourcen) aus ihrer Umwelt abhängig sind, da sie nicht alle Ressourcen, die für die Leistungserstellung erforderlich sind, selbst besitzen oder herstellen können (vgl. Schneider et al. 2007; Schreyögg und Sydow 2007). Organisationen müssen Strategien zum Umgang mit externen Einflüssen entwickeln, die eine potenzielle Instabilität bestimmter Leistungsflüsse (Input- oder Outputströme) haben können, da diese die Handlungsautonomie beeinflussen (vgl. Swedberg und Maurer 2009; Schreyögg 2008). Interne Möglichkeiten zum Umgang wären eine gezielte Umweltbeobachtung, der Aufbau von Reserven, die Flexibilisierung der Organisationsstruktur, der Aufbau neuer Geschäftsfelder und auch Strategien zur Kapitalbeschaffung und deren langfristige Sicherstellung (Optimierung der Genossenschaftsanteile). Externe Strategien versuchen die Umwelt direkt zu beeinflussen, etwa mittels einer Integration vor- und nachgelagerter Unternehmensbereiche, durch Kooperationen (Joint Ventures, langfristige Verträgen) und Interventionen, um Abhängigkeiten zu vermindern (Beeinflussung von Abnehmer- und Zuliefermärkten, z. B. durch Öffentlichkeitsarbeit und Lobbyarbeit, vgl. Schreyögg 2008; Preisendörfer 2005). Die Interaktionen von Organisationen und ihrer Umwelt werden somit unter der Prämisse ihrer Abhängigkeiten beobachtet.

Auch Energiegenossenschaften sind von Produkten und Dienstleistungen von Lieferanten abhängig, z. B. bestimmte technische Teile, spezifisches Know-How etc. und auf Abnehmer ihrer Produkte (Strom, Beratung etc.) angewiesen. Gerade in Bezug auf politisches Handeln und dadurch entstehende oder verschwindende Geschäftsbereiche verfügen Energiegenossenschaften über besondere Eigenschaften (siehe oben, Ressourcen von Mitgliedern), die sie befähigen, ihre Umwelt vergleichsweise gut zu beobachten. Entsprechend schnell wurden die Möglichkeiten des EEG 2012 damals entdeckt und entsprechende Geschäftsmodelle, so beispielsweise auf Basis von Photovoltaik umgesetzt. Ebenso beobachten Energiegenossenschaften die Möglichkeiten, die andere Energiegenossenschaften für bestimmte neue Geschäftsfelder sehen und praktizieren. Besonders nach der letzten EEG-Reform sind verstärkte Bemühungen zu Kooperationen und Netzwerkbildungen unter Energiegenossenschaften feststellbar. Teilweise gemeinsam mit anderen Akteuren werden neue funktionierende Geschäftskonzepte und -bereiche gesucht. Eine Spezifität von Energiegenossenschaften besteht insgesamt in ihrer Vernetzung in den jeweiligen Regionen mit politischen Akteuren, Zulieferern und Mitarbeitern, die wiederum oft zugleich Mitglieder der Energiegenossenschaften sind.

Durch die Bildung von mehreren (Landes-)Netzwerken und Bürgerenergieinitiativen (zur Stärkung des politischen Einflusses, Imageverbesserung), die häufig durch aktive Personen aus Energiegenossenschaften gegründet oder mitgestaltet wurden, werden ihre Interessen vertreten und gezielt Öffentlichkeitsarbeit gemacht und versucht, Einfluss auf politische Akteure zu nehmen. Besonders ausgeprägt war dies kurz vor der aktuellen EEG-Reform, nachdem erste Änderungen bekannt wurden. Die Ausgestaltung des alten EEG (bis 2012) und daraus verfügbar gewordene Ressourcen wie Einspeisevergütungen (als monetäre Ressourcen) ermöglichten bestimmte Geschäftskonzepte (besonders PV) überhaupt erst, die durch die Änderungen des EEG 2014 unattraktiv wurden. Andererseits ist durch die Regelungen des EEG und des Strommarktes generell die Abnahme von genossenschaftlich erzeugtem Strom durch die garantierte Einspeisevergütung gesichert. Im Falle von Prosumenten-Energiegenossenschaften, bei denen Mitglieder und Konsumenten der erzeugten Produkte deckungsgleich sind, entfällt die Abnehmer-Problematik völlig, da die Genossenschaft dann ihr eigener Abnehmer ist, besonders gut beobachten lässt sich dies bei Nahwärmegenossenschaften.

Die Abhängigkeit von der organisationalen Umwelt kann in Teilbereichen durch eine direkte Einflussnahme der Organisation auf die Umwelt bearbeitet werden. Möglichkeiten zur Verbesserung der organisationalen Lage, etwa durch Kooperationen, werden in der Theorie der interorganisationalen Beziehungen behandelt und im Folgenden näher herausgearbeitet.

5   Theorie der interorganisationalen Beziehungen

Die Theorie interorganisationaler Beziehungen richtet ihre Perspektive über die rein organisationale Betrachtung hinausgehend auf Organisationskollektive, auf Typen von Interorganisationsbeziehungen, wie strategische Allianzen und Netzwerke (Regionale Netzwerke, Cluster, globale Produktionsnetzwerke, Projektnetzwerke etc.), also auch Joint Ventures, Langzeitverträge usw. Organisationskollektive bestehen dabei aus mehreren miteinander verbundenen Mitgliederorganisationen, die quasi eigene Systeme bilden (Schreyögg 2008), um durch Ressourcenaustausch und die gemeinsame Nutzung von Strukturen, Wettbewerbsvorteile gegenüber Organisationen außerhalb des Kollektivs zu generieren oder auf ebendiese Organisationen Einfluss zu nehmen (vgl. Schreyögg 2008).

Organisationskollektive lassen sich in konföderierte, agglomerate, konjugate und organische Kollektive unterscheiden (Astley und Fombrun 1983). Konföderierte Organisationskollektive bilden sich aus wenigen gleichartigen Organisationen zur Erreichung gemeinsamer Interessen durch eine direkte Zusammenarbeit mit dem Ziel des Informationsaustausches und der Durchführung gemeinsamer Projekte. Beispiele bei Energiegenossenschaften wären Kooperationen von EG in direkter Nähe zu einem Austausch von Know-how- und Kompetenzentwicklung, Etablierung am Standort, Informations- und

Gedankenaustausch, Bündelung struktureller Ressourcen, Verbesserung der Finanzsituation etc. Agglomerate Organisationskollektive bestehen aus einer Vielzahl an gleichartigen Organisationen, die allerdings aufgrund der Vielzahl an beteiligten Organisationen und der daraus resultierenden Unübersichtlichkeit nur formal in Interessenverbänden kooperieren, also etwa Kooperationen von Energiegenossenschaften mit Bürgerenergieinitiativen wie dem Bundesnetzwerk Bürgerschaftliches Engagement (BBE). Konjugate Organisationskollektive bilden sich aus einer direkten Zusammenarbeit von wenigen verschiedenartigen Organisationen mit Ressourcen, die sich jeweils ergänzen, wie Partnerschaften zwischen Zuliefer- und Abnehmerbetrieben. In Bezug auf Energiegenossenschaften könnten hier Kooperationen zwischen Wohnungsbaugenossenschaften und Energiegenossenschaften genannt werden, die in gemeinsamen Projekten Gebäude mit Photovoltaikanlagen ausstatten oder auch Kooperationen zwischen Energiegenossenschaften und Beratern oder politischen Akteuren (Verwaltungen, Politiker, Kommunen) zur Generierung und Entwicklung von Projekten. Organische Organisationskollektive wachsen aus einer großen Anzahl verschiedener Organisationen und bilden so quasi größere Netzwerke.

Eine Kooperationsform, die sich neben der Vernetzung als weitere Handlungsoption von Energiegenossenschaften in der Empirie finden lässt, ist die der Kooptation. Bei der Kooptation wird im Gegensatz zu anderen Kooperationsform eine geringe Bindungsintensität eingegangen. Sie umfasst die partielle Integration von Mitgliedern externer Organisationen in das Kontrollorgan einer anderen Organisation (z. B. Aufsichtsrat oder Vorstand). Dadurch entstehen personelle Verbindungen und Verflechtungen zwischen Organisationen, wodurch ein Vertrauensverhältnis zwischen ihnen geschaffen wird (vgl. Schreyögg 2008). Solche „Rotationen" von Personen in verschiedenen Aufsichtsräten und Vorständen finden sich in einigen Energiegenossenschaften. Durch den genossenschaftlichen Wertekanon und eine große Schnittmenge bei den Zielen erhöht sich die Wahrscheinlichkeit für funktionierende und tief greifende Beziehungen zwischen Energiegenossenschaften. Weiterhin können Beziehungen zwischen Energiegenossenschaften und anderen Klimaschutzakteuren, die einen geringeren Organisationsgrad (Transition Town-Gruppen, Umweltverbänden, Agenda 21-Kreisen etc.) aufweisen, eine Basis herstellen, aus der sich neue Mitgliedschaften generieren lassen.

6   Thesen zu den verschiedenen Theorien

6.1   Institutionentheorie

1. Die Entstehung von Energiegenossenschaften gründet auf Skaleneffekten und auf Transaktionskosteneinsparungen im Vergleich zu einer marktlichen Koordination (durch spezifische Investitionen, Plastizität von Produktionsfaktoren, Risikoeffekte, Externalitäten, Einfluss von Vertrauen auf die Transaktionsbeziehung zwischen Mitgliedern und

der Genossenschaft – viel Kontrolle, wenig Kosten, viel gemeinschaftliche Gestaltung/ Mitbestimmung).

2. Von Belang sind dabei die Eindämmung von opportunistischem Verhalten der Mitglieder, sowie strukturelle Merkmale (fixierte Grundsätze, wie demokratische Organisation, Förderung der Mitglieder etc.), die auf effektive Weise für Vertrauen sorgen und für die Kontrolle einer Berücksichtigung eigener Interessen (in Hinsicht auf die Voranbringung nachhaltiger Produktionsweisen). Zudem entfallen aufgrund der Offenheit der Organisationsform, der Freiwilligkeit der Mitgliedschaft (Schneller und leichter Ein- und Austritt), vorhandener Solidarität und der ehrenamtlichen Mitarbeit Kosten für die Auswahl, Rekrutierung und Kontrolle von Mitarbeitern. Weiterhin tendieren Genossenschaften dazu, Screening Effekte, Sanktionsmechanismen, eine anreizorientierte Auszahlungssystematik und eine kooperative und partizipative Kultur strukturell zu begünstigen.

   a) Das Demokratieprinzip „One person one vote" erlaubt theoretisch eine einfachere Kontrolle der Entscheidungsträger bzw. des Vorstandes und folglich eine Übertragung von Verfügungsrechten an Entscheider.

   b) Zudem kann das Identitätsprinzip, welches bedeutet, dass Mitglieder (Anteilseigner) zugleich die Bezieher der erstellten Leistungen sind, eine hohe Interessenkongruenz begünstigen, sodass der Kontrollaufwand zwecks Eindämmung opportunistischen Verhaltens sinkt.

   c) Aus Sicht eines einzelnen Investors lohnt sich der Beitritt zu einer Genossenschaft, wenn die damit verbundenen Kooperationsvorteile die selbst zu erbringenden Aufwendungen an Mitgestaltung (zwecks Kontrolle) übersteigen – im Vergleich zu anderen möglicherweise verfügbaren Organisationsformen.

3. Im Gegensatz zu einzelnen Entscheidern oder Expertensystemen in stark hierarchisierten Organisationsformen, die häufig nur verkürzte Informationen von den tieferen Managementebenen erhalten, verbunden mit dem Risiko von Fehlentscheidungen aufgrund von Nichtwissen (Dorniok 2013), kann in Genossenschaften (qua Satzung „one person one vote") durch die demokratische Ausgestaltung von Informations- und Entscheidungsprozessen die kollektive Intelligenz der Mitgliederschaft in Bezug auf die Beobachtung aktueller Entwicklungen in der Umwelt des Systems der Genossenschaft, also in der Region in der die Menschen leben und die Projekte umgesetzt werden sollen (Wissensgenerierung), genutzt werden, wenn diese organisationale Möglichkeit aktiv gelebt und genutzt wird.

4. Die Mitgliedschaft in einer Energiegenossenschaft hat den Vorteil der Niedrigschwelligkeit: Energiegenossenschaften ermöglichen einen leichteren Ein- und Austritt von Mitgliedern, durch eine offene Organisationskultur mit offenen Strukturen, die neue Mitglieder einbindet und es ermöglichen, dass diese zeitnah und zunächst ohne viel Vorwissen „mitmachen" können.

6.2 Principal-Agent-Theorie

Energiegenossenschaften dämmen durch eine hohe Interessenkongruenz und homogene Motivlagen, die zumeist überhaupt zur Gründung dieser Organisationsform führten, die mögliche Differenz zwischen den Zielen von Prinzipalen und Agenten ein. Dies reduziert Risiken und entsprechende Kontrollkosten.

6.3 Ressourcenabhängigkeitsabsatz

Eine genossenschaftliche Organisationsweise kann die Ressourcenabhängigkeit graduell aufheben. Eine Spezifität von Energiegenossenschaften besteht insgesamt in ihrer Vernetzung in den jeweiligen Regionen mit politischen Akteuren, Zulieferern und Mitarbeitern, die wiederum Mitglieder der Energiegenossenschaften sind. Besonders bei Prosumer-Energiegenossenschaften, bei denen Mitglieder und Konsumenten der erzeugten Produkte deckungsgleich sind, fällt die Abnehmer-Problematik völlig weg, da die Genossenschaft dann ihr eigener Abnehmer ist.

6.4 Theorie der interorganisationalen Beziehungen

Durch den genossenschaftlichen Wertekanon und eine große Schnittmenge bei den Zielen erhöht sich die Wahrscheinlichkeit für funktionierende und tief greifende Beziehungen zwischen Energiegenossenschaften. Beispiele wären Kooperationen zwischen Wohnungsbaugenossenschaften und Energiegenossenschaften, die in gemeinsamen Projekten Gebäude mit Photovoltaikanlagen ausstatten oder auch Kooperationen zwischen Energiegenossenschaften und Beratern oder politischen Akteuren zur Generierung und Entwicklung von Projekten.

Literatur

Astley WG, Fombrun CJ (1983) Collective strategy: social ecology of organizational environment. AMR 8(4):576–587
Bager T (1994) Isomorphic processes and the transformation of cooperatives. Ann Public Coop Econ 65(1):35–59
Bonus H (1987) Die Genossenschaft als modernes Unternehmenskonzept. Institut für Genossenschaftswesen, Münster
Coase RH (1937) The nature of the firm. Economica 4(13–16):386–405

Coase RH (1960) The problem of social cost. J Law Econ 3:1–44

Dorniok D (2013) Nichtwissen als Herausforderung für das Personalmanagement. zfo 6(82):416–421

Engels M (1997) Verwässerung der Verfügungsrechte in Genossenschaften. Zeitschrift für betriebswirtschaftliche Forschung 49:674–684

Frese E (1990) Organisationstheorie. Stand und Aussagen aus betriebswirtschaftlicher Sicht. Gabler, Wiesbaden

Oppenheimer F (1896) Die Siedlungsgenossenschaft, Versuch einer positiven Überwindung des Kommunismus durch Lösung des Genossenschaftsproblems und der Agrarfrage. Duncker & Humblot, Leipzig

Picot A (1982) Transaktionskostenansatz in der Organisationstheorie: Stand der Diskussion und Aussagewert. Die Betriebswirtschaft 42:267–284

Picot A (1993) Transaktionskostenansatz. In: Wittmann W et al (Hrsg) Handwörterbuch der Betriebswirtschaft, 5. Aufl. Poeschel, Stuttgart, S 4194–4204

Preisendörfer P (2005) Organisationssoziologie: Grundlagen, Theorien und Problemstellungen. Springer VS, Wiesbaden

Richter R (1998) Neue Institutionenökonomik. Z Wirt Soz 256(6):323–355

Schauenberg B, Schmidt RH (1983) Vorarbeiten zu einer Theorie der Unternehmung als Institution. In: Kappler E (Hrsg) Rekonstruktion der Betriebswirtschaftslehre als ökonomische Theorie. R.F. Wilfer, Spardorf, S 247–276

Schedler K (2007) Public management und public governance. In: Benz A, Lütz S, Schimank U, Simonis G (Hrsg) Handbuch Governance. VS Verlag, Wiesbaden, S 253–268

Schneider J, Minnig C, Freiburghaus M (2007) Strategische Führung von Nonprofit-Organisationen. Haupt, Bern

Schoppe SG (1996) Genossenschaften im Lichte der modernen Theorie der Unternehmung. In: Bonus H (Hrsg) Genossenschaften, Wirtschaftspolitik und Wissenschaft. Regensberg Verlag, Münster, S 169–178

Schreyögg G (2008) Organisation: Grundlagen moderner Organisationsgestaltung mit Fallstudien, 5. Aufl. Gabler, Wiesbaden

Schreyögg G, Sydow J (2007) Managementforschung 17: Kooperation und Konkurrenz. Gabler, Wiesbaden

Simon H (1957) Models of man. Wiley, New York

Staatz J (1987) Farmers incentives to take collective action via cooperatives: a transaction cost approach. In: Royer J (Hrsg) Cooperative theory: new approaches. ACS Service Report 18. U.S. Department of Agriculture, Agricultural Cooperative Service, Washington D.C., S 87–107

Swedberg R, Maurer A (2009) Grundlagen der Wirtschaftssoziologie. VS Verlag, Wiesbaden

Williamson OE (1975) Markets and hierarchies: analysis and antitrust implications. Free Press, New York

Williamson OE (1981) The economics of organization: the transaction cost approach. Discussion Paper 96, Center for the Study of Organizational Innovation, University of Pennsylvania, Philadelphia, American Journal of Sociology

Windsperger J (1983) Transaktionskosten in der Theorie der Firma. Z Betriebswirt 53(9):889–903

Dr. rer. pol., Dipl. Soz. Daniel Dorniok studierte Soziologie, Wirtschaftswissenschaften und Psychologie an der Universität Bremen und promovierte zum Wissen und Nichtwissen von Unternehmensberatern. Aktuell ist er Koordinator des Masterstudiengang „Management Consulting" und wissenschaftlicher Mitarbeiter im Projekt FLiF+ an der Carl von Ossietzky Universität Oldenburg. Seine Arbeits- und Forschungsschwerpunkte sind: Beratungs- und Organisationsforschung, Energiegenossenschaften, Energiewende, Work-Life-Balance und Soziologische Theorie.

http://www.master-mc.de
http://www.uni-oldenburg.de/forschen-at-studium/

© Daniel Dorniok

apl. Prof. Dr. Niko Paech studierte Volkswirtschaftslehre, promovierte 1993 im Bereich Industrieökonomik an der Universität Osnabrück, habilitierte sich 2005 an der Carl von Ossietzky Universität Oldenburg, lehrt derzeit an der Universität Siegen im Master Plurale Ökonomik. Seine Forschungsschwerpunkte umfassen insbesondere Klimaschutz, Nachhaltigkeitsmanagement, nachhaltiger Konsum, Ökologische Ökonomik, Sustainable Supply Chain Management, Innovationsmanagement und Postwachstumsökonomik.

http://www.plurale-oekonoimk-siegen.de

© Michael Messal

Teil III

Die Energiewende in der Bau- und Immobilienwirtschaft

Die Energiewende beginnt im Gebäude. Wie Unternehmen von grüner Gebäudetechnik profitieren

Gunther Gamst

1 Einleitung

Wird über die Energiewende diskutiert, steht häufig die Stromerzeugung im Vordergrund: die Förderung der Windenergie und Photovoltaik, der Netzausbau und die Entwicklung der Strompreise. Dabei wird die sogenannte Verbraucherseite meist völlig außer Acht gelassen und das Pferd sozusagen von hinten aufgezäumt. Der sinnvolle erste Schritt wäre, so viel Energie wie möglich einzusparen, um dann zu entscheiden, wie viel Strom noch benötigt wird. Das Thema Energieeffizienz kommt bei allen Debatten um die Energiewende viel zu kurz. Dabei gerät auch völlig außer Acht, dass nicht die Strom-, sondern die Wärmeversorgung den größten Anteil am Endenergieverbrauch in Deutschland einnimmt. Allein in Gebäuden werden ca. 40 % des deutschen Endenergiebedarfs verbraucht. Deshalb hat sich auch die BDI Initiative Energieeffiziente Gebäude[1] gegründet.

Nicht-Wohngebäuden kommt bei der Energiewende eine wichtige Rolle zu, denn Gewerbeimmobilien sind trotz geringer Anteile am gesamten Gebäudebestand kritisch für das Erreichen der Klimaschutzziele, da sie für rund 47 % der gebäudebezogenen CO_2-Emissionen verantwortlich sind[2]. Folglich lässt sich in diesem Bereich besonders

---

[1]https://initiative-energieeffiziente-gebaeude.de/de, aufgerufen am 29.01.2019

[2]http://www.finanzforum-energieeffizienz.de/fileadmin/downloads/Studie_Klimafreundliche_Gewerbeimmobilien.pdf, aufgerufen am 29.01.2019

Originalbeitrag von 2015. Gunter Gamst hat 2019 das Unternehmen verlassen.

G. Gamst (✉)
DAIKIN Airconditioning Germany GmbH, Unterhaching, Deutschland
E-Mail: behl@modemconclusa.de

© Springer-Verlag GmbH Deutschland, ein Teil von Springer Nature 2019
A. Hildebrandt und W. Landhäußer (Hrsg.), *CSR und Energiewirtschaft*,
Management-Reihe Corporate Social Responsibility,
https://doi.org/10.1007/978-3-662-59653-1_9

119

viel Energie einsparen. Gerade in großen Gewerbe- und Büroeinheiten lassen sich mithilfe grüner Technologien die Energie- und Nebenkosten erheblich senken – insbesondere bei der Wärmeversorgung (um 40–50 %). Unternehmen, die ihre Gebäude energetisch auf den neuesten Stand bringen, profitieren nicht nur wirtschaftlich davon. Im Rahmen einer unternehmerischen Verantwortung für die Gesellschaft leisten sie damit gleichzeitig einen wichtigen Beitrag für den Umwelt- und Klimaschutz.

Die gute Nachricht ist, dass die Technologien zur Energieeinsparung im Gebäudesektor schon jetzt vielfach erprobt, am Markt verfügbar und vor allem bezahlbar sind – sie müssen lediglich eingesetzt werden. Wie dies praktisch umsetzbar ist, zeigen viele erfolgreiche Beispiele, die DAIKIN als Hersteller von effizienten Lösungen für Kälte, Klima, Wärme und Lüftung mit seinen Kunden realisiert hat. Durchschnittlich werden in diesen Projekten eine Energieersparnis von ca. 45 % sowie eine CO_2-Reduktion von 35 % erreicht – und das wirtschaftlich sinnvoll und bezahlbar.

2   Technische Möglichkeiten zur Steigerung der Energieeffizienz

Die Energiewende im Gebäudesektor wird vom Gesetzgeber mit verschiedenen Verordnungen vorangetrieben. Auf der Europäischen Ebene ist dies die EU-Gebäuderichtlinie EPBD mit der Energieeinspar-Verordnung als nationale Umsetzung, die durch das Gebäudeenergiegesetz abgelöst werden soll. Hierbei sollen die europäischen Vorgaben der Definition des Niedrigstenergiegebäude wie auch die Zusammenlegung der Energieeinspar-Verordnung mit dem Erneuerbare-Energien-Wärmegesetz erfolgen. Kernelement der gültigen Energieeinspar-Verordnung (EnEV) 2014 ist eine Reduzierung des Primärenergiebedarfs für Neubauten um einmalige 25 % ab 1. Januar 2016 im Vergleich zur EnEV 2009. Dabei werden von der EnEV 2014 vor allem auch höhere Anforderungen an die Gebäudehülle gestellt. Da die Wärmedämmung der Gebäudehülle immer besser wird, sinkt in Zukunft der Heizbedarf weiter. Entsprechend erfolgt eine Angleichung des Heiz- und Kühlenergiebedarfs in einem Gebäude. Aufgrund dessen wird die Nachfrage nach Systemen, die sowohl heizen als auch kühlen können, in Zukunft zunehmen. Neben Systemen, die nur kühlen, zeigt sich am Markt schon seit 1990 auch ein kontinuierlicher Anstieg von reversiblen Systemen wie Luft-Luft-Wärmepumpen, die kühlen und heizen. Dem Einsatz regenerativer Systeme wie Luft-Luft-Wärmepumpen in Kombination mit Wärmerückgewinnungssystemen kommt daher bei der Umsetzung der Energiewende im Gebäudebereich eine wichtige Rolle zu.

Eine solche Luft-Luft-Wärmepumpe ist die VRV Technologie von DAIKIN. Der Vorteil von Luft-Luft-Wärmepumpen ist, dass mit nur einem System die Raumheizung und -kühlung sowie Lüftung und Warmwasserzeugung bereitgestellt werden und somit das thermische Energiemanagement von Gebäuden ohne fossile Brennstoffe zu 100 % abgedeckt werden kann.

2.1   Heizen und Kühlen ohne fossile Brennstoffe

Gebäude noch energieeffizienter, CO_2-neutraler und umweltfreundlicher zu kühlen, zu beheizen und zu belüften ist das Ziel von DAIKIN. 1936 entwickelte und produzierte das Unternehmen die erste Klimaanlage Japans für Züge, seit den 1950ern kommen hochwertige, energieeffiziente Wärmepumpen sowie Klimaanlagen für Privatmarkt, Gewerbe und Industrie hinzu. Für den gewerblichen Bereich bietet DAIKIN zudem Produkte für Normal- und Tiefkühlung sowie Lüftungsanlagen und Kaltwassersätze an. Seit jeher nutzt das Unternehmen die Wärmeenergie der Luft in seinen Wärmepumpen und Klimaanlagen, denn Luft ist eine erneuerbare Energie, die für jeden verfügbar ist. DAIKIN ist in Deutschland Marktführer auf dem Gebiet der VRV Klimatechnologie und weltweit der einzige Klimaanlagenhersteller, der alle wichtigen Komponenten wie Kältemittel, Kompressoren und Elektronik selbst entwickelt und produziert. 2013 wurde DAIKIN vom amerikanischen Forbes Magazine unter die 100 innovativsten Unternehmen der Welt gewählt.

Mit der Erfindung der VRV Technologie (VRV = Variable Refrigerant Volume = Variabler Kältemittel-Volumenstrom) in Japan hat DAIKIN Anfang der 1980er Jahre neue Maßstäbe bei der Gebäudeklimatisierung gesetzt und eine umweltfreundliche Alternative zu herkömmlichen Heizsystemen geschaffen. Als Geburtsstunde der VRV Technologie kann man die zweite Ölkrise Anfang der 1980er Jahre ansehen, denn der steigende Energiebedarf in Japan und die fehlenden eigenen Energieressourcen bewegten die japanische Regierung dazu, von der Industrie neuartige, energieeffiziente Technologien zu verlangen. Das Ergebnis nach zweieinhalb Jahren Forschung war die DAIKIN VRV Technologie, die 1982 in Produktion ging. Alle wichtigen Komponenten von der Kältemitteltechnologie bis hin zu den Kompressoren, Wärmetauschern und der elektronischen Steuerung, werden vom japanischen Wärmepumpen- und Klimaanlagenhersteller selbst entwickelt und produziert. VRV Systeme haben sich vor allem in Nicht-Wohngebäuden etabliert: Allein in Deutschland wurden in den Jahren 2011 bis 2017 ca. 73.500 VRF-Anlagen installiert. Davon war etwa jede dritte Anlage von DAIKIN (ca. 25.000 verkaufte VRV Systeme).

Die VRV Wärmepumpe nutzt die Wärmeenergie der Außenluft zur Beheizung des Gebäudes. Der Gebäudeeigentümer kann damit vollständig auf ein konventionelles Heizsystem mit fossilen Brennstoffen verzichten. Mit dem System ist es möglich, ein Gebäude ganzjährig zu beheizen, zu kühlen, zu belüften und Warmwasser zu produzieren. Da in DAIKIN VRV Systemen zu jeder Zeit lediglich die Menge an Kältemittel zirkuliert, die gerade erforderlich ist (daher der Name „Variabler Kältemittel-Volumenstrom"), können in den verschiedenen zu klimatisierenden Bereichen eines Gebäudes unterschiedliche Einstellungen für die Klimatisierung vorgenommen werden. Alle angeschlossenen Geräte oder Räume lassen sich unabhängig regeln. Die Verwendung eines Kältemittels anstelle von Wasser erlaubt sehr viel kleinere Rohrleitungen. Ein Kältemittel wie beispielsweise R-410A hat eine 13 mal höhere Verdampfungsenthalpie[3] als Wasser und kann somit bei gleicher Menge mehr Wärme aufnehmen und transportieren.

Die vierte Generation der DAIKIN VRV Wärmepumpe ist mit der innovativen VRT Technologie (VRT steht für „Variable Refrigerant Temperature") ausgestattet. Dadurch wird die Verdampfungs- bzw. Verflüssigungstemperatur im laufenden Betrieb an den Leistungsbedarf angepasst. So wird die Gesamtleistung des Systems reguliert und gleichzeitig ein Betrieb im optimalen Effizienzbereich gewährleistet. Dies steigert die Effizienz und den Nutzerkomfort. Die VRV IV ist auch als Wärmerückgewinnungs-System erhältlich. Dabei wird die Abwärme von den Innengeräten im Kühlmodus für die Warmwasserbereitung oder das Heizen anderer Räume genutzt. Im Idealfall kann somit die Abwärme z. B. einer Technikzentrale/eines Serverraumes innerhalb eines Gebäudes ohne weiteren Energieeinsatz komplett zur Beheizung der weiteren Räume genutzt werden. Das führt zu bedeutenden Steigerungen der Energieeffizienz und Senkungen der CO_2-Emissionen.

Wie hoch die Einsparpotenziale mit Wärmerückgewinnungssystemen sind, belegt eine im Juni 2013 erschienene Studie der Hochschule Trier (2013). Mit Wärmerückgewinnungssystemen wurden bis zum Jahr 2010 bereits ca. 100 Mio. t CO_2-Emissionen pro Jahr eingespart. Durch eine verstärkte Nutzung von modernen Lüftungsanlagen sowie Kälte- und Klimasystemen mit Wärmerückgewinnungs-Funktion im Bereich der Nicht-Wohngebäude, wird im Jahr 2025 ein Einsparpotenzial von zusätzlichen 50 Mio. t CO_2 gegenüber dem von 2010 vorhergesagt.

3   Einsparpotenziale im Gebäude durch Lebenszyklusbetrachtungen

Gebäude verursachen über ihren gesamten Lebenszyklus hinweg hohe Kosten. Diese sogenannten Lebenszykluskosten setzen sich aus den Errichtungs-, den Betriebs- und den Abbruchskosten zusammen. Bisher fokussiert sich der herkömmliche Planungs- und Bauablauf hauptsächlich auf eine Minimierung der Herstellungskosten eines Gebäudes. Auch bei der Entscheidungsfindung für die Gebäudetechnik spielt oft ausschließlich die Höhe der Investitionskosten eine Rolle. Dabei übersteigen je nach Art des Gebäudes die Kosten im laufenden Betrieb die Investitionskosten um ein Vielfaches, sie sind teilweise viermal so hoch wie die Investitionskosten. Umso wichtiger ist es für Unternehmen, in ihren Gebäuden nicht nur effiziente Gebäudetechnik mit erneuerbaren Energien einzusetzen, sondern auch ein ganzheitliches Lebenszykluskosten-Management zu betreiben. Deshalb begleitet DAIKIN seine Kunden auch während der Laufzeit der Anlagen, damit

---

[3]Verdampfungsenthalpie ist die Energie, die erforderlich ist, um eine bestimmte Menge eines Stoffes isotherm und isobar vom flüssigen in den gasförmigen Zustand zu versetzen.

diese über den gesamten Lebenszyklus hinweg energieeffizient arbeiten. Der Klima-anlagen- und Wärmepumpenhersteller versteht sich dabei nicht mehr nur als Lieferant, sondern auch als Service- und Projektpartner. Die Vorteile für den Betreiber sind niedrige Lebenszykluskosten, ganzheitliche Lösungen aus einer Hand und ein umweltfreundlicher Betrieb des Gebäudes.

3.1 Beispiel Einzelhandel: Ganzheitliches Lebenszykluskosten-Management

Am Beispiel des Einzelhandels lässt sich aufzeigen, wie durch ein ganzheitliches Lebenszykluskosten-Management die Betriebskosten erheblich gesenkt werden können. Nur 20 % der Lebenszykluskosten einer Filiale beruhen auf dem Haustechnik-konzept und auf der installierten Systemtechnik, den höheren Anteil machen mit 80 % die Installations-, Wartungs- und Servicequalität sowie die Preistransparenz aus. Um ein vollständiges Bild der Lebenszykluskosten in einem Filialnetz zu erhalten und diese zu optimieren, ist es folglich wichtig, auch die prozessbedingten, verdeckten Kostenfallen für Filialisten zu betrachten. Diese beeinflussen die Invest-, Energie-, Wartungs- und Servicekosten sowie die Kosten für das Material und die Ersatzteile – und zwar über die gesamte Laufzeit der Filiale.

So sind beispielsweise eine gewerkeübergreifende Projektkoordination und die richtige Dimensionierung der Gebäudetechnik wichtige Aspekte für eine angemessene Höhe der Investkosten. Ein ausschlaggebender Punkt für die Höhe der Invest- als auch der Energiekosten sind die erforderlichen Hersteller-/Produktkenntnisse der unterschiedlichen Gewerke. Bei mangelnder Erfahrung und fehlenden Produktkenntnissen kann es zu einer fehlerhaften Installation sowie Inbetriebnahme der Haustechnik kommen. Die Folge sind dann häufig unnötig hohe Energiekosten. Eine Maßnahme, um einen schleichenden Anstieg des Energieverbrauchs vorausschauend beheben zu können, ist ein ganzheitliches Energiemanagement. Richtig eingesetzt kann damit ein vollautomatisches und energieeffizientes Zusammenspiel sämtlicher Komponenten der Gebäudetechnik gewährleistet werden und versteckte Kostenfallen können aufgedeckt werden. Auch bei den Wartungs- und Servicekosten, die bei vielen Filialisten etwa 50 % der Energiekosten ausmachen, bieten sich viele Einsparpotenziale, die es zu analysieren gilt. So lässt sich zum Beispiel evaluieren, wie viele Service-Anfahrten benötigt werden, um eine Störung zu beseitigen.

Grundsätzlich stellt sich bei der Betrachtung der Haustechnik die Frage, wie hoch die Energiekosten überhaupt sein dürfen. Das heißt, dass eine temporär auftretende Verschlechterung von einem konstant schlechten Betrieb zu unterscheiden ist. Ein Beispiel hierfür sind die Klimainnengeräte, bei denen der Energieverbrauch automatisch steigt, wenn die Filter verschmutzt sind. Wenn der Filter gereinigt wurde, ist eine optimale Effizienz wieder sichergestellt. Hierfür hat DAIKIN bereits 2011 eine selbstreinigende

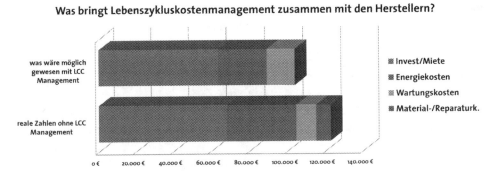

Abb. 1 Kostenanalyse einer Filiale nach fünf Jahren Laufzeit (mit und ohne Lebenszykluskosten-management). (© DAIKIN)

Blende auf den Markt gebracht, die aufgrund der Selbstreinigungsfunktion den üblichen Leistungsabfall gegen Ende des Wartungszyklus verhindert. Über eine Leuchtdiode an der Blende und auf dem Display der Fernbedienung wird angezeigt, wenn der integrierte Staubsammler entleert werden muss. Dies erfolgt dann mit einem handelsüblichen Staubsauger. Besonders der Textileinzelhandel profitiert von der Selbstreinigungsfunktion, da dort das Staubaufkommen besonders hoch ist. So wird die Innengeräteeffizienz immer auf bestmöglichem Auslieferungsniveau gehalten und Wartungs- und Servicekosten werden zusätzlich gesenkt.

Berücksichtigt man die oben genannten Aspekte der Invest-, Energie-, Wartungs- und Servicekosten im Rahmen eines Lebenszykluskosten-Managements, so ergeben sich für den Filialisten erhebliche Einsparpotenziale. Die konkrete Kostenanalyse einer realen Filiale hat ergeben, dass mit einem Lebenszykluskosten-Management nach fünf Jahren Laufzeit eine Einsparung von 20.000 € erzielt wurde[4] (Abb. 1).

Diese Zahlen zeigen, dass die Relevanz eines Lebenszykluskosten-Managements aufgrund eines immer höheren Kosten- und Umweltdrucks zunimmt. Den Herstellern kommt dabei eine wichtige Rolle zu, denn die Komplexität der einzelnen Komponenten und Haustechnikkonzepte steigt. Gleichzeitig sinkt aufgrund dieser Komplexität und wegen mangelnder Zeit die tiefere Technikkenntnis bei den Planungsbüros und Installationsfachbetrieben. Hier sind die Hersteller mit ihrem Produkt- und Technik-Know-how gefragt, die Kunden dabei zu unterstützen, während des Betriebs die Lebenszykluskosten niedrig zu halten. Dazu ist es notwendig, dass die Hersteller von Anfang an in die Planung mit einbezogen werden. Dank der engen Zusammenarbeit mit Filialisten hat DAIKIN in den letzten Jahren positive Erfahrungen gemacht.

---

[4]Erhebung von DAIKIN bei einem Filialisten.

4   Praxisbeispiele

Bereits realisierte Projekte von DAIKIN zeigen, dass Unternehmen heute schon mit
Hilfe von Wärmepumpen erfolgreich Energie einsparen und so einen wichtigen Beitrag
zum Gelingen der Energiewende in Deutschland leisten. So sind beispielsweise Netto-
Null-Energiegebäude längst keine Zukunftsvision mehr, sondern können heute schon
mit Serientechnologien wie der VRV Wärmepumpe von DAIKIN erfolgreich umgesetzt
werden.

4.1   Netto-Null-Energie-Gebäude in Herten

Ein 12-monatiges Forschungsprojekt der Zeller/Athoka GmbH und DAIKIN in
Zusammenarbeit mit fünf renommierten Forschungsinstituten (Fraunhofer-Institut für
Bauphysik (IBP) und die Fraunhofer UMSICHT, die TU Dortmund, The University of
Manchester (UK) sowie das französische Centre Technique des Industries Aérauliques
et Thermiques (CETIAT) im nordrhein-westfälischen Herten hat gezeigt, wie der Netto-
Null-Energiestandard durch Kombination einer optimierten Gebäudehülle mit einer
hocheffizienten Wärmeerzeugung und Gebäudeklimatisierung sowie der Integration
regenerativer Energiequellen erreicht werden kann. Die Vision der Athoka Geschäftsführer Thorsten und Achim Zeller bei der Konzipierung des Objekts war die Errichtung
eines modernen Bürohauses mit ambitionierter Energiebilanz, welches als Netto-Null-
Energie-Gebäude die künftigen EU-Standards erfüllt.

Von März 2011 bis Februar 2012 wurde bei dem Forschungsprojekt untersucht, wie
bewährte Serien-Technologien und Materialien für Hülle und Haustechnik in einem
gewerblichen Netto-Null-Energie-Haus wirtschaftlich und energieeffizient als Gesamtkonzept zusammenwirken. Die Messungen wurden während der normalen Betriebs- und
Geschäftszeiten im Firmengebäude der Zeller Kälte- und Klimatechnik GmbH/Athoka
GmbH durchgeführt. Das Ziel „Netto-Null" wurde dabei mehr als erfüllt: Die Photovoltaikanlage hat in den zwölf Monaten einen Mehrertrag an Strom von 1000 kWh
erzeugt. Dem gemessenen Energiebedarf für Heizung, Kühlung, Brauchwasser-
bereitung, Lüftung und Beleuchtung von insgesamt 20.000 kWh stand ein Ertrag von
21.000 kWh aus der PV-Anlage gegenüber. Zur Erreichung dieses Ergebnisses hat das
Zusammenspiel der unterschiedlichen Technologien für Beheizung, Kühlung, Belüftung,
Beleuchtung, Stromerzeugung und die Dachbeschichtung DAIKIN ZEFFLE eine wichtige Rolle gespielt.

Das 1335 m^2 große Netto-Null-Energie-Gebäude von Zeller/Athoka in Herten vereint bereits etablierte erneuerbare Energiesysteme wie Wärmepumpen und Solarzellen. Eine Kombination aus DAIKIN Altherma Luft-Wasser-Wärmepumpen für
Fußbodenheizung und Warmwasser sowie eine VRV Luft-Luft-Wärmepumpe von DAI-
KIN sorgt für eine optimale Raumklimatisierung. Das VRV System ist gleichzeitig für

die Kühlung zuständig. Ebenso Teil des energetischen Konzeptes ist die energiesparende Systemergänzung DAIKIN VAM zur Lüftung und Wärmerückgewinnung. Da sich durch die abgestimmte Dimensionierung der Gebäudehülle und der gesamten haustechnischen Anlagen ein geringer spezifischer Endenergiebedarf ergibt, kann dieser auf Jahresbasis über die eigene Leichtbau-Röhren-Photovoltaikanlage mit Dünnzellenbeschichtung und einer Leistung von 27,3 kWp gedeckt werden. Ein 100 m^2 großes Testfeld des Dachs wurde zudem mit DAIKIN ZEFFLE bestrichen, einer Dachbeschichtung, die das Sonnenlicht reflektiert und verhindert, dass sich das Gebäude selbst an heißen Tagen über das Dach aufheizt. Zusätzlich verbessert die reflektierte Sonne den Energiegewinn der Photovoltaik-Zellen.

Mit dem in dieser Form einmaligen Forschungsvorhaben hat DAIKIN wichtige Erkenntnisse zum wirtschaftlichen Bau von zukünftigen Gebäuden erzielt und gezeigt, dass sich nachhaltige (Gewerbe-)Bauten schon heute wirtschaftlich errichten lassen.

4.2   Netto-Null-Energie-Gebäude, Neumarkt

Auch das Bürogebäude der Büroelektronik Grasenhiller GmbH in Neumarkt zeigt, wie Netto-Null-Energiegebäude heute schon realisiert werden können. Für die Grasenhiller GmbH war der Nachhaltigkeitsaspekt ihres 2009 errichteten Geschäftsgebäudes besonders wichtig. So sollten die Anforderungen der damals geltenden EnEV 2009 nicht nur erfüllt, sondern deutlich übererfüllt werden. Durch die Kombination des hohen Dämmstandards mit der hocheffizienten VRV Luft-Luft-Wärmepumpe konnten die Anforderungen der EnEV sogar um 33 % übererfüllt werden. Da das Gebäude mono-valent von der VRV Anlage beheizt wird, deckt diese den Wärmeenergiebedarf zu fast 100 % mit erneuerbaren Energien (50 % waren gefordert).

Das vom Neumarkter Architekturbüro Berschneider + Berschneider entworfene neue dreigeschossige Büro- und Ausstellungsgebäude mit einer Gesamtfläche von ca. 1200 m^2 hat einen rechteckigen Grundriss und ist mit seiner Hauptfassade nach Osten ausgerichtet. Im Erdgeschoss befinden sich die Ausstellungsräume für den Bereich Büro- und Objekteinrichtung der Firma Grasenhiller. Die beiden Obergeschosse werden als Büro- und Geschäftsräume vermietet. Jedes Geschoss ist vom Grundriss her so gestaltet, dass es problemlos in zwei Mietbereiche aufgeteilt werden kann. Die Büro- und Ausstellungsflächen des Gebäudes sind alle an der transparenten Ost-Fassade gelegen.

Im November 2010 wurde auf Wunsch des Betreibers auf dem Pultdach des Gebäudes noch eine 31,7 kWP-Photovoltaikanlage installiert, die eine Strommenge von etwa 29.000 kWh/a produziert. Dies ist etwa der Betrag, der für die Kühlung und Beheizung des Gebäudes notwendig ist. Somit deckt die Stromerzeugung den Stromverbrauch vollständig ab und das Gebäude kann CO_2-neutral gekühlt und beheizt werden.

4.3   Kombination Blockheizkraftwerk mit VRV Wärmepumpe

Auch in Kombination mit einem Blockheizkraftwerk (BHKW) und einer VRV Wärmepumpe kann ein Gebäude umweltfreundlich und wirtschaftlich betrieben werden. Dies
zeigt der Neubau des Seniorenzentrums Haus Simeon in Emsdetten. Insgesamt verfügt
der Gebäudekomplex über 4515 m^2 zu beheizende Nutzfläche.

In der Planungsphase wurde deutlich, dass der Bau einer Wärmeversorgungsanlage
basierend auf einem reinen Gas-Brennwertkessel über einen Betrachtungszeitraum von
15 Jahren mit Abstand die kostenintensivste Variante gewesen wäre. Bei Kombination
eines BHKWs mit einer VRV Wärmepumpe von DAIKIN sind ohne Berücksichtigung
von Fördergeldern durchschnittliche Einsparungen von 15.000 € pro Jahr möglich. Daher
entschied sich der Bauherr für das umweltfreundlichere und wirtschaftlichere Anlagen-
konzept.

Die Eigenstromerzeugung des BHKWs deckt den Jahresstrombedarf der VRV Systeme ab. Durch die Veredelung des Eigenstroms mit der Wärmepumpe können besonders
niedrige Wärmegestehungskosten von ca. 2,0 Cent je kWh realisiert werden. Dank des
hohen Anteils an selbst genutzter Kraft-Wärme-Kopplung deckt die Anlage langfristig
die Auflagen des Erneuerbare-Energien-Gesetz (EEG) ab und macht den Betreiber somit
unabhängig von zukünftigen Preisentwicklungen auf dem Strommarkt. Bei Einsatz von
Bioerdgas, der vom Haus Simeon für die Zukunft geplant ist, ist der Anlagenprozess zu
100 % regenerativ.

4.4   Interne Wärmerückgewinnung im Gebäude

Die HSE Technik GmbH & Co. KG ist eine Tochtergesellschaft der HSE AG, einem
südhessischen Energieversorger. Das Unternehmen plant, baut und betreibt moderne
Versorgungsnetze für Strom, Gas, Wasser, Wärme und Kälte sowie Anlagen für eine
umweltfreundliche Energieerzeugung und für Klima- und Kältetechnik. Dabei hat es
sich insbesondere auf ökologische und effizienzgetriebene Kundenwünsche ausgerichtet.
Diese Aspekte standen auch bei der Sanierung des eigenen Hauptgebäudes, das 1976
am Standort in Darmstadt errichtet wurde, im Vordergrund: Das Hauptziel der Sanierung war die Reduktion der CO_2-Emission des Gebäudes. Daher stand im Mittelpunkt
der Sanierung die Optimierung des Heizsystems unter Nutzung von Wärmeverschiebung
in Bezug auf die Gebäudeausrichtung (Wärmeverschiebung von Süd nach Nord) sowie
der Abwärmenutzung aus den Serverräumen zur Beheizung des Gebäudes. Hierzu wurde
ein VRV Wärmepumpensystem mit 18 Anlagen von DAIKIN eingesetzt, das insgesamt
6981 m^2 beheizte/gekühlte Fläche versorgt. Durch die interne Wärmerückgewinnung
im System kann seitdem zu Kühlzwecken entzogene Energie an anderer Stelle als Heizenergie genutzt werden.

Das Gebäude ist quadratisch angeordnet, in der Mitte befindet sich ein Innenhof.
Diese Gebäudestruktur ermöglicht eine ideale Wärmeverschiebung von Süd nach Nord,

denn in der Übergangszeit strahlt die Sonne verstärkt in die nach Süden ausgerichteten Räume. Die Wärmeenergie, die in diesen Räumen freigesetzt wird, wird mithilfe der Wärmerückgewinnungstechnologie in die zu beheizenden Räume transportiert und dort als Heizenergie abgegeben. Die im Untergeschoss befindlichen Serverräume geben ganzjährig eine Wärmelast von ca. 100 kW ab. Diese Wärme wird mittels der VRV Wärmerückgewinnungstechnologie den darüber liegenden Büroräumen als Heizenergie zur Verfügung gestellt. Bislang wurde die Abwärme ins Freie befördert und die Räume mithilfe einer Elektro-Widerstandsheizung beheizt. Das Energieeinsparpotenzial durch die Wärmeverschiebung liegt bei über 70 %.

Das Dach wurde bei der Sanierung zu einem Gründach umgebaut. Dadurch werden der Wärmeverlust im Winter und der Sonnenenergieeintrag im Sommer reduziert. Auf dem Gründach ist eine Photovoltaikanlage mit einer Leistung von 50 kWp und einem Stromenergieeintrag von 51 MWh/a installiert. Auch Fassade und Fenster wurden erneuert. In die Fassade wurden dezentrale Lüftungselemente sowie ein Lamellensonnenschutzsystem, das für einen geringen Sonnenenergieeintrag im Sommer sorgt, integriert. Mittels innovativer Igelwärmetauscher erfolgt durch den permanenten wechselnden Zu- und Abluftbetrieb in den dezentralen Lüftungselementen eine Energierückgewinnung.

Aufgrund der Sanierung wurde eine Energieeinsparung von 85 % erzielt und insgesamt 578 t CO_2 eingespart. Im Vergleich zum vorherigen Zustand des Hauses konnte der Heizenergiebedarf durch die Sanierung auf 13 % gesenkt werden. Bei Berücksichtigung der Photovoltaikanlage reduziert sich der Endenergiebedarf noch einmal um 3 %. Die Sanierungsmaßnahmen ermöglichen einen neuen Lebenszyklus des Gebäudes von weiteren 30 Jahren. Unter Berücksichtigung der sowieso durchzuführenden, notwendigen Instandhaltungsmaßnahmen ergibt sich eine Amortisationszeit von 14 Jahren. Hier zeigt sich, dass eine Sanierung von älteren Büro- und Geschäftsgebäuden nicht nur energetisch, sondern auch wirtschaftlich sinnvoll ist.

4.5   Mit Abwärme aus der Lebensmittelkühlung heizen

In einer Branche wie dem Einzelhandel, in der die erzielten Gewinnmargen sich teilweise auf gleichem Niveau befinden wie die Energiekosten, ist die Senkung des Energieverbrauchs ein wichtiger Erfolgsfaktor. Im Lebensmitteleinzelhandel lässt sich vor allem im Bereich der Kältetechnik viel Energie einsparen. Das gilt auch für den stark expandierenden Bio-Lebensmitteleinzelhandel. Immer mehr Ware, die gekühlt werden muss, immer größere Bio-Märkte und immer höhere Kosten für Kälte, Klima und Licht. Nicht nur aus ökologischer Überzeugung, sondern auch aus ökonomischen Überlegungen, gewinnt das Thema Energiesparen an Bedeutung. Speziell für den Lebensmitteleinzelhandel hat DAIKIN ein System entwickelt, das Normal- und Tiefkühlung sowie Klimatisierung, Beheizung und Belüftung in einem Kompaktsystem kombiniert. Der Clou des Conveni-Pack: Es nutzt die Abwärme, die bei der Kühlung der

Lebensmittel entsteht, und setzt sie, ohne zusätzlichen Energieaufwand, zur Beheizung des Supermarktes ein.

Auch die Bio-Supermarktkette BioCompany setzt bei ihren Filialen auf die Komplett-lösung Conveni-Pack. Im Vergleich zu einer konventionellen Verbundanlage verbrauchen die mit dem DAIKIN System betriebenen Märkte ca. 20 % weniger Energie für die Kälteerzeugung. Gleichzeitig kann BioCompany komplett auf eine separate Heizungs-anlage verzichten, da die Beheizung über die Wärmerückgewinnung vom Conveni-Pack vollständig abgedeckt wird. Daraus ergibt sich für BioCompany eine Reduzierung der Energiekosten um 40 %. Im Sommer wird die Klimatisierungsfunktion des Systems genutzt, um die Qualität der Waren zu gewährleisten. Der verbleibende Energiebedarf wird aus Ökostrom bezogen. Das System von DAIKIN passt somit ideal in das Markt-konzept und unterstützt einen wichtigen Teil der Firmenphilosophie von BioCompany: ‚Ökologisch verantwortungsbewusstes Handeln‘.

2009 wurde das Conveni-Pack für seine Energieeffizienz mit dem Deutschen Kälte-preis vom Bundesministerium für Umwelt, Naturschutz und Reaktorsicherheit aus-gezeichnet.

4.6   Einsparpotenziale im Hotel

Ein weiterer wichtiger Bereich, in dem viel Energie eingespart werden kann, sind Hotel-immobilien. Die Energiekosten sind schwer zu kontrollieren und teilweise bei Neubauten durch Investoren für den Hotelpächter nicht transparent dargestellt. Zudem ist oft nicht klar, welche Folgekosten sich im Betrieb für die Pächter abzeichnen. Um diese Heraus-forderungen anzugehen, hat DAIKIN ein Projekt unter der Schirmherrschaft von Dr. Ingo Friedrich, Präsident des Europäischen Wirtschaftssenats e. V., ins Leben gerufen. Mit „FOR F.R.E.E. – Förderprojekt Regenerative Energie-Effizienz" will DAIKIN gemeinsam mit einem Partner aus der Hotelbranche beweisen, dass niedrige Lebens-zykluskosten und hohe Energieeffizienz auch im Hotelbetrieb möglich sind.

Wird die Gebäudetechnik eines Hotels von Anfang an übergreifend geplant, sind Energiesparpotenziale von bis zu 50 % realisierbar. Im Rahmen von FOR F.R.E.E. suchte DAIKIN Investoren, Hotelbetreiber oder Architekten, die mit der Planung eines neuen Hotelprojekts in Deutschland noch am Anfang standen. Unter den Bewerbern wählte ein Fachgremium ein Hotelneubau-Projekt aus, das DAIKIN kostenlos mit der benötigten Systemtechnik für Heizung, Klima, Kälte, Lüftung und Brauchwasserauf-bereitung ausstattet. Um die Energieeinsparungen im laufenden Betrieb zu belegen, misst und bewertet das Fraunhofer-Institut für Umwelt-, Sicherheits- und Energietechnik UMSICHT nach der Hoteleröffnung den Energieverbrauch und die CO_2-Emissionen. Die Daten stammen von den Hotels ARBOREA Marina Resort Neustadt und dem Nordport Plaza im Norden Hamburgs.

Als einziges Hotel in der ancora Marina liegt das ARBOREA Marina Resort ein-gebettet zwischen Yachthafen, Salzwiesen und Ostsee. Das Hotelkonzept setzte sich unter mehr als 50 Bewerberprojekten der Ausschreibung FOR F.R.E.E. durch. DAIKIN hatte ein Hotelprojekt gesucht, dessen Betreiber das Thema Nachhaltigkeit besonders berücksichtigen. Ziel der Ausschreibung war es, bei der Planung von Anfang an ein übergreifendes Energiekonzept zu integrieren, um alle Energieeinsparpotenziale auszuschöpfen. So stand bei dem Projekt von Anfang an im Fokus, die CO_2-Emissionen so gering wie möglich zu halten und soweit wie möglich auf fossile Brennstoffe zu verzichten. Dies gelingt durch den Einsatz von VRV IV Luft-Luft-Wärmepumpen, eines Conveni-Packs – beides mit Wärmerückgewinnungsmöglichkeit – und eines BHKWs.

Mit der FOR F.R.E.E. Initiative setzte DAIKIN ein Zeichen und will zeigen, wie mit dem Einsatz heute schon vorhandener Technik aktiv zum Klimaschutz beigetragen und der CO_2-Ausstoß reduziert werden kann. Das Projekt soll vor allem energieintensive Branchen dazu motivieren, sich mit dem Thema auseinanderzusetzen, neue Techniken zur Energieeinsparung zu verwenden und für eine ganzheitliche Herangehensweise und Betrachtung von Gebäuden offen zu sein. Im Rahmen der DAIKIN Hoteltage 2018 konnten sich Investoren, Hotel-Projektentwickler, -betreiber und – direktoren vor Ort zu den vorhandenen Techniken informieren.

4.7 Nordport Plaza – Gebäudetechnik auf neuem Niveau

Das Hotel – herausragend in Architektur, Ausstattung und Energiekonzeption – verfügt neben einem außergewöhnlichen Erscheinungsbild auch über ein einzigartiges Energiekonzept, das auf erneuerbaren Energien beruht und somit gleichermaßen die Umwelt schont sowie einen wirtschaftlichen Betrieb der Anlagen garantiert. Wichtiger Bestandteil des Konzepts ist die Geothermieerschließung. Der gesamte Wärme- und Kältebedarf wird über Geothermie abgedeckt. Hier kam die eigentlich schwierige Lage des Hotels zugute, ein Grundstück mit unmittelbar angrenzendem Naturschutzgebiet. An dessen Grenze durfte oberirdisch nicht gebaut werden, die Fläche wird deshalb für die Geothermiesonden verwendet. Über rund 50 Bohrungen mit 130 m Tiefe wird eine Wärmesenke-Leistung von 435 kW sowie eine Wärmequellen-Leistung von 261 kW erreicht.

Die Lüftungsanlage im zweiten Gebäudeteil, der Augenbraue, wird von einem Kaltwassersatz von Daikin gekühlt und über Pumpenwarmwasser geheizt. Zwei BHKWs machen eine Kopplung ans öffentliche Stromnetz überflüssig. Die Konditionierung findet über Daikin Systeme statt. Für die Belüftung des Hotels sorgen acht Lüftungsgeräte, die auf dem Dach sowie im Keller des Hotels installiert wurden. Die Klimatisierung und Beheizung der Hotelräume erfolgt dezentral in allen Etagen über wassergekühlte VRV Wärmepumpen mit Wärmerückgewinnungsfunktion, die an die Geothermieanlagen angeschlossen sind. Durch die Ausführung der VRV Wärmepumpen als Drei-Leiter-System, kann die Wärme so intelligent verteilt werden, dass sie unmittelbar und je nach Bedarf zwischen den Zimmern einer Etage getauscht wird, Überwärme wird sofort in jene Zimmer geschoben, die diese brauchen.

5   Fazit

Bisher wurden längst nicht alle möglichen Maßnahmen umgesetzt, um die Klimaschutzziele der EU zu erreichen. Laut Richtlinie soll der Energieverbrauch in Deutschland bis
2020 um 20 % im Vergleich zu 2008 sinken. Davon sind wir leider weit entfernt.

Die vorhandenen Energieeinsparpotenziale werden in Deutschland nur unzureichend
ausgeschöpft. Der Schwerpunkt der Politik lag bisher auf dem Ausbau der Erneuerbaren
Energien. Das ist grundsätzlich gut und richtig, doch dabei wurde die Verbrauchsseite
vergessen. Wir sollten zu allererst darüber nachdenken, wie wir Energie einsparen können. In einem Bereich wie dem Gebäudesektor, der für ca. 30 % der jährlichen Treibhausgasemissionen verantwortlich ist, ist die Steigerung der Energieeffizienz ein
wichtiger Erfolgsfaktor für die Energiewende.

Das Ziel von DAIKIN ist es, Gebäude noch energieeffizienter, CO_2-neutraler und
umweltfreundlicher zu kühlen, zu beheizen und zu belüften. Im Bereich Heizung/Kälte/
Klima ist es möglich, mit heutiger Wärmepumpen- und Klimatechnologie in Gewerbe-
gebäuden Energieeinsparungen von bis zu 50 % zu erzielen. Die genannten Beispiele
zeigen, dass maximale Energieeffizienz und niedrige Energiekosten flächendeckend
realisierbar sind, da die Technik und das Know-how schon heute vorhanden und ausgereift sind. Dies geht jedoch nur, wenn Investoren, Planer, Architekten, Hersteller,
Handwerk, Politik und Endverbraucher an einem Strang ziehen und Gebäude ganzheitlich betrachten.

Literatur

BMWi – Bundesministerium für Wirtschaft und Energie Energieeffizienzstrategie Gebäude.
    https://www.bmwi.de/Redaktion/DE/Publikationen/Energie/energieeffizienzstrategie-gebaeude.
    html. Zugegriffen: 29. Jan. 2019
BMWi – Bundesministerium für Wirtschaft und Energie Grünbuch Energieeffizienz. https://www.
    bmwi.de/Redaktion/DE/Publikationen/Energie/gruenbuch-energieeffizienz-august-2016.html.
    Zugegriffen: 29. Jan. 2019
Die BDI-Initiative „Energieeffiziente Gebäude". https://initiative-energieeffiziente-gebaeude.de/de.
    Zugegriffen: 29. Jan. 2019
Finanzforum Energieeffizienz: Klimafreundliche Gewerbeimmobilien – Gebäudeeigentümer,
    Investitionsprozesse und neue Tools für mehr Investitionen in Klimaschutz. http://www.finanz-
    forum-energieeffizienz.de/fileadmin/downloads/Studie_Klimafreundliche_Gewerbeimmobilien.
    pdf. Zugegriffen: 29. Jan. 2019
Hochschule Trier im Auftrag des Fachverbands Gebäude-Klima e. V. (10.06.2013) Studie zum Bei-
    trag und zum Anteil der Wärmerückgewinnung aus zentralen Raumlufttechnischen Anlagen
    (RLT-Anlagen) in Nicht-Wohngebäuden

© DAIKIN

Gunther Gamst Jahrgang 1969, ist seit 2011 Geschäftsführer der DAIKIN Airconditioning Germany GmbH, Unterhaching bei München. Das Unternehmen ist die deutsche Vertriebstochter des weltweit führenden Herstellers für Klimaanlagen und Wärmepumpen, DAIKIN Industries Ltd. mit Sitz in Osaka, Japan. Zuvor war der gelernte Kälteanlagenbauer und Ingenieur für Energie- und Kraftwerkstechnik 15 Jahre in unterschiedlichen Positionen bei DAIKIN tätig, zuletzt als Vertriebsleiter Deutschland. 2012 berief ihn der Europäische Wirtschaftssenat e. V. (EWS) zum Wirtschaftssenator. Im Rahmen dieser Arbeit engagiert er sich europaweit für eine Steigerung der Energieeffizienz und CO_2-Reduktion im Gebäudesektor. Es ist ihm ebenfalls ein wichtiges Anliegen, die Kälte- und Klimabranche in Deutschland bekannter zu machen und ihre technologischen Möglichkeiten zur Unterstützung und Erreichung der EU-Klimaziele zu unterstreichen. Gunther Gamst ist Mitglied des Messebeirats der Chillventa der Messe Nürnberg, der Weltleitmesse für Kälte, Klima, Lüftung und Wärmepumpen.

Mit Dynahaus gemeinsam einen bedeutenden Beitrag zur Energiewende leisten

Matthias Krieger

1 Einleitung

Klimaschutz ist eine der wichtigsten Herausforderungen der Gegenwart! Die Bundesregierung hat die Energiewende 2020 angeschoben, nun sind Kommunen und Gemeinden bezüglich der lokalen Umsetzung gefragt. Ca. 1/3 des gesamten Endenergieverbrauchs in Deutschland wird für die Raumwärme und Warmwassererzeugung in Gebäuden benötigt. Somit spielt das energieeffiziente Bauen im Rahmen der Klimaschutzpolitik eine wichtige Rolle. Ziel muss es sein, energieeffizientes Bauen als zentralen Bestandteil in der nachhaltigen Entwicklung von Baugebieten zu etablieren.

Die Forschung und Entwicklung in der Bau- und Immobilienbranche stagniert seit einigen Jahren im Hinblick auf energieeffizientes Bauen und Wohnen. Es gibt nur wenige Vorreiter, dafür viele Abwartende und Nachahmer. Der Passivhausstandard ist der letzte große innovative Meilenstein, der sich etabliert hat. Die Weiterentwicklung dieses Standards wurde lange vernachlässigt – obwohl diese unabdingbar war bzw. ist. Die notwendige und konsequente Weiterentwicklung haben sich nun Matthias Krieger und namhafte Partner auf die Fahnen geschrieben.

Gemeinsam hat man die Entwicklung vorantreiben, neue Technologien und Technologiekombinationen etabliert und versucht nun das Bewusstsein für zukunftsorientiertes Bauen, Wohnen und Leben zu stärken. Das vom BMU gestützte Forschungsprojekt „Energieautarke Elektromobilität im Smart-Micro-Grid – vom Einfamilienhaus zum

M. Krieger (✉)
Krieger + Schramm Unternehmensgruppe, Dingelstädt, Deutschland
E-Mail: matthias.krieger@krieger-schramm.de

© Springer-Verlag GmbH Deutschland, ein Teil von Springer Nature 2019
A. Hildebrandt und W. Landhäußer (Hrsg.), *CSR und Energiewirtschaft,*
Management-Reihe Corporate Social Responsibility,
https://doi.org/10.1007/978-3-662-59653-1_10

Abb. 1 Südansicht, Visualisierung

intelligenten Parkhaus" mit den Projektpartnern *BMW München, SMA Technology AG, Technische Universität München* sowie die assoziierten Partner *Dynahaus* und *Stiebel Eltron* befassen sich intensiv mit den Themen. Das erste gemeinsame Forschungsprojekt mit der TU München wird als DynaAkademie in Hallbergmoos, im Landkreis Freising, entstehen. Dieses Referenzobjekt dient Studenten, Professoren und Dynahaus zur Forschung, Weiterentwicklung und Verbesserung der eingesetzten Technologien. Durch diese Forschungseinrichtung wird ein Wissensvorsprung systematisch erarbeitet, weiterentwickelt und anschließend umgesetzt (Abb. 1).

2   Bisherige Herausforderungen

Das Ende der fossilen Brennstoffe, die steigenden CO_2-Emissionen, die globale Erwärmung, all das sind Erscheinungen, die seit geraumer Zeit und auch in Zukunft immer weiter in den Vordergrund treten. Vielen wird erst jetzt bewusst, wie sträflich man in den vergangenen Jahrzehnten mit der Umwelt umgegangen ist.

Nun ist die Energiewende in vollem Gang – die Zukunft soll enkelfähig gemacht werden. Dieses Vorhaben möchte auch das Forschungsprojekts Dynahaus maßgeblich unterstützen. Denn im Wohnungsbau ist ein sehr großer Hebel. Die steigende Weltbevölkerung hat einen wachsenden Wohnflächenbedarf zur Folge. Bei mehr Wohnfläche ist folglich immer mehr Energie für den Unterhalt notwendig. In Deutschland wird 30 % des Energiebedarfs für das Heizen von Wohnflächen benötigt. Hier ist ein entscheidender Hebel, um die Energiewende voranzubringen und nachhaltig zu erreichen.

Es muss das Ziel sein, die Erde langfristig enkelfähig zu machen. Es ist allen bewusst, dass die Verfügbarkeit von fossilen Brennstoffen endlich ist und somit ein Leben wie wir es kennen, nicht mehr lang so anhalten kann. Derzeit liegt der Fokus alleinig auf der Gewinnung von regenerativer Energie. In der Vergangenheit wurde viel für die Gewinnung von Solarenergie bei Ein- und Mehrfamilienhäusern geforscht und entwickelt. Mit Senkung der EEG-Umlage im Jahr 2014 wurde die Attraktivität der Einspeisung des selbstgewonnenen Solarstroms in das öffentliche Stromnetz stark gesenkt. Somit rentiert sich die Installation einer Photovoltaik-Anlage erst viel später für die Nutzer – die Erfolge in diesem Bereich werden somit ausgebremst, potenzielle Photovoltaik-Nutzer werden abgeschreckt, da die Amortisationszeit sich immens verlängert. Diese Herausforderung muss bewältigt werden.

Ein Lösungsansatz ist die Maximierung der Eigenverbrauchsquote des Solarstroms. Nutzer bzw. Bewohner sollten die gewonnene Energie möglichst selbst verbrauchen. Dies spart kurz- sowie langfristig Geld, fördert die Unabhängigkeit von zentralen Energieversorgern und schützt vor unvorhersehbaren Energiekostenerhöhungen. Durch die Kombination und intelligenter Vernetzung durch Managementsystem und einheitliche Kommunikationssysteme ist es möglich die gewonnene Energie dann zu verbrauchen, wenn sie zur Verfügung steht. Das Dynahaus ist die praktische Antwort auf die brennenden Zukunftsfragen.

3   Aktiv statt passiv

Der Passivhausstandard hat sich seit Jahren in Deutschland und darüber hinaus bewährt. Ca. 25.000 Passivhaus-Wohneinheiten gibt es mittlerweile bundesweit. Die Bewohner erfreuen sich nicht nur an der Energieeffizienz – auch der Wohnkomfort sowie der Beitrag zum aktiven Umweltschutz zählen zu den Vorteilen. Mit 90 % weniger Heizkosten als bei unsanierten Altbauten, die weitgehende Unabhängigkeit von Preissteigerungen für Energie und das gesunde Raumklima durch Frischluft-Filter bietet der Passivhaus-Qualitätsstandard viele Vorteile für die Bewohner.

Diese Vorteile werden beim entwickelten EnergieSpeicherPlusHaus Dynahaus aufgegriffen, weiterentwickelt und durch innovative Komponenten ergänzt. Die Außendämmung wird optimiert, nicht wie bei einem Passivhaus maximiert. Dadurch werden Investitionskosten verringert. Außerdem wird der CO_2-Ausstoß durch nicht erforderliche Produktion sowie geringere Entsorgungsaufwände auf das Minimalste reduziert. Auch das Raumklima kann beim EnergieSpeicherPlusHaus durch ein intelligentes Lüftungs- und Heizungssystem in den einzelnen Räumen unabhängig voneinander reguliert werden. So kann im Wohnzimmer eine wohlfühlende Temperatur von z. B. 23 °C und im Schlafzimmer eine angenehme Schlaftemperatur von 16 °C gewählt werden.

Was macht das Dynahaus noch besonders? Der Schwerpunkt liegt auf der Optimierung der Energiegewinnung und -verwertung. Mit einer Photovoltaik-Anlage, einem intelligenten EnergieManagementSystem und mehreren Speichersystemen ist ein Plus in der Energiejahresbilanz möglich.. Es wird also die Eigenverbrauchsquote maximiert, sodass nur in Spitzen der eigens gewonnene Strom in das öffentliche Netz eingespeist werden muss.

Das Fraunhofer Institut hat bestätigt: Während das Passivhauskonzept ausschließlich auf die Maximierung der Dämmung ausgerichtet ist, spielt beim EnergieSpeicherPlus-Haus die Optimierung der Energiegewinnung und Energieverwertung die zentrale Rolle. In der Jahresbilanz erreicht man somit einen Energieüberschuss, damit spart man nicht nur Geld – besser noch, man verdient es.

Dynahaus ist ein Vorreiter, welcher gemeinsam mit dem Fraunhofer Institut, der Technischen Universität München, Krieger + Schramm sowie SMA Solar Technology bewährte Technologien optimal aufeinander abgestimmt und das Konzept marktreif gemacht hat.

4 Innovative aber bewährte Technologien

Das ganzheitliche http://www.dynahaus.de/energieplushaus/ System ist möglich mit innovativen, aber bewährten und optimal auf einander abgestimmte Technologien möglich. So ist beispielsweise das *Dyna Energiemanagementsystem,* DEMS, basierend auf SMA Smart Home-Technik, das Herzstück des Systems und somit des Hauses. Durch intelligente Planung und Steuerung werden Energieerzeugung und Energieverbrauch kontinuierlich aufeinander abgestimmt. Dadurch ist es möglich, dass der eigene Solarstrom unter anderem durch Einsatz von Speichersystemen permanent bestmöglich genutzt werden kann. Sowohl Wetterprognosen als auch die Bewohner können die entsprechende Verwendung des Stroms jederzeit beeinflussen.

Weiterhin als ausgeklügeltes System und als Alleinstellung zu vergleichbaren Häusern kann man das *Dyna Fenstersystem* ansehen. Beim Dyna Fenstersystem handelt es sich um ein dynamisches Fenstersystem, welches so entwickelt ist, dass es auf die unterschiedlichen Himmelsrichtungen und Sonneneinstrahlungsintensitäten reagiert. Es wird der jeweiligen Himmelsrichtung angepasst. Durch dieses dynamische Fenstersystem erzielen die Bewohner in den Wintermonaten und den Übergangszeiten Frühling und Herbst einen maximalen Gewinn an Sonneneinstrahlungsenergie. Vor der Überhitzung im Sommer schützt eine intelligente Verschattungsanlage.

Neben der Optimierung im Bereich Eigenstromverbrauch steht den Bewohnern ein *Dyna-Speichersystem* bestehend aus Teilsystemen zur Verfügung: Mit:

1. aktiven und passiven Bauteilaktivierung,
2. einem Wandspeicher,
3. einer integrierten Batterie und
4. das Stromnetz
   ist es möglich, dass nicht nur mehr Energie erzeugt wird als der Bewohner verbraucht, sondern, dass die Kraft der Sonne auch bei Nacht genutzt wird (Abb. 2).

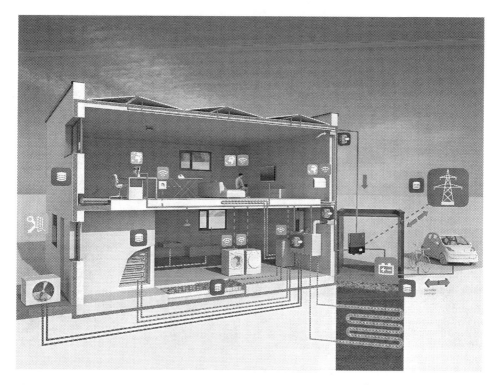

Abb. 2 Schematische Darstellung der einzelnen Technologien

5   unabhängig – nachhaltig – innovativ

Das entwickelte Hauskonzept fördert die *Unabhängigkeit* der Bewohner. Diese werden unabhängiger durch....

5.1   Ihren eigenen grünen Energielieferanten

Im Vergleich zu anderen Energiequellen vereint die Sonnenenergie gleich zwei schlagkräftige Argumente: Sie ist kostenlos und unendlich! Die Nutzer machen sich diese Eigenschaften in ihrem Eigenheim zu Nutze und werden dadurch unabhängiger von Energieversorgern und Preiserhöhungen, denn die Sonne scheint überall und schickt keine Rechnung! Das EnergieSpeicherPlusHaus erfüllt bereits jetzt schon mehr als die geforderten Energieeffizienz-Standards der EU- Gebäuderichtlinie von 2020 und stellt damit ein Hauskonzept der Zukunft dar.

Abb. 3 Dyna Energiemanagementsystem, steuerbar über Tablet oder Smartphone

5.2   Intelligente Technologie

Das EnergieSpeicherPlusHaus besticht durch verschiedenste Innovationen, die perfekt aufeinander abgestimmt sind. Zu den einzelnen Komponenten zählen unter anderem ein durchdachtes *Dyna Speichersystem,* das *Dyna Fenstersystem* sowie das eigens entwickelte *DynaEnergiemanagementsystem.* Diese Kombination ermöglicht eine optimierte Energienutzung rund um die Uhr und erzeugt insgesamt mehr Energie als die Bewohner verbrauchen. Dadurch ergeben sich weitere Energiesparvorteile (Abb. 3).

5.3   E-Mobilität

Um auch in Sachen Mobilität unabhängig von fossilen Brennstoffen zu sein, verfügt das EnergieSpeicherPlusHaus über eine eigene *E-Tankstelle.* So kann man nicht nur jeden Morgen stressfrei in ein vollgetanktes Auto steigen, sondern mit der überschüssigen Energie auch noch bspw. das E-Bike oder den E-Rasenmäher betreiben. Unterm Strich wird sowohl Zeit als auch Geld gespart und gleichzeitig unsere Umwelt geschont.

5.4   Das Gesamtpaket

Es sind die Abhängigkeiten der einzelnen Komponenten voneinander, die den Unterschied machen. Mit dem entwickelten EnergieSpeicherPlusHaus wurde ein Haus entwickelt, welches im Gesamten auf maximale Eigenenergienutzung ausgerichtet ist. Neben dem Quader-Korpus ist die Aufteilung der Räume, die Anordnung der Fenster, Ausrichtung zur Sonne nicht willkürlich gewählt wurden, sondern das Ergebnis verschiedenster Simulationen und Berechnungen. Dies hat die Folge, dass an den Rahmenbedingungen keine individuellen Änderungen vom Kunden vorgenommen werden können.

Bei aller Ausrichtung auf eine maximale Eigenverbrauchsquote war es bei der Entwicklung wichtig, dass auch der Wohnkomfort und das Wohlbefinden der Bewohner nicht zu kurz kommen. Es ist ein Optimum bei Energieeffizienz und Wohnkomfort nötig, das durch den Einfluss der verschiedenen (Kooperations-) Partner gelingt. Das dieses ganzheitliche Konzept praktikabel ist, zeigt sich bei den 2 Pilotprojekten in Kassel/Lohfelden und München/Hallbergmoos (Abb. 4).

Abb. 4 Innenvisualisierung, Wohn- und Essbereich, mit der thermisch aktivierten Bodenplatte

5.5   Sicherheit

Neben der Sicherheit, in der Zukunft unabhängiger von zentralen Energieversorgern zu sein, verspricht das Hauskonzept Sicherheit aus mehreren Perspektiven. Zum einen wird eine finanzielle Sicherheit vermittelt. Mit einer Festpreisgarantie, Vertragserfüllungs- und Gewährleistungsbürgschaft fühlen sich Käufer und Bewohner auf der sicheren Seite. Weiterhin ist ein entsprechendes Konzept zur Einbruchsicherheit realisiert wurden. Durch die Einhaltung und Realisierung von polizeilichen Vorgaben sowie Empfehlungen haben die Bewohner ein sicheres Gefühl, wenn sie außer Haus auf Arbeit oder im Urlaub sind. Besonderen Wert wird bei der Ausführung auf die Qualitätssicherheit. Diese wird durch eine ganzheitliche Bauüberwachung durch einen unabhängigen externen Gutachter sichergestellt. Weiterhin können sich die Bewohner auf über 20 Jahre Wohnungsbau-erfahrung von Krieger + Schramm, dem ausführenden Bauunternehmen, verlassen.

5.6   Wohngesundes Bauen

Fast 90 % verbringen die Menschen in geschlossenen Räumen. Daher sollten hier beste Bedingungen herrschen. Der Bereich Wohngesundes Bauen beschäftigt sich intensiv mit Themen wir Reduzierung von Elektrosmog, alternative Heizmethoden, verträgliche Baustoffe, Filteranlagen, Verbesserung des Raumluftklimas, etc.

Ein besonderes Wohlgefühl verspricht die Ausführung des Dynahaus nach den Kriterien des Wohngesunden Bauen. Neben der Verwendung von schadstoffgeprüften Baumaterialien wird besonders großen Wert auf die Reduzierung von Elektrosmog, Verbesserung der Raumluftqualität und die Verhinderung von Schimmelbildung gelegt.

6   Gemeinschaftsprojekt

Das EnergieSpeicherPlusHaus ist Teil des Forschungsprojekts *„e.MOBILie – energie-autarke Elektromobilität im Smart-Micro-Grid"* in Zusammenarbeit mit Dynahaus, BMW und der SMA AG. In dem vom BMU (Bundesministerium für Umwelt, Naturschutz, Bau und Reaktorsicherheit) im Rahmen des *„Schaufenster Elektromobilität"* geförderten Projekts soll beim Kunden die Energiewende in einem integrativen Ansatz mit Elektromobilität kombiniert werden. Erreicht wird dies durch eine optimierte Verknüpfung elektrischer Mobilität mit lokaler regenerativer Stromerzeugung. Die Partner *BMW, SMA* und *TUM,* vertreten durch den Lehrstuhl für Energiewirtschaft und das Zentrum für nachhaltiges Bauen, entwickeln dabei ein intelligentes Energiemanagement-System, das es ermöglicht, E-Mobilität zur Erhöhung des Autarkiegrades von Gebäuden mit lokaler, regenerativer Energieerzeugung zu nutzen. Assoziierte Partner sind *Stiebel Eltron* und *Dynahaus.*

Der Fokus des Förderprojekts liegt auf der Elektro-Mobilität. Das EnergieSpeicher-PlusHaus wird zur E-Tankstelle für Elektro-Autos. Das heißt, der selbst gewonnene Strom wird u. a. direkt für die Elektro-Mobilität genutzt. Durch diesen Eigenverbrauch hat der Nutzer erhebliche Kosten- und Zeitersparnisse sowie einen Zugewinn an Komfort, da er keine „öffentliche" Tankstelle anfahren muss.

Ein gemeinsamer Beitrag zur Energiewende soll geleistet werden. Das Bewusstsein und die Verantwortung auf breitere Schultern verteilt werden. Dies ist nur möglich durch innovative, aber ausgereifte und ganzheitlich aufeinander abgestimmte Technologien möglich. Ein wichtiger Schritt ist hierbei die Zusammenarbeit von namhaften, bundesweit aktiven Unternehmen und Forschungsinstitutionen.

7 Wissenschaftliche Begleitung

Bis zum Jahresende 2014 entstand in Lohfelden bei Kassel und in Hallbergmoos bei München jeweils ein erstes Pilotprojekt. Gesucht wurden dafür je eine Familie, idealerweise mit 1 bis 2 Kindern, die eine Affinität zu Erneuerbaren Energien besitzen und bereit sind ihre Erfahrungen mit dem Dynahaus-Konzept zu teilen. Begleitet von einem Team aus Ingenieuren der TU München und dem Fraunhofer Institut wird im Alltag untersucht, wie sich die technologischen und praktischen Prinzipien des Hauses im täglichen Leben bewähren. Für 12 Monate wohnte sie mietfrei im Haus der Zukunft.

Die Erkenntnisse der wissenschaftlichen Begleitung flossen direkt in die Weiterentwicklung des gesamten Konzepts. Man hat sich zum Ziel gesetzt, den Bewohnern zukünftig immer die neueste und beste Technologie zur Verfügung zu stellen, sodass sich die Bewohner sicher sein können, dass sie das Beste für die Umwelt und die Energiewende tun, aber auch das Beste für Ihren Geldbeutel.

© Krieger + Schramm
GmbH & Co. KG

Matthias Krieger Dipl.-Ing Jahrgang 1962, hat 1992 das vielfach ausgezeichnete Bauunternehmen Krieger + Schramm GmbH & Co KG (K + S) gegründet. Er ist Unternehmer, Stifter, Autor und ehemaliger Leistungssportler. Für das Hochbauunternehmen mit Hauptsitz in Dingelstädt und Niederlassungen in Kassel, Frankfurt/Main und München ist unternehmerischer Erfolg eng mit einer wertebasierten Unternehmenskultur verbunden, die Partnerschaft, Dialog, Transparenz und Leistung fördert. Als Referent, Stifter und Autor gibt Krieger seine jahrelange Erfahrung als Unternehmer und Leistungssportler weiter. Sein eigenes Buch veröffentlichte er 2011 mit dem Titel „Die Lösung bist Du!". Weiterführende Informationen: www.krieger-schramm.de., www.dynahaus.de, www.matthias-krieger.de, www.krieger-stiftung.de

Teil IV

Mittelstand macht Zukunft

Corporate Social Responsibility in mittelständischen Unternehmen: Ausgewählte Ergebnisse einer explorativen Feldstudie in Baden-Württemberg

Patrick Kraus, Bernd Britzelmaier, Neil Moore und Peter Stokes

1 Einleitung

Das Spannungsfeld zwischen Gesellschaft und Unternehmen wird seit Jahrzehnten in der wissenschaftlichen Literatur und darüber hinaus unter Begriffen wie beispielsweise Corporate Social Responsibility (CSR), Corporate Citizenship (CC) oder nachhaltige Unternehmensführung diskutiert und diese Diskussion führte zu einer kaum noch zu überschauenden Anzahl an konzeptionellen und empirischen Arbeiten. Trotz des enormen Aufwands bleibt jedoch festzuhalten, dass sich bisher kaum allgemein akzeptierte Theorien oder Paradigmen durchsetzen konnten (Crane et al. 2008, S. 6; McWilliams 2006, S. 2). Okoye spricht in diesem Zusammenhang gar von „Essentially Contested Concepts" und impliziert damit, dass ein Konsens aufgrund des normativen Charakters

P. Kraus (✉) · B. Britzelmaier
Fakultät für Wirtschaft und Recht, HS Pforzheim, Pforzheim, Deutschland
E-Mail: patrick.kraus@hs-pforzheim.de

B. Britzelmaier
E-Mail: bernd.britzelmaier@hs-pforzheim.de

N. Moore · P. Stokes
Business School, University of Chester, Chester, Großbritannien
E-Mail: n.moore@chester.ac.uk

P. Stokes
E-Mail: p.stokes@chester.ac.uk

© Springer-Verlag GmbH Deutschland, ein Teil von Springer Nature 2019
A. Hildebrandt und W. Landhäußer (Hrsg.), *CSR und Energiewirtschaft*,
Management-Reihe Corporate Social Responsibility,
https://doi.org/10.1007/978-3-662-59653-1_11

der Konzepte wohl nur schwierig erreichbar scheint.[1] Es ist letztlich nicht verwunderlich, dass es eine Vielzahl an Definitionen von CSR im wissenschaftlichen als auch praktischen Diskurs gibt. Letztlich implizieren gängige Definitionen von CSR die freiwillige Berücksichtigung ökologischer, sozialer Aspekte sowie die Belange der Anspruchsgruppen des Unternehmens in der Unternehmensführung, sprich eine Berücksichtigung, die über das gesetzlich vorgeschriebene Niveau hinausgeht.[2] Weiterhin ist anzumerken, dass der Großteil der Forschung den Fokus auf große Unternehmen legt.[3] Kleine und mittlere Unternehmen (KMU) bzw. mittelständische Unternehmen wurden erst jüngst als eigenständiges Forschungsobjekt im Bereich CSR erkannt, gleichwohl wurde die Bedeutung einer eigenständigen Forschungsagenda schon deutlich früher hervorgehoben und kontinuierlich aufrechterhalten (Jenkins 2004; Spence 1999; Spence 2007 und Thompson und Smith 1991).

Blackburn und Kovalainen haben eine Klassifizierung der Themen der KMU und Entrepreneurship Forschung vorgenommen und identifizieren ethische und ökologische Aspekte als relativ neue Forschungsthemen (Blackburn und Kovalainen2009, S. 136 f.). Dies erscheint insofern verwunderlich, da KMU einen sehr hohen Verbreitungsgrad aufweisen und nicht zu Unrecht als das Rückgrat der Wirtschaft und Gesellschaft in vielen Ländern bezeichnet werden können (Kayser (2006, S. 34); Krüger (2006, S. 14) und Wolf et al. 2009, S. 13 f.). Mittelständische Unternehmen stellen sowohl in der Europäischen Union als auch in Deutschland die dominierende Unternehmensform da. Abhängig von der gewählten Definition sind in etwa 99 % der Unternehmen dem Feld der KMU bzw. des Mittelstandes zuzurechnen, erwirtschaften ca. 1/3 der Unternehmensumsätze und beschäftigen ca. 60 % der Arbeitnehmer in Deutschland.[4] Mitunter erscheint der Begriff Mittelstand wenig greifbar und wird oftmals mit KMU gleichgesetzt, auch wenn den klassischen KMU-Definitionen sehr unterschiedliche quantitative Kriterien zugrunde liegen und oftmals gleichermaßen qualitative Abgrenzungskriterien ebenso Anwendung finden. Eine Auseinandersetzung definitorischer Aspekte ist daher notwendig und wird im weiteren Verlauf des Kapitels kurz vorgenommen.

Das Ziel des vorliegenden Beitrags ist es, die Hauptthemen und Besonderheiten von CSR in mittelständischen Unternehmen zu identifizieren und kritisch zu analysieren. Hierfür wurden sowohl internationale als auch nationale konzeptionelle und empirische

---

[1]Okoye, A. (2009, S. 624); Essentially Contested Concepts sind Konzepte (wie z. B. auch Demokratie) die komplex und normativ sind bzw. ein Werturteil bedingen und deshalb nicht unumfänglich und allgemeingültig definiert werden könne. Für eine ausführliche Darstellung sei hier auf Gallie, W. B. (1956) verwiesen.

[2]Stellvertretend für viele z. B. Van Marrewijk, M. (2003, S. 102) und Dahlsrud, A. (2008, S. 4).

[3]Spence, L. J. (1999, S. 163); Spence, L. J. und Painter-Morland, M. (2010, S. 1). Siehe hierzu auch Braun, S. und Backhaus-Maul. H. (2010, S. 75–78) die lediglich eine Studie mit expliziten Bezug auf den Mittelstand in Deutschland identifizieren konnten.

[4]Siehe hierzu z. B. die Statistik des Instituts für Mittelstandsforschung (IFM) in Bonn auf deren Website, die in regelmäßigen Abständen aktualisiert wird (www.ifm-bonn.org).

Arbeiten analysiert. In diesem Zuge werden auch erste ausgewählte Erkenntnisse einer Feldstudie mit mittelständischen Unternehmen in Baden-Württemberg[5] diskutiert. Es bleibt festzuhalten, dass die wissenschaftliche Auseinandersetzung diesbezüglich deutlich umfangreicher im englischsprachigen Raum geführt wird als dies in Deutschland der Fall ist. Folglich eröffnet der vorliegende Beitrag auch eine internationale Perspektive und betont gleichermaßen die Bedeutung weiterer Forschungsbemühungen in Deutschland.

Der Beitrag ist folgendermaßen aufgebaut: Im weiteren Verlauf werden zunächst in Kapitel zwei grundsätzliche Charakteristika mittelständischer Unternehmen thematisiert, da diese nicht einfach als kleinere Ausprägungen von Großunternehmen angesehen werden können, sondern über spezifische Eigenschaften verfügen.[6] Kapitel drei befasst sich daraufhin mit der Umsetzung von CSR in mittelständischen Unternehmen. Im Zuge dessen werden ausgewählte Themen analysiert, die den CSR-Ansatz eines mittelständischen Unternehmens beeinflussen. Kapitel vier stellt ausgewählte empirische Ergebnisse einer explorativen Feldstudie in Baden-Württemberg vor. Kapitel fünf diskutiert schließlich kurz die Implikationen der zuvor erarbeiteten Erkenntnisse.

2   Charakteristika mittelständischer Unternehmen

Wie KMU bzw. mittelständische Unternehmen definiert werden können, wurde intensiv in der wissenschaftlichen Debatte erörtert, doch letztlich scheint ein Konsens auf eine allgemeingültige Definition kaum erreichbar (Wolter und Hauser 2001, S. 29). Dies mag verwundern, kann aber auch mit der enormen Heterogenität der Unternehmen, die unter den Begriff „Mittelstand" fallen, begründet werden (Curran und Blackburn 2001, S. 60).

Zur Abgrenzung sind sowohl quantitative[7] als auch qualitative Kriterien üblich. Dieses Forschungsprojekt lehnt sich an die Definition des Europäischen Kompetenzzentrums für Angewandte Mittelstandsforschung an der Universität Bamberg an. Im Vergleich zu anderen üblichen Abgrenzungen, beansprucht diese für sich eine höhere praktische Relevanz aufzuweisen (Becker und Ulrich 2011, S. 29). In der Tat deuten die Erkenntnisse im Feld darauf hin, dass viele Unternehmen, die zwar die klassischen quantitativen Größenkriterien teilweise deutlich überschreiten, sich sehr wohl als mittelständische Unternehmen sehen bzw. fühlen und begründen dies unter anderem mit der Arbeitsweise im Unternehmen, die sich deutlich von Großkonzernen unterscheidet. Als mittelständische Unternehmen können nach dieser Definition noch Unternehmen angesehen werden, die ca. 3000 Mit-

---

[5]Die Studie umfasst 30 qualitative leitfadengestützte Interviews mit geschäftsführenden Gesellschaftern bzw. Geschäftsführern mittelständischer Unternehmen. Die Studie ist aufgrund ihres explorativen Charakters und des Stichprobenumfangs nicht repräsentativ im statistischen Sinne.

[6]Siehe beispielsweise Jenkins, H. (2004, S. 38); Penrose, E. (2009, S. 17) und Welsh, J. A. und White, J. F. (1981, S. 18).

[7]Siehe für einen Überblick z. B. Kayser, G. (2006, S. 37 ff.).

arbeiter nicht überschreiten und zudem weitere qualitative Abgrenzungskriterien erfüllen. Die Bedeutung dieser qualitativen Kriterien kann als zentral angesehen werden. Zu nennen sind hier insbesondere die Führung des Unternehmens durch den Inhaber bzw. die Inhaberfamilie oder auch ein maßgeblicher Einfluss auf die Führung des Unternehmens, folglich also eine wenig diversifizierte Eigentümerstruktur sowie eine informalere Beziehung der Eigentümer zueinander, keine Notierung am Kapitalmarkt und zudem eine Tendenz zu einem persönlichen Kontakt zu den Anspruchsgruppen des Unternehmens (Becker und Ulrich 2011, S. 28 f.; Preuss und Perschke 2010, S. 533).

Die qualitativen Abgrenzungskriterien deuten darüber hinaus bereits an, dass mittelständische Unternehmen über spezifische Eigenschaften verfügen, die eine Abgrenzung zu Großunternehmen ermöglichen, wenngleich diese sicherlich nicht für alle mittelständischen Unternehmen zutreffen müssen und daher primär als Annäherung einer Konzeptualisierung betrachtet werden sollten. Konzeptionelle und empirische Arbeiten, sowohl national als auch international, scheinen hierbei ein relativ genaues Bild der Eigenschaften von mittelständischen Unternehmen zu zeichnen, das in Kürze im Folgenden skizziert werden soll.

Kurzfristiger Planungshorizont und Ad-hoc Mentalität: Grundsätzlich kann davon ausgegangen werden, dass mittelständische Unternehmen das Bedürfnis haben, eine langfristige Sichtweise verfolgen zu wollen und oftmals ist es auch das Ziel, das Unternehmen an die nächste Generation weitergeben zu können (Fassin 2008, S. 371; Hankinson et al. 1997, S. 172). Dieser Grundhaltung steht allerdings der alltägliche operative Druck entgegen, das Unternehmen am „Laufen zu halten" und das Überleben des Unternehmens zu sichern. In der Tat erscheint es, dass sich die Leitung mittelständischer Unternehmen zunächst drängender operativer Probleme, die mitunter auch den Fortbestand der Unternehmung gefährden können, annehmen muss und dies führt dazu, dass strategische Aspekte nicht oder nur sehr eingeschränkt berücksichtigt werden. Oftmals müssen mehrere kurzfristige Probleme gleichzeitig gelöst werden, was unter Berücksichtigung der geringeren Ressourcenausstattung und der dominanten Position des Inhabers zu Engpässen und reaktiven Ansätzen führen kann (Gélinas und Bigras 2004, S. 271; Spence 1999, S. 165; Spence und Rutherfoord 2001, S. 127). Demzufolge erscheint es nicht verwunderlich, dass offenbar strategische Managementinstrumente nur eingeschränkt Anwendung in mittelständischen Unternehmen finden.[8]

Informalität: Die Literatur verweist des Weiteren auf den Umstand, dass mittelständische Unternehmen weniger professionell und oftmals eher intuitiv geführt werden als dies bei Großunternehmen der Fall ist.[9] Großunternehmen müssen zwar mitunter enorme Organisationskosten tragen, weisen dementsprechend jedoch auch eine hochspezialisierte funktionalistische Organisationsstruktur auf, die durch eine

---

[8]Britzelmaier, B. et al. (2009, S. 343 f.). Siehe hierzu auch Deimel, K. und Kraus, S. (2007, S. 166).

[9]Siehe hierzu Wolf, J. et al. (2009, S. 17) oder auch Jenkins, H. (2006, S. 242).

hohe Formalisierung gekennzeichnet ist (Pichler et al. 2000, S. 27 und Penrose2009, S. 16 f.). Mittelständische Unternehmen weisen hingegen einen deutlich geringeren Formalisierungsgrad auf, was insbesondere hinsichtlich der informationsverarbeitenden Prozesse zu Problemen in der Entscheidungsfindung führen kann.[10] Ein geringer Formalisierungsgrad und die geringe Verwendung klassischer Managementinstrumente darf jedoch nicht per se mit einer schlechten Unternehmensführung gleichgesetzt werden. So kennzeichnen beispielsweise flache und sehr flexible Strukturen mit wenig ausgeprägten Hierarchieebenen mittelständische Unternehmen und ermöglichen prinzipiell eine hohe Reaktionsfähigkeit (Hankinson et al. (1997, S. 170); Hudson 2001, S. 1105). Mittelständische Unternehmen weisen oftmals einen geringeren Komplexitätsgrad auf als z. B. Großunternehmen, sodass grundsätzlich auch informalere und einfachere Methoden zielgerichtet verwendet werden können. Systemtheoretisch kann hier eine Defizit- und Äquivalenzthese unterschieden werden.[11] Während erstere impliziert, dass die mangelnde Anwendung von formalen Instrumenten mit geringeren Erfolgsaussichten und einer schlechteren Führung einhergeht, betont letztere, dass die Methoden und Vorgehensweisen von mittelständischen Unternehmen den formaleren Methoden in Großunternehmen qualitativ in nichts nachstehen und zumindest keine schlechteren Resultate erzielt werden. Mit zunehmender Größe setzen jedoch auch mittelständische Unternehmen formalere Steuerungsinstrumente ein.[12] Weiterhin scheint der persönliche Hintergrund der Leitungspersönlichkeiten einen Einfluss auf den Formalisierungsgrad zu haben, da z. B. Managementerfahrung oder -ausbildung die Wahrscheinlichkeit einer Implementierung von formaleren Steuerungsinstrumenten erhöhen.[13]

Der Inhaber nimmt des Weiteren oftmals eine zentrale Stellung bei der Führung des Unternehmens ein. Seine Persönlichkeit als auch sein Netzwerk beeinflussen in erheblichem Maße die Kultur und Arbeitsweise im Unternehmen. Aspekte von Eigentum, Risiko, Entscheidung und Kontrolle liegen demzufolge letztlich in der Hand des Inhabers und oftmals wird auch von einer Identität von Inhaber und Unternehmen gesprochen (Pichler et al. 2000, S. 12; Kayser 2006, S. 35; Schauf 2009, S. 7). Es kann davon ausgegangen werden, dass ein bedeutender Teil der mittelständischen Unternehmen inhabergeführt ist (Kayser 2006, S. 35). Bei Unternehmen mit Fremdgeschäftsführung ist es möglich, dass die Interessen des Inhabers bzw. der Inhaberfamilie durch Beiräte oder ähnliche Instrumente sichergestellt werden und somit auch der persönliche Einfluss.

---

[10]Mäder, O. B. und Hirsch, B. (2009, S. 113). Siehe hierzu z. B. auch Oswald, J. et al. (2007, S. 289) sowie Hutchinson, V. und Quintas, P. (2008, S. 147).

[11]Martin, A. und Bartscher-Finzer, S. (2006, S. 207 f.) und Wolf, J. et al. (2009, S. 17) hierzu und im Folgenden.

[12]Siehe hierzu beispielsweise Matlay, H. (2002, S. 313).

[13]Siehe hierzu ausführlich Karami, A. et al. (2006, S. 322 f.).

Eingeschränkte Ressourcenausstattung: Ein weiterer Punkt ist, dass mittelständische Unternehmen üblicherweise nur über eine limitierte Ressourcenbasis verfügen, die die Berücksichtigung von Themen, die nicht unmittelbar mit dem laufenden Geschäft in Verbindung stehen, zu erschweren scheint, wie z. B. CSR, oder aber auch die Handlungsoptionen des Unternehmens einschränkt und somit bestimmte Nischen oder Regionen fokussiert werden müssen.[14] Hinsichtlich der finanziellen Ressourcen muss angemerkt werden, dass mittelständische Unternehmen zu einer geringeren Eigenkapitalausstattung tendieren. Zugang zum öffentlichen Kapitalmarkt haben mittelständische Unternehmen üblicherweise nicht, sodass diese Finanzierungsform überwiegend Großunternehmen vorbehalten bleibt. Die geringen Eigenkapitalquoten können ebenfalls die Versorgung mit Fremdkapital, z. B. Bankkrediten erschweren. Kredite werden mitunter eher restriktiv unter Auferlegung entsprechender Risikoprämien und/oder der Bereitstellung von Kreditsicherungsmitteln zur Verfügung gestellt. Dies ist insofern kritisch, da Bankkredite nach wie vor die dominierende Finanzierungsform darstellen (Exemplarisch Krimphove und Tytko 2002, S. 7; Krüger 2006, S. 23 f.; Pichler et al. 2000, S. 26).

Mittelständische Unternehmen tendieren weiterhin zu einer geringen Ausstattung mit personellen Ressourcen. Positionen können demzufolge nicht mit hochspezialisiertem Personal besetzt werden, sondern es sind in hohem Maße Generalisten gefragt, die ein breites Themenspektrum bearbeiten können. Dies betrifft an erster Stelle zudem auch den geschäftsführenden Inhaber selbst, der sich mit einer Vielzahl von Problemstellungen auseinandersetzen muss, seien diese nun betriebswirtschaftlicher, rechtlicher oder auch technischer Natur. In diesem Zusammenhang muss angemerkt werden, dass mittelständische Unternehmen vielmals aus einer Produktidee entstanden sind und somit einen starken technischen Hintergrund haben, was dann Schwächen im z. B. betriebswirtschaftlichen Bereich zur Folge haben kann. Aufgrund der eingeschränkten finanziellen Ressourcen können auch nur eingeschränkt externe Berater zur Schließung der Know-How-Lücken eingesetzt werden, denen zudem oftmals auch die Besonderheiten des Mittelstandes unbekannt sind.[15] All dies führt konsequenterweise auch zu einer enormen zeitlichen Belastung, die zu der oben beschrieben Ad-hoc-Mentalität beiträgt. Auf der anderen Seite kann jedoch auch angeführt werden, dass die generalistische Ausrichtung der Mitarbeiter maßgeblich zur Flexibilität von mittelständischen Unternehmen beiträgt. Zudem wird in der Literatur angemerkt, dass obwohl die finanziellen Ressourcen in mittelständischen Unternehmen deutlich geringer sind, weniger Personen letztlich über deren Verwendung und Verteilung entscheiden, oftmals vielleicht auch nur der Inhaber selber, was folglich zu einer hohen Schnelligkeit und Reaktionsfähigkeit führen kann (Pichler et al. 2000, S. 22; Loucks et al. 2010, S. 184).

---

[14]Siehe hierzu z. B. Gray, C. (2004, S. 460 f.); Thompson, J. K. und Smith, H. L. (1991, S. 31) und Wolf, J. et al. (2009, S. 18).

[15]Becker, W. und Ulrich, P. (2011, S. 60); Pichler, J. H. et al. (2000, S. 22) als auch Schauf, M. (2009, S. 26).

Das Ziel der Ausführungen war es aufzuzeigen, dass mittelständische Unternehmen über sehr spezifische Eigenschaften verfügen, die sie grundsätzlich von Großunternehmen unterscheiden. Dies kann mit dem Zitat von Edith Penrose veranschaulicht werden, die deutlich machte: „The differences in the administrative structure of the very small and the very large firms are so great that in many ways it is hard to see that the two species are of the same genus." (Penrose 2009, S. 17). Dies stellt natürlich eine sehr vereinfachende, dualistische Sichtweise dar, da es sicherlich nicht das typische mittelständische Unternehmen gibt. Dennoch ist es von zentraler Bedeutung sich dieser speziellen Art von mittelständischen Unternehmen bewusst zu sein. Dies schließt selbstverständlich die Art und Weise, wie mittelständische Unternehmen ihre gesellschaftliche Verantwortung wahrnehmen, sprich ihr CSR-Engagement, mit ein. Oftmals wird per se angenommen, dass mittelständische Unternehmen oder Unternehmer ihrer gesellschaftlichen Verantwortung gerecht werden, z. B. in Bezug auf ihre Mitarbeiter. Mitunter wird auch argumentiert, dass mittelständische Unternehmen eine langfristigere Perspektive einnehmen können, da sie nicht den kurzfristigen Renditezwängen des Kapitalmarktes unterliegen (Schauf 2009, S. 27; Wolf et al. 2009, S. 18).

3 CSR in mittelständischen Unternehmen: Implikationen aus der Literatur

Für Deutschland scheint nach wie vor ein Mangel an empirischen Arbeiten gegeben, insbesondere wenn man sich die internationalen Forschungsbemühungen vergegenwärtigt. Gleichwohl erlauben mittlerweile einige Untersuchungen einen ersten belastbaren Einblick in die Thematik.[16] Zu beachten ist jedoch, dass der Kontext der sozialen Marktwirtschaft als auch die vergleichsweisen strengen Umweltstandards in Deutschland einen spezifischen Rahmen vorgeben[17], sodass Erkenntnisse nicht länderübergreifend unreflektiert übernommen werden sollten. Des Weiteren verdeutlicht dies die Bedeutung weiterer empirischer Forschung in Deutschland sowie insbesondere auch deren Verbreitung im internationalen akademischen Diskurs. Für den vorliegenden Beitrag sind diese kontextbasierten Unterschiede von geringerer Relevanz.

Der Fokus des vorliegenden Beitrags ist zunächst, die Bedeutung der individuellen Motivation des Unternehmers herauszuarbeiten, da diese eine wesentliche Rolle im Rahmen des CSR-Engagements mittelständischer Unternehmen spielt. Des Weiteren werden daraufhin der Steuerungsansatz als auch die Tätigkeitsfelder mittelständischer

---

[16]Siehe hierzu z. B. Maaß, F. (2009, S. 19); Walther, M. et al. (2010, S. 91); Altenburger, R. und Schmidpeter, R. (2018) und Tänzler, J.K. (2014).
[17]Siehe hierzu exemplarisch Chandler, A D. (1994, S. 393 ff.) oder auch Habisch, A. und Wegner, M. (2005, S. 112 ff.).

Unternehmen in Bezug auf ihr CSR-Engagement aufgegriffen und diskutiert, da anhand dieser Aspekte, der Unterschied zu den Ansätzen in Großunternehmen veranschaulicht werden kann und zudem die Bandbreite des CSR-Engagements deutlich wird.

3.1 Bewusstsein und Motivation für die Berücksichtigung von CSR-Maßnahmen

Die Aktivitäten und Praktiken in mittelständischen Unternehmen scheinen, wie bereits angedeutet, in hohem Maße von den persönlichen Ansichten und Überzeugungen des Inhabers bestimmt zu sein. Die individuelle Einstellung und die moralischen Werte des Inhabers wurden diesbezüglich als bedeutende, fördernde Faktoren eines verstärkten CSR-Ansatzes identifiziert (Kusyk und Lozano 2007, S. 506; Murillo und Lozano 2006, S. 234). Diese Normen und Werte werden nach Burton und Goldsby konsequenterweise auch in konkrete Praktiken umgesetzt (Burton und Goldsby 2009, S. 99 f.). Dies würde implizieren, dass das CSR-Engagement von mittelständischen Unternehmen sehr stark die persönlichen Charakteristika und Interessen des Eigentümers widerspiegelt. In diesem Zusammenhang wird auch von einem ethisch motivierten Unternehmer oder einer Manager Typologie gesprochen.[18] Der ethisch motivierte Unternehmer betrachtet CSR losgelöst vom Kerngeschäft und sieht sein Engagement tendenziell in Aktivitäten wie Sponsoring usw. Der Manager-Typus hingegen betrachtet CSR als Bestandteil des Kerngeschäftes. CSR wäre dann integraler Bestandteil der Gewinnentstehung und das Unternehmen würde bevorzugt CSR-Maßnahmen durchführen, die eine Verbesserung der finanziellen Performance versprechen. Weitere Typologien kategorisieren die Beweggründe eines mittelständischen Unternehmers bzw. Unternehmens entlang eines primär i) ökonomischen Interesses, welches wenig Raum für ein CSR-Engagement lässt, oder ii) Ausdruck eines gewissen Pragmatismus, der schließlich darauf abzielt, gesetzliche Regelungen zu antizipieren und letztlich iii) ein Engagement, welches sich in der Tat aus einer ethisch moralischen Überzeugung entwickelt und eine Verantwortung für die Gesellschaft sieht.[19] Die Forschung zur Motivlage gestaltet sich insofern schwierig, da üblicherweise Unternehmen, die an wissenschaftlichen Studien zum Thema CSR oder allgemeiner gesprochen gesellschaftlicher Verantwortung teilnehmen, eine gewisse Affinität zum Thema aufweisen. Es ist also nicht verwunderlich, dass zahlreiche Studien die intrinsische Motivation aus ethisch-moralischen Gründen bestätigen[20], während

---

[18]Siehe hierfür und im Folgenden Walther, M. et al. (2010, S. 92 f.).

[19]Siehe hierzu beispielsweise van Luijk, H. und Vlaming, L. (2010, S. 280) und Spence, L. J. und Rutherfoord, R. (2001, S. 131 ff.).

[20]Siehe hierzu exemplarisch Evans, N. und Sawyer, J. (2010, S. 439 f.); Fitjar, R. D. (2011, S. 34); Jenkins, H. (2006, S. 251); Klein, S. und Vorbohle, K. (2010, S. 220); Spence, L. J. und Rutherfoord, R. (2001, S. 135).

andere jedoch zu dem Schluss kommen, dass primär ökonomische Gründe dominieren[21]. Grundsätzlich kann davon ausgegangen werden, dass mittelständische Unternehmer über ein Bewusstsein für gesellschaftliche Themen verfügen. Dies zeigt auch, dass oftmals per se angenommen wird, dass sich mittelständische Unternehmen für Ihre lokale Gemeinschaft interessieren und einsetzen (Exemplarisch Gelbmann, U. und Baumgartner, R. J. (2012, S. 286); Rabbe, S. und Schulz, A. (2011, S. 59); Schneider 2012, S. 584). In der Tat gibt es jedoch Hinweise für eine gewisse Lücke zwischen dem Bewusstsein für gesellschaftliche Themen und dem letztlich ausgeführten Engagement.[22] Diese Lücke vermag jedoch stark durch die persönlichen Werte und Interessen des Inhabers bestimmt zu sein, sodass er Themengebiete oder Aktivitäten, die für ihn eine persönliche Bedeutung haben, eher in der Steuerung des Unternehmens berücksichtigt werden als Themengebiete, für die zwar die gesellschaftliche Relevanz erkannt wird (z. B. Klimaschutz), die jedoch eher abstrakt erscheinen. Die spezifischen Eigenschaften von mittelständischen Unternehmen (z. B. Ressourcenknappheit) als auch der starke Wettbewerbsdruck, der sich aus der Globalisierung ergibt sowie auch durch den Preisdruck, insbesondere ausgeübt bei Geschäftsbeziehungen mit großen Konzernen, kann mitunter zu geringen Freiheitsgraden führen sich ausführlicher mit CSR zu beschäftigen. Dies könnte darauf schließen, dass der Freiraum für mittelständische Unternehmen sehr unterschiedlich ist und maßgeblich durch die Branche bzw. die Produkte/Dienstleistung beeinflusst ist. In diesem Zusammenhang stellt Enderle fest: „the bigger the space of freedom, the bigger the responsibility" (Enderle 2004, S. 52). Dies impliziert letztlich, dass mittelständische Unternehmen in ihrem CSR-Engagement starken Einschränkungen unterliegen können, obwohl es durchaus der Überzeugung des Unternehmers entsprechen würde. Mittelständische Unternehmen sollten demnach ihr Engagement an dem zur Verfügung stehendem Freiraum ausrichten.

Bezüglich der Terminologie kann festgestellt werden, dass mittelständische Unternehmen dazu tendieren, den Begriff CSR abzulehnen und diesen eher mit den Aktivitäten von Großunternehmen in Verbindung bringen, sofern der Begriff überhaupt bekannt ist. Zwar scheinen mittelständische Unternehmen in zahlreichen Maßnahmen, die dem Begriff CSR zugerechnet werden können aktiv zu sein, der Begriff bzw. das Konzept an sich wird jedoch als neues Konstrukt verstanden, dessen Ideen teilweise Bestandteil des traditionellen Grundverständnisses der mittelständischen Unternehmen sind (Bader et al. 2007, S. 8; Wieland et al. 2009, S. 75). Es wurde bereits angedeutet, dass mittelständische Unternehmen mit einer Reihe von CSR-Maßnahmen in Verbindung gebracht werden. Im Folgenden wird darauf eingegangen, in welchen Bereichen mittelständische Unternehmen überwiegend engagiert sind und wie sich der Steuerungsansatz darstellt.

---

[21]Siehe hierzu Bos-Brouwers, H. E. J. (2010, S. 428); GILDE (2007, S. 17); Institut für mittelstandsorientierte Betriebswirtschaft (2009, S. 24 f.); Iturrioz, C. et al. (2009, S. 429).
[22]Siehe hierzu Gadenne, D. L. et al. (2009, S. 60) oder auch Tilley, F. (1999, S. 240 ff.).

3.2   Tätigkeitsfelder und Maßnahmen mittelständischer Unternehmen im Bereich CSR

Wenn mittelständische Unternehmen in CSR Maßnahmen involviert sind kann davon ausgegangen werden, dass diese in irgendeiner Art und Weise gesteuert werden müssen. Die spezifischen Eigenschaften mittelständischer Unternehmen lassen zunächst darauf schließen, dass formale Ansätze, die in Großunternehmen Anwendung finden, für mittelständische Unternehmen weniger geeignet sind. In Tendenz erscheint es, dass CSR als ad-hoc und informales Thema verstanden wird.[23] Dies würde folglich implizieren, dass CSR nicht als Teil des Kerngeschäftes verstanden wird und in der Typologie von Walther et al. eher dem ethisch motivierten Unternehmer entspricht. Dieser wenig systematische und strukturierte Ansatz spiegelt die Gegebenheiten in vielen mittelständischen Unternehmen wider und gestattet konsequenterweise auch ein hohes Maß an Flexibilität. Insbesondere die flexiblen Strukturen, flachen Hierarchien, die Nähe der Leitung des Unternehmens zu operativen Prozessen, wirken förderlich auf die Fähigkeit des Unternehmens sich schnell auf Umweltveränderungen anpassen zu können und könnten auch dafür sprechen, dass CSR entsprechend im Unternehmen gelebt werden könnte (Jenkins, H. (2009, S. 29 f.). Nichtsdestotrotz gibt es auch mittelständische Unternehmen die einen formaleren Ansatz wählen[24], dieser scheint jedoch für die Mehrheit der mittelständischen Unternehmen, aufgrund der Kosten und zunehmenden Bürokratie zunächst wenig attraktiv zu sein. Mitunter wird davon ausgegangen, dass mittelständische Unternehmen im Zuge ihres Wachstums eine Transformation durchlaufen hin zu formaleren und strukturierteren Management-Ansätzen. Dies würde sich konsequenterweise auch auf den Bereich CSR auswirken (Russo und Tencati 2009, S. 346 ff.). Insgesamt betrachtet erscheint es jedoch, dass formale Instrumente nur eine sehr geringe Verbreitung bei deutschen mittelständischen Unternehmen aufweisen. Instrumente, die sich aus klassischen Verfahren wie z. B. dem Qualitätsmanagement, das um Umweltaspekte erweitert wurde (z. B. Kombination aus ISO 9001 und ISO 14001), entwickelt haben oder über einen hohen Bekanntheitsgrad verfügen, wie z. B. Mitarbeiterentwicklung, Codes of Conduct usw. werden im Vergleich häufiger angewendet als sehr spezielle Verfahren. Der Einsatz von Instrumenten scheint mit dem Bekanntheitsgrad und dem Bewusstsein der Handelnden zu korrelieren.[25]

Wie bereits angesprochen kann auch davon ausgegangen werden, dass die Tätigkeitsfelder in hohem Maße durch die persönlichen Interessen und Fähigkeiten der Inhaber bzw. der Leitung des Unternehmens bestimmt sind. Grundsätzlich ist das CSR-Engagement von mittelständischen Unternehmen von lokaler Orientierung und misst den eigenen Mitarbeitern eine hohe Bedeutung bei (Klein und Vorbohle 2010, S. 219; Walther et al. 2010, S. 92). Geldspenden, Sachspenden, Sponsoring und dergleichen stellen die

---

[23]Siehe hierfür beispielsweise Graafland, J. et al. (2003, S. 52 f.) und Sweeney, L. (2007, S. 519).

[24]Beispielsweise hierzu Perrini, F. und Minoja, M. (2008, S. 58 f.).

[25]Siehe hierzu Johnson, M. P. (2013), o. S.

dominierende Form des externen Engagements dar.[26] Oftmals gibt es auch einen persön-lichen Kontakt zwischen Geschäftsleitung und den Empfängern der Leistungen (Klein und Vorbohle 2010, S. 219). Im Rahmen des CSR-Engagements wird den eigenen Mit-arbeitern eine herausragende Bedeutung beigemessen.[27] Nahezu alle mittelständischen Unternehmen sind in diesem Bereich aktiv. Eine Studie von Hoffmann und Maaß kam zu dem Ergebnis, dass die Gewährung flexibler Arbeitszeiten (75,8 %) am weitesten verbreitet ist. Dicht gefolgt von Instrumenten der Personalentwicklung (71,9 %), einem partizipativen Führungsstil (59,7 %) und die Förderung bestimmter Personengruppen (28,3 %), wie z. B. die Förderung von Mitarbeitern mit Migrationshintergrund. Letzte-rer scheint sogar ausgeprägter als in Großunternehmen angewendet zu werden, die ledig-lich auf eine Verbreitung dieses Instruments von 20,9 % kommen. Dies könnte auch ein Ergebnis des Fachkräftemangels sein, der mittelständische Unternehmen härter trifft als Großunternehmen, und weniger aus einer altruistischen Denkweise resultieren. Es erscheint, dass Maßnahmen, die finanzielle Ressourcen bedingen, in mittelständischen Unternehmen weniger verbreitet sind. Hierunter fallen zusätzliche Gesundheits-leistungen (20,0 %) und übertarifliche Sozialleistungen (16,1 %). Die hohen Werte implizieren zudem, dass Unternehmen in mehreren Maßnahmen engagiert sind.[28] Ein guter Umgang mit den Mitarbeitern wird von der Mehrheit der mittelständischen Unter-nehmen als bedeutender Erfolgsfaktor gesehen und das Ziel ist es, Mitarbeiter langfristig an das Unternehmen zu binden.[29]

Man könnte argumentieren, dass der individuelle negative Effekt mittelständischer Unternehmen auf die Umwelt vernachlässigbar wäre insbesondere im Vergleich zu Großunternehmen. Es ist deshalb auch nachvollziehbar, dass es durchaus Hinweise gibt, dass mittelständische Unternehmen in diesem Bereich ihren Einfluss unter-schätzen.[30] Zudem sind mittelständische Unternehmen in der Gesellschaft weniger sichtbar, verglichen mit Großunternehmen (Graafland et al. 2003, S. 53; Udayasankar 2008, S. 168), die durch ihren Bekanntheitsgrad, mitunter auch der medialen Bericht-

---

[26]Heblich, S. und Gold, R. (2010, S. 346) und Walther, M. et al. (2010, S. 92). Über das absolute Ausmaß an solchen Maßnahmen herrscht Unklarheit. Während manche Studien eine sehr hohe Verbreitung eines derartigen Engagements identifizieren (siehe hierzu z. B. Heblich, S. und Gold, R. (2010, S. 346), kommen andere Studien zu deutlich anderen Ergebnissen (siehe hierzu z. B. Koos, S. (2012, S. 150); Maaß, F. (2009, S. 22)). Maaß resümiert dass mit 41,1 % deutlich mehr als ein Drittel aller mittelständischen Unternehmen in Deutschland, das direkte gesellschaftliche Umfeld in solchen Maßnahmen berücksichtigt.

[27]Siehe hierzu Hammann, E.-M. (2009, S. 42 f.); Klein, S. und Vorbohle, K. (2008, S. 47 f.) und Klein, S. und Vorbohle, K. (2010, S. 219).

[28]Siehe hierzu Hoffmann, M. und Maaß, F. (2009, S. 21 f.) oder auch GILDE (2007, S. 7), die zu einem ähnlichen Ergebnis kommen.

[29]Siehe hierzu Heblich, S. und Gold, R. (2010, S. 348 f.).

[30]Siehe hierzu beispielsweise Hillary, R. (2000, S. 18); Krämer, W. (2003, S. 33 f.) und Tilley, F. (2000, S. 35 f.).

erstattung, vor umfangreichere Stakeholder-Ansprüche gestellt werden können. Bei Betrachtung der Gesamtheit des Sektors wird jedoch deutlich, dass die Aktivitäten jedes einzelnen Unternehmens durchaus von Bedeutung sind. So stellen Morsing und Perrini treffend fest: „that it also matters a lot for the global economy to what extent small businesses decide to engage in CSR activities" (Morsing und Perrini 2009, S. 1). Klein und Vorbohle stellen fest, dass Maßnahmen zum Schutz der Umwelt, die über das gesetzliche Niveau hinausgehen, nur sehr eingeschränkt von Unternehmen vollzogen werden. Diese seien zum einen tendenziell branchenabhängig und müssten zudem auch im Lichte der strengen gesetzlichen Regelung in Deutschland betrachtet werden.[31] Weiterhin erscheint es, dass das Engagement mittelständischer Unternehmen auf soziale Aspekte, die darüber hinaus einen direkten Bezug zum Unternehmer oder Unternehmen haben (z. B. die eigenen Mitarbeiter) ausgeprägter ist während abstrakteren Themen oder nicht genau bestimmbaren Adressaten (z. B. die natürliche Umwelt) eine geringere Bedeutung beigemessen wird (Bluhm und Geicke 2008, S. 5703; Hammann 2009, S. 54 f.). In der Tat hat die Branche eines Unternehmens einen erheblichen Einfluss darauf, wie stark es sich im Schutz der natürlichen Umwelt engagiert. Es ist demzufolge auch nachvollziehbar, dass Unternehmen des verarbeitenden Gewerbes mit einer höheren Wahrscheinlichkeit in Umweltschutzmaßnahmen investieren als beispielsweise Unternehmen aus anderen Branchen, die einen geringeren Einsatz von Energie, Material, Rohstoffen oder dergleichen aufweisen.[32] Bei der Umsetzung ökologischer Maßnahmen dominieren Aktivitäten, die unter der Kategorie umwelt- bzw. ressourcenschonender Produktionsmethoden subsumiert werden können. Ca. 50 bis 60 % der mittelständischen Unternehmen sind in diesem Bereich aktiv. Lediglich 35 % legen explizit Wert auf eine umweltverträgliche Produktausgestaltung.[33] Bei Betrachtung der im internationalen Vergleich hohen Energiekosten, erscheint es nicht verwunderlich, dass Unternehmen ein hohes Interesse an der Reduzierung des Energieverbrauchs haben. Insofern dürfte vielen Maßnahmen ein ökonomisches Kalkül zugrunde liegen.

---

[31]Klein, S. und Vorbohle, K. (2010, S. 220). Hingegen kommt Bürgi bei einer Untersuchung Schweizer und Deutscher Mittelständler zu dem Ergebnis, dass viele Unternehmen durchaus versuchen sich stärker zu engagieren als der gesetzliche Rahmen vorgibt (Bürgi 2010, S. 164).

[32]Siehe hierzu Cassells, S. und Lewis, K. (2011, S. 198) und Holland, L. und Gibbon, J. (1997, S. 11 f.).

[33]Bluhm, K. und Geicke, A. (2008, S. 5703) und Hoffmann, M. und Maaß, F. (2009, S. 24). Die Aktivitäten scheinen sich auf Maßnahmen zur Reduktion des Energieverbrauchs, der natürlichen Ressourcen und des Abfalls zu konzentrieren (GILDE 2007, S. 9).

4 CSR in mittelständischen Unternehmen: Ausgewählte empirische Ergebnisse

Im folgenden Kapitel werden ausgewählte Ergebnisse der durchgeführte Feldstudie vorgestellt. Eine ausführliche Diskussion der empirischen Ergebnisse ist in Kraus (2016) zu finden.[34]

Wie zuvor bereits angedeutet wurden 30 Interviews mit geschäftsführenden Gesellschaftern und Geschäftsführern mittelständischer Unternehmen durchgeführt. Es wurde ein offener semi-strukturierter Interview-Ansatz (Kvale und Brinkmann 2009, S. 130 f.; Rubin und Rubin 2012, S. 31 f.) gewählt. In Summe führte die Datenerhebung zu 1918 min Interviewmaterial, das anschließend transkribiert wurde. Die Transkripte wurden mittels thematischer Codierung ausgewertet.[35]

Im Hinblick auf die Mentalität bzw. die grundsätzliche Ausrichtung der Unternehmen ist auffällig, dass die Erhaltung der Selbstbestimmtheit sowie eine gewisse Zurückhaltung und Bodenständigkeit in der Stichprobe weit verbreitet sind. Diese grundsätzliche Haltung, kann in unterschiedlicher Ausprägung, durchaus als charakteristisch für das sozio-kulturelle Umfeld „Baden-Württemberg", in dem die Feldstudie durchgeführt wurde, angesehen werden.[36] Es gehe nicht ausschließlich um die Maximierung des Gewinns, im Fokus stehe eher die langfristige Weiterentwicklung des Unternehmens, sodass es auch an künftige Generationen weitergegeben werden kann. Gleichwohl spielt eine gesunde wirtschaftliche Situation des Unternehmens eine große Rolle.

„Wir wollen uns nicht mit aller Gewalt und Brechstange vergrößern und expandieren, sondern die Ausrichtung ist gut schwäbisch sag ich mal: Tue immer das, was du kannst. Versuche dich nicht dabei zu übernehmen. Was ja dem Grundsatz von Nachhaltigkeit eigentlich auch wieder entspricht."

„Aber mir persönlich geht es um andere Dinge. Mir geht es für mich persönlich darum, dass ich weiter frei entscheiden kann. Das ist für mich ein ganz wesentliches Thema."

Sehr stark ausgeprägt ist eine kritische Haltung gegenüber Großunternehmen. Große Konzerne werden mit einer arroganten Haltung gegenüber kleineren Unternehmen in Verbindung gebracht. Dazu bei trägt auch der fehlende persönliche Kontakt, der in Geschäftsbeziehungen mit anderen Mittelstandsunternehmen, nach wie vor vorhanden zu sein scheint. Zudem finde dann die Kommunikation auf Augenhöhe statt und ein Handschlag zähle noch was. In hohem Maße kritisch gesehen, wird das Renditestreben börsennotierter Konzerne, das als unnatürlich angesehen wird und letztlich dazu führe, dass der Druck an die Lieferanten weitergegeben werde.

---

[34] Siehe hierzu Kraus, P. (2016).

[35] Siehe hierzu Braun, V. und Clarke, V. (2006, S. 79); King, N. (2012, S. 429 f.) und King, N. und Horrocks, C. (2010, S. 151).

[36] Siehe hierzu z. B. Cost, H. (2006, S. 216 ff.).

„Deswegen tun mir ja auch die Manager von großen Unternehmen eher leid, weil sie werden ja zu einer Handlungsweise gezwungen aufgrund des Kapitalmarktes, was ihnen vermutlich auch keine Freude macht, dass sie immer nur kurzfristige Gewinne ausweisen müssen und der Tanz, dann langfristig zu denken und kurzfristige Gewinne auszuweisen, ist natürlich sehr schwer."

„Die Zusammenarbeit mit Großunternehmen ist in der Regel problematisch. Problematisch, weil, das verstehe ich ja auch, wenn man so ein großes Unternehmen ist, dann kann man nicht als Leitfigur und als Vorbild führen, sondern da muss man mit Strukturen und mit Regeln führen. Und die Strukturen und die Regeln, die führen dazu, dass die Menschen in ihrem Entscheidungsspielraum sehr eingeengt sind. Und dann kann eine einzelne Person fast nichts entscheiden."

„Die Perspektive, die langfristige, das ist wiederum auch ein Thema bei den größeren Unternehmen. Denn offensichtlich ist denen das egal. Also wir haben jetzt gerade aktuell einen Fall, ein Wettbewerber von uns im Bayrischen war im Januar insolvent. Der hat zwei Jahre lang wirklich massiv Aufträge bekommen von einem unserer größten Kunden. Hat natürlich entsprechende Preise angeboten, und im Januar war er pleite."

Im Gegensatz hierzu hat für die Interviewteilnehmen eine langfristige Orientierung eine hohe Bedeutung. Das Sub-Thema ‚Langfristige Perspektive' mit seinen unterschiedlichen Codes spielt in den Daten eine sehr dominante Rolle. Nahezu jeder Interview-Teilnehmer bezog sich im Laufe der Interviews mehrmals auf Aspekte, die eine langfristige Orientierung vermuten lassen und zwar sowohl explizit aber auch implizit in dem sich auf die Weiterentwicklung des Unternehmens bezogen wird.

„Für mich wäre es ein ganz schlechtes Geschäftsjahr, einen tollen Gewinn gemacht zu haben und keine Investition getätigt zu haben. Investition, nicht unbedingt Gebäude, aber Innovation sind für mich sehr, sehr wichtig und deswegen, die Konstruktion hier im Hause, die arbeiten schon immer unter Volldampf, das ist ganz wichtig."

„Wenn also unsere Teams durch Innovationen, an denen ich nicht unbedingt mitgearbeitet haben muss, aber oft genug Visionär dazu war, und manche Projekte nach 20 Jahren, aus der Vision dann ein für den Kunden attraktives Produkt wird. Dann sind das natürlich Highlights im Leben, über die man sich freut."

„Wir können natürlich auch wirklich langfristig denken, bei unseren Investitionen. Das muss sich nicht gleich, wie bei manchen, die Vorgabe eben ist, nach zwei Jahren wieder schon amortisiert haben. Ich kann auch mal sagen: Hey, mir reichen vier, fünf oder auch mal 10 Jahre, aber irgendwann rechnet sich das auf lange Sicht."

Hinsichtlich des sozialen Engagements hat sich gezeigt, dass die Teilnehmer in einer Vielzahl von Maßnahmen involviert sind. Es gibt jedoch eher keine strategische Betrachtung oder kontinuierliche systematische Steuerung der durchgeführten Maßnahmen, durchaus wird aber erhofft, das Unternehmen durch die Maßnahmen bekannter zu machen und bei Aktivitäten, die sich auf den Bildungsbereich beziehen neue Mitarbeiter zu gewinnen, z. B. für einen Ausbildungsberuf. Die Maßnahmen hängen stark von den persönlichen Ansichten der Inhaber ab und tendieren dazu regional/lokal durchgeführt zu werden.

„Da werden natürlich hiesige Vereine bevorzugt. Also wenn ein Sportclub aus Nürnberg kommt und sagt, sponsert ihr mir ein Trikot. Dann sagen wir nein."

„Da gibt's sicherlich immer wieder neue Anfragen, aber wir haben da ein Budget für uns selber erarbeitet. In dem Bereich bewegen wir uns und daher versuchen wir natürlich auch, immer wieder diese Vereine dann zu unterstützen. Da wird dann mal einer ausgetauscht, neue kommen dazu, aber das sind eigentlich so die Maßnahmen, die man macht."

„Sehr intensiv pflegen wir Kontakte zu verschiedenen Hochschulen, um dort auch sehr engen Kontakt mit den Professoren zu haben und dann auch immer wieder mit jungen Leuten ins Gespräch zu kommen."

Tab. 1 illustriert die Vielfalt sowie den Charakter der durchgeführten Aktivitäten:

Tab. 1 Übersicht sozialer Aktivitäten mittelständischer Unternehmen

Charity Projekte

Unterstützung von Einrichtungen für Behinderte (z. B. Werkstätten, Kauf von entsprechenden Produkten)

Schnupperkurse um Behinderte Personen in das Arbeitsleben zu integrieren

Finanzielle Unterstützung beim Kauf von Sachgüter (z. B. Kauf eines Krankenwagen für Kinder)

Unterstützung eines Palliativ Zentrums für Kinder

Unterstützung einer Typisierungsaktion zur Bekämpfung von Leukämie

Spenden für Kirchenprojekte

Unterstützung von Kinderheimen

Nicht-finanzielle Unterstützung von sozialen Vereinen (z. B. Mailing-Aktionen)

Spenden an diverse soziale Einrichtungen

Unterstützung eines Projekts zur Vermeidung von Jugendkriminalität

Spenden im Falle von Naturkatastrophen

Patenschaften für Kinder in Afrika

Sponsoring von kulturellen Themen

Finanzielle Unterstützung von Festivals und kulturellen Veranstaltungen

Spenden zur Erhaltung historischer Gebäude (z. B. Klöster)

Sponsoring von Vereinen

Monetäre und Nicht-Monetäre Unterstützung von Sportvereinen mit einem starken Fokus auf die Jugendarbeit

Monetäre und Nicht-Monetäre Unterstützung von Musikvereinen

Spenden an die freiwillige Feuerwehr

Unterstützung von Bildung

Kooperationen mit Schulen

Unterstützung von Kindergärten

Möglichkeit von Praktika für Schüler und Studenten

Möglichkeit von Ausbildungen für Jugendliche aus prekären Lebensverhältnissen oder mit Lernschwierigkeiten

Durchführung von zusätzlichen Kursen/Workshops für Kinder, durchgeführt von Mitarbeitern (z. B. im Bereich der Naturwissenschaften)

Kooperationen mit studentischen Beratungen

(Fortsetzung)

Tab. 1 (Fortsetzung)

Betriebsbesichtigungen für Kinder und Studenten
Spende von technischem Equipment an Schulen (z. B. PCs, Labor Equipment)
Auslobung von Preisen für Studenten
Durchführung von Bewerbertrainings für Schüler
Teilnahme an Schulmessen
Monetäre und Nicht-Monetäre Unterstützung von Hochschulen (z. B. Finanzierung von Lehrstühlen, Teilnahme an Gremien)
Finanzielle Unterstützung von Events an Schulen (z. B. Sportveranstaltungen für Schüler)
Teilnahme an regionalen Netzwerken zur Unterstützung der Praxisorientierung der Bildung (z. B. Vermeidung von Schulschließungen, Initiierung neuer Ausbildungsberufe)
Zuschüsse an Schüler (z. B. für Exkursionen)

Die Auswertung der Daten deutet jedoch daraufhin hin, dass sehr wohl auch kleinere Firmen einen sehr formalen und professionellen CSR-Ansatz wählen können. Dies würde darauf hinweisen, dass weniger die Unternehmensgröße eine Rolle spielt, dafür aber umso mehr die persönliche Einstellung der Inhaber, die Branche des Unternehmens als auch die Produkte, Kunden und inwieweit ein Unternehmen in einer Nischenposition tätig ist, aus der sich der entsprechend nötige Freiraum ergibt, sich mit sozialen Aspekten beschäftigen zu können.

Tendenziell überwiegen in der Breite jedoch Einzelmaßnahmen, die keiner systematischen Steuerung unterliegen. Diese werden z. B. auf Basis des betrieblichen Vorschlagswesens identifiziert oder spontan, je nach Anfrage entschieden werden. Ein systematisches Energiemanagementsystem (wie z. B. nach ISO 50001) scheint wenig verbreitet zu sein, da der bürokratische Aufwand und die damit verbundenen Kosten zunächst abschreckend erscheinen. Sehr wohl gibt es jedoch auch kleinere mittelständische Unternehmen, die solche Systeme erfolgreich implementiert haben. Weiter verbreitet scheinen Umweltmanagementsysteme (z. B. ISO 14001) zu sein. Es stellt sich jedoch die Frage inwieweit diese Systeme in mittelständischen Unternehmen gelebt werden. Mittelständische Unternehmen schätzen teilweise den ökologische Nutzen solcher Systeme als gering ein und betrachten die Zertifizierung eher als Pflichtübung, die von Kundenseite nicht immer zwingend gefordert aber durchaus gerne gesehen wird. Die Beobachtungen implizieren des Weiteren, dass es folglich durchaus Spielraum für mittelständische Unternehmen zu geben scheint, sich über die gesetzlichen Vorgaben hinaus zu engagieren.

5   Fazit

Der vorliegende Beitrag verdeutlicht, dass sich mittelständische Unternehmen durchaus in vielerlei Hinsicht von Großunternehmen unterscheiden. Besorgnis erregend erscheint die zunehmende emotionale Kluft zwischen Großunternehmen und mittelständischen Unternehmen. Diese Unterschiedlichkeit wirkt sich konsequenterweise auch auf die Art und Weise aus, wie mittelständische Unternehmen ihr gesellschaftliches Engagement ausüben. Eine Reihe von Maßnahmen, in denen sich mittelständische Unternehmen engagieren, können unter dem Begriff CSR subsumiert werden, allerdings sind sich die Unternehmen dessen nur eingeschränkt bewusst. Die durchgeführten Maßnahmen sind stark personenbezogen und hängen sehr von den einzelnen Akteuren in den Unternehmen ab. Weiterhin scheinen diese nur eingeschränkt einer systematischen Steuerung zu unterliegen. Der Freiraum für ein gesellschaftliches Engagement stellt sich für die Unternehmen sehr unterschiedlich dar. Dieser scheint weniger von der Größe des Unternehmens abzuhängen, sehr wohl jedoch von der persönlichen Motivation der Leitung bzw. der Eigentümer des Unternehmens und auch von den Marktgegebenheiten in denen das Unternehmen arbeitet, wie z. B. Produkte, Kunden usw.

Es hat sich auch gezeigt, dass kleinere mittelständische Unternehmen durchaus formale Managementinstrumente erfolgreich einsetzen können. Üblicherweise verfügt die Leitung dieser Unternehmen über eine stark intrinsische Motivation, sich gesellschaftlich zu engagieren und kann durch die Erfahrungen in diesem Bereich die bürokratischen Erfordernisse der Formalisierung (z. B. Zertifizierungen) mit überschaubarem Aufwand bewältigen und einen Nutzen aus den Instrumenten ziehen. Ein ausgeprägtes gesellschaftliches Engagement scheint gelebte Praxis in diesen Unternehmen zu sein. Auf der anderen Seite gibt es jedoch Firmen, deren Ressourcen durch die Bewältigung der täglichen operativen Herausforderungen absorbiert werden. Auch bei diesen Unternehmen, gibt es teilweise formale Managementinstrumente (z. B. Umweltzertifizierungen), mitunter da dies von größeren Kunden gefordert wird oder es staatliche Anreize gibt. Diese Implementierung spiegelt sich jedoch nicht oder nur eingeschränkt in der Preisgestaltung wider, sodass Unternehmen erhebliche Ressourcen in die formale Erfüllung der Voraussetzungen investieren müssen, diese Systeme aber weder gelebt werden noch von den Unternehmen einen Nutzen attestiert wird. Hier stellt sich durchaus die Frage inwieweit die Implementierung solcher Instrumente Sinn macht, da als Folge der Implementierung letztlich Ressourcen für ein ausgeprägteres gesellschaftliches Engagement fehlen könnten, wenngleich dieses Engagement dann unsystematischer erfolgen würde. Hätten die Firmen die Freiheit ein Teil der Ressourcen in Projekte im gesellschaftlichen Bereich zu investieren, würde dies ggf. mit einem höheren gesamtgesellschaftlichen Nutzen einhergehen. Im Zuge des demografischen Wandels und des Fachkräftemangels sind mittelständische Unternehmen gut beraten sich mit solchen Aspekten auseinanderzusetzen, um ein positives Arbeitgeberimage zu schaffen. In der Tat waren in der Stichprobe Unternehmen vertreten, die keine systematischen Instrumente verwendet haben, sich aber dennoch stark und erfolgreich in diesem Bereich engagieren. Insofern scheint es keinen eindeutig richtigen oder falschen Ansatz für mittelständische Unternehmen zu geben, vielmehr sollte der Vielfalt und Heterogenität der Unternehmen und deren Ansätze Rechnung getragen werden. Von hoher Bedeutung ist es jedoch, forschungsseitig einen fundierten Erkenntnisstand zu erarbeiten, um letztlich dann auch die Unternehmen mit zielgerichteten und praktikablen Ansätzen zu unterstützen.

Literatur

Altenburger R, Schmidpeter R (2018) CSR und Familienunternehmen: Gesellschaftliche Verantwortung im Spannungsfeld von Tradition und Innovation. Springer Gabler, Berlin

Bader N et al (2007) Corporate Social Responsibility (CSR) bei kleinen und mittelständischen Unternehmen in Berlin. http://www.ihk-berlin.de/linkableblob/bihk24/standortpolitik/downloads/818292/.9./data/Studie_CSR_in_Berlin-data.pdf. Zugegriffen: 26. Okt. 2014

Becker W, Ulrich P (2011) Mittelstandsforschung: Begriffe, Relevanz und Konsequenzen. Kohlhammer, Stuttgart

Blackburn R, Kovalainen A (2009) Researching small firms and entrepreneurship: past, present and future. Int J Manag Rev 11(2):127–148

Bluhm K, Geicke A (2008) Gesellschaftliches Engagement im Mittelstand: altes Phänomen oder neuer Konformismus? In: Rehberg K-S (Hrsg) Die Natur der Gesellschaft: Verhandlungen des 33. Kongresses der Deutschen Gesellschaft für Soziologie in Kassel 2006. Campus, Frankfurt a. M, S 5699–5713 http://nbn-resolving.de/urn:nbn:de:0168-ssoar-153849. Zugegriffen: 26. Okt. 2014

Bos-Brouwers HEJ (2010) Corporate sustainability and innovation in SMEs: evidence of themes and activities in practice. Bus Strat Environ 19(7):417–435

Braun S, Backhaus-Maul H (2010) Gesellschaftliches Engagement von Unternehmen in Deutschland: Eine sozialwissenschaftliche Sekundäranalyse. VS Verlag, Wiesbaden

Braun V, Clarke V (2006) Using thematic analysis in psychology. Qual Res Psychol 3(2):37–41

Britzelmaier B et al (2009) Controlling in practice – an empirical study among small and medium-sized enterprises in Germany. In: Vrontis D et al (Hrsg) Managerial and entrepreneurial developments in the Mediterranean Area. EuroMed, Nicosia, S 335–348

Bürgi J (2010) A comprehensive model for SMEs: measuring the dynamic interplay of morality, environment and management systems – towards continous improvement. In: Spence LJ, Painter-Morland M (Hrsg) Ethics in small and medium sized enterprises: a global commentary. Springer, Dordrecht, S 147–171

Burton BK, Goldsby M (2009) Corporate social responsibility orientation, goals, and behavior: a study of small business owners. Bus Soc 48(1):88–104

Cassells S, Lewis K (2011) SMEs and environmental responsibility: do actions reflect attitudes? Corp Soc Responsib Environ Manag 18(3):186–199

Chandler AD (1994) Scale and scope: the dynamics of industrial capitalism. Harvard University, Cambridge

Cost H (2006) Die Wirtschaft Baden-Württembergs. In: Weber R, Wehling H-G (Hrsg) Baden-Württemberg: Gesellschaft, Geschichte, Politik. Kohlhammer, Stuttgart, S 217–237

Crane A et al (2008) The corporate social responsibility agenda. In: Crane A et al (Hrsg) The Oxford handbook of corporate social responsibility. Oxford University, Oxford, S 3–15

Curran J, Blackburn RA (2001) Researching the small enterprise. Sage, London

Dahlsrud A (2008) How corporate social responsibility is defined: an analysis of 37 definitions. Corp Soc Responsib Environ Manage 15(1):1–13

Deimel K, Kraus S (2007) Strategisches Managment in kleinen und mittleren Unternehmen – Eine empirische Bestandsaufnahme. In: Letmathe P et al (Hrsg) Managment kleiner und mittlerer Unternehmen: Stand und Perspektiven der KMU-Forschung. Deutscher Universitätsverlag, Wiesbaden, S 155–169

Enderle G (2004) Global competition and corporate responsibilities of small and medium-sized enterprises. Bus Ethics Eur Rev 13(1):51–63

Evans N, Sawyer J (2010) CSR and stakeholders of small businesses in regional South Australia. Soc Responsib J 6(3):433–451

Fassin Y (2008) SMEs and the fallacy of formalising CSR. Bus Ethics Eur Rev 17(4):364–378

Fitjar RD (2011) Little big firms? Corporate social responsibility in small businesses that do not compete against big ones. Bus Ethics Eur Rev 20(1):30–44

Gadenne DL et al (2009) An empirical study of environmental awareness and practices in SMEs. J Bus Ethics 84(1):45–63

Gallie WB (1956) Essentially contested concepts. Proc Aristot Soc 65:167–198

Gelbmann U, Baumgartner RJ (2012) Strategische Implementierung von CSR in KMU. In: Scheider A, Schmidpeter R (Hrsg) Corporate Social Responsibility: Verantwortungsvolle Unternehmensführung in Theorie und Praxis. Springer, Berlin, S 285–298

Gélinas R, Bigras Y (2004) The characteristics and features of SMEs: favorable or unfavorable to logistics integration? J Small Bus Manage 43(3):263–278

GILDE (2007) Commitment to society by small and medium- sized enterprises in Germany – current situation and future development. http://www.csr-mittelstand.de/pdf/Studie_CSR_im_ Mittelstand_Deutschland_EN.pdf. Zugegriffen: 26. Okt. 2014

Graafland J et al (2003) Strategies and instruments for organising CSR by small and large businesses in the Netherlands. J Bus Ethics 47(1):45–60

Gray C (2004) Management development in European small and medium enterprises. Adv Dev Hum Res 6(4):451–469

Habisch A, Wegner M (2005) Germany – overcoming the heritage of corporatism. In: Habisch A et al (Hrsg) Corporate social responsibility across Europe. Springer, Berlin, S 111–123

Hammann E-M et al (2009) Values that create value: socially responsible business practices in SMEs – empirical evidence from German companies. Bus Ethics Eur Rev 18(1):37–51

Hankinson A et al (1997) The key factors in the small profiles of small-medium enterprise owner-managers that influence business performance: the UK (Rennes) SME survey 1995–1997 an international research project UK survey. Int J Entrepreneurial Behav Res 3(3):168–175

Heblich S, Gold R (2010) Corporate Social Responsibility: Eine Win-Win Strategie für Unternehmen und Regionen. In: Pechlaner H, Bachinger M (Hrsg) Lebensqualität und Standortattraktivität: Kultur, Mobilität und regionale Marken als Erfolgsfaktoren. Erich Schmidt, Berlin, S 333–358

Hillary R (2000) Introduction. In: Hillary R (Hrsg) Small and medium-sized enterprises and the environment. Greenleaf, Sheffield, S 11–22

Hoffmann M, Maaß F (2009) Corporate Social Responsibility als Erfolgsfaktor einer stakeholderbezogenen Führungsstrategie? Ergebnisse einer empirischen Untersuchung. In: Mittelstandsforschung Bonn I (Hrsg) Jahrbuch zur Mittelstandsforschung 2008. Gabler, Wiesbaden, S 1–51

Holland L, Gibbon J (1997) SMEs in the metal manufacturing, construction and contracting service sectors: environmental awareness and actions. Eco-Manage Audit 7(4):7–14

Hudson M et al (2001) Theory and practice in SME performance measurement systems. Int J Oper Prod Manage 21(8):1096–1115

Hutchinson V, Quintas P (2008) Do SMEs do knowledge management? Or simply manage what they know? Int Small Bus J 26(2):131–154

Institut für mittelstandsorientierte Betriebswirtschaft (2009) Für die Zukunft richtig aufgestellt? Nachhaltigkeit in Klein- und mittelständischen Unternehmen der EUREGIO. https://www. fh-muenster.de/isun/downloads/Nachhaltigkeitsstudie_1_.pdf. Zugegriffen: 26. Okt. 2014

Iturrioz C et al (2009) Social responsibility in SMEs: a source of business value. Soc Responsib J 5(3):423–434

Jenkins H (2004) A critique of conventional CSR Theory: an SME perspective. J Gen Manage 29(4):37–57

Jenkins H (2006) Small business champions for corporate social responsibility. J Bus Ethics 67(3):241 256

Jenkins H (2009) A ‚business opportunity‘ model of corporate social responsibility for small- and medium-sized enterprises. Bus Ethics Eur Rev 18(1):21–36

Johnson MP (2013) Sustainability management and small and medium-sized enterprises: managers' awareness and implementation of innovative tools. Corp Soc Responsib Environ Manag, (Early View). https://doi.org/10.1002/csr.1343

Karami A et al (2006) The CEOs' characteristics and their strategy development in the UK SME sector: an empirical study. J Manage Dev 25(4):316–324

Kayser G (2006) Daten und Fakten – Wie ist der Mittelstand strukturiert? In: Krüger W et al (Hrsg) Praxishandbuch des Mittelstands: Leitfaden für das Management mittelständischer Unternehmen. Gabler, Wiesbaden, S 33–48

King N (2012) Doing template analysis. In: Symon G, Cassell C (Hrsg) Qualitative organizational research: core methods and current challenges. Sage, London, S 426–450

King N, Horrocks C (2010) Interviews in qualitative research. Sage, London

Klein S, Vorbohle K (2008) Eine andere Welt?! Über das Verhältnis von Inhabern kleiner und mittlerer Unternehmen zu ihren Mitarbeitern. In: Beschorner T et al (Hrsg) Zur Verantwortung von Unternehmen und Konsumenten. Hampp, München, S 41–56

Klein S, Vorbohle K (2010) Corporate social responsibility and stakeholder relations – the perspective of german small and medium-sized enterprises. In: Spence LJ, Painter-Morland M (Hrsg) Ethics in small and medium sized enterprises: a global commentary. Springer, Dordrecht, S 215–225

Koos S (2012) The institutional embeddedness of social responsibility: a multilevel analysis of smaller firms' civic engagement in Western Europe. Soc-Econ Rev 10(1):135–162

Krämer W (2003) Mittelstandsökonomik: Grundzüge einer umfassenden Analyse kleiner und mittlerer Unternehmen. Vahlen, München

Kraus P (2016) Sustainability and Responsibility Engagement of ‚Mittelstand‘ Firms in Baden-Württemberg: An Exploratory Examination of SMEs in Germany. Nomos, Baden-Baden

Krimphove D, Tytko D (2002) Der Begriff „mittelständische Unternehmen" in betriebswirtschaftlicher und juristischer Diskussion. In: Krimphove D, Tytko D (Hrsg) Praktiker-Handbuch Unternehmensfinanzierung: Kapitalbeschaffung und Rating für mittelständische Unternehmen. Schäffer-Poeschel, Stuttgart, S 3–13

Krüger W (2006) Standortbestimmung – Wo steht der Mittelstand? In: Krüger W et al (Hrsg) Praxishandbuch des Mittelstands: Leitfaden für das Management mittelständischer Unternehmen. Gabler, Wiesbaden, S 13–31

Kusyk SM, Lozano JM (2007) Corporate responsibility in small and medium-sized enterprises. SME social performance: a four-cell typology of key drivers and barriers on social issues and their implications for stakeholder theory. Corp Gov 7(4):502–515

Kvale S, Brinkman S (2009) Interviews: learning the craft of qualitative research interviewing, 2. Aufl. Sage, London

Loucks ES (2010) Engaging small- and medium-sized businesses in sustainability. Sustain Account Manag Policy J 1(2):178–200

Maaß F (2009) Kooperative Ansätze im Corporate Citizenship: Erfolgsfaktoren gemeinschaftlichen Bürgerengagements im deutschen Mittelstand. Hampp, München

Mäder O, Hirsch B (2009) Controlling – Strategischer Erfolgsfaktor für die Internationalisierung von KMU. In: Keuper F, Schunk HA (Hrsg) Internationalisierung deutscher Unternehmen: Strategien, Instrumente und Konzepte. Gabler, Wiesbaden, S 107–137

Martin A, Bartscher-Finzer S (2006) Die Führung mittelständischer Unternehmen – Zwischen Defizit und Äquivalenz. In: Krüger W et al (Hrsg) Praxishandbuch des Mittelstands: Leitfaden für das Management mittelständischer Unternehmen. Gabler, Wiesbaden, S 203–217

Matlay H (2002) Industrial relations in the SME sector of the British economy: an empirical perspective. J Small Bus Enterp Dev 9(3):307–318

McWilliams A et al (2006) Corporate social responsibility: strategic implications. J Manag Stud 43(1):1–18

Morsing M, Perrini F (2009) CSR in SMEs: do SMEs matter for the CSR agenda? Bus Ethics Eur Rev 18(1):1–6

Murillo D, Lozano JM (2006) SMEs and CSR: an approach to CSR in their own words. J Bus Ethics 67(3):227–240

Okoye A (2009) Theorising corporate social responsibility as an essentially contested concept: is a definition necessary? J Bus Ethics 89(4):613–627

Oswald J et al (2007) The evolution of business knowledge in SMEs: conceptualizing strategic space. Strateg Change 16(6):281–294

Penrose E (2009) The growth of the firm, 4. Aufl. Oxford University, Oxford

Perrini F, Minoja M (2008) Strategizing corporate social responsibility: evidence from an Italian medium-sized, family-owned company. Bus Ethics Eur Rev 17(1):47–63

Pichler JH et al (2000) Management in KMU: Die Führung von Klein- und Mittelunternehmen, 3. Aufl. Haupt, Stuttgart

Preuss L, Perschke J (2010) Slipstreaming the larger boats: social responsibility in medium-sized businesses. J Bus Ethics 92(4):531–551

Rabbe S, Schulz A (2011) Herausforderungen an ein ganzheitliches Nachhaltigkeitsmanagementsystem zur Professionalisierung des strategischen Nachhaltigkeitsmanagements in kleinen und mittleren Unternehmen. In: Meyer J-A (Hrsg) Nachhaltigkeit in kleinen und mittleren Unternehmen. Eul, Lohmar, S 59–81

Rubin HJ, Rubin IS (2012) Qualitative interviewing: the art of hearing data, 3. Aufl. Sage, Thousand Oaks

Russo A, Tencati A (2009) Formal vs. informal CSR strategies: evidence from Italian micro, small, medium-sized, and large firms. J Bus Ethics 85(2):339–353

Schauf M (2009) Grundlagen der Unternehmensführung im Mittelstand. In: Schauf M (Hrsg) Unternehmensführung im Mittelstand: Rollenwandel kleiner und mittlerer Unternehmen in der Globalisierung. Hampp, München, S 1–30

Schneider A (2012) CSR aus der KMU-Perspektive: die etwas andere Annäherung. In: Scheider A, Schmidpeter R (Hrsg) Corporate social responsibility: Verantwortungsvolle Unternehmensführung in Theorie und Praxis. Springer, Berlin, S 583–598

Spence LJ (1999) Does size matter? the state of the art in small business ethics. Bus Ethics Eur Rev 8(3):163–174

Spence LJ (2007) CSR and small business in a European policy context: the five „C"s of CSR and small business research agenda 2007. Bus Soc Rev 112(4):533–552

Spence LJ, Painter-Morland M (2010) Introduction: ethics in small and medium sized enterprises. In: Spence LJ, Painter-Morland M (Hrsg) Ethics in small and medium sized enterprises: a global commentary. Springer, Dordrecht, S 1–9

Spence LJ, Rutherfoord R (2001) Social responsibility, profit maximisation and the small firm owner-manager. J Small Bus Enterp Dev 8(2):126–139

Sweeney L (2007) Corporate social responsibility in Ireland: barriers and opportunities experienced by SMEs when undertaking CSR. Corp Gov 7(4):516–523

Tänzler JK (2014) Corporate governance und corporate social responsibility im deutschen Mittelstand. Eul, Lohmar

Thompson JK, Smith HL (1991) Social responsibility and small business: suggestions for research. J Small Bus Manage 29(1):30–45

Tilley F (1999) The gap between the environmental attitudes and the environmental behaviour of small firms. Bus Strategy Environ 8(4):238–248

Tilley F (2000) Small firm environmental ethics: how deep do they go? Bus Ethics Eur Rev 9(1):31–41

Udayasankar K (2008) Corporate social responsibility and firm size. J Bus Ethics 83(2):167–175

Van Luijk H, Vlaming L (2010) Fostering corporate social responsibility in small and medium size enterprises. Recent experiences in The Netherland. In: Spence LJ, Painter-Morland M (Hrsg) Ethics in Small and medium sized enterprises: a global commentary. Springer, Dordrecht, S 277–289

Van Marrewijk M (2003) Concepts and definitions of CSR and corporate sustainability: between agency and communion. J Bus Ethics 44(2/3):95–105

Walther M et al (2010) Corporate social responsibility als strategische Herausforderung für den Mittelstand. In: Katham D et al (Hrsg) Wertschöpfungsmanagement im Mittelstand: Tagungsband des Forums der deutschen Mittelstandsforschung. Gabler, Wiesbaden, S 87–102

Welsh JA, White JF (1981) A small business is not a little big business. Harvard Bus Rev 59(4):18–32

Wieland J et al (2009) Informal und regional – Corporate Social Responsibility (CSR) bei kleinen und mittleren Unternehmen. In: Wieland J (Hrsg) CSR als Netzwerkgovernance – Theoretische Herausforderungen und praktische Antworten: Über das Netzwerk von Wirtschaft, Politik und Zivilgesellschaft. Metropolis, Marburg, S 67–96

Wolf J et al (2009) Erfolg im Mittelstand: Tipps für die Praxis. Gabler, Wiesbaden

Wolter H-J, Hauser H-E (2001) Die Bedeutung des Eigentümerunternehmens in Deutschland – Eine Auseinandersetzung mit der qualitativen und quantitativen Definition des Mittelstands. In: Mittelstandsforschung Bonn I (Hrsg) Jahrbuch zur Mittelstandsforschung 1/2001. Deutscher Universitätsverlag, Wiesbaden

© Patrick Kraus

Dr. Patrick Kraus geboren 1983 in Pforzheim, studierte an der Hochschule Pforzheim Controlling, Finanz- und Rechnungswesen (Diplom (FH) und M.A) und promovierte an der Universität Chester (PhD) in Großbritannien. Praktische Erfahrung sammelte er in der Unternehmensberatung und in der Softwarebranche. Derzeit ist er Leiter Finanzen bei einem börsennotierten Softwareunternehmen. Daneben fungiert er an diversen Hochschulen als Lehrbeauftragter u. a. auch an der Hochschule Pforzheim, Fakultät für Wirtschaft und Recht. Seine Forschungsschwerpunkte liegen u. a. in den Bereichen nachhaltige Unternehmensführung, Corporate Governance, kleine und mittlere Unternehmen und Familienunternehmen. Er ist Associate Editor beim International Journal of Organizational Analysis (Emerald) und fungiert als Reviewer für diverse internationale wissenschaftliche Zeitschriften (z. B. Journal of Global Responsibility und EuroMed Journal of Business).

© Bernd Britzelmaier

Prof. Dr. Bernd Britzelmaier ist Professor für Controlling, Finanz- und Rechnungswesen an der Hochschule Pforzheim, Fakultät für Wirtschaft und Recht. Bernd Britzelmaier hält Diplome in Betriebswirtschaft (FH Augsburg) und Informationswissenschaft (Universität Konstanz), er hat an der Universität Konstanz promoviert. Nach mehreren Jahren internationaler Industrietätigkeit hat er sich mit dem Aufbau deutsch-chinesischer Wirtschaftsbeziehungen beschäftigt, bevor er an die Hochschule des Fürstentums Liechtenstein (heute: Universität Liechtenstein) wechselte, wo er als Leiter des Fachbereichs Wirtschaftswissenschaften und Mitglied der Hochschulleitung die Entwicklung und den Aufbau der wirtschaftswissenschaftlichen Fakultät verantwortete. Bernd Britzelmaier ist Herausgeber und Autor zahlreicher Bücher und veröffentlicht regelmäßig in wissenschaftlichen Zeitschriften zu den Gebieten „Controlling", „Finanzierung" und „Business in China". Schwerpunkte waren dabei in den letzten Jahren u. a. Untersuchungen zum Thema „Wertorientierte Unternehmensführung", „Modelle und Anwendungen zur Kapitalkostenbestimmung" sowie Nachhaltigkeitsaspekte. Er ist Associate Editor der World Review of Entrepreneurship, Management and Sustainable Development (Inderscience) und Mitglied einer Reihe weiterer Editorial Boards.

© Neil Moore

Dr. Neil Moore geboren 1966, ist Senior Lecturer und Programm Leiter des MBA (WBIS) am Centre for Work Related Studies der Universität Chester in Großbritannien. Er studierte Wirtschaftswissenschaften an der Anglia Ruskin University und der University of Central Lancashire. Anschließend promovierte er an der University of Liverpool über das Management von Fußballvereinen im Englischen Profifußball. Neben Sportmanagement schließen seine Forschungsinteressen auch International Business sowie kleine und mittlere Unternehmen mit ein. Des Weiteren ist er als Dozent an Universitäten in Großbritannien und darüber hinaus tätig.

© Peter Stokes

Prof. Dr. Peter Stokes wurde 1959 in Bedworth, Warwickshire in Großbritannien geboren. Er absolvierte ein MBA-Programm an der University of Strathclyde Business School in Glasgow und promovierte an der Brunel University in London. Er sammelte umfangreiche praktische und akademische Erfahrung sowohl national als auch international. Er war in zahlreichen Beratungsprojekten in unterschiedlichen Branchen (z. B. Versorgungsunternehmen, Industrie, Bauwirtschaft, öffentliche Verwaltung) involviert. Zudem war erals Gastprofessor und Berater an Universitäten in Frankreich, Holland, Spanien, Irland, Deutschland, Vietnam, China, Indien und Dubai aktiv. Momentan ist er Professor für Leadership und Professional Development an der Leicester Castle Business School der De Montfort University in Großbritannien. Seine Forschungs- und

Publikationsschwerpunkte liegen u. a. in den Bereichen Nachhaltige Entwicklung, Forschungsmethodologie und Philosophie sowie „Critical Management" Forschung. Er ist Herausgeber des International Journal of Organizational Analysis (Emerald) und Mitglied einer Reihe weiterer Editorial Boards. Prof. Stokes ist u. a. UK Ambassador der Association de Gestion des Ressources Humaines.

Corporate Social Responsibility und Energiewende

Heinz Dürr

1   Einleitung

Warum beschäftige ich mich mit der Energiewende? Naturgemäß weil die Dürr AG, deren Hauptaktionär ich bin, mit dem Thema Energie befasst ist. Und das schon seit langer Zeit, denn bei den Anlagen und Maschinen, die Dürr baut, geht und ging es immer auch um sparsamen Energieverbrauch. Ein Gebiet, bei dem Dürr eine führende Stellung einnimmt, sind Lackieranlagen, besonders für Automobilkarosserien. Und diese Anlagen brauchen aufgrund des komplizierten Lackierprozesses – Vorbehandlung, Farbauftrag, Trockner, Transportsysteme – viel Energie. Im Rahmen einer langjährigen Entwicklung ist es Dürr gelungen, den Verbrauch von Energie für eine Karosserie von 1200 auf 400 KWH zu reduzieren.

Seit 1968 haben wir uns bei Dürr in der Umwelttechnik engagiert. Am Dürr-Campus in Bietigheim haben wir mit einem zukunftsweisenden Energiekonzept im Sommer 2009 das Lackiertechnikgeschäft gebündelt und sind auch in den Bereichen Umwelttechnik und Dürr Consulting gewachsen. Vor allem mit unserem Trockenabscheidungssystem und robotergesteuertem Lackzerstäuber haben wir seit 2010 eine technologische Spitzenstellung am Markt. Seit 2011 betreibt die Dürr AG das Geschäftsfeld Energieeffizienz. Dazu zählen heute neben der Abluftreinigungstechnik auch Verfahren zur Nutzung von Energie aus industrieller Abwärme. Für die Weiterentwicklung unserer ORC-Technik haben wir beim Umwelttechnik-Preis Baden-Württemberg 2013 den ersten Platz in der Kategorie Energieeffizienz erreicht. Mit ORC-Modulen lässt sich kostengünstig Strom aus Abwärme gewinnen. Die neue ORC-Generation ermöglicht darüber hinaus erstmals

H. Dürr (✉)
Heinz und Heide Dürr Stiftung, Berlin, Deutschland
E-Mail: info@heinzundheideduerrstiftung.de

© Springer-Verlag GmbH Deutschland, ein Teil von Springer Nature 2019
A. Hildebrandt und W. Landhäußer (Hrsg.), *CSR und Energiewirtschaft*,
Management-Reihe Corporate Social Responsibility,
https://doi.org/10.1007/978-3-662-59653-1_12

Abb. 1 Es gibt viele Ansätze, Energieeffizienz in der Produktion zu verbessern. (Quelle: Dürr AG)

einen Kraft-Wärme-Kopplungsbetrieb schon in kleinen Leistungsbereichen. Dabei stellen die Module neben Strom auch Restwärme bereit, die weiterverwendet werden kann. Warum tun wir das? Weil ich überzeugt davon bin, dass ohne Energieeffizienz die Energiewende nicht gelingen wird (Abb. 1).

2   Heinz und Heide Dürr Stiftung

Die gemeinnützige Heinz und Heide Dürr Stiftung wurde 1998 von meiner Frau und mir gegründet und ist getragen durch ein Aktienpaket der Dürr AG. Sie ist in folgenden Bereichen aktiv:

Forschung und Entwicklung – und hier besteht der Zusammenhang mit der Energiewende, Bildung und Soziales, Kunst und Kultur mit Schwerpunkt deutschsprachiges Theater.

Ist die Umsetzung der Energiewende nicht eine Staatsaufgabe? Meiner Ansicht nach nein, denn Energieeffizienz muss durch die gesamte Gesellschaft gestemmt werden. Wir haben einen relativ armen Staat und relativ wohlhabende Bürger. Da ist privates Engagement eine Frage der Verantwortung gegenüber der Gesellschaft. Stiftungen übernehmen gesellschaftliche Verantwortung und können Projekte vor allem auch finanziell anstoßen, die der Staat aufgrund seiner Struktur – insbesondere seiner Gebundenheit an das Haushaltsrecht – gar nicht angehen kann. Für meine Frau und mich stand mit der Stiftungsgründung im Vordergrund, dass wir, die einen gewissen Wohlstand erreicht haben, der Gesellschaft etwas zurückgeben wollen.

Es fehlen Mittel für den Ausbau von vielen Themen, z. B. auch für die frühkindliche Bildung. Deshalb engagiert sich unsere Stiftung hier seit einigen Jahren schwerpunktmäßig. Der Mensch wird in seiner Persönlichkeit vor allem zwischen dem ersten und dem fünften Lebensjahr geprägt. Für diesen Lebensabschnitt wird bei uns viel zu wenig getan. Uns ist es wichtig, dass jedes Kind die gleichen Bildungschancen bekommt und das von Anfang an. Denn was in den ersten Jahren der Menschwerdung versäumt oder falsch gemacht wird, ist später in der Schule, in der Uni nur schwer wieder gutzumachen. Und: Gute Bildung darf nicht vom Portemonnaie der Eltern und ihrer kulturellen oder sozialen Herkunft abhängig sein. Alt-Bundespräsident Johannes Rau hat einmal gesagt: „Die Schule der Nation ist die Schule." Ich meine, es sollte heißen: „Die Schule der Nation beginnt in der KiTa."

Unsere Stiftung fördert seit dem Jahr 2000 den Early Excellence Ansatz in Deutschland. Early Excellence kommt aus England und wurde von Margy Whalley im Pen Green Center in Corby entwickelt. Corby lebte früher von der Stahlindustrie und hatte, als diese zusammenbrach, mit einer hohen Arbeitslosenquote zu kämpfen. 1997 rief die damalige englische Regierung unter Tony Blair das „Early Excellence Centre"-Programm ins Leben.

Early Excellence ist kein Elitebegriff, sondern geht davon aus, dass jedes Kind, jeder Mensch exzellent ist. Mit Early Excellence werden bereits in Kindergärten Grundlagen dafür geschaffen, dass auch Kinder aus schwachen Verhältnissen eines Tages zur Elite zählen können. Dazu gehört vor allem die Zusammenarbeit mit Eltern, die durch Early Excellence ermuntert werden, die Bildungsprozesse ihrer Kinder zu begleiten. Darüber hinaus wird den Eltern ermöglicht, sich bei Bedarf weiterzubilden und ihre eigenen sozialen Netzwerke aufzubauen.

Nur wenn Eltern in Bildungsprozesse mit einbezogen werden, haben auch ihre Kinder Bildungschancen. Bei Early Excellence geht es vor allem darum, den Eltern zu vermitteln, wo die Stärken ihrer Kinder liegen. Hierfür werden die Kinder beobachtet und die Beobachtungen werden für die Eltern – auch mit Foto- und Videoaufnahmen – dokumentiert. Außerdem öffnet sich die KiTa nach außen und vernetzt sich mit Kooperationspartnern. Sie bietet in einem Familienzentrum Beratungs-, Weiterbildungs- und Freizeitangebote für Familien an.

Ganz wichtig aber ist, dass Early Excellence die Professionalisierung der Erzieherinnen und Erzieher aus der Praxis heraus unterstützt. Die Mittel unserer Stiftung fließen daher auch insbesondere in Weiterbildungsmaßnahmen für das Personal. Mittlerweile arbeiten in Deutschland mehr als 500 Einrichtungen nach dem Early-Excellence-Konzept, das auf dem Land und in der Stadt, in bürgerlichen Vierteln und sogenannten sozialen Brennpunkten funktioniert.

Die Stiftung engagiert sich auch im Kulturbereich und fördert insbesondere das deutschsprachige Theater. Leider verhindert die Endlichkeit der Mittel oft, dass neue, also auch riskante Stücke gespielt werden und dass künstlerische Potenziale gehoben werden. Deshalb unterstützt die Stiftung vor allem Autoren, die für das Theater neue Stücke schreiben. So wie am Theater nicht nur Schiller oder Tschechow gespielt werden kann, brauchen wir auch bei der Energiewende eine Beschäftigung mit Themen, die nicht oben auf der politischen Bühne stehen. Unsere Förderungsschwerpunkte sind – so breit gefächert sie auch sein mögen – sozusagen ein Stück Arbeit an der Gesellschaft.

3 Ohne Energieeffizienz keine Energiewende

Die Energiewende heißt für den Bürger vereinfacht: Abschalten der Kernkraftwerke und Ersatz der Kapazitäten durch erneuerbare Energien, also atomfreier, fossilfreier Strom. Die Energiewende ist damit zurzeit vor allen Dingen ein Stromthema. Das zeigen auch die geplanten Investitionen bis 2020. Sie betragen laut KfW etwa 280 Mrd. € und hängen im Wesentlichen mit Strom zusammen: 70 % für erneuerbare Energien (150 Mrd. €) und den dafür erforderlichen Netzausbau (50 Mrd. €) (KFW 2013). Im Jahr 2012 betrug laut der AG Energiebilanzen der Anteil der Kernenergie am Gesamtprimärenergieverbrauch in Deutschland nur noch 8 %, während der Anteil der fossilen Brennstoffe immer noch bei 79 % liegt.

Das übergeordnete volkswirtschaftliche Ziel, Wohlstand und ökonomisches Wachstum vom Primärenergieverbrauch und hier vor allem von fossilen Brennstoffen zu entkoppeln, steht derzeit weder in der öffentlichen Diskussion noch im Fokus politischen Handelns.

Ich fand 2011, dass es Zeit war zu handeln. Soziale Verantwortung für Unternehmen heißt auch: in die Zukunft denken. Denn ein Unternehmen ist für mich eine gesellschaftliche Veranstaltung mit folgenden Zielsetzungen: Es muss die Gesellschaft mit Gütern und Dienstleistungen versorgen und dafür Sorge tragen, dass Arbeitsplätze im Unternehmen möglichst sicher und langfristig angelegt sind. Neben einer angemessenen Verzinsung des Kapitals sollten auch den ökologischen Notwendigkeiten Rechnung getragen werden. Alle vier Zielsetzungen dienen der Gesellschaft. Deshalb kann man ein Unternehmen als gesellschaftliche Veranstaltung, die auf Nachhaltigkeit angelegt ist, definieren. Als ich den Begriff in den 70er Jahren zum ersten Mal benutzte, gab es einigen Widerspruch: Das klinge ja fast sozialistisch, meinte ein älterer Kollege. Heute spricht man von Stakeholdern, den Kunden, den Mitarbeitern, der Öffentlichkeit und von Shareholdern, den Aktionären, den Gesellschaftern. Alle Beteiligten müssten in die Veranstaltung eingebunden sein, ihnen allen hätte sie zu dienen.

In dieser gesellschaftlichen Veranstaltung müssen die Einnahmen größer sein als die Ausgaben. Es muss Gewinn gemacht werden, der langfristig die Lebensfähigkeit des Unternehmens – und dazu gehört naturgemäß auch Wachstum – sichert. Orientierung nur auf schnellen Gewinn führt zu Investitions- und Innovationsfeindlichkeit und ist unsozial. Gewinn ist also nicht Zweck des Unternehmens, sondern Messgröße dafür, ob die gesellschaftliche Veranstaltung Unternehmen funktioniert. So wie die Körpertemperatur anzeigt, ob der Körper gesund ist, aber selbst nicht die Gesundheit darstellt.

Die vierte Säule der gesellschaftlichen Veranstaltung, die ökologische Verantwortung, hat sich erst in der letzten Zeit als wichtig herausgestellt und als Zielsetzung noch nicht überall durchgesetzt. Gerade im Hinblick auf die Energiewende spielt die ökologische Nachhaltigkeit eines Unternehmens eine wesentliche Rolle. Oder wie es Reinhard Mohn formulierte: „Der übergeordnete Auftrag eines Unternehmens ist der Leistungsbeitrag für die Gesellschaft." (Mohn 2001). Ohne damals die Energiewende zu kennen, sagte Walther Rathenau bereits 1918: „Wer Arbeit, Arbeitszeit oder Arbeitsmittel vergeudet, beraubt die Gemeinschaft. Verbrauch ist nicht Privatsache, sondern Sache der Gemeinschaft, Sache des Staates, der Sittlichkeit und Menschheit." (Rathenau 1918). Doch können die großen Herausforderungen der Energiewende von Unternehmen alleine gestemmt werden?

3.1   Das Institut für Energieeffizienz in der Produktion EEP

Nur wenn Methoden und Systeme für mehr Energieeffizienz in der industriellen Produktion erforscht und entwickelt werden, kann die Energiewende gelingen. Deshalb hat die Heinz und Heide Dürr Stiftung zusammen mit der Karl Schlecht Stiftung und der Universität Stuttgart das Institut für Energieeffizienz in der Produktion EEP ins Leben gerufen (Abb. 2). Das Institut soll die Aufklärung der Gesellschaft und der Politik auf Basis von Zahlen und Daten zum Thema Energieeffizienz unterstützen und die Entwicklung energieeffizienter Technologien vorantreiben.

Abb. 2 Das Universitätsinstitut für Energieeffizienz in der Produktion (EEP) ist auf dem Gelände der Fraunhofer-Gesellschaft in Stuttgart-Vaihingen untergebracht. (Quelle: Fraunhofer IPA)

Eines der ersten Projekte des 2012 gegründeten EEP war die Etablierung eines halb-jährlichen Energieeffizienz-Indexes der Deutschen Industrie, nach dem Vorbild des IfO Geschäftsklimaindex. Seit 2013 ermittelt er die Einstellung zur Energieeffizienz sowie aktuelle und geplante Aktivitäten der deutschen Industrie. Dieser Index verdeutlicht das politisch getriebene Auf und Ab der letzten sechs Jahre, in dem sich die Stimmungslage zur Energieeffizienz bewegt. Positiv stimmt die aktuelle Entwicklung des Index, an der knapp 1000 Unternehmen aus über 20 Branchen teilgenommen haben. Die Investitions-situation hat sich bezüglich der Energieeffizienz deutlich verbessert und drei Viertel aller Betriebe sind bereits in der Lage, den Energieverbrauch der Produktion einzelnen Pro-dukten zuzuordnen (EEP 2019). Dadurch gewinnen Unternehmen die Fähigkeit, ziel-gerichtet die Energieproduktivität zu steigern und damit ihre Wettbewerbsfähigkeit zu erhöhen. Die aktuelle Stimmungslage in der Industrie ist sehr positiv. Sie verdeutlicht die Bereitschaft und die Fähigkeit zu handeln. Es bedarf jetzt allerdings auch verlässlicher energiepolitischer Rahmenbedingungen, die eine konsequente Umsetzung identifizierter Maßnahmen durch die Industrie ermöglichen. Was ist nun aber die beste Strategie für das Gelingen der Energiewende?

3.2   Die Strategien

Um die Energiewende zu vollziehen, müssen drei strategische Linien verfolgt werden:

1. Ausbau von regenerativen Energiequellen
2. Dezentralisierung der Energieerzeugung, Ausbau der Netze zu Smart Grids
3. Massive Verbesserung der Energieeffizienz

Bei der Entscheidung für die Energiewende hat sich die Bundesregierung in ihrem Energiekonzept verpflichtet, den Primärenergieverbrauch absolut um 20 % bis 2020 und um 50 % bis 2050 zu senken und adressiert damit die oben aufgeführte dritte strategische Linie. Der Stromverbrauch soll bis 2020 um 10 % und bis 2050 um 25 % gesenkt wer-den. Die Politik hat also erkannt, dass die Energieeffizienz entscheidend für die erfolg-reiche Umsetzung der Energiewende ist. Dass hierfür Investitionen von gut 100 Mrd. € erforderlich sind, zeigt eine gemeinsame Studie der Deutschen Energieagentur (DENA) und des Frontier Economics. Laut der Studie wären die Investitionen gut angelegt, denn die damit eingesparten Energiekosten kommen bis 2020 auf etwa den gleichen Betrag (Deutsche Energie-Agentur dena 2012).

In ihrer Studie „Klimapfade für Deutschland" aus dem Jahr 2018 kommen BCG und Prognos ebenfalls zu der Erkenntnis, dass erhebliche Mehrinvestitionen von 1,5 bis 2,3 Billionen € bis zum Jahr 2050 gegenüber einem Szenario ohne verstärkten Klima-schutz notwendig werden, was durchschnittliche jährliche Mehrinvestitionen in Höhe von ca. 1,2 bis 1,8 % des deutschen Bruttoinlandsprodukts (BIP) bedeutet. Die direkten volkswirtschaftlichen Mehrkosten nach Abzug von Energieeinsparungen lägen allerdings nur bei etwa 15 bis 30 Mrd. € pro Jahr und könnten bei optimaler politischer Umsetzung sogar auf eine „schwarze Null" gedrückt werden (Gerbert. et al. 2018).

3.3   Ein Blick in den Rückspiegel

Seit Beginn scheint die Energiewende primär Investitionen in Erneuerbare zu bedeuten und ein Stromthema zu sein, obschon Strom nur ein Fünftel des deutschen Endenergieverbrauchs ausmacht (Daten für das Jahr 2015). Mit 14,5 Mrd. € wurde 2015 mehr als das Doppelte in Anlagen zur Nutzung erneuerbarer Energien[1] investiert als in Energieeffizienzmaßnahmen[2].

Der Monitoring-Bericht zur Energiewende der Bundesregierung vom Dezember 2016[3] zeigt, dass Deutschland im Bereich Energieeffizienz die selbstgesteckten Ziele bislang nicht erreicht. In ihrer Stellungnahme kommentiert die Expertenkommission, dass die Erreichung der Ziele im Jahr 2020 bezüglich der Endenergieproduktivität, des Endenergieverbrauchs im Verkehr sowie des Bruttostromverbrauchs unwahrscheinlich ist.[4] Die Endenergieproduktivität ist von 2008 bis 2015 jährlich nur um 1,3 % gestiegen. Um das 2020-Ziel zu erreichen, muss sie in den Folgejahren um je 3,3 % steigen. Die jährliche Reduzierung des Bruttostromverbrauchs lag im genannten Zeitraum bei 0,6 % und müsste zur Zielerreichung ab 2016 einen Wert von 1,3 % pro Jahr erreichen. Das ist jedoch nicht zu erwarten.

Die Verbesserung der Energieeffizienz wird bis jetzt weiterhin weniger gefördert als es einer „ersten Priorität" entspricht. So wurden z. B. von über 850 Mio. € Energieforschungsmitteln im Jahr 2015 weniger als 200 Mio. € in Energieeffizienz investiert.[5] Während die Erneuerbaren über die EEG-Umlage mit perspektivisch weiter ca. 23 Mrd. € pro Jahr gefördert werden, stehen derzeit für die Jahre 2016 bis 2020 insgesamt nur 17 Mrd. € zur Steigerung der Energieeffizienz aus Mitteln des BMWi zur Verfügung.

---

[1]Vgl. http://www.bmwi.de/DE/Themen/Energie/Erneuerbare-Energien/erneuerbare-energien-auf-einen-blick,did=645898.html, abgerufen am 14.01.2017.

[2]https://www.bundesregierung.de/Content/DE/_Anlagen/2015/03/2015-03-23-bilanz-energie-wende-2015.pdf?__blob=publicationFile&v=1, abgerufen am 14.01.2017.

[3]Vgl. https://www.bmwi.de/BMWi/Redaktion/PDF/Publikationen/fuenfter-monitoring-bericht-energie-der-zukunft,property=pdf,bereich=bmwi2012,sprache=de,rwb=true.pdf, abgerufen am 03.01.2017.

[4]Vgl. http://www.bmwi.de/BMWi/Redaktion/PDF/Publikationen/fuenfter-monitoring-bericht-ener-gie-der-zukunft-stellungnahme,property=pdf,bereich=bmwi2012,sprache=de,rwb=true.pdf, abgerufen am 03.01.2017.

[5]Vgl. https://www.bmwi.de/Redaktion/DE/Binaer/Energiedaten/energiedaten-gesamt-xls.xls?__blob=publicationFile&v=29, abgerufen am 02.05.2017.

3.4   Die Hürden

Der Ausbau der erneuerbaren Energien ist unbedingt erforderlich, um die Ziele der Energiewende zu erreichen. Es stellt sich allerdings die Frage, warum angesichts der sehr hohen Kosten für den Ausbau der erneuerbaren Energien die Energieeffizienz so stark vernachlässigt wird, denn Energiesparen ist die kostengünstigste Alternative, die uns zur Verfügung steht. Die sauberste Energie, der sauberste Strom ist immer noch der, der nicht verbraucht wird. Und was die Kosten betrifft: In Deutschland ist die Produktion einer Kilowattstunde im Schnitt dreimal so teuer wie die Vermeidung ihres Verbrauchs (Gutberlet 2012). Warum wird also beim großen Thema Energiewende so wenig von Energieeffizienz gesprochen? Etwa weil sie keine plakative Wirkung zeigt, weil Energiesparen nicht „sexy" ist? Ganz offensichtlich wurde Energiepolitik bislang fast ausschließlich aus der Sicht des Angebots und nicht mit Bezug auf die Nachfrage diskutiert. Die Nachfrage aber wird durch die Energieeffizienz bestimmt. Und ohne Energieeffizienz wird die Energiewende in einem überschaubaren Zeitraum nicht erfolgreich umzusetzen sein.

Auch wenn das Smart Grid zum Einsatz kommt, ändert sich die Situation grundsätzlich, wie der ehemalige Fraunhofer-Präsident Hans-Jörg Bullinger feststellt: „Grundsätzlich folgt dann der Energieverbrauch dem Angebot, nicht so wie derzeit das Angebot dem Verbrauch. Heute fahren die Energieversorger ihre Kraftwerke hoch, oder sie importieren Strom, wenn die Last im Netz ansteigt. Mit einem Smart Grid wird sich die Situation allmählich umkehren: Dann werden die Verbraucher in den Zeiten Strom abrufen, in denen er reichlich vorhanden ist, und entbehrliche Geräte abschalten, wenn er gerade knapp ist." (Bullinger und Röthlein 2012). Auch das ist Energieeffizienz.

3.5   Zwei Szenarien

In welchen Dimensionen gedacht werden muss, zeigen zwei Szenarien, die der Weltklimarat IPCC (Intergovernmental Panel on Climate Change) in seiner Sitzung in Abu Dhabi für die künftige globale Energieversorgung vorgestellt hat (IPCC 2011):

- Szenario A geht davon aus, dass die erneuerbaren Energien bis zum Jahr 2050 immerhin 80 % des Bedarfs abdecken können.
- Szenario B ist deutlich pessimistischer, was den Einsatz erneuerbarer Energien betrifft. Die IEA (International Energy Agency) glaubt, dass die erneuerbaren Energien bis 2050 nur 15 % des Bedarfs abdecken können (International Energy Agency 2012).

Diese beiden völlig verschiedenen Szenarien ergeben sich aus der stark unterschiedlichen Schätzung des tatsächlichen Energieverbrauchs: Die Internationale Energieagentur rechnet mit einem mindestens analog zum weltweiten GDP kontinuierlich wachsenden Energieverbrauch, weil sie von einer Welt ohne Energieeffizienz ausgeht. Das Szenario A setzt voll auf Energieeffizienz – also auf Energiesparen – und somit auf die Entkopplung von Wachstum und Verbrauch.

3.6 … und was daraus folgt

Was wäre zu tun, um Szenario A zu verwirklichen? Es gibt sie nämlich nicht, die wenigen großen Projekte zur Umsetzung von Energieeffizienz. Es gibt keine in ihrer Anzahl überschaubaren Milliardenprojekte, etwa Solarfarmen, Windparks oder tausende von Kilometern umfassende neue Netze, wie sie in der Politik immer wieder öffentlichkeitswirksam thematisiert werden. Bei der Energieeffizienz geht es vielmehr um tausende relativ kleine Projekte, die in ihrer Summe allerdings große Wirkung zeigen würden. Bereits heute gibt es viele Initiativen zum Energiesparen, etwa die Aktivitäten der DENA oder der DGNB-Standard im Baugewerbe. Immerhin wurde in den letzten Jahren die gesamtwirtschaftliche Energieintensität, also das Verhältnis von Primärenergieverbrauch zum Bruttoinlandsprodukt, im Jahresdurchschnitt um etwa 2 % vermindert (Weltenergierat Deutschland e. V. 2012). Aber man könnte mit Energieeffizienz noch viel mehr erreichen:

- In Deutschland wurden 2011 540 Terrawattstunden (TWh) Strom verbraucht. Laut Bundesumweltamt können 20 bis 40 % des Energieverbrauchs bis 2020 eingespart werden (Nissler und Wachsmann 2011).
- Die Sektoren Industrie sowie Gewerbe, Handel und Dienstleistungen (GHD) spielen für die Energieeffizienz insbesondere im Strombereich eine wesentliche Rolle. Sie machen knapp 75 % des Strom- und 45 % des gesamten deutschen Endenergieverbrauchs aus. Im Jahr 2015 wurden von den insgesamt knapp 540 Mrd. € privatwirtschaftlicher Investitionen mit ca. 360 Mrd. € über zwei Drittel im Nicht-Wohnbaubereich getätigt. Ziel muss es sein, Kapital zu mobilisieren, um die Potenziale zur Steigerung der Energieeffizienz zu erschließen. Diese liegen in der industriellen Produktion bei 30 % bzw. 60 TWh, bezieht man private Haushalte ein, so wird sogar von einem Stromeinsparpotenzial von 100 TWh gesprochen.
- BUND-Chef Hubert Weiger spricht von einem Stromsparpotenzial von mehr als 100 TWh in Industrie, Gewerbe und privaten Haushalten. Die Kapazität der 17 deutschen Atomkraftwerke beträgt 115 TWh. Zum Vergleich: Die Deutsche Bahn als größter Stromverbraucher Deutschlands verbraucht 12 TWh pro Jahr (Weiger 2011).
- Die Innovationsallianz Green Carbody Technologies will die Halbierung des Energieverbrauchs im Karosseriebau erreichen. Die Initiative produktionstechnischer Automobilausrüster, Zulieferer von OEMs und der Stahlindustrie sowie Fraunhofer-Instituten will die Fertigungsprozesskette am Beispiel der Fahrzeugkarosserie so optimieren, dass zukünftig Produktionsabläufe bei gleichem Output mit einem weit geringeren Energieeinsatz und Ressourcenverbrauch realisiert werden können.

Als Zielstellung wurde eine Reduzierung des Energieverbrauchs um 50 % definiert (Innovationsallianz Green Carbody Technologies 2010).

Diese Zahlen geben eine Vorstellung davon, welche Größenordnung an Energie durch Effizienzanstrengungen einzusparen wäre.

Wir brauchen andere Rahmenbedingungen und eine Struktur für eine zielorientierte Energiesparpolitik. Wir müssen uns darüber im Klaren sein, dass im Vergleich zum gewaltigen Ausbau der erneuerbaren Energien eine substanzielle Energiesparpolitik ungleich komplexer und politisch schwieriger umsetzbar ist.

Das Wuppertaler Institut für Klima- und Umweltenergie schlägt deshalb vor, „einen unabhängigen Effizienzfonds zu installieren, der als Intermediär auf dem zu etablierenden Markt für Energiedienstleistungen aufgebaut werden soll, mit ausreichender Personalkapazität und einem Milliardenbudget für Anreizprogramme". Entsprechend der aktuellen Erhebung der Bundesstelle für Energieeffizienz (BFEE) stagniert jedoch das Marktvolumen für Energiedienstleistungen bei 8,0 bis 9,5 Mrd. €.

Damit sollen Hemmnisse für eine Steigerung der Energieeffizienz abgebaut werden können und gezeigt werden, welche Rolle Energieeinsparverpflichtungen innerhalb eines kohärenten Policy Mix spielen könnten, welche Ausprägungen und welchen Umfang sogenannte „Reboundeffekte" annehmen können und wie mit ihnen und ihrer Eindämmung umzugehen ist (Humboldt Viadrina School of Governance 2013).

3.7   Zeit ist Geld

Die Bundesregierung hat im Jahr 2018 eingestanden, die Ziele der Energiewende sowie die Klimaziele für das Jahr 2020 nicht erreichen zu können. Im Januar 2019 hat die Kommission „Wachstum, Strukturwandel und Beschäftigung", die sogenannte Kohlekommission dann unter anderem einen Abschluss der Kohleverstromung bis Ende des Jahres 2038 empfohlen (BMWI 2019). Seit 2014 steigt der Endenergieverbrauch in Deutschland wieder an – und zwar in allen Sektoren (BMWI 2019b).

Ein entscheidender Faktor bei der Energieeffizienz ist die Zeit bis zur Umsetzung. Aktivitäten zur Energieeinsparung können viel schneller ihre Wirkung entfalten, als die oben genannten Großvorhaben. Kleinmaßnahmen zur Steigerung der Energieeffizienz können in der Industrie unterjährig umgesetzt werden und entfalten sofort ihre Wirkung. Umfangreichere Anlagen können in ein bis zwei Jahren installiert werden, jeder Netzausbau dauert länger. Außerdem sind derartige Schritte in aller Regel kostengünstiger und finden dezentral, also am Ort des Energiebedarfs, statt. Die Herausforderung liegt in der Verkürzung der Amortisationsdauer solcher dezentraler Maßnahmen. Führt man eine volkswirtschaftliche Gesamtrechnung für die bisherigen Maßnahmen zur Energiewende durch, wird klar, dass erstens der Return on Invest bisher vergleichsweise gering war und zweitens die Kosten im Wesentlichen die Verbraucher bezahlt haben. Überdies wurden die Geringverdiener prozentual mehr belastet. Dem gegenüber steht, dass wohlhabendere

Haushalte mit subventionierten Photovoltaik-Dächern gutes Geld verdienen konnten. Hier ist aus volkswirtschaftlichen und aus sozialen Gründen dringend eine Umsteuerung erforderlich: Mehr Anreize/Forschung/Unterstützung für Energieeffizienz, weniger für erneuerbare Energien.

Die angestrebte Substitution von anderen Energieträgern durch Strom – die Elektrifizierung – muss unter Berücksichtigung der Energieeffizienz erfolgen. 40 % bzw. 290 TWh des industriellen Energieverbrauchs basierten im Jahr 2015 auf Gas und Mineralöl. Eine einfache Substitution ohne Effizienzgewinne bedeutet eine Erhöhung des Strombedarfs um knapp 56 % auf 811 TWh. Daher darf der Ausbau erneuerbarer Energien nicht das dominierende Ziel sein, sondern es Bedarf zunächst massiver Anstrengungen in der Energieeffizienz und im Ausbau der Stromnetze.

3.8   Was ist zu tun?

Es gibt drei Haupthandlungsfelder zur Unterstützung von Energieeffizienzmaßnahmen:

- Wir müssen moderne Technologien entwickeln und diese Forschung finanzieren.
- Für existente Technologien müssen Anreize und Förderinstrumente geschaffen werden.
- Wir müssen weiter Aufklärungsarbeit für die Industrie, die Politik und die Gesellschaft leisten.

Die neue Metastudie des EEP[6], die 2017 im Springer-Verlag erschienen ist, unterzieht die aktuelle anwenderseitige Energieeffizienz in der Bundesrepublik einer kritischen Bewertung, in dem sie 403 Publikationen analysiert. So wird Teilen des im Dezember 2014 verabschiedeten NAPE, dem Nationalen Aktionsplan Energieeffizienz ein schlechtes Zeugnis ausgestellt. Für alle drei Sektoren werden organisatorische und technologische Ansätze zum Erschließen von Energieeffizienzpotenzialen aufgezeigt. Schließlich entstehen auch so neue Arbeitsplätze. Der Branchenmonitor Energieeffizienz der DENEFF weist für das Jahr 2016 bereits ca. 566 Tausend Erwerbstätige im Bereich Energieeffizienz aus (Deneff 2017).

Gleichzeitig zeigt eine Studie für das BMWi aus dem Jahr 2017, an dem das EEP mitgewirkt hat, dass das Effizienzpotenzial von zehn Technologien und systemischen Lösungen, die bereits am Markt verfügbar sind und das technische Potenzial besitzen einen signifikanten Effizienzsprung im produzierenden Gewerbe zu bewirken, nicht genutzt wird. Das technische Potenzial der betrachteten Technologien entspricht in Summe etwa 10 % des Endenergieverbrauchs in Deutschland und würde 7 % der CO_2-Emissionen einsparen. Einen wesentlichen Anteil am hohen Einsparpotenzial haben Hochtemperaturwärmepumpen, Optimierungssoftware für Energieverbundsysteme und

---

[6]https://www.springer.com/de/book/9783662488829

intelligente Antriebslösungen (BMWI 2017). Was hindert uns daran, diese Technologien breit einzusetzen? Benachteiligungen im aktuellen Energiesystem, fehlende Informationen zu Aufwand und Nutzen und der Drang zu „billigem" Einkauf, der nicht die Lebenszykluskosten berücksichtigt.

3.9   Der Gesetzgeber ist gefragt

Ein Leitgedanke der Energieeffizienz ist das Streben nach höchster Effizienz bei der Stromproduktion aus fossilen und erneuerbaren Ressourcen. So kann beispielsweise durch den Einsatz der ORC-Technologie die Abwärme bestehender oder neuer Anlagen zur Stromerzeugung genutzt und so die Effizienz von EEG-Anlagen gesteigert werden.

Das heißt: Bei gleicher Input-Leistung (Brennstoff) wird mehr Strom und weniger Restwärme erzeugt.

Dieses Beispiel zeigt, welche Schwächen die aktuelle Gesetzgebung derzeit hat, und dass es bei der Vielzahl der unterschiedlichen Effizienzmaßnahmen auch einer Vielzahl durchdachter Regelungen bedarf. So bremsen heute die bestehende Rechtsunsicherheit sowie die Gestaltung der Vergütungssituation im Erneuerbaren-Energien-Gesetz (EEG) den Einsatz von Technologien zur Verstromung industrieller Abwärme.

Allerdings gibt es mittlerweile auch Positives zu berichten. 2016 wurde vom BMWi die Kampagne „Deutschland macht's effizient" für die Aufklärung und Motivation zur Steigerung der Energieeffizienz gestartet. Es ist wichtig, dass die Kampagne auch bei den Unternehmen ankommt. Wie das überprüft wird, ist jedoch noch unklar. Weiterhin besteht in vielen Unternehmen ein Informationsdefizit über die Einsparpotenziale im Bereich Energie.

Eine Schlüsselrolle zur Aufklärung und Umsetzung von Energieeffizienz in der Industrie haben Energieberater und betriebliche Energiemanager. Unzureichend ausgebildete Energieberater und Energiemanager identifizieren nicht nur zu wenig Potenziale, sie können durch falsche Beratung und damit einhergehende Demotivation von Unternehmen sogar hinderlich sein. Wir brauchen daher dringend eine Standardisierung und Definition von Kompetenzprofilen in der Energieberatung und einen Qualifikationsnachweis. Die Förderstrategie 2020 geht zu Recht auf dieses Handlungsfeld ein. Die Definition von Qualitätsstandards für Energieberater bzw. dem Produkt Energieberatung sollte nicht auf spezielle förderfähige Beratungen beschränkt sein, sondern einen allgemeingültigen Charakter haben. Die Energieeinsparung sollte im Vordergrund stehen, nicht die korrekte Beantragung von Fördermitteln. Ebenso ist zu begrüßen, dass Energieberatungen grundsätzlich unabhängig und neutral erfolgen sollen.

Im Mai 2017 hat das BMWi Handlungsempfehlungen zur Fortentwicklung der Beratungs- und Förderprogramme zu den Themen Energieeffizienz und Wärme aus erneuerbaren Energien veröffentlicht, die den Weg in eine neue, grundlegend reformierte Förderstrategie bis zum Jahr 2020 beschreiben sollen. Der erste Umsetzungsschritt wurde im Januar 2019 vollzogen.

Die Anreize zur Steigerung der Energieeffizienz wurden in den vergangenen Jahren verbessert. So wurden 2016 z. B. ein Ausschreibungsverfahren für Energieeffizienzmaßnahmen und ein Programm zur Förderung der Abwärmenutzung aufgesetzt, bei dem Investitionszuschüsse von bis zu 40 % gewährt werden.

Die bisherigen Maßnahmen reichen aber bei Weitem nicht aus, um die Ziele zu erreichen. Die mittlerweile praktisch unüberschaubare Anzahl von Förderprogrammen auf EU-, Bundes- und Landesebene sowie die immer wieder entstehende Rechtsunsicherheit über zukünftige Regelungen führen zu Zurückhaltung bei der Umsetzung von Maßnahmen und verzögerten Vorhaben. So lag z. B. die Erzeugung von Strom aus KWK-Anlagen 2016 mit 17,1 % vom Bruttostromverbrauch unterhalb des Anteils von 2010. In der Förderdatenbank des BMWi sind aktuell 300 Programme aufgeführt. Das ist jedoch nur ein kleiner Teil der in Deutschland zugänglichen Programme. 81 Programme werden zur Förderung von Investitionsmaßnahmen in Industriebetrieben für Energieeffizienz bzw. erneuerbare Energien vorgeschlagen. Weder vergleichende Darstellungen zu Förderprogrammen noch eine online-Beantragung sind möglich. Zur Schaffung von Transparenz und Durchgängigkeit kann hier noch einiges verbessert werden. Besser wäre es jedoch aus Kundensicht, die Komplexität zu reduzieren und unbürokratische Maßnahmen, wie z. B. Investitionszuschüsse, klare steuerliche Vorteile für Energieeffizienzmaßnahmen durch vorgezogene, degressive Abschreibungen oder Sonderabschreibungen zu schaffen, ohne eine weitere Umlage oder Abgabe zu erzeugen. Die Amortisationszeiten der Investitionen sinken und die Profitabilität von Energieeffizienz steigt aus Sicht der Betreiber. Am Ende würde der Staat sogar durch zusätzliche Mehreinnahmen bei der Mehrwertsteuer profitieren.

Das BMWi strebt an, Förderbausteine ab 2020 mit möglichst standardisierten und vereinheitlichten Richtlinien modular und kombinierbar aufzubauen. Diese sollen über einen One-Stop-Shop zugänglich gemacht werden. Dies ist ein wichtiger Schritt in die richtige Richtung. Es ist hierbei wesentlich, die Sicht der Anwender intensiv zu berücksichtigen, damit sowohl die Programme als auch der Zugang zu diesen von den Nutzern angenommen werden.

Für die Entwicklung neuer Effizienztechnologien und Geschäftsmodelle sollten, neben den Forschungsprogrammen, auch für den Mittelstand einfache und unbürokratische Finanzierungshilfen angeboten werden. Ganz wichtig ist dabei, dass Technologieoffenheit zugelassen wird. Energieeffizienz muss sowohl im einzelnen Prozess als auch im Gesamtsystem gedacht und weiterentwickelt werden. Hierfür braucht Deutschland Anreize, die das Einsparen von Energie auch wirtschaftlich attraktiv machen.

Der Vorschlag des BMWi, einen möglichst anspruchsvollen europäischen Rahmen für Energieeffizienz zu schaffen, ist daher zu begrüßen – ebenso wie die Förderung von niederschwelligen Einzelmaßnahmen sowie von systemischen Ansätzen, die neben der Förderung von Beratung stehen. Die Förderung von systemischen Maßnahmen in Form von wettbewerblichen Instrumenten ist insbesondere dann zu begrüßen, wenn sie technologieoffen und konsequent an CO_2-Einsparungen ausgerichtet wird. Bei der speziellen Förderung (Innovationen) ist eine ausufernde Komplexität zu vermeiden.

Abb. 3 Auf dem jährlichen Stuttgarter Effizienz-Gipfel des EEP tauschen sich Entscheider aus Industrie, Politik und Wissenschaft über die neuesten Entwicklungen aus. (Quelle EEP)

Die derzeitige Inanspruchnahme der aktuell zur Verfügung stehenden Fördermittel in Höhe 1,6 Mrd. € bzw. zwei Dritteln des zur Verfügung stehenden Budgets liegt weniger an mangelnder Notwendigkeit sondern vielmehr an einem zu komplexen und bürokratischen Angebot. Die geplante Begrenzung der Förderung auf das aktuelle Niveau wird jedoch dem Anspruch von „Efficiency First" und den gesteckten Energieeinsparzielen nicht gerecht (Abb. 3).

3.10   Warum erst jetzt?

Wir haben im letzten Jahrhundert ein Gut verbraucht, das keinen Preis hatte, weil es im Überfluss vorhanden war – unsere Umwelt. Seit den 1980er Jahren wird uns die Knappheit der Ressourcen zunehmend bewusst – und es bildet sich nun hoffentlich ein Preis dafür. Er entsteht allerdings nicht über den Markt, sondern über die Politik. Externe Effekte, die keinen unmittelbaren Einfluss auf die Geschäftätigkeit haben und in einer vergleichsweise weit entfernten Zukunft liegen, werden durch die etablierten betriebswirtschaftlichen Ansätze nicht bzw. unzureichend berücksichtigt. Unter dem Gesichtspunkt kurzer Amortisierungsdauer und Renditeberechnungen auf das eingesetzte monetäre Kapital – nicht etwa auf Kapital und Umwelt – rechnen sich Investitionen in Energieeffizienz oft nicht, insbesondere nicht in Konkurrenz zu Investitionen in das

Kerngeschäft der Firmen und angesichts knapper Finanzierungsspielräume. Zudem greift die Politik mit dem EEG massiv in den Markt ein und hat bereits die Spielregeln verändert.

3.11   Zusammenfassung und Ausblick

Die erneuerbaren Energien bekommen gewaltige Subventionen vom Staat bzw. von den privaten Verbrauchern. Wir alle hoffen, dass diese Investitionen sich für unsere Volkswirtschaft bezahlt machen und wir viele Nachahmer in der Staatengemeinschaft finden. Die Energiewende muss gelingen, deshalb müssen wir mehr für die Energieeffizienz tun. Sei es über Einspeisevergütungen, steuerliche Abschreibungen, Übernahme von Beratungskosten oder auch unbürokratische Finanzierungshilfen. Eine auf 20 Jahre festgeschriebene Förderung brauchen wir sicher nicht. Aber wir brauchen eine klare und detailbewusste Gesetzeslage, die genau definiert, was Energieeffizienz ist und wie sie auf Basis der eingesparten volkswirtschaftlichen Kosten belohnt wird. Es gibt unendlich viele Beispiele für Energieeffizienz. Hier ist Ingenieurkunst gefragt – und darüber verfügen wir in Deutschland wie in keinem anderen Land. Nicht nur in Großkonzernen, sondern auch im Mittelstand entstehen innovative und technologisch führende Lösungen, die beträchtliche Geschäftsmöglichkeiten eröffnen. Eine deutsche Technologieführerschaft im Bereich der Energieeffizienz in der globalisierten Welt schafft und sichert Arbeitsplätze über eine starke Binnenmarktposition, aber auch über den Export.

Ganz entscheidend ist, dass das Thema Energieeffizienz auf die politische Agenda gesetzt wird. Mindestens gleichberechtigt mit den erneuerbaren Energien. Es reicht nicht, „Efficiency First" auf Tagungen zu proklamieren. Es bedarf einer klaren Strategie:

Deutliche Reduzierung der Komplexität in der Förderung von Energieeffizienzmaßnahmen durch

- Zusammenlegung und Vereinfachung von Förderinstrumenten sowie Nachweisführungen
- Schaffen einer Plattform, auf der alle Fördermittel adressatengerecht auswertbar sind und Anträge gestellt werden können
- Laufende Überprüfung der Effektivität der Kommunikationsoffensive

Energieeffizienz sowohl im Einzelnen als auch im Gesamtsystem denken und weiterentwickeln durch

- Zugrundelegung der CO_2-Einsparung als Kernindikator für Förderung
- Technologieoffene Förderung
- Förderung von Energieeffizienz durch Investitionszuschüsse und steuerliche Maßnahmen (vorgezogene, degressive Abschreibungen oder Sonderabschreibungen)

Neue Technologien und Geschäftsmodelle fördern durch

- Abbau von Bürokratie und Regulierung im Energiemarkt
- Standardisierung und Definition von Kompetenzprofilen in der Energieberatung inklusive Qualifikationsnachweis
- Einfache Finanzierungshilfen für Start-Ups
- Umfangreiche Finanzierung von Forschung zu energieeffizienten Fertigungstechnologien

Die Politik muss die Bürger dabei mitnehmen und nicht nur von Netzausbau, Versorgungssicherheit, Kraftwerksabschaltungen und Strompreisen sprechen. Unbestritten sind das wichtige Themen, aber für den Bürger sind sie häufig nicht greifbar und sehr komplex. Warum fangen wir nicht beim Einfachen an? Warum nicht die niedrig hängenden Früchte pflücken? Warum nicht alle Beteiligten in die Energiewende aktiv einbinden? Energiesparen als integrativer gesellschaftlicher Ansatz, der sinnstiftend dafür sorgt, dass wir uns alle positiv mit der Energiewende, einem der größten und wichtigsten volkswirtschaftlichen Projekte Deutschlands, identifizieren.

Literatur

BMWI (2017) https://www.bmwi.de/Redaktion/DE/Publikationen/Energie/marktverfuegbare-innovationen-mit-hoher-relevanz-fuer-energieeffizienz-in-der-industrie.pdf?__blob=publicationFile&v=14. Zugegriffen: 14. März 2019

BMWI (Hrsg) (2019) Abschlussbericht Kommission „Wachstum, Strukturwandel und Beschäftigung". https://www.kommission-wsb.de/WSB/Redaktion/DE/Downloads/abschlussbericht-kommission-wachstum-strukturwandel-und-beschaeftigung.pdf?__blob=publicationFile&v=4. Zugegriffen: 14. März 2019

BMWI (2019b) https://www.bmwi.de/Redaktion/DE/Binaer/Energiedaten/energiedaten-gesamt-xls.xlsx?__blob=publicationFile&v=95. Zugegriffen: 14. März 2019

Bullinger H-J, Röthlein B (2012) Morgenstadt. Wie wir morgen leben. Hanser, München

Daten für das Jahr 2015 vgl. http://www.ag-energiebilanzen.de/index.php?article_id=29&fileName=ausw_28072016_ovk.xls. Zugegriffen: 14. Jan. 2017

Deneff (2017) https://www.deneff.org/fileadmin/downloads/Branchenmonitor_Energieeffizienz_2017.pdf. Zugegriffen: 14. März 2019

Deutsche Energie-Agentur dena (2012) Frontier economics Ltd.: Steigerung der Energieeffizienz mit hilfe von Energieeffizienz-Verpflichtungssystemen. Berlin, köln

EEP (2019) https://www.eep.uni-stuttgart.de/institut/aktuelles/news/Energieeffizienz-Index-2018-2019-Energiewende-in-Unternehmen-laeuft-Energieeffizienz-Index-EEI-so-hoch-wie-nie-zuvor/. Zugegriffen: 13. März 2019

Gerbert P et al (2018) Klimapfade für Deutschland, BCG. https://www.zvei.org/fileadmin/user_upload/Presse_und_Medien/Publikationen/2018/Januar/Klimapfade_fuer_Deutschland_BDI-Studie_/Klimapfade-fuer-Deutschland-BDI-Studie-12-01-2018.pdf. Zugegriffen: 13. März 2019

Gutberlet KL (2012) Einstieg in die Energieeffizienzwirtschaft: Was fehlt sind marktwirtschaftliche Anreize. VDI Nachr 23(8):2

Humboldt Viadrina School of Governance (Hrsg) (2013) Trialogreihe zur Energiewende Informationspapier für den Untertrialog „Energieeffizienz" am 21.01.2013

Innovationsallianz Green Carbody Technologies (Hrsg) (2010) http://www.greencarbody.de

International Energy Agency (Hrsg) (2012) World energy outlook. http://www.iea.org; http://www.worldenergyoutlook.org/publications/weo-2012/

IPCC (Hrsg) (2011) Special report on renewable energy sources and climate change mitigation: approved summary for policymakers, Abu Dhabi, 09.05.2011. Cambridge University Press, Cambridge. http://srren.ipcc-wg3.de/report/IPCC_SRREN_SPM.pdf

KFW (Hrsg) (2013) http://www.umweltdialog.de/umweltdialog/branchen/2013-02-04_Studie_zu_positiven_Effekten_von_energetischem_Bauen_und_Sanieren.php

Mohn R (2001) Menschlichkeit gewinnt. Goldmann Verlag, München

Nissler D, Wachsmann U (2011) Statusbericht zur Umsetzung des Integrierten Energie- und Klimaschutzprogramms der Bundesregierung. Umweltbundesamt, Berlin. https://www.umweltbundesamt.de/sites/default/files/medien/461/publikationen/3971.pdf

Rathenau W (1918) Von kommenden Dingen. Fischer, Berlin

Vgl. http://www.bmwi.de/DE/Themen/Energie/Erneuerbare-Energien/erneuerbare-energien-auf-einen-blick,did=645898.html. Zugegriffen: 14. Jan. 2017

Vgl. https://www.bmwi.de/BMWi/Redaktion/PDF/Publikationen/fuenfter-monitoring-bericht-energie-der-zukunft,property=pdf,bereich=bmwi2012,sprache=de,rwb=true.pdf. Zugegriffen: 3. Jan. 2017

Vgl. http://www.bmwi.de/BMWi/Redaktion/PDF/Publikationen/fuenfter-monitoring-bericht-energie-der-zukunft-stellungnahme,property=pdf,bereich=bmwi2012,sprache=de,rwb=true.pdf. Zugegriffen: 3. Jan. 2017

Vgl. https://www.bmwi.de/Redaktion/DE/Binaer/Energiedaten/energiedaten-gesamt-xls.xls?__blob=publicationFile&v=29. Zugegriffen: 2. Mai 2017

Weiger H (2011) Die Lichter gehen ohne Atomkraftwerke nicht aus. BUND-Vorsitzender Hubert Weiger im Interview. Tagesspiegel, 22. Mai 2011

Weltenergierat Deutschland e. V. (Hrsg) (2012) Energie für Deutschland 2012 Stromerzeugung zwischen Markt und Regulierung, Berlin, Mai 2012, S 91. http://www.weltenergierat.de/wp-content/uploads/2014/07/20962_DNK_Energie12_D_final150.pdf

https://www.bundesregierung.de/Content/DE/_Anlagen/2015/03/2015-03-23-bilanz-energiewende-2015.pdf?__blob=publicationFile&v=1. Zugegriffen: 14. Jan. 2017

https://www.springer.com/de/book/9783662488829

© Heinz Dürr

Dr.- Ing. E.h. Heinz Dürr geboren 1933 in Stuttgart, ist Ehrenvor-sitzender des Aufsichtsrats der Dürr AG, an deren Aufbau zum Weltmarkführer er maßgeblich beteiligt war. Er war Vorsitzender des Verbandes der Metallindustrie Nord-Baden und Nord-Württem-berg, Vorstandsvorsitzender der AEG und Vorstandsmitglied der Daimler Benz AG. Dürr hat die Bahnreform wesentlich mitgestaltet und war erster Vorstandsvorsitzender der Deutschen Bahn AG. Danach war er von 1999–2003 Stiftungskommissar der Carl Zeiss Stiftung. Mit seiner Frau Heide hat er 1998 die Heinz und Heide Dürr Stiftung gegründet, die Projekte im Bereich der frühkindlichen Bildung, der Forschung und des Theaters fördert. Er hat ver-schiedene Ehrenämter inne, u. a. ist er Beiratsvorsitzender des Insti-tuts für Energieeffizienz in der Produktion (EEP) an der Universität Stuttgart. Heinz Dürr lebt heute in Berlin. In seinen Vorträgen beschäftigt er sich insbesondere mit den Themen Unternehmens-ethik, Globalisierung und Energieeffizienz. Er hat zwei Bücher ver-öffentlicht und zahlreiche Fachartikel.

Energie als Krisenpotenzial. Die Geschichte hinter dem Mader-Effekt

Werner Landhäußer und Ulrike Böhm

1 Einleitung

Wie eine Wirtschaftskrise den Blick für das große Ganze schärfen kann und gleichzeitig die Konzentration auf das Wesentliche forciert, zeigt dieser Praxisbericht. Die Mader GmbH & Co. KG, ein David unter den Goliaths im wirtschaftsstarken Stuttgarter Raum, schafft es nicht nur Bundeskanzlerin Angela Merkel zu beeindrucken, sondern bewerkstelligt mit konsequent nachhaltiger Unternehmensführung und einer an Energieeffizienz orientierten Strategie auch die „Energiewende" im eigenen Unternehmen und beim Kunden.

2 Ausgangslage – die Krise als Chance

Wikipedia definiert Krise als „eine problematische, mit einem Wendepunkt verknüpfte Entscheidungssituation"[1]. Das trifft die Lage im November 2008 ziemlich genau. Im gleichen Jahr hatten wir uns vom Geschäftsbereich Wärmetechnik getrennt, um unsere

---

[1]http://de.wikipedia.org/wiki/Krise

W. Landhäußer (✉)
LOOXR GmbH, Leinfelden-Echterdingen, Deutschland
E-Mail: pr@looxr.de

U. Böhm
Mader GmbH & Co. KG, Leinfelden-Echterdingen, Deutschland
E-Mail: ulrike.boehm@mader.eu

© Springer-Verlag GmbH Deutschland, ein Teil von Springer Nature 2019
A. Hildebrandt und W. Landhäußer (Hrsg.), *CSR und Energiewirtschaft*,
Management-Reihe Corporate Social Responsibility,
https://doi.org/10.1007/978-3-662-59653-1_13

ganze Energie auf die beiden verbleibenden Bereiche Pneumatik und Drucklufttechnik zu verwenden. Das Geschäft sollte sich zukünftig allein um das Medium Druckluft drehen. Das war der Plan.

Die Realität brachte 35 % Umsatzeinbruch. Sozusagen über Nacht. Für ein mittelständisches Unternehmen eine existenzgefährdende Situation. Nach anfänglicher Ungläubigkeit folgte die Erkenntnis, dass wir mit einer Krise konfrontiert waren, die, sollte das Unternehmen überleben, völlig neue Wege erfordern würde.

Nicht über Nacht, aber nach und nach zeichnete sich für das Unternehmen ein neuer Weg ab. Dass der Weg richtig war (und heute noch ist), zeigten die Türen, die sich in den darauf folgenden Jahren für uns öffneten.

3   Vor der eigenen Haustüre kehren – Erste Schritte zu mehr Nachhaltigkeit

3.1   Wie viel sind Werte in der Krise wert?

Nach der ersten Schockstarre galt es, das Überleben des Unternehmens zu sichern. Um nichts weniger ging es. Die betriebswirtschaftlich schnellste und, zumindest für den Augenblick, effektivste Maßnahme, wäre der Personalabbau gewesen. Unter diesen Rahmenbedingungen eine nachvollziehbare und rechnerisch sinnvolle Lösung.

Gegen die schnelle Lösung sprach unser Werte-Leitbild (WerteCodex), das wir nach dem Management-Buy-out im Jahr 2004, als eine der ersten Maßnahmen in unserer neuen Funktion als Unternehmenseigentümer initiiert und entwickelt hatten. Wir taten es aus innerer Überzeugung und, um in der Belegschaft, die durch den autoritär geprägten Führungsstil früherer Führungskräfte stark verunsichert war, neues Vertrauen aufzubauen.

Das mühsam aufgebaute Vertrauen wankte nun merklich innerhalb der Belegschaft. Wie viel würden die formulierten Werte den Gesellschaftern noch wert sein, wenn es ihnen an den Geldbeutel ging? Die Angst der Mitarbeiter um ihren Arbeitsplatz und die allgemeine Verunsicherung über die weitere Entwicklung waren deutlich zu spüren.

Wir entschieden uns bewusst gegen einen Personalabbau, meldeten Kurzarbeit an, senkten drastisch die Ausgaben und verstärkten die Vertriebsaktivitäten. Die Unternehmenskennzahlen ließen wir nicht mehr aus den Augen und zogen daraus schließlich die entscheidenden Schlüsse für die Zukunft.

3.2   Erkenntnisse aus der Krise

Für Mader stellte die Krise einen Wendepunkt dar. Wir wurden dazu gezwungen das Unternehmen, Leistungen, Produkte „neu zu denken", andere Blickwinkel einzunehmen und uns auch – zumindest auf den ersten Blick – progressiven Ideen zu öffnen.

Das wichtigste Ergebnis der Kennzahlenanalysen war, dass der Geschäftsbereich Drucklufttechnik weniger stark von den marktbedingten Nachfrageschwankungen betroffen war, als der Geschäftsbereich Pneumatik. Während in der Drucklufttechnik die Nachfrage nach Produkten, das heißt vor allem Druckluftkompressoren, zurückging, stieg der Umsatz mit Wartungen, Reparaturen und Ersatzteilen. Eine solche Kompensation wies der Produktbereich Pneumatik nicht auf. Da hier der Schwerpunkt auf dem Verkauf von Pneumatikprodukten lag, wirkte sich die einbrechende Nachfrage aus dem Maschinenbau und den damit verbundenen Branchen sofort auf den Umsatz aus. Obwohl zu diesem Zeitpunkt der Anteil des Geschäftsbereichs Drucklufttechnik am Gesamtumsatz des Unternehmens bei gerade einmal 11 % lag, sahen wir die offensichtliche „Krisenresistenz" des Bereichs als Lichtstreifen am Horizont.

In den folgenden Monaten und Jahren kristallisierte sich eine neue Unternehmensstrategie heraus, die auf folgenden Erkenntnissen basierte:

- *Erkenntnis 1:* In einer Wirtschaftskrise geht die Investition in neue Druckluftanlagen zurück, parallel steigt die Investition in Erhaltungsmaßnahmen (Wartung, Reparatur, Ersatzteile) für bestehende Anlagen – vorausgesetzt man konnte den Kunden bereits vor der Krise an sich binden. Um die allgemeine Krisenresistenz des Unternehmens zu verbessern, muss der Umsatzanteil des Bereichs Drucklufttechnik deutlich erhöht werden und dabei die Kundenbindung im Fokus stehen.
- *Erkenntnis 2:* Eine deutliche Differenzierung des Leistungsangebots gegenüber den „Großen" der Branche (hierzu zählen beispielsweise Festo, SMC, Bosch Rexroth), aber auch gegenüber Pneumatik-Händlern, ist Bedingung für ein Wachstum im Bereich Pneumatik. Der Dienstleistungsanteil im Bereich Pneumatik muss erhöht werden, um eine langfristige Kundenbindung zu erreichen.
- *Erkenntnis 3:* Ressourcenknappheit, steigende Energiepreise und die veränderte Energiepolitik könnten angesichts des industriell notwendigen, aber sehr energieintensiven Energieträgers Druckluft, unsere Chance für eine einzigartige Positionierung sein.
- *Erkenntnis 4:* Alles Wissen und Können nützt nichts, wenn man es für sich behält.

3.3   Exkurs: Druckluft und Energie

3.3.1 Energie als wertvolles Gut – auch in der Industrie

Energie ist wertvoll und spätestens mit den stetig steigenden Energiepreisen kommt die Erkenntnis auch in der Industrie an. Das, und die mit den äußerst ehrgeizigen Energieeffizienzzielen der Bundesregierung zusammenhängenden Abgaben (EEG-Umlage) und Vorgaben (Nachweispflicht von Energieeinsparungen), führen gezwungenermaßen zu einer veränderten Wahrnehmung von Energie und Energieverbrauch in den Unternehmen (Abb. 1).

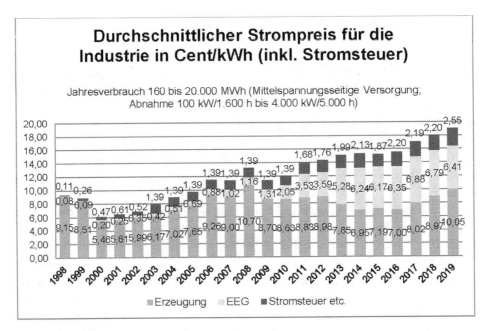

Abb. 1 Durchschnittlicher Strompreis für die Industrie von 1998 bis 2019. (BDEW Januar 2019, S. 25)

Im Energiekonzept für eine umweltschonende, zuverlässige und bezahlbare Energie-politik vom September 2010 werden die übergeordneten Ziele der Bundesregierung für das Jahr 2020 definiert. Die wichtigsten Ziele sind die Reduzierung der Treibhausgas-emissionen der Industriestaaten um 40 % gegenüber 1990, die Erhöhung des Anteils der erneuerbaren Energien am Bruttostromverbrauch auf 30 % (derzeit 12,5 %) und die Sen-kung des Primärenergieverbrauchs um 20 % gegenüber 2008 (BMWi/BMU (2010, S. 5).

Um diese anspruchsvollen Vorgaben zu erreichen und gleichzeitig die Wettbewerbs-fähigkeit der deutschen Industrie zu gewährleisten, gibt es zahlreiche Instrumente wie z. B. fiskalpolitische Regelungen, Gesetze und Verordnungen sowie staatliche Förderprogramme und Informations- und Beratungsangebote. Für verschiedene Ver-günstigungen, wie z. B. den Spitzensteuerausgleich, ist beispielsweise der Nachweis der Einführung eines Umwelt-, Energiemanagementsystems notwendig.

Um wie angestrebt den Primärenergieverbrauch zu senken, hat die Bundesregierung im Dezember 2014 das Thema Energieeffizienz zur zweiten wichtigen Säule für die Energiewende erklärt. Die neue Energieeffizienzstrategie ist im Nationalen Aktionsplan Energieeffizienz (NAPE) beschrieben. Die im NAPE aufgeführten Maßnahmen folgen dem Grundsatz „Informieren – Fördern – Fordern", und sollen sämtlichen gesellschaft-lichen Akteuren „Lust auf Energieeffizienz" machen (BMWi 2014, S. 2). Neben zahl-reichen Sofortmaßnahmen sind auch weiterführende Arbeitsprozesse definiert, die von Kommunikations- und Beratungsangeboten bis hin zu Fördermöglichkeiten reichen.

3.3.2 Druckluft – Sauberer Energieträger oder Energiefresser?

Druckluft ist atmosphärische Luft, die in einem Kompressor auf ein Minimum des vorherigen Volumens verdichtet wird. „Entspannt" sich komprimierte Luft wieder, wird Energie frei, die z. B. in Bewegung umgewandelt werden kann. Druckluft kommt überall in der Industrie zum Einsatz. Sie wird zum Antrieb von Maschinen und Anlagen verwendet, zum Aus- und Abblasen von Teilen oder zur Betätigung von Druckluftwerkzeugen. Vorteile von Druckluft als Energieträger sind die flexible Einsetzbarkeit, Geschwindigkeit, Präzision, einfache Handhabung und Sauberkeit. In vielen Industriezweigen ist eine Produktion ohne Druckluft (derzeit) nicht realisierbar.

Trotz der unbestreitbaren Vorteile von Druckluft als Energieträger, rücken mit steigenden Energiekosten auch die Kosten für Druckluft in den Fokus. Denn: *Druckluft ist ein teurer Energieträger*. Die Erzeugung eines Kubikmeters Druckluft schlägt mit etwa 1,5 bis 3 Cent zu Buche (dena 2012, S. 29). Die Hintergründe für die hohen Kosten sind zum einen der schlechte Wirkungsgrad der Kompressoren und zum anderen die Verluste auf dem Weg zum Verbraucher. Häufig wird ein Gesamtwirkungsgrad von gerade einmal 5 % erreicht (dena 2012, S. 29). Das heißt: Aus 100 % elektrischer Energie werden 5 % „Druckluftenergie" zur weiteren Nutzung gewonnen (Abb. 2).

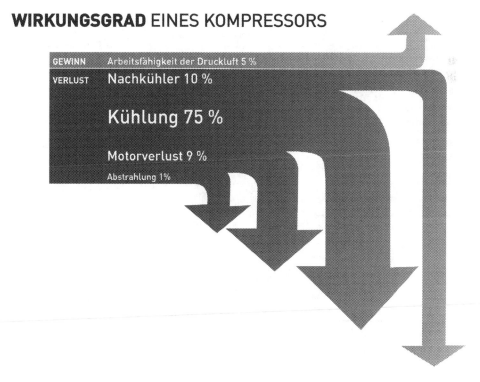

WIRKUNGSGRAD EINES KOMPRESSORS

GEWINN Arbeitsfähigkeit der Druckluft 5 %

VERLUST Nachkühler 10 %

Kühlung 75 %

Motorverlust 9 %

Abstrahlung 1%

Abb. 2 Darstellung des Wirkungsgrads von Druckluft. (dena 2012, S. 29)

Tab. 1 Energiesparmaßnahmen mit Potenzial. (Radgen und Blaustein 2001, S. 6)

Energieeinsparmaß-nahme	Anwendbarkeit/Rent-abilität[a] (%)	Effizienzgewinn[b] (%)	Gesamtpotenzial[c] (%)
Neuanlagen oder Ersatzinvestitionen			
Verbesserte Antriebe (hocheffiziente Motoren)	25	2	0,5
Verbesserte Antriebe (drehzahlvariable Antriebe)	25	15	3,8
Technische Optimierung	30	7	2,1
Einsatz Steuerungen	20	12	2,4
Wärmerückgewinnung	20	20	4,0
Verbesserte Druckluftaufbereitung	10	5	0,5
Gesamtanlagenauslegung inkl. Mehrdruckanlagen	50	9	4,5
Verminderung der Druckverluste im Verteilsystem	50	3	1,5
Optimierung von Druckluftgeräten	5	40	2,0
Anlagenbetrieb und Instandhaltung			
Verminderung der Leckageverluste	80	20	16,0
Häufigerer Filterwechsel	40	2	0,8
Gesamt			32,9

[a] % DLA, in denen diese Maßnahme anwendbar und rentabel ist
[b] % Energieeinsparung des jährlichen Energieverbrauchs
[c] Einsparpotenzial = Anwendbarkeit * Effizienzgewinn

Zwar gibt es physikalische Limitierungen, wodurch der theoretische Wirkungsgrad eines Verdichters bei maximal 50 % liegen kann; (dena 2012, S. 29) eine Reihe von sinnvollen Maßnahmen können die Energieeffizienz von Druckluftanlagen jedoch entscheidend erhöhen und die Stromkosten drastisch senken. Allein die sinnvolle Kombination unterschiedlicher Kompressoren und einer darauf abgestimmten intelligenten Steuerung kann der Energiebedarf deutlich reduzieren. Ganz zu schweigen von Maßnahmen, die Druck- und Druckluftverluste vom Kompressor zum Druckluftverbraucher eliminieren. Durch Wärmerückgewinnung kann zudem die physikalisch bedingte Entstehung von Wärme im und um den Kompressor für Heizung und Erwärmung von Brauchwasser genutzt werden.

Eine Studie des Fraunhofer ISI (Radgen und Blaustein 2001, S. 5) hat ergeben, dass etwa 80 TWh des Stromverbrauchs in der europäischen Industrie (10 % des Gesamtstromverbrauchs) auf die Drucklufterzeugung entfallen. Deutschland verfügt mit ca. 62.000 installierten Kompressoren über deutlich mehr Verdichter als alle anderen europäischen Länder. Durch entsprechende Maßnahmen – sowohl bei Neuinstallationen als auch bei bereits bestehenden Anlagen – könnten mindestens 30 % der Energie eingespart werden. Nachfolgende Tabelle zeigt die in der Studie untersuchten Maßnahmen sowie deren Einsparpotenzial (Tab. 1).

3.4 Umwege erhöhen die Ortskenntnis

Eine neue Unternehmensstrategie entsteht nicht über Nacht. So war es auch in diesem Fall. Aus den Erkenntnissen, die wir in der Krise gewonnen hatten, kristallisierte sich jedoch im Laufe der Zeit ein neuer Weg für das Unternehmen heraus. Mit jedem Schritt, den wir umsetzten, wurden wir sicherer, dass es der für uns richtige Weg war. Klar war für uns auch: Die bisherige Strategie war kein „Fehler", den es nun schleunigst zu beheben galt. Vielmehr war die neue Strategie eine notwendige Weiterentwicklung und Anpassung an veränderte Rahmenbedingungen. Die Erkenntnisse, die wir durch vermeintliche „Umwege" gewonnen hatten, waren nun Motor und Kraftstoff für den vor uns liegenden Weg.

3.4.1 Energieeffizienz im Fokus

Die klassische SWOT-Analyse war es schließlich, die uns eine neue Richtung wies. Als zentrale Stärke und Alleinstellungsmerkmal identifizierten wir unsere historisch gewachsene fachliche Kompetenz und Erfahrung, die, anders als bei unseren Mitbewerbern, den gesamten Druckluftprozess einschließt, und sich nicht auf die Drucklufterzeugung bzw. Pneumatik beschränkt.

Das Verständnis für den gesamten Prozess und dessen „ganzheitliche" Betrachtung, Analyse und Bewertung erachteten wir als maßgeblichen Baustein zur energetischen Optimierung von Druckluftsystemen – ein Thema, mit dem sich auch unsere Kunden, im Interesse der langfristigen Wettbewerbsfähigkeit, zukünftig verstärkt auseinandersetzen würden.

Mit klassischen Energieeffizienzanalysen und/oder ein paar neuen Produkten und Leistungen sollte es nicht getan sein. Wir beschlossen: Entweder ganz oder gar nicht! Wir würden unsere Unternehmensstrategie, die gesamte Organisation und Marktbearbeitung darauf ausrichten.

3.4.2 Die neue Strategie

Die neue Strategie beinhaltete grundlegende Veränderungen in der Unternehmenspositionierung, im Leistungs- und Produktportfolio, der Organisationsstruktur und im
Außenauftritt.

- *Unternehmenspositionierung:* Mader ist *der* Anbieter von Produkten und Dienstleistungen entlang der industriellen Druckluftprozesskette, mit dem klaren Fokus auf
den wirtschaftlichen, energieeffizienten und nachhaltigen Einsatz des Energieträgers
Druckluft.
- *Leistungs- und Produktportfolio:* Mader bietet innovative Produkte und Dienstleistungen für die gesamte Nutzung der Druckluft und Pneumatik im industriellen
Bereich.
- *Organisationstruktur:* Die Trennung zwischen den Geschäftsbereichen Drucklufttechnik und Pneumatik wird aufgelöst. Alle Vertriebsmitarbeiter sind nun für den Verkauf aller Produkte und Leistungen verantwortlich. Im Produktmanagement wird die
Spezialisierung auf Produktbereiche beibehalten.
- *Außenauftritt:* Die optische (unterschiedliche Farben) und tatsächliche (unterschiedliche Webauftritte) Trennung der Geschäftsbereiche im Außenauftritt wird aufgehoben. Auf Basis der neuen Positionierung erfolgt die Entwicklung der Marke
Mader. Neben dem Markenkern und Markenwerten wird der Außenauftritt komplett
überarbeitet. Der Fokus liegt dabei auf der Kommunikation der neuen Positionierung.

3.5 Gelebte Nachhaltigkeit – Zertifizierungen und Auszeichnungen

Was mit unserem WerteCodex begann und sich auch in der gesamten internen Kommunikation und Personalpolitik widerspiegelte, fand für uns eine logische Fortsetzung in
der Unternehmenspositionierung. Unser Ziel ist und war es, soziale Verantwortung, Ökologie und Ökonomie so zu verbinden, dass alle Beteiligten nachhaltig davon profitieren.
Wir wollten uns nicht Nachhaltigkeit auf die Fahnen schreiben, wie das bereits genug
andere Unternehmen taten. Wir wollten den Begriff mit Leben füllen und unsere Kunden
mit Taten überzeugen.

3.5.1 Soziale Verantwortung

Als Unternehmen seiner sozialen Verantwortung gerecht zu werden, setzt voraus, dass
diese als solche überhaupt wahrgenommen wird. Denn letztendlich sind in einem Unternehmen die Zahlen, das Ergebnis entscheidend. So scheinen Unternehmen und das
Soziale in einem Spannungsfeld zu stehen – denn wie will man den ROI von sozialen
Projekten messen?

Eine ernsthafte Auseinandersetzung mit der Thematik ergab sich für uns aus den
praktischen Erfahrungen bei der Personalsuche. Die Ausbildung von Nachwuchskräften

sahen wir als wichtigen Pfeiler für den erfolgreichen Fortbestand des Unternehmens. Doch es wurde zusehends schwieriger geeignete junge Menschen für die Ausbildung zu finden. Wollten wir die betriebliche Ausbildung in dem Maße fortsetzen, mussten wir uns ernsthaft mit den Gründen und unseren Möglichkeiten zu deren Bewältigung auseinandersetzen.

Als wichtigsten Grund identifizierten wir den demografischen Wandel, den wir als mittelständisches, wenig bekanntes Unternehmen im Stuttgarter Raum, deutlich zu spüren bekamen. Schließlich mussten wir uns im „War for Talents" mit den großen Namen wie Daimler, Porsche und Bosch messen lassen.

In dieser Situation zeigte sich einmal mehr, dass das Einräumen von Entscheidungsspielräumen und das Fördern von Eigenverantwortung, ungeahnte Kreativität und Engagement der Mitarbeiterinnen und Mitarbeiter freisetzen. Sülbiye Deger, Leiterin Personal und Ausbildung, wurde zur Schlüsselfigur und Initiatorin der folgenden sozialen Projekte. Geprägt durch den eigenen Migrationshintergrund als geborene Türkin hat sie ein besonderes Verständnis für die Nöte von jungen Migranten und ihrer Eltern.

Als erste, nach außen hin sichtbare Maßnahme ging Mader Anfang 2012 eine, von der IHK geförderte Bildungspartnerschaft mit der örtlichen Haupt- und Werkrealschule, der Ludwig-Uhland-Schule in Leinfelden, ein. Mit dem ersten Projekt „Deine Chance auf einen Ausbildungsplatz – Bewerbertraining für Hauptschüler mit Migrationshintergrund", legten wir den Grundstein für eine neue Ausbildungsphilosophie, in der Jugendliche und ihre Motivation im Vordergrund stehen sollten und nicht alleine ihre Noten. Ziel war es, Jugendliche mit Migrationshintergrund bereits in der Schulzeit anzusprechen, ihnen direkt aus der Praxis Werkzeuge für die Ausbildungssuche und Bewerbung an die Hand zu geben, die Eltern ganz bewusst in den Prozess einzubinden und sich damit auch früh als passendes Ausbildungsunternehmen zu empfehlen.

Mit der Unterzeichnung der *„Charta der Vielfalt"* gaben wir unserem Verständnis, Menschen unabhängig ihrer Religionszugehörigkeit, ihres Geschlechts, ihrer sexuellen Orientierung oder ihrer Nationalität zu beurteilen, einen „offiziellen Rahmen". Es folgten weitere Projekte in Kooperation mit der Ludwig-Uhland-Schule, in Zusammenarbeit mit der Nachhaltigkeitsexpertin Dr. Alexandra Hildebrandt und eine zweite Bildungspartnerschaft mit dem örtlichen Gymnasium.

Im März 2013 dann der Anruf aus Berlin. Bundeskanzlerin Angela Merkel möchte das Unternehmen im Rahmen ihrer Demografiereise besuchen. Wie das Bundeskanzleramt ausgerechnet auf Mader kam, kann nur gemutmaßt werden. Sicher ist, dass ihr Besuch im April 2013, ohne die vielen kleinen und großen Maßnahmen in den Monaten zuvor, so nie stattgefunden hätte.

Die mediale Aufmerksamkeit, gesteigerte Bekanntheit und die veränderte Wahrnehmung des Unternehmens durch Kunden, Mitbewerber, die Öffentlichkeit, aber auch die Belegschaft lässt sich nur schwer in Zahlen fassen. Und doch ist es ein Stück weit der Beweis dafür, dass es sich auch aus wirtschaftlicher Sicht lohnt, die soziale Verantwortung als Unternehmen wahrzunehmen (Abb. 3).

Abb. 3 Bundeskanzlerin Angela Merkel bei ihrem Besuch im April 2014, als Gastgeschenk erhielt sie die Tangram-Figur, die den WerteCodex des Unternehmens visualisiert. (© Mader, Fotograf: Hagen Schmitt)

Die veränderte Wahrnehmung und höhere Bekanntheit zeigt sich auch in der weiteren Entwicklung:

- Im Februar 2014 erhält Mader den bundesweit ausgeschriebenen *IHK-Bildungspreis in der Kategorie Integration.*
- Im März 2014 wird Mader zur *Landespressekonferenz mit dem baden-württembergischen Wirtschaftsminister Nils Schmid* eingeladen. Thema: Integration von Jugendlichen mit Migrationshintergrund.
- Im November 2014 belegt Mader den *zweiten Platz im Wettbewerb „Vielfalt gelingt! Gute Ausbildung für junge Migrant/innen"* des Ministeriums für Integration Baden-Württemberg, des Paritätische Wohlfahrtsverbands Baden-Württemberg und der Werkstatt PARITÄT.

3.5.2 Ökologie

Was soziale Verantwortung und Personalpolitik angeht, hatten wir mit dem WerteCodex bereits direkt nach dem Management-Buy-out den Grundstein gelegt. Ökologie war zugegebenermaßen eher ein Randthema. Mit der neuen Strategie wollten wir das nun konsequent ändern. Unser Ansatz: Um unsere Kunden von Energieeffizienzmaßnahmen im Bereich Druckluft überzeugen zu können und in diesem Thema wirklich glaubwürdig zu sein, mussten wir sprichwörtlich zuerst „vor der eigenen Haustüre kehren".

Den Grundstein legten wir im Mai 2012 mit der Einführung eines Umweltmanagementsystems und der Zertifizierung nach DIN EN ISO 14001. Im April 2014 folgte dann die Zertifizierung des Energiemanagementsystems DIN EN ISO 50001.

Uns ging es aber nicht allein darum, ein Zertifikat vorweisen zu können, vielmehr wollten wir auch innerhalb des eigenen Unternehmens einen Bewusstseinswandel erzielen. Regelmäßige Schulungen zu dem Thema, von den Auszubildenden vorbereitete und durchgeführte Umwelt-Workshops, die monatliche Veröffentlichung von Verbrauchszahlen und Umwelt-Tipps sind nur einige Maßnahmen, die genau darauf abzielen.

Der Wandel kommt langsam, aber er kommt. Auch dank Stefanie Kästle, die als Qualitäts- und Umweltmanagementbeauftragte, viel Basisarbeit leistete. Es hat sich einmal mehr als richtig erwiesen, Gestaltungsspielräume einzuräumen und Vertrauen in die Fähigkeiten von Mitarbeiterinnen und Mitarbeitern zu haben. Als „Herrin der Energie", wie sie unter Kollegen scherzhaft genannt wird, leistet sie täglich Überzeugungsarbeit, die an der gesamten Belegschaft nicht spurlos vorübergeht. Indiz hierfür sind z. B. der informelle Wettstreit um den niedrigsten Spritverbrauch (Verbräuche werden vom Fuhrparkmanager regelmäßig in die Runde versendet) oder kleine Sticheleien beim Mittagessen, wenn der Chef vergessen hat, das Licht beim Verlassen des Büros auszuschalten. Auch Schwarz auf Weiß sind die Ergebnisse ihrer Arbeit zu sehen, z. B. am Rückgang des Stromverbrauchs um 20 % in 2014 im Vergleich zum Vorjahr.

Die Aufnahme in die Reihe der Klimaschutz-Unternehmen im März 2014 und das Engagement sowie der Erfahrungsaustausch mit anderen Unternehmen in diversen Energie-Netzwerken treiben uns an, in unseren Bestrebungen nicht nachzulassen und immer besser zu werden.

In unserem Weg bestätigt fühlen wir uns auch durch die Auszeichnung im Dezember 2014 mit dem Umweltpreis für Unternehmen in Baden-Württemberg, überreicht durch den baden-württembergischen Umweltminister Franz Untersteller (Abb. 4).

Abb. 4 Im Dezember 2014 überreicht Umweltminister Franz Untersteller den Umweltpreis für Unternehmen in Baden-Württemberg an Mader

3.5.3 Ökonomie

Nachhaltigkeit ist, wie der Begriff es bereits impliziert, keine Strategie, die schnelle Gewinne verspricht. Die Auszeichnungen, die wir aufgrund unseres Engagements erhalten haben, beeinflussen jedoch nachhaltig das Bild, das die Öffentlichkeit, unsere Kunden und Mitbewerber von Mader haben, zum Positiven. Das ist ein Wert, der sich schwer in Zahlen fassen lässt, jedoch den Weg zum Auftrag deutlich erleichtert. Das zeigt sich insbesondere an der Zahl der umgesetzten Energieeffizienz-Projekte und der steigenden Umsatz-Bedeutung des Produktbereichs Drucklufttechnik: Innerhalb von vier Jahren (von 2010 bis 2014) *verdoppelt* sich der Umsatz des Bereichs Drucklufttechnik fast (+93 %), allein zum Vorjahr ist das ein Umsatzplus von 34 %.

4   Mehrwert für den Kunden – der Mader-Effekt

Ein entscheidender Punkt der Unternehmensstrategie, ist die Positionierung als *der* Anbieter von Produkten und Dienstleistungen entlang der industriellen Druckluft-prozesskette, mit dem klaren Fokus auf den wirtschaftlichen, energieeffizienten und nachhaltigen Einsatz des Energieträgers Druckluft. Das ist Selbstverpflichtung und gleichzeitig ein Versprechen an den Kunden, bei Mader eine auf seinen Bedarf und indi-viduellen Rahmenbedingungen abgestimmte, nachhaltige Druckluftlösung zu erhalten. Zusammengefasst wird dieses Versprechen im einfachen Begriff „der Mader-Effekt".

4.1   Herausforderungen in der Kundenansprache

Um sich überhaupt auf die Suche nach einer Lösung zu machen, muss auf Kundenseite das Problem erst einmal erkannt werden. Im Bereich der industriellen Druckluftnutzung ist das die eigentliche Herausforderung (Radgen und Blaustein 2001, S. 7).

- *Zuordnung Energiekosten:* Oftmals sind Unternehmen die enormen Kosten, die durch eine nicht optimal eingestellte Druckluftanlage, durch Leckagen oder unregelmäßige Wartungen entstehen, gar nicht bewusst. Ein Hauptproblem liegt in der Zuordnung der entstehenden Energiekosten auf die Verursacher. Für die Drucklufterzeugung und -nutzung gibt es keine separate Kostenstelle – die Energiekosten „verschwinden" häu-fig in den Gemeinkosten. Eine ordnungsgemäße Zuordnung erfolgt in den wenigsten Fällen – dies bedeutet, dass die Verantwortlichen für die Erzeugung und die jeweili-gen Verbraucher häufig unterschiedliche Interessen haben.
- *Lebenszykluskosten:* Oft wird bei Neuanschaffungen dem Anschaffungspreis der Anlage eine höhere Bedeutung beigemessen, als den Gesamtkosten der Anlage über die Nutzungsdauer. Kosten für den Stromverbrauch, die Wartung etc. werden von den Verantwortlichen oft nicht oder ungenügend berücksichtigt. Bei bestehenden Anlagen fehlt zudem vielfach das Bewusstsein der Nutzer für eventuelle Energieeinsparungen. (siehe Abb. 5)

Abb. 5 Lebenszykluskosten einer Druckluftanlage. (dena 2006, S. 3)

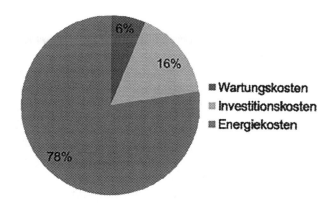

- *Verantwortlichkeiten:* Es gibt keine klare Zuständigkeit für Optimierungsmaßnahmen. So liegt die Verantwortung für Beschaffung, Finanzierung und Wartung von Druckluftanlagen oft in unterschiedlichen Händen. Hier den Fokus auf den Energieverbrauch zu lenken gestaltet sich schwierig.

4.2 Problemstellen im Druckluftprozess

Viele installierte, betriebsfähige Anlagen haben einen schlechten *Wirkungsgrad.* Die Gründe können vielfältig sein, z. B.

- eine nicht bedarfsgerechte Dimensionierung der Anlage, entstanden durch eine dynamische Bedarfsveränderung und der fehlenden ständigen Anpassung der Druckluftstationen
- die nicht korrekte Wahl und Einstellung des Betriebsdrucks
- nicht optimal dimensionierte Versorgungsleitungen
- Leckagen durch fehlende oder unzureichende Wartung der Versorgungsleitung und Komponenten, denn ausströmende Druckluft stellt in der Regel keine Gefahr dar, ein vergleichbarer Zustand in Wasser- oder Hydrauliksystemen würde umgehend repariert werden
- fehlende Segmentierung des Druckluftnetzes in verschiedene Teilnetze, die unterschiedliche Bedarfszeiten bzw. Arbeitsdrücke haben

4.3 Ansatzpunkte zur Optimierung des Druckluftprozesses

Um eine Gesamtsystemoptimierung zu erreichen, ist zunächst der *IST-Zustand* unter Berücksichtigung der Anforderungen an Druckluftqualität, -menge und Verfügbarkeit zu beurteilen. Aus diesem Grund startet die optimale Konzeptionierung mit einer Messung über einen Referenzzeitraum im Echtbetrieb. Dies bildet die Basis für eine *Bedarfsprognose,* die auch zu erwartende Bedarfsveränderungen berücksichtigen sollte.

Die moderne Kompressorstation verfügt über eine intelligente Steuerung, die den notwendigen Bedarf, möglichst unter *Vermeidung von Spitzenlasten*, konstant zur Verfügung stellt. Gelingt es, Druckluftspitzenverbräuche zu vermeiden, können die Betriebskosten reduziert werden. Zusätzlich berücksichtigt eine solche Konzeption das Ausfallrisiko und minimiert die Ausfallkosten auf ein betriebswirtschaftlich sinnvolles Restrisiko.

Für eine optimale Konzeption muss eine *Qualitätsbestimmung* der zu erzeugenden Druckluft hinsichtlich der Feuchte, Partikel und des Restölgehaltes definiert werden, ebenso, ob eine zentrale und/oder dezentrale Aufbereitung sinnvoll ist. Da Kompressoren in der Regel angesaugte, atmosphärische Luft verdichten, erhöht sich in der erzeugten Druckluft die Konzentration der Schmutzpartikel. Zusätzlich gelangen noch Schmieröl und metallischer Abrieb in die erzeugte Druckluft. Der Vorteil der Aufbereitung ist neben der erhöhten Lebensdauer der nachgeschalteten Druckluftverbraucher auch das Vermeiden bzw. Mindern von Ablagerungen, die wiederum zu Druckverlusten in der Leitung führen. Diese Verschmutzung ist für den jeweiligen Anwendungsfall sinnvoll zu reduzieren.

Der Verschwendung von Druckluft durch *Leckagen,* verschlissene Druckluftwerkzeuge und einen unsachgemäßen Einsatz ist besondere Aufmerksamkeit zu widmen. Auch hier liegt ein hohes Einsparpotenzial. Bereits eine Leckage von 1 mm Durchmesser verursacht zusätzliche Stromkosten von 442 € im Jahr (Tab. 2).

Durch den Einbau von Absperrorganen lässt sich jedes Druckluftnetz leicht in verschiedene Bereiche unterteilen. Dies ermöglicht, bestimmte Bereiche ohne Druckluftverbrauch kurz- oder auch langfristig vom übrigen Netz zu trennen. So werden die Leckageverluste verringert, welche nur mit enormem Aufwand beseitigt werden könnten wie z. B. an Druckluftwerkzeugen.

Zusätzlich gilt folgende Faustformel für einen nicht angepassten, *zu hohen Betriebsdruck.* Jedes Bar zu hohe Verdichtung – beispielsweise zum Ausgleich von oben beschriebenen Druckverlusten – erfordert 6 bis 10 % mehr Antriebsenergie am Kompressor (dena (2012, S. 14).

Weiteres Einsparpotenzial bietet die *Wartung der Anlagen.* Durch regelmäßige Wartungen können nicht nur Energiekosten, sondern auch weitere Folgekosten, beispielsweise durch einen Stillstand der Maschinen, vermieden werden.

Tab. 2 Energiekosten verursacht durch Leckagen

Leckage-Durchmesser (mm)	Ausströmende Luftmenge bei 7 bar (l/min)[a]	Zusätzliche Stromkosten (€/Jahr)
1	72	442
3	670	3857
6	2670	15.344

[a] Berechnung auf Basis von 8760 Betriebsstunden/Jahr und Stromkosten von 0,15 €/kWh

4.4 Der Mader-Effekt

In der Regel betrachten die Hersteller bzw. Lieferanten der Einzelbausteine in dieser Prozesskette ausschließlich ihr Produkt. Aus Sicht der jeweiligen Produkte werden diese optimal aufgestellt und eingesetzt. Eine Gesamtanalyse obliegt letztendlich dem Kunden, der dann die Koordinationsaufgabe über alle Teilprozesse hat. Unterschiedliche Werte und Einflussgrößen müssen berücksichtigt und bewertet werden, für den Druckluftverantwortlichen, der meist ein über die Druckluft hinausgehendes, umfangreiches Aufgabengebiet hat, ein schwieriges Unterfangen. An dieser Stelle setzt Mader mit seinem Leistungsversprechen an.

4.4.1 Leistungsversprechen

„So läuft Ihr Druckluftprozess wie von selbst" ist das zentrale Versprechen von Mader an den Kunden – kurz zusammengefasst mit dem Begriff *Mader-Effekt,* visualisiert durch eine perfekt aufgestellte, lückenlose Dominokette. An diesem Versprechen wird nicht nur die ganzheitliche Sichtweise von Mader auf den gesamten Druckluftprozess – von der Drucklufterzeugung bis zum Druckluftverbrauch – deutlich. Es wird auch klar, dass damit keine Standardlösung für einen Standardprozess gemeint ist, sondern immer die individuellen Rahmenbedingungen beim Kunden entscheidend sind (Abb. 6).

4.4.2 Leistungsinhalte

Im Fokus des Kunden steht, kurzgefasst, der reibungslose Prozessablauf bei möglichst geringem finanziellen Aufwand. Gelingen kann dies, unserer Ansicht nach, im Bereich der Druckluft nur, durch einen ganzheitlichen, strategischen Lösungsansatz, der insbesondere unter dem Gesichtspunkt der Energieeffizienz erarbeitet wird.

Im Idealfall sieht daher die Vorgehensweise beim Kunden wie folgt aus:

Abb. 6 Der Mader-Effekt – visualisiert als Dominokette

- *Ist-Aufnahme:* Um die Energieeffizienz des Druckluftsystems zu beurteilen, wird der Energieaufwand der Druckluftanlage, der Druckluftbedarf in Abhängigkeit von der Zeit, die benötigte Druckluftqualität und -klasse erhoben. Zusätzlich wird das Druckluftnetz hinsichtlich Dimensionierung, Trennbarkeit und Leckagen überprüft sowie die „Druckluftverbraucher" (Maschinen, Anlagen, Geräte) unter die Lupe genommen (Leckagen, benötigter Betriebsdruck, benötigte Druckluftqualität etc.).
- *Druckluft-Konzept:* Basierend auf den Ergebnissen der IST-Aufnahme und unter Berücksichtigung geplanter Bedarfsänderungen (z. B. wesentliche Veränderung des Maschinenparks) werden unterschiedliche Druckluft-Konzepte ausgearbeitet, die die Drucklufterzeugung, -aufbereitung, -verteilung und -nutzung umfassen. Je nach individueller Kundensituation werden die betriebswirtschaftlich und ökologisch sinnvollsten Lösungsvarianten erarbeitet. Sie beinhalten die Möglichkeiten zur alternativen Nutzung der erzeugten Energie wie z. B. für Wärmerückgewinnungs- oder Adsorptionskälteanlagen, ebenso wie sinnvolle Anpassungen im Druckluftnetz und die Beseitigung von Leckagen.
- *Finanzierung und Fördermittel:* Eine ganzheitliche Lösung beinhaltet für Mader nicht nur den technischen Aspekt, sondern umfasst auch den wirtschaftlichen. Hierzu gehört die Berücksichtigung und umfassende Beratung zu staatlichen Förder- und Finanzierungsmöglichkeiten. Dazu gehört beispielsweise die Angabe der zu erzielenden Einsparungsmöglichkeiten von Strom und respektive CO_2 für jedes Druckluft-Konzept sowie – soweit vom Kunden gewünscht und sinnvoll – die Einbindung eines zertifizierten Energieberaters. Beides kann Bedingung für die Inanspruchnahme von staatlichen Fördermitteln sein.
- *Langfristige Prozesssicherheit:* Die gesamte Konzeption wird immer auch unter dem Aspekt der *Ausfallsicherheit* erarbeitet. Die möglichen Maschinenstillstandskosten werden üblicherweise die ggf. höheren Investitionskosten für ein Druckluft-Konzept mit hoher Ausfallsicherheit auf lange Sicht deutlich übersteigen. Der Anspruch von Mader ist daher, den Blick des Kunden auch auf diesen Umstand zu lenken und mit entsprechenden Zahlen zu untermauern. Das Gleiche gilt für eine regelmäßige *Wartung* der Anlage, die nicht nur die Versorgungssicherheit gewährleistet, sondern auch für eine gleichbleibende Druckluftqualität, respektive Qualität der Endprodukte und Langlebigkeit der angeschlossenen Geräte und Anlagen sorgt. Auf Nummer sicher geht der Kunde durch langfristiges *Monitoring* der gesamten Anlage. Wesentliche Leistungswerte der Anlage werden permanent überwacht, mögliche Betriebsausfälle können vermieden und Wartungsintervalle auf Basis der Leistungsdaten bedarfsgerecht geplant werden. Das Ergebnis ist eine hohe Anlagenverfügbarkeit bei deutlich reduzierten Ausfallkosten und bedarfsgerechten Wartungsintervallen.

4.4.3 Kundennutzen

Die Umsetzung des ganzheitlichen Konzeptes ermöglicht die wirtschaftlich und ökologisch bestmögliche Gestaltung und nachhaltige Nutzung der Druckluft. Durch die Betrachtung der kompletten Prozesskette, also von der Erzeugung bis hin zum letzten Glied der Nutzungskette, kann für die individuelle Bedarfssituation eine optimale Lösung gefunden und realisiert werden. Es stimmt das Verhältnis zwischen ökonomischer und ökologischer Bilanz, beide Anforderungen bedingen einander. Die Anlagen sind energieeffizient konzipiert und, bedingt durch den politischen Willen die Energiewende bis zum Jahr 2020 zu schaffen, auch durch öffentliche Mittel gefördert. Dies wirkt in viele Richtungen. Die Ökobilanz verbessert sich bei gleichzeitiger Entlastung der Liquidität.

Realisiert werden kann dies durch das Leistungsangebot aus einer Hand. Ein kompetenter Ansprechpartner für alle Aufgabenstellung mit kompetenter Unterstützung in der jeweiligen Problemstellung. Dies garantiert niedrige Prozesskosten durch Vermeidung unnötiger Schnittstellen und vor allem *eine Verantwortung über den kompletten Prozess:* Von der energieeffizienten Erzeugung hin bis zur optimalen Nutzung. Neben der effizienten Versorgung wird eine hohe Versorgungssicherheit realisiert und die Ausfallkosten deutlich reduziert.

Die konzipierten Lösungen unterstützen die Bestrebungen für eine nachhaltige Energiereduktion. Es wird garantiert, dass die Anforderungen der Bundesregierung unter Einbeziehung aller möglichen Subventionen erfüllt werden. Durch Testat und Zertifizierung werden die Klimaschutz-Aktivitäten der Kunden öffentlichkeitswirksam unterstützt.

5   Fazit: Quo vadis Mader?

Die wirtschaftliche Krise in 2008 war für Mader eine Art „Katalysator" hin zu einer noch konsequenteren nachhaltigen Unternehmensführung. Entwicklungen, die andernfalls länger gedauert oder gar nicht eingetreten wären, entstanden aus Einsichten, die wir in dieser Zeit über uns selbst und den Markt gewinnen konnten.

Die in *Absatz 3.2.* genannten Erkenntnisse wurden Teil unserer Unternehmensstrategie. Die Betrachtung des Druckluftprozesses als Ganzes – von der Drucklufterzeugung bis zur -Anwendung – eröffnet uns die Möglichkeit zur Gestaltung neuer Serviceangebote. Damit bauen wir nicht nur konsequent den Umsatz im Bereich Drucklufttechnik aus, sondern erhöhen gleichzeitig den gesamten Dienstleistungsanteil *(Erkenntnis 1 und 2)*. Die Prozessbetrachtung verschafft uns darüber hinaus einen einzigartigen Wettbewerbsvorteil, über den wir vorher so nicht verfügten. Mit dem Fokus auf *energieeffiziente Druckluft (Erkenntnis 3)* wenden wir uns einem zukunftsträchtigen Thema zu, das in Zukunft gerade in der Industrie noch an Brisanz gewinnen wird.

Auch die aktuellen politischen und wirtschaftlichen Rahmenbedingungen bestärken uns darin, die richtigen Schlussfolgerungen gezogen zu haben:

- Ende 2014 veröffentlicht das Bundesministerium für Wirtschaft und Energie den Nationalen Aktionsplan Energieeffizienz. Darin wird Energieeffizienz als *zweite Säule der Energiewende* genannt (BMWi 2014, S. 2).

- Im Januar 2015 veröffentlicht das EEP (Institut für Energieeffizienz in der Produktion der Universität Stuttgart) zum dritten Mal den Energieeffizienz-Index der deutschen Industrie und dokumentiert, dass Energieeffizienz für über 40 % der mittleren und großen Unternehmen eine verhältnismäßig *große Relevanz* besitzt. Zudem investieren 80 % der mittleren und großen Unternehmen mindestens 5 % ihres Investitions-budgets in Energieeffizienz-Maßnahmen.[2]

Dennoch: Ohne konsequente Umsetzung des von Georg-Volkmar Graf Zedtwitz-Arnim geprägten Leitsatzes „Tu Gutes und rede darüber"[3] *(Erkenntnis 4),* wäre die neue Unter-nehmensstrategie kaum erfolgreich. Noch intensiver als die Jahre zuvor, haben wir uns der Öffentlichkeitsarbeit, z. B. durch Teilnahme an relevanten Wettbewerben, aber auch der konsequenten Bewerbung des *Mader-Effekts* gewidmet. Weiterhin haben wir uns ver-stärkt in Netzwerken (z. B. lokale Wirtschaftsnetzwerke, Klimaschutz-Unternehmen) engagiert und die Zusammenarbeit z. B. mit der IHK intensiviert (IHK-Energieaus-schuss, ERFA-Kreis Technologie).

Der hier beschriebene „Mader-Weg" liest sich heute als logisch, nachvollziehbar und nahezu unvermeidbar Erfolg versprechend. Ganz unserem WerteCodex folgend, der auch „Offenheit und Ehrlichkeit" als wichtige Werte formuliert, sei an dieser Stelle angemerkt: Nachhaltige Unternehmensführung ist eine Strategie, die man aus Über-zeugung verfolgt und dem reinen, schnellen Gewinnstreben überordnet. Nachhaltigkeit, dies haben auch unsere Erfahrungen in den letzten Jahren bestätigt, darf kein Lippen-bekenntnis sein, sie muss auf einem stabilen (Werte-)Fundament aufbauen. Nur dann kann die Strategie ernsthaft und langfristig Bestand haben. *Man braucht einen langen Atem bis man erste Erfolge sieht und die Strategie auch wirtschaftlich Früchte trägt.*

Auf einem solchen Weg braucht man verlässliche Mitstreiter, Mitarbeiterinnen und Mitarbeiter, Kolleginnen und Kollegen, die Entscheidungen hinterfragen, bereit zur offe-nen Diskussion sind und den gemeinsamen Weg aus Überzeugung mitgehen. Aber auch hier gilt, wie so oft im Leben: Ein kleine Gruppe wird zunächst aus wirklicher Über-zeugung mitgehen, der Rest wird erst davon überzeugt werden müssen. In diesem Fall macht die kleine Gruppe den Unterschied. Deren Vertreter sind Impulsgeber, Antreiber, Motivatoren *(siehe auch Beispiele in Absatz 3.5.1 und 3.5.2).*

Trotz der Erfolge der letzten Jahre: Das Potenzial ist längst nicht ausgeschöpft. Sowohl die Entwicklung des Unternehmens als auch die Rahmenbedingungen sind aus unserer Sicht vielversprechend. Und: Wir haben es uns zur Gewohnheit gemacht, ver-meintliche Misserfolge für uns zu nutzen. Ein Beispiel: Ein Automobilkonzern kommt mit einer Anfrage zur Leckageortung und -beseitigung auf uns zu. Der Projektumfang ist erheblich, entsprechend der potenzielle Umsatz hochinteressant, die Konkurrenz stark. Wir bleiben bis zum Schluss im Rennen, aber schließlich entscheidet der Auftraggeber

---

[2]http://www.eep.uni-stuttgart.de/aktuelles/16.shtml.
[3]Zedtwitz-Arnim (1961), Titel.

sich doch dafür, das Projekt intern umzusetzen. Die Angebotsphase läuft über mehrere Monate und der Aufwand für uns erheblich. Am Ende ist jedoch klar, dass die Arbeit nicht umsonst war. Ganz im Gegenteil: Sie ist Basis für eine neue Dienstleistung, die es in dieser Form am Markt noch nicht gibt.

Unser Dienstleistungspaket Mader „AirXpert" ist das Ergebnis dieser Erfahrung. Ein Produkt, das sich zwischenzeitlich am Markt etabliert hat und uns darin bestärkt den eingeschlagenen Weg weiterzugehen. Der Fokus von Mader liegt stärker denn je auf dem Thema „Energieeffizienz". Druckluft und Pneumatik in Kombination mit digitalen Technologien erweisen sich in vielerlei Hinsicht als eine wegweisende Verbindung. Energie wird eingespart – teilweise um bis zu 70 % reduziert – und, dank Digitalisierung, lassen sich diese Einsparungen direkt nachweisen bzw. etwaige Energiefresser gezielt aufdecken.

Literatur

BDEW Bundesverband der Energie- und Wasserwirtschaft e. V. (2019) BDEW Strompreisanalyse Januar 2019 – Haushalte und Industrie, S 25. https://www.bdew.de/media/documents/190115_BDEW-Strompreisanalyse_Januar-2019.pdf. Zugegriffen: 29. Apr. 2019

Bundesministerium für Wirtschaft und Energie (BMWi) (Hrsg) (2014) Ein gutes Stück Arbeit. Mehr aus Energie machen. Nationaler Aktionsplan Energieeffizienz. http://www.bmwi.de/BMWi/Redaktion/PDF/M-O/nationaler-aktionsplan-energieeffizienz-nape,property=pdf,bereich=bmwi2012,sprache=de,rwb=true.pdf. Zugegriffen: 9. Febr. 2015

Bundesministerium für Wirtschaft und Energie (BMWi) (2015) Energiewende 2015 – die wichtigsten Vorhaben. http://www.bmwi-energiewende.de/EWD/Redaktion/Newsletter/2015/1/Video/Topthema-wichtigste-themen-2015.html;jsessionid=8C615A038C7B1F3D8E04A52E-B199E3D1. Zugegriffen: 2. Febr. 2015

Bundesministerium für Wirtschaft und Technologie (BMWi)/Bundesministerium für Umwelt, Naturschutz und Reaktorsicherheit (BMU) (Hrsg) (2010) Energiekonzept für eine umweltschonende, zuverlässige und bezahlbare Energieversorgung. http://www.e2a.de/data/files/energiekonzept_bundesregierung.pdf. Zugegriffen: 9. Febr. 2015

Deutsche Energie-Agentur (dena) (Hrsg) (2006) Druckluftsysteme: Mehr Energieeffizienz, weniger Kosten. http://www.dena.de/fileadmin/user_upload/Publikationen/Stromnutzung/Dokumente/IEE_Druckluft_Download.pdf. Zugegriffen: 9. Febr. 2015

Deutsche Energie-Agentur (dena) (Hrsg) (2012) Druckluftsysteme in Industrie und Gewerbe. Ein Ratgeber zur systematischen Modernisierung. http://www.stromeffizienz.de/uploads/tx_zrwshop/Ratgeber-Druckluft_web_2012.pdf. Zugegriffen: 9. Febr. 2015

Institut für Energieeffizienz in der Produktion EEP, Universität Stuttgart (Hrsg) (2015) 3. Energieeffizienz-Index des EEP der Universität Stuttgart frisch ausgewertet. http://www.eep.uni-stuttgart.de/aktuelles/16.shtml. Zugegriffen: 2. Febr. 2015

Radgen P, Blaustein E (2001) Compressed air systems in the European union, energy, emissions saving potentials and Policy actions. LOG-X Verlag GmbH, Stuttgart

Wikipedia http://de.wikipedia.org/wiki/Krise. Zugegriffen: 5. Febr. 2015

Arnim Z, GV Graf (1961) Tu Gutes und rede darüber – public relations für die Wirtschaft. Ullstein, Berlin

© Mader GmbH & Co. KG

Werner Landhäußer Jahrgang 1957, ist Gesellschafter der LOOXR GmbH. Zusammen mit Kollegen übernahm er das Unternehmen 2003 mit einem klassischen MBO aus einem internationalen Konzern. Bis Mitte 2019 war er zudem Geschäftsführer. Nach langjähriger Konzerntätigkeit lernte er die kurzen Entscheidungswege und die offene Kommunikationskultur in einem mittelständischen Unternehmen zu schätzen. Die strategische Weiterentwicklung von Mader hin zu einem sozial, ökologisch und ökonomisch erfolgreichen Unternehmen steuerte er mehr als 15 Jahre lang gemeinsam mit Peter Maier, ebenfalls geschäftsführender Gesellschafter bei Mader. Mitte 2018 entschlossen sich die beiden zur Gründung des Start-ups LOOXR, einem Spin-off der Mader GmbH & Co. KG, das die Digitalisierung des gesamten Druckluftprozesses zum Ziel hat. Seine Vision einer nachhaltigen, werteorientierter Unternehmensführung führt er als CEO auch im neuen Unternehmen fort.

© Mader GmbH & Co. KG

Ulrike Böhm Jahrgang 1981, studierte Betriebswirtschaft mit dem Schwerpunkt Marketing an der Hochschule Pforzheim. Parallel zum Studium absolvierte sie das Zertifikatsprogramm zur PR-Referentin. Nach praktischen Erfahrungen im Konzern und im Mittelstand entschied sie sich 2006 für den Eintritt in den Marketingbereich bei Mader. 2017 schloss sie die Weiterbildung zur systemischen Beraterin für agile Organisationsentwicklung und Change Management ab. In ihrer Funktion als Change Managerin, in die sie 2016 wechselte, initiiert und begleitet sie Veränderungsprojekte im Unternehmen.

Wie ein Mittelständler zum „Klimaretter" wird – die Fortsetzung der Geschichte zum Mader-Effekt

Ulrike Böhm

1 Einleitung

Eine ganz eigene Energiewende gestaltete der süddeutsche Druckluft- und Pneumatik-spezialist Mader. Das mittelständische Unternehmen, das sich 2008 einem entscheidenden Wendepunkt seiner Unternehmensgeschichte gegenübersah, nutzte die wirtschaftliche Krise, um sich strategisch neu aufzustellen und den Fokus konsequent auf die Themen Energieeffizienz und Nachhaltigkeit auszurichten. Was mit Maßnahmen im eigenen Haus begann („Vor der eigenen Haustüre kehren"[1]) wird nunmehr seit über zehn Jahren konse-quent in allen Bereichen – von der Entwicklung neuer energieeffizienter Dienstleistungen und Produkte bis zum vielfältigen Engagement für Nachhaltigkeit vorangetrieben. Mit Beharrlichkeit, Offenheit und Mut wagt das Unternehmen neue Wege, um Druckluft zum energieeffizienten, voll digitalisierten Energieträger zu transformieren.

2 Druckluft: Vom Energiefresser zum voll digitalisierten Energieträger

2.1 Was Druckluft zum „Energiefresser" macht

Druckluft ist ein wichtiger Energieträger, der aus vielen Branchen nicht wegzudenken ist und bisher nicht vollständig durch andere Energieträger ersetzt werden kann.

---

[1]CSR und Energiewirtschaft, S. 188.

U. Böhm (✉)
Mader GmbH & Co. KG, Leinfelden-Echterdingen, Deutschland
E-Mail: ulrike.boehm@mader.eu

© Springer-Verlag GmbH Deutschland, ein Teil von Springer Nature 2019
A. Hildebrandt und W. Landhäußer (Hrsg.), *CSR und Energiewirtschaft*,
Management-Reihe Corporate Social Responsibility,
https://doi.org/10.1007/978-3-662-59653-1_14

Tab. 1 Energiekosten bei Leckagen (Werte bei 8760 h/a und 0,15 €/kWh)

Durchmesser der Leckage	Ausströmende Luftmenge bei 7 bar	Energiekosten
mm	l/min	€/Jahr
1	72	442
2	300	1757
3	670	3857
4	1200	6857
6	2670	15.334
10	7440	43.142

Im Druckluftkompressor wird herkömmliche Umgebungsluft auf ein Minimum des ursprünglichen Volumens komprimiert – die Luft steht dann unter Druck. Durch „Entspannung" der Druckluft wird Energie frei, die beispielsweise zum Antrieb von Pneumatikzylindern eingesetzt wird. Druckluft hat gegenüber anderen Energieträgern wie Strom oder Hydraulik den Vorteil, dass sie sauber, sehr sicher, präzise und flexibel einsetzbar ist.[2] Druckluft wird unter Einsatz von elektrischer Energie (oder auch von Gas) erzeugt. Problematisch ist der geringe Wirkungsgrad von Kompressoren und der Verlust von Druckluft auf dem Weg zum Verbraucher. Ein Gesamtwirkungsgrad für Druckluft von 5 % ist die Regel - das heißt, dass aus 100 % elektrischer Energie gerade einmal 5 % „Druckluftenergie" erzeugt werden.[3] Zudem geht durch Leckagen im System – z. B. an Rohrleitungen, Druckluftwerkzeugen, undichten Verbindungselementen – Druckluft verloren. Durchschnittlich liegt der Druckluftverlust durch Leckagen bei rund 30 %[4] (siehe Tab. 1).

2.2   Am Anfang steht die Vision

Ausgesprochen war der Gedanke schnell: „Was wäre, wenn endlich jeder genau wüsste, wie viel Druckluft in jedem Schritt der Wertschöpfungskette tatsächlich verbraucht wird, was sie kostet und wie der gesamte Druckluftprozess sicher und energieeffizient gestaltet werden kann?" Werner Landhäußer, geschäftsführender Gesellschafter bei Mader ist es, der diesen Satz ausspricht. Er ist überzeugt davon, dass nur maximale Transparenz zu weitreichenden Veränderungen im Bereich Druckluft führen werden – Veränderungen in der Einstellung der Druckluftverantwortlichen zum Energieträger, aber auch im Verhalten der Druckluftanwender.

---

[2]CSR und Energiewirtschaft, S. 191.

[3]CSR und Energiewirtschaft, S. 191.

[4]https://www.energieagentur.nrw/energieeffizienz/effizienztechnologien/druckluft

Eine Reihe von fragenden Gesichtern, von „Abers" und „Wenns" später, wagte Werner Landhäußer gemeinsam mit seinem Gesellschafterkollegen Peter Maier es tatsächlich – den Sprung ins kalte Wasser, die Annäherung an die voll digitalisierte Druckluftkette. Einige Monate später haben sie „plötzlich eine Softwarebude"[5], wie Werner Landhäußer es zusammenfasst. Die Software heißt „Looxr Druckluft 4.0" – ausgesprochen ‚Luxär' – „Lux" für Licht und „Air" für Luft. Mit der neuen Software soll endlich Licht ins Dunkel kommen – lange genug hat Druckluft ein Schattendasein gefristet. Das eigens gegründete, gleichnamige Unternehmen, die Looxr GmbH, will dabei nichts weniger als „die Welt der Druckluft durch digitale Technologien und Software revolutionieren"[6].

2.3 Learning by doing

Peter Maier und Werner Landhäußer sind zwar Visionäre, aber wie man es von Mittelständlern erwartet „down-to-earth": keine Umsetzung ohne Plan. Das Kerngeschäft von Mader ist Druckluft und Pneumatik. Über die Jahre – das Unternehmen existiert bereits sein 1935 – wuchs das Know-how im Unternehmen für den gesamten Druckluftprozess. Als „derzeit einziges Unternehmen deutschlandweit deckt Mader mit seinem Leistungsspektrum die ‚gesamte Druckluftstrecke', von der Erzeugung der Druckluft im Kompressor über deren Aufbereitung und Verteilung bis zur Druckluftanwedung, beispielsweise mit Pneumatik-Zylindern, ab"[7]. Diese Erfahrung und Sichtweise sind die beste Voraussetzung, um das Thema ganzheitlich anzugehen. Was noch fehlte, war das Know-how ihre Vision zur Digitalisierung des Druckluftprozesses selbst umzusetzen. So übte man sich in „learning by doing" und näherte sich Stück für Stück der Vision an.

Erster Ansatzpunkt sind Druckluftleckagen – ein leidiges Thema, mit dem die meisten Druckluftnutzer zu kämpfen haben, hörbar am Zischen und Pfeifen in der Nähe von Druckluftleitungen. Durch die Ortung und Beseitigung von Leckagen, über die Druckluft stetig entweicht, können durchschnittlich 30 % Energie eingespart werden.[8] Die Einsparpotenziale lassen sich in diesem Fall schnell realisieren und zumindest im Gesamten durch „Vorher-Nachher-Werte" messen. Als Dienstleistung bietet Mader Leckageortungen und –beseitigungen bereits seit 2014 an, seit 2015 auch im Rahmen des Dienstleistungspakets „Mader AirXpert".[9] Lange sind Leckageortungen mit viel Papier, Excellisten und „Verwaltungsaufwand" verbunden. Mit der Mader Leckage-App hat das schließlich ein Ende: Innerhalb weniger Monate entwickelt das Unternehmen eine App, mit der Leckagen vollständig dokumentiert werden können – pro Leckage

---

[5]Pressemitteilung Looxr GmbH, März 2019.

[6]www.looxr.de

[7]Unternehmensinformation Mader GmbH & Co. KG, Stand 2019.

[8]https://www.energieagentur.nrw/energieeffizienz/effizienztechnologien/druckluft

[9]https://www.mader.eu/mader-airxpert

wird nicht nur der Druckluftverlust erfasst, auch die Umrechnung in CO_2 und Stromkosten erfolgt. Mit jeder via App als „repariert" markierten Leckage, verfolgt der Druck-
luftverantwortliche „live" im dazugehörigen Leckage-Online-Portal, wie viel Druckluft,
Kosten und CO_2 mit Beseitigung der Leckage eingespart werden.

Zunächst kommt die App nur Mader-intern zum Einsatz, bald schon wird sie aber
auch von Mader-Kunden selbst genutzt. Dank QR-Codes kann jede Leckagestelle eindeutig identifiziert werden und via App das Einsparpotenzial für die jeweilige Leckage
ausgelesen werden. Das hilft nicht nur bei der Priorisierung im Rahmen der Beseitigung,
sondern liefert sowohl Druckluftverantwortlichen als auch Energiemenanagementbeauf-
tragten wichtige Argumentationsgrundlagen für die Leckagebeseitigung und den damit
verbundenen Investitionen.

App-Nutzer der ersten Stunde und Mitstreiter auf dem Weg zur „digitalen Druckluft"
ist die Cooper Standard Automotive GmbH. Der amerikanische Automobilzulieferer produziert an seinem deutschen Standort in Schelklingen Brems- und Kraftstoffleitungen.
Zusammengefunden hatte man 2015. Das Unternehmen war auf der Suche nach einem
Partner für die Drucklufterzeugung in Schelklingen. Mader überzeugte mit seinem Druck-
luftkonzept, das die Lieferung eines „schlüsselfertigen" Druckluftcontainers beinhaltete
und dank einer vorgelagerten Energieeffizienzanalyse ein Einsparpotenzial von über
64.000 € pro Jahr gegenüber der vorherigen Druckluftlösung aufdeckte. Den Großteil
der Einsparungen, nämlich über 34.000 € wurde dabei durch die Ortung und Beseitigung
von Druckluftleckagen realisiert.[10] Die Leckage-App nutzt der Kunde nach wie vor,
inzwischen sogar europaweit.

2.4 Mittendrin statt nur „nah dran"

Cooper Standard Automotive zeigt sich auch offen für die Beteiligung an einem Pilotprojekt zu „Druckluft 4.0". Die im Druckluftcontainer installierten Sensoren liefern
kontinuierlich Informationen zum Zustand der Anlage und machen damit eine vorausschauende Instandhaltung erst möglich. So kann Mader rechtzeitig eingreifen, falls sich
technische Probleme anbahnen und den Kunden informieren, falls Anomalien in den Daten
erkennbar sind, z. B. ein plötzlicher Druckabfall oder ein hoher Druckluftverbrauch.

Gleichzeitig nutzt Mader diese und Daten aus weiteren Pilotenprojekten, um für die
Umsetzung der geplanten Software zu „lernen". Auf dem Weg zum ersten Prototypen
der Software sind einige Hürden zu nehmen: Welche Sensoren liefern die Daten in der
benötigen Form? Wie werden die Daten optimalerweise ausgelesen und gespeichert?
Wie können die Daten sinnvoll interpretiert werden?

Die Strategie, mit der Idee sofort in die Umsetzung zu gehen und nicht wie in der Vergangenheit üblich, das Projekt von Anfang bis Ende durchzuplanen, macht sich bezahlt.

---

[10] 100 Betriebe für Ressourceneffizienz Band 2 – Praxisbeispiele und Erfahrungen, S. 216.

„Mittendrin" lassen sich zügig Erfahrungswerte sammeln, Hürden machen sich bereits früh im Prozess bemerkbar und nicht erst am Ende des Projekts. Alternativen können früh gesucht und in Abstimmung mit dem Kunden sofort getestet werden.

Mit den ersten Erfahrungen reift nicht nur die Idee zu einem ganz eigenen Geschäftsmodell, Werner Landhäußer und Peter Maier kommen außerdem zur Überzeugung, dass die Gründung eines neuen Unternehmens, in das der gesamte Bereich „Druckluft-Software" ausgegliedert wird, sinnvoll ist. Im August 2018 wird die Looxr GmbH gegründet, Landhäußer und Maier übernehmen die Position des CEO bzw. CTO im Unternehmen.

2.5   Unendlich viele Möglichkeiten

Die iterative Vorgehensweise und enge Abstimmung mit Kunden lässt die Software Stück für Stück wachsen. Dank Looxr Druckluft 4.0 rückt die Vision der beiden Looxr-Gründer in greifbare Nähe (siehe Abb. 1).

Mit Hilfe der Software wurde inzwischen ein Pay-per-Use-Konzept für Druckluft realisiert. Kunden bezahlen nur noch genau das, was sie an Druckluft verbrauchen – alles andere, wie Wartung, Reparaturen und Sicherstellung der Druckluftversorgung übernimmt der Druckluftdienstleister. In der Vergangenheit waren ähnliche Modelle nur bei extrem langer Laufzeit und/oder festgelegten Mindestabnahmen pro Monat möglich. Darüber hinaus war der Kunde an einen bestimmten Hersteller gebunden. Das neue Konzept ist dagegen herstellerunabhängig, läuft maximal sechs Jahre und funktioniert ohne monatliche Mindestabnahme.[11] Die Software

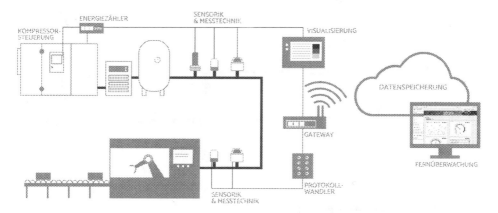

Abb. 1 In „Looxr Druckluft 4.0" fließen alle Informationen aus dem Druckluftsystem zusammen

---

[11]https://www.mader.eu/loesungen/finanziellen-handlungsspielraum-erweitern/pay-per-use-druckluft-finanzierung

„Looxr Druckluft 4.0" sorgt für die Cent-genaue Abrechnung und bietet dem Kunden maximale Transparenz: den Druckluftverbrauch kann der Kunde jederzeit über das Online-Portal von Looxr einsehen und überwachen. Benchmarkzahlen helfen ihm dabei, die Energieeffizienz des eigenen Systems im Vergleich zu Nutzern mit ähnlichen Rahmenbedingungen abzuschätzen.

Neben dem reinen Condition Monitoring technischer Daten, die je nach Kun-denanforderung von unterschiedlichsten Sensoren im Druckluftsystem erfasst werden, arbeitet das Unternehmen intensiv daran, „noch mehr Intelligenz" in die Software zu bringen.

Während das System heute „nur" Alarm schlägt, wenn bestimmte voreingestellten Werte unter- oder überschritten werden, soll die Software zukünftig eigenständig Zusammenhänge zwischen unterschiedlichen Werten erkennen und bewerten. Um das zu erreichen, hat sich das Unternehmen Unterstützung von Experten, u. a. vom renommierten Karlsruher Institut für Technologie (KIT) zum Thema Data Analytics geholt. Weitere Projekte laufen mit dem Fraunhofer IPA und verschiedenen Dienstleistern im Bereich Industrial Internet of Things (IIoT).

So nähert man sich Stück für Stück der Vision an, Druckluft digitalisieren und die Energieeffizienz zu maximieren. Ideen gibt es genug. Nicht umsonst enthält das Looxr-Logo das Unendlichkeitszeichen (Vgl. Abb. 2).

Abb. 2 Über Looxr Druckluft 4.0 kann die Energieeffizienz des gesamten Druckluftsystems überwacht werden – unabhängig davon, wo der Nutzer sich gerade befindet

3   Den Wandel weiter vorantreiben

3.1   Im „Kleinen" das Klima retten

Der Gesamtstrommarkt in Deutschland beläuft sich auf etwa 520 Terrawattstunden pro Jahr, der Großteil entfällt mit 232 Terrawattstunden auf die Industrie.[12] Rund 7 % des industriellen Stroms wird allein für die Drucklufterzeugung verbraucht.[13] Das entspricht in etwa dem jährlichen Stromverbrauch der zehn größten Städte in Deutschland. Ausgehend vom durchschnittlichen Einsparpotenzial im Bereich Druckluft, könnte der Energieverbrauch um 50 % reduziert werden (Tab. 2).[14]

Während die große Vision der digitalisierten Druckluft mit Looxr Stück für Stück Realität wird, arbeitet Mader weiterhin daran, die Energieeffizienz von Druckluftsystemen zu optimieren. Mit „AirXpert" bietet Mader komplette Dienstleistungspakete an, die Unternehmen dabei unterstützen, die Energieeffizienz des gesamten Druckluftprozesses zu verbessern.

Tab. 2 Stromverbrauch der zehn größten Städte in Deutschland. (Quelle: preisvergleich.de, Stand 06.03.2015)

	Stadt	Einwohnerzahl	Verbrauch (kWh/Jahr) (ca. 1400 kWh/Einwohner)
1	Berlin	3.613.495	5.058.893.000
2	Hamburg	1.830.584	2.562.817.600
3	München	1.456.039	2.038.454.600
4	Köln	1.080.394	1.512.551.600
5	Frankfurt	746.878	1.045.629.200
6	Stuttgart	632.743	885.840.200
7	Düsseldorf	617.280	864.192.000
8	Dortmund	586.600	821.240.000
9	Essen	583.393	816.750.200
10	Leipzig	581.980	814.772.000
			16.421.140.400

[12]https://www.umweltbundesamt.de/sites/default/files/medien/384/bilder/dateien/2_datentabelle-zur-abb_entw-stromverbrauch_2019-02-26.pdf

[13]https://www.marktundmittelstand.de/themen/energie/druckluft-energieverbrauch-um-30-prozentsenken-1234081/

[14]https://www.dena.de/fileadmin/dena/Dokumente/Pdf/1419_Broschuere_Energieeffizienz-in-KMU_2015.pdf

Einzelne Dienstleistungen wie „Energieeffizienz-Analysen", Leckageortungen und das Druckluft-Audit nach DIN ISO 11011 erhöhen das Bewusstsein für Ineffizienz im System und tragen kontinuierlich dazu bei, Energie und CO_2 einzusparen.

Das Druckluft-Audit nach DIN ISO 11011 ist vom TÜV Süd zertifiziert, was derzeit weltweit einmalig ist.[15] Kunden erhalten eine herstellerunabhängige Analyse ihres Druckluftsystems und durch die zertifzierte Erhebungsmethode eine absolut sichere Grundlage für die weitere Entscheidungen zur Verbesserung der Energieeffizienz.

Seit 2015 deckte Mader im Rahmen von Leckageortungen in unterschiedlichen Branchen rund 12.700 Druckluft-Leckagen auf. Das entspricht einem Einsparpotenzial von rund 15,9 Mio. kWh pro Jahr und 8500 Tonnen CO_2.[16]

3.2   Den Wandel vorleben

Mader macht sich nicht nur bei seinen Kunden für eine nachhaltige Reduktion von Energieverschwendung stark. Das Unternehmen sieht sich auch in anderen Aspekten als Vorreiter. Den Umzug an einen neuen Firmenstandort nutzte die Unternehmensführung dazu, ihre Idee eines nachhaltigen Gebäudekonzeptes zu realisieren. Eine Kombination aus Luft-Wärme-Pumpe und Pelletsheizung sorgt für optimale Temperaturen. Der Energiebedarf des Unternehmens wird größtenteils über die Photovoltaikfassade gedeckt. Durch den Einsatz von LED-Beleuchtung, in den Büroräumen komplett helligkeitsgesteuert, verspricht zudem einen weiteren energetischen Vorteil. Die Virtualisierung der Server und der Umstieg auf weitestgehend papierlosen Versand von Rechnungen wurden bereits in der Vergangenheit realisiert und trägt zur Reduktion des Ressourcenverbrauchs bei.

Mader ist Vorbild und möchte andere Unternehmen dazu motivieren, sich mit Nachhaltigkeit auseinanderzusetzen und den Ressourcenverbrauch zu reduzieren. Das Unternehmen engagiert sich aktiv in verschiedenen Organisationen – u. a. den Klimaschutz-Unternehmen, einem „Netzwerk von Unternehmen, die sich aktiv für Klimaschutz und Energieeffizienz sowie einen sinnvollen Umgang mit den Ressourcen einsetzen"[17]. Mader nimmt regelmäßig an Veranstaltungen teil, um über die Möglichkeiten von Energie- und Ressourceneinsparungen zu informieren.

---

[15]https://www.mader.eu/loesungen/maximale-energieeffizienz-erreichen/druckluft-audit-din-iso-11011
[16]Interne Unterlagen.
[17]https://www.klimaschutz-unternehmen.de/startseite/

Mader engagiert sich auch über die Landesgrenzen hinweg und ist Teil der „Export-initiative Energieeffizienz" des Bundesministeriums für Wirtschaft und Energie. Das internationale Netzwerk will das Bewusstsein für Energieeffizienz erhöhen und die Rahmenbedingungen für den Export klimafreundlicher Energielösungen aus Deutschland verbessern.[18] Seit Ende 2016 zählt Mader ebenfalls zu den eingetragenen Unternehmen, die den strategischen Aufbau im Bereich der Energieeffizienztechnologien in anderen Ländern unterstützen.

Für das Engagement im Bereich Nachhaltigkeit wurde das Unternehmen bereits mehrfach ausgezeichnet. 2014 erhielt Mader den Umweltpreis für Unternehmen Baden-Württemberg, 2015 und 2018 gehörte Mader zu den drei nachhaltigsten mittelständischen Unternehmen in Deutschland wie die Expertenjury des Deutschen Nachhaltigkeitspreises befand.[19]

4   Fazit: Klimaretter werden

Selbst einen Beitrag zum Klimaschutz zu leisten, ist denkbar einfach – ob im Unternehmen oder zu Hause: Nicht nur darüber nachdenken, sondern einfach damit starten!

- Im Kleinen beginnen, indem man das eigene Verhalten ändert und Vorbild für andere ist.
- Über Energiefresser aufklären und Verschwendung transparent machen.
- Aufzeigen, wie sich eine Verhaltensänderung auswirkt – in Form von Zahlen, Daten, Fakten.
- Eine Vision entwickeln, wie Energie- und Ressourcenfresser „im Großen" bekämpft werden könnten.
- Mitstreiter suchen und konsequent daran arbeiten, die Vision zu verwirklichen.
- Darüber sprechen, was man erreicht hat, wo man hin will und damit Inspiration für Andere sein!
- Dranbleiben!

---

[18]https://www.german-energy-solutions.de/GES/Redaktion/DE/Standardartikel/Initiative/ueber-uns.html

[19]https://www.mader.eu/unternehmen/nachhaltigkeit/meilensteine

Literatur

Bundesministerium für Wirtschaft und Energie. https://www.german-energy-solutions.de/GES/Redaktion/DE/Standardartikel/Initiative/ueber-uns.html. Zugegriffen: 7. Mai 2019

Deutsche Energie-Agentur (dena) (Hrsg) (12/15) Energieeffizienz in kleinen und mittleren Unternehmen. Energiekosten senken. Wettbewerbsvorteile sichern. https://www.dena.de/fileadmin/dena/Dokumente/Pdf/1419_Broschuere_Energieeffizienz-in-KMU_2015.pdf. Zugegriffen: 3. Mai 2019

Energie-Agentur NRW. https://www.energieagentur.nrw/energieeffizienz/effizienztechnologien/druckluft. Zugegriffen: 3. Mai 2019

Hildebrandt A, Landhäußer W (2019) CSR und Energiewirtschaft, Energie als Krisenpotenzial. Die Geschichte hinter dem Mader-Effekt, S xx

Klimaschutz-Unternehmen. https://www.klimaschutz-unternehmen.de/startseite/. Zugegriffen: 2. Mai 2019

Looxr. https://www.looxr.de/. Zugegriffen: 29. Apr. 2019

Looxr: Pressemitteilung (März 2019) „Druckluft: Vom Energiefresser zum voll digitalisierten Energieträger"

Mader (2019) Unternehmensinformation Mader GmbH & Co. KG, Stand

Mader. https://www.mader.eu/loesungen/maximale-energieeffizienz-erreichen/druckluft-audit-din-iso-11011. Zugegriffen: 3. Mai 2019

Mader. https://www.mader.eu/loesungen/finanziellen-handlungsspielraum-erweitern/pay-per-use-druckluft-finanzierung. Zugegriffen: 3. Mai 2019

Mader. https://www.mader.eu/mader-airxpert. Zugegriffen: 3. Mai 2019

Mader. https://www.mader.eu/unternehmen/nachhaltigkeit/meilensteine. Zugegriffen: 7. Mai 2019

Markt und Mittelstand. https://www.marktundmittelstand.de/themen/energie/druckluft-energieverbrauch-um-30-prozent-senken-1234081/. Zugegriffen: 14. Mai 2019

Preisvergleich.de. https://presse.preisvergleich.de/customs/uploads/2015/05/Presse-preisvergleich.de-Studie_Pro_Kopf_Stromverbrauch-Tabelle_Staedte-01.png. Zugegriffen: 13. Mai 2019

Schmidt M, Spieth H, Haubach C, Preiß M, Bauer J (2019) 100 Betriebe für Ressourceneffizienz – Band. 2 Praxisbeispiele und Erfahrungen. Springer, Berlin, S 216

Umweltbundesamt. https://www.umweltbundesamt.de/sites/default/files/medien/384/bilder/dateien/2_datentabelle-zur-abb_entw-stromverbrauch_2019-02-26.pdf. Zugegriffen: 14. Mai 2019

Ulrike Böhm Jahrgang 1981, studierte Betriebswirtschaft mit dem Schwerpunkt Marketing an der Hochschule Pforzheim. Parallel zum Studium absolvierte sie das Zertifikatsprogramm zur PR-Referentin. Nach praktischen Erfahrungen im Konzern und im Mittelstand entschied sie sich 2006 für den Eintritt in den Marketingbereich bei Mader. 2017 schloss sie die Weiterbildung zur systemischen Beraterin für agile Organisationsentwicklung und Change Management ab. In ihrer Funktion als Change Managerin, in die sie 2016 wechselte, initiiert und begleitet sie Veränderungsprojekte im Unternehmen.

© Mader GmbH & Co. KG

Wir sind auf dem Weg – Knaubers Reise in Richtung Nachhaltigkeit

Ines Knauber-Daubenbüchel und Stefanie Zahel

„Bevor der Mensch die Welt bewegen kann, muss er sich selber bewegen." Dieser Grundgedanke der antiken Philosophie ist bis heute gültig. Ganz aktuell ist er in Bezug auf eine der größten gesamtgesellschaftlichen Herausforderungen unserer Zeit – den Wandel hin zu einer nachhaltigen Wirtschaftsweise. Wir müssen bereit sein, selbst den ersten Schritt zu tun, erst dann finden sich weitere Wegbegleiter. Das gilt für Einzelpersonen, aber besonders für die Wirtschaft. Denn es geht um Beiträge, die nicht direkten Profit versprechen, es geht um langfristige Konzepte statt schneller Aktionen und um die Fähigkeit, kritisch mit sich selbst umzugehen. Und vor allem geht es um Glaubwürdigkeit – nicht nur um der guten Sache willen, sondern auch zum nachhaltigen Erhalt der eigenen Marke.

Die Energiewirtschaft steht in punkto Nachhaltigkeit in einer besonderen Verantwortung – und in der gesellschaftlichen Wahrnehmung auch in einem besonderen Fokus. Deshalb ist es für ein mittelständisches Handelshaus wie Knauber mit einer großen Energiesparte sehr wichtig, sich aktiv mit dem Thema Nachhaltigkeit auseinanderzusetzen. Knauber hat als Unternehmen den ersten Schritt getan: Wir haben uns auf einen Weg gemacht, der sicherlich nicht immer leicht ist. Und obwohl das Ziel noch lange nicht in Sicht ist, merken wir, dass allein die Erfahrung des Weges bereichert und belohnt.

I. Knauber-Daubenbüchel (✉) · S. Zahel
Carl Knauber Holding GmbH & Co. KG, Bonn, Deutschland
E-Mail: ines.knauber-daubenbuechel@knauber.de

S. Zahel
E-Mail: stefanie.zahel@knauber.de

© Springer-Verlag GmbH Deutschland, ein Teil von Springer Nature 2019
A. Hildebrandt und W. Landhäußer (Hrsg.), *CSR und Energiewirtschaft*,
Management-Reihe Corporate Social Responsibility,
https://doi.org/10.1007/978-3-662-59653-1_15

1   Die Knauber Unternehmensgruppe

Die Knauber Unternehmensgruppe mit Hauptsitz in Bonn ist ein hundertprozentiges Familienunternehmen. Aufgrund der langen Firmenhistorie seit 1880 hat sich ein spannender Mix aus ganz unterschiedlichen Geschäftsfeldern entwickelt. So vereint das mittelständische Handelshaus eine große Energiesparte und ein außergewöhnliches Einzelhandelskonzept unter einem Dach.

Zur Energiesparte gehören fünf Vertriebsgesellschaften, die ein breites Portfolio an Energie- und Schmierstoff-Produkten sowie Energie-Dienstleistungen abdecken. Unter dem Spartennamen *Knauber Energie* sind die eigenständig agierenden Gesellschaften Knauber Mineralöl, Knauber Gas, Knauber Erdgas, Knauber Contracting sowie Gerlub Schmierstoffe zusammengefasst. In der Einzelhandelssparte ist Knauber in der Heimwerker- und Hobby-Branche tätig und betreibt mit der Tochtergesellschaft *Knauber Freizeit* sechs Filialen und einen Online-Shop mit Sortimenten für die Wohnraum-, Garten- und Freizeitgestaltung.

Die Wurzeln des Familienunternehmens gehen auf die Eröffnung eines kleinen Bonner Kolonialwarenladens durch Anna und Michael Knauber im Jahr 1880 zurück. Mittlerweile beschäftigt das Unternehmen insgesamt rund 800 Mitarbeiter.

2   Wegbereitung und Aufbruch

Naturgemäß ist eine vorausschauende Denkweise in Familienunternehmen besonders ausgeprägt. Denn Planungen und Entscheidungen müssen die Zukunft der nächsten Generation einschließen, statt an den nächsten Quartals- oder Jahresergebnissen halt zu machen. Auch wenn es damals noch nicht „CSR" oder „Nachhaltigkeit" hieß – die lange Unternehmensgeschichte von Knauber ist das beste Zeugnis für nachhaltiges Wirtschaften aus Tradition.

2.1   Entwicklung des Unternehmens[1]

Beginnend mit einem kleinen Bonner Geschäft für Haushaltswaren und Futtermittel ging das Unternehmen immer wieder neue Wege und suchte neue Geschäftsfelder, um sich zukunftsfähig zu machen. Und so übernahm die zweite Generation mit Karl und Josef Knauber den kleinen elterlichen Kolonialwarenladen und eröffnete 1923 die erste Tankstelle im Rheinland. Mit Dr. Carl Ernst Knauber in der dritten Generation stieg das Unternehmen 1953 in das Flüssiggas-Geschäft ein, 1954 in den Verkauf von Heizöl und 1955 in den Heizungsbau. 1968 entschied Knauber sich für den Aufbau eines weiteren

---

[1]Knauber (2001): 100 Jahre Knauber: Wie wir wurden, was wir sind.

Standbeins neben dem Energiehandel und eröffnete den ersten sogenannten „Hobby-markt" – den Vorgänger der heutigen Knauber Freizeitmärkte. 1996 erweiterte Knauber sein Energieangebot um Contracting-Dienstleistungen. Im Jahr 2001 führte Dr. Ines Knauber-Daubenbüchel in der vierten Generation die zahlreichen Geschäftsfelder von Knauber in eine Holdingsstruktur. 2005 wurde der Brennstoff Holzpellets als alternative Energie in das Portfolio aufgenommen, 2011 kam Erdgas dazu, das 2015 um Ökostrom erweitert wurde. Im Herbst 2014 stieg Knauber in das in Deutschland noch recht neue Geschäftsfeld von LNG (Liquified Natural Gas/Flüssiges Erdgas) ein.

Dies sind nur einige Beispiele aus der Firmengeschichte der Knauber Unternehmens-gruppe. Wichtig für die Entwicklung der Knauber-Gruppe, wie man sie heute kennt, waren und sind eine generationenübergreifend gelebte Offenheit für neue Ideen, der Mut, diese Ideen auch in die Tat umzusetzen, und eine langfristige Vision für das Unter-nehmen. So entstanden über die Jahrzehnte die vielen verschiedenen Geschäftsbereiche von Knauber, die mit ihrer Vielfalt der Standbeine einerseits Risiken streuen und das Unternehmen andererseits für Krisen rüsten.

2.2   Beständigkeit der Werte

Mit der ökonomischen Entwicklung wuchs auch die Mitarbeiterzahl auf mittlerweile rund 800 Mitarbeiter. Trotz dieser hohen Zahl ist die Bedeutung des persönlichen Bezugs zu Mitarbeitern über die Generationen geblieben. Der Familie Knauber ist bewusst, wie wichtig dies für die Mitarbeiter ist und wie viel Kraft und Motivation sie daraus für die tägliche Arbeit ziehen. Das Gefühl der Verantwortung für die Mitarbeiter und auch für das gesellschaftliche Umfeld ist etwas, das der Familie seit Anbeginn wichtig war und schlicht durch Erziehung von einer Generation an die nächste weitergegeben wurde. Dieses wertvolle Gut der gegenseitigen Achtsamkeit wurde und wird von der Geschäfts-führung aktiv gefördert und ist fest in den Unternehmenswerten verankert. Viele dieser Werte sind auf eine lange Familien- und Unternehmenstradition zurückzuführen. Auch mit dem Thema Umwelt hat man sich schon seit den 1990er Jahren aktiv auseinander-gesetzt. Warum also müssen wir als werte-geprägtes Familienunternehmen uns trotzdem mit dem Thema CSR auseinandersetzen? Warum ist es notwendig, sich auf den Weg zu machen, um nachhaltiger zu werden?

Familienunternehmen, die vielfach immer noch das Leitbild des „ehrbaren Kauf-manns" in sich tragen, sind in vielen Bereichen des heute sogenannten „CSR" schon lange aktiv. Was den Unterschied zu einer heutigen Nachhaltigkeitsstrategie ausmacht, ist jedoch, dass die Themen früher nicht gebündelt und konsequent verfolgt wurden. Maßnahmen beruhten eher auf der Bauch-Entscheidung, etwas Gutes zu tun. Die aktu-ellen Herausforderungen des gesellschaftlichen und klimatischen Wandels und der Ressourcenknappheit erfordern jedoch eine systematischere Herangehensweise. Die Bedeutung einer solchen Systematik steigt sicherlich proportional zur Betriebsgröße, ist aber dennoch auch für den Mittelstand wichtig. Denn die Beschäftigung mit dem Thema

Nachhaltigkeit öffnet in manchen Bereichen nicht nur die Augen; sie erfordert auch die Bereitschaft genauer hinzuschauen.

3   Unterwegs

Umweltschutz war lange Zeit die erste und fast einzige Assoziation, die man zu dem Begriff „Nachhaltigkeit" hatte. Und so kam auch bei der Knauber-Gruppe der erste systematische Schritt in Richtung Nachhaltigkeit aus dem Umweltbereich – mit der Teilnahme am Ökoprofit-Programm. Im Jahr 2007 war Knauber mit seinem Standort in Bonn zum ersten Mal dabei. Das Programm wird von Kommunen für Unternehmen angeboten. Es beinhaltet den Aufbau eines regionalen Firmennetzwerks zu Umweltthemen sowie einen einjährigen, begleiteten Prozess der Ermittlung von Einsparpotenzialen, der Suche nach umweltfreundlichen Alternativen und einer Beschäftigung mit Neuigkeiten im Umweltrecht. Externe Berater helfen bei der Erstellung einer Umweltbilanz und geben Ratschläge zu sinnvollen ökologischen Maßnahmen. Die Umsetzung von erarbeiteten Maßnahmen wird zum Abschluss des Projektes durch eine unabhängige Kommission geprüft und zertifiziert. Knauber ist mittlerweile vier Mal als Ökoprofit-Betrieb ausgezeichnet worden. Die systematische Herangehensweise innerhalb des Projektes und der direkte Austausch von unterschiedlichen Betrieben miteinander sind große Pluspunkte des Programms (Ökoprofit-Projekt der Stadt Bonn und des Rhein-Sieg-Kreises 2014).

3.1   Initiative Knauber Pro Klima

2010 wurde der Beschluss gefasst, sich verstärkt dem Klimaschutz zu widmen und in der Folge wurde die „Initiative Knauber Pro Klima" (Carl Knauber Holding GmbH & Co. KG 2010) gegründet (www.proklima.knauber.de). Diese Initiative gibt sämtlichen Bemühungen von Knauber rund um den Klimaschutz einen Rahmen. Das schließt sowohl die eigenen Aktivitäten ein, als auch die Bestrebungen, Kunden in das Thema mit einzubinden. Mit dem Mittel der CO_2-Kompensation wurde eine Möglichkeit gefunden, die Treibhausgase, die nicht vermieden werden können, durch Investition in den Klimaschutz auszugleichen. Um diese CO_2-Menge zu berechnen, erstellt Knauber seitdem jährlich einen Bericht zum Corporate Carbon Footprint (ökologischen Fußabdruck) und lässt diesen durch den TÜV Rheinland prüfen. Die darin festgestellte Menge an Treibhausgasen wird dann durch den Kauf von Klimaschutzzertifikaten für anerkannte Klimaschutzprojekte kompensiert. Laut TÜV Rheinland ist Knauber damit ein klimaneutrales Unternehmen (TÜV Rheinland AG 2018). Neben dem Nutzen für den Klimaschutz ist dieses Vorgehen auch für die interne Auswertung interessant. Denn der Energieverbrauch aller Standorte wird im Bericht genau erfasst. So kann die Verbrauchsentwicklung von

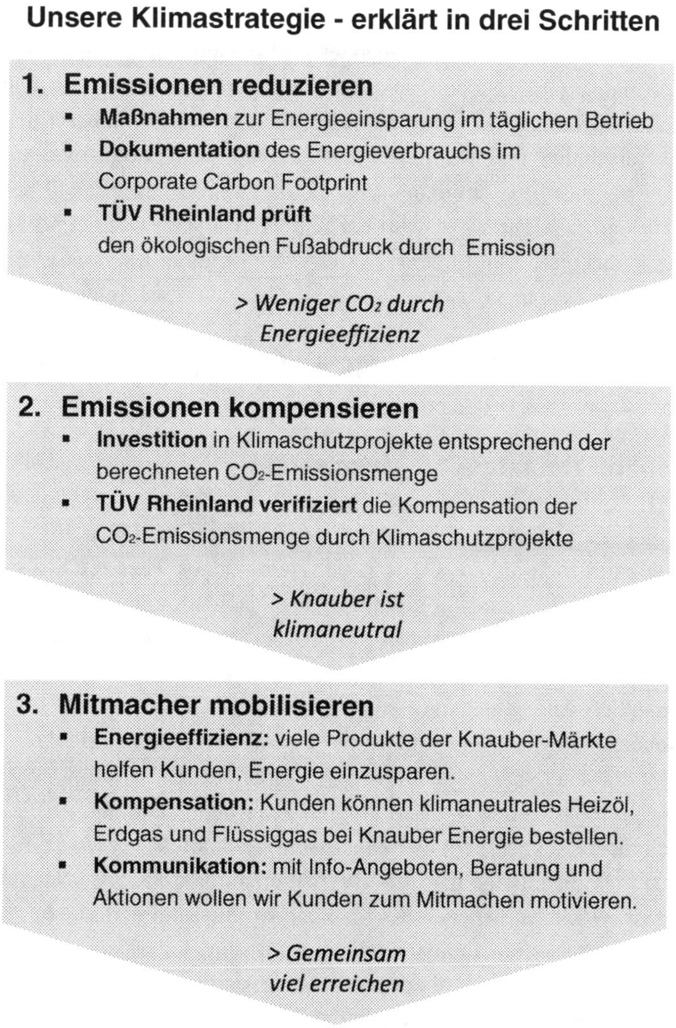

Unsere Klimastrategie - erklärt in drei Schritten

1. Emissionen reduzieren

- **Maßnahmen** zur Energieeinsparung im täglichen Betrieb
- **Dokumentation** des Energieverbrauchs im Corporate Carbon Footprint
- **TÜV Rheinland prüft** den ökologischen Fußabdruck durch Emission

> *Weniger CO_2 durch Energieeffizienz*

2. Emissionen kompensieren

- **Investition** in Klimaschutzprojekte entsprechend der berechneten CO_2-Emissionsmenge
- **TÜV Rheinland verifiziert** die Kompensation der CO_2-Emissionsmenge durch Klimaschutzprojekte

> *Knauber ist klimaneutral*

3. Mitmacher mobilisieren

- **Energieeffizienz:** viele Produkte der Knauber-Märkte helfen Kunden, Energie einzusparen.
- **Kompensation:** Kunden können klimaneutrales Heizöl, Erdgas und Flüssiggas bei Knauber Energie bestellen.
- **Kommunikation:** mit Info-Angeboten, Beratung und Aktionen wollen wir Kunden zum Mitmachen motivieren.

> *Gemeinsam viel erreichen*

Abb. 1 Strategie für Umwelt & Klima 1

Strom und Wärmeenergie und die daraus resultierende CO_2-Menge über Jahre hinweg beobachtet werden (Abb. 1).

3.2 Den Kunden mit auf den Weg nehmen

Um Kunden in die Klimaschutzbemühungen einzubeziehen, entwickelte die Energie-sparte von Knauber die Idee, klimaneutrale Produkte für Kunden anzubieten. Das funktioniert auf ähnliche Weise wie die Berechnung des ökologischen Fußabdrucks für das

Gesamtunternehmen. Die Klimawirkung der Produkte Erdgas, Heizöl und Flüssiggas wird anhand der gelieferten Menge berechnet und entsprechend durch Investitionen in Klimaschutzzertifikate ausgeglichen. Die Einführung der klimaneutralen Produkte war besonders wichtig. Denn so konnte das Kerngeschäft von Knauber mit dem Thema Nachhaltigkeit verbunden und Kunden eine Alternative angeboten werden. Besonders Erdgas-Kunden nehmen die klimaneutrale Zusatzoption für ihre Energielieferung momentan gerne an. Im Jahr 2014 wurde Knauber mit seinem Energie-Produkt „Erdgas klimaneutral" das erste Mal in einer bundesweiten Studie des Deutschen Instituts für Servicequalität sogar Testsieger in der Kategorie „Ökogas". Es folgten zahlreiche weitere Auszeichnungen, so auch die erneute Auszeichnung als bundesweiter Testsieger im Jahr 2017 (Deutsches Inistitut für Servicequalität 2017).

3.3   Konsolidierung des CSR-Themas

Im Jahr 2011 fiel der Entschluss, die Aktivitäten zur Nachhaltigkeit nicht nur auf ökologische Themen zu beschränken, sondern sich dem ganzen Thema CSR systematischer zu widmen. Dazu wurde eine Koordinatorin für Nachhaltigkeitsbelange des Gesamthauses eingestellt und organisatorisch direkt bei der Geschäftsführung verankert. Zusätzlich tagt mehrmals im Jahr ein Führungskräfte-Gremium zur Nachhaltigkeit. Für spezielle Themenbereiche gibt es Arbeitsgruppen und Initiativen, die Programme und Einzelmaßnahmen entwickeln und umsetzen. Ein weiterer Schwerpunkt wurde auf die Kommunikation des Themas gelegt. Denn trotz seiner Komplexität müssen Sachverhalte verständlich dargestellt werden. Nur so können Mitarbeiter wie auch Kunden als „Mitmacher" erreicht und ein nachhaltiges Bewusstsein geschaffen werden.

Daher wurde im Hause lange über die Begrifflichkeiten CSR oder Nachhaltigkeit diskutiert. Was passt wirklich? Welcher Begriff kann für die interne und externe Kommunikation genutzt werden? Beide Begriffe schienen für den Bedarf eines mittelständischen Unternehmens zu komplex, um überall richtig verstanden zu werden – und zu weit weg vom Arbeitsalltag. Die Entscheidung fiel bewusst auf einen aktiven und weniger abstrakten Begriff für CSR: „Engagement!" Mit diesem Wort und seiner Wortfamilie („Engagiert!", „Sich engagieren") verbindet man Aktion und Bewegung. Und genau das ist auch das Ziel: Bewusstsein schaffen und Mitmacher mobilisieren – sowohl bei Mitarbeitern, als auch bei Kunden. 2012 hat Knauber erstmals einen Nachhaltigkeitsbericht veröffentlicht (Carl Knauber Holding GmbH & Co. KG 2013a). Dieser Bericht mit dem Titel „Unser Engagement" ist eine erste Annäherung an die Nachhaltigkeitsberichterstattung und soll sich Schritt für Schritt mit jedem weiteren der nun jährlich erscheinenden Berichte (Carl Knauber Holding GmbH & Co. KG 2014) entwickeln. Der Prozess der Themensammlung für den ersten Nachhaltigkeitsbericht war teilweise augenöffnend. Denn erst durch die intensive Recherche kam zutage, wie viel die einzelnen Unternehmensbereiche im Laufe eines Jahres im CSR-Bereich unternehmen.

Schließlich lagen die Informationen über das Engagement in allen Unternehmens-bereichen noch nie so gebündelt in einer vergleichbaren Sammlung vor. Insofern ist der jährliche Nachhaltigkeitsbericht nicht nur extern, sondern auch intern zu einem wichti-gen Medium geworden.

2013 hat Knauber das 20 Jahre alte Unternehmens-Leitbild in einem einjährigen, unternehmensweiten Prozess aktualisiert und so die Werte der Nachhaltigkeit fest in die Unternehmenskultur verankert. Unter anderem ist das Wort „Verantwortung" einer von fünf Kernbegriffen des neuen Leitbildes (Carl Knauber Holding GmbH & Co. KG 2013b).

4 Ein Zwischenstandsbericht

Um sein Engagement zu strukturieren, hat Knauber vier Handlungsfelder definiert, in denen sich die CSR-Aktivitäten momentan bewegen. Die Strategien und Maßnahmen werden im Folgenden knapp umrissen:

4.1 Umwelt & Klima

In unserer Umwelt und Klima-Strategie setzten wir auf drei Schritte:

1. **Emissionen reduzieren:** Um seine Umweltauswirkungen zu reduzieren, hat Knauber seit 2007 mehrfach an Umwelt- und Effizienz-Programmen wie Ökoprofit und REGI-NEE teilgenommen und daraus Maßnahmen für seine Standorte abgeleitet. Beispiels-weise konnten durch den Einbau von Schnelllauftoren an den Lagerhallen nicht nur die Wärmeverluste und damit die Energiekosten stark gesenkt werden; auch die Zahl der Krankheitstage von Mitarbeitern im Lager nahm rapide ab – und die Zufrieden-heit zu. Ein weiteres Beispiel ist aktuell die Umstellung der Beleuchtung auf effizi-ente LED-Technik, die nicht nur reduzierend auf die Energiekosten, sondern auch positiv auf die Raumatmosphäre wirkt.
2. **Emissionen kompensieren:** seit 2010 quantifiziert Knauber im Rahmen der Initiative Knauber Pro Klima seinen ökologischen Fußabdruck in einem Bericht zum Corpo-rate Carbon Footprint. Die berechnete Menge CO_2 wird durch Investitionen in Klima-schutzprojekte, wie in den Aufbau und Betrieb eines Wasserkraftwerks in Uganda oder solarthermische Stromerzeugung in Indien, ausgeglichen.
3. **Mitmacher mobilisieren:** Knauber versucht, sowohl unter seinen Mitarbeitern, als auch bei Kunden Mitmacher zu finden. Im Intranet und auf den Websites der Knau-ber-Gruppe sind Energiespartipps für den Haushalt und für das Büro veröffentlicht: von der Wartung der Heizung bis hin zum richtigen Lüften. Um außerdem auf den Zusammenhang zwischen Mobilität und Klimaschutz hinzuweisen, wurde beispiels-weise 2012 zwei Wochen lang die Anreise aller Kunden zu Knauber klimaneutral

gestellt sowie in einer gemeinsamen Aktion mit dem Beethovenfest Bonn der CO_2-Ausstoß durch die Anreise aller rund 2000 Künstler zum klassischen Musikfestival durch Klimaschutzzertifikate ausgeglichen.

4.2   Mitarbeiter

Aufeinander achten, für Neues offen sein und sich gegenseitig respektieren gehört zu den Grundwerten des Unternehmens. Deshalb ist es nur konsequent, ein solches Verhalten offen zu kommunizieren und mit entsprechenden Programmen zu fördern.

- **Charta der Vielfalt:** 2012 hat Knauber sich mit der Unterzeichnung der Charta der Vielfalt öffentlich zu einer Kultur der Offenheit, des Respekts und der gegenseitigen Wertschätzung im Unternehmen bekannt (Charta der Vielfalt e. V. 2011).
- **Ideenwerkstatt:** Offen möchte Knauber auch für die Ideen seiner Mitarbeiter sein. 2013 wurde deshalb die Ideenwerkstatt ins Leben gerufen. Damit möchte Knauber eine aktive Vorschlagskultur institutionalisieren und Mitarbeitern die Möglichkeit geben, Ideen und Anregungen für den Arbeitsalltag auch vertrauensvoll zu äußern, zu diskutieren und so das Unternehmen mitzugestalten.
- **Azubi-Workshops:** Offenheit lehren auch die jährlich stattfindenden Azubi-Workshops, die gemeinsam mit dem Beethovenfest, einem internationalen Festival für klassische Musik, durchgeführt werden. Die Nachwuchskräfte sollen erfahren, wie mitreißend klassische Musik sein kann und durch einen interaktiven Workshop die Möglichkeit bekommen, selbst zu musizieren und Berührungsängste abzubauen. Nebenbei erfahren sie im Workshop viel über Teamarbeit und Teamführung.
- **Gesundheitsmanagement:** Die „Initiative Gesundheit" ist das umfangreichste Programm für Mitarbeiter. 2013 startete Knauber die Initiative mit dem Ziel, das Bewusstsein für eine gesunde Lebensweise zu fördern und Mitarbeitern mit akuten Problemen Unterstützung anzubieten. Neben Kooperationen mit Fitnessstudios und dem Angebot von Gesundheitstagen hat Knauber sich die professionelle Hilfe des pme familienservice an die Seite geholt, der Mitarbeiter in Notlagen kostenlos und anonym unterstützt.

4.3   Kunden

Kunden mit auf den Weg zu nehmen, ist ein wichtiger Punkt – denn nur so kann in den Nachhaltigkeitsbemühungen ein Bezug zum Kerngeschäft von Knauber – dem Handel – hergestellt werden. Es geht zum einen darum, Kunden das eigene Engagement zu erklären. Zum anderen geht es aber auch darum, Kunden anhand konkreter Handlungsbeispiele zu nachhaltigem, bewusstem Konsum anzuregen.

- **Klimaneutrale Energie:** seit 2010 bietet Knauber klimaneutrales Heizöl, Flüssiggas und Erdgas für Privat- und Gewerbekunden an. Das eigene Engagement für Umwelt & Klima gibt dem Angebot den notwendigen glaubwürdigen Rahmen.
- **Rubrik zu nachhaltigen Produkten im unternehmenseigenen Blog** (Knauber Freizeit GmbH & Co. KG 2019)**:** Seit 2013 informiert Knauber seine Kunden mit dem Knauber-Blog und einem Newsletter über nachhaltige Produkte und Verhaltensweisen. Immer wieder werden hier Energiespartipps aufgegriffen, der Mehrwert nachhaltiger Produkte wie z. B. Fairtrade- oder Bio-Produkte beschrieben, oder die alternative Energie Holzpellets vorgestellt.

4.4   Gesellschaft

Gesellschaftliches Engagement ist eines der Handlungsfelder, in denen Knauber schon seit Jahrzehnten aktiv ist. Der Schwerpunkt der Aktivitäten liegt dabei in der Förderung sozialer und kultureller Einrichtungen der Region sowie der Bildungsförderung. Das Engagement reicht von klassischer Spendenarbeit, über die Freistellung von Mitarbeitern für ehrenamtliche Tätigkeiten bis hin zur direkten Unterstützung von gemeinnützigen Projekten durch Knauber-Mitarbeiter. So wurden z. B. 2017 Azubis zur Unterstützung der „Bonner Tafel" für Obdachlose und Bedürftige freigestellt oder im Unternehmen Weihnachtspäckchen für den gemeinnützigen Verein für Gefährdetenhilfe gesammelt.

5   Erfahrungen, Herausforderungen und nächste Ziele

Knauber hat in den letzten Jahren einiges an Wegstrecke in Richtung Nachhaltigkeit zurückgelegt und hat dabei auch viele Hürden nehmen müssen. Die besonderen Herausforderungen dieses Themas in der täglichen Umsetzung sind seine Komplexität und seine Langfristigkeit. Der Weg zur Nachhaltigkeit steht nicht fest, er muss erst gefunden und erfahren werden. Das macht sowohl die Navigation zu einer außergewöhnlichen Aufgabe, als auch die Motivierung von Mitarbeitern, den Weg mitzugehen.

Der Erfahrung nach braucht es vor allem vier Dinge, um das Thema CSR voranzutreiben:

- Es braucht die Führungsperson, die für die Sache brennt, Menschen dafür begeistert und immer wieder auf´s Neue motiviert.
- Es braucht viele aktive Kräfte im Unternehmen, die die Sache vorantreiben.
- Es braucht Geduld, um immer wieder zu überzeugen.
- Es braucht praktische Umsetzungsbeispiele, die das weite, abstrakte Ziel der Nachhaltigkeit in kleine erfahrbare Abschnitte teilen und Möglichkeiten aufzeigen, sich mit einfachen Dingen im Alltag zu beteiligen.

Knauber hat sich für die nächsten Jahre weitere Ziele gesteckt. Der Energie- und Materialverbrauch soll beispielsweise weiter gesenkt werden. Darüber hinaus sucht Knauber weitere Möglichkeiten, Kunden mehr in das Thema einzubinden und für nachhaltigen Konsum zu sensibilisieren. Denn das Angebot allein reicht nicht aus – es muss von Kunden auch angenommen werden. Nur so hat es einen nachhaltigen Nutzen und kann auch ökonomisch nachhaltig wirken. Deshalb hat Knauber sich vorgenommen, in den nächsten Jahren seine Kommunikation weiter auszubauen und verstärkt auf nachhaltige Produkte hinzuweisen, sie zu erklären und zu bewussten Kaufentscheidungen anzuregen. Es bleibt die Frage, ob Kunden wirklich bereit sind, mehr für Produktalternativen zu zahlen oder – konkret in Bezug auf den Energieverbrauch – bereit sind, in eine Modernisierung von Anlagen zu investieren. Hier ist auch die Politik gefordert, entsprechend mehr Anreize durch Förderprogramme zu schaffen.

5.1   Referenzen und Standards in der Praxis

Für jedes Unternehmen, jedoch besonders für den Mittelstand, stellen sich beim Thema CSR viele Fragen: Woran kann ich mich orientieren? Was sind Wege, die auch für kleine und mittlere Unternehmen leistbar sind? Und wo stehen wir eigentlich im Vergleich zu anderen Unternehmen? Das alles ist aufgrund der Komplexität des Themas nicht leicht zu bestimmen.

Deshalb sind Anwendungsbeispiele und Referenzwerte (z. B. durchschnittlicher Energieverbrauch eines Verwaltungsgebäudes) sehr wichtig – zum einen, um den eigenen Stand auszuloten, zum anderen, um neue Ideen zu bekommen, wie sich CSR gestalten lässt. Für Knauber war die Teilnahme an Vergleichsstudien wie beispielsweise der Studie „CRI Corporate Responsibility Index" der Bertelsmann Stiftung sehr aufschlussreich: die eigene Leistung in Relation zu anderen Unternehmen zeigt die Stärken und Schwächen auf und hilft bei der Entscheidungsfindung für die Ausrichtung der nächsten Jahre. Wichtig ist natürlich auch die Aufstellung eigener Kennzahlen, um eine Entwicklung beobachten zu können und sich selbst messbare Ziele im Bereich des finanziell und personell Möglichen zu stecken. Ein sehr hilfreiches Werkzeug für die Ermittlung von Kennzahlen ist beispielsweise ein Corporate Carbon Footprint. Diese Orientierungshilfen sind richtig und wichtig.

Auch Standards wie der „Leitfaden zur gesellschaftlichen Verantwortung" DIN ISO 26.000 oder die Reporting Guidelines der Global Reporting Initiative (GRI) helfen bei der Orientierung und sind eine Art „Leitplanke" auf dem Weg. Jedoch sind diese Standards oft Schemata, die für große Konzerne entwickelt wurden (Global Reporting Initiative 2019). Sie passen nur bedingt auf kleinere und mittlere Unternehmen. Die Erfüllung der umfangreichen Anforderungen ist sowohl inhaltlich als auch vom personellen Aufwand her schwer leistbar. Zusätzlich standardisiert die Erfüllung dieser Schemata auch die Eigeninitiative und Kreativität, die gerade Familienunternehmen über lange Zeit entwickelt haben.

Genau diese Schwierigkeiten in der Umsetzung von Standards machen auch die Diskussion um gesetzliche Vorgaben zur Nachhaltigkeitsberichterstattung für Unternehmen unterhalb der Konzerngröße schwierig. Denn gesetzliche Vorgaben bringen starre Strukturen mit sich, die eher in einem teuren Bürokratismus für Behörden wie für Unternehmen münden, als eine positive Dynamik in das Thema zu bringen. Gerade weil das Engagement im Mittelstand oft aus freiwilligem Einsatz entsteht, sollte es nicht zu sehr von gesetzlichen Vorgaben eingeengt und damit zur bloßen Pflichterfüllung werden. Aus Sicht eines mittelständischen Familienunternehmens ist es aber richtig und auf dem weiteren Wege sehr hilfreich, ein Benchmarking zu fördern und positive Anreize zu schaffen, weiter nach einer nachhaltigen Entwicklung zu streben.

Literatur

Carl Knauber Holding GmbH & Co. KG (2010) Initiative Knauber Pro Klima. von www.proklima. knauber.de. Zugegriffen: 20. Nov. 2014.

Carl Knauber Holding GmbH & Co. KG (2013a) Unser Engagement 2012 – Nachhaltigkeitsbericht der Knauber-Gruppe. Bonn.

Carl Knauber Holding GmbH & Co. KG (März 2013b) Unternehmenswebsite der Knauber-Gruppe: Unsere Werte – das Leitbild der Knauber-Gruppe. von www.knauber.de/home/unternehmen/unsere-werte.html. Zugegriffen: 20. Nov. 2014.

Carl Knauber Holding GmbH & Co. KG (2014) Unsere Engagement 2013 – Nachhaltigkeitsbericht der Knauber-Gruppe. Bonn.

Charta der Vielfalt e. V. (2011) Website der Unternehmensinitiative Charta der Vielfalt. www. charta-der-vielfalt.de. Zugegriffen: 20. Nov. 2014.

Deutsches Inistitut für Servicequalität (2017) Studie Gasanbieter 2014/2017. von http://disq.de/2014/20140430-Gasanbieter.html. Zugegriffen: 20. Nov. 2014. https://disq.de/2017/20170518-Gasanbieter.html. Zugegriffen: 23. Jan. 2019. (Erstveröffentlichung 2014)

Global Reporting Initiative (2019) Initiativen-Website. www.globalreporting.org. Zugegriffen: 23. Jan. 2019.

Knauber M (2001) 100 Jahre Knauber – Wie wir wurden, was wir sind. Bonn.

Knauber Freizeit GmbH & Co. KG (2019) Knauber-Blog: „www.knauberwelt.de/". Zugegriffen: 23. Jan. 2019.

Ökoprofit-Projekt der Stadt Bonn und des Rhein-Sieg-Kreises (2014) www.bonn.de/umwelt_gesundheit_planen_bauen_wohnen/lokale_agenda/oekoprofit/14987/index.html?lang=de. Zugegriffen: 20. Nov. 2014.

TÜV Rheinland AG (2018) Certipedia – die Zertifikatsdatenbank des TÜV Rheinland: Eintrag der Carl Knauber Holding GmbH & Co. KG zum Corporate Carbon Footprint 2017. https://www.certipedia.com/quality_marks/0000033716?locale=de&certificate_number=C02-2018-09-21244449. Zugegriffen: 23. Jan. 2019.

© Knauber-Daubenbüchel

Dr. Ines Knauber-Daubenbüchel ist geschäftsführende Gesellschafterin der Knauber Unternehmensgruppe mit Sitz in Bonn und leitet das Handelsunternehmen in der vierten Familiengeneration. Nach Studium (MBA) und Promotion an der North Texas State University in Denton (USA) stieg sie 1987 als Produktmanagerin bei 3M in Neuss ein. 1990 wechselte sie in die Geschäftsführung des Familienunternehmens Knauber und ist seit 1994 geschäftsführende Gesellschafterin. Daneben bekleidet sie zahlreiche öffentliche Ämter. Seit 2014 ist sie im Vorstand der Stiftung Bonner Klimabotschafter tätig. Sie ist Präsidiumsmitglied des Einzelhandelsverbandes NRW und Vizepräsidentin der IHK Bonn/ Rhein-Sieg. Von 2007 bis 2017 war sie Mitglied und zeitweise Vorsitzende des Hochschulrates der Hochschule Bonn-Rhein-Sieg und erhielt für ihr dortiges Engagement für eine stärkere Verbindung von Wissenschaft und Wirtschaft 2018 das Bundesverdienstkreuz.

© Stefanie Zahel

Stefanie Zahel ist Referentin für Unternehmenskommunikation und Nachhaltigkeit bei der Knauber Unternehmensgruppe mit Sitz in Bonn. Nach ihrem Magister-Studium der Geografie, Soziologie und Germanistik an der Universität Bonn schloss sie ein zweijähriges Volontariat im Bereich Presse- und Öffentlichkeitsarbeit im Leitungsstab der Bundesanstalt Technisches Hilfswerk an. 2011 wechselte sie zur Knauber-Gruppe und koordiniert seitdem das Thema Nachhaltigkeit. 2014 erwarb sie die Qualifikation Nachhaltigkeitsmanagerin (TÜV). Die Knauber-Gruppe beschäftigt rund 800 Mitarbeiter und ist mit sieben Tochtergesellschaften im Einzelhandel und im Energiehandel tätig.

Think green: Vielfalt, Qualität, Kreativität und Nachhaltigkeit bei der z o t t e r Schokoladen Manufaktur GmbH

Josef Zotter

1 Einleitung

Die zotter Schokoladen Manufaktur GmbH mit Sitz in Riegersburg, Bergl, in Österreich, steht für Qualität, Vielfalt, Innovation und Nachhaltigkeit. Um unserem hohen Anspruch an das Produkt, die Herstellung und die Arbeitsbedingungen gerecht zu werden, haben Qualitäts-, Lebensmittelsicherheits- und Hygienebewusstsein sowie das Umwelt-, Arbeitssicherheits- und Energieeffizienzbewusstsein einen sehr hohen Stellenwert im Unternehmen. Mit dem integrierten Managementsystem kommen all diese Punkte auf allen Entscheidungsebenen zum Tragen und pflanzen sich bis in alle Ebenen der Unternehmensstruktur fort. Wir sind ein Familienunternehmen und haben uns zum Ziel gesetzt, auch unseren Mitarbeiter/innen ein familienfreundliches Unternehmen zu sein. Beruf und Familie sind vereinbar, das leben wir auf Unternehmensebene vor und bieten auch unseren Mitarbeiter/innen die Möglichkeit, Familie und Beruf zu vereinen. Wir gehen respektvoll miteinander um, setzen auf die Kompetenz unserer Mitarbeiter/innen und fördern diese, dass sie in Eigenverantwortung handeln und damit ein integraler Bestandteil der Gesamtphilosophie werden. Wir beziehen unser Team mit ein und geben allen Mitarbeitern/innen die Chance ihren Beitrag zu leisten, damit wir uns in punkto Umwelt- und Qualitätsbewusstsein sowie nachhaltigem und fairem Handeln weiterentwickeln. Wobei das Qualitätsbewusstsein Punkte wie Arbeits- und Lebensmittelsicherheit, Energieeffizienz und Hygiene miteinschließt. Die Gesundheit unserer Mitarbeiter ist uns ein wichtiges Anliegen. Frauen und Männer haben die gleichen Chancen und Möglichkeiten

J. Zotter (✉)
c/o Christa Bierbaum, Zotter Schokoladen Manufaktur GmbH,
Riegersburg, Österreich
E-Mail: christa.bierbaum@zotter.at

© Springer-Verlag GmbH Deutschland, ein Teil von Springer Nature 2019
A. Hildebrandt und W. Landhäußer (Hrsg.), *CSR und Energiewirtschaft*,
Management-Reihe Corporate Social Responsibility,
https://doi.org/10.1007/978-3-662-59653-1_16

229

sich im Betrieb beruflich zu entwickeln und ihr Arbeitsleben in altersgerechter Weise zu gestalten. Wir setzen auf Insourcing statt Outsourcing und übernehmen die Verantwortung für den gesamten Produktionsablauf von der Kakaobohne bis zum Kunden. Es ist uns wichtig, durch unser Handeln die sozialen und ökonomischen Bedingungen unserer Lieferanten in benachteiligten Regionen zu fördern. Wir produzieren alles am Standort in Österreich, setzen zu 100 % auf Bio- und Fair Trade-Qualität, erzeugen eigenen Strom mit der Fotovoltaik-Anlage und Wärme mit Biomasse, verwenden Verpackungen aus nachwachsenden Rohstoffen und vieles mehr. Ein Unternehmen ist wie ein Organismus, eine sehr lebendige Sache, die sich stets weiterentwickeln, aber auch ideal an die Umfeldbedingungen anpassen muss. Wir wollen sozial-ökonomisch mit der Umwelt arbeiten, ein Teil von ihr sein und uns nicht gegen sie und die Gesellschaft richten. In Übereinstimmung mit den vorliegenden Normen und den gesetzlichen Bestimmungen verpflichten wir uns, unsere Leistungen kontinuierlich zu verbessern. Die Geschäftsleitung verpflichtet sich, alle Mitarbeiter/innen zu motivieren, ein Teil der sozialen und wirtschaftlichen Veränderung zu werden, die für die Umwelt und die Menschen arbeitet. Dazu setzen wir auf eine offene Kommunikation, zur Schaffung eines effizienten Informationsaustausches und gegenseitigen Vertrauens. Qualität und Nachhaltigkeit gehören zusammen. Das gesamte Team packt mit an, um diese Ziele zu erreichen.

2   Wer wir sind und was wir wollen

2.1   BIOgrafie und Unternehmensphilosophie

Die z o t t e r Schokoladen Manufaktur GmbH wurde 1999 gegründet. Seit der Gründung sind Ulrike und Josef Zotter die Geschäftsleiter des Familienunternehmens, in dem derzeit 185 Mitarbeiter (Stand: April 2019) beschäftigt sind. Die handgeschöpften Schokoladen erfand Josef Zotter bereits 1992. Bis zur Gründung der Manufaktur wurden die Schokoladen in der Zotter-Konditorei hergestellt. Mit der Zotter Schokoladen Manufaktur GmbH erfolgte die Spezialisierung auf die Produktion von Schokolade. Als besonderes Merkmal soll herausgestellt werden, dass Zotter für die Produktion ausschließlich biozertifizierte und fair gehandelte Rohstoffe verwendet. Zudem wird bei Zotter Schokolade direkt von der Bohne weg produziert, im Fachjargon mit „Bean-to-Bar" bezeichnet. Der Großteil der Branche verwendet Halbfertigprodukte, Zotter hingegen stellt seine Schokoladen direkt am Standort selbst her. Die Kakaobohnen werden nach Bergl, Riegersburg, geliefert und verlassen die Manufaktur erst als fertige Schokoladentafel. Dadurch werden Transportwege eingespart. Die Fusion der drei Kriterien: Bio+Fair Trade+Bean-to-Bar sind die Alleinstellungsmerkmale von Zotter. Er ist einer der wenigen Hersteller, die von der Bohne weg komplett in Bio- und Fair Trade-Qualität produzieren. Ein weiterer Schwerpunkt ist die Qualität. Zotter zählt zu den Edelchocolatiers, die hochklassige Schokoladen von besonderer Güte und besonderem Geschmack herstellen. In der Top-Liga der Schokohersteller ist Zotter, laut internationalem Schokoladentest, einer der Besten und zudem der Einzige, der nach Bio- und Fair Trade-Standards produziert. Zotter steht für Vielfalt. Über 400 unterschiedliche Schokoladen sind im Programm. Darunter viele saisonale Kreationen, die es nur im Frühjahr oder im Herbst gibt. 337 unterschiedliche Bio-Zutaten werden für die Produktion verwendet. Darunter viele Spezialitäten wie Erdäpfelwodka aus dem Waldviertel, Aroniabeeren und Kürbiskerne aus der Steiermark. Die unterschiedlichen Produktfamilien von handgeschöpfter Schokolade bis Trinkschokolade werden nachfolgend aufgeführt. Neben dem Standardsortiment geht Zotter auch den Weg der Individualisierung und bietet Kunden die Möglichkeit, sich eigene Schokoladen zu kreieren. Die Manufaktur ist vollkommen transparent und für Besucher geöffnet. Das Schoko-Laden-Theater wurde in die Manufaktur integriert. Besucher können durch gläserne Gänge gehen und live in die Produktion blicken. Der gesamte Herstellungsprozess ist vom Publikum einsehbar. Parallel dazu werden Kostproben von Zwischenprodukten wie Walzenpulver bis hin zu den fertigen Schokoladentafeln angeboten. Nach österreichischem Vorbild entstand 2014 ein zweites Schoko-Laden-Theater in Shanghai, China. Produziert wird weiterhin in Österreich, die Schokolade wird nach China exportiert und mit ihr auch die Bio- und Fair Trade-Philosophie, die in China noch völlig unbekannt ist, aber dringend benötigt wird. In China möchte Zotter ein Zeichen für Umweltschutz und Menschenrechte setzen. Das Schoko-Laden-Theater in Shanghai ist als Erlebnis- und Verkostungsshow konzipiert. Die vorgeführte Produktion beschränkt sich auf Pralinen und Schokoladen, die vor Ort nach Kundenwünschen zusammengestellt werden. Die Schokolade dafür wird direkt aus Österreich geliefert. Geleitet wird das Tochterunternehmen von Amy Fank und Julia Zotter, der Tochter von Ulrike und Josef Zotter. Zu dem Schoko-Laden-Theater in Bergl, Riegersburg, gehört auch der „Essbare Tiergarten". Dieser ist eine Art Bio-Erlebnis-Landwirtschaft. Grundsätzlich geht es hier um eine „erfahrbare" Auseinandersetzung mit dem Thema: Woher kommen unsere Lebensmittel? Eine Antwort ist der „Essbare Tiergarten" selbst. Dort leben viele alte, zum Teil vom Aussterben bedrohte Nutztierrassen aus dem Arche-Austria-Programm. Der „Essbare Tiergarten" setzt auf artgerechte Tierhaltung, Bio-Vegetation, einen geschlossenen Biozyklus und das Farm-to-Table-Konzept im Restaurant „Öko-Essbar". In der neu errichteten Fleischwerkstätte im Nachbarort wird das Fleisch der Tiere aus dem Essbaren Tiergarten direkt zu feinsten Fleisch- und Wurstspezialitäten verarbeitet, die in der Öko-Essbar serviert werden oder als DelikatESSEN mit nach Hause genommen werden können. Das Fleisch stammt zu 100 % aus eigener artgerechter Aufzucht. In der Öko-Essbar können Besucher Bio-Speisen direkt von den eigenen Weiden und Gärten inmitten der Natur genießen. Die Öko-Essbar kocht regional, saisonal, hausgemacht und bio. Außerdem wird nur mit Sonnenenergie gekocht, denn schon jetzt ist der „Essbare Tiergarten" dank der großen Photovoltaikanlage komplett energieautark. Im „Essbaren Tiergarten" setzt Zotter wie beim Schoko-Laden-Theater auf Transparenz, Nachhaltigkeit und Innovation und zeigt damit einen Ausweg aus der Massentierhaltungsindustrie und neue Wege im landwirtschaftlichen Bereich. 2015 eröffnete Zotter Chocolates US in den USA. Das Tochterunternehmen konzentriert sich hauptsächlich auf den Online-Handel. Am Niederlassungsstandort in Cape Coral, Florida, wurde zudem ein Pop-Up-Store eröffnet In unserem Naturerlebnis-Restaurant „Öko-Essbar" wird serviert, was in unserer Bio-Landwirtschaft wächst und gedeiht. Farm-to-Table und 100 % bio.

3   Umwelt

3.1   Das Umweltteam der Zotter Schokoladen Manufaktur GmbH

Für die Implementierung, dauerhafte Verankerung und Weiterentwicklung des Umweltmanagementsystems wurde ein Umweltkernteam gegründet, welches sich regelmäßig trifft und vom erweiterten Umweltteam, dem externen Arbeitsmediziner und der externen Sicherheitsfachkraft unterstützt wird. Alle Teammitglieder sind ausgezeichnete Multiplikatoren für die Weitergabe des Umweltgedankens an alle MitarbeiterInnen und unterstützen die Umsetzung der Maßnahmen (Abb. 1).

Abb. 1 Ehemaliger Bundesminister Rupprechter, Josef Zotter und Zotter-Qualitätsmanagerin und Umweltbeauftragte Christa Bierbaum bei der Übergabe des EMAS-Zertifikates in Graz 2014. Christa Bierbaum hat unsere vielzähligen Umweltmaßnahmen gebündelt und analysiert, unsere Umweltbilanz erstellt und die Ergebnisse in dieser Publikation zusammengetragen. Quelle: BMLFUW/Fritz Jamnig

Ehemaliger Bundesminister Rupprechter, Josef Zotter und Zotter-Qualitätsmanagerin und Umweltbeauftragte Christa Bierbaum bei der Übergabe des EMAS-Zertifikates in Graz 2014. Christa Bierbaum hat unsere vielzähligen Umweltmaßnahmen gebündelt und analysiert, unsere Umweltbilanz erstellt und die Ergebnisse in dieser Publikation zusammengetragen.

3.2   Umweltmanagementsystem Rechtskonformität

Das Umweltmanagementsystem wurde im Zuge der Workshop-Reihe des Lebensministeriums „EMAS gemeinsam umsetzen!" aufgebaut. In zehn Kapiteln werden die von der EMAS-VO gestellten Anforderungen an den Inhalt eines Umweltmanagementsystems kurz, prägnant und übersichtlich dargestellt. Zur Sicherstellung der Rechtskonformität wurden in einem Verfahren folgende Punkte festgelegt:

- Zuständigkeiten und Aufgaben
- Einbindung weiterer Personen
- Information über gesetzliche Neuerungen
- Aufbau/Aktualisierung des Rechtsregisters
- Korrekturmaßnahmen bei festgestellten Mängeln

Dabei wird im Rechtsregister auch definiert, welche Rechtsvorschriften, Bescheide oder sonstige Verpflichtungen zu beachten sind. Die sich daraus ergebenden Verpflichtungen und deren Erfüllung werden darin genauso beschrieben wie die jeweiligen Zuständigkeiten. Das Rechtsregister wird als Excel-Datei geführt und umfasst alle für den Betrieb relevanten Rechtsvorschriften und umweltrelevanten Bescheid-Auflagen. Im Anlassfall, zumindest einmal jährlich, wird das Rechtsregister von der Integrierten-Management-Beauftragten aktualisiert. Durch Betriebsbegehungen und interne Audits wird sichergestellt, dass alle Rechtsvorschriften eingehalten werden. Im Zuge des internen Audits werden jährlich schwerpunktmäßig Teile des Rechtsregisters überprüft und die Ergebnisse dokumentiert. Innerhalb eines Drei-Jahres-Zyklus werden alle Teile des Rechtsregisters mindestens einmal vollständig überprüft.

Über Beschaffung und Einkauf entscheiden folgende Kriterien: Qualität, Rationalität, Bio-Zertifizierung und Fair-Trade-Zertifizierung. Bei Neuprodukten erfolgt eine Angebots- anfrage, Musterbeurteilung und Anforderung mit geltenden Unterlagen und Zertifizierungen. Für regelmäßige Bestellungen erfolgt eine geregelte Meldung der betreffenden BereichsleiterInnen an den Einkauf. Dieser regelt den gesamten Anliefer ablauf (Menge, Termin, Transport).

Emissionen
CO_2-Emissionen tragen zur Erderwärmung bei und zu hohe Feinstaubkonzentrationen wirken sich negativ auf die Gesundheit der Menschen in der Umgebung aus. Durch den

Einsatz von Elektrofahrzeugen und durch professionelle Wartung unserer Anlagen versuchen wir Emissionen zu reduzieren. Folgende Emissionen entstehen im Betrieb: Abgase, Staub, Gerüche. Diese stammen aus dem: Hackschnitzel-Dampfkessel: Staub, CO, NOx, Org. ges. C; dem Kakao-/Nussröster: Org. ges. C., Staub und Lärm durch Fahrzeuge (Lkw, Busse, Pkw). Zur Reduktion der Luft-/Lärmemissionen erfolgt eine regelmäßige Reinigung des Dampfkessels intern und durch den örtlichen Rauchfangkehrer (1-mal monatlich). Der Dampfkessel wird 1-mal jährlich durch den TÜV überprüft und es erfolgen regelmäßige interne Wartungen und Reinigungen des Kakao-/Nussrösters. Das Mobilitätsverhalten unserer Lieferanten, Kunden und MitarbeiterInnen wirkt sich auf die CO_2-Emissionen aus. Leider ist die Schokoladen-Manufaktur mit den öffentlichen Verkehrsmitteln kaum zu erreichen. Wir haben für unsere Kunden drei Elektrotankstellen installiert, die für ein- und zweispurige Fahrzeuge genutzt werden können. Im Unternehmen nutzen wir ein Elektrofahrrad, einen E-Scooter, ein E-Motorrad, ein „Elektro-Golf Caddy" und sechs Elektrofahrzeuge für innerbetriebliche Wege und kurze Strecken.

Ressourcen

Wir setzen auf umweltschonende landwirtschaftliche Bewirtschaftung und biologisch hergestellte Rohstoffe. Das Bio-Zertifikat (nach EU-Bio-Verordnung, in der aktuell gültigen Fassung) gewährleistet, dass beim Anbau und in der Herstellung des Produktes Ressourcen bewusst geschont werden und im Sinne der Umwelt gearbeitet wird. Das heißt, dass sowohl wir in unserer Landwirtschaft als auch unsere Rohstoff-Lieferanten, die allesamt bio-zertifiziert sind, keine Pestizide einsetzen. Dadurch werden das Wasser und der Boden nicht kontaminiert, sondern in ihrer natürlichen Qualität bewahrt.

Unsere Kakaobauern setzen auf Bio, damit auch ihre Kinder sauberes Wasser haben und in einer intakten Umwelt leben können. Die Rohstoffe werden in kleinen Mengen bezogen. Dadurch sind ein optimaler Verbrauch innerhalb des Haltbarkeitszeitraums und folglich auch weniger Abfall gewährleistet. Im „Essbaren Tiergarten" setzen wir auf umweltschonende, extensive Landwirtschaft, die von Haus aus sehr ressourcenschonend ist und einen natürlichen Lebensraum für Tiere und Pflanzen bietet. Es kommen keine Pestizide zum Einsatz, welche sich negativ auf die Biodiversität auswirken. Durch den Anbau von Obst und Gemüse vor Ort und die eigene Tierhaltung entstehen keine Transportwege. Auch die Futtermittel für unsere Tiere bauen wir selbst an oder beziehen sie von Bio- Bauern und gemeinnützigen Vereinen wie LEiV, die nur einmal im Jahr mähen, damit die heimische Tierwelt einen Lebensraum behält und vor allem die Blauracke in den Wiesen Nistplätze findet. Wir verwenden überhaupt kein Sojakraftfutter, das zum einen importiert werden müsste und zum anderen auch häufig bereits gentechnisch verändert ist.

Der Verbrauch von Reinigungsmitteln ist durch die hygienischen Anforderungen im Lebensmittelbereich ein bedeutender Faktor geworden. Es werden schon seit vielen Jah- ren biologisch abbaubare Mittel verwendet. Wo möglich, werden bereits Reinigungsmittel mit Ecolabel eingesetzt. Zudem werden die Reinigungsmittel mittels Dosieraufsätze nach Herstellerangaben richtig dosiert und regelmäßig vom Techniker des Lieferanten überprüft. Die Sicherheitsdatenblätter der eingesetzten Reinigungsmittel liegen im Betrieb auf. Im Besucherbereich werden anstatt Papierhandtüchern elektrische Händetrockner verwendet.

Energie

Fossile Energieträger erzeugen Emissionen von Luftschadstoffen und Klimagasen. Binnen etwas mehr als zweihundert Jahren wurde ein großer Teil der in fossilen Brenn- stoffen eingelagerten CO_2-Mengen freigesetzt. Deshalb versuchen wir, fossile Brennstoffe zu vermeiden und Energie aus nachwachsenden Rohstoffen zu gewinnen, da diese CO_2-neutral sind und keine klimaschädigenden Auswirkungen haben. Derzeit erzeugen wir etwa 60 % unserer Energie (Wärme und Strom) selbst. Unser Ziel ist, komplett energieautark zu werden.

Eingesetzte Energieträger sind Strom, Flüssiggas, Hackschnitzel, Benzin und Diesel. Eingesetzte Energieträger sind Strom, Flüssiggas, Hackschnitzel, Benzin und Diesel. Davon sind folgende Anlagen Umwandlungsanlagen: Hackschnitzel-Dampfkessel, Klima-/Kälteanlagen, Druckluftstation. Durch die Errichtung einer Photovoltaikanlage mit 9 Movern (108 Stk. Modulen) (Leistung 76,5 kWp; Ertrag: 99.000 kWh/Jahr) wurden bereits erste Energieeffizienzmaßnahmen eingeleitet. 2015 wurde der Eigenstromanteil durch die Inbetriebnahme weiterer Photovoltaikflächen gesteigert. 2018 wurden weiter Photovoltaikflächen installiert, sodass aktuell eine Gesamtleistung von 300 kWp erzielt wird. Unsere Landwirtschaft und Gastronomie im „Essbaren Tiergarten" sind dank der Photovoltaikanlage energieautark. Unseren Reststrombedarf decken wir über einen Öko-Stromanbieter (mit österreichischem Umweltzeichen) ab. Die gesamte Beleuchtung im „Essbaren Tiergarten" wurde mit LED-Leuchtmitteln ausgestattet. Bei der Errichtung der Kakaorösterei und Schokoladenverarbeitung wurden Teile der Anlagen mit Wärmerückgewinnung ausgestattet. Die Anpassung der Spitzenproduktionszeiten erfolgt an die jahreszeitlichen Niedrigtemperaturbereiche. Die Klimaanlagen werden regelmäßig gewartet.

Verkehr

Der Verkehr verursacht eine Vielzahl von Luftschadstoffen und Treibhausgasen, die als Abgase ausgestoßen werden. Mobilität und Verkehr erzeugen CO_2-Emissionen und tragen somit zur Erderwärmung bei. Neben Luftschadstoffen wird auch Lärm erzeugt. Lärm kann eine Reihe gesundheitlicher Beeinträchtigungen verursachen. Schon bei geringer, aber lang andauernder bzw. ständiger Exposition muss mit Folgen wie Schlafstörungen, kreislaufbedingten Erkrankungen oder Beeinträchtigung der Leistungsfähigkeit gerechnet werden.

Daher setzen wir im Unternehmen auf E-Mobilität, die keine direkten Emissionen und keinen Lärm verursacht!

Wir haben im Unternehmen ein Elektrofahrrad, ein E-Motorrad, einen E-Scooter, ein „Elektro-Golf Caddy" und sechs Elektrofahrzeuge, die für Kurzstrecken zur Verfügung stehen. E-Mobilität ist die Zukunft, auch wenn wir derzeit für längere Dienstreisen noch auf Benzin-/Diesel-Autos oder ein Hybridfahrzeug zurückgreifen müssen. Für den eigenen E-Fuhrpark stehen entsprechende E-Tankstellen/Wallboxes zur Verfügung.

Durch die hohe Besucherzahl steigt die mobilitätsbedingte CO_2-Belastung durch Kunden. Doch bereits die Hälfte der Besucher reist in Bussen an, was natürlich im Hinblick auf die Umwelt wesentlich sinnvoller ist. Die Rohstoffe werden ausschließlich mittels Lkw, in seltenen Fällen auch mittels Pkw angeliefert. Da die Rohstoffe in kleineren Mengen bezogen werden, erfolgt die Anlieferung teilweise häufiger.

Beschaffung

Über Beschaffung und Einkauf entscheidet nicht der Preis. Über Beschaffung und Einkauf entscheiden folgende Kriterien: Qualität, Rationalität, Bio-Zertifizierung und Fair Trade-Zertifizierung. Bei Neuprodukten erfolgt eine Angebotsanfrage, Musterbeurteilung und Anforderung mit geltenden Unterlagen und Zertifizierungen. Für regelmäßige Bestellungen erfolgt eine geregelte Meldung der betreffenden BereichsleiterInnen an den Einkauf. Dieser regelt den gesamten Anlieferablauf (Menge, Termin, Transport).

Produktlebensweg

Ein nachhaltiger Produktlebensweg unserer Produkte liegt uns am Herzen. Bei der Beschaffung achten wir auf Bio+Fair Trade Rohstoffe. Darüber hinaus versuchen wir, im Verpackungsbereich auf Kunststoffe zu verzichten. Denn für die Herstellung von Kunststoff werden fossile Rohstoffe verwendet, die bei der Entsorgung das Klima belasten.

Bei unserer Verpackungslinie setzen wir hauptsächlich Papier, Karton und kompostierbare BIO-Kunststoffe ein, die allesamt aus nachwachsenden Rohstoffen hergestellt werden und dadurch CO_2-neutral sind.

Für die Verpackung wird recyceltes, nicht gebleichtes „Cyclus"-Papier verwendet. Das Papier ist FSC-zertifiziert und mit dem „Blauen Engel" ausgezeichnet. Zudem wird die Verpackung nicht glanzbeschichtet und mit Pflanzenfarben bedruckt. Für den Sim Bim Kuchen und für einige DelikatESSEN werden Glasverpackungen verwendet. Vielfach werden Inlays und Folien aus Bio-Plastik verwendet, das aus nachwachsenden Rohstoffen hergestellt wird und CO_2-neutral ist. Die Verpackungen und Kataloge werden bei einer Druckerei mit Umweltzertifizierung gedruckt. Im Versand wird Füllmaterial aus Maisstärke oder Papier eingesetzt (Tab. 1).

HARD FACTS

Bean-to-Bar-Produzent von Schokolade und Erfinder der handgeschöpften Schokolade

- Zertifizierungen: BIO, EMAS
- Mitgliedschaft: FAIR Mitglied der WFTO (World Fair Trade Organisation)
- Kakaoländer: Peru, Bolivien, Nicaragua, Panama, Ecuador, Guatemala, Brasilien, Belize, Dominikanische Republik, Madagaskar, Togo und Kongo
- Produktionsmenge: ca. 200 Tonnen Kakaobohnen und 150 Tonnen Kakaobutter werden zu 646 Tonnen Schokolade verarbeitet

Tab. 1 Unsere Umweltleistungsindikatoren 201672017 und 2017/2018

Energieeffizienz	Einheiten/Bezugsgrößen	Indikator 2016/2017	Indikator 2017/2018
Energieverbrauch für Strom und Wärme (gesamt)	MWh pro Jahr	5.4109	5816
Energieverbrauch für Strom und Wärme pro Mitarbeiter/in, t Output	MWh/produzierte Produkte (t)	8,4	8,6
	MWh/MitarbeiterIn	32	32,3
Stromverbrauch	MWh pro Jahr	2894	2892
Stromverbrauch pro Mitarbeiter/in, t Output	MWh/produzierte Schokoladen (t)	4,5	4,3
	MWh/MitarbeiterIn	17,1	16,1
Energieverbrauch für Wärme	MWh pro Jahr	2398	2887
Energieverbrauch für Wärme pro Mitarbeiter/in, t Output	MWh/produzierte Schokoladen (t)	3,7	4,3
	MWh/MitarbeiterIn	14,2	16
Erneuerbare Energie für Strom und Wärme (gesamt: Ökostrom, Photovoltaikanlage, Biomasse-Dampfkessel)	MWh pro Jahr	5292	5774
Erneuerbare Energie am Gesamtenergieverbrauch für Strom und Wärme in MWh	Anteil Energie aus erneuerbaren Energiequellen am Gesamtverbrauch in %	97,8 %	99,3 %

Quelle: Zotter-Umwelterklärung 2019 (www.zotter.at.)

- 185 Mitarbeiter am Standort in Riegersburg/Steiermark, davon 7 Lehrlinge 25 Mitarbeiter im Tochterunternehmen Schokoladen-Theater Shanghai/China
- Besucherzahlen Schoko-Laden-Theater: 270.000 Besucher jährlich
- Energieerzeugung: Die Manufaktur ist zu 60 % und der Essbare Tiergarten zu 100 % energieautark, durch die Nutzung von Photovoltaikanlage, Dampfkraftwerk und Erdwärme.
- Zutaten: ca. 400 unterschiedliche Bio-Zutaten
- Sortiment über 400 unterschiedliche Schokoladensorten und darüber hinaus individuelle Wunschschokoladen, die Kunden selbst erfinden können
- Vertrieb: ca. 4000 Vertriebsstellen weltweit, 80 % im deutschsprachigen Raum (D, A, CH)[1].

[1]http://www.zotter.at/de/das-ist-zotter/biografie.html.

4   Ein Plädoyer für Nachhaltigkeit

Ich kann einfach nicht warten, bis mein Nachbar gedenkt, etwas zu verändern. Mir geht es um das Produkt und nicht um Verkaufszahlen und Gewinnzuwächse. Ich bin kein Buchhalter, sondern Chocolatier. Zahlen und Statistiken dominieren die ganze Wirtschaftswelt. Wir sind Gefangene der Zahlen, die eine solche Macht haben, dass sich niemand mehr traut, etwas zu sagen oder zu tun, was nicht im Sinne der Zahlen ist. Das ist absurd! Warum immer diese Wachstumsraten? Wohin soll man wachsen? Wieder 2 bis 5 % zugelegt und das per anno, wozu machen wir das? Ich würde mir wünschen, dass es wieder um den Inhalt geht, und so machen wir das auch bei uns in der Manufaktur.

Man kann sich schon bewusst für ein Produkt entscheiden, das eine bessere Ökobilanz hat. Ansonsten habe ich für mich die Strategie entwickelt, mehr bei kleinen und mittelständischen Unternehmen einzukaufen, weil da noch jemand hinter dem Material steht und es keinen Vorstand gibt, der nur auf Basis von Wachstumszahlen Entscheidungen trifft. Es gibt wahnsinnig viele kleine Unternehmer, gerade in der Lebensmittelbranche, die aus Überzeugung nachhaltig sind. Die müssen ihr Publikum finden. Gleichzeitig haben sie auch nicht die Werbeplattform. Also sollte man diese Unternehmen suchen und unterstützen.

Leider neigen einige Unternehmer dazu, zu sagen, dass wir produzieren sollen, was der Markt verlangt. Doch damit liegt die Verantwortung woanders. Ich bin jedoch der Meinung, dass die Unternehmen die Verantwortung für das haben, was passiert und nicht der Konsument – der kennt sich kaum mehr aus bei der Fülle an Informationen. Der Konsument nimmt das, was da ist.

Die Macht der Konsumenten schwindet mit der Massenware. Wir selbst haben ein sehr breites Angebot mit über 300 unterschiedlichen Schokoladen, und wir kaufen unsere Zutaten und Rohstoffe bei vielen ambitionierten Produzenten ein. Hinter jeder Schokoladentafel verbirgt sich ein großes Bio-Netzwerk. Das ist Vielfalt. Außerdem lautet meine Devise, niemals den Markt fragen, der kennt sich nicht aus.

Der Markt hat nicht die geringste Ahnung, was er gerne hätte, und wenn er gefragt wird, sagt er halt das, was er eh schon kennt. Und so schauen auch die Regale aus: immer das Gleiche. Weil immer alle den Markt fragen. Wir stellen nur Schokoladen her, die wir selbst gut finden und gern essen. Normalerweise wird bei der Produktentwicklung erst der Preis fixiert. Das machen wir nicht, sonst wären viele Sorten gar nicht möglich. Bei uns wird aus der Idee ein Rezept und dann geht sie ins Sortiment. Der Preis ist für uns nicht entscheidend.

Wenn man überzeugt ist, kann man wirklich etwas bewegen und verändern. Sich einbringen, aktiv sein, verändern, die Sachen neu denken – das macht das Leben reicher. Wir müssen nicht im Strom schwimmen. Gegen den Strom ist zwar anstrengend, aber auch spannender und man bleibt sportlich. Wir nehmen uns sehr viel von der Erde, also sollten wir auch etwas zurückgeben. Nachhaltig leben, bedeutet seine Balance zu finden und Lebensqualität zu gewinnen. Denn weniger zu besitzen, ist der wahre Luxus.

Literatur

Zotter J (2012) Kopfstand mit frischen Fischen. Mein Weg aus der Krise. z o t t er Schokoladen Manufaktur GmbH, Riegersburg

© Zotter
Schokoladenmanufaktur

Josef Zotter geboren 1961 in Feldbach (Österreich), ist Chocolatier und Landwirt. Er erfand die handgeschöpfte Schokolade und eröffnete den „Essbaren Tiergarten", wo er für Transparenz und Wertschätzung von Lebensmitteln wirbt. Zotter machte mit dem Schoko-Laden-Theater seine Manufaktur für Besucher zugänglich und produziert ausschließlich in Bio- und Fair-Qualität. Privat ist er Selbstversorger. Innovationen und Nachhaltigkeit gehören bei ihm zusammen und mittlerweile zählt sein Unternehmen zu den nachhaltigsten Österreichs. Selbst die angesehene Harvard Business School lässt ihre Studenten den Fall Zotter studieren. Seine Ansichten zur Wirtschaft und Nachhaltigkeit veröffentliche er jüngst in seinem neuen Buch „Kopfstand mit frischen Fischen" Zotter 2012. Josef Zotter ist verheiratet und Vater von drei Kindern.

Das Blockchain-Prinzip: Pro und Contra

Alexandra Hildebrandt

1 Teil der Energiewende?

Künftig wird es möglich sein, hieß es 2018 auf der Nachhaltigkeitsplattform UmweltDialog, dass ein Haus auch zum Stromlieferanten für Nachbarn werden kann – beispielsweise, wenn die Solaranlage mehr Strom erzeugt als verbraucht wird. Es ist deshalb notwendig, Ressourcen bedarfsgerecht zu nutzen und selbst entscheiden zu können, was mit der vorhandenen Energie geschieht. Technisch möglich wird dies durch das Internet of Things. Die Blockchain-Technologie könnte die Koordination übernehmen, die „kleinste Energieflüsse und Steuerungssignale zu sehr geringen Transaktionskosten sicher und nachweisbar organisiert" (UD 2018). Eine Vermittlung durch zentrale Instanzen wird nicht mehr benötigt, weil die Transaktionen direkt zwischen den Nutzern erfolgen. Auf diese Weise würde jeder Einzelne ein unmittelbarer Teil der Energiewende werden. Derzeit ermöglichen Blockchains allerdings nur wenige Transaktionen pro Sekunde. Deshalb müssen dringend Regelungen für einen Markt geschaffen werden, „in dem stromverbrauchende und stromerzeugende Geräte aller Größen aktiv am Energiehandel und den Systemdienstleistungen teilnehmen" (UD 2018).

2 Herausforderungen und Chancen von Blockchain

Die sogenannte dezentrale Datenbank Blockchain ist als die Technologie hinter der Kryptowährung Bitcoin bekannt geworden. Neben dem Anwendungsfeld eines Zahlungsmittels bietet die disruptive Technologie noch viele weitere Einsatzgebiete: So kann mithilfe eines

A. Hildebrandt (✉)
Burgthann, Deutschland

© Springer-Verlag GmbH Deutschland, ein Teil von Springer Nature 2019
A. Hildebrandt und W. Landhäußer (Hrsg.), *CSR und Energiewirtschaft*,
Management-Reihe Corporate Social Responsibility,
https://doi.org/10.1007/978-3-662-59653-1_17

über die Blockchain laufenden Smart Contracts jede beliebige Transaktion ohne Hilfe von Intermediären durchgeführt werden (z. B. Hauskauf oder das Verleihen einer Bohrmaschine). Zudem werden durch die Unveränderlichkeit der Blockchain Wertschöpfungsketten transparent aufgelistet: Beispielsweise können Konsumenten nachvollziehen, wie die Verarbeitungsschritte waren oder welchen Weg Produkte hinter sich haben. Auch kann ihre Echtheit damit überprüft werden (Hildebrandt: 9.3.2019).

Die lückenlose Historie entsteht hier durch Aneinanderreihung von nicht veränderbaren Richtigbefundanzeigen („block"), die aus vier Komponenten bestehen: der Vergangenheit (dem vorangegangenen Block), dem aktuellen Zeitstempel („timestamp") zur Einordnung auf der Zeitachse, den noch nicht bestätigten, laufenden Transaktionen, heruntergebrochen in einem kryptografischen Code („root hash"), einer Einmalnummer, die über Versuch und Irrtum gefunden werden muss („number used once = nonce").

Das System stellt sicher, dass eine neue Richtigbefundanzeige nur entstehen kann, wenn sie am neusten Block andockt. Deshalb wird von einer Kette (Blockchain) gesprochen. Dass mit Blockchain Transaktionen (Inhaltsveränderungen) durchgeführt werden können, ist einem System von Schloss („public key") und Schlüssel („private key") zu verdanken, über den nur der Berechtigte verfügt. Die Grundlage des Blockchain-Systems bildet dabei eine Verschlüsselungstechnik („Hashfunktion"), bei welcher der Zielwert ohne viel Aufwand graduell, aber um Potenzen verschärft werden kann. „Das System läuft seinen Gegnern deshalb sozusagen hoffnungslos voraus und davon. Es ist extrem sicher, weil die Richtigbefundanzeigen dezentral – im Extremfall in jedem teilnehmenden Computer auf der Welt – abgespeichert sind", schreiben die Omnichannel-Experten Tina Düring und Hagen Fisbeck (Düring und Fisbeck 2017, S. 454).

Die Technologie hat das Potenzial, Korruption einzudämmen und für Transparenz und Sicherheit bei Transkationen zu sorgen, ja sie könnte sogar als eine unternehmensneutrale Plattform für CSR-Audits genutzt werden. Ob sich die Technologie nachhaltig durchsetzen wird, werden Praxistests zeigen. Das gilt auch für die Akzeptanz der (potenziellen) Nutzer. Befürworter wie Tina Düring und Hagen Fisbeck sind davon überzeugt, dass durch die Blockchain Geld oder Nachrichten sicher, verschlüsselt, anonymisiert, direkt und ohne Mittler von einer Person zu einer anderen Person geschickt werden können. „Die Blockchain macht es somit überflüssig, einer zentralen Autorität zu vertrauen und ermöglicht die Interoperabilität der Systeme über Servergrenzen hinweg. Etwas ist wahr, weil es nachprüfbar ist und nicht mehr, weil es jemand oder eine Institution sagt." (Düring und Fisbeck 2017, S. 456).

Mit diesen Fragen zu Blockchain sollten wir uns verstärkt auseinandersetzen

- Wie verändert Blockchain unser Handelssystem und unsere Gesellschaft?
- Welches Potenzial hat diese Technologie?
- Was wäre, wenn Strom, Immobilien und Dienstleistungen ausschließlich über blockchainbasierte Plattformen gehandelt würden?

- Ist die Blockchain sicherer als bisherige verteilte Datenspeicherungstechnologien gegenüber Hackerangriffen und Manipulation oder sind die Miner ein Schwach-punkt im Blockchain-Konstrukt?
- Kann die Blockchain ähnliches Vertrauen wie Ämter, Notare, Banken, Versicherungen erringen?
- Ist die Blockchain freier Markt und muss daher nicht reguliert werden und muss nicht dafür ein internationales Register eingerichtet werden?
- Werden private Blockchains eine viel größere Bedeutung erlangen als öffentliche Blockchains, weil sie zu komplex für den Massenmarkt ist?

Michael Betancourt verweist in seiner „Kritik des digitalen Kapitalismus", dass die Grundlage der Bitcoins der dem Digitalen gemeinsamen immateriellen Arbeit eine greif-bare „Form" verleiht – sie kristallisiert sowohl die aufgebrauchten Ressourcen (Elektrizi-tät) als auch die aufgewendete Arbeit (die zum „Schürfen" von Bitcoins erforderlichen Rechenzyklen) und versucht damit, „diese immaterielle Arbeit faktisch in einer digi-tal abgeleiteten Form zu bewahren, die dann als Währung verwendbar ist, ähnlich wie auf Waren basierende Währungen in der Vergangenheit versucht haben, Arbeit in einer tauschbaren Form zu bewahren." (Betancourt 2018, S. 87) Der kritische Theoretiker, Historiker und Künstler bewegt sich im Spannungsfeld der digitalen Technologien und der kapitalistischen Theorie. In seinem Buch setzt sich Betancourt mit den Begleit-erscheinungen der digitalen Wirtschaft auseinander. So verweist er darauf, dass die Exis-tenz dieser und anderer virtueller, kryptografischer Währungen, die von der Funktion unzähliger, weltweit verteilter Computer abhängt, ungeheure Energiemengen verschlingt.

Alex de Vries, Analyst bei PwC und Gründer des Blogs Digiconomist, verweist dar-auf, dass erneuerbare Energien nicht geeignet sind, um das Nachhaltigkeitsproblem der Kryptowährung Bitcoin zu lösen. Zudem verweist er auf Bitcoin als enormen Energie-fresser. Schätzungsweise verbraucht eine Transaktion auf der Bitcoin-Blockchain bis zu 1200 Mal mehr Energie als eine Einzeltransaktion im Bankwesen. Ein Problem ist laut de Vries, dass die Produktion erneuerbarer Energien teils starken Schwankungen unter-liegt: So sei in der chinesischen Provinz Sichuan, wo es viele Bitcoin-Schürfer gibt, die Wasserkraftproduktion im feuchten Sommer dreimal so hoch wie im trockenen Win-ter. Die Notwendigkeit, solche Schwankungen auszugleichen, stellt massiv infrage, wie „grün" die Mining-Einrichtungen überhaupt sein können. „Es könnte sogar einen Anreiz für den Bau neuer Kohlekraftwerke darstellen", warnt er.

Hinzu kommt noch ein wachsendes Schrott-Problem, da die beliebtesten Geräte fürs Bitcoin-Schürfen anwendungsspezifische integrierte Schaltkreise nutzen, die nur für diesen Zweck geeignet sind. Am Ende ihres Lebenszyklus sind sie Elektroschrott. Der Analyst kommt zu dem Schluss, dass das Bitcoin-System etwa so viel Elektroschritt wie ganz Luxemburg produziert. Sollte Bitcoin breitere Verwendung finden, werde das schnell eskalieren. Um die Nachhaltigkeit des Bitcoin-Systems zu verbessern, sei eine Änderung am Mining-Mechanismus selbst nötig. Eine von den Kryptowährungen Dash und NXT genutzte Alternative würde den Energiebedarf der Bitcoin wohl um 99,99 %

senken und auch Spezial-Hardware überflüssig machen. „Die Herausforderung ist, dass das ganze Netzwerk der Änderung zustimmen muss", sagt der Analyst. (DU 29.3.2019).

3   Transparente Wertschöpfungsketten

In der öffentlichen Debatte scheinen die positiven Aspekte jedoch zu überwiegen. Tina Düring und Hagen Fisbeck zeigen in ihrem Buchbeitrag „Einsatz der Blockchain-Technologie für eine transparente Wertschöpfungskette", dass hierdurch dieselbe Transaktion mit einer Blockchain-Transaktionswährung Zug um Zug abgewickelt werden könnte. Allerdings existieren momentan im Internet noch keine diesbezüglichen Standards, die die Grundlage für ein institutionenarmes oder sogar -freies System darstellen: „Gerade aus der Finanzwirtschaft wird die Schaffung dieser Standards aber derzeit nicht vorangetrieben, sondern vielmehr misstrauisch beobachtet, denn die Blockchain-Technologie könnte viele derzeit etablierte Instanzen überflüssig machen." (Düring und Fisbeck 2017, S. 462).

Immer mehr neue Anbieter mit neuen Geschäftsmodellen und anderen Margenstrukturen fassen derzeit Fuß. Dazu gehört auch die cryptix Holding AG, die im letzten Quartal im Schweizer Kanton Zug gegründet wurde und als Muttergesellschaft der cryptix AG (seit 2017) fungiert. Das „Crypto-Valley-Mitglied" bietet als One-Stop-Shop reale Implementierungen von Blockchain- und Open-Ledger-Technologien für Unternehmen. Der Schweizer Kanton Zug gilt als europäisches Silicon Valley für Blockchain und Kryptowährungen und ist deshalb auch der Hauptsitz des Unternehmens. „Wir sehen uns auf dem wachsenden Markt der dezentralen Technologien als Generalist, der die Blockchain-Szene mit einem ambitionierten, kreativen und technisch erfahrenen Team aktiv mitgestalten will" (Hildebrandt 8.1.2019), sagt Bernhard Koch, CEO von Cryptix.

Nachdem die anfängliche Skepsis gegenüber der Implementierung von Blockchains in wirtschaftlichen Prozessen mittlerweile versiegt ist, will Cryptix nun gezielte Blockchain-Lösungen für interessierte Geschäftspartner anbieten. Dabei wird alles aus einer Hand geliefert: Strategie, Konzept und Umsetzung. Die erste und wichtigste Maxime ist die einfache Integration von der Blockchain-Technologie in bereits bestehende Systeme zur langfristigen Verbesserung bereits bestehender Prozesse. Deshalb sieht CEO Bernhard Koch vor allem die Nachhaltigkeit der technologischen Verbesserungen als Dreh- und Angelpunkt seines Unternehmenskonzeptes: „Wir sehen in diesem technologischen Fortschritt immense Chancen für eine bessere Zukunft! Deshalb wollen wir die Blockchain-Szene mitgestalten, um gemeinsam eine Zukunft zu schaffen, die einen nachhaltigen Mehrwert für unsere gesamte Gesellschaft bringt." (Hildebrandt 8.1.2019).

Um eine maximale Flexibilität blockchain-basierter Lösungen und eine möglichst einfache Integration in bestehende Systeme, inklusive vollständiger Rechtssicherheit, zu gewährleisten, investiert die Cryptix AG bereits in die Zukunft der Technologie. Ein weiteres Projekt, das bereits umgesetzt wird, sind die Cryptix LABS (Cryptix LABS GmbH) in Wien. Hier wird ein internationaler Forschungs- und Entwicklungsstandort für Blockchain-Technologie entstehen. Über die Anwendbarkeit der Kryptowährungen hinaus wird die Blockchain-Technologie der Zukunft das Potenzial haben, eine Vielzahl traditioneller Geschäftsmodelle zu (r)evolutionieren.

Die cryptix LABS beschäftigen sich mit der Erforschung sowie Entwicklung von digitalen Währungen und sehen die Blockchain-Technologie derzeit klar im Mittelpunkt des internationalen Geschehens. Für Bernhard Koch, CEO der Schweizer cryptix AG, ist das Thema Kryptowährungen brandaktuell, denn es wird in den kommenden Jahren viele Branchen, im Besonderen das Handlungsfeld der kleinen und mittelständischen Unternehmen, signifikant verändern. Das bestätigt auch die im Journal „Chaos: An Interdisciplinary Journal of Nonlinear Science" veröffentlichte Studie von Forschern des Instituts für Nuklearphysik der Polnischen Akademie der Wissenschaften (IFJ PAN). Sie belegte, dass Bitcoin besser ist als ihr Ruf und echtes Potenzial hat, bald zur Alternative zum Devisenmarkt zu werden. Ähnliches könnte demnach auch für andere Kryptowährungen gelten.

DNV GL gehört zu den Gründungsmitgliedern von INATBA, der International Association of Trusted Blockchain Applications mit Sitz in Brüssel. Die INATBA ist eine neue von der Europäischen Union unterstützte Organisation, welche die Entwicklung und Implementierung der Blockchain- und Distrubuted Ledger-Technologie (DLT) vorantreiben und auf ein neues Level bringen will.

Hauptziele der Gründungsmitglieder

- Aufrechterhaltung eines ständigen und konstruktiven Dialogs mit Behörden und Regulierungsbehörden, der zur Konvergenz der Regulierungsansätze für Blockchain und DLT beitragen soll
- Förderung eines offenen, transparenten und integrativen globalen Governance-Modells für Blockchain und andere Infrastrukturen und Anwendungen für verteilte Ledger-Technologien, welches die gemeinsamen Interessen von Stakeholdern aus Industrie, Start-ups und kleinen und mittleren Unternehmen, Organisationen der Zivilgesellschaft, Regierungen und internationalen Organisationen widerspiegelt.
- Unterstützung bei der Entwicklung und Annahme von Interoperabilitätsrichtlinien, Spezifikationen und globalen Standards, um vertrauenswürdige, rückverfolgbare und benutzerorientierte digitale Dienste zu verbessern.
- Entwicklung von sektorspezifischen Leitlinien und Spezifikationen für die Entwicklung und Beschleunigung vertrauenswürdiger Anwendungen der sektoralen Blockchain und DLT in bestimmten Sektoren (Finanzdienstleistungen, Gesundheitswesen, Lieferkette, Energie und finanzielle Inklusion).

DNV GL setzt bereits Blockchain basierte Lösungen wie My Story mit VeChainThor ein. Wichtige verifizierte Merkmale eines Produktes werden in der Blockchain hinterlegt und können im Regal mittels Scannens eines QR-Codes auf der jeweiligen Verpackung vom Verbraucher abgerufen werden (DU 18.4.2019).

Die erste und wichtigste Maxime ist die einfache Integration von der Blockchain-Technologie in bereits bestehende Systeme zur langfristigen Verbesserung bereits bestehender Prozesse. Die Nachhaltigkeit der technologischen Verbesserungen ist dabei Dreh- und Angelpunkt des Unternehmenskonzeptes – für eine bessere Zukunft. Deshalb wollen immer mehr Menschen die Blockchain-Szene aktiv mitgestalten, um gemeinsam einen nachhaltigen Mehrwert für die Gesellschaft zu schaffen.

Literatur

Betancourt M (2018) Kritik des digitalen Kapitalismus. Aus dem Englischen von Manfred Weltecke. Wissenschaftliche Buchgesellschaft, Darmstadt

Düring T, Fisbeck H (2017) Einsatz der Blockchain-Technologie für eine transparente Wertschöpfungskette. In: CSR und Digitalisierung. Der digitale Wandel als Chance und Herausforderung für Wirtschaft und Gesellschaft. Hrsg. von Alexandra Hildebrandt und Werner Landhäußer. SpringerGabler Verlag, Heidelberg, S 449–464, hier: S 554

Erneuerbare machen Bitcoin nicht nachhaltig (29.3.2019) https://www.umweltdialog.de/de/wirtschaft/digitalisierung/2019/Erneuerbare-machen-Bitcoin-nicht-nachhaltig.php.

Hildebrandt A Blockchain-Technologie: Wie in Wien traditionelle Geschäftsmodelle revolutioniert werden (8.1.2019) https://dralexandrahildebrandt.blogspot.com/2019/01/blockchain-technologie-wie-in-wien.html. Zugegriffen: 4. Mai 2019

Hildebrandt A Vom Einsatz der disruptiven Technologie für eine transparente Wertschöpfungskette (9.3.2019) https://dralexandrahildebrandt.blogspot.com/2019/03/blockchain-vom-einsatz-der-disruptiven.html. Zugegriffen: 4. Mai 2019

UD Die Energieversorger der Zukunft sind wir selbst (6.4.2018) https://www.umweltdialog.de/de/umwelt/energiewende/2018/Die-Energieversorger-der-Zukunft-sind-wir-selbst.php. Zugegriffen: 4. Mai 2019

© Peter Stumpf

Dr. Alexandra Hildebrandt ist Publizistin, Nachhaltigkeitsexpertin und Bloggerin. Sie studierte Literaturwissenschaft, Psychologie und Buchwissenschaft. Anschließend war sie viele Jahre in oberen Führungspositionen der Wirtschaft tätig. Bis 2009 arbeitete sie als Leiterin Gesellschaftspolitik und Kommunikation bei der Karstadt-Quelle AG (Arcandor). Beim den Deutschen Fußball-Bund (DFB) war sie 2010 bis 2013 Mitglied der DFB-Kommission Nachhaltigkeit. Den Deutschen Industrie- und Handelskammertag unterstützte sie bei der Konzeption und Durchführung des Zertifikatslehrgangs „CSR-Manager (IHK)". Sie leitet die AG „Digitalisierung und Nachhaltigkeit" für das vom Bundesministerium für Bildung und Forschung geförderte Projekt „Nachhaltig Erfolgreich Führen" (IHK Management Training). Im Verlag Springer Gabler gab sie in der Management-Reihe Corporate Social Responsibility die Bände „CSR und Sportmanagement" (2014), „CSR und Energiewirtschaft" (2015) und „CSR und Digitalisierung" (2017) heraus. Aktuelle Bücher bei SpringerGabler (mit Werner Neumüller): „Visionäre von heute – Gestalter von morgen" (2018). „Klimawandel in der Wirtschaft. Warum wir ein Bewusstsein für Dringlichkeit brauchen" (2020).

Mit Blockchain den Energiehandel zukunftsfähig gestalten

Wie die Nutzung digitaler Technologien eine zukunftsweisende Energiewirtschaft ermöglichen kann

Mirjam Gawellek

Verantwortungsvoll wirtschaften im digitalen Zeitalter: für eine nachhaltige Zukunft!

1   Die Megatrends der Energiewende

Betrachtet man die derzeitigen Entwicklungen des Marktes und seiner Gegebenheiten bezogen auf das Energiegeschäft, so wird schnell klar, dass sich diese in den vergangenen fünf Jahren dramatisch verändert hat. Diesem Strukturwandel vorangegangen ist die vierte industrielle Revolution zwischen den 1995er und 2010er Jahren, die durch die digitale Vernetzung ein enormes Informationsangebot für jeden Internetnutzer zur Folge hatte und damit den Wissenstransfer erheblich erleichtert und beschleunigt hat. Cloud-Dienste ermöglichen die barrierefreie Datenspeicherung sowie den Austausch von individuellen Informationen über Landesgrenzen hinaus. Mit der fünften industriellen Revolution, die durch das „Internet der Dinge" (IoT) geprägt ist, können sich Mensch und Maschine verbinden und untereinander agieren. Durch das Smartphone (und andere Endgeräte) werden heutzutage Informationen anhand von Daten über gesamte Wertschöpfungsketten durch verschiedene Akteuren abgebildet, abgerufen, eingestellt oder verändert. Die Energieerzeugung, die -speicherung, die -übertragung sowie die Verbrauchersteuerung kann mittels der Vernetzung zwischen Mensch und Maschine durch moderne Technologien transparentere Ergebnisse schneller und effizient zum jeweiligen Nutzer bringen. Diese Entwicklung geht mit stetigen Neuorientierungs- und

M. Gawellek (✉)
Köln, Deutschland
E-Mail: csr@gawellek.de

© Springer-Verlag GmbH Deutschland, ein Teil von Springer Nature 2019
A. Hildebrandt und W. Landhäußer (Hrsg.), *CSR und Energiewirtschaft*,
Management-Reihe Corporate Social Responsibility,
https://doi.org/10.1007/978-3-662-59653-1_18

Umstrukturierungserfordernissen des Energiemarktes einher. Der Einsatz intelligenter Technologien über die gesamte Wertschöpfungskette der Energiewirtschaft ist auch unter dem Begriff „smart energy" (DATACOM Buchverlag GmbH online in IT Wissen.info 2019) bekannt. Die modernen disruptiven Technologien, die aus der fünften industriellen Revolution entstehen, haben demnach eine transparente und effiziente Gestaltung der Energiewirtschaft zur Folge. Unter einem „disruptiven Prozess" wird analog zur Definition des Fraunhofer-Instituts ITP die Einführung von Innovationen verstanden, die durch den Einsatz von digitalen Technologien eine bereits bestehende Technologie, ein bestehendes Produkt oder eine bestehende Dienstleistung ersetzen oder diese vollständig vom Markt verdrängen (Fraunhofer Institut für Produktionstechnologie ITP 2019).

Zudem gehen mit der Verwendung digitaler Technologien gesteigerte Erwartungen seitens der Endkonsumenten einher. Damit steht die gesamte Branche der Herausforderung gegenüber, eine nachhaltigere und transparentere Energiewirtschaft zu betreiben.

Digitale Technologien verändern in meist sehr kurzen Zeiträumen sowohl die Möglichkeiten der Gestaltung von Prozessen innerhalb einzelner Unternehmen, aber auch die Neuausrichtung von gesamten Branchen. Sie bestimmen neue Arbeitsweisen, welche auf agilen, flexiblen und hierarchielosen Strukturen basieren. Darüber hinaus provozieren digitale Anwendungsmöglichkeiten Entwicklungsfortschritte und Neuausrichtungen von Geschäftsstrategien. Als Konsequenz ergibt sich fast automatisch eine Neuausrichtung auf nachhaltige und digitale Geschäftsmodelle. Die Zukunftstrends der Energiebranche und die damit einhergehenden Änderungen wurden von der Denkfabrik Angora Energiewende[1] in einer Studie aus dem Jahr 2017 mit dem Titel „Energiewende 2030: The Big Picture." auf die sieben D's der Energiewende eingegrenzt.

1.1   Die sieben D's der Energiewende

In der Studie von der Denkfabrik Angora wurden die Zukunftstrends der Energiebranche beleuchtet und in den folgenden sieben D's der Energiewende (Agora Energiewende 2017) zusammengefasst.

1. **Degression der Kosten**
   Der Trend der Kostendegression zeichnet sich dadurch ab, dass Wind, Solar und Batterien in der Vergangenheit immer günstiger wurden. Weltweit konnten bereits Tiefpreise für Wind und Sonne zwischen 2,7 und 5 Cent pro Kilowattstunde verzeichnet

---

[1]Die Agora Energiewende gGmbH ist eine Denkfabrik, die es sich zur Aufgabe gemacht hat, nach mehrheitsfähigen Kompromiss-Lösungen beim Umbau des Stromsektors innerhalb der Energiewende zu suchen. Sie ist eine gemeinsame Initiative der Stiftung Mercator und der European Climate Foundation.

werden, in Deutschland wurden Preise von 5–7 Cent pro Kilowattstunde erzielt. In vielen Ländern ist der Strom aus Erneuerbaren Energien bereits günstiger als aus fossilen Energieträgern. Zudem konnten die Produktionskosten von Lithium-Ionen-Akkus im letzten Jahrzehnt um über 70 % gesenkt werden.

Die Degression dieser Kosten hat zwei wirtschaftliche Folgen: Erstens wird die Produktion von Elektroautos noch attraktiver für die Automobilindustrie und zweitens können so kostengünstige Speicherungssysteme für die Energie aus Wind- und Solaranlagen bereitgestellt werden. Dass diese Kosten in Zukunft weiter abnehmen werden, wird von Fachexperten bestätigt. Darüber hinaus können auch die Integrationskosten für Stromnetze und Back-up-Kraftwerke berücksichtigt werden, die ebenfalls eine tendenziell ansteigende Kostendegression zu verzeichnen haben.

Es ist davon auszugehen, dass Wind, Solar und Batterien auch zukünftig immer günstiger werden.

2. **Dekarbonisierung**

Seit dem Jahr 1970 steigt die Erderwärmung jährlich an, seit 1980 hat sich die Zahl der Extremwetterereignisse verdreifacht. Die Hauptursache dieser meteorologischen Veränderung, auf die Fachexperten die aktuelle Klimaerwärmung teilweise zurückzuführen, ist nach wie vor die Verbrennung fossiler Energieträger. Der Ausstoß von CO_2 hat dabei drastische Folgen für Natur und Umwelt. Die internationale Politik hat sich im Jahr 2015 auf der Weltklimakonferenz in Paris darauf geeinigt, die menschengemachte globalen Erwärmung auf deutlich unter zwei Grad Celsius zu begrenzen. Dieses Ziel kann jedoch nur erreicht werden, wenn der CO_2-Ausstoß seitens der Industrie sowie der Endverbraucher zusätzlich reduziert wird.

Der Klimawandel zwingt Unternehmen gleichsam wie Verbraucher zum Handeln.

3. **Deflation der Energiepreise**

Die Kostensenkung von Schieferöl und Schiefergas durch die sogenannte Fracking-Methode hatte in den vergangenen Jahren zur Folge, dass es zwecks Preisneuverhandlungen auch zu einer Reduktion der Beschaffungskosten von Erdöl und Erdgas kam. Da nun auch die Kosten der Wind- und Sonnenenergiegewinnung stetig sinken, müssen die Preise für Kohle und Gas ebenfalls attraktiver werden, um auf dem internationalen Markt wettbewerbsfähig zu bleiben. Während die Internationale Energie Agentur von einer zukünftig wieder steigenden Preisentwicklung von ca. 40 $ pro Megakilowattstunde für fossile Energieträger ausgeht, ist die Weltbank mit einem erwarteten Anstieg von rund 10 US$ pro Megakilowattstunde deutlich optimistischer. Fossile Energieträger wie Kohle, Rohöl und Gas bleiben zwar billig, werden allerdings zukünftig noch volatiler.

4. **Dominanz der Fixkosten**

Während die fossile Energiewirtschaft bisher einen hohen Anteil von variablen Betriebskosten zu verzeichnen hat (oft mehr als 50 %), werden sich diese bei der Erneuerbaren Energiewirtschaft nur auf ein Minimum reduzieren. Im Vergleich ist der Fixkostenanteil, der sich bei fossilen Anlagen vor allem auf den Kauf der jeweiligen Brennstoffe und den Erwerb von CO_2-Zertifikaten bezieht, gering zum Anteil der variablen Betriebskosten fossiler Energieerzeugung. Dagegen gehen Erneuerbare Energien mit hohen Investitions- und Kapitalkosten einher, die durch die Entwicklung neuer Energiespeicher, durch die Nutzung von Effizienztechnologien und durch den Ausbau von Stromnetzen entstehen. Die variablen Kosten für Erneuerbare Energien hingegen tendieren gegen null, da keine Brennstoffe mehr erworben werden müssen.

Die Energiewelt der Zukunft wird demnach durch geringere Betriebskosten geprägt sein.

5. **Dezentralität**

Während der Strom durch den Verbrauch von Kohle, Öl und Gas bisher in wenigen Großkraftwerken produziert und dann über bestehende Verteilernetzwerke zu dem individuellen Verbraucher transportiert wurde, ist im Hinblick auf Erneuerbare Energien hingegen eine dezentrale und flächendeckendere Produktion möglich. Schon heute existieren mehrere Millionen kleinerer und größerer Anlagen, die den Strom zu dem Endverbraucher auf allen Netzebenen transportieren oder ihn direkt den sogenannten Prosumern[2] vor Ort zur Verfügung stellen. Die bessere Zugänglichkeit zur Stromproduktion ermöglicht die Entstehung zahlreicher neuer Geschäftsmodelle und damit auch eine Vielzahl neuer Akteure im Markt der Erneuerbaren Energien.

Die Struktur des neuen Energiesystems wird demnach dezentraler.

6. **Digitalisierung**

Die Digitalisierung verändert nicht nur die modernen Informations- und Kommunikationstechnologien (ICT), sondern ruft auch einen Paradigmenwechsel in der Energie- und Verkehrsindustrie hervor. Die flächendeckendere Vernetzung von Stromerzeugung- und -verbrauch sowie die flexiblere und intelligentere Bereitstellung von Energie hat einerseits zur Folge, dass Strom schon bald in Echtzeit gehandelt werden kann. Andererseits kann auch der eigene Wärmebedarf individuell angepasst werden. Schon heute werden beispielsweise Mobilitätsdienstleistungen kurzfristig und umweltschonend zur Verfügung gestellt. Der Einsatz der Digitalisierung bei der Erzeugung und Verbreitung von Erneuerbaren Energien fordert dabei nicht nur eine Makrosteuerung von einem Großteil der Erzeuger, sondern auch eine Mikrosteuerung der individuellen Verbraucher und der neu dazukommenden Prosumenten[2]. Dass dabei der Datenschutz eine entscheidende Rolle spielen wird, ist vorauszusehen.

Energie wird zukünftig smart und vernetzt.

7. **Demokratisierung**

Mit der engeren Vernetzung von Stromerzeugung und -verbrauch haben Bürger mittlerweile die Möglichkeit, ihre Energie selbst zu erzeugen und den eigens produzierten Strom sogar vor Ort als sogenannte Prosumer[2] selbst zu verbrauchen. Da immer mehr Regionen der Welt Teil dieser flächendeckenden Vernetzung werden,

---

[2]Unter einem „Prosumer" wird sowohl ein Verbraucher im Sinne eines Konsumenten (engl. consumer) verstanden, der zugleich auch Produzent (engl. producer) ist. Typische Prosumer sind Endverbraucher von Erneuerbarer Energie, die selbst mit ihrer eigenen Solaranlage Energie in das Netz einspeisen.

wird das Thema der Erneuerbaren Energien auch zukünftig stärker in politischen, wirtschaftlichen und gesellschaftlichen Diskussionen fokussiert. Neue Stromtrassen, der Bau von Windkrafträdern oder die Solaranlage des Nachbarn rücken direkt in das Zentrum der eigenen Lebensrealität. Zu beobachten ist, dass beispielsweise nicht nur Nutzungsänderungen in der Landwirtschaft gefordert werden, sondern auch ein stärkeres Mitspracherecht jedes Einzelnen wichtig wird.

Die Erneuerbaren Energien betreffen jeden einzelnen Bürger in Zukunft direkt.

2 Blockchain im Einsatz für disruptive Veränderungen

2.1 Kryptowährung und Blockchain

Unter dem Begriff „Kryptowährungen" versteht man virtuelle Geldwährungen. Geld kann virtuell erzeugt, verwaltet und barrierefrei über das Internet transferiert werden. Da es im Falle von Kryptowährungen keine Kreditinstitute als Mittler oder Verwalter des Geldes zwischen Inverkehrbringer und Nutzer gibt, muss der Handel mit virtueller Währung anders gestaltet sein, als es mit konventioneller Währung der Fall ist. Transparente und sichere Zahlungsflüsse von zwei Akteuren, die sich jeweils am Ende der Wertschöpfungskette befinden, virtuell abzubilden, ist unter dem Einsatz der sogenannten Blockchain-Technologie möglich.

Mit der Einführung der virtuellen Währung „Bitcoin", die erst durch den Einsatz der Blockchain-Technologie im Jahr 2008 entstehen konnte, ist die Blockchain-Technologie bekannt geworden. Diese digitale Technologie zeichnet sich dadurch aus, dass sie eine Basis für sichere und effiziente (virtuelle) Transaktionen bereit stellt. Vereinfacht gesagt handelt es sich hierbei um eine riesige Transaktionsdatenbank, welche auf zehntausenden Computern in der ganzen Welt verteilt ist. Die Blockchain selbst besteht aus individuellen Blocks, also aus Datensätzen, die individuell für jede Transaktion erstellt werden. Ein erstmals autorisierter erstellter Block erhält jeweils einen Zeitstempel für eine Transaktion und wird zeitgleich auf zehntausenden von Computern dezentral gespeichert. Transaktionen sind dadurch eindeutig zuordenbar. Durch den automatisierten Abgleich der Datensätze untereinander fällt eine einseitige Manipulation sofort auf und wird aufgrund der fehlenden Übereinstimmung mit den anderen dezentralen Speicherungen des Datensatzes von der Blockchain nicht autorisiert und gelöscht. Dadurch gelten Blockchain-Transaktionen unter Experten bisher als nahezu fälschungssicher. Zudem können Transaktionen in der Blockchain an individuelle Bedingungen und Verträge gebunden werden. So könnte die Blockchain beispielsweise dazu genutzt werden, dass bestimmte Geldbeträge nur zweckgebunden zwischen den jeweiligen Geschäftspartnern verwendet werden können. Folglich ist es möglich, dass Menschen und Organisationen direkte Verträge abschließen können, ohne über einen Mittler gehen zu müssen. Ein Block ist untrennbar mit einer Transaktion zwischen zwei Geschäftspartnern und den zugrunde liegenden Bedingungen verbunden. Weil die Blockchain-Technologie gesamte Strukturen verändert, indem sie Wertschöpfungsketten kürzer und transparenter werden lässt, wird sie als eine der disruptiven Technologien der heutigen Zeit bezeichnet (Müller 2018).

Auch Fachexperten sagen dieser digitalen Technologie den Beginn einer neuen Ära nach, die die Welt aufgrund disruptiver Effekte gerechter gestalten kann (Deloitte Touche Tohmatsu Limited 2019).

2.2 Auswirkungen auf die Energiebranche

Überträgt man die Blockchain-Technologie auf andere Branchen und Geschäftsfelder, so wird schnell deutlich, dass sichere virtuelle Transaktionen in beliebig vielen Fällen Anwendung finden können. Die Blockchain wird vermehrt auch als „Betriebssystem der vernetzten Welt" (Land 2018) beschrieben. Sie verändert ganze Strukturen, stellt Geschäftsmodelle und Daseinsberechtigungen von Mittelsmännern auf den Prüfstand und sorgt für mehr Transparenz und Sicherheit von virtuellen Transaktionen im Internet für industrielle Abnehmer und Endkonsumenten.

Für den Energiemarkt bedeutet dies, dass auch hier disruptive Veränderungen mit der wachsenden Transparenz im Energiemarkt einhergehen. Die Blockchain könnte dabei eine bedeutende Rolle sowohl auf dem Wege der Erhöhung des Anteils an Erneuerbaren Energien spielen, als auch den bisher undurchsichtige Handel von Emissionszertifikaten transparenter gestalten. Auch andere zukünftige Anwendungsfälle sind durch disruptive Veränderungen in diesem Bereich durchaus denkbar.

2.3 Blockchain im Einsatz für grüne Energien

Eine Praxisstudie von dem Energieversorger Lichtblick und dem WWF aus dem Jahr 2015 hat gezeigt, dass die Ära der fossilen Energien bereits beendet ist und die Energiezukunft begonnen hat (Rosenkranz 2015). Diese Energiezukunft liegt im vermehrten Einsatz Erneuerbarer Energien, deren Anteil an der gesamten Energieerzeugung für eine nachhaltigere Zukunft stetig steigen muss. Die Basis hierfür bildet vorrangig die bisher bekannte Energiegewinnung aus Wasserkraft, Windkraft und Sonne. Zudem wird die Energiezukunft als dezentral sowie als digital bezeichnet. Es ist zu beobachten, dass erste Unternehmen und Dienstleister sich diese Megatrends zunutze machen, und darauf aufbauend neue digitale und zugleich nachhaltige Geschäftsmodelle entwickeln.

Ein Praxis-Beispiel

Diese Megatrends hat auch das spanische, junge Unternehmen FlexiDAO beobachtet und ein maßgeschneidertes disruptives Produkt entwickelt. FlexiDAO bietet Energieversorgern ein Blockchain-basiertes Software-Tool zur Verwaltung digitaler Energiedienstleistungen an. Das Unternehmen bedient sich dabei einer Informationsplattform, auf der wirtschaftliche Akteure auf direktem Wege ohne den Einbezug von Mittelsmännern miteinander geschäftlich tätig werden können (peer-2-peer).

FlexiDAO verspricht, eine digitalisierte und gleichzeitig umweltfreundlichen Energiezukunft unter dem Einsatz der Blockchain-Technologie zu ermöglichen: „Wir revolutionieren den Markt für Ökostrom-Zertifikate, indem wir mehr Granularität, Transparenz und Integrität bieten" (FlexiDAO S.E.S. s.l 2019). Das auf der Blockchain basierende System von FlexiDao gibt den Kunden beispielsweise in Echtzeit die Sicherheit, dass die gelieferte Energie zu 100 % aus erneuerbaren Quellen stammt (ACCIONA 2018).

So setzt Acciona[3], einer der führenden Dienstleister im Hoch- und Tiefbau für die Bereitstellung nachhaltiger Lösungen für Infrastruktur- und Erneuerbare-Energien-Projekte auf den Service von FlexiDAO. Auch Iberdrola[4], ein spanisches Stromerzeugungs- und Vertriebsunternehmen und siebtgrößter europäischer Stromproduzent bestätigt nach einem positiven Test des Systems öffentlich, dass ein bedeutender Erfolg bei der Anwendung der Blockchain-basierten Informations- und Kommunikationstechnologie von FlexiDao erreicht wurde, der zukünftig zu einer Beschleunigung von „Dekarbonisierung", „Dezentralisierung" und „Digitalisierung" von Energie führen wird (Burger 2019).

2.4   Transparenz für die CSR Berichterstattung

Unternehmen stehen mehr denn je vor der Herausforderung, ihr Kerngeschäft nachhaltig zu gestalten. Investoren, Geschäftspartner, Zivilgesellschaft und Verbraucher formulieren diese Anforderungen in der Praxis sehr deutlich. Zunehmend setzt auch die Regierung auf einen „Smart Mix" aus freiwilligen Elementen der gesellschaftlichen Verantwortung von Unternehmen und der gesetzgeberischen Verpflichtung von Konzernen, etwa bei den Themen der gesetzlich vorgeschriebenen Berichterstattung im Rahmen der Corporate Social Responsibility (CSR)-Aktivitäten (CSR EU-Umsetzungsrichtlinie von 2017), der Beachtung von Menschenrechten in Geschäftsprozessen (Umsetzungsfokus der menschenrechtlichen Sorgfaltspflicht ab 2018) und der Umsetzung der weltweiten Sustainable Development Goals (SDGs) bis zum Jahr 2030. Seit der Einführung der CSR-Berichtspflicht in 2017 ist es vorrangig für europäische Großkonzernen von besonderer Bedeutung, ihre Lieferketten transparent zu gestalten. Dies betrifft in der Praxis meist auch Vorlieferanten, die zu den klein- und mittelständischen Unternehmen gehören und deren Daten regelmäßig zur Darstellung

---

[3]Acciona S.A. ist ein spanischer Mischkonzern, der im Hoch-, Tief- und Infrastrukturbau sowie in dem Immobiliensektor tätig ist. Acciona ist an der Madrider Börse notiert.
[4]Iberdrola S.A. zählt zu den zehn größten Energieversorgern innerhalb Europas. Zu den Kerngeschäften gehören die Erzeugung, Übertragung, Verteilung und Vermarktung von Elektrizität und Erdgas.

der Nachhaltigkeitsaktivitäten mit abgefragt werden. Es ist zu beobachten, dass sich die Partner und Lieferanten von Großkonzernen durch deren Auflagen gefordert sehen, sich ebenfalls insgesamt nachhaltiger aufzustellen.

Unternehmen wollen einerseits ihrer gesellschaftlichen Verantwortung gerecht werden und andererseits wettbewerbsfähig bleiben. Dies setzt eine neue Ausrichtung auf eine nachhaltigere Geschäftsstrategie voraus. Hierfür muss basisgebend der Status Quo ermittelt werden, der die Erhebung und Nutzung von Daten nach sich zieht, die bislang nur eine geringe Rolle gespielt haben. Dies bedeutet eine erhebliche Veränderung für Unternehmen und Organisationen und ihre Mitarbeiter hin zu mehr Transparenz in eigenen Geschäftsprozessen und der daran beteiligten Lieferkette.

Mit transparenten Datenanalysen und Darstellungsformen sowie einer anwenderfreundlichen IT-Plattform auf Basis von der Blockchain-Technologie lässt sich die CSR-Berichterstattung in der Praxis erheblich vereinfachen. Daten können einerseits individuell für die erforderlichen Zeitfenster abgerufen werden und andererseits können anschauliche Auswertungen für die interne sowie externe Kommunikation erstellt werden.

Somit werden Unternehmen den Berichtsstandards[5] schnell gerecht. Eine externe aufwendige Datenerhebung entfällt zudem und gestaltet unternehmerische Prozesse deutlich einfacher. Zudem dienen die selbst gesetzten Key Performance Indikatoren (KPIs) aus der Nachhaltigkeitsstrategie nicht nur dazu, Daten über das vergangene Geschäftsjahr darzustellen, sondern ebenfalls, die eigene Zielerreichung genau im Blick zu haben und messbar zu machen. So können Unternehmen auch den beständigen Fortschritt auf dem Weg zur Erreichung langfristiger Nachhaltigkeitsziele, wie beispielsweise der Steigerung des Anteils an Erneuerbaren Energien oder die Verringerung seiner CO_2-Emissionen, transparent verfolgen und nach außen hin glaubwürdig darstellen. Plattformen wie die von FlexiDAO geben beispielsweise Aufschluss über die Herkunft der Energie sowie über den jeweils aktuellen Energiemix für Energiedienstleister, -händler und sogar für Endkonsumenten.

Auf der Plattform von FlexiDAO werden ebenfalls deutlich und auf taggenauer Basis die emittierte Menge an CO_2 pro Erzeuger bzw. Anlagebetreiber angezeigt. Durch diese neu geschaffene Transparenz ergeben sich zudem konkrete Ansatzpunkte für praktisches Handeln. Unternehmen können einen solchen Service als Managementinstrument einsetzen, um die eigene Entwicklung des Kerngeschäfts voranzutreiben, Geschäftsprozesse zu gestalten oder selbst gesetzte Nachhaltigkeitsziele zu monitoren. Aufgrund der hohen Datentransparenz wird schnell deutlich, wo der jeweilige Handlungsbedarf in der Praxis liegt. Der Weg hin zur Erhöhung des Anteils an erneuerbaren Energien ist somit auf allen Ebenen gepflastert.

---

[5]Ein Beispiel für einen solchen Nachhaltigkeits-Standard für die Energiebranche liefert der „Energy Sector Supplement" von der Global Reporting Initiative.

2.5 Transparenz beim Handel von Zertifikaten

Der Emissionshandel wurde ab 2005 in Europa eingeführt. Das langfristige Ziel besteht darin, den Ausstoß von Kohlendioxid (CO_2) auf Dauer zu reduzieren und somit die gesetzten Klimaziele besser zu erreichen. Deutsche Unternehmen stoßen aktuell rund eine Milliarde Tonnen CO_2 pro Jahr aus (E.ON Energie Deutschland GmbH et al. 2019). Die unternehmerischen Klimaschutzmaßnahmen müssen daher die CO_2-Emissionen kurz- sowie langfristig flächendeckend verringern. Dafür erhalten die Unternehmen (EU-) Vorgaben über die erforderliche Höhe für ihre CO_2-Reduzierungen.

Die unternehmerischen Klimaschutzmaßnahmen müssen daher die CO_2-Emissionen kurz- und langfristig flächendeckend verringern. Dabei ist die Landschaft der Unternehmen divers. Ein Unternehmen hat aufgrund seiner technologischen Voraussetzungen eine gute Ausgangslage, diese Vorgaben zu erfüllen. Beispielsweise könnte ein solches Unternehmen mit geringem Mehraufwand deutlich höhere CO_2-Reduktionen erreichen als gesetzlich vorgeschrieben. Hingegen müsste ein anderes Unternehmen große finanzielle Investitionen in Kauf nehmen, um überhaupt die Vorgaben erreichen zu können. Über den Verkauf oder Tausch von Emissionsrechten ist es möglich, dass ein Unternehmen seine „überschüssigen" CO_2-Einsparungen als nicht genutzte Emissionsrechte an ein zweites Unternehmen veräußern kann. Bezüglich aller Unternehmen wird dadurch die Gesamthöhe der vorgeschriebenen CO_2-Minderung erreicht.

Seit dem Jahr 2005 benötigen Energieerzeuger für ihre Kraftwerke die Berechtigung, eine bestimmte Menge an CO_2 freisetzen zu dürfen – die sogenannten Emissionszertifikate. Ein Zertifikat entspricht dem Gegenwert zur Emission von einer Tonne Kohlendioxid. Die Bundesregierung gibt diese Zertifikate an die Anlagenbetreiber aus. Dabei ist die Gesamtmenge an Emissionszertifikaten begrenzt: Pro Jahr stellt die Bundesregierung Zertifikate im Nennwert von 495 Mio. Tonnen Kohlendioxid zur Verfügung, und erfüllt somit die im Kyoto-Protokoll eingegangenen Minderungsverpflichtungen. Dabei obliegt die Zertifikatsverwaltung in Deutschland der Deutschen Emissionshandelsstelle (DEHSt) des Bundesumweltamtes, die für jeden deutschen Energieerzeuger ein elektronisches Konto führt. Hier werden ebenfalls die Emissionszertifikate verbucht. Eine flächendeckende bzw. weltweite Lösung ist allerdings bisher nicht bekannt. Zwar ist nachzuvollziehen, wie viele Zertifikate in Deutschland jede Woche neu in Umlauf gebracht werden, allerdings ist es derzeit intransparent, wer welche Mengen besitzt bzw. nutzt.

Unter Fachexperten herrscht die unbestrittene Meinung vor, dass Unternehmen in den vergangenen Jahren im großen Stil mit Zertifikaten erworben haben, die sie nicht unmittelbar benötigen. Schätzungsweise waren im Jahr 2013 zwischen 1,5 und 2 Mrd. überschüssige Zertifikate im Umlauf. Dies entsprach schon zum damaligen Zeitpunkt etwa der Menge an Emissionen, die ausreichte, um den CO_2-Ausstoß aller regulierten Anlagen für ein Jahr zu decken (K. und Pennekamp 2013). Der Markt ist auch deshalb so unübersichtlich, weil große institutionelle Anleger sowie Finanzinvestoren und Rohstoffunternehmen seitdem erkannt haben, dass sie als Mittelsmänner von Preisschwankungen im Zertifikatshandel finanziell profitieren können.

Mit dem Einsatz der Blockchain-Technologie kann der Zertifikatshandel transparent und einfach gestaltet werden. Es wird deutlich, welche Akteure welche Mengen an CO_2 ausstoßen und welche Zertifikate dafür in ihrem Besitz sind. Zudem kann der jeweilige Status der betreffenden Zertifikate eingesehen werden. Die Transaktionsdaten des Zertifikats zeigen die Zertifikatsfalldaten eines Handelsvertrags zwischen anonymen Identitäten einschließlich der Art des Zertifikats (wie z. B. Ursprungszeugnisse von Windparks an Land) an. Weiterhin können Reklamationsdaten für jede Transaktion abgerufen werden. Die Zertifikatsfalldaten in den einzelnen Blocks beschreiben, welche anonyme Identität das jeweilige Zertifikat zu einem bestimmten Zeitpunkt besaß oder für welchen Zeitraum es genutzt wurde (Burger 2019). Durch den sinnvollen Einsatz der Blockchain-Technologie wird einerseits einer möglichen Mehrfach-Nutzung von Emissions-Berechtigungen Einhalt geboten, andererseits kann diese Technologie dafür verwendet werden, auch zurück zum ursprünglichen Ziel zu kommen, nämlich die Zertifikate zum Schutz des Klimas einzusetzen.

3   Fazit

Mit der Nutzung digitaler Technologien ist die Gestaltung einer nachhaltigen Zukunft auch im globalen Kontext schon heute möglich. Wie es das Beispiel des Einsatzes der Blockchain-Technologie in der Energiebranche zeigt, können Transparenz und die sinnvolle Nutzung von Daten einen erheblichen Beitrag zu der Erreichung von Klimazielen leisten. Zusätzlich können zur Erreichung der ökologischen Nachhaltigkeitsziele auch ökonomische Lücken, wie beispielsweise die Vorbeugung der Bereicherung von Mittelsmännern innerhalb der bestehenden Wertschöpfungskette, geschlossen und die Lieferkette transparenter gestaltet werden. Ein ökologischer sowie wirtschaftlicher Schaden kann hierdurch abgewendet werden. Voraussetzung hierfür ist, dass das technologische Verständnis und die Möglichkeiten des Einsatzes digitaler Technologien bei Unternehmen und in der Politik durch IT-Wissen aufgebaut und im Sinne der Nachhaltigkeit zur Erhaltung dieses Planeten sinnvoll eingesetzt werden.

Literatur

ACCIONA SA. (2018) ACCIONA will extend blockchain traceability to its renewable generation globally. https://www.acciona.com/news/acciona-extend-blockchain-traceability-renewable-generation-globally/. Zugegriffen: 18. Mai 2019

Agora Energiewende (2017) Energiewende 2030: The Big Picture. Megatrends, Ziele, Strategien und eine 10-Punkte-Agenda für die zweite Phase der Energiewende, S 4 ff., https://www.agora-energiewende.de/fileadmin2/Projekte/2017/Big_Picture/Agora_Big-Picture_WEB.pdf. Zugegriffen: 15. Mai 2019

Burger A (2019) Iberdrola, Kutxabank Put FlexiDAO's EWF-based Spring Renewable Energy Blockchain to the Test, erschienen im Solar Magazine. https://solarmagazine.com/iberdrola-kutxabank-put-flexidao-ewf-based-spring-renewable-energy-blockchain-to-the-test/. Zugegriffen: 18. Mai 2019

DATACOM Buchverlag GmbH online in IT Wissen.info (2019) Smart Energy. https://www.itwissen.info/Smart-Energy-smart-energy.html. Zugegriffen: 18. Mai 2019

Deloitte Touche Tohmatsu Limited (2019) Was sind die Chancen und Risiken der Blockchain? https://www2.deloitte.com/de/de/pages/innovation/contents/Blockchain-Game-Changer.html. Zugegriffen: 16. Mai 2019

E.ON Energie Deutschland GmbH, Energiewissen, CO_2 Emissionen (2019) https://www.eon.de/de/gk/service/energiewissen/co2-emissionen.html. Zugegriffen: 16. Mai 2019

FlexiDAO S.E.S. s.l. (2019) Unternehmens-Website. https://www.flexidao.com. Zugegriffen: 19. Mai 2019

Fraunhofer Institut für Produktionstechnologie ITP (2019) Disruptive Technologien. https://www.ipt.fraunhofer.de/de/kompetenzen/Technologiemanagement/disruptive-technologien.html. Zugegriffen: 16. Mai 2019

Kafsack K, Pennekamp J (2013) Erfolgreich und zum Scheitern verdammt – der Emissionshandel, erschienen in Frankfurter Allgemeine Zeitung. https://www.faz.net/aktuell/wirtschaft/co2-zertifikate-erfolgreich-und-zum-scheitern-verdammt-der-emissionshandel-12186688.html. Zugegriffen: 16. Mai 2019

Land K (2018) Erde 5.0. FutureVisionPress e.K., Köln, S 66

Müller E (2018) Internet der Sprünge – Blockchain verändert alles, erschienen in der Reihe „Digitalisierung der Industrie". https://www.manager-magazin.de/magazin/artikel/next-internet-blockchain-macht-sich-in-der-industrie-breit-a-1154807.html. Zugegriffen: 18. Mai 2019

Rosenkranz G (2015) Megatrends der globalen Energiewende, S 4 ff. https://www.wwf.de/fileadmin/fm-wwf/lichtblick/Megatrends-der-globalen-Energiewende.pdf. Zugegriffen: 16. Mai 2019

© Mirjam Gawellek

Mirjam Gawellek, geboren 1981, ist (IT-) Projektmanagerin und freiberufliche CSR-Managerin. Nach ihrem wirtschaftswissenschaftlichen Studium leitete sie langjährig nachhaltige Projekte im Einzelhandel, der Automobilindustrie, in der Logistik und in der IT. Zuletzt baute sie das CSR-Kompetenzzentrum Rheinland für die IHK Bonn/Rhein-Sieg mit auf, welches klein- und mittelständischen Unternehmen aus Aachen, Bonn und Köln branchenunabhängig dabei unterstützt, das eigene nachhaltige und verantwortungsvolle Wirtschaften in der Region sichtbar zu machen. Seit dem Jahr 2019 ist sie als selbstständige Beraterin und Projektmanagerin im komplexen Themenfeld „Nachhaltigkeit & Digitalisierung" branchenunabhängig tätig und hilft klein- und mittelständische Unternehmen bei ihrer individuellen Entwicklung hin zu nachhaltigen, zukunftsweisenden und digitalen Geschäftsstrategien. Sie lebt derzeit mit ihrer Familie in Köln.

Warum sich die junge Generation für die Blockchain-Technologie begeistert

Die Bedeutung von Kryptowährungen

Chris Hausner und Alexandra Hildebrandt

1   Interview mit Chris Hausner

Weshalb spielt der Kryptomarkt eine so bedeutende Rolle für Dich?

Als ich jünger war und meinen Weg finden wollte, tat es mir immer leid, dass ich zu spät geboren bin, um neue Länder zu entdecken und zu früh geboren bin, um das All zu explorieren. Mit Blockchain und den neuen Technologien habe ich jedoch meinen Weg gefunden – und eine neue Welt der Möglichkeiten entdeckt! Bitcoin war interessant, aber die zugrunde liegende Blockchain-Technologie war, was mich am meisten faszinierte.

Beides hat mich dann während meines Studiums sehr beschäftigt. Es gab plötzlich einen sicheren und anonymen Weg, Dinge im Internet zu kaufen (der fehlende Teil des Internets), und es gab eine Währung, die ein festes Limit hat. Sie kann ab einem bestimmten Punkt nicht mehr gedruckt oder vervielfältigt werden (so wie z. B. traditionelle Währungen), sondern nur weiter geteilt werden. Im Grunde vergleichbar mit natürlichen Ressourcen wie Gold, die auch endlich sind. Viele Menschen sprechen im Vergleich zum Beispiel Gold jedoch darüber, dass Bitcoin nur einen wahrgenommenen und keinen tatsächlichen Wert hat – aber letztlich ist das auch mit Gold und mit allen Währungen der Fall: ihr Wert definiert sich durch ihre Funktionalität, d. h. was man damit erwerben kann.

Da es hier jedoch große Unterschiede gibt, werden Währungen eben zum USD oder zu anderen Währungen verglichen. Immer mehr gedruckt werden bedeutet, die Definition des Wertes zum Teil in die Hände der Politik und verschiedenen Interessen zu

C. Hausner (✉)
Cetus Group (Cetus Consulting & Cetus Capital), Wanchai, Hong Kong

A. Hildebrandt
Burgthann, Deutschland

© Springer-Verlag GmbH Deutschland, ein Teil von Springer Nature 2019
A. Hildebrandt und W. Landhäußer (Hrsg.), *CSR und Energiewirtschaft*,
Management-Reihe Corporate Social Responsibility,
https://doi.org/10.1007/978-3-662-59653-1_19

geben. Wenn BTC langfristig bleibt und die Volatilität nachlässt, dann wird – immer relativ gesehen – der echte Wert der Währung repräsentiert, da nicht mehr BTC erzeugt werden kann.

Über diesen Vorteil gegenüber traditionellen Zahlungsmitteln hinaus, war am Anfang auch der Gedanke faszinierend, grundlegende Denkmuster infrage zu stellen, die sich zum Teil über Jahrzehnte in unseren Köpfen etabliert haben, z. B. dass Banken als Mittelmänner notwendig sind. Viel wichtiger als dieses Potenzial der Kryptowährungen ist jedoch das Potenzial der Blockchain-Technologie selbst. Bitcoin ist nur ein kleiner Vorgeschmack. Es ist einfach an der Zeit, Themen wie Transparenz und Rechenschaftspflicht zu hinterfragen. Es wurde klar, dass die Blockchain nicht nur die Finanzmärkte revolutionieren wird, sondern auch die Supply-Chain- Branche, die Gaming Branche, wie wir unsere Verträge handhaben (z. B. als Smart Contracts, die unproblematisch, automatisch und ohne teure Anwälte zum Tragen kommen) – im Grunde alle Industrien.

Wenn man das dann noch einen Schritt weiterdenkt, werden die Implikationen noch viel gravierender und revolutionärer. Denn bei Blockchains handelt es sich letztlich nicht nur um Transaktionssysteme, sondern um Ökosysteme, die das Potenzial haben, unser Verständnis von „Staat" grundlegend auf den Kopf zu stellen. Heute ist es so, dass viele Regelungen damit einhergehen, in welchem Staat man lebt – beispielsweise hängt der Wert des Einkommens von der Inflation und dem relativen Wert der Währung ab, die in der Regel staatlich gesteuert wird. In Zukunft ist es durchaus denkbar, dass man durch die Wahl einer Kryptowährung selbst entscheiden kann, an welchem Währungssystem und mit welchen selbstregulierenden Mechanismen man teilhaben will. Übertragen auf andere Bereiche bedeutet das, dass unser heutiges Konzept von „Staatsangehörigkeit" zu einem Konzept von Zugehörigkeit zu verschiedenen Ökosystemen werden könnte. Obwohl ich die Nützlichkeit damals durchaus erkannt habe, war ich noch nicht ganz davon überzeugt, dass es Mainstream werden kann. Ich dachte, dass es eine Nischenwährung bleiben würde.

Gab es einen bestimmten persönlichen Impuls, der Dich dieser Thematik nähergebracht hat?

Eine ehemalige Mitarbeiterin, die zwischendurch bei Siemens in deren Innovationsteam arbeitet, sprach mich auf Ethereum und vor allem auf die Blockchain an und verwies darauf, dass es inzwischen Projekte bei Siemens gebe und es ein großes Thema in der Finanzwelt sei. Mir wurde dann klar, dass Blockchain mithilfe derartiger Firmen das Potenzial hat, in sehr naher Zukunft Massentauglichkeit zu erreichen! Mir wurde bewusst, dass unsere Generation in einer fantastischen Position ist, den Übergang von der alten Industrie in die neue Industrie aktiv mitzugestalten.

Zu diesem Zeitpunkt haben die Diskussionen über Blockchain basierte Kryptowährungen in Verbindung mit „Startup-Finanzierung" und über die Dezentralisierung im Allgemeinen langsam begonnen, ihren Weg in die Öffentlichkeit zu finden. Da war dann plötzlich eine Aufbruchsstimmung – und uns war allen klar: Wir verändern damit die Welt! Oder zumindest die Wirtschaft, in der unsere Eltern ihren Lebensunterhalt verdient haben.

Umbrüche für fast alle Industrien sind auf dem Weg, und das ist eine enorme Chance für unsere Generation. Es war einfach an der Zeit, Themen wie Transparenz und Rechenschaftspflicht, Dezentralisierungen, Diversity etc. zu hinterfragen. Es wurde klar, dass die Blockchain nicht nur die Finanzmärkte verändern wird, sondern auch das Versicherungswesen, die Gesundheitsbranche, wie wir unsere Verträge schreiben, eigentlich fast alle etablierten Industrien, in denen wir als Newcomer in einem großen Unternehmen, frisch von der Uni, vermutlich wenig bewegen hätten können.

Die neuen, auf Blockchain basierenden Startups werden die Welt verändern. Hier sind wir auch dabei und treiben dies an!

Du setzt auch als Unternehmensgründer auf diesen Bereich. Wie seid Ihr auf die Idee und den Namen CETUS Group gekommen?
Cetus ist eine Sternkonstellation im All und wurde in der griechischen Mythologie als Seeungeheuer bezeichnet. Es ähnelt einem Wal und wird heute auch so interpretiert. Da wir mit unserem Namen und Konzept die alte Welt (Konzerne und traditionelle Investoren) und die neue Welt (junge Techies und Gründer in der Blockchain Welt) verbinden möchten, mussten wir einen Namen finden, der beide anspricht. Cetus ist traditionell, spricht aber auch die junge Generation an. Wir wollen die Sterne der Konstellation verbinden und damit die neuen Wale kreieren. Groß, stark, sanft. Für unsere Kunden und für unsere eigene Firma. Die Insider im Blockchain-Bereich wissen, dass ein Wal („Whale") jemand ist, der signifikanten Einfluss hat, da er z. B. extrem viele Crypto-Ressourcen hat und so den Markt bewegen und beeinflussen kann.

Was ist Eure Mission?
Unsere Mission ist es, die Blockchain-Revolution voranzutreiben und alles zu tun, um das Thema endlich aus dem Nischen-Dasein zu befreien. Wir glauben fest daran, dass Blockchain das Potenzial hat – ähnlich dem Internet – unsere Wirtschaft und unser Zusammenleben besser, effizienter und fairer zu gestalten. Dafür arbeiten wir jeden Tag an zwei Enden des Markts: Zum einen arbeiten wir über Cetus Consulting mit Blockchain-StartUps zusammen, um beispielsweise ihre Strategie oder ihre Technologie zu optimieren oder auch schlichtweg, um die richtigen Investoren für sie zu finden. Zum anderen bieten wir mit Cetus Capital Anlegern die Möglichkeit, an unserem Wissen über den Blockchain-Markt teilzuhaben und zu investieren, wo vorher lediglich eine ausgewählte kleine Gruppe an Experten die hohen Renditen des Marktes für sich nutzen konnte. Da der asiatische Markt im Blockchain-Bereich sehr dynamisch ist, haben wir uns entschieden, dort präsent zu sein und haben die Cetus Group in Hongkong gegründet.

Wer ist eure Zielgruppe?
Wir arbeiten als Cetus Consulting mit Blockchain-Startups in allen Bereichen zusammen – unter einer wichtigen Voraussetzung: Es muss sich um eine Geschäftsidee handeln, die entweder die Blockchain-Technologie im Kern vorantreibt oder einen klaren gesellschaftlichen stiftet.

Darüber hinaus sind wir mit Cetus Capital offen für alle Arten von Investoren, die in den Markt einsteigen wollen oder auch für etablierte „Krypto-Besitzer", die sich einfach nicht mehr täglich um die Kurse und das Trading kümmern möchten.

Wo seht ihr euch und die Cetus Group in fünf Jahren?
Der Markt ist natürlich noch in einer sehr jungen Phase und die regulatorische Voraussetzung sind noch nicht ausgereift genug, um breitflächige Adoption zu gewährleisten. Insofern kann niemand mit Sicherheit sagen wann und wie genau sich die Blockchain als Technologie etablieren wird. Wir rechnen jedoch fest damit, dass dies geschehen wird und planen entsprechend langfristig – nicht zuletzt da es viele Anzeichen gibt, dass die regulatorischen Hürden bald fallen könnten und da zahlreiche große Unternehmen das Thema hoch aktiv vorantreiben, allen voran bspw. Google, IBM und Goldman Sachs. In 5 Jahren wären wir gerne der Ansprechpartner für genau diese Unternehmen, wenn es darum geht, die Blockchain Technologie wirklich massentauglich zu machen und jedem die Vorteile zugänglich zu machen.

Wer sind deine Partner und wie/durch was unterscheidet Ihr Euch von anderen?
Letztlich sind wir ein Mix aus Studienkollegen, Arbeitskollegen und Freunden die ich als es klar war das es an der Zeit war zu Gründen einander vorstellen und zusammenführen konnte. Es war sofort klar, dass unser wir ein sehr gutes Team abgeben würden. Der Schlüssel zu unserem nachhaltigen Erfolg ist, dass wir end-to-end auf der Unternehmensberatungsseite und Investmentseite alles abdecken können, was ein Startup braucht um zu fliegen. Deshalb besteht unser Team aus Experten aus Bereichen von Strategie und Geschäftsmodel, Geschäftsprozesse und Operationen, Marketing, Legal und Steuerberatung, Geschäftsplanung und Buchhaltung.

Alle Partner haben unterschiedliche Stärken und bringen langjährige Berufserfahrung aus der „alten" Welt von traditionellen Institutionen sowie The Boston Consulting Group, KPMG, DHL, EY, Allianz mit. Stephan, unser Consultingdirektor, hat viele Jahre Erfahrung bei Boston Consulting in der Optimierung von Kunden-Organisationen gesammelt. Stephan ist wie ich ein Alumnus von dem CEMS Master of Management aus Studiengang einige Generationen vor mir Es wurde ein Alumni Treffen in München organisier, wo 30 Personen eingeladen waren. Nur drei sind erschienen, und einer davon war Stephan. Wir haben uns sofort super verstanden, und ich habe mit ihm damals schon meine Startup-Ideen besprochen. Er hat mir geholfen und Feedback gegeben. Wir blieben regelmäßig in Kontakt – auch als ich schon in USA war und als ich ihm die Idee von Cetus mitteilte, bei der er dann dabei sein wollte.

Worin unterscheidet Ihr Euch von bereits existierenden Firmen dieser Art?
Es gibt bereits einige Krypto-Hedgefunds und Berater im Blockchain-Bereich. Einige wenige haben auch schon erkannt, dass die Kombination dieser beiden Sinn machen kann. Jedoch gibt es keine, die dabei echtes End-to-end-Consulting anbieten können. Im Gegensatz zu den anderen Unternehmen in der Branche kombinieren wir das Wissen

und das Netzwerk im Blockchain-Bereich mit viel Erfahrung im traditionellen Unternehmensumfeld – dadurch können wir unseren Kunden eine echte Rundum-Betreuung bieten und sie auf die „reale Business Welt" vorbereiten. Das ist etwas, was vor allem Investoren schätzen, die ihr Geld in Blockchain-Unternehmen anlegen, da sie durch uns sicherstellen können, dass unsere zum Großteil sehr jungen und in der Corporate-Welt noch wenig erfahrenen Kunden auch die Herausforderung der täglichen Unternehmensführung meistern.

Wie verdienen die Firmen der Zukunft ihr Geld?

Wenn wir von der traditionellen Unternehmen und Industrien ausgehen, verdienen vermutlich nur noch die Firmen Geld, die höher in der Wertkette dem Endverbraucher einen Service anbietet, für den der Endkunde bereit ist, etwas zu bezahlen. Vermittler oder Agenten, insofern sie keinen klaren Mehrwert stiften, brauchen wir in der neuen Economy wahrscheinlich immer weniger. Wenn wir jedoch auch den großen Anteil an Millennials unter den Arbeitnehmern sowie den klaren Trend zu Shared Value in Betracht ziehen, so könnten ganz neue Arten von Unternehmen die Gewinner sein.

Millennials haben andere Vorstellungen davon, was Firmen liefern müssen. Sie wollen Unternehmen, die sozialen Mehrwert stiften – und das über reaktive CSR-Initiativen hinaus. Stattdessen fordern sie das Unternehmen proaktiv zum Teil ihrer internen Strategie machen, einen Mehrwert für die Gesellschaft im Gesamten zu erzeugen. Firmen werden ökonomischen Mehrwert für sich schaffen können und gleichzeitig einen Mehrwert für Menschen und Natur. Blockchain kann dies auch weiter fördern.

Hast Du Mentoren?

Mentoren sind wichtig, und am besten hat man die schon während des Studiums. Einer meiner wichtigsten Mentoren ist Dilip Shahani, Global Head of Research bei der HSBC in Global Banking and Markets. Da ich schon immer an der Finanzwelt interessiert war, hat er bereits während meiner Studienzeit eine Mentoren-Rolle für mich übernommen. Als sich die Geschäftsidee entwickelte, war er einer der stärksten Befürworter des Start-ups. Darüber hinaus fungieren weitere Investoren als Mentoren, da wir eng mit diesen im Kontakt sind und es so einen interessanten Austausch gibt.

Durch wen erhältst Du noch Unterstützung?

Gott sei Dank durch alle, die sich in meinem Umfeld befinden. Mentoren wie der Dilip, Freunde, die mich durch ihre eigenen Ideen und Erfahrungen inspirieren, meine Familie, die geschlossen hinter der Idee steht und mir den letzten Ruck gegeben hat, dass ich einen gut bezahlten Job bei einem DAX-Unternehmen aufgegeben habe.

Warum sollten sich junge Menschen selbstständig machen und ihre eigenen Businessideen verwirklichen?

Es war noch nie leichter, ein Unternehmen zu gründen als heute. Es ist oft weniger initiales Kapital notwendig, aber auch durch die neuen Technologien erhält man leichter

Zugang zu Märkten und Kunden weltweit. Die sogenannten „sicheren" Jobs werden immer weniger. Es werden immer häufiger „ContractJobs" angeboten, also keine Verträge, die unlimitierte Arbeitszeit in Unternehmen garantieren, stattdessen eher Sonderaufgaben, die nach deren Erledigung wegfallen.

Außerdem sind Corporate Jobs auch nicht mehr sicher – entweder durch die nächste Finanzkrise, aber auch, weil sich Industrien und Technologien jetzt so schnell weiterentwickeln, dass man nicht mehr, wie in der alten Welt, einen Job für den Rest seines Lebens machen kann.

Früher stand die Spezialisierung im Fokus, heute werden viele dieser Jobs schnell redundant. Der Schlüssel zum Überleben ist Anpassungsfähigkeit und das Erlernen neuer Fähigkeiten – auch kommt es darauf an, zur richtigen Zeit das richtige Thema aufzugreifen. Der schnellste Weg dafür ist es zu gründen. Man hat eine Idee und setzt sie um. Für den Erfolg sind exzellente Ausführung und der berüchtigte „lange Atem" der Schüssel. Viele Jobs können jetzt schon automatisiert werden, und dies wird in Zukunft nur mehr werden. Wenn man im richtigen Bereich gründet oder die richtige Idee hat, ist man immer der Letzte, der redundant bzw. ersetzbar wird.

Zusätzlich zu dieser Perspektive der persönlichen Weiterentwicklung und Verwirklichung ist es auch aus Sicht großer Unternehmen essenziell, dass junge Menschen den Schritt wagen und eigene Ideen umsetzen. Wegen der Erfolge der Vergangenheit sind die viele dieser großen Unternehmen unflexibel und träge, und obwohl sie jetzt an den neuen Ideen der nächsten Generation interessiert sind, können sie diese oft nicht schnell genug umsetzen. Oft gibt es sogar die richtigen internen Projekte, Bürokratie und administrative Themen – sowie eine Kultur der Fehlervermeidung – machen diese Initiativen jedoch häufig sehr langsam. Für Großunternehmen ist es daher sehr wichtig, das neue Ideen von „außen", also von jungen Gründern kommen und diese ggf. sogar dann mit Großunternehmen zusammenarbeiten können um sie massentauglich zu machen.

Wie finanziert Ihr Euch? Welche Herausforderungen gab es zu meistern?
Die meisten Startups scheitern innerhalb der ersten zwei Jahre und von den kommen nur wenige durch von den wenigen kommt nur ein Teil der Startups langfristig durch und werden mehr als nur ein „Lifestyle-Business" für die Gründer. Viele potenzielle Investoren aus der alten Economy scheuen daher das sehr hohe Risiko und warten lieber ab, ob sich die Neuheiten tatsächlich im Markt etabliert haben.

Investoren sind dabei vorsichtiger geworden als noch vor einigen Jahren. Es gab eine Zeit, wo Investoren einfach Schecks geschrieben haben für gute Ideen und Teams. Heutzutage sind sie mehr risikoavers, und alles muss sitzen. Sogar dann kann es schwer sein. Dadurch, dass wir einen eher traditionellen Unternehmens-Hintergrund haben, wussten wir auch genau, auf was unsere potenziellen Investoren achten und was für Fragen sie möglicherweise stellen werden. So konnten wir uns bestens vorbereiten.

Ein typisches Beispiel ist die Finanzplanung: Statt auf Annahmen bezüglich der Einnahmen achten gut versierte Investors hauptsächlich auf das Team und die nötigen

Ausgaben die geplant sind, da Einnahmen sehr schwer genau vorherzusehen sind. Einnahmen und Profite kann man wirklich nur nach einigen Monaten ernst nehmen, wenn das Business bereits läuft.

Was sind Deine Schwerpunkte?

Am Anfang war es wichtig, das Team durch die schwierige Anfangsphase zusammenzuhalten, da wir auch über mehreren Geografien arbeiten mussten, bevor wir alle in Hong Kong zusammen kommen konnten! Wir sind alle aus gut bezahlten Jobs ausgestiegen und leben jetzt teilweise wie Nomaden. Stephan und ich waren die letzten drei Monate fast nur in der Luft, da unsere Kunden überall auf der Welt verteilt sind, unter anderem in Korea, Hong Kong, Ukraine, USA, Singapur, Deutschland, Schweiz, Puerto Rico. Außerdem steht in der Anfangsphase erst mal weniger Geld zur Verfügung, weil alles in unsere Firma investiert wird. Da müssen wir darauf achten, dass wir nicht wegen Cashflows scheitern!

Eine weitere Sache ist, dass wir die Problematik mehrerer administrativer Teams überschauen müssen, und es da noch sehr viele Unsicherheiten gibt, wie z. B. der Blockchain-Bereich, wie spezifische Kryptowährungen reguliert werden, und dass es sehr schwer gemacht wird, simple Sachen wie z. B. ein normales Bankkonto bei einer traditionellen Bank zu eröffnen oder Anwaltskanzlei komfortable zu machen für diese Art von Projekten zu arbeiten, da es sehr viel Unsicherheit in diesen neuen Feldern gibt, und jeder sich schützen möchte.

Was haben uns die Amerikaner voraus?

Die „Can-do und im Zweifelsfall erst einmal aus der Garage Leben und Arbeiten"-Einstellung hilft. Es gibt auch eine Kultur, wo Versagen und Lernen OK ist. Obwohl ich dies schon häufiger in Deutschland und Europa gehört habe, fühle ich immer noch, dass es da ein Stigma gibt, und dass Scheitern eigentlich nicht ok ist. Wenn einer scheitert und das Ergebnis schlecht ist, geht man davon aus, dass einer schlechte Entscheidungen getroffen hat oder Fehler gemacht hat. Wir Menschen machen den Fehler, dass wir oft ein gutes oder schlechtes Endresultat mit guten oder schlechten Entscheidungen verbinden. Es kann sein, dass ein Gründer super Entscheidungen getroffen hat, und ein exzellenter CEO oder CTO ist, und er kann trotzdem immer noch scheitern. Genauso kann man Glück haben und durchkommen, obwohl man viele schlechte Entscheidungen getroffen hat.

Aber beim Thema Startups und Innovation würde ich jetzt viel mehr auf Asien und China achten. Das ist nicht mehr die „Quick Copy-Mentalität" vergangener Jahre, sondern da kommt echte Innovation her. Da wird die Musik spielen, und die Asiaten haben uns in vielen Bereichen schon überholt – den meisten „Westlern" ist dies noch gar nicht so wirklich bewusst. Shenzhen hat beispielsweise im Gegensatz zu Silicon Valley nicht nur Software, sondern auch die Hardware an einem Ort und eine ganz klare Ambition der weltweit führende Hub für neue Technologien zu werden. Längst ist es nicht mehr so, dass die USA hier bei allem führend ist – zum Beispiel ist WeChat (China) mittlerweile seinem amerikanischen Konkurrenten WhatsApp um Welten voraus.

Werden junge Menschen als Unternehmer im Markt ernst genommen? Welche Erfahrungen hast Du gemacht?

In diesem Bereich sind sehr viele junge Menschen, kreative Erfinder und geniale Tech-Leute mit tollen Ideen, die aber noch keine Zeit hatten, Erfahrungen in Geschäftsführung und Management zu sammeln. Mir ist aufgefallen, dass man oft schneller als glaubwürdig wahrgenommen wird, wenn man zeigen kann, dass man schon Berufserfahrung bei gro-ßen traditionellen Firmen gesammelt hat. Ein Grund dafür kann sein, dass die traditionellen Investoren oder Service-Providers einen ähnlichen Hintergrund haben. Generell sind sie auch sehr offen, wenn sie sich mit jungen Menschen unterhalten können, die sie nicht belehren, sondern einfach ihre Sprache sprechen und Unterstützung geben. Was sie am meisten wol-len, ist, dass ihre guten Ideen den Markt und damit die richtigen Kunden erreichen.

Das Interview führte Dr. Alexandra Hildebrandt.

© Popio Stumpf

Chris Hausner, Jahrgang 1992, ist Gründer und CEO der Cetus Consulting und der Cetus Capital (Cetus Group). In der Startup- und Blockchain-Welt trägt er signifikant zur Umsetzung als Investor und Berater zu führenden Projekten bei. Er arbeitet auch an der Eta-blierung von Blockchain-Ökosystemen und ist internationaler Red-ner auf Konferenzen. Er arbeitete, studierte und lebte in Hong Kong, USA, Taiwan, Deutschland, Australien, England, und Puerto Rico. Erfahrungen sammelte er in der Finanz-, Beratungs-, Digital- und Handelsbranche. Er spricht Englisch, Deutsch, Mandarin, und gän-giges Französisch. Seine beiden Master-Studiengänge in Business und Management hat er an The London School of Economics und The University of Sydney abgeschlossen. Nebenher arbeitet er an seinem dritten Master in Umweltwissenschaft an The Hong Kong University of Science and Technology.Sollten Sie Text oder andere Elemente aus einem anderen Dokument in Ihrem Springer-book-de Dokument verwenden wollen, kopieren Sie diese bitte mittels „copy and paste", löschen Sie die alten Formate über „Formatierung löschen" und weisen Sie ihnen ein entsprechendes neues Format zu. Weitere Informationen: www.cetus-group.io

© Peter Stumpf

Dr. Alexandra Hildebrandt ist Publizistin, Autorin und Nach-haltigkeitsexpertin. Sie studierte Literaturwissenschaft, Psychologie und Buchwissenschaft. Anschließend war sie viele Jahre in oberen Führungspositionen der Wirtschaft tätig. Bis 2009 arbeitete sie als Leiterin Gesellschaftspolitik und Kommunikation bei der Karstadt-Quelle AG (Arcandor). Beim den Deutschen Fußball-Bund (DFB) war sie 2010 bis 2013 Mitglied der DFB-Kommission Nachhaltig-keit. Den Deutschen Industrie- und Handelskammertag unterstützte sie bei der Konzeption und Durchführung des Zertifikatslehrgangs „CSR-Manager (IHK)". Sie leitet die AG „Digitalisierung und Nachhaltigkeit" für das vom Bundesministerium für Bildung und Forschung geförderte Projekt „Nachhaltig Erfolgreich Führen" (IHK Management Training). Im Verlag Springer Gabler gab sie in der Management-Reihe Corporate Social Responsibility die Bände „CSR und Sportmanagement" (2014), „CSR und Energiewirtschaft" (2015) und „CSR und Digitalisierung" (2017) heraus. Aktuelle Bücher bei SpringerGabler (mit Werner Neumüller): „Visionäre von heute – Gestalter von morgen" (2018), „Klimwandel in der Wirtschaft. Warum wir ein Bewusstsein für Dringlichkeit brauchen" (2020).

Teil VI

Die Macht der Worte und die Kraft des Tuns

Die Energie der jungen Gründer. Am Beispiel von Maerz|Roch

Sören Maerz

Gründungsimpuls

Gründer haben oft die verschiedensten Impulse sich selbstständig zu machen. Bei den meisten ist es die gute Idee, die den Ausschlag für ein eigenes Unternehmen gibt. In meinem Fall war das ein wenig anders. Seit Februar 2018 leite ich die Kommunikations-agentur Maerz|Roch, die ich mit meinem Geschäftspartner, Mathias Roch, ins Leben gerufen habe. Unser Altersunterschied und unsere Unterschiede als Unternehmer sind ein großer Teil des Maerz|Roch-Erfolgskonzepts. Kennengelernt haben Mathias Roch und ich uns, in einem der von ihm gegründeten Unternehmen. Ich übernahm nach den üblichen Stationen im Agentur-Bereich die PR-Leitung des österreichischen Unternehmens ‚The House of Nakamoto'. Dabei handelt es sich um ein innovatives Kompetenzzentrum, das es jedem Menschen möglich macht Kryptowährungen zu handeln, sowie von der immer weiter fortschreitenden Blockchain-Revolution zu profitieren. Dieser Markt sollte auch zum Grundstein unserer Beratung für Kommunikation werden. Beim Kennenlernen von anderen Unternehmen auf dem gleichen Markt bemerkte ich immer öfter, dass für mich selbstverständliche Themen und Aufgaben zu sperrig für die IT-Experten dieser Start-Ups waren. Man hatte Hemmungen den eigenen Erfolg zu kommunizieren. Die üblichen Agenturen verstanden das Thema nicht in seiner Komplexität und so bildete sich ein kommunikatives Vakuum. Eigentlich eine Katastrophe für einen jungen Technologiemarkt mit viel wirtschaftlichem Potenzial. Von ‚The House of Nakamoto' aus integrierte mein Partner mich in weitere seiner Unternehmungen auf dem Blockchain-Markt. Aus erfolgreichen Projekten wurde schließlich eine konkrete Idee, die zielgerichtete Öffentlichkeitsarbeit noch mehr Unternehmen anzubieten und so war Maerz|Roch geboren.

S. Maerz (✉)
Maerz Roch Garms GmbH, Hamburg, Deutschland
E-Mail: s.maerz@mrg-pr.de

© Springer-Verlag GmbH Deutschland, ein Teil von Springer Nature 2019
A. Hildebrandt und W. Landhäußer (Hrsg.), *CSR und Energiewirtschaft,*
Management-Reihe Corporate Social Responsibility,
https://doi.org/10.1007/978-3-662-59653-1_20

273

Ich höre auch heute immer noch Aufschreie, wenn ich erzähle, dass ich eine PR-Agentur neu gegründet habe und daran glaube unternehmerisch erfolgreich zu sein. Zu viele Marktteilnehmer gäbe es da draußen. Man könnte nicht mit den Säulenheiligen der Branche konkurrieren. Darauf antworte ich in aller Regel wenig diplomatisch: Das will ich auch überhaupt nicht! Das soll nicht eine generelle Verurteilung meiner Branche sein, aber durchaus ein kritischer Blick auf die Arbeit mancher Marktteilnehmer. Für mich ist die Kommunikation für einen Kunden auch der effiziente Austausch mit einem Kunden. Wir bewegen uns auf einer sehr persönlichen Ebene, arbeiten eng verdrahtet und versuchen Produkte und Dienstleistungen in Botschaften zu verwandeln, die Mehrwert und Qualität beinhalten. Das ist ein Unterfangen, das vielfach trivialisiert wird. Es gibt sicher Themen die sich wunderbar für eine breite Masse eigenen, aber ich habe trotzdem das Gefühl, dass das Wort Zielgruppe von dem Begriff Reichweite abgelöst wurde. Viele Unternehmen missverstehen, dass Streuverluste nicht egal sind, sondern Markenidentitäten verwässern. Qualitativ hochwertige Inhalte Meinungsmachern und Medien vorzustellen, die genauso sorgfältig ihre eigenen Rezipienten analysieren, ist nach wie vor ein Weg zum Erfolg. Insbesondere aber auch ein Weg, der der seriösen Zusammenarbeit mit einer guten Kommunikationsagentur bedarf.

Mein Qualitätsanspruch an die eigene Arbeit und die Arbeit meiner Mitarbeiter lässt sich anhand meiner Biografie am besten erklären. Ich habe zuvor schon in mittelständischen Unternehmen verschiedener Branchen gearbeitet. Dort saß ich auf der anderen Seite und beauftragte die entsprechenden Agenturen. Das kann durchaus zu kuriosen Auswüchsen führen. Als ich bei dem Diamanthändler ‚YORXS AG' arbeitete, dessen Online-Konfigurator zu den ersten im deutschsprachigen Internet gehörte, erlebte ich eine dieser Stilblüten:

Im Inhouse-Magazin einer Parfümerie-Kette gab es ein Farb-Thema. Die Seite zeigte die Trends der neuen Saison, also blauen Lidschatten, gelbe Fingernägel und violette Lippen. Dazwischen Abbildungen von Diamanten in den entsprechenden Farben. Ein hochwertiges Fläschchen Nagellack kostet zwischen 15 und 25 EUR. Ein blauer Diamant, von einem Karat sowie hoher Qualität gut und gerne über 150.000 EUR. Was war hier also passiert? Die Agentur hatte unser Produkt schlicht und ergreifend nicht verstanden, die Zielgruppe missdeutet und auf Teufel komm raus eine Print-Veröffentlichung geliefert. Dass uns das nicht mehr Umsatz bescherte, muss eigentlich nicht extra erwähnt werden. Ich mache der damaligen PR-Boutique-Agentur jedoch nicht allein den Vorwurf. Wenige Kunden haben das Verständnis, dass fünf sorgfältige Veröffentlichungen strategisch wichtiger sein können, als fünfzig die komplett an der Zielgruppe vorbei gesteuert werden. Dieses von mir proklamierte, qualitativ hochwertige Arbeiten entlastet in der Kommunikationskette vor allem aber auch die Meinungsmacher. Ich kenne inzwischen viele Journalisten, die gerne mit mir oder meinen Mitarbeitern sprechen. Der Grund ist nicht, weil wir so sirenenhaft ins Telefon flöten. Wir melden uns genau dann, wenn wir wissen, dass unsere Botschaft für unser Gegenüber Sinn macht. Ein mir sehr lieber Herausgeber eines hochwertigen Wirtschaftsmagazins sendete mir vor Kurzem die Pressemitteilungen eines Tages weiter. Da gab es Ringe aus Holz, Kosmetik aus Eselsmilch sowie ein Robben-Plüschtiere mit dem berühmten Markenzeichen im Ohr. Was das jetzt thematisch genau zwischen Interviews mit Wirtschaftskapitänen oder sorgsam recherchierten Reisereportagen verloren hat, kann ich leider auch nicht nachvollziehen.

Jetzt habe ich viel zur Arbeitsweise gesagt, aber indirekt auch zu meinem Gründungsimpuls. Ich möchte Kommunikation qualitativ hochwertiger, zielgerichteter und am Ende für den Kunden profitsteigernd anbieten. Dazu habe ich mir neben dem anfänglichen Technologiemarkt inzwischen noch ein zweites Themenfeld ausgesucht. Die vermeintlich ungeliebten Bereiche des produzierenden Mittelstands. Dieses Thema war damals auch schon der Forschungsgegenstand meiner Masterarbeit ‚Public Relations für die Old Economy – Zeitgemäße Formen der Öffentlichkeitsarbeit für Mittelstand und produzierende Unternehmen'. Kurz und gut, macht das nämlich den Kern unserer Unternehmensphilosophie aus: Mit sorgfältiger Kommunikation kreieren wir für unsere Kunden nicht nur reine Aufmerksamkeit. Wir kreieren vor allem mehr Umsatz und stärkere Marken zwischen den verschiedenen Marktteilnehmern.

Probleme und Ängste

Ich glaube, dass es unmöglich ist zu gründen, ohne Nächte lang wach zu liegen oder zähneknirschend vor dem Schreibtisch zu kauern. Ich hatte hier den Vorteil, dass durch meinen erfahrenen Geschäftspartner eine wachende Hand über mir schwebte. Diese Situation ist allerdings ein Luxus zwischen den meisten jungen Unternehmern. Mein Partner ist mit seinem ersten Unternehmen, der Roch Services GmbH, bereits Jahrzehnte erfolgreich am Markt. Das Unternehmen verkauft eine patentierte Standsicherheitsprüfung für stehend verankerte Systeme und das international führend. Zu den Kunden zählen Gemeinden, Firmengelände oder auch Vereine mit Sportstätten. Ich hätte mir keinen besseren Mentor und Partner wünschen können. Die mittelständische Bodenhaftung und Gelassenheit eines erfahrenen Unternehmers, der sich seinen Erfolg von der Pike aufgebaut hat, gab mir oft das ruhige Durchatmen zurück.

Am Anfang war es am häufigsten das Gewirr verschiedener Rechtsfragen, als auch die Einrichtung aller finanziellen Strukturen, die mich in Atem hielten. Ich verstand nicht alle Anfragen des Finanzamts, der Steuerberater sprach eine andere Sprache und mein Master half mir trotz aller Betriebswirtschaftslehre in der Realität oft nur eingeschränkt weiter. Was mich hier mehr als jede akademische Bildung unterstützte, war eine gehörige Portion ‚hands-on mentality'. Neudeutsch klingt das gleich viel professioneller, eigentlich würde ich sagen, ich bin quadratisch, praktisch, gut. Diese Fähigkeit widrige Umstände praktisch und schnell zu lösen, konnte ich in erster Linie von meiner Mutter lernen. Diese war seit ihrer Scheidung, mit Mitte 40, selbstständig und stellt bis heute mein unternehmerisches Vorbild dar. Für 1000 EUR muss man 1000 Dinge tun, sagte sie mir öfter und wurde mit diesem Ehrgeiz-Prinzip auch bis heute, Ende 50, sehr erfolgreich. Gleichzeitig war es auch das bodenständige Beschäftigungsfeld eines Teils meiner Familie, der Weinbau, der viel Erdung und vor allem finanzielle Besonnenheit mit sich gebracht hat. Ich würde daher heute jedem beginnenden Unternehmer empfehlen, sich von Anfang an mit den Kosten seines Unternehmens gut auseinander zu setzen. Eine solide Basis dafür schafft ein Studium mit einer gehörigen Portion BWL. Ich glaube jedoch, dass man auch hier mit Umsicht entscheiden sollte. Ich habe im Mathematik-Abitur unterpunktet, einen Bachelor in Kommunikationswissenschaft und einen in Kunstgeschichte gemacht. Kam beim Einsteigen in die Familienunternehmungen das erste Mal mit Buchhaltung in Berührung und habe mit einem Master in Unternehmenskommunikation den nötigen Rest gelernt. Das gibt mir die Möglichkeit grundsätzlich alle wirtschaftlichen Zusammenhänge zu verstehen, für komplexere interne Fragen habe ich meine Buchhaltung und meinen Steuerberater. Man muss meiner Meinung nach nicht in allem perfekt sein, solange man in Zukunft kein Ein-Personen-Betrieb sein möchte.

Die zweite große Hürde als junger Unternehmer ist das Management von Personal. Hier habe ich von Anfang an auch geflissentlich die Empfehlungen meines Umfelds ignoriert. Meine beiden vollen Kundenbetreuer und Teamleiter sind Menschen, die ich bereits vor meiner Selbstständigkeit kannte. Das gab mir die Möglichkeit zu wissen, welche Fähigkeiten jemand mitbringt und so ein schnellerer Start hinzulegen. Das Arbeiten mit Freunden kann natürlich kompliziert sein, aber ein respektvoller Umgang miteinander ist oft schon die halbe Miete. Die ersten Personalgespräche und Evaluierungen gestalteten sich trotzdem nicht ganz leicht und hier musste ich mir viel Input von Freunden holen, die schon in ähnlichen Situationen waren. Wir sprechen heute immer von Leadership und wo die Unterschiede zwischen ‚Manager‘ und ‚Leader‘ liegen. Ich für meinen Teil bin mir manchmal nicht sicher, ob wir der Debatte zu viel Aufmerksamkeit widmen. Es wird geradezu gefeiert, wenn ein Vorgesetzter seinen Mitarbeitern mit Respekt begegnet, sich auch um deren private Sorgen kümmert, inspiriert und auch mal etwas auf dem kleinen Dienstweg regelt (Abb. 1).

Ich bin mir nicht sicher, ob eventuell noch eine jugendliche Naivität aus mir spricht, aber wer keinen Konzern mit tausenden Mitarbeitern leitet, sollte diese Fähigkeiten eigentlich mit anerzogenem Anstand und gesundem Menschenverstand entwickelt haben. Ich habe ziemlich früh für mich beschlossen, dass Hierarchien nicht ganz aufgeweicht werden können. Das würde sich auch nicht damit vertragen, dass unsere Teams dem Kunden Mischkalkulationen in Rechnung stellen, die auf der tatsächlichen Arbeit der einzelnen Teammitgliedern beruhen. Wenn ein voller Berater teurer ist als ein Junior, muss sich das auch in seiner Verantwortung und im gegenseitigen hierarchischen Gefälle spiegeln.

Dazu kommt, dass Respekt für mich ein Grundpfeiler unserer Arbeitsweise und Firmenkultur ist. Ich dulde in meinem Unternehmen keine Xenophobie, sexuelle Diskriminierung, Homophobie oder alle anderen kleingeistigen Auswüchse, zu denen Menschen fähig sind. Das bedeutet im Rückschluss auch, dass ich als Geschäftsführer kompromisslos mit solchen Situationen umgehe und bereit bin, mich auch von unpassenden Mitarbeitern zu trennen. Insbesondere im Kommunikationsbereich, leben wir davon, dass wir auch miteinander professionell kommunizieren. Das macht einen freundlichen und anständigen Ton innerhalb der Agentur unumgänglich.

Das größte Problem einer kleinen PR-Agentur wie meiner ist die Kundenakquise. Viele mittelständische Unternehmen verstehen nicht gleich, welchen Mehrwert wir mitbringen

Abb. 1 Sören März
u. Consultant Marc Bernhardt

und sehen auch nicht die Kostenersparnis von einer vernünftig budgetierten Agentur, gegenüber einer eigenen Abteilung. Das gleiche gilt für potenzielle Kunden im Technologiesektor, die sich oft damit schwertun, das Medienpotenzial ihrer eigenen Arbeit einzuschätzen. Das bedeutet demnach, dass neben Telefonakquise, Aussendungen und anderen Formen des Direktmarketings, der persönliche Kontakt unumgänglich ist. Man muss in erster Linie Events und Messen besuchen, sein Konzept direkt vorstellen oder sich Vereinen und Gruppen bedienen. Das hilft natürlich auch immer, die eigene Unternehmensidentität weiter zu schärfen. Bedeutet aber gleichzeitig auch Zeitausfälle und erhöhte Reisekosten für die Agentur. Diesen Faktor sollten junge Unternehmer beim Erreichen einer konservativen, vielleicht auch noch nicht ganz digitalen Zielgruppe, nicht aus den Augen verlieren. Die echte Welt findet nicht auf Facebook statt und das ist auch gut so. Zwischenmenschliche Kommunikation, von Angesicht zu Angesicht, gehört nicht nur zu einer unserer internen Erfolgsstrategien, sondern auch zum Merkmal unserer Akquise. Eines muss nämlich trotz aller Suche nach Kunden klar sein, wir sind keine fahrenden Händler des Mittelalters. Unsere Services werden von uns selbst als wertvoll und qualitativ hochwertig gesehen, wir wissen aber auch, dass sie unter Umständen nicht für jeden Unternehmer sinnvoll sind. Daher versuchen wir umsichtig mit unserem Vertrieb zu sein und nicht um jeden Preis unsere Dienstleistung dem Gegenüber aufzuoktroyieren.

Unternehmer der Zukunft

Ich gehöre definitorisch zur ‚Generation Y' und bin dabei noch ein ‚Millenial' und ziemlicher ‚Digital Native'. Es ist doch Wahnsinn was man alles sein kann, ohne sich darüber zu viele Gedanken gemacht zu haben. Konkret sagen diese Begriffe, dass eine digitale Welt für mich einen natürlichen Spielplatz darstellt und ich habe meine Wertvorstellung ganz anders konstruiert als die Nachkriegsgeneration oder die Kinder des Wirtschaftswunders. Was macht das allerdings mit mir als Unternehmer?

In der Regel sprechen die Statistiken davon, dass meiner Generation einer Work-Life-Balance wichtig ist. Wir aufgeschlossener auf Auslanderfahrungen zugehen und an die Nachhaltigkeit der Dinge glauben. Persönlich kann ich das nicht völlig unterschreiben. Natürlich bevorzuge ich es mit meinem Hund durch den Wald zu spazieren, dass das aber als junger Unternehmer in regelmäßigen Abständen nicht möglich ist, braucht man nicht erwähnen. Ich orientiere mich allerdings in meinen unternehmerischen Vorbildern auch nicht ganz typisch. Die Menschen, deren Biografien ich bewundere, sind oft andere, als die meiner Altersgenossen. Ich schaue auf zu Haim Saban, bewundere die eiserne Disziplin von Haushaltsmogul Martha Stewart oder vertrete die wirschaftliche Meinung Horst von Buttlars. Ziemlich konservativ für einen Unternehmer mit 28 denkt man sich vielleicht. Was mir aber in meiner Generation negativ auffällt, ist in erster Linie das Fehlen von Zielen und die teilweise auftretende Übersättigung. Viele reisen ziellos durch Australien und Vietnam, träumen nach dem ersten Jahr echter Arbeit von einem Sabbatical und trinken während der Arbeitszeit ihren ‚Fair Trade Flat White' im neusten Café der Stadt. Mit meinem eigenen Verständnis von unternehmerischer Realität hat das allerdings nicht viel zu tun. Ich glaube viel mehr, dass die Rückbesinnung zu so vermeintlich antiquierten Werten wie Fleiß und Duldsamkeit einen im wirschaftlichen Wettbewerb weiterbringen. Soziale Netzwerke wie Instagram suggerieren vielen unter dem Hashtag, #Entrepreneur, eine Realität vom jungen Millionär mit Designerkoffer. Dass diese Bilder in aller Regel ein inhaltliches Zerrbild sind, vergessen ihre Rezipienten. Facebook-Anzeigen vom Manager ohne Ausbildung tun ihr übriges und werben doch in aller Regel für Pyramidenspiele irgendwelcher fadenscheiniger Erfolgs-Coaches. Wen man damit erreicht ist klar. Die Leute, die vom einfachen Erfolg träumen. Finanzieller Erfolg ist in aller Regel aber nicht einfach und wenn dann nicht nachhaltig. Marc Zuckerberg besuchte Harvard, Chris Hughes ebenfalls, Jack Ma lernte bereits als Kind einfacher chinesischer Eltern Fremdsprachen und Dirk Rossmann revolutionierte das Konzept seiner Drogerie zur Selbstbedienung und arbeitete in erster Linie selbst hart bis zum Erfolg durch Expansion.

Ich für meinen Teil glaube, dass in einer Welt die chancengleicher denn je ist, vor allem die künftigen Generationen einsehen müssen, dass Fleiß nach wie vor zum Erfolg führt. Wer demnach bereit ist eine seinen Stärken entsprechende Ausbildung mit Ehrgeiz und Zähigkeit zu kombinieren, wird auch weiterhin bestehen können. Es ist aber bestimmt ratsam sich von den falschen Bildern des Hängemattenmillionärs zu verabschieden. Damit verdienen nämlich nur wenige Geld und zwar die, die Hallen füllen um gutgläubigen Menschen ihre nicht funktionierenden Spekulationsobjekte zu verkaufen.

© Maerz Roch Garms GmbH

Sören Maerz wurde 1990 in Heidelberg geboren. Seit seinem Abitur arbeitet er im Bereich von Public Relations und Marketing. In den ersten Jahren sammelte er besonders Erfahrungen im Bereich von Lifestyle- und Mode-Themen. Während seines Studiums der Kommunikationswissenschaft verlagerte sich dieser Schaffensfokus. Mit dem Aufkommen von Social Media Kanälen als festem Bestandteil von Marketing begann er, als Social-Media-Marketing-Manager für einen deutschen Diamanthändler zu arbeiten. Die Arbeit prägende ihn entscheidend, weil er Erfahrungen im Start-Up-Bereich und dem ökonomischen Aufbauen eines Unternehmens sammeln konnte. Noch während seines Bachelorstudiums eröffnete ihm der Kontakt mit dem Whitepaper des Bitcoin-Erfinder Satoshi Nakamoto ein neues Interessenfeld. Autodidaktisch brachte sich Maerz die entsprechenden Kenntnisse und Fähigkeiten zum Thema bei. Nach Beendigung des Studiums und mit der Aufnahme eines Masterstudiengangs führte sein Weg nach Hamburg, wo er heute noch wohnt und arbeitet. Mit einem Master, der neben Medien- und Kommunikation einen starken Fokus auf wirtschaftswissenschaftliche Kenntnisse legte, begannen sich private Interessen und arbeitstechnisches Know-how anzunähern. Eine Station bei einer namhaften Hamburger PR-Agentur gab schließlich den Ausschlag für den Branchenwechsel: Hier stellte der junge Gründer bereits das Potenzial von themenübergreifender Öffentlichkeitsarbeit für Unternehmen in Wirtschaft und Finanzwelt fest und baute ersten Netzwerke auf. Kurz darauf folgte er einem Jobangebot als Head of Press nach Wien, in das Cryptocurrency-Unternehmen „The House of Nakamoto". Dort ebneten ihm seine bisherigen Arbeitserfahrungen über die Blockchain-Technologie den Weg. Durch den engen Kontakt zu einem der Gründer von „The House of Nakamoto", Mathias Roch, entstand die Idee für eine spezialisierte PR-Agentur. Im Februar 2018 wurde die MAERZ ROCH GmbH (jetzt: Maerz Roch Garms GmbH) gegründet, die Sören Maerz als Geschäftsführer leitet.

CSR-Kommunikation 3.0: Basis für eine erfolgreiche Energiewende, Bürgerbeteiligung und Akzeptanz von Großprojekten

Edzard Schönrock

1 Einleitung

Die Energiewende in Deutschland ist eine Mammutaufgabe. Ein solches Transformations-projekt ist in dieser Weise einzigartig, da es keine vergleichbaren historischen Erfahrungs-werte gibt. Durch den Ausstieg aus der Kernenergie, die 2011 von der Bundesregierung beschlossen wurde, muss die Energieerzeugung bis 2022 auf andere Energieträger umgestellt werden. Bis spätestens 2038, wenn möglich sogar 2035, soll der Ausstieg aus der Kohleverstromung vollendet sein (Informationsportal Erneuerbare Energien 2019). Bis zum Jahr 2050 sollen sogar 80 % der Energie aus Erneuerbaren Quellen stammen. Sonne, Wind, Wasser und Biogas stellten im deutschen Strommix 2014 erstmals den größten Pos-ten. Grünstrom mit einem Anteil von 25,8 % galt erstmals als die wichtigste Elektrizitäts-quelle. Alle regenerativen Energien erzeugten danach 157,4 Mrd. kWh (Spiegel 2014). Auf den weiteren Plätzen folgten die zunehmende und CO_2-intensive Braunkohle, Atom-kraft und Steinkohle. Der Beitrag aus Atomkraft, Steinkohle und Gas sinkt weiter. Im Jahr 2018 lag der Anteil der erneuerbaren Energiequellen schon mit 226 Mrd. kWh bei 37,5 % (Umweltbundesamt 2019).

Um die Energiewende weiter zu entwickeln, werden unterschiedliche Lösungs-modelle vollzogen, die teils dezentral, teils zentral sind. Ein Lösungsansatz ist der Ausbau konventioneller Kraftwerke mit fossilen Brennstoffen, vor allem Kohle (Braun- und Steinkohle) und Gas. Sie dienen als Puffer und Grundlast für ein stabiles Energie-netz und verlässliche Faktoren für eine Rund-Um-Versorgungssicherheit. Der größte Anteil der Energieerzeugung soll jedoch über Erneuerbare Energien, wie Wind, Sonne

E. Schönrock (✉)
prÄGNANT NACHHALTIGKEIT.KOMMUNIKATION, Hannover, Deutschland
E-Mail: e.schoenrock@praegnant-nachhaltig.de

© Springer-Verlag GmbH Deutschland, ein Teil von Springer Nature 2019
A. Hildebrandt und W. Landhäußer (Hrsg.), *CSR und Energiewirtschaft*,
Management-Reihe Corporate Social Responsibility,
https://doi.org/10.1007/978-3-662-59653-1_21

(Photovoltaik und Solarthermie), Wasser und Biomasse (Biogas) geleistet werden, die meist direkt ins Netz eingespeist oder genutzt werden. Während Sonnenenergie, konventionelle Kraftwerke sowie Kernkraft grundsätzlich eher dezentral erzeugt und genutzt werden, werden die größten Windenergieerträge in Norddeutschland, vor allem durch die auf See befindlichen Offshore-Windparks, gewonnen.

Die größte Herausforderung dabei ist, die eingespeiste Energie durch Gleichstromtrassen nach Süden und Westen in die Ballungs- und Produktionszentren zu transportieren. Mit dem bestehenden Stromnetz ist dies ausgeschlossen, da die Kapazitäten nicht auf die hohen Energiemengen und Produktionsspitzen aus regenerativen Energien ausgelegt sind. Im Extremfall geht die gewonnene Energie aus den Erneuerbaren verloren, da die Netzkapazität überschritten ist. Der März 2019 ist mit 24,63 Mrd. kWh, davon 16,09 Mrd. kWh aus der Windenergie, der ertragsreichste Monat aus erneuerbaren Energien, da sowohl der Wind stark wehte, als auch die Sonne ergiebig scheinte. Im Vergleich: alle deutschen Atomkraftwerke zusammen erzeugten 2017 pro Monat rund sechs Milliarden Kilowattstunden. Wegen der knappen Netzkapazitäten ist die Zwangsabschaltung von Windparks in Deutschland von 2010 auf 2011 um fast 300 % gestiegen, was per Entschädigung subventioniert werden musste. 2011 gingen bis zu 407 Gigawattstunden (GWh) Windstrom verloren. 2018 gingen durch Zwangsabschaltung der Windkraftanlagen, in Folge der Gefahr einer Netzüberlastung, rund 5400 GWh verloren. Hierfür erhalten die Betreiber finanzielle Entschädigungen. Diese belaufen sich auf rund 635 Mio. EUR (Windenergiereport 2013). Aus volkswirtschaftlicher Sicht ist eine geringfügige Abregelung von Windkraftanlagen während seltener Leistungsspitzen sinnvoll und notwendig, da somit die Kosten des Netzausbaus geringer ausfallen als bei einer möglichen vollständigen Einspeisung in jeder extremen Netzsituation.

Um zu großen Verlusten entgegen zu wirken, begannen 2012 die Planungen für den Ausbau der Trassen seitens der Bundesnetzagentur als zuständige Behörde. Danach müssen bis zum Jahr 2022 3800 km neue 500 kV- Stromtrassen in Gleichspannung gebaut und 4000 km bestehende Trassen mit jeweils bis zu 80 m hohen Masten modernisiert werden. Durch Verzögerungen beginnen die Bauarbeiten geplant 2021 und sollen vier Jahre später fertiggestellt sein (Tagesschau 2019). Pro Jahr entstehen somit Kosten von rund zwei Milliarden Euro. Mit dieser installierten Technik könnte dann der Anteil der Erneuerbaren Energien, der ins Netz eingespeist wird, auf 35 % steigen. Die Energiewende kann letztendlich nur technisch funktionieren, wenn neben dem Ausbau der Erzeugung aus Erneuerbaren Energien und des bundesweiten Transportes auch die weiteren Rahmenbedingungen realisiert werden können. Hierzu gehören die Steigerung der Energieeffizienz, die Verhinderung des Rebound-Effektes (Einspareffekte durch technische Effizienz werden durch falsches Verbraucherverhalten wieder eingebüßt) und die Lösung des Speicherproblems regenerativer Energien. Hierzu gilt es, neue technologische und praktikable Massenspeicher zu entwickeln. Bei einem Ausbau der E-Mobilität könnten zukünftig auch die Millionen von Akkus der Fahrzeuge als kurzfristiger Speicher dienen.

Als zweite wichtige Voraussetzung gilt, dass die Menschen in der Transformation der Energiewende mitgenommen werden müssen. Einerseits durch private Investitionen mit späteren Gewinnausschüttungen, andererseits jedoch hauptsächlich durch eine unabhängige Interessenvertretung und transparente Informationspolitik der Betreiber. Nur durch eine ernstgenommene Bürgerbeteiligung, verbunden mit einer guten CSR-Kommunikation, lassen sich Großprojekte, wie der Ausbau der Stromtrassen und der Windkraft erfolgreich realisieren. Anderenfalls wird viel Zeit in den Entscheidungsprozessen verloren gehen, die volkswirtschaftlich teuer sind und so die erfolgreiche Energiewende gefährden könnten. Aus diesem Grund sind hohe Kosten verursachen CSR und Kommunikation für gesellschaftliche Akteure wie Stromtrassen- oder Windenergiebetreiber zwei untrennbare Faktoren für Glaubwürdigkeit, Reputation und Vertrauen. Sie sind aufeinander angewiesen, wenn es gilt, ehrliches gesellschaftliches Engagement, verbunden mit unternehmerischen oder politischen Zielen, langfristig und erfolgreich zu konstituieren. Dabei müssen die Strukturen der verschiedenen Interessensvertretungen und die Regeln der Bürgerbeteiligung berücksichtigt werden. Eine offene und transparente Kommunikation, in der die Träger von Großprojekten versuchen, die Bedenken der Bürger, z. B. bezüglich der neuen Starkstrom-Leitungen, zu berücksichtigen oder durch Gegenmaßnahmen zu lösen, sind die Basis für eine erfolgreiche Energiewende, Bürgerbeteiligung und Akzeptanz: CSR-Kommunikation 3.0. An den negativen Auswirkungen für den Menschen und die Umwelt muss dringend gearbeitet werden. Anderenfalls scheitert das wichtige Transformationsprojekt Energiewende an der technischen Umsetzung und menschlichen Akzeptanz.

2   Einführung in die CSR-Kommunikation

2.1   Vertrauen und Glaubwürdigkeit

„Vertrauen ist ein Kapital. Es muss lange erarbeitet und angespart werden und ist schnell zum Fenster ‚rausgeworfen‘" (Wieland 2009). Nach Luhmann dient Vertrauen als sozialer Mechanismus zur Reduktion von Komplexität und kann als riskante Vorleistung bezeichnet werden. Darüber hinaus ist Vertrauen ein kommunikativer Mechanismus, in dem Akteure in Unsicherheit und Abhängigkeit von anderen sowie von zukünftigen Ereignissen handeln. In diesen Situationen, wie z. B. der Energiewende, werden Chancen und Risiken, in Ermangelung verlässlicher Herangehensweisen, auf Basis der Kenntnisse vergangener und gegenwärtiger Ereignisse bewertet. Vertrauensfaktoren sind z. B. gesellschaftlicher Status, Sachkompetenz oder Unabhängigkeit (Benthele und Nothhaft 2011, S. 50). Daher ist es wichtig, dass bei moderierten Dialogen zwischen den betroffenen Parteien externe und unabhängige Moderatoren eingesetzt werden. Gerade in der CSR und deren Kommunikation, die ein langfristig angelegter Prozess ist, können die Pflege der Glaubwürdigkeit zwischen Bürgern und Projektträgern als Hauptziele genannt werden. Aber auch durch die Einbindung von Partnern aus dem NGO-Sektor in die Kommunikation, können vor allem die Glaubwürdigkeit der Träger und deren Absichten zur Reduzierung der Kritikpunkte steigen (Schrader 2003, S. 130). Sie genießen, im Gegensatz zu Parteien und Unternehmen, in der Bevölkerung eine große Glaubwürdigkeit. Fehler in der Kommunikation können schwere Folgen haben und das betroffene Unternehmen in eine ernste Vertrauenskrise führen. Das Ergebnis wären Verzögerungen oder sogar im Extremfall das Scheitern des ganzen Projekts, was mit hohen volkswirtschaftlichen Kosten verbunden wäre.

2.2   Dialog und Transparenz

Stakeholderdialoge sind Austauschprozesse zwischen dem Unternehmen bzw. Projektträger und den jeweiligen gesellschaftlichen Einflussgruppen (Stakeholdern). Nur im Dialog lässt sich Vertrauen bei den Stakeholdern aufbauen und pflegen und somit letztendlich die Werte und Ziele des Projektträgers vermitteln. Dabei kommt es darauf an, den klassischen Pfad der Kommunikation zu verlassen. Laut Walter unterscheidet sich die CSR-Kommunikation von der klassischen Kommunikation in drei Wesensmerkmalen: das Zuhören der Kommunikationsabteilungen erfordert einen grundsätzlichen Umdenkprozess – standen doch bisher die Attribute Reden, Beeinflussen und Überzeugen als Mittel der Kommunikation für Großinfrastrukturprojekte einseitig fest. Nun kann es stattdessen Zuhören, Verstehen und Verinnerlichen heißen, in Bezug auf die Wünsche und Befürchtungen der aktiven Bürger und anderen Stakeholdern. Die „Push-Communication" wird von der „Pull-Communication" zunehmend abgelöst. In der CSR-Kommunikation kann es auch einmal heißen: durch Handeln überzeugen, nicht durch reines Kommunizieren. Das Internet bietet gerade in diesem Bereich ideale Voraussetzungen und kann durch „Social Media" besonders gut zuhören und schnell reagieren.

Zweites Wesensmerkmal der CSR-Kommunikation ist der dialogorientierte Ansatz, der für den Aufbau und die Pflege guter Beziehungen zu den Stakeholdern entscheidend ist. Ohne Dialog können derartige Großprojekte nicht umgesetzt werden, da die Bürger heute mündiger, aktiver und schneller in ihrer Reaktion sind als Jahre zuvor. Aber beide Parteien müssen dazu bereit sein, einen Perspektivenwechsel vollziehen zu wollen. Diese Bereitschaft erfordert Zeit, Geld und Geduld. Ein Perspektivenwechsel kann beispielsweise durch Rollenspiele, World-Cafés und ungewohnte Rollen bei gemeinsamen Symposien vermittelt werden. Diese Instrumente werden häufig in Mediationsprozessen eingesetzt und wären auch bei der Energiewende praktikabel. Dritter Charakterzug ist das Involvieren der Stakeholder, nachdem sie in die Entwicklung und Umsetzung einer verantwortlichen und strategischen Reaktion auf die Herausforderungen der CSR eingebunden werden sollten. Anschließend ist es von Bedeutung für die Stakeholder angemessene Antworten zu finden. Transparenz des Trägers ist, gerade in Zeiten von Internet, Blogs und neuen Medien, für gut informierte und kritische Konsumenten eine notwendige Basis für Vertrauen und Erfolg des Projekts.

2.3 Image und Reputation

Image und Reputation werden häufig synonym verwendet, was aber, genau betrachtet, nicht ganz zutreffend ist. Bei der Bildung eines Images, das auch als „Ansehen" bezeichnet werden kann, ist es weniger zwingend erforderlich, dass Stakeholder persönliche Erfahrungen mit dem Unternehmen machen (Vgl. Walsh und Beatty 2007). Ein Image ist nicht so zeitstabil, da es häufig nur flüchtig aufgebaut wird. Ebenso ist die Konnotation beim Image eher negativ zu betrachten. In der Einstellungskomponente wirkt ein Image stärker kognitiv, also basierend auf Wissen und Vorstellung. Möglich sind aber auch schwächere affektive Wirkungen, worin insgesamt Gefühle dominieren können (Vgl. Walsh 2007, S. 34 f.). Ein Image kann auf Gegenstände, Sachverhalte, Institutionen oder Organisationen angewendet werden (Vgl. Walter 2010, S. 70). Damit lässt sich bei den Stakeholdern durch gezielte Unternehmenskommunikation relativ schnell ein gutes Image aufbauen, was auch kurzfristig emotional wirken kann. Ein praktisches Element könnte hier eine Image-Kampagne in den Medien oder gezielte Werbung sein, wodurch auf die Vorteile der Energiewende hingewiesen wird. Die Gefahr, dadurch nur kurzfristig ein CSR-Image aufzubauen ist groß – es käme einem „Greenwashing" gleich. „Greenwashing" beschreibt einerseits ein verantwortungsloses operatives Geschäft von Unternehmen, andererseits aber auch das Vortäuschen von Verantwortung für Gesellschaft und Umwelt durch Kommunikation.

Etwas anders ist es bei der Reputation. „Guter Ruf und persönliches Ansehen sind wichtige Faktoren des Erfolgs mancher Professionen […]. Genauso gilt für eine Unternehmung […]. Damit hat Reputation eine ähnliche Wirkung wie Garantien, Sicherheiten, informative Berichte und sonstige positive Signale, die alle dazu beitragen, Transaktionskosten zu senken" (Spreemann 1988, S. 613). Gerade beim großen Transformationsprozess der Energiewende können die Transaktionskosten in die Höhe schnellen – die Rechnung würden nachher Bürger und Unternehmen durch höhere Energiekosten bezahlen. Insgesamt beruhen die positiven Wirkungen der Reputation vor allem auf den umfassenden Wirkungen der Vertrauensbildung. Die jeweiligen Stakeholder sehen die Reputation als Schlüsselinformation des Trägers, welche eine Vielzahl relevanter Eigenschaften bündelt und damit umfassende Suchkosten vermeiden hilft (vgl. Rose und Thomsen 2004, S. 201). Dabei wird vorausgesetzt, dass Stakeholder persönliche Erfahrungen mit dem Unternehmen machen – egal ob positiv oder negativ. Diese sind dann recht zeitstabil, weil sie langsam und kontinuierlich aufgebaut werden und die Konnotation positiv beeinflussen. Unternehmensreputation lässt sich somit als „Summe der positiven Wahrnehmungen aller relevanten Stakeholder in Bezug auf Leistungen (Produkte und Services), Personen, Organisation, kommunikativen Aktivitäten etc. eines Unternehmens und der/des sich daraus ergebenden Achtung vor diesem sowie das Unterstützungspotenzial für dieses Unternehmen beschreiben. Eine Reputation ist folglich das über Zeit gewachsene Ergebnis unternehmerischer Handlungen in den Köpfen der Stakeholder (…)" (Walsh 2007, S. 35).

3 Bürgerbeteiligung im Entscheidungsprozess von Großprojekten

3.1 Stufen der Beteiligung

Bürgerbeteiligung wird in der Wissenschaft als Teilhabe an der Entscheidungsmacht definiert. Wie Arnstein in seinem Stufenmodell, der „Ladder of participation" (Arnstein, S. 1969, S. 216–224). – Partizipationsleiter – beschreibt, wird Partizipation als Teilhabe an der Entscheidungsmacht bezeichnet. Basis sind die vier Partizipationsstufen „Informieren – Mitwirken – Mitentscheiden – Selbstverwalten" (Lüttringhausen, M. 2000, S. 66 ff.).

1. *Stufe: Information*
   Dabei werden Interessierte und Betroffene eingeladen, sich über ein geplantes Vorhaben zu informieren und sich über seine Auswirkungen auf Veranstaltungen aufklären zu lassen. Als weitere Informationsmittel können Aushänge oder Wurfsendungen verwendet werden. Die Art der Beteiligung lässt sich auf dieser niedrigsten Stufe als relativ passiv bezeichnen.
2. *Stufe: Mitwirkung*
   In dieser Ebene, die auch als Konsultation bekannt ist, können sich die Stakeholder informieren und darüber hinaus konkret Stellung zu den vorgelegten Planungen der Projektträger nehmen. Dabei können die Beteiligten auch Ideen für die Umsetzung einbringen, jedoch nicht über die direkten Inhalte entscheiden. Die Initiative der Stakeholder steigt auf dieser Stufe stark an.
3. *Stufe: Mitentscheidung*
   In der auch als Kooperation bekannten Stufe können Interessierte bei der Entwicklung von Vorhaben mitbestimmen. Zusammen mit den Verantwortlichen des Projektträgers können hierbei Ziele ausgehandelt und deren Ausführung und Umsetzung detailliert geplant werden. Auf dieser Ebene haben Stakeholder einen sehr großen Einfluss auf die geplanten Maßnahmen und können stark ihre Meinungen, Wünsche und Bedürfnisse mit einbringen.
4. *Stufe: Entscheidung*
   In dieser letzten Stufe geben die betroffenen Interessensgruppen ihre Stimme ab und treffen damit eine verbindliche, gemeinsame und von vielen legitimierte Entscheidung zum umzusetzenden Projekt. Darüber hinaus kann sich diese Stufe sogar bis zur Selbstverwaltung weiter entwickeln, in der die Stakeholder dann die Geschicke des Prozesses eigenverantwortlich in die Hand nehmen.

3.2 Vorteile der Beteiligung

Öffentliche Großprojekte haben meist unmittelbare Auswirkungen auf die Qualität der Lebenswelt von Menschen und ihrer Umwelt. Daher ist es für den Projektträger bei der Planung geradezu unmöglich alle Auswirkungen eines Vorhabens erfassen und berücksichtigen zu können. Durch die planerische Beteiligung von Bürgergruppen und einzelnen Bürgern, die häufig ein enormes lokales Fachwissen besitzen, können die Bedürfnisse und Anregungen direkt mit aufgenommen werden. Vor Ort können neue Ideen und Lösungen oft zu kostengünstigeren Alternativen weiterentwickelt werden. Im Ergebnis kann dies zu einem sinnvollen Korrektiv werden, da das lokale Wissen der Bürgerinnen und Bürger mit dem Fachwissen der Verwaltung kombiniert werden kann.

Bürgerbeteiligung kann auch dabei helfen, Konfliktpotenziale frühzeitig zu erkennen und zu bearbeiten. Dabei können Missverständnisse aufgeklärt oder ganz vermieden werden, Einwände bei der Planung berücksichtigt werden und verschiedene Ansprüche in das Konzept integriert sowie konkrete Gestaltungsanregungen aufgenommen werden.

Zur Stärkung der Legitimation und Akzeptanz von Planungen zu Großprojekten, die häufig auf fehlenden oder falschen Informationen basieren, gehört die rechtzeitige Einbindung der betroffenen Öffentlichkeit in den Prozess. Wenn der Entscheidungsprozess lediglich intern beim Projektträger oder der Verwaltung getroffen wurde, fühlen sich die Bürger zu Recht übergangen und können die Entwicklung häufig nicht nachvollziehen. Mangelnde Transparenz bei den Planungen und Entscheidungen mindert somit die Akzeptanz bei den Betroffenen und führt zu einer fehlenden Legitimität des Projekts seitens der Öffentlichkeit.

Um einen besseren Dialog zwischen Politik, Verwaltung und Bürgerschaft zu organisieren, bieten Beteiligungsprozesse eine Plattform für den Dialog. Durch den intensiven Austausch und die persönlichen Kontakte kann bei allen Beteiligten Vertrauen und Verständnis für die jeweils andere Perspektive geweckt werden. Durch kurze Kommunikationswege bieten sich darüber hinaus zahlreiche Möglichkeiten, bestimmte Fragen und Konflikte schneller zu klären. Politik und Verwaltung erfahren außerdem mehr über die Bedürfnisse und Interessen einzelner Bevölkerungsgruppen, bzw. was diese belastet oder bewegt. Zusätzlich lernen die Planungsbetroffenen häufig detailliertere Hintergründe zu ihren Entscheidungen kennen und können diese daraufhin besser nachvollziehen. Ehrenamtliches Engagement wird für die Zivilgesellschaft zunehmend wichtig, da bestimmte Aufgaben nicht mehr allein von der öffentlichen Hand übernommen werden können. Daher sind die öffentlichen Träger stärker auf Partnerschaften mit der Zivilgesellschaft angewiesen. Somit kann die Aktivierung und Befähigung der Stakeholder zur Selbsthilfe einen gewinnenden Prozess für alle Beteiligten auslösen und damit in der Bedeutung und öffentlichen Wahrnehmung zunehmen. Als Ergebnisse stünden eine größere Identifikation der Bürger mit ihrer Umwelt und dem Projekt, ein größeres bürgerschaftliches Engagement und steigendes soziales Kapital zur Verfügung. Eine Beteiligung und das gemeinsame aktive Erarbeiten von Lösungen motivieren alle beteiligten Bürger, zukünftig mehr Verantwortung zu übernehmen und das umgesetzte Projekt nachhaltig zu sichern. Im Prozess können die Bürger Fähigkeiten erwerben, mit denen sie langfristig eine tragende Rolle lokal übernehmen können. Sie leisten damit einen wirksamen Beitrag zum Aufbau selbsttragender und selbstorganisierender Strukturen in ihrer lokalen Umwelt.

In Zeiten von Politikverdrossenheit kann Bürgerbeteiligung zu einer Stärkung der demokratischen Kompetenz, mit all ihren Rechten und Pflichten beitragen. Die Beteiligten lernen verstärkt, ihre Meinungen und Ideen zu äußern und andere Meinungen eher zu akzeptieren. So kann die Kompromiss-Fähigkeit auch für andere Lebensbereiche gestärkt werden. Darüber hinaus können Minderheiten die Mehrheiten auf der anderen Seite durch Argumente überzeugen und sich dabei besser organisieren. Am Ende tragen kommunikative und demokratische „Spielregeln" der Beteiligten dazu bei, die Verbindlichkeit von Vereinbarungen einzuhalten. Somit könnten die Prozessteilnehmer danach größere Rücksicht auf Minderheiten nehmen und andere Auffassungen stärker respektieren. Bei späteren Berührungspunkten mit der Verwaltung und ihren Strukturen können politische Entscheidungswege besser und konfliktfreier eingeschätzt werden (Handbuch zur Partizipation 2011, S. 59 ff.).

Neben der Partizipation bei der Planung von Großprojekten, können auch finanzielle Beteiligungen der Bürger die Akzeptanz für diese erhöhen. Bei den Erneuerbaren Energien lag der Anteil der Bürgerenergie (Bürger, Landwirte und Bürgergenossenschaften) an der Stromerzeugung im Jahr 2016 bei 42 %. Ein ähnliches Verfahren wäre ebenso bei den Investitionen in die Energie-Infrastruktur möglich, indem sich die Bürger an den neuen Stromtrassen finanziell beteiligen und anschließend an den Gewinnen partizipieren. Damit würde die Akzeptanz der ungeliebten Stromleitungen wahrscheinlich steigen und die Planungsphasen könnten sich u. u. verkürzen. Insgesamt halten 93 % der Deutschen den verstärkten Ausbau der Erneuerbaren Energien nämlich für „wichtig" bis „außerordentlich wichtig", da sie die Notwendigkeit für die Energiewende sehen: Akzeptanzumfrage.

4   Bürgerbeteiligung bei Großprojekten am Beispiel Suedlink-Starkstrom-Leitung

Um die im Norden erzeugte Windenergie (On- und Offshore) auch nach Süden und Westen transportieren zu können, bedarf es mehrerer neuer Starkstrom-Trassen. Eine von Ihnen soll die neue 800 km lange und einen Kilometer breite Suedlink-Leitung von der Küste bis nach Bayern werden. Die möglichen Trassenvarianten zum Suedlink-Korridor hat der Übertragungsnetzbetreiber Tennet im Herbst 2014 veröffentlicht. Ein Netzausbau muss insgesamt aus Sicht der Bürgerinitiativen, der Politik und der Verwaltung stets nachvollziehbar, effizient und umweltschonend sein. Die Anwohner und Umweltverbände hatten bei der neuen geplanten Trasse bis Oktober letzten Oktober 2014 Jahres die Gelegenheit auf Informationsveranstaltungen die Pläne einzusehen und sich informell durch einen Beteiligungsprozess mit Kritik und Anregungen per Telefon, E-Mail, in Papierform oder persönlich einzubinden. So gab es etwa 3000 Anregungen der Bürger zum Trassenverlauf. Anhand der Eingaben wurden vom Betreiber 100 neue Korridorvorschläge entwickelt und vorgestellt. Gründe hierfür lagen bspw. darin, dass Trassen durch Naturschutzgebiete oder andere sensible Areale liefen, die in den Karten zu ungenau eingetragen waren. Dies versuchte der Projektträger durch größtmögliche Transparenz und Bürgerbeteiligung zu verhindern. Es ist insgesamt von hoher Relevanz, dass die neuen Alternativen gleichberechtigt zum Trassenkorridorvorschlag im Bundesfachplanungsverfahren im Dialog mit den Bürgerinnen und Bürgern und den Kommunen geprüft werden. Der Betreiber muss die Alternativen, die von denen der Bundesnetzagentur abweichen, hinreichend begründen.

Da die Energiewende eine Herausforderung für alle Beteiligten in Staat, Gesellschaft und Wirtschaft ist, kann sie nur gelingen, wenn alle Möglichkeiten genutzt werden, die Belastungen beim Trassenbau für die Anwohner so gering wie möglich zu halten. Hier gilt bei Anwohnern aber häufig das St. Florians-Prinzip: „Bloß nicht vor meiner Tür!". Hauptkritikpunkt ist bei den Trassenführungen der 50 bis 80 m hohen Masten der teilweise mangelnde Abstand zur Wohnbebauung, da Belastungen durch Elektrosmog befürchtet werden. Wo möglich, sinnvoll oder nicht anders machbar, sollte auch die Erdverkabelung erfolgen. Gerade dieser letzte Punkt dürfte noch zu vielen Diskussionen führen, da die Erdverkabelung, nach Angaben des Betreibers um ein Vielfaches (5–7-mal) höhere Kosten verursachen würde. Dem müssten jedoch geringere Zeitaufwände für Planung und Verhandlungen bei Erdkabelverlegung und weniger Zeitverlust durch Bürgerproteste gegengerechnet werden. Weiter würden kürzere Trassenführungen bei Erdkabeln die Kosten reduzieren und Synergien durch Mitnutzung von vorhandener Infrastruktur (Autobahn oder ICE-Trasse) erzielt werden können. Und auch die Folgekosten in der Wartung über den gesamten Lebenszyklus sollten berücksichtigt werden. Nur wenn eine ehrliche Kostenrechnung vom Netzbetreiber aufgestellt wird, die dem Kunden oder den öffentlichen Haushalten später in Rechnung gestellt werden, lässt sich der Prozess schnell umsetzen und finanzieren. Nicht zuletzt sollten in der Trassenwahl naturschutzfachliche Konflikte gelöst werden. Hierzu können die vielen Eingaben der Bürgerinitiativen helfen, die zu Anwälten der Bürger werden. Nach der Festlegung auf den konkreten Verlauf beginnt das Planfeststellungsverfahren, in dem Bürger und Nichtregierungsorganisationen, wie Umweltverbände, noch Einfluss auf den Prozess nehmen können. Die Antragstellung bei der Bundesnetzagentur erfolgte Mitte Dezember 2014. Im Jahr 2018/2019 war der Baubeginn von Suedlink geplant, der nach bisherigen Schätzungen vier Jahre dauern wird. Der Baubeginn verzögert sich nach bisherigen Planungen auf das Jahr 2021. Die endgültigen Verläufe der Trassen wurden Anfang 2019 veröffentlicht An der Notwendigkeit der Trasse gibt es auch bei den unzähligen Bürgerinitiativen keinen Zweifel, wenn die dringend benötigte Energiewende gelingen soll. Ob und inwieweit die Bundesnetzagentur dann die Eingebungen der Bürger und die Änderungswünsche des Betreibers genehmigen bleibt offen.

Literatur

Arnstein SR (1969) A ladder of citizen participation. JAIP 35(4):216–224

Benthele G, Nothhaft H (2011) Vertrauen und Glaubwürdigkeit als Grundlage von Corporate Social Responsibility: Die (massen-)mediale Konstruktion von Verantwortung und Verantwortlichkeit. In: Raupp J et al (Hrsg) Handbuch CSR, Kommunikationswissenschaftliche Grundlagen, disziplinäre Zugänge und methodische Herausforderungen. VS Verlag, Wiesbaden

Handbuch zur Partizipation (2011) http://www.stadtentwicklung.berlin.de/soziale_stadt/partizipation/download/Handbuch_Partizipation.pdf

Informationsportal Erneuerbare Energien (2019) https://www.erneuerbareenergien.de/EE/Navigation/DE/Service/Erneuerbare_Energien_in_Zahlen/Aktuelle-Informationen/aktuelle-informationen.html. Zugegriffen: 19. Mai 2019

Lüttringhausen M (2000) Stadtentwicklung und Partizipation. Fallstudien aus Essen Katernberg und der Dresdner Äußeren Neustadt. Stiftung Mitarbeit, Bonn

Rose C, Thomsen S (2004) The impact of corporate reputation on performance: some danish evidence. Eur Manage J 22(2):201–210

Schrader U (2003) Corporate Citizenship: Die Unternehmung als guter Bürger?. Logos Verlag, Berlin

Spiegel (2014) http://www.spiegel.de/wirtschaft/oeko-energie-erstmals-wichtigste-stromquelle-in-deutschland-a-1010478.html. Zugegriffen: 09. Febr. 2015

Spreemann K (1988) Reputation, Garantie, Information. Z Betriebswirtsch 58(5/6):613–629

Tagesschau (2019) https://www.tagesschau.de/wirtschaft/suedlink-105.html. Zugegriffen: 17. Mai 2019

Umweltbundesamt (2019) Erneuerbare Energien in Zahlen. https://www.umweltbundesamt.de/themen/klima-energie/erneuerbare-energien/erneuerbare-energien-in-zahlen#statusquo. Zugegriffen: 19. Mai 2019

Walsh G (2007) Das Management von Unternehmensreputation. Grundlagen, Messung und Gestaltungsperspektiven am Beispiel von Unternehmen des liberalisierten Gasmarktes. Aachen, Hannover

Walsh G, Beatty S (2007) Measuring customer-based corporate reputation: scale development, validation, and application. J Acad Mark Sci 35(1):127–143

Walter B (2010) Verantwortliche Unternehmensführung überzeugend kommunizieren. Strategien für mehr Transparenz und Glaubwürdigkeit. Gabler, Wiesbaden

Wieland J (12. März 2009) Interview DNWE-Expertenforum: Effektive Compliance braucht Vertrauenskultur. CSR.NEWS

Windenergiereport (2013) www.windmonitor.de. Zugegriffen: 11. Febr. 2015.

© Rainer Rauch

Edzard Schönrock ist Inhaber von prÅGNANT NACHHALTIG-KEIT. KOMMUNIKATION. SCHÖNROCK. Dabei entwickelt er ganzheitliche Nachhaltigkeitsstrategien und passende Kommunikationskonzepte für Verbände, KMUs und Kommunen, die sich politisch nachhaltiger aufstellen wollen und den demografischen Wandel mit Bürgerdialogen bewältigen wollen. Fachartikel, Trainings, Moderationen von Veranstaltungen, Stakeholderdialoge, Change-Management, Public Affairs, Kampagnen, Krisen-Kommunikation und interne sowie externe Kommunikation gehören zu den Schwerpunkten. Seit 2019 ist er Hochschul-Lehrbeauftragter für Kommunikation. Zuvor war er von 2012 bis 2014 Leiter Nachhaltigkeit (CR) der Dirk Rossmann GmbH, zuständig für CR-/Nachhaltigkeits- Projekte, -Strategien und -Kampagnen, außerdem für die interne und externe Nachhaltigkeits-Kommunikation. Von 2005 bis 2012 war er dort als Stv. Pressesprecher in der Öffentlichkeitsarbeit tätig. 2002 schloss Schönrock das Studium der Diplom Sozialwissenschaften an der Universität Oldenburg mit dem Schwerpunkt Umweltpolitik/-planung ab. Seit 2008 absolviert er nebenberuflich seinen Bachelor of Science Ökonomie und verfasste seine Abschlussarbeit in CSR für den Handel. Seit 2012 ist er im Beirat des Forum Ökologisch Verpacken e. V. aktiv. Seit 2004 arbeitet er als Leitender Redakteur Umwelt und Naturschutz bei der Zeitschrift „Heimatland" und hat dort ehrenamtlich als Beirat die Strategie zum Naturschutz entwickelt. Nach dem Studium war er beruflich in verschiedenen Sektoren (Wissenschaft, Verwaltung und Unternehmen) des Umwelt- und Klimaschutzes sowie der Kommunikation tätig.

Die Energiewende in Bürgerhand braucht neue Rahmenbedingungen für gemeinschaftliches Handeln für das Gemeinwohl

Hubert Weiger, Werner Neumann und Ellen Enslin

1   Einleitung

Gerade im Bereich Energieerzeugung und Energienutzung ist die Umsetzung ökologischer und sozialer Ziele dringlich. Weltweit bedrohen über 400 unsichere Atomkraftwerke – darunter weiterhin auch acht in Deutschland noch laufende Atomkraftwerke – ganze Landstriche und Millionen von Menschen mit den Folgen von Atomkatastrophen. Für die atomaren Hinterlassenschaften sind keine Lösungen in Sicht. Der Klimawandel ist kaum noch aufzuhalten, einige „tipping-points" sind wohl schon überschritten. Die Senkung der Treibhausgasemissionen auf Null durch Energieeffizienz und erneuerbare Energien ist ebenso dringlich wie der Atomausstieg. Die Weltgemeinschaft steht vor großen Herausforderungen, deutlich unter dem 2-Gradziel der Erderwärmung zu bleiben und mit den natürlichen Ressourcen verantwortungsvoll umzugehen.

Mit den Sustainable Development Goals (SDGs) haben sich 2015 die Vereinten Nationen 17 Ziele für eine nachhaltige Entwicklung der Welt gegeben. Die SDGs haben mit als Ziel, den Klimawandel abzuwenden und Klimarisiken zu erkennen. Erstmals werden alle drei Säulen der Nachhaltigkeit beachtet: Soziales, Umwelt und Wirtschaft.

H. Weiger (✉)
BUND e. V, Nürnberg, Deutschland
E-Mail: hubert.weiger@bund-naturschutz.de

W. Neumann
BUND e. V, Altenstadt, Deutschland
E-Mail: werner.neumann@bund.net

E. Enslin
Ecofair Consulting e.K., Usingen, Deutschland
E-Mail: ellen.enslin@ecofair-consulting.de

© Springer-Verlag GmbH Deutschland, ein Teil von Springer Nature 2019   293
A. Hildebrandt und W. Landhäußer (Hrsg.), *CSR und Energiewirtschaft,*
Management-Reihe Corporate Social Responsibility,
https://doi.org/10.1007/978-3-662-59653-1_22

Vor diesem Hintergrund kommt der Wirtschaft, besonders aber der Energiewirtschaft, eine große Verantwortung beim Erreichen der Ziele zu. Leider ist oft genug die Nachhaltigkeitsberichterstattung nicht im eigentlichen Sinne von CSR durchgeführt, sondern dient einer Beschönigung der immensen Umweltschäden durch Großkonzerne.

Es erstaunt, dass die prinzipiell überall verfügbaren Lösungsmöglichkeiten zu wenig oder kaum umgesetzt werden. Zahlreiche Initiativen, Kommunen, Stadtwerke, kleine und mittelständische Betriebe, Genossenschaften zeigen jedoch, wie es gehen kann. Sie zeigen was gemeinwohlorientiertes Wirtschaften ist. Ihre Entwicklung wird aber begrenzt und gebremst durch ein gesetzliches Rahmenwerk, dass weiterhin durch das Paradigma des „freien Marktes" den etablierten Energie-Unternehmen und Politiken zum Erhalt der Konzepte dient, die die ökologischen und sozialen Katastrophen hervorgerufen haben. CSR (gesellschaftliche Verantwortung von Unternehmen) im Sinne eines am Gemeinwohl und nicht am Profitstreben der Finanzwelt und einzelner Unternehmen orientierten Wirtschaftens, braucht daher neue Marktbedingungen für ein kooperatives und „wert"schaftliches Handeln. Der Energiebereich eignet sich hierzu besonders, da mit der Energiewende als Gemeinschaftswerk der Wandel schon begonnen hat.

2   CSR in der Energiewirtschaft

Zusammenfassung:
CSR in der Energiewirtschaft wird einem Nachhaltigkeitscheck unterzogen. Der Branchenführer RWE erfüllt dabei die erforderlichen Kriterien eines nachhaltigen CSR nicht. Ein erweiterter Begriff von CSR wird aus der Kritik bestehender unzureichender CSR Prüfungen abgeleitet.

2.1   Ein Nachhaltigkeitscheck beim Spitzenreiter

Sucht man Beispiele für CSR im Energiebereich, stößt man schnell auf den Nachhaltigkeitsbericht der RWE. Der Bericht mit dem Titel „Unsere Verantwortung 2017" ist nach den Kriterien der Global Reporting Initiative (GRI SRS) erstellt worden und ist ebenfalls der Fortschrittsbericht für den Global Compact der Vereinten Nationen. Außerdem nimmt der Bericht Stellung zu den Sustainable Development Goals (SDGs) und welchen Beitrag RWE hierzu leisten möchte. Im Bericht sind die Abschnitte gesondert gekennzeichnet, mit der die neue gesetzliche CSR-Berichtspflicht erfüllt wird. Da RWE nach eigenen Angaben „Mit dem klaren Ziel: ZUKUNFT. SICHER. MACHEN" antritt, lohnt es sich, hier Anspruch und Wirklichkeit miteinander zu vergleichen.

Das Ergebnis ist ernüchternd. Beim Ranking der Nachhaltigkeitsberichte vom Institut für ökologische Wirtschaftsforschung (IÖW) und future e. V.[1] ist der RWE-Bericht auf einem der hinteren Plätze zu finden. Bei Themen wie „Produktverantwortung" und „Ziele & Programm" ist noch viel Platz nach oben. Auch der letzte Umwelt-Check (Stand Jan. 2017) für Grundversorger in den 20 größten deutschen Städten von „Klima ohne Grenzen"[2] zeigt, dass RWE mit seiner CO_2-Bilanz der Gesamtstromlieferung abgeschlagen auf dem letzten Platz[3] liegt und den höchsten CO_2-Ausstoß pro verkaufter kWh aufweist. Da fragt man sich, wie ernst nimmt ein Unternehmen, das mit seinem Kraftwerkspark mit die höchsten CO_2-Emissionen in Deutschland und Europa[4] ausstößt, seine gesellschaftliche Verantwortung. Statt konsequenter Ausstieg aus der Kohle wird weiterhin auf Expansion beim Braunkohletagebau gesetzt.

Beim Streit um den Hambacher Forst zeigte RWE eine „harte Kante" für die Abholzung diese wertvollen Waldes, dessen Erhalt inzwischen zum Mahnmal für den Kohleausstieg geworden ist. Die durch die „Kohlekommission" vorgeschlagene Abschaltung will sich RWE nun mit mehreren Milliarden Euro ausbezahlen lassen. Bezeichnend ist auch, dass kein Wort im Nachhaltigkeitsbericht über die zugelassene Zivilklage des peruanischen Bauern Saúl Luciano Lliuya vor dem Oberlandesgreicht Hamm zu lesen ist. RWE wird auf Entschädigung verklagt, weil der Anteil der RWE-Kraftwerke von 0,47 % an den weltweit schädlichen CO_2-Emissionen maßgeblich für die Gletscherschmelze in den Anden verantwortlich wäre. So droht ein See „überzulaufen" und würde das Haus des Klägers beschädigen. An den Schutzmaßnahmen soll sich RWE beteiligen. Das macht RWE nicht freiwillig.

Verantwortungsvoller Klimaschutz sieht anders aus.

Geht es um den Ausbau erneuerbarer Energien, so ist RWE größtenteils außerhalb von Deutschland mit Offshore-Windparks unterwegs. Es hat zwar als Großunternehmen eine Bürgerenergiegenossenschaft gegründet, da es aber inzwischen bundesweit über 855 eigenständige Bürgerenergiegenossenschaften gibt, so die Ergebnisse einer Umfrage[5], hat diese wenig Auswirkung. Von den 300.000 Anlagen der erneuerbaren Energien im RWE-Netz sind die meisten nicht vom RWE selbst gebaut worden und haben die Anlagenzahl absolut nicht erhöht. Energiewende sieht eben anders aus.

Nachdem der Stromspar-Check im Jahr 2006 durch das Energiereferat der Stadt Frankfurt am Main und den Caritasverband-Frankfurt entwickelt und mittlerweile in über 150 Städten mit über 300.000 Energiesparchecks fortgesetzt wurde, hatte RWE mit „Cleverer Kiez e. V." dieses Projekt in Berlin nachgemacht. Gut so! Allerdings wurde dieses Projekt RWE zufolge nach kurzer Zeit „erfolgreich abgeschlossen". Dies bedeutet, dass diese Beratung für Haushalte mit geringem Einkommen nach wenigen Jahren wieder eingestellt wurde. Nachhaltigkeit sieht anders aus.

---

[1]https://www.ranking-nachhaltigkeitsberichte.de/

[2]https://klimaohnegrenzen.de/

[3]https://klimaohnegrenzen.de/system/attachments/192/original/Grundversorger_Vergleich_2017-CO2.pdf

[4]https://beyond-coal.eu/de/zahlen-und-fakten/

[5]https://www.genossenschaften.de/sites/default/files/Umfrage_Energiegenossenschaften_2018_DGRV.pdf

Beim Abriss des Atomkraftwerks Biblis will RWE tausende von Tonnen radioaktiven Materials mit einer Gesamtaktivität von Millionen von Milliarden (10^{15}) Becquerel als angeblich harmloses Material mit nicht deklarierter Radioaktivität in Umwelt und Materialien freigeben. Dies ist zwar rechtens – ob es auch den Grundrechtsschutz auf Gesundheit erfüllt, wird eine Klage des BUND klären. Vorsorgender Gesundheitsschutz sieht anders aus.

2.2 Auf dem Weg zu einem erweiterten Nachhaltigkeitsbegriff beim CSR

Eine ähnliche Ernüchterung beim Vergleich zwischen „leuchtender" CSR-Berichterstattung und realen Auswirkungen der Unternehmenstätigkeit würde man sicherlich auch bei den anderen Großkonzernen im Energiebereich erfahren. Zwar bemühen sich diese Unternehmen, nicht zuletzt auf Druck der Öffentlichkeit und der Umweltverbände, um Besserung und Minderung von Umweltschäden, insgesamt fragt man sich aber, wie es vertretbar ist, dass Unternehmen, ob nun in der konventionellen Energiewirtschaft, der Automobilindustrie oder dem Flugbetrieb, genauso wie Banken und Versicherungen, sich für ihre Nachhaltigkeitsleistungen im CSR-Reporting feiern lassen. In diesen Berichten werden zwar unbestritten positive Errungenschaften wie z. B. soziale Hilfsprojekte dargestellt, aber der eigentliche Geschäftsbetrieb, der klar und nachweislich einen immensen ökologischen, wirtschaftlichen Schaden und soziale Probleme hervorruft, wird oft genug nicht transparent und ehrlich beschrieben. Die Deutsche Bank hat mittlerweile über 3 Mrd. € zurückgelegt, nur um Vorsorge für erfolgte und drohende Strafzahlungen bei Rechtsstreitigkeiten zu schaffen. Der Börsenwert der Deutschen Bank sank gegenüber dem Höchststand der Aktie um 180 Mrd. €, der von VW um 80 Mrd. €, der Bayer AG um 60 Mrd. €, der von EON SA um 60 Mrd. € [6]. Offensichtlich war nicht eine Ökologisierung dieser Unternehmen hierfür verantwortlich, sondern das Festhalten an umweltschädlichen Investitionen oder Produkten. Man sieht wie sehr falsches Wirtschaftshandeln Vermögen vernichtet, das man – wörtlich genommen – sinnvoller für bessere Ziele und Produkte eingesetzt hätte. Sicher ist die energetische Modernisierung der beiden „Green Towers" getauften Türme der Deutschen Bank mit 70–80 % Energieeinsparung vorbildlich. Aber CSR ist mehr als nur Stromsparen und Energieeffizienz im eigenen Gebäude! Es ist ein ganzheitliches Konzept, das soziale, ökologische und ökonomische Aspekte im Kerngeschäft berücksichtigt. Das Unternehmen trägt Verantwortung für die Auswirkung seiner Geschäftstätigkeit auf die Gesellschaft.

Diese Beispiele zeigen, dass CSR im Energiebereich (und nicht nur dort) sich nicht darauf beschränken darf, die Sahnehäubchen ökologischer und sozialer Projekte darzustellen. Es geht vielmehr um die Bewertung des Kerngeschäfts und dessen Auswirkung auf Umwelt und Gesellschaft. Energieproduzenten und Händler müssen die gesamte Liefer- und Wertschöpfungskette ihrer Geschäftstätigkeit in den einzelnen Stufen untersuchen: Welche Auswirkung hat ihr Geschäft auf die Nachhaltigkeit (Abb. 1)?

---

[6]Daten aus www.finanzen.net

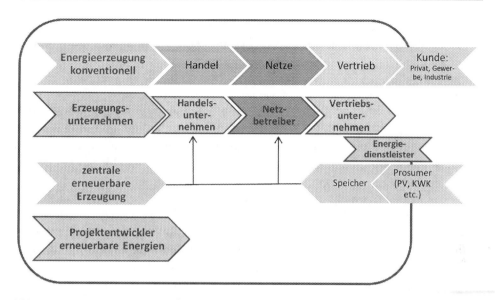

Abb. 1 Nach „Wertschöpfungskette als Basis individueller Geschäftsmodelle" von Sabine Löbbe/ André Hackbarth (ESB Business School), Reutlinger Diskussionsbeiträge Nr. 2017 – 3

Schon 1987 definierte der Brundtlandt-Bericht der UN-Kommission die nachhaltige Entwicklung vor dem Hintergrund der Generationengerechtigkeit: „Dauerhaft ist eine Entwicklung, die die Bedürfnisse der Gegenwart befriedigt, ohne zu riskieren, dass künftige Generationen ihre eigenen Bedürfnisse nicht befriedigen können."[7]

Im Jahr 2011 hatte die EU-Kommission die Definition von CSR erweitert und mit einer CSR-Strategie vorgestellt. Unternehmen haben für ihre „Auswirkungen auf die Gesellschaft" eine Verantwortung. Sie sollen „soziale, ökologische, ethische, Menschenrechts- und Verbraucherbelange in enger Zusammenarbeit mit den Stakeholdern in die Betriebsführung und in die Kernstrategie" integrieren. Ebenso hat der Rat für Nachhaltige Entwicklung im Oktober 2011 den Deutschen Nachhaltigkeitskodex (DNK)[8] vorgestellt. Dieser Transparenzkodex umfasst die vier Bereiche Strategie, Prozessmanagement, Umwelt und Gesellschaft mit 20 Kriterien. Die Berichterstattung erfolgt über die Tätigkeiten des Unternehmens (für jede Größe und Rechtsform), die Strategien, Leitlinien und Prozesse. Daneben werden die Auswirkungen und Nutzung von Umwelt und Natur, der Beitrag zum Gemeinwesen allgemein und in der jeweiligen Region sowie

[7]http://www.un-documents.net/wced-ocf.htm
[8]http://www.nachhaltigkeit.info/media/1317893691phpRc400R.pdf

Angaben zur politischen Einflussnahme und zum gesetzes- und richtlinienkonformen Verhalten abgefragt. Es macht Sinn, sich hier die Vorreiter anzusehen, die von vornherein ihr „Kern"geschäft an echten Nachhaltigkeitszielen ausrichten. Mittlerweile sind etliche DNK-Branchenleitfäden erarbeitet worden; von der Abfallwirtschaft, über die Wohnungswirtschaft bis hin zur Energiewirtschaft[9].

Es gibt zwei wesentliche Kriterien, nach denen man Unternehmen bewerten und messen kann, ob diese sich im Sinne der Nachhaltigkeit verhalten und ob ihre Auswirkung auf die Umwelt und ihre Produkte als nachhaltig bezeichnet werden können. Zum einen sollten sie „nach innen" ihre Unternehmensziele und –prozesse so organisieren, dass ein dauerhafter Verbesserungsprozess hinsichtlich des Verbrauch an Energie und anderen natürlichen Ressourcen erfolgt und das Wohl der Mitarbeiter hinsichtlich Beteiligung, Qualifikation und Arbeitsschutz gesteigert wird. Ein sehr gutes Beispiel ist das erfolgreiche Projekt „ÖKOPROFIT", das vor über 25 Jahren durch die Stadt Graz entwickelt wurde. Mittlerweile ist es in über 100 Städten und Landkreisen und einigen tausend Unternehmen erfolgreich absolviert worden. Basierend auf einer Betriebsanalyse durch ein „Umweltteam" wird ein kontinuierlicher Verbesserungsprozess angestoßen. Erfolgsfaktoren sind, dass das Projekt immer durch eine Kommune oder einen Landkreis angeregt und betreut wird, dass das Verfahren offen ist für verschiedene Anbieter und ein Ökoprofit-Zyklus immer eine interessante bunte Mischung von teilnehmenden „Unternehmen" umfasst, z. B. Banken, Bäckereien, Event-Veranstalter, kirchliche Einrichtungen oder Metallbetriebe. Zum anderen wächst die Zahl der Unternehmen, die sich selbst unabhängig von ihrem Produkt oder Dienstleistung das Ziel setzen, mit ihrer Tätigkeit dem Gemeinwohl und dem Umweltschutz sowie sozialen Zielen zu dienen. Es hat sich hier eine regelrechte Bewegung von gemeinwohl-orientierten Unternehmen herausgebildet[10].

2.3   Für einen erweiterten Begriff von CSR

In diese Richtung geht auch mittlerweile die Sichtweise der EU-Kommission. Sie hat Ende Oktober 2011 ihre „CSR-Strategie" bis 2014 vorgelegt und mit der Richtlinie 2014/95/EU[11] einen rechtlichen Rahmen für eine verpflichtende nichtfinanzielle Berichterstattung geschaffen. Unternehmen, die mehr als 500 Mitarbeiter haben, von öffentlichem Interesse (kapitalmarktorientiert/Finanz- und Versicherungsbranche) sind und bestimmte Schwellenwerte erreichen, müssen diese Pflicht erfüllen. So soll die „Verantwortung von Unternehmen für die Auswirkungen ihrer Geschäftstätigkeit auf Umwelt und Gesell-

---

[9]https://www.deutscher-nachhaltigkeitskodex.de/de-DE/Home/DNK/DNK-for-industry
[10]www.ecogood.org
[11]http://eur-lex.europa.eu/legal-content/DE/TXT/PDF/?uri=CELEX:32014L0095&from=DE

schaft" eingefordert werden. Mit dem CSR-Richtlinien Umsetzungsgesetz (RUG)[12] wurde die Richtlinie in nationales Gesetz umgesetzt und erweiterte den Adressatenkreis noch auf große haftungsbeschränkte Personengesellschaften und Genossenschaften. Durch die geforderten „nichtfinanziellen Erklärungen" oder Nachhaltigkeitsberichte erhalten Stakeholder leichter Zugang zu Nachhaltigkeitsinformationen der Unternehmen. Sie können diese kritisch hinterfragen, damit Nachhaltigkeitsberichte nicht durch Greenwashing als reines PR-Instrument genutzt werden, sondern transparent und realistisch das Nachhaltigkeitsengagement darstellen.

Diese erweiterte Definition für CSR stellt klar, dass CSR nicht einfach gesellschaftliches Engagement abseits oder losgelöst zum Kerngeschäft zu sehen ist. Vorreiter waren z. B. im Bankenbereich die GLS-Bank Bochum und die in ihr aufgegangene Frankfurter Ökobank. Im Energiebereich hatten sich schon früh selbstverwaltete Unternehmen, wie die nach einem Konkurs wieder aufgefangene Solarfirma Wagner und Co. gebildet. Mit dem erneuerbaren Energiegesetz im Rücken, entstanden zahlreiche neue Stromanbieter wie die Naturstrom AG, die Energiewerke Schönau, Greenpeace Energy, Lichtblick, die mit ihrem Geschäftsmodell ganz auf erneuerbare Energien setzen und zugleich ihren Stromkunden sogar eine Beteiligung und Mitbestimmung an ihrem Unternehmen anbieten.

Nachdem im Jahr 2006 Christian Felber im Buch „50 Vorschläge für eine gerechtere Welt" die Gemeinwohlökonomie wieder ins Zentrum der Diskussionen stellte, bildete sich eine wachsende Gruppe von über 8000 Unternehmen, die mittlerweile auch einen Gemeinwohl-Check anbieten und durchführen, der eine breite Palette von Kriterien umfasst. Energie- und Ressourceneffizienz ist hier nur ein Teil eines Gesamtkonzeptes, das Produkte, fairen Handel, Arbeitnehmerrechte, Kundenbezug, Transparenz und eben Orientierung am Gemeinwohl umfasst.

2.4   Marktwirtschaft ja, aber mit klaren Zielen und Leitplanken für die Märkte

Besondere Kritik erfahren solche Konzepte vonseiten der Vertreter der „reinen Lehre der Marktwirtschaft". Denn deren Credo für Markt und Wachstum führt schließlich zu den Vorteilen der Unternehmen und Produkte mit den größten Umweltschäden und –gefahren. Verteilung von Gewinnen, Streben nach Nachhaltigkeit und Gemeinwohlorientierung statt nach immer währendem Wachstum sind ihnen daher suspekt. Auf die Frage, wie man die bestehende Wirtschaftsweise in voller Gänze in eine wirklich nachhaltige Form transformieren kann, darauf hat auch der BUND keine fertige Antwort. Allerdings führen wir die Diskussion und treiben diese voran, angefangen mit der Studie „Zukunftsfähiges

---

[12]Bundesgesetzblatt 18.4.2017. Siehe auch https://www.csr-in-deutschland.de/DE/Politik/CSR-national/Aktivitaeten-der-Bundesregierung/CSR-Berichtspflichten/richtlinie-zur-berichterstattung.html

Deutschland", die schon im Jahr 1996 nunmehr nachweislich wirksame und realisierte Anstöße gab und der Nachfolgestudie „Zukunftsfähiges Deutschland in einer globalisierten Welt" im Jahr 2008 (BUND 2008). Zur Frage „Wachstum" – und wenn ja, wie, führt der BUND seit vielen Jahren anregende Diskussionen, die mittlerweile konkrete Vorschläge für eine Suffizienzwirtschaft umfassen.[13]

Ein Kerngedanke war und ist, dass zwar die Stärke von Märkten darin liegt, über den Wettbewerb ein bestmögliches Ergebnis zur Nutzung von Ressourcen (Kapital, Arbeitskraft, Zeit, Material) zu sorgen, aber für sich gesehen Märkte völlig blind sind für ökologische Wirkungen und Zusammenhänge, für langfristige Wirkungen, für soziale Wirkungen und Gerechtigkeit. Wettbewerb kann daher kein Selbstzweck sein, sondern muss auf ökologische und soziale Ziele ausgerichtet werden. Wirtschaftswachstum, dass weiterhin „an sich" als Selbstwert Leitlinie der Politik der Europäischen Kommission und der bundesdeutschen Regierung ist, führt schließlich immer weniger zu mehr Wohlstand sowohl im eigenen Land, geschweige denn in anderen Ländern auf deren Kosten und zulasten von deren Umwelt und Natur unser relativ hohes Wohlstandsniveau beruht.

Markt und Märkte brauchen daher gerade das leider zunehmend verschmähte Ordnungsrecht, sie brauchen Leitplanken, um das wirtschaftliche Handeln auf ökologische und soziale Ziele auszurichten. Denn bei dem berühmten „Dreibein der Nachhaltigkeit" – Wirtschaft-Soziales-Ökologie ist letztere die eigentliche und dauerhafte Grundlage für soziales Handeln. Und die Wirtschaftsweise, die Märkte, das Finanzsystem sollte sich als menschengemachtes System an den grundlegenden Lebensbedingungen orientieren.

3   CSR in der Energiewirtschaft – konkrete Vorschläge für eine wirksame Energiewende

Zusammenfassung:

Das Kapitel beschäftigt sich mit der Frage, wie CSR mit einer wirksamen Energiewende verbunden werden kann. Es werden konkrete Vorschläge zur Lösung zentraler Hemmnisse vorgestellt bis hin zu einem Gesamtkonzept der Energiewende mit 100% erneuerbaren Energien. Dies betrifft insbesondere den Vorschlag des „Drittelmodells" zur Aufteilung der Modernisierungskosten zwischen Mietern und Vermietern, die Organisierung von Energieeinsparung und die Kraft-Wärme-Kopplung als Bindeglied zwischen fluktuierender Erzeugung und dem Verbrauch.

Nicht nur in der Finanzwelt, auch im Energiebereich ist klar, dass absolut „freies" Handeln zielstrebig zu Krisen führt und oft genug die kurzfristigen Vorteile von wenigen oder großen Unternehmen genutzt werden, die Schäden hingegen auf viele Menschen

---

[13]https://www.bund.net/ueber-uns/organisation/arbeitskreise/wirtschaft-und-finanzen/
    https://www.bund.net/service/publikationen/detail/publication/kommunale-suffizienzpolitik-strategische-perspektiven-fuer-staedte-laender-und-bund/

verteilt werden, und dies oft genug mit langwierigen Folgen. Dies gilt sowohl für die Finanzkrise 2008/2009, die Atomkatastrophen von Tschernobyl und Fukushima, sowie auch für den weltweiten Klimawandel, dessen Vorboten einer immensen Klimaverschiebung schon nachweisbar sind.

Bezeichnenderweise setzen zahlreiche Empfehlungen, Zukunftsszenarien, neue Aktions- und Geschäftskonzepte der Energiewende auf gemeinschaftliche und gemeinwohlorientierte Formen. Schließlich ist die Energiewende im Jahr 2011 als ein „Gemeinschaftswerk" bezeichnet und ausgerufen worden[14]. Schon als das Wort „Energiewende" in den Jahren 1980–1985 erfunden wurde, setze man schon damals auf ein Gemeinschaftsprojekt, nämlich die Rekommunalisierung der Energieversorgung (v. a. beim Strom) getragen durch Stadtwerke in kommunaler Hand (Hennicke et al. 1985).

Eine ganze Reihe von damals beschriebenen Problemen und Lösungsansätzen bleiben aber bis heute bestehen. Dies betrifft die Frage der Trägerschaft der Energieversorgung – durch Konzerne oder durch Bürger und Kommunen ebenso wie die Frage der Organisation der Energiemärkte und der Preisbildung. Es geht damals wie heute um die Frage der Transformation der Energiewelt weg vom Verkauf von Energie in Richtung auf Energiedienstleistungen. Und es geht um die Organisation und Verteilung von Lasten und Nutzen zwischen Vermieter und Mieter bei der immer noch offenen Frage der „warmmietneutralen" Modernisierung von Gebäuden.

Wir möchten daher ausgehen von der These, dass die „Energiewende als Gemeinschaftswerk" auch neue Formen, Akteure und gesetzliche Rahmenbedingungen braucht, die eben gemeinschaftlich und gemeinwohl-wirtschaftlich ausgerichtet sind. Für einige Kernbereiche der Energietransformation hat der BUND e. V. Vorschläge erarbeitet. Es sind Vorschläge für Regeln, Vorschriften und Leitplanken: zum Schutz von Natur und Umwelt, zum Schutz der Menschen hinsichtlich ihrer Gesundheit, ihrer sozialen Lage und ihrer Rolle als Verbraucher. Märkte sollen Vielfalt und Wettbewerb organisieren, aber sie brauchen eine Markt*ordnung,* so wie sie jeder Bauernmarkt am Wochenende hat. Es braucht Ziele für gemeinsame Vorteile und Schranken gegen einseitige Vorteile zulasten vieler oder anderer. Die Energiewirtschaft muss schnell sauberer, sicherer und erneuerbar werden.

3.1 Stromeinsparung systematisch organisieren!

Es verwundert schon, dass es gerade im Bereich der Stromeinsparung seit über 25 Jahren kaum grundlegende neue Instrumente, Vorschriften und Aktionen gibt, obwohl die größten Risiken und Probleme und realen Katastrophen (Atom und Kohle) mit der Stromerzeugung und – nutzung verbunden sind. Es dürfen Atomreaktoren mit erheblichen Sicherheitsmängeln in Deutschland noch bis zum Jahr 2022 betrieben werden und für die CO_2-Produktion aus Kohle soll ein Limit bis zum Jahr 2038 gesetzt werden, das für

---

[14]Deutschlands Energiewende – Ein Gemeinschaftswerk für die Zukunft. Bericht der Ethikkommission Sichere Energieversorgung. Berlin, 30. Mai 2011.

den Klimaschutz nicht ausreicht[15]. Der Emissionshandel hat dies nicht leisten können und die Hoffnungen auf eine wirksame Reform schwinden. Der BUND setzt sich weiterhin für die sofortige Abschaltung der Atomkraftwerke ein und einen Ausstiegsplan für Kohlekraftwerke bis spätestens im Jahr 2030 auf der Basis eines grundlegend novellierten Bergrechts, das weitere Braunkohletagebaue stoppt und Fracking verbietet.

Grundlegend ist jedoch am Stromverbrauch anzusetzen. Stromeinsparmöglichkeiten von über 30 % bestehen mit der heute besten Technik. Nur wenige Unternehmen und Kommunen verfügen über ein umfassendes Energiemanagement[16]. Ganz wenige Kommunen oder Stadtwerke bieten gezielte Stromsparprogramme an[17]. Die Energieeffizienzpolitik hinkt bei der Umsetzung der EU-Richtlinien hinterher, die wiederum zuvor oft genug mithilfe deutscher Wirtschaftsminister flügellahm geschossen wurden. Der BUND fordert zentral die Einrichtung eines unabhängigen Energieeffizienzfonds (insbesondere für Stromeinsparung) und endlich die Umsetzung des Top-Runner-Prinzips bei Geräten, nach dem nur die energieeffizientesten Geräte noch verkauft werden dürfen. Stromeinsparung muss systematisch organisiert und gefördert werden, sowohl für Unternehmen[18] als auch besonders für Privathaushalte und insbesondere für die Haushalte mit geringem Einkommen[19].

3.2　　Eine Gebäudewertversicherung fürs Alter

Ebenso wie der Staat schon lange für eine Grundversicherung für die Rente und nun auch für die Pflege im Alter sorgt und zwar für alle Mitglieder der Gesellschaft, so ist es ein neuer Vorschlag des BUND, analog als Zukunftsvorsorge eine „Gebäudewerterhaltversicherung" für die in jedem Falle bei Gebäuden in 10, 30 oder 50 Jahren fällige Modernisierung einzuführen. Ähnliche Regeln gibt es schon für Wohneigentümergemeinschaften (Rücklagepflicht). Denn es sollten die Klimaschutzziele auch im Heizwärmebereich erreicht werden, verbunden mit einer werterhaltenden Modernisierung zugunsten der Werterhaltung und dem Erhalt von Stadtbildern und Urbanität.

Empfohlen wird, verpflichtend einen Sanierungsfahrplan für jedes Gebäude sowie schließlich für Straßen und Stadtbezirke aufzustellen. Die hiermit verbundene Beratung und gemeinschaftliche Organisierung durch die Kommunen setzt aber voraus, dass zum richtigen Zeitpunkt die richtige Maßnahme erfolgt, denn dann ist diese auch wirtschaftlich[20]. Entgegen der Mythenbildung in zahlreichen Medien ist Wärmedämmung sinnvoll,

---

[15]Siehe hierzu das Sondervotum von BUND und DNR zum Bericht „Kohlekommission".

[16]Frankfurt am Main hat seit 1987 ein Energiemanagement: www.energiemanagement.stadt-frankfurt.de

[17]Z. B. www.frankfurt-spart-strom.de, www.proklima.de

[18]Viele Hinweise zur Energieeffizienz in Unternehmen finden sich beim Institut für Energieeffizienz der Universität Stuttgart sowie bei B.A.U.M. e. V.

[19]www.stromspar-check.de

[20]https://www.bund.net/service/publikationen/detail/publication/energieeffizienz-im-waerme-und-strombereich/

wirksam, sehr selten mit Bränden verbunden und kann auch bei Gebäuden mit erhaltenswerten Fassaden eingesetzt werden. Weitgehend bisher unbeachtet können Lüftungsanlagen mit Wärmerückgewinnung Komfort und Energieeinsparung kombinieren. Ein Modernisierungs-Zwang ist politisch weder vorstellbar noch gewünscht, daher müssen Angebote und Bedingungen geschaffen werden. Die private Pflicht-Rücklage kann mit den bestehenden Förderangeboten der KfW-Bank verbunden werden. Der Vorschlag verbindet die Interessen von Hauseigentümern mit denen der Mieter, denn schließlich ist das private Eigentum, das einen Wert von mehreren Billionen in Form von Immobilien hat, nicht nur geschützt, sondern soll zugleich dem Wohl der Allgemeinheit dienen.

3.3 Mit dem Drittelmodell das Investor-Nutzer-Dilemma auflösen

Das Problem: Der Vermieter investiert in Modernisierung und die Miete steigt deutlich. Der Vermieter befürchtet keine ausreichende Refinanzierung. Die Mieter erhalten eine Mieterhöhung, die über der Energieeinsparung liegt. Deshalb hat der BUND einen ursprünglich vom BUND-Landesverband Berlin, dem Deutschen Mieterbund und der IHK Berlin entwickelten Vorschlag unterstützt. Kern der Überlegung ist, dass der Vermieter, ob privat oder Wohnungsbaugesellschaft ein Drittel der Kosten der energetischen Sanierung zahlt, was dem Anteil für Instandsetzung entspricht, den man ohnehin herausrechnen muss und auch bisher (eigentlich) nicht umlegen durfte. Ein Drittel trägt der Mieter, was bei einer umfassenden Sanierung für 450 €/qm dann 150 €/qm sind und mit einer Mieterhöhung von ca. 1 €/qm in etwa warmmietenneutral ist. Das restliche Drittel sollte über Förderprogramme der KfW laufen, womit auch Beratung und Qualität sichergestellt werden können. Der Staat erhält ohnehin 19 % über die Umsatzsteuer zurück sowie weitere Einnahmen über Einkommensteuer und Rentenbeiträge und bekommt einen Beitrag für das Klimaschutzprogramm. Der Charme des BUND-Modells ist, die einzelnen partikularen Interessen zu einem gemeinsamen Interesse zusammenzuführen. Der Umlagesatz sollte von 11 auf 8 % über 20 Jahre gesenkt werden, was einer Verzinsung von 5 % entspricht, zumal der Vermieter nur ein Drittel der Kosten selbst trägt, aber 2/3 von anderen erhält.

3.4 Die Kraft-Wärme-Kopplung als Allzweckmittel

Bisher galt die KWK nur als Instrument der Energieeffizienz, durch gekoppelte Erzeugung und Nutzung von Strom und Wärme die Abwärmeverluste der Großkraftwerke zu vermindern, durch die insgesamt ein Viertel des gesamten Primärenergieverbrauchs in Deutschland verloren geht. KWK ist vielseitig einsetzbar, es ist ein Prinzip, dass mit Anlagen zwischen 1 kW und mehreren 100.000 kW Leistung maßgeschneidert auf jedes Gebäude, Stadtteil oder Industriegebiet angewendet werden kann. KWK geht mit fast allen Brennstoffen, Holz, Öl, Gas – ob Erdgas, Biogas oder erneuerbar erzeugtem Methan. Allerdings war und ist die KWK der Feind mancher Stromverkäufer, da der Kunde seinen Strom zum guten Teil selbst macht.

Die örtliche Stromerzeugung hat aber weitere Vorteile. KWK-Anlagen können flexibel als Ausgleich zur fluktuierenden Stromerzeugung aus Wind und Sonne betrieben werden, verbunden mit Wärmespeichern bieten sie doppelte Versorgungssicherheit und ersparen den Bau neuer Pumpspeicherwerke. Mit mehr KWK-Ausbau auf lokaler und regionaler Ebene kann der überregionale Stromnetzausbau deutlich geringer ausfallen. Umso unsinniger ist die im EEG 2014 eingeführte Regelung, diese sinnvolle Eigenerzeugung von Strom, ob im Wohnblock, Altenheim oder kommunalen Gebäuden teilweise oder voll mit der EEG-Umlage zu belasten. Anstelle Eigenstromerzeugung ob für Wohnblocks, Krankenhäuser oder Industriebetriebe als „Entsolidarisierung" zu diffamieren, sollte die Eigenerzeugung und Nutzung von Strom aus erneuerbaren Energien und KWK von der EEG-Umlage befreit werden. Damit würden Lösungen für Gemeinschaftsheizungen mit Wärmenetzen begünstigt. Das würde zudem einen einfachen und begründeten Vorteil für den Ausbau der KWK ergeben. Der KWK-Stromanteil sollte endlich von 15 auf 25 % erhöht werden, wie es mehrfach schon beschlossen wurde. Sinnvoll wäre es, gezielt durch die Schornsteinfeger sowie kommunale Stadtteilmanager die Potenziale für KWK-Anlagen jeglicher Größenordnung zu ermitteln[21]. Die mit einer Heizungssanierung mit KWK (oder Umstellung auf vorhandene oder neu geschaffene Fernwärme) eingesparte Energie sichert, dass hierdurch kein Mehrbedarf entsteht.

3.5   Erneuerbare Energien im Stromsystemdesign den Stromverbrauchern zuordnen

Mit der Änderung im EEG im Jahr 2010, den eingespeisten EEG-Strom über den Spot-Markt an der Strombörse zu verkaufen, fing das Unheil an. Zuvor wurde der EEG-Strom auf die jeweiligen Stromlieferanten „gewälzt", d. h. anteilig verteilt. Nun bewirkt der EEG-Strom, der grenzkostenfrei produziert wird und dessen Gesamtkosten durch die EEG-Vergütung abgedeckt sind, an der Börse eine vielfach beklagte Verschiebung der Verhältnisse („merit-order"). Einerseits erhalten Braunkohlekraftwerke Vorfahrt, zumal deren Erzeugungskosten weder ausreichend mit CO_2-Zertifikaten oder Grundwasserabgaben belastet sind. Zum anderen kommen Gaskraftwerke nicht mehr in den Markt und die Basisvergütung für KWK-Anlagen sinkt. Es werden also durch diese Regelung genau die Kraftwerke schlechter gestellt, die als Flexibilitäten zum Ausgleich der fluktuierenden Stromerzeugung aus Wind und Sonne benötigt werden.

Zunehmend entwickeln sich Konzepte oder auch Angebote, die Strommärkte regional zu organisieren. Stromerzeuger können geregelt zusammengeschaltet werden, um den Bedarf in einer Region zu decken. Während die Bundesregierung auf den Ausbau

---

[21]Der BUND ist hier selbst aktiv: www.bund-hessen.de/KWK

der großen Übertragungsnetze setzt, werden diese durch regionale Strommärkte gerade entlastet. Dies erfordert und begünstigt neue Kooperationen zwischen regionalen Stromhändlern und Anbietern von Strom aus Wind und Sonne, um flexiblere Erzeugung und Laststeuerung zusammenzubringen. „Märkte" hingegen, an denen alte steuerbare Kohlekraftwerke mit unstetigem Solarstrom in unsinniger Weise „konkurrieren", sollten abgeschafft werden. Separate „Kapazitätsmärkte", die v. a. zur ökonomischen Versorgung alter Kohlekraftwerke dienen, braucht es dann auch nicht.

3.6 Die neuen Träger der Energiewende

So wie man schon vor über 25 Jahren die Städte und Stadtwerke als wesentlichen Träger der Energiewende identifiziert hatte, so ist es noch heute. Und mehr noch – das EEG hat die Bedingung geschaffen, dass über 1 Mio. Menschen nunmehr Strom und Wärme selbst erzeugen, diesen einspeisen oder weiterverkaufen, dies gemeinsam in Bürgerenergiegenossenschaften oder Beteiligungsgesellschaften organisieren. Die Regelungen im EEG sollen nun genau diesen neuen Strukturen der Energiewende in Bürgerhand durch Belastung von Eigenstrom durch die EEG-Umlage und Ausschreibungsregeln, die kapitalstarke Akteure bevorteilen, den Garaus machen. In die gleiche Richtung hat die Einführung von Ausschreibungen geführt. Damit wird nicht nur die Energiewende ausgebremst, dies ist auch ein immenser Verstoß gegen die demokratische Verfasstheit dieses Landes und das Konzept der Energiewende als Gemeinschaftswerk für das Gemeinwohl. Erforderlich ist daher eine gezielte Durchforstung des Dschungels von Regelungen des Energierechts, die es rechtlich und ökonomisch unmöglich machen, dass Mieter sich an der PV-Anlage und dem Blockheizkraftwerk im Wohnblock beteiligen und hieraus organisiert durch die Wohnungsbaugesellschaft, den Vermieter oder die Stadtwerke ihren eigenen Strom beziehen. Die wenigen hervorragenden Modelle müssen zur Regel werden können.[22]

3.7 Forschung für die Energiewende von unten

Die Neuausrichtung von Forschungsprojekten auf die Energiewende muss zu einem wesentlichen Stützpfeiler für die lokalen, regionalen getragenen Projekte in Bürgerhand werden. Die Ethik-Kommission empfahl im Jahr 2011 den Schwerpunkt auf die Themen Energieeffizienz, Dezentralität, Kraft-Wärme-Kopplung, neue Strukturen am Energiemarkt zu legen. Forschung sollte auch neue Formen der Bürgerbeteiligung, der energetischen Stadtsanierung zur „infrastrukturellen Daseinsvorsorge", der Interaktion und Motivation der Menschen für Energieeinsparung und Energiewende adressieren.

---

[22]Beispiel siehe bei www.heidelberger-energiegenossenschaft.de; www.mainova.de/unternehmen/presse/17638.html; www.energy-consulting-meyer.de/bhkw/.

Tatsächlich wurde dieser Anspruch bisher vor allem bei den „fona" Projekten[23] oder der Nationalen Plattform Zukunftsstadt angegangen[24]. Nunmehr stehen die „Kopernikus"-Projekte im Zentrum der Energieforschung[25]. Diese „Kopernikus"-Projekte umfassen Energiesysteme, neue Netzstrukturen, Power-to-X, Stoffkreisläufe und Ressourcen, Industrie 4.0 und Strommarktmodelle. Diese Fragestellungen sind weitgehend auf Industrie und Exportchancen und kaum auf Energieeffizienz, Dezentralität, Umweltverträglichkeit und zu wenig auf Partizipation und Gemeinwohl ausgerichtet. Der BUND setzt sich daher in diesen Projekten vor allem für die Schaffung von Transparenz dieser Forschung ein. Akzeptanz bedeutet dabei nicht, Forschungs- und Investitionsentwicklungen hinzunehmen sondern diese kritisch zu betrachten oder auch eine breite Beteiligungsmöglichkeit herzustellen. Damit sollen die Ziele einer am Gemeinwohl orientierten „Forschungswende" konkret umgesetzt werden[26].

3.8   Gesamtszenario der Energiewende ist erforderlich

Obwohl allen Beteiligten bekannt ist, dass die Energiewende weg von Atomkraft und fossilen Energieträgern hin zu Energieeffizienz und erneuerbaren Energien komplex ist, werden weiterhin die Strategien in verschiedenen Bereichen der Energiepolitik weitgehend voneinander getrennt entwickelt. Zu sehr regieren Einzelinteressen der Akteure. Energieversorger behaupten, es gäbe nicht genügend Potenziale zur Energieeinsparung und eigene bedarfsgerechte Erzeugung von Strom und Wärme. Übertragungsnetzbetreiber blenden dezentrale Regionalstromkonzepte aus, obwohl Studien zeigen, dass Einsparung und dezentrale Stromerzeugung den Netzausbau auf Höchstspannungsebene um 80 % reduzieren könnten (Prognos 2013).

Bei der Diskussion über Stromnetze werden der Wärmesektor und die Mobilität weitgehend ausgeblendet, obwohl KWK-Anlagen mit der aus der Gebäudemodernisierung eingesparten Energie effizient für Versorgungssicherheit bei geringerem Netzausbau sorgen könnten. Auch der Ausbau der Windenergie wird insbesondere in Bayern gezielt behindert und gestoppt. Statt in jedem Einzelverfahren von vorne zu beginnen, braucht es bundesweit klare und verbindliche Planungsverfahren mit denen zielführend der Naturschutz gesichert wird, aber zugleich ein Anteil von durchschnittlich 2 % der Landesfläche für Windkraftflächen reserviert wird.

Anstatt noch weiterhin in „Energiegipfeln" und „Dialogverfahren" oder „Klimaschutzkabinetten" die bekannten Probleme und Interessenskonflikte erneut hervorzuheben, wird es immer wichtiger, ein integriertes und konsistentes Gesamtkonzept vorzustellen. Dann wird es möglich sein, dass alle Akteure auch ihre zukünftige Rolle

---

[23]Forschung für die Nachhaltigkeit. Übersicht und Informationen zu Einzelprojekten bei www. fona.de.

[24]www.nationale-plattform-zukunftsstadt.de

[25]https://www.kopernikus-projekte.de/

[26]www.forschungswende.de

finden. Der BUND hat daher ein Planspiel für eine „enkeltaugliche" Energiezukunft entwickelt und durchgespielt. Wesentlich ist, dass eine 100 %ige Versorgung mit erneuerbaren Energien möglich ist und die heutigen Auswirkungen auf Natur und Umwelt sowie soziale Belastungen vor allem durch die Senkung des heutigen Energieverbrauchs für Strom, Wärme und Mobilität um die Hälfte minimiert werden können[27]. Erst in der Gesamtsicht erkennt man, wie die konkrete Vernetzung von Energieströmen auf lokaler Ebene auch für die überregionale Ebene Vorteile bringt. Noch wichtiger als die rein physikalische und wirtschaftliche Ebene ist, das Zusammenspiel der Akteure neu zu organisieren. Die kommunale Ebene erweist sich hier wieder als zentrales Element für lokale und regionale Energiebündnisse und Energieagenturen. Die Ergebnisse hat der BUND in einer Publikation zur zukunftsfähigen Energiepolitik dargelegt, wie die „Parisziele" erreicht werden können und welche politischen Schritte hierzu erforderlich sind.[28]

Die Erfahrung solcher Planspiele, ob auf der Ebene einer Kommune, eines Landkreises oder eines Bundeslandes durchgespielt, zeigt, das sich neue, am Gemeinwohl orientierte Kooperationen, ergeben können, wie z. B. zwischen Energieunternehmen und caritativen Organisationen, zwischen Bildungsträgern und dem Handwerk, zwischen Umweltverbänden und Gewerkschaften. „Corporate Social Responsibility" ist dann nicht nur ein Zusatzmodul als Aushängeschild, sondern wird zu einem gesellschaftlich entwickelten und getragenen Leitbild und zu einem gesetzlichen Rahmen, der den einzelnen Akteuren, Unternehmen, Genossenschaften, Stadtwerken und Bürger*innen eine Orientierung für die gemeinschaftliche Organisierung der Energiewende bietet. Das Wort „corporate" bedeutet im Deutschen nämlich nicht nur Unternehmen, sondern zugleich auch „genossenschaftlich", „gesellschaftlich" und „gemeinschaftlich".

4 Die Nachhaltigkeitsziele (SDGs) der Vereinten Nationen als Grundlage für eine verantwortliche Unternehmensführung in der Energiewirtschaft

Zusammenfassung:

Die Nachhaltigkeitsziele (SDGs) der Vereinten Nationen können nicht nur in der Energiewirtschaft die Leitlinie für ein wirkliches CSR darstellen. Wir müssen heute die Unternehmen kritisieren, die CSR nicht korrekt umsetzen und es als Alibiverfahren missbrauchen und entwerten. Wir müssen umgekehrt CSR mit den SDG Kriterien aufbauen.

Nur wenn Wirtschaften an der Wohlfahrt der Menschen und dem Schutz der Umwelt gemessen wird, kann es als nachhaltig bezeichnet werden.

---

[27]Das Verfahren sowie Beispiele aus Kommunen sind beschrieben bei H. H. Schmidt-Kanefendt, www.wattweg.net.

[28]BUND Position Nr. 66 Zukunftsfähige Energiepolitik, https://www.bund.net/service/publikationen/detail/publication/konzept-fuer-eine-zukunftsfaehige-energieversorgung/.

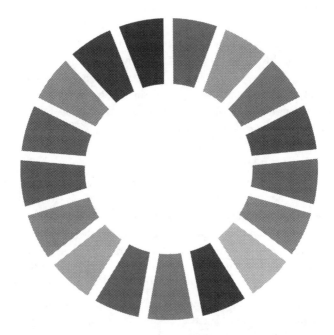

Mit der Agenda 2030[29] haben die Vereinten Nationen ehrgeizige Ziele für eine nach-haltige Entwicklung verabschiedet. Die 17 Ziele[30] haben 169 Unterziele mit 230 Indikatoren. Für Unternehmen bedeutet dies jetzt konkrete Handlungen für eine positive nachhaltige Entwicklung. Sie sollen ihre Wertschöpfungskette ganzheitlich betrachten. Dies gilt insbesondere für die Lieferkette, die Nutzungsphase sowie Produktentsorgung bzw. -verwertung. Mit dem Ziel 7 wird der Zugang zu bezahlbarer, verlässlicher, nach-haltiger und sauberer Energie für alle gefordert. Das Ziel 13 fordert, umgehend Maßnah-men zur Bekämpfung des Klimawandels und seiner Auswirkungen zu ergreifen.

Fast jede Unternehmensentscheidung hat Auswirkungen auf die Umwelt und die Menschen im und außerhalb des Unternehmens. Daneben trägt jedes Unternehmen, ob groß oder klein, Verantwortung, geltende Gesetze einzuhalten, international anerkannte Mindeststandards zu erfüllen und die Menschenrechte zu achten. Die SDGs sind eine gute Grundlage, verantwortungsvolle Unternehmensführung daran auszurichten. Gerade Unternehmen müssen sich messen lassen, ob ihre Tätigkeit dem Schutz der Lebens-grundlagen, dem Abbau von Armut (weltweit!) oder einem nachhaltigen Konsum dient. Wirtschaftswachstum ist schließlich nur ein Aspekt von siebzehn grundlegenden Zielen.

[29]http://www.un.org/Depts/german/gv-70/band1/ar70001.pdf

[30]http://www.bmz.de/de/ministerium/ziele/2030_agenda/index.html

Nachhaltigkeit bedeutet, das erfolgreiches Wirtschaften sich daran messen lassen muss, ob und wieweit es den SGD-Zielen dient.

So sehr wir heute die Firmen loben, die wirkliches CSR in ihrer Praxis, ihren Angeboten, Produkten und Lieferbeziehung umsetzen, so sehr müssen wir uns dafür einsetzen, dass diese positiven Ansätze aus der Nische herauskommen. CSR darf daher nicht zum formalen Etikett werden, das man auch bekommt, wenn man größter CO_2-Emittent ist. Aus den besten CSR-Ansätzen und – praktiken gilt es vielmehr die Elemente herauszufinden, die quasi im Kant´schen Sinne aus der eigenen Maxime heraus zum allgemeinen Gesetz des Handelns werden können, eben als gesetzlicher Standard für einen gemeinschaftlichen Vorteil der gesamten Gesellschaft.

Literatur

BUND, Brot für die Welt (Hrsg) (2008) Zukunftsfähiges Deutschland in einer globalisierten Welt, eine Studie des Wuppertal-Instituts für Klima, Umwelt und Energie. Fischer-Verlag, Frankfurt. ISBN 978-3-596-17892-6

Hennicke P, Johnson JP, Kohler S, Seifried D (1985) Die Energiewende ist möglich. Fischer, Frankfurt a. M. Zugegriffen: 13. Mai 2019

Hennicke et al (1985) Wobei das Wort „Energiewende" schon geprägt wurde in F. Krause et al – Energiewende, Wachstum und Wohlstand ohne Erdöl und Uran. Wuppertal, Frankfurt a. M. (Erstveröffentlichung 1980)

Prognos, IAEW (2013) Positive Effekte von Energieeffizienz auf den deutschen Stromsektor. Wuppertal, Berlin

© Hubert Weigert

Prof. Dr. Hubert Weiger Jahrgang 1947, war von 2002 bis 2018 Vorsitzender des BUND Naturschutz in Bayern und von 2007 bis 2019 Vorsitzender des Bundes für Umwelt und Naturschutz Deutschland (BUND). Von 1967 bis 1971 studierte er Forstwissenschaften an der Ludwig-Maximilians-Universität München und an der ETH Zürich mit Abschluss als Diplom-Forstwirt. 1976 legte er die Große Forstliche Staatsprüfung (Staatsexamen) ab. In seiner Dissertationim Jahr 1986 behandelte er forsthydrologische und bodenkundliche Auswirkung von Stickstoffeinträgen in Waldökosysteme. Seit 1982 ist er stellvertretendes Mitglied des Obersten Naturschutzbeirates und seit 2002 ordentliches Mitglied des Obersten Naturschutzbeirates beim Bayerischen Staatsministerium für Umwelt, Gesundheit und Verbraucherschutz. Zudem ist er seit 2002 Vorstandsmitglied des AgrarBündnis e. V. und seit 2004 des „Zentrum Wald-Forst-Holz Weihenstephan e. V.". Dem Rundfunkrat des Bayerischen Rundfunks gehört er seit 2004 an.

© Werner Neumann

Dr. Werner Neumann Jahrgang 1953, hat in Physik in der Johann-Wolfgang-Goethe Universität Frankfurt am Main studiert. 1986 promovierte er zum Thema Teilchenbeschleuniger. Nach der Katastrophe von Tschernobyl hat er in einem unabhängigen Umweltlabor von 1986–1989 Messungen von Radioaktivität durchgeführt. Er hat kommunale Energiekonzepte erstellt und umgesetzt, zunächst in den Jahren 1987–1990 für die Stadt Offenbach am Main. Ab dem Jahr 1990 war er, davon über 20 Jahre als dessen Leiter, im Energiereferat, der kommunalen Energieagentur der Stadt Frankfurt am Main tätig bis zu seinem Dienstende im Jahr 2013. Seit dem Jahr 2004 ist er Sprecher des Arbeitskreises Energie im wissenschaftlichen Beirat des BUND e. V. und hat maßgeblich die Positionen des BUND im Energiebereich mitentwickelt. Er ist Mitglied in der BUND Atom- und Strahlenkommission.

© Ellen Enslin

Ellen Enslin Jahrgang 1960, ist gelernte Groß- und Außenhandelskauffrau und hat Wirtschaftswissenschaften an der Fernuniversität in Hagen studiert. Sie gründete 1998 mit ihrem Mann das Eschbacher Teekontor und war Pionierin beim Internet-Versandhandel. Nachhaltiges Wirtschaften ist ihr ein besonderes Anliegen. Von 2009–2014 hat sie als kommunalpolitische Sprecherin in der Grünen Landtagsfraktion in Hessen u. a. kommunale Unternehmen und die Rolle der Kommunen bei der Energiewende näher beleuchtet. Sie ist seit mehr als 20 Jahren beim BUND im Ortsvorstand und als Mitglied im Arbeitskreis Energie Hessen aktiv. Sie ist zertifizierte CSR-Expertin (Uni Rostock) und Nachhaltigkeitsbeauftragte sowie interne Energieauditorin und berät als offizieller DNK-Schulungspartner Unternehmen zum Thema Nachhaltigkeit und CSR. Als Bevollmächtigte der Mittelhessischen Energiegenossenschaft (MIEG eG) bringt sie die Energiewende mit voran und als Gründungsmitglied des AK Nachhaltigkeit der IHK Frankfurt am Main das nachhaltige Wirtschaften.

Energiewende hier, jetzt und hinterm Horizont

Tina Teucher

1 Unendliche Energie: Braucht die Menschheit eine Wende?

Die Zukunft der Menschheit hängt wesentlich von ihrer Versorgung mit Energie ab. Doch fossile Energieträger wie Erdöl und Erdgas werden knapper. Technologien wie die Kernkraft bergen nicht ausschließbare Risiken und ein sicheres Endlager für Atommüll ist bis heute weltweit nicht gefunden. Klimakatastrophen stehen nicht bevor, sie sind schon geschehen. Klimaflüchtlinge sind keine medienbeschworenen Zukunftsgeister mehr, sondern stehen vor unserer Tür.

Deshalb braucht die Menschheit eine Energiewende. Sie muss hier und jetzt beginnen, wo Know-how und Ressourcen dafür vorhanden sind: Für Erneuerbare Energien, Effizienz und ein Bewusstsein der Nutzer für das Sparen von Strom, Wärme- und Antriebsenergie. Und wenn wir dieses Wissen und Denken entwickeln und verbreiten wollen, sollten wir unser Sichtfeld auch für die Gegebenheiten und Herausforderungen in anderen Regionen öffnen.

Eng mit dem Begriff Nachhaltigkeit ist das Prinzip der Energieerhaltung verbunden. Man kann keine Energie erzeugen oder vernichten, nur umwandeln und transportieren. Ein geschlossenes System ist also immer im Gleichgewicht. Doch wir Menschen können nur bestimmte Energieformen biologisch und technisch nutzen. Deshalb wandeln wir Energie um: Die Energie des Sonnenlichts, die Pflanzen vor Millionen Jahren durch Photosynthese speicherten, bauen wir heute als Kohle ab und verfeuern sie in Kraftwerken, um daraus elektrische Energie zu gewinnen. Von „Verlust" sprechen wir, wenn uns Energie „verloren" geht, weil wir sie in nicht nutzbare Formen umwandeln. Wenn

T. Teucher (✉)
München, Deutschland
E-Mail: Yes@TinaTeucher.com

z. B. Benzin unserem Motorrad zwar kinetische (Bewegungs-)Energie verleiht, die beim Umwandlungsprozess zwangsweise anfallende Wärmeenergie aber ungenutzt verpufft.

Unsere Erde ist ein Planet mit endlichen Ressourcen. Die meisten ökonomischen Modelle gehen jedoch nach wie vor von der Möglichkeit unendlichen Wachstums aus. Beflügelt vom Mooreschen Gesetz, nach dem die digitale Revolution unaufhaltsam voranschreitet, weil sich die Anzahl der Transistoren pro Flächeneinheit alle ein bis zwei Jahre verdoppelt. In der Natur wächst dagegen nichts unendlich – sondern bis zu seiner idealen Größe. Über diese sollten wir gemeinsam nachdenken, bevor wir ungebremstes Wachstum (wofür?) fördern.

Die ideale Größe hängt immer vom Individuum und seinem Ökosystem ab. Es geht eher um die qualitative Entwicklung – etwa die Anpassungsfähigkeit an die Umweltbedingungen und die Resilienz, also die Fähigkeit, auf sich ändernde Umstände flexibel zu reagieren. Die Parallele zur Corporate Social Responsibility (CSR) liegt nahe: Organisationen und Unternehmen agieren immer im Kontext ihres Um- und Wirkungsfelds. Dort, wo es Energie- und Stoffstromflüsse gibt. Dort können sie mit ihrer gesellschaftlichen Verantwortungsübernahme beginnen und Positives bewirken. Genauso wie jeder einzelne Bürger.

Die gute Nachricht ist: Es gibt etwas, das uns unendlich zur Verfügung steht. Ein Überfluss, den wir uns nur zunutze machen brauchen: „Die Sonne schickt uns keine Rechnung", betont der große Journalist und Energiewende-Kämpfer Franz Alt unermüdlich. Weil es noch die wenigsten begreifen: Jeden Tag schickt uns die Sonne 15.000 Mal mehr Energie als die gesamte Menschheit verbraucht. Eben weil das so wenig greifbar erscheint, eben weil man Energie nicht anfassen kann, sollten wir als Hier und Jetzt Lebende die Energiewende so konkret wie möglich gestalten:

- Hier: Jeder Deutsche kann an sauberen Energielösungen mitverdienen.
- Jetzt: Unternehmen können Elektroenergieerzeugung und -verbrauch zeitlich flexibel gestalten, so das Netz entlasten und zusätzliche Einnahmequellen erschließen
- Global: In vielen Regionen der Welt heißt Energiewende zuerst, Versorgung zu sichern und den Zugang – sozial – jedem zu gewährleisten. Um dort Positives zu bewirken, heißt es zunächst: Horizont erweitern.
- Persönlich: Wherever focus goes, energy flows. Für uns als Individuen lohnt sich der Blick über den „technischen" Tellerrand: Wie gehen wir eigentlich mit unserer Lebensenergie um? Und was wäre nachhaltig?

2 Hier: Wo Bürger an der Energiewende mitverdienen

Die Revolution hat längst begonnen: Während die Parteien die Energiewende zerreden, Fördergesetze abschwächen und sich die Bundesrepublik wegen des Atomausstiegs von einem Energiekonzern verklagen lässt (Vgl. Stratmann 2011), während die traditionellen Energieversorger unter dem Kostendruck ihrer fossilen und atomaren Kraftwerke ins Straucheln kommen und Lobbyarbeit für ihre Rettung betreiben, entdecken Bürger, Installateure, Anleger und Gründer den bisher monopolistischen Energiemarkt als Geschäftsfeld für sich.

Früher war alles ganz einfach: Die vier großen Stromversorger RWE, e. on, Vattenfall und EnBW erzeugten Energie in großen Kraftwerken – und für die Bürger kam der Strom aus der Steckdose. Neue Unternehmer stießen in diesem zentralistischen Strommarkt auf hohe Eintrittsbarrieren: Die Rechtslage war kompliziert, man konnte selbst produzierten Strom durch das Leitungsmonopol nirgends einspeisen und brauchte enorme Investitionssummen, um im Markt mitzumischen. Doch dann kam die Jahrtausendwende und damit die Energiewende. Bereits 1991 hatte das Stromeinspeisungsgesetz die großen Netzbetreiber verpflichtet, Strom aus regenerativen Quellen von kleinen Anbietern abzunehmen und ins Netz einzuspeisen. Doch das Erneuerbare-Energien-Gesetz (EEG) machte ab 2000 diesen Vorrang für Wind-, Sonnen-, Wasserkraft und Biogas mit hohen Vergütungssätzen erst rentabel. „Mit der Liberalisierung des Strommarkts und der Einspeisevergütung eröffnete sich für private Investoren, Haushalte und Bürgersolargruppen plötzlich die Chance, ihre Neigung zu erneuerbaren Energien zum Ausdruck zu bringen und auch mit deutlich kleineren Summen in den Markt zu investieren", hat Prof. Stefan Schaltegger beobachtet. Der Leiter des Centre for Sustainability Management an der Leuphana Universität Lüneburg nutzt die Energiewende gern als Beispiel für seine Studenten im Weiterbildungsstudiengang MBA Sustainability Management. An ihr zeigt er, wie sich ein neues Geschäftsmodell in drei Innovationsschritten etablieren lässt: Erstens beschreibt die sogenannte *Value Proposition,* wie man sein Angebot gegenüber anderen differenziert: „Heute kann man regenerativen Strom als umweltfreundlich anbieten, vorher war Strom gleich Strom", so Schaltegger. Zweitens sei die *Value Creation,* also die Wertschöpfung, nun dezentral möglich. Viele kleine Solar-, Wind- und Biogaskraftwerke machen den fossilen Großkraftwerken Konkurrenz. Damit ändere sich drittens das *Customer Interface,* also die Schnittstelle zum Kunden: „Es gibt keine Gebietsmonopole mehr. Jeder kann als Anbieter gegenüber jedem Kunden auftreten".

2.1   Als Unternehmer: Wie Ökostrom die Marke stärkt

Dieses Wissen hat Joachim Kreye genutzt, um die Energiewende selbst anzutreiben – mit seinem eigenen regenerativen Strom. Der MBA-Absolvent gründete mit seinem Sohn Ende 2011 das Unternehmen Firstcon und bietet nun mit der Marke Energrün die Vollversorgung mit 100 % Ökostrom an. Weil das aber inzwischen viele tun, muss Kreye sich unterscheiden. Er will zum einen Deutschlands günstigster Ökostromanbieter sein. Zum anderen nutzt er den Faktor Glaubwürdigkeit, der gerade bei einem für den Kunden schwer nachvollziehbaren Produkt wie Strom wichtig ist, als Wettbewerbsvorteil: Firstcon ist nach seinen Angaben komplett unabhängig von den großen Versorgern und möchte gleichzeitig hohe Qualität anbieten. Qualität bei Strom? Bei Öko heißt das,

„echten" regenerativen Strom zu liefern. Dabei bekommt nicht einfach normaler (fossiler und atomarer) Strom durch die grünen Zertifikate von norwegischen Wasserkraftwerken ein grünes Kleid. Stattdessen trägt jede vom Kunden bezahlte Kilowattstunde zum Ausbau der Erneuerbaren Energien bei. Firstcon investiert dieses Geld in deutsche Windkraftanlagen.

„Immer mehr Unternehmen möchten ihre eigene Bekanntheit und Glaubwürdigkeit nutzen, um ihre Kunden mit eigenen Strommarken noch stärker an sich zu binden", hat Joachim Kreye beobachtet. So haben etwa Tchibo oder die Bild-Zeitung schon selbst Energie aus erneuerbaren Quellen angeboten. Diesen Bedarf soll das Geschäftsmodell von Firstcon decken: Der Dienstleister kreiert für eine bekannte Firma eine eigene Strommarke, liefert die Energie, entwickelt den Marktauftritt, gestaltet die Tarife und ein eigenes Kundenportal und übernimmt die Marktkommunikation. Mit der Marke Energrün hat das Unternehmen im Jahr 2014 ein Bestbieterverfahren von n-tv und PrizeWize als bundesweit fairster und günstigster Ökostromtarif gewonnen.

Seit Neuestem bietet Firstcon Arbeitgebern die bisher einzigartige Möglichkeit, ihren Mitarbeitern den Haushaltsstrom steuer- und sozialversicherungsfrei zu zahlen. So können auch kleine und mittelständische Unternehmen ihre Arbeitgebermarke stärken.

2.2   Als Hausbesitzerin: Warum Sonne auf dem Dach sich doch lohnt

Photovoltaik rechnet sich aufgrund der reduzierten Einspeisevergütung nicht mehr. Ein Irrglauben, dem viele Hausbesitzer heute auflaufen. Doch bei steigenden Strompreisen von ca. 28 Cent/kWh für Hausbesitzer und Stromgestehungskosten von ca. 14 bis 22 Cent/kWh für Strom aus der eigenen PV-Anlage liegt der Nutzen von „hausgemachtem" Solarstrom für Eigenheimbesitzer auf der Hand.

Nicht jeder, der an der Energiewende mitverdienen will, muss auch eine eigene Firma gründen. Jede Haus- oder Garagenbesitzerin kann sich eine Solaranlage für einige Tausend Euro aufs Dach bauen oder sogar zu einem geringen monatlichen Betrag pachten und damit zur Energiewende beitragen, unabhängig werden und Geld sparen. Viele Hausbesitzer scheuen die hohen Anschaffungskosten, die eigene Investition oder den Aufwand der Entscheidung, welche Qualität zu welchem Preis bei welchem Anbieter zu wählen ist.

Ein Unternehmen aus Bielefeld versucht nun, diesen Markt für Endkunden transparenter zu machen. „Wir wollen den Kauf einer Solarstromanlage so einfach machen wie den Kauf eines Fernsehers", sagt Florian Meyer-Delpho, Geschäftsführer des online-Anbieters Greenergetic. Über ein Web-Portal können Interessierte ihr eigenes Photovoltaikkraftwerk planen, bestellen und schließlich auf dem Haus anbringen lassen.

Wer die Anlage nicht auf eigene Kosten aufs Dach bauen lassen möchte, kann die PV-Pacht nutzen: Der Kunde erhält eine Anlage auf sein Dach, ohne selbst zu investieren. Weil er für seinen erzeugten Strom Einspeisevergütung erhält und durch den

Verbrauch seiner eigenen Energie Stromkosten spart, verdient der Dachbesitzer daran deutlich mehr, als er für die Pacht zahlt. Dabei übernimmt Greenergetic die Kosten für Planung, Installation der Solaranlage, der Dacheigentümer stellt lediglich sein Dach zur Verfügung und verbraucht den produzierten Strom direkt selbst. In den USA ist dieses Mietmodell bereits gang und gäbe, 75 % der in den USA installierten privaten Anlagen sind geleast.

Um in Deutschland möglichst viele Haushalte zu erreichen und lokale Anbieter einzubeziehen, agiert Greenergetic hauptsächlich als Dienstleister für Stadtwerke und Regionalversorger. Sie erhalten das Selbstplan-Onlineportal als white-label-Lösung im eigenen Design auf ihrer Website, inklusive aller Verkaufsprozesse, Marketing und Montage über regionale Partner. So sollen regionale Versorger von einem einfachen Einstieg in das komplexe Geschäftsmodell profitieren. Mit inzwischen über 55 Stadtwerken und Regionalversorgern hat Greenergetic damit Zugang zu über sieben Millionen Haushalten. Die Energieversorger binden mit derartigen Zusatzangeboten ihre Kunden und entwickeln sich zum Energiedienstleister weiter. Florian Meyer-Delpho denkt inzwischen weiter und will die Produktpalette in Richtung Speicher ausweiten. Denn der Strom kommt zwar schon heute billiger von den Photovoltaik-Modulen als vom Energieversorger, aber nicht immer zur rechten Zeit. Wer also tagsüber außer Haus ist und nicht mit Smart-Home-Technik seinen Verbrauch in die Mittagsstunden verlegen kann, muss die selbst produzierte Energie für eine niedrige Einspeisevergütung verkaufen – oder eben speichern. Das erhöht den Eigenverbrauchsanteil, der bei Anlagen ohne Speicher nur bei ca. 25 % liegt. Außerdem plant Meyer-Delpho sein Angebot um Smarthome- und emobility-Lösungen, Wärmepumpen sowie eine Portallösung speziell für mittelgroße Gewerbekunden zu ergänzen. Damit die Menschen vor Ort, also Stadtwerke und ihre Kunden, sich als Treiber der Energiewende verstehen und dabei wirtschaftlich auch noch profitieren können.

2.3   Als Anleger: Wo grüne Beteiligungen blühen

Wer kein eigenes Dach hat, kann zumindest sein Geld für Erneuerbare Energien arbeiten lassen. Ökologische Geldanlagen sind im Aufschwung – in Deutschland, Österreich und der Schweiz wuchs der Markt 2013 erneut zweistellig (Vgl. FNG 2014, S. 5). Mit einer Beteiligung oder einem Fonds, etwa an einem Windpark oder einem Wasserkraftwerk, lassen sich zwischen drei und acht Prozent Zinsen erwirtschaften. Doch unter den Anbietern gibt es auch schwarze Schafe. So warnte nicht nur die Stiftung Warentest vor den Genussrechten des Windkraftunternehmens Prokon, weil es in seiner Werbung über acht Prozent Zinsen verspricht, aber nicht auf das Risiko des Totalverlusts der Geldanlage hinwies. Und tatsächlich musste das Unternehmen im Januar 2014 Konkurs anmelden (Vgl. Hielscher 2014).

Wenn man nach der Zahl der renommierten Auszeichnungen geht, ist Green City Energy dagegen Spitzenreiter in Deutschland. Das Unternehmen, das der Münchner

Umweltverein Green City 2005 als Tochter gründete, stellt Risiken, Laufzeiten und Renditen transparent dar. Anleger können in regelmäßigen Gesellschafterversammlungen über die Zukunft der gemeinsam finanzierten Kraftwerke mitbestimmen. Die Fonds und Genussrechte sind so beliebt, dass sie oft kurz nach Eröffnung voll platziert sind. Die inzwischen mehr als 3800 Anleger ließen sich von guten Referenzen überzeugen. So empfiehlt etwa die Zeitschrift Ecoreporter eine Investition in den Windkraftwerkspark II und die Nachhaltigkeitsratingagentur oekom research vergab an das Unternehmen den seltenen Prime Status. Auch scheint die Investitionshöhe für viele Bürger erschwinglich: Eine Beteiligung ist meist schon ab 500 € möglich. Mit dem gesammelten Geld kann Green City Energy auf Bürgerenergie setzen und gleichzeitig große Projekte stemmen.

2.4   Als Bürger: Die Renaissance der Genossenschaften

Die Energiewende ist sogar für noch kleinere Beträge zu haben – und mit noch mehr Mitbestimmung. In den letzten Jahren erleben Genossenschaften einen wahren Gründungsboom. 2007 gab es erst 108 Energiegenossenschaften, 2013 waren es schon mehr als 800 mit über 150.000 Mitgliedern. In Deutschland sind auf diese Weise mittlerweile über die Hälfte der Erneuerbaren Energien in Bürgerhand. Das Besondere an dieser Rechtsform: Viele Mitglieder können sich mit kleinen Summen beteiligen und machen sich per „Selbsthilfe" unabhängig. Denn die großen Anbieter gelten ihnen als zu teuer, unzuverlässig oder ökologisch unverträglich.

Aus marktwirtschaftlicher Perspektive sind Energieverbrauchergenossenschaften so etwas wie Zwitter: Die Anbieter und Abnehmer von erneuerbarem Strom sind hier vereint. Jedes Mitglied hat eine eigene Stimme in der Mitgliederversammlung – die „Genossen" leben Demokratie. Und sie fördern den bewussten und partnerschaftlichen Umgang mit Energie. Diese Form demokratisiert vor allem das Wissen über Energieversorgung und Erneuerbare Energien. Die Zwitterform führt zu mehr Bewusstsein für den Energiebedarf und -verbrauch, was dann bei Energieeffizienzprojekten zu mehr Verständnis und Aufgeschlossenheit führt.

„Wir wollen einen spürbaren Beitrag zur Energiewende leisten", sagt Katharina Habersbrunner. Sie hat die Bürgerenergiegenossenschaft BENG eG im Jahr 2011 mitgegründet. Hier können die momentan 190 Mitglieder auf zwei Arten an den Photovoltaik-Projekten mitverdienen: Erstens über einen Geschäftsanteil ab 100 € an der Genossenschaft, die mit den Kommunen zusammenarbeitet, die Projekte für die Installateure ausschreibt und die Flächen pachtet. Darauf zahlt die Genossenschaft ihren Mitgliedern eine Dividende aus, je nachdem wie die Geschäfte laufen und welche Investitionen gerade nötig sind, zwischen null und sechs Prozent. Zweitens verdienen Mitglieder, wenn sie sich an den konkreten Projekten beteiligen.

Bei Solaranlagen wie auf der von BENG gepachteten Freifläche in Aschheim sind in einem guten Sonnenjahr wie 2012 auch mal Renditen von 7,5 % drin. Ein Erfolgsmodell für ganz Deutschland? Das wollte Katharina Habersbrunner genauer wissen und schrieb ihre Masterarbeit im MBA Sustainability Management zu der Frage, welchen Beitrag Genossenschaften zur Energiewende leisten können. Sie zeigte, dass Energiegenossenschaften ein wichtiger Baustein für eine bürgernahe, dezentrale und nachhaltige Energieversorgung sind. Sie tragen zu einer Demokratisierung von Wissen und Kompetenz über die Energiewende bei. Dieses Bewusstsein fördert gleichzeitig die Akzeptanz für erforderliche Veränderungsprozesse – die „große Transformation", wie der Wissenschaftliche Beirat für Globale Umweltveränderungen (WBGU) seinen Bericht 2011 betitelte (Vgl. WBGU 2011).

Energiegenossenschaften bewirken eine Entmonopolisierung von Sachverstand und den Eintritt neuer Akteure in die Energiewirtschaft. Die Aneignung von Wissen über und die Bewirtschaftung von Energieformen nach eigenem Drehbuch ist für die Bürger vor Ort ein politischer Lern- und Entwicklungsprozess. So ermöglichen energiegenossenschaftliche Lösungen auch Laien, sich dezentralisierte und demokratische Steuerungsformen zu erschließen und eigenständige professionelle Handlungsmöglichkeiten zu entwickeln.

Außerdem konnte Habersbrunner zeigen, dass Genossenschaften auch wirtschaftlich sinnvoll sind. Sie stellen „transaktionskosteneffiziente Kooperationsmodelle für ökonomische Aktivitäten" dar. Das heißt: Dadurch, dass sich Menschen in dieser Gemeinschaftsform miteinander solidarisieren und sich mit der Gruppe identifizieren, wächst das Vertrauen in die anderen Beteiligten und in das System. Und das senkt wiederum die Transaktionskosten, also die Kosten für Kontaktanbahnung, Informationsbeschaffung und Verhandlung bei fremden Geschäftspartnern. Energiegenossenschaften können deshalb nicht nur als demokratisches und bürgernahes, sondern auch als kosteneffizientes Unternehmensmodell einen wichtigen Beitrag für eine dezentrale Energiewende leisten.

2.5 Als Nachbar: Mit Börsen den „Strompartner" kennenlernen

Die sich häufig ändernde Rechtslage des EEG sorgt auch bei den Genossenschaften für Unsicherheiten. „Deshalb beschäftigen wir uns jetzt mit ‚Photovoltaik 2.0‘", sagt Katharina Habersbrunner, die auch Vorstandsmitglied der Genossenschaft Bürgerenergie Bayern (Beng) ist. Bei diesem neuen Geschäftsmodell geht es nicht mehr um das „Verdienen an der Einspeisevergütung", sondern vorrangig um den direkten Eigenverbrauch der Gebäude mit PV-Anlagen oder mit dem sog. Mietermodell.

So kann etwa die Schule in Gräfelfing ihren Photovoltaik-Strom direkt selbst nutzen. „Dann müssen wir aber nicht mehr nur Einspeiseverträge abschließen, sondern auch Stromrechnungen schreiben und die EEG-Umlage abführen", so Habersbrunner, Um für den produzierten Strom künftig auch Abnehmer zu finden, arbeitet Beng deshalb mit der online-Community buzzn zusammen. Das Unternehmen übernimmt für die Genossenschaft unter anderem die Administration, die Stromrechnungen und die Abgabenverwaltung, um den Austausch regionaler Energieerzeuger und -abnehmer zu stärken. „Bei Brot, Gemüse und Haarschnitten funktioniert das regionale Prinzip doch", dachte sich buzzn-Gründer Justus Schütze. „Warum kann ich dann keinen Strom kaufen, den Menschen in meiner Region produzieren?" Deshalb schuf Schütze die Website buzzn als „Pool": Wer selbst produzierten Strom übrig hat, kann hier noch etwas dafür einnehmen. Wer regionalen Strom beziehen will, zahlt einen Grundpreis von acht Euro pro Monat und 26,50 % pro Kilowattstunde (kWh). Rund ein Drittel dieser Einnahmen geht an die Pool-Stromgeber und an buzzn zum Betrieb und zur Weiterentwicklung neuer Werkzeuge. So werde der Strom umweltschonend dezentral produziert und genutzt und das „Stromgeld" bleibe in der Region, was die Unabhängigkeit von der Energieindustrie fördere. Über die Landkarte des Netzwerks kann jeder sehen, von wem er Strom bezieht bzw. wen er versorgt. Hier wird die Energiewende fast greifbar, in jedem Fall aber persönlich und konkret.

3   Jetzt: Wann Unternehmen mit Demand Response profitieren

Die Energie macht es uns nicht leicht: Sie ist selten dort, wo man sie gerade braucht. Die meiste Windenergie soll nach dem Willen der Bundesregierung in Offshoreanlagen – hoch auf dem Meer – produziert werden. Dort gibt es allerdings keine Verbraucher. Der Strom muss zunächst weite Strecken zurücklegen. Und er kommt aus immer mehr Quellen, die gesteuert werden müssen, denn Energie-Verbraucher und -Produzenten sind nicht mehr strikt getrennt: Viele Kleinanlagen erzeugen dezentral Strom, der sich nur teilweise gleich vor Ort nutzen lässt. Doch wer regelt diesen großen Mix? Bisher ließ sich noch jedes technische Problem durch neue Technologien lösen. Die wohl wirksamste Wunderwaffe für die Energiewende heißt „Smart Grid": Ein ausgeklügeltes Netz verbindet die zahlreichen kleinen und großen „Kraftwerke" und Abnehmer. Es koordiniert den Bedarf und die Kapazitäten von allen Strommarktteilnehmern: Erzeugern, Netzbetreibern und Endverbrauchern.

Ein Smart Grid kann neben Strom auch Wasser, Gas oder Wasserstoff steuern, doch heute meint man damit in erster Linie Energie und Daten. Sie fließen in beide Richtungen zwischen den Verbrauchern, Erzeugern und Steuerungsstellen. Damit sich dieses Netz wirklich smart nennen darf, muss es zwei Anforderungen erfüllen: Erstens sollte die Energie aus erneuerbaren Quellen stammen. Zweitens sollte sie immer ausreichend zur Verfügung stehen – auch nachts und im Winter. Das lässt sich einerseits mit Speichertechnologien sicherstellen. Andererseits können flexible Erzeuger und Verbraucher im Netz für eine Balance im Stromnetz sorgen. Der Markt dafür ist noch wenig bekannt, birgt aber gerade für Unternehmen interessante Einnahmemöglichkeiten (Vgl. FfE 2010). Frontier Economics (2014), EWI (2012), Nicolosi (2012).

> Smart Grid will be 10 to 100 times bigger than the Internet.
> *John Chambers, CEO, Cisco*

Früher brauchte das Stromnetz zu Spitzenlastzeiten (wie z. B. mittags) mehr Energie. Entsprechend produzierten die Kraftwerke mehr – die Stromproduktion war ausschließlich auf den Bedarf ausgerichtet. Im Smart Grid wird diese Regel nun auch mal umgedreht: Dann richtet sich der Verbrauch zunehmend nach der Stromerzeugung. Das heißt zum Beispiel: Elektromobile laden bevorzugt, wenn Strom gerade reichlich und günstig vorhanden ist.

Das „Strom zum richtigen Zeitpunkt abnehmen" lässt sich sogar als Geschäftsmodell darstellen. Schon heute profitiert die Wirtschaft von der sogenannten Verbrauchsanpassung (auch Lastmanagement oder Demand Side Management) (Vgl. Enernoc 2009). Große Unternehmen wie Schwimmbäder, Kühlhäuser oder Supermärkte regeln ihre Lastanpassung vertraglich mit Energieversorgern und Anbietern für Lastmanagement. Die Nachfrage so zu regeln ist oft günstiger, als Kraftwerke mehr oder weniger produzieren zu lassen. In Industrieanlagen gibt es beispielsweise zahlreiche Klimaanlagen, elektrische Öfen und Elektrolyseanlagen. Auch in der Wasserentsalzung lässt sich die Nachfrage flexibler gestalten. Denn der genaue Zeitpunkt der Produktion für Güter wie Wasserstoff, Wärme, Kälte, flüssige Luft oder Trinkwasser spielt kaum eine Rolle. Solche „Produkte" lassen sich leichter speichern als elektrische Energie. Gleichzeitig kostet es weniger Aufwand, ihre Erstellung zu verschieben und damit Energiespitzen auszugleichen, als extra Kraftwerke („Spitzenlast") einzusetzen oder herunterzufahren (Vgl. Paschotta 2015).

Dieses Potenzial macht das erfolgreiche Start-up Entelios der Industrie zugänglich. „Um die natürlichen Schwankungen auszugleichen, die beim Einspeisen Erneuerbarer Energien unvermeidbar sind, liefert Demand-Response eine schlüsselfertige Lösung", sagt Gründer Oliver Stahl. Beim „Demand-Response"-Prinzip lassen Großverbraucher in Spitzenlast-Zeiten des Stromnetzes ihre Anlagen (und damit Kapazitäten) vom Netz nehmen und erhalten dafür eine Kompensationszahlung. Die so „per Klick" gewonnenen Kapazitäten für das Gesamtstromnetz sind billiger, als wenn in Spitzenlast-Zeiten erst ein Gaskraftwerk hochgefahren oder ein Wasserkraftwerk aktiviert werden müsste. Die Regelenergie bietet Unternehmen damit eine zusätzliche Einnahmequelle, während Stromanbieter sie als schnell verfügbares, planbares und kostensenkendes Werkzeug nutzen können. In den USA wird das Demand-Response-Prinzip auch im privaten Bereich genutzt, da hier stromintensive Geräte (wie Poolheizungen) die Lastspitzen höher und die Netze schwächer sind. In Boulder City in Colorado können Stromkunden in Zeiten allgemein hohen Energieverbrauchs ihre Klimaanlagen herunterfahren und sich dafür bezahlen lassen.

Seit Februar 2014 gehört die Entelios AG zur börsennotierten EnerNOC. Das Unternehmen mit weltweitem Wachstumsanspruch hat in den letzten Jahren zehn große und kleine Firmen gekauft und bietet heute umfassendes Energiemanagement für Unternehmen: Mit der sogenannten EIS (Energy Intelligence Software) lassen sich alle

Aspekte von Energie-Software, über Netzentgeltoptimierung, bis Energiebeschaffung und Effizienz regeln. Allein durch intelligente IT-Steuerung konnte das Unternehmen bei seinen Kunden mit einer Gesamtleistung von ca. 26.000 MW so bereits knapp 20 Mio. t CO_2 vermeiden und eine Milliarde US$ einsparen (Vgl. Enernoc 2015).

Die Gründer von Entelios haben ein neues marktfähiges Gut identifiziert: Flexibilität. Geld erhält, wer seine Stromproduktion oder seinen Verbrauch dem Bedarf des Netzes anpasst. Das lohnt sich vor allem für Großverbraucher mit mehreren Megawatt sowie dezentrale Erzeuger: Aluminiumhersteller, die Zinkproduktion und die Chemie- oder Papierindustrie. Sie vereinbaren mit dem Regelenergieanbieter bestimmte Randbedingungen: Wie häufig und für wie lange darf abgeschaltet werden? Welche Vergütung erhält der flexible Nachfrager dafür? Vor allem Unternehmen, die Strom selbst an der Börse kaufen oder erzeugen, können einfach an Demand Response teilnehmen, ohne sich erst mit ihrem Stromlieferanten auseinandersetzen zu müssen. Auch Infrastruktur-Unternehmen wie der Münchner Flughafen mit seinem mehrere Megawatt starken Kraftwerk sind flexibel bei der Erzeugung dezentraler Energie. Der Flughafen braucht viel Strom für Gebäude und Klimaanlagen. Die dafür selbst produzierte Energie kann er relativ flexibel einsetzen und diese Flexibilität am Markt anbieten. Sicherheitsanlagen und Landebahnen laufen dagegen auf eigenen Stromkreisen und sind für das Demand-Response-Prinzip tabu. Wenn zu viel Strom im Netz ist, weil z. B. der Wind mehr als geplant bläst und Windräder antreibt, können solche Erzeuger die Stromproduktion herunterfahren und Energie vom Netz nehmen („negatives regeln").

Wer zahlt den D/R-Teilnehmern letztendlich Geld für ihren Beitrag zum Lastausgleich? In Deutschland wird Regelenergie von den Übertragungsnetzbetreibern (TenneT, 50 Hz, EnBW und Amprion) bewirtschaftet. Dieser eigentlich transparente Markt ist in der Öffentlichkeit kaum bekannt, weil sich darin früher wenige Player bewegten. Etwa 100 Anbieter mit großen Kraftwerken boten hier traditionell wöchentlich über Auktionen ihre Regelleistung an. Durch Demand Reponse erweitert sich dieser Markt nun. Bei zuviel Strom im Netz fragen Übertragungsnetzbetreiber Lastmanagement-Unternehmen wie Entelios an. Schaltet das Start-up z. B. ein Blockheizkraftwerk bei einem seiner Partner ab, erhält es für diese Regelleistung eine Zahlung, die mit dem Anlagenbetreiber geteilt wird. Auch Biogasanlagen lassen sich so als „negative Reserve" nutzen. Wenn der Bedarf des Netzes es meldet, kann der Betreiber sie runterfahren und trotzdem verdienen. Zahlreiche Biogasanlagen nehmen entsprechend am Regelleistungsmarkt teil. Einige Stadtwerke schalten mehrere kleine Erzeugeranlagen in virtuellen Kraftwerken zusammen. So ermöglichen beispielsweise die Münchner Stadtwerke, dass Entelios flexible Nachfrager in dieses virtuelle Kraftwerk einbringt und steuert.

Doch das neue Wirtschaftsgut „Flexibilität" ist noch nicht frei vermarktbar, beklagen die Demand-Response-Experten. Verbraucher können sie bisher noch nicht unabhängig von ihrem Lieferantenvertrag nutzen, sondern brauchen die Zustimmung des Lieferanten, wenn sie einen Dienstleister mit der Vermarktung ihrer Flexibilität beauftragen. Der Markt erinnert an den der Telekommunikation vor über zehn Jahren: Heute erscheint es selbstverständlich, dass die Telefonleitung in der Wohnung eine, der Telefon- oder Fernsehvertrag eine andere Sache ist. Die Telekom tritt längst nicht mehr als Monopolist auf. Eine ähnliche Revolution wie die der Telefonleitung steht den Kabeln in der Fabrik bevor. Ein Unternehmen hat dann einen Stromliefervertrag, kann seine Flexibilität aber zusätzlich als geldwerte Leistung (z. B. über einen Dienstleister) an den Markt bringen. In Ländern wie der Schweiz ist dies bereits Gang und Gäbe: Dort können Anlagenbetreiber und Verbraucher ihre Flexibilität im Regelenergiemarkt verkaufen. In Deutschland hat dagegen der Stromlieferant das Monopol über alles, was über seinen Zähler läuft. So wirkt das Bilanzkreismanagementsystem, das in den 1990er Jahren eigentlich mehr Wettbewerb schaffen sollte, heute innovationshemmend. Außerdem müssen Energieabnehmer Netzentgelte zahlen – auch wenn sie auf Anfrage der Übertragungsnetzbetreiber Überschussstrom aufnehmen. Bisher würden also Industriebetriebe, die mit negativer Regelleistung die Energiewende unterstützen, durch zusätzliche Gebühren bestraft. Entsprechend fordert u. a. der BDI in seinem Positionspapier, die durch Erneuerbare Energien erhöhte Volatilität des Stromnetzes durch erleichterte Bedingungen für den Flexibilitätsmarkt auszugleichen (Vgl. BDI 2014, S. 7).

4   Global: Wie Kolumbien auf soziale Energieversorgung setzt

Während in Deutschland und Europa um Zahlen und Details der Energiewende gerungen wird, sind die Menschen in anderen Teilen der Welt froh, wenn sie überhaupt Zugang zu Strom haben. Laut der Internationalen Energieagentur (IEA) leben weltweit noch immer 1,3 Mrd. Menschen ohne Elektrizität (Vgl. IEA 2013, S. 2). Das betrifft hauptsächlich Länder in Afrika und Asien, doch auch in Südamerika ist eine flächendeckende Energieversorgung – vor allem wegen innerer Konflikte – nicht selbstverständlich.

Kolumbien bezieht seinen Strom aus über 70 % Wasserkraft (Vgl. Teucher 2014a). Das Wasserkraftwerk des Versorgers der Region Medellin, epm, liegt 800 m unter der Erde. Es hat eine für deutsche Verhältnisse sehr hohe Leistung von 560 MW. Dafür mussten hier Ende der 1960er Jahre zwei komplette Dörfer dem großen Stausee weichen. Das Ersatzdorf wirkt entsprechend retortenhaft. Kolumbien hat 30 solcher Wasserkraftwerke, fünf davon mit ähnlich hoher Leistung. Dieses hier ist das zweitgrößte, mit dem größten Stausee des Landes. Die ökologisch „saubere" Energie sorgt für soziale Konflikte – in stärkerem Ausmaß, als sich das bayerische Windkraftgegner wahrscheinlich vorstellen können.

epm, der Strom-, Gas- und Wasserversorger der Stadt Medellin, agiert auch international erfolgreich und bringt so Geld in die Stadtkasse (Vgl. Teucher 2014b). Das Unternehmen gehört zu 100 % der Stadt Medellin und ist daher nicht an der Börse gelistet, wird aber vom Dow Jones Sustainability Index als nachahmenswerte Referenz hervorgehoben. Es versorgt 126 Gemeinden in der Provinz Antioquia, exportiert aber auch Energie nach Guatemala, Costa Rica, Chile und Ecuador.

Mit „Nachhaltigkeit" verbindet man in diesem Teil der Welt andere Aspekte als in Deutschland. Das wird auch in der Nachhaltigkeitsstrategie von epm deutlich, die sich auf drei Ebenen konzentriert:

1. Gesetze erfüllen. Was selbstverständlich klingt, ist in Südamerika nicht selten eine Herausforderung.
2. RSE (Responsibilidad Social Empresal), wie die soziale Verantwortung im Kerngeschäft hier heißt. Es geht dabei darum, mit allen unternehmerischen Aktivitäten das fragile Gemeinwohl zu stärken. Dazu gehört schon die Verfügbarkeit von Services wie Strom, die zu einem höheren Lebensstandard führen, oder die langfristige Einbindung von Zulieferern.
3. Zusätzliche gesellschaftliche Aktivitäten wie Sponsoring von gemeinnützigen Projekten oder Unterstützung von Volunteering, also freiwilligem Einsatz von Mitarbeitern im sozialen Bereich. Diese Ebene umfasst also eher außergeschäftliche Maßnahmen, die der englische Begriff CSR (Corporate Social Responsibility) ursprünglich umschrieb.

Im Fokus des Energieversorgers steht jedoch das Ziel, das krisengebeutelte Land vollständig beliefern zu können. Mit dem Programm „Antioquia Iluminada" strebt epm eine 100-prozentige Stromversorgung in der gleichnamigen Region an. Wegen der schwierigen Topografie ist auch das nicht selbstverständlich. Bis 2007 konnte epm 79,9 % des ländlichen Raums elektrifizieren, 2013 waren es bereits 96 %.

Kolumbien gehört zu den Ländern mit der höchsten Inlandsflüchtlingsrate. Insbesondere zwischen 1995 und 2003 flohen tausende Menschen wegen bewaffneter Gruppen auf dem Land Richtung Stadt. Wartungsarbeiten am Stromnetz waren wegen der Gefahren nicht möglich, die Infrastruktur verfiel. Doch die Paramilitärs nutzten die Energie weiter. Wer heute in sein Haus zurückkehrt, hat entweder keinen Strom oder eine unbezahlbar hohe Stromrechnung. Als epm diese Regionen von kleineren überforderten Firmen übernahm, wusste der Energieversorger noch nicht, was ihn erwartete. 3500 Familien allein im Osten Medellins waren betroffen. Teils mussten Rechnungen über 10.000 US$ abgeschrieben werden. Teils hatten die Paramilitärs sogar Minen an den Transformatorenkästen angebracht. Für diese zum Teil sehr gefährlichen Arbeiten musste epm zahlreiche zusätzliche Elektriker ausbilden.

Kolumbien will die Strompreise landesweit möglichst sozial gestalten, sodass ärmere Bevölkerungsgruppen weniger zahlen und sich Strom uneingeschränkt leisten können. Die Regierung legt die Strompreise fest, die für Arme bei nur ca. 1 US$ pro 50 kWh liegen. Zur Gruppe „arm bis sehr arm" gehören laut der epm-Klassifizierung 80 % der Bevölkerung. Ein preislicher Anreiz zum Stromsparen, wie es im deutschen Denken vielleicht nahe läge, ist hier nicht angebracht – Soziales geht vor Ökologie. Doch aus der Not entwickeln sich eigene Mechanismen, die am Ende doch der Umwelt zugutekommen. Weil viele Nutzer gar kein Konto haben, kaufen sie den Strom über ein prepaid System. Das steigert das Verbrauchsbewusstsein – und senkt den Energieverbrauch.

Von den Gewinnen des öffentlichen Unternehmens gehen 30 % an die Stadt, weitere 20 % kann sie für „außerordentliche Bedarfe" abrufen. Entsprechend ist Medellin verhältnismäßig reich und investiert in zahlreiche öffentliche Programme und Bildung. Das brachte der Stadt den Titel „most innovative city in the world" ein.

Der Energiemix Kolumbiens setzt sich neben der Wasserkraft vor allem aus fossilen Quellen zusammen. Gas gilt als umweltfreundlich, weil es reichlich vorhanden ist und weniger umweltschädliche Emissionen als Kohle verursacht. Solarenergie ist dagegen bisher nur in sehr ländlichen, abgelegenen Gebieten rentabel. Das Thema Energieeffizienz kann sich epm nur als sehr langfristige Vision auf die Agenda setzen: Zwar glänzt sein Hauptsitz als leuchtendes Beispiel für energieeffizientes Bauen. Doch gleichzeitig hat das Unternehmen mit durchschnittlich vier Prozent Verlusten zu kämpfen, hauptsächlich durch (Übertragungs-)Verluste und den verbreiteten Stromdiebstahl.

Der Imagefilm von epm gehört sicher zu den bewegendsten unter den Unternehmensvideos weltweit. Er erzählt die Geschichte von zurückgewonnener Lebensqualität. Ein ehemaliger Inlandsflüchtling sieht epm-Mitarbeitern zu, wie sie eine Lampe in sein von den Paramilitärs „zurückerobertes" Haus schrauben. Vor fünf Jahren kehrte er in sein zerstörtes Dorf zurück und lebt seither ohne Elektrizität. Die Lampe leuchtet. Mit Tränen in den Augen sagt er: „Ein Haus ohne Licht ist wie ein Haus ohne Frau. Du fühlst Dich einsam und antriebslos."

Das städtische Unternehmen erfreut sich in der Region nicht nur eines guten Rufs als Lichtbringer, sondern auch als Arbeitgeber. In der Zentrale finden die Mitarbeiter ein eigenes Fitnesscenter mit Blick über die Dächer Medellins. Auch Familienmitglieder können hier trainieren. Wem das zu weit weg ist, dem zahlt epm ein Fitnesscenter in Wohnungsnähe. Auch die Ausbildung von Mitarbeitern und deren Verwandten wird gefördert. Und die Sicht vom Mittagspausenbereich im 11. Stock auf ganz Medellin können Angestellte bei einer geselligen Runde Billard oder Tischtennis genießen.

Der Energieversorger versorgt so auch seine Mitarbeiter aktiv mit Energie. Ein weises Vorgehen, von dem wir auch hier im geschäftigen Deutschland lernen können. Denn bei allen technischen, sozialen, ökologischen und ökonomischen Überlegungen sollten wir auch nachhaltig mit unserer (begrenzten) Lebensenergie umgehen. Im Hier und Jetzt können wir am meisten bewegen – ohne größere Energie- und Reibungsverluste.

Ob mit eigener Firma, Fondsbeteiligung oder als Genossenschaftler: Ein unternehmerisches Risiko bleibt bei allen Investitionen in die Energiewende. Nicht nur, dass z. B. die Launen des Wetters die Erträge aus Erneuerbaren Energien beeinflussen, weil die Sonne nicht immer scheint und der Wind nicht immer weht. Auch das politische Klima kann die Rahmenbedingungen für Einspeisevergütung, Versicherungsregelungen oder Bau- und Sanierungskredite negativ beeinflussen. Wer an der Energiewende verdienen will, sollte daher prüfen, ob er das Geld mittel- bis langfristig wirklich „übrig" hat. Dann kann er auch besten Gewissens investieren – und damit seinen Kindern hoffentlich ein kleines Vermögen, aber in jedem Fall eine saubere Energieversorgung hinterlassen.

Literatur

BDI (2014) Impulse für eine smarte Energiewende. Handlungsempfehlungen fur ein IKT-gestütztes Stromnetz der Zukunft. http://bdi.eu/download_content/EnergieUndRohstoffe/BDI_Impulse_fuer_eine_smarte_Energiewende.pdf. Zugegriffen: 15. Jan. 2015

Energiewirtschaftliches Institut an der Universität zu Köln (EWI) (2012) Untersuchungen zu einem zukunftsfähigen Strommarktdesign, Gutachten im Auftrag des Bundesministerium für Wirtschaft und Technologie (BMWi).

Enernoc (2009) Demand response: a multi-purpose resource for utilities and grid operators. Boston. http://www.enernoc.com//themes/bluemasters/images/brochures/pdfs/2-Whitepaper-DR-A_Multi-Purpose_Resource.pdf. Zugegriffen: 19. Jan. 2015

Enernoc (2015) Powerful energy intelligence software. Boston. http://www.enernoc.com/. Zugegriffen: 15. Jan. 2015

Forschungsstelle für Energiewirtschaft e. V. (FfE) (2010) Demand Response in der Industrie. Status und Potenziale in Deutschland. München. https://www.ffe.de/download/article/353/von_Roon_Gobmaier_FfE_Demand_Response.pdf. Zugegriffen: 19. Jan. 2015

Forum Nachhaltige Geldanlagen (FNG) (2014) Marktbericht Nachhaltige Geldanlagen 2014. Berlin. http://www.forum-ng.org/images/stories/Publikationen/FNG_Marktbericht2014_Web.pdf. Zugegriffen: 19. Jan. 2015

Frontier Economics (2014) Strommarkt in Deutschland – Gewährleistet das derzeitige Marktdesign Versorgungssicherheit? London.

Hielscher H (2014) Prokon-Insolvenz: „Anleger könnten komplett leer ausgehen". Interview mit dem Insolvenzexperten Detlef Specovius. Wirtschaftswoche online vom 01. Mai 2014. http://www.wiwo.de/finanzen/steuern-recht/prokon-insolvenz-anleger-koennten-komplett-leer-ausgehen/9831948.html. Zugegriffen: 19. Jan. 2015

Internationale Energie Agentur (IEA) (2013) World energy outlook. http://www.iea.org/newsroomandevents/speeches/131112_WEO2013_Presentation.pdf. Zugegriffen: 15. Jan. 2015

Nicolosi M (2012) Notwendigkeit und Ausgestaltungsmöglichkeiten eines Kapazitätsmechanismus für Deutschland. Zwischenbericht für das Umweltbundesamt (12/2012). http://www.umweltbundesamt.de/publikationen/notwendigkeit-ausgestaltungsmoeglichkeiten-eines. Zugegriffen: 15. Jan. 2015

Paschotta R (2015) Artikel ‚Lastmanagement' im RP-Energie-Lexikon. https://www.energie-lexikon.info/lastmanagement.html. Zugegriffen: 15. Jan. 2015

Stratmann K (2011) Vattenfall verklagt Deutschland. Handelsblatt online vom 02. Nov. 2011. http://www.handelsblatt.com/unternehmen/industrie/atomausstieg-vattenfall-verklagt-deutschland/5787366.html. Zugegriffen: 19. Jan. 2015

Teucher T (2014a) Kolumbiens Energieversorger. https://goettingegenwart.wordpress.com/2014/03/21/kolumbiens-energieversorger/. Zugegriffen: 15. Jan. 2015

Teucher T (2014b) Ein Haus ohne Licht ist wie ein Haus ohne Frau. https://goettingegenwart.wordpress.com/2014/03/21/ein-haus-ohne-licht-ist-wie-ein-haus-ohne-frau. Zugegriffen: 15. Jan. 2015

Wissenschaftlicher Beirat der Bundesregierung Globale Umweltveränderungen (WBGU) (2011) Welt im Wandel. Gesellschaftsvertrag für eine Große Transformation. Berlin. http://www.wbgu.de/fileadmin/templates/dateien/veroeffentlichungen/hauptgutachten/jg2011/wbgu_jg2011_ZfE.pdf. Zugegriffen: 15. Jan. 2015

© PhilippLedenyi

Tina Teucher ist Moderatorin, Rednerin und Autorin zu den Themen Erfolg durch Nachhaltigkeit und Corporate Social Responsibility (CSR). Sie ist Mitglied des Vorstands bei B.A.U.M. e. V. (Bundesdeutscher Arbeitskreis für Umweltbewusstes Management) und in der Jury der Green Brands. Die Kommunikationsspezialistin absolvierte den MBA Sustainability Management an der Leuphana Universität Lüneburg. 2009–2014 war Tina Teucher leitende Redakteurin des Entscheider-Magazins forum Nachhaltig Wirtschaften. Ihr Fokus: Die bereits heute existierenden Innovationen und Lösungen für ein lebenswertes Morgen bekannt machen. Sie ist Gründungsmitglied der Transition e. G. München. Lehraufträge hält sie u. a. an der Fresenius Hochschule. Tina Teucher begleitet Unternehmen bei der nachhaltigen Transformation und strategischen Integration von Megatrends.

Teil VII

Die Energiewende als sportliche Herausforderung

Sport in Zeiten der Energiewende – Herausforderungen, Chancen und Perspektiven

Hans-Joachim Neuerburg und Bianca Quardokus

1 Einleitung: Sport und Klimawandel

Für viele Menschen sind Sport und Bewegung wichtiger Bestandteil in ihrem Leben: Ob beim Fahrradfahren, Wandern, Tauchen oder Skilaufen in der Natur, im Sportverein als Leistungs- oder Breitensportler/in, als Zuschauer/in bei zahllosen Sportveranstaltungen oder zuhause vor dem Bildschirm. Auch dank der Medien ist Sport heute überall präsent und ein bedeutender Wirtschaftsfaktor.

In Deutschland wird der organisierte Sport durch den Deutschen Olympischen Sportbund (DOSB) als Dachverband repräsentiert. Mit seinen 101 Mitgliedsorganisationen, darunter 16 Landessportbünde, 66 Spitzenverbände sowie 19 Verbände mit besonderen Aufgaben, und mehr als 27 Mio. Mitgliedschaften in rund 90.000 Turn- und Sportvereinen ist der DOSB die größte Bürgerbewegung Deutschlands. Täglich bieten die Vereine bundesweit unzählige Sportangebote an – für alle gesellschaftlichen Gruppen und über alle Generationen hinweg. Insgesamt engagieren sich in Deutschland rund 8 Mio. Ehrenamtliche und Freiwillige im Bereich Sport und Bewegung. Sie erbringen auf der Vorstands- und Ausführungsebene (rund 1,7 Mio.) eine durchschnittliche Arbeitsleistung von rund 23 Mio. h monatlich – nicht eingerechnet sind hier die Leistungen der freiwilligen Helferinnen und Helfer (vgl. Breuer 2017, S. 30).

H.-J. Neuerburg (✉)
c/o Bianca Quardokus Deutscher Olympischer Sportbund, Frankfurt, Deutschland
E-Mail: j.neuerburg@t-online.de

B. Quardokus
Deutscher Olympischer Sportbund, Frankfurt, Deutschland
E-Mail: quardokus@dosb.de

© Springer-Verlag GmbH Deutschland, ein Teil von Springer Nature 2019
A. Hildebrandt und W. Landhäußer (Hrsg.), *CSR und Energiewirtschaft*,
Management-Reihe Corporate Social Responsibility,
https://doi.org/10.1007/978-3-662-59653-1_24

Doch neben seinen eigentlichen Kernaufgaben, der Sportentwicklung sowie der Organisation des Leistungs-, Breiten- und Jugendsports, sieht sich der organisierte Sport zunehmend mit gesellschaftlichen Fragen und Herausforderungen konfrontiert, die seinen Verantwortungsbereich und damit sein Aufgabenspektrum stetig erweitern. Dazu zählen neben den weit reichenden Folgen des demografischen Wandels u. a. die Integration von Migrantinnen und Migranten, die Förderung von Fairness, Toleranz und Chancengleichheit, oder das Engagement für Flüchtlinge.

Zudem besteht eine der größten gesellschaftspolitischen Herausforderungen angesichts von Klimawandel, zunehmendem Ressourcenverbrauch, fortschreitender Umweltverschmutzung und dramatischem Artenverlust (vgl. DOSB 2015a, b) in der notwendigen Transformation der Gesellschaft in Richtung einer nachhaltigen Entwicklung. In diesem Zusammenhang wiederum spielt die „Energiewende" zur Verminderung des CO_2-Ausstoßes, d. h. der Ausbau der erneuerbaren Energien, die Energieeinsparung durch veränderte Lebensstile und Konsummuster sowie die Erhöhung der Energieeffizienz zum Schutz des Klimas eine entscheidende Rolle.

In den Jahren 2013/2014 hat der Weltklimarat, das Intergovernmental Panel on Climate Change (IPCC), seinen fünften Bericht zum aktuellen Stand der Erderwärmung und dem damit einhergehenden Klimawandel verabschiedet. Demnach kann der menschliche Einfluss auf das Klimasystem als eindeutig angesehen werden und bekräftigt damit die Existenz des anthropogen verursachten Klimawandels. Darüber hinaus beschreibt er die damit einhergehenden Risiken und Folgen sowie Strategien zur Anpassung an den Klimawandel und Möglichkeiten zu dessen Minderung.

> Hauptursache der Erwärmung ist die Freisetzung von Treibhausgasen, neben Methan vor allem von Kohlendioxid. Dessen Konzentration ist in der Atmosphäre heute so hoch, wie noch nie zuvor in den zurückliegenden 800.000 Jahren. Bliebe die derzeitige Emissionsrate unverändert, dann wäre schon Mitte dieses Jahrhunderts so viel Kohlendioxid in die Atmosphäre emittiert, dass die globale Mitteltemperatur über 2 °C gegenüber dem vorindustriellen Niveau ansteigen würde. Ein ungebremster Ausstoß von Treibhausgasen könnte das Klimasystem derart verändern, wie dies in den vergangenen hunderttausenden Jahren nicht vorgekommen ist (BMU et al. 2013).

Laut dem Ende 2018 erschienenen Sonderbericht des Weltklimarats IPCC steigen die Risiken für Natur und Mensch bereits zwischen 1,5 und 2 Grad Celsius globaler Erwärmung stärker an als bisher bekannt. Extremereignisse nehmen deutlich zu. Sensible Ökosysteme wie beispielsweise die tropischen Korallenriffe oder auch die der Arktis sind besonders bedroht. Dem Bericht zufolge liegt die aktuelle globale Erwärmung bereits bei etwa 1 Grad Celsius. Die derzeitigen Anstrengungen im Klimaschutz reichen nicht aus, um die internationalen Klimaziele zu erreichen. Im Pariser Klimaabkommen

hatte die Staatengemeinschaft 2015 beschlossen, die globale Erwärmung auf deutlich
unter 2 Grad Celsius, wenn möglich unter 1,5 Grad Celsius zu beschränken (vgl. www.
BMU.de; www.umweltbundesamt.de).

Alle mit dem 1,5 Grad Celsius-Ziel kompatiblen Emissionspfade erfordern weltweit eine radikale Verringerung der Treibhausgas-Emissionen, um bis zur Mitte
des Jahrhunderts CO_2-Neutralität zu erreichen. Mit den derzeitigen Emissions-
raten würden 1,5 Grad Celsius in den 2040-er Jahren bereits überschritten werden
(www.BMU.de Pressemitteilung Nr. 193/18| Klimaschutz).

Im Zuge des Klimawandels lässt sich – global gesehen – seit Jahren eine Zunahme ext-
remer Wetterereignisse beobachten, seien es immer häufigere Wirbelstürme und Überschwemmungen oder heftige Starkregenfälle mit vielfältigen negativen Folgen für
Mensch und Natur. Bedingt durch die kontinuierliche Erwärmung kommt es in vielen Regionen zu grundsätzlichen Klimaänderungen. Diese äußern sich z. B. durch die
Zunahme heißer Sommer oder milder Winter. In den sogenannten Entwicklungsländern
wird mit Hungersnöten gerechnet, wenn ganze Ernten Dürreperioden zum Opfer fallen.
Auch das Trinkwasser wird knapp, und zahlreiche Krankheiten werden sich durch den
nach wie vor weltweit prosperierenden Tourismus weiter ausbreiten.

Als Folge der globalen Erderwärmung kommt es auch in Deutschland zu mehr
extremen Wetterereignissen wie Dürren, Starkregen oder Hochwasser. Temperatur-
schwankungen sind im Gegensatz zu den Unregelmäßigkeiten in den 1970er und
-80er Jahren viel größer und schlechter planbar, was vor allem in der Landwirtschaft zu
Problemen führt. Im Sommer werden Hitze- und Dürreperioden mit deutlich mehr Tagen
über 30 Grad Celsius zunehmen: Vier bis fünf waren es bisher durchschnittlich im Jahr,
2018 waren es 25 Hitzetage – mit steigender Tendenz bis zum Ende des Jahrhunderts.
In den trockenen Regionen steigt damit die Gefahr von Waldbränden. Sommerliche
Unwetter werden zwar zu-, die Niederschläge insgesamt jedoch bis zu 30 % abnehmen.
In der kalten Jahreszeit wird es dagegen deutlich mehr regnen. Im Zusammenhang mit
der Schneeschmelze steigt die Hochwassergefahr im Frühjahr. Zudem werden sehr kalte
Tage und strenge Winter in Deutschland seltener (vgl. www.greenpeace.de).

Auch die Meere sind vom Klimawandel betroffen. Bisher stieg ihr Spiegel an deutschen Küsten langsam; 15 bis 20 cm waren es in den vergangenen hundert Jahren. Bleibt
es beim jetzigen Ausstoß von Treibhausgasen, ist bis zum Ende unseres Jahrhunderts mit
weiteren 20 bis 80 cm zu rechnen, warnt beispielsweise der Hamburger Klimabericht
von 2017 (vgl. Helmholtz-Zentrum 2017). Bereits ein Anstieg der Nord- und Ostsee um
25 cm wäre demnach problematisch, denn etwa die Hälfte deutscher Küstengebiete liegt
weniger als fünf Meter über dem Meeresspiegel (NN) (vgl. www.greenpeace.de).

Von diesen Entwicklungen ist auch der Sport betroffen, sei es z. B. als Verursacher
von Treibhausgasemissionen im Rahmen sportbezogener Mobilität (vgl. DOSB 2014)

oder angesichts der zunehmenden Veränderungen, in den für den Sport attraktiven Natur-
räumen wie Küsten, Meere oder Gebirge. Vor diesem Hintergrund steht auch der Sport
in der Verantwortung, sparsam und effizient mit Energie umzugehen und seinen Beitrag
zum Klimaschutz zu leisten. Hier bieten sich für Sportorganisationen zahlreiche Ansätze
und Möglichkeiten, sich zu engagieren. Dass der Sport seiner Verantwortung Schritt für
Schritt nachkommt, zeigen Beispiele aus den Bereichen des nachhaltigen Sportstätten-
und Sportveranstaltungsmanagements sowie aus Bereichen des Natursports.

2   Sportstätten, Energieverbrauch und Klimaschutz

Die Zahl der Sportstätten in Deutschland betrug im Jahr 2015 laut BMWi 229.400. Die
wirtschaftliche Bedeutung der Sportstätten lag im Zeitraum zwischen 2010 und 2015
stabil bei etwa 24,5 Mrd. EUR. Dabei sind die Baukosten von 8,7 Mrd. (35,5 %) auf
7,4 Mrd. (30,3 %) gesunken, während die Betriebskosten von 15,4 Mrd. (63,1 %) auf
16,7 Mrd. (68,1 %) gestiegen sind. Kommunale Sportstätten und Fitness-Center sind insgesamt mit den höchsten Ausgaben verbunden. (vgl. BMWi 2018, S. 19–21).

Dem Sportentwicklungsbericht 2015/2016 zufolge muss knapp ein Drittel aller Vereine Gebühren für die Nutzung von kommunalen Sportanlagen bezahlen. Bezogen auf
die Vereine, die kommunale Anlagen nutzen, ist dies gut die Hälfte (insgesamt rund
28.300 Vereine). Im Vergleich zu 2013 müssen etwas mehr Sportvereine Nutzungs-
gebühren für kommunale Anlagen bezahlen. Bundesweit besitzen 46,3 % der Vereine
eigene Anlagen (inkl. Vereinsheim) und 61,2 % nutzen kommunale Sportanlagen (auch
Schulsportanlagen) (vgl. Breuer 2017).

Klimaschutzkonzepte müssten demnach vor allem auch in den Stadträten und -ver-
waltungen beschlossen werden. Aber diese stehen vor großen Herausforderungen: Der
DOSB und die kommunalen Spitzenverbände schätzen den Sanierungsstau von Sportstätten auf rund 31 Mrd. EUR und in besonderer Weise sind hier Sporthallen und Bäder
vom Investitionsstau betroffen (vgl.www.dosb.de; Kurzexpertise). Der hohe Sanierungs-
bedarf geht mit hohen Energie- und Ressourcenverbräuchen und somit hohen finanziellen Belastungen für die Sportvereine und Kommunen einher.

Die Ansätze, im Sportstättenbereich Energie zu sparen und damit auch einen Beitrag
zum Klimaschutz zu leisten, sind vielfältig. Im baulichen und investiven Bereich reichen
sie von der Erneuerung von Heizungsanlagen, über den Einbau neuer Fenster und Türen,
die Installation moderner Lichttechnik, der Dämmung von Dach und Wänden bis hin zur
Nutzung erneuerbarer Energien wie Photovoltaik- oder Solarthermieanlagen. Zudem kann
durch den Einsatz von klimaschonenden Materialien im Bürobereich, die Nutzung energieeffizienter elektronischer Geräte, ein Energiecontrolling oder die Nutzung von Ökostrom in den Sportvereinen ein wichtiger Beitrag im Rahmen der Klimaschutzbemühungen
geleistet werden. Damit wird nicht „nur" die Umwelt geschont, sondern gleichzeitig werden auch Kosten für den Verein reduziert (vgl. www.klimaschutz-im-sport.de).

Neben den Vereinen und Kommunen tragen insbesondere die Bundesländer und die Landessportbünde sportstättenpolitische Verantwortung. So bieten viele Landessportbünde – aber auch einzelne Fachverbände – für ihre Vereine Beratungen an. Hierbei kann zwischen eher produkt- und eher prozessorientierten Beratungsansätzen unterschieden werden. Bei den produktorientierten Ansätzen, die meist als „Öko-Checks" bezeichnet werden, liegt der Schwerpunkt auf der umwelttechnischen Optimierung des Baus, der Modernisierung und des Betriebs vereinseigener oder von Vereinen genutzter Gebäude. Hierbei werden neben Sporthallen auch alle anderen Sportgebäude bis hin zur Vereinsgastronomie integriert.

Diese Ansätze bestehen im Kern aus einem Besuch durch ein/e Berater/in vor Ort (im Sportverein) sowie der Erfassung und Bewertung von Verbrauchsdaten. Aufbauend auf dieser Analyse werden im Rahmen eines Berichtes kurz- bis mittelfristig umsetzbare, überwiegend technisch-orientierte Handlungsempfehlungen formuliert.

Klima(s)check im Sportverein

Seit 1963 gibt es den TSV Westerhausen Föckinghausen e. V in der Nähe von Melle im Landkreis Osnabrück, aktuell hat der Verein rund 1650 Mitgliedern. Mit seiner Bewerbung und dem umfassenden Konzept zur Verankerung von Umwelt- und Klimaschutz im Sportverein hat der TSV beim zweiten Durchgang des landesweiten Ideenwettbewerbs „Klima(s)check für Sportvereine" die Jury überzeugt und konnte sich als Sieger über 10.000 EUR freuen. Ein wichtiger Baustein des Konzepts ist eine 2018 erstmals bewilligte Stelle für ein Freiwilliges Ökologisches Jahr (FÖJ) im Sportverein. Auch eine professionelle Energieberatung – die durch den „Klima(s)check für Sportvereine" für den Verein kostenfrei ist – hat der Verein bereits durchgeführt.

Der Ideenwettbewerb wird einmal jährlich ausgelobt und ist Teil der Kampagne „Klima(s)check für Sportvereine", die 2017 vom LandesSportBund Niedersachsen, dem Niedersächsischen Ministerium für Umwelt, Energie, Bauen und Klimaschutz und der KEAN initiiert wurde. Im Rahmen der Kampagne werden professionelle Energieberatungen für Vereine mit bis zu 2500 EUR gefördert. (Quelle: www.klimaschutz-niedersachsen.de/umweltbildung-und-projekte/klima-s-check-fuer-sportvereine.html).

Bei den prozessorientierten Ansätzen steht im Vergleich zu den Öko-Checks die selbständige Entwicklung und Implementierung eines Umweltmanagementsystems im Mittelpunkt. Vereine werden darin unterstützt, ihre Sportstätten und -aktivitäten unter Nachhaltigkeitsaspekten selbst zu analysieren und zu optimieren. Als Instrumente dienen Workshops, Checklisten und selbst erstellte Maßnahmenprogramme, die stufenweise abgearbeitet werden (vgl. DOSB 2011a, S. 4).

Zahlreiche Sportorganisationen bieten ihren Mitgliedsvereinen finanzielle Anreize bei der Umsetzung umweltschonender Maßnahmen. In der Regel gehen dabei erhebliche Einsparungen im Hinblick auf Energie und Ressourcen einher. Neben der Beratung durch die Sportorganisationen selbst gibt es auch Kooperationen zwischen Sportverbänden und externen Partnern und Förderern wie Behörden, Stiftungen oder Wirtschaftsunternehmen mit unterschiedlichen Beratungsmodellen. Die Herausforderung besteht oftmals darin, derartige Beratungsmodelle über die Förderperioden hinaus aufrecht zu erhalten.

Zwischenzeitlich gibt es viele gute Praxisbeispiele für Sportvereine und -verbände, die durch Sanierung und Modernisierung ihrer Sportstätten oder durch energieeffiziente Neubauten erhebliche Energieeinsparungen erlangen konnten (vgl. https://klimaschutz. dosb.de/; DOSB 2010, 2011b). Hierzu zählen z. B. der Neubau des Sportinternats und einer Sporthalle für die Akademie des Sports des LandesSportBundes Niedersachsen im Passivhausstandard oder die Umstellung auf LED-Leuchten im Stadion des VfL Wolfsburg. Es gibt zudem verschiedene Sportvereine, die mit Energieanbietern bzw. Netzbetreibern, z. B. aus ihrer jeweiligen Region, längerfristige Partnerschaften aufgebaut haben. Hierzu zählen beispielsweise der 1. FSV Mainz 05 oder der SC Freiburg, aber auch viele breitensportorientierte Vereine.

Im Stadion Ressourcen schonen

Im Schwarzwald-Stadion und der Freiburger Fußballschule versucht der SC, mit Infrastrukturmaßnahmen und selbst erarbeiteten Leitlinien aktiv Ressourcen zu schonen. Im Schwarzwald-Stadion gibt es Photovoltaikanlagen mit insgesamt 2200 Quadratmetern Fläche, eine digitalisierte Gebäudeleittechnik, ein Blockheizkraftwerk, einen Tiefbrunnen und wasserlose Urinale, in der Fußballschule eine Holzhackschnitzelanlage, eine optimierte Warmedämmung in den Neubauten, und da wie dort Erdwärmetauscher zur Belüftung und thermische Sonnenkollektoren zur Warmwasseraufbereitung. Dazu kommen zahlreiche kleinere Maßnahmen: Die Umstellung auf LED-Beleuchtung oder die Anschaffung energieeffizienter Kühlschränke, die Optimierung des Flutlichts, Mülltrennung inklusive der Anmietung einer Papierpresse und – nicht zuletzt – der Bezug von Ökostrom (https://www. scfreiburg.com/verein/engagement/umwelt/stadion).

Am Spieltag das Klima verteidigen

„Aus der Not eine Tugend machen": Das war beim SC nach dem ersten Bundesligaaufstieg 1993 in vielerlei Hinsicht das Motto. Weil es in seiner Nähe kaum Parkplätze gab und das auch der Umwelt gut tut, wurden die Fans animiert, mit Bus, Bahn, dem Rad oder zu Fuß zum Stadion zu kommen. Mit riesigem Erfolg: mehr als die Hälfte machen es seitdem. Auch weil die Eintrittskarte als Ticket für

Bus und Bahn gilt und zusätzlich Busse aus dem Umland die Spiele anfahren. Statt der vielerorts üblichen Generalcaterer kooperiert der SC beim Speise- und Getränkeangebot im Stadion mit vielen, kleinen Anbietern, die dank kurzer Anfahrtswege und überwiegend regionaler Produkte klimaschonend arbeiten. Ein Pionier in den deutschen Stadien ist auch der Mehrwegbecher, in dem die Getränke in Freiburg seit 1996 an Fans ausgegeben werden – zum Wohl der Umwelt. (https://www.scfreiburg.com/verein/engagement/umwelt/spieltag).

3 Sportveranstaltungen und Energieeinsparungen

Auch bei der Ausrichtung von Sportveranstaltungen gibt es zahlreiche Möglichkeiten, im Rahmen eines Umweltkonzeptes auf Energieeinsparungen im Bereich Strom und Wärme zu achten. So hatten die 154 Sportgroßveranstaltungen (ohne Ligabetrieb), die 2005 in Deutschland stattgefunden haben, einen Strombedarf von insgesamt 16 Mio. kWh und einen Wärmebedarf von rund 8 Mio. kWh. Dies ergibt im Durchschnitt einen Stromverbrauch von 100.000 kWh pro Veranstaltung (vgl. BMU und DOSB 2007, S. 16; www.green-champions.de).

Die Höhe des Energieverbrauchs einer Veranstaltung ist von verschiedenen Faktoren abhängig wie z. B. der Sportstättenart oder der Disziplin und Dauer der Veranstaltung. Während in Stadien und Sporthallen Strom und Wärme benötigt wird, sind bei Veranstaltungen im Freien eher kleinere Verbräuche, z. B. im Bereich Beleuchtung und Beschallung notwendig. Weiterhin haben bestimmte Sportarten einen speziellen Energiebedarf, wie z. B. beim Motorsport (Kraftstoff), bei Skiveranstaltungen (Beschneiungsanlage) oder im Eissport (Kältetechnik) (vgl. BMU und DOSB 2007, S. 16). Mögliche Ansätze zu Energieeinsparungen bietet die Wärmeerzeugung und Stromnutzung am Veranstaltungsort (z. B. Einsparung durch effiziente Geräte, Nutzung erneuerbarer Energien) oder das Mobilitätsmanagement im Rahmen der Anreise von Zuschauenden und Sportaktiven (Vermeidung von Verkehr; Nutzung umweltfreundlicher Verkehrsmittel).

Jedes Jahr gibt es in Deutschland tausende von Sportveranstaltungen, sodass in der Summe erhebliche Energieeinsparungen generiert werden können und somit in diesem Bereich ein wichtiger Beitrag zum Klimaschutz geleistet werden könnte. Grundsätzlich gilt es, bei Sportveranstaltungen Einsparpotenziale im Energiebereich zu ermitteln und den Energieverbrauch zu senken. Die Energieversorgung sollte möglichst aus regenerativer Energie erfolgen. Nicht vermeidbare Treibhausgasemissionen können durch zertifizierte Klimaschutzprojekte kompensiert werden. Es gibt bereits vielfältige Beispiele für Sportveranstaltungen, die im Rahmen ihres Umwelt- und Nachhaltigkeitskonzeptes u. a. auch praktische Erfahrungen mit Energieeinsparungen gesammelt haben (vgl. www.green-champions.de/index.php?id=26; DOSB 2011c).

4   Natursport, Klimawandel und Klimaschutz

Die Themen Klimawandel und Klimaschutz gewinnen auch im Bereich natursportlicher
Aktivitäten zunehmend an Bedeutung: Einerseits bedingt durch den Trend zum aktiven
Naturerleben durch Sport und Bewegung und die damit einhergehenden Belastungen
durch verkehrsverursachte CO_2-Emissionen. Andererseits wirkt sich der Klimawandel
und die damit verbundenen Extremwetterlagen auf Natur- und Landschaftsräumen wie
Gebirge oder Meere aus, die für den Natursport besonders attraktiv sind.

Hinzu kommt die Vielzahl an Natursport(groß)veranstaltungen, die in der Regel mit
erhöhten CO_2-Emissionen durch den Besucherverkehr und weiteren Umweltbelastungen
(erhöhter Energieverbrauch, hohes Abfallaufkommen etc.) einhergehen. Der Natursport
ist somit im Kontext des Klimawandels Verursacher und Betroffener zugleich. Besonders
anschaulich lassen sich die Folgen des Klimawandels am Beispiel des Wintersports in
den Alpen und im Zusammenhang mit dem Tauchsport darstellen. Auch in diesem Kontext bieten sich für Sportorganisationen zahlreiche Chancen und Möglichkeiten, im
Bereich Klimaschutz aktiv zu werden.

4.1   Wintersport in den Alpen

Der Alpenraum ist von den Auswirkungen des Klimawandels besonders stark betroffen:
Der Temperaturanstieg ist hier doppelt so hoch wie im globalen Durchschnitt. Während die global gemittelte Temperatur der Erde in den zurückliegenden 30 Jahren
einen Anstieg um etwa 0,6 Grad Celsius zu verzeichnen hat, ist es beispielsweise in
Garmisch-Partenkirchen seit 1972 um ca. 1,6 Grad Celsius wärmer geworden. Der Trend
zu schneeärmeren Wintern und kürzer andauernder Schneebedeckung in den unteren und
mittleren Höhenlagen lässt sich in Bayern laut dem Bayerischen Landesamt für Umwelt
(LfU) bereits seit den 1950er Jahren beobachten.

Die Folgen der Erwärmung sind vielfältig: Das „Gletschersterben" in den Alpen ist
ein starkes Indiz für die immer stärker fortschreitende Erwärmung (vgl. www.gletscher-
archiv.de). Die Schneegrenze steigt, Permafrostböden tauen auf; es kommt zu Veränderungen in der Bodenstabilität und im Wasserhaushalt. Bergstürze und -rutsche sind
u. a. die Folge. Aber auch die Tierwelt ist betroffen, wie das Beispiel des Alpenschnee-
huhns zeigt. Laut des Bundes für Umwelt und Naturschutz weicht dieses Tier bei Temperaturen über 16 Grad Celsius in höhere Regionen aus und verringert dadurch seinen
Lebensraum. Demnach sollen allein in der Schweiz die Bestände des Vogels in den
letzten 25 Jahren um ein Drittel geschrumpft sein (vgl. www.bund.net). Nicht zuletzt
gefährden Trockenperioden den Bergwald und immer häufigere Starkregenfälle führen
zu Murenabgängen, Erosion und Überschwemmungen in den Tälern (vgl. DOSB und
Kuratorium Sport und Natur 2011).

Die durch den Klimawandel beeinflussten veränderten Schneebedingungen stellen
vor allem den Wintersport in den Alpen vor große Herausforderungen. Insbesondere die

Tourismuswirtschaft sowie die Veranstalter von Wintersportereignissen haben angesichts immer weniger verlässlicher Wetterbedingungen und häufigem Schneemangel mit erheblichen technischem und logistischem Aufwand zu kämpfen.

Vielerorts ist daher die Pistenpräparierung für die Skiurlauber oder die Durchführung von Sportveranstaltungen nur mit einem großen organisatorischen Aufwand zu realisieren. Häufig ist der Einsatz von Kunstschnee notwendig.

Trotz der Entwicklung immer energieeffizienterer Systeme halten einige Kritiker den Einsatz von Beschneiungsanlagen mit Hinweis auf den hohen Energie- und Wasserverbrauch angesichts der prognostizierten weiteren Klimaerwärmung in den nächsten Jahren für problematisch. Der Deutsche Alpenverein (DAV) hat beispielsweise eine Studie zu den Auswirkungen des Klimawandels auf Skigebiete im bayerischen Alpenraum in Auftrag gegeben. Die Anfang 2013 veröffentlichten Ergebnisse besagen, dass selbst bei einem weiteren Ausbau der Beschneiung in rund 20 Jahren nur noch 50 bis 70 % dieser Skigebiete schneesicher sein werden. Laut DAV sei es daher am wichtigsten, einen Masterplan zur touristischen Entwicklung des bayerischen Alpenraums zu entwerfen (vgl. Deutscher Alpenverein 2013). Dennoch werden mit hoher Wahrscheinlichkeit in Zukunft weiße Schneebänder mitten im Grünen zum Symbol des Klimawandels in den Alpen werden.

4.2   Wassersport und Klimawandel

Doch nicht nur der Skisport ist vom Klimawandel betroffen. Zunehmende Stürme und Sturmfluten sowie zu niedrige Wasserstände durch längere Trockenperioden oder die globale Erwärmung der Ozeane können sich auch negativ auf die Ausübung des Wassersports auswirken. Laut dem Bund für Umwelt und Naturschutz (BUND) ist beispielsweise die Elbe durch den Klimawandel zum Fluss der Extreme geworden. Starkregen mit Hochwasser im Frühjahr und Zeiten mit Niedrigwasser im Sommer gefährden nicht nur den Wassersport, sondern auch die Pflanzen- und Tierwelt. So drohe z. B. die traditionell im Oberlauf der Elbe heimische Bachforelle auszusterben.

Der Klimawandel führt durch die erhöhte Temperatur zur Ausdehnung des Meerwassers sowie zur Verringerung der Eismassen in Grönland und in der Antarktis. Dieser Abschmelzprozess verläuft derzeit tausend mal schneller als in der vorindustriellen Epoche. Damit einher geht ein immer weiterer Anstieg des Meeresspiegels, der bereits in naher Zukunft zahlreiche niedrig gelegene Inseln und Teile des Festlandes bedroht (vgl. DOSB und Kuratorium Sport und Natur 2011).

Das IPCC, erwartet beispielsweise, dass Bewohner von Küstenregionen zunehmend der Gefahr von Sturmwellen ausgesetzt sein werden. Laut einer Studie des Potsdam-Instituts für Klimafolgenforschung (PIK) ist der Meeresspiegel seit dem späten 19. Jahrhundert um rund 20 cm angestiegen. Früher stieg er pro Jahrhundert nur circa fünf Zentimeter (etwa seit dem 11. Jahrhundert). Der Anstieg ist aktuell also um ein Vielfaches schneller als in den vergangenen zwei Jahrtausenden (vgl. www.pik-potsdam.de). Vor dem Hintergrund wird Deichbau zum Gebot der Stunde.

Tauchsportler/-innen können sich bereits heute ein Bild davon machen, was es heißt, wenn die Meerestemperaturen steigen. Das gilt insbesondere für die faszinierende und stark gefährdete Welt der Korallen. Diese benötigen eine relativ konstante Wassertemperatur zwischen 20 und 29 Grad Celsius. Ist diese nicht mehr gegeben, verlieren die Korallen ihre filigrane Struktur, bleichen aus und sterben letztlich ab. Der Kollaps der Riffstrukturen gefährdet die Artenvielfalt, den Lebensraum anderer Meeresbewohner, den Fischfang und die Küsten, da sie natürliche Wellenbrecher darstellen (vgl. www.vdst.de).

5 Initiativen des Sports zum Klimaschutz

Angesichts der skizzierten Problematik trägt der Natursport eine große Mitverantwortung im Bereich des Klimaschutzes. Der organisierte Sport stellt sich dieser Verantwortung zunehmend, was sich anhand erfolgreicher Beispiele im Bereich des Umweltmanagements von Sportgroßveranstaltungen (z. B. Abfallkonzept) sowie in den Bereichen Mobilität, Energiebewirtschaftung und Umweltkommunikation zeigen lässt.

5.1 FIS Alpinen Ski-Weltmeisterschaft 2011 mit erfolgreichem Umweltkonzept

Mit ihrem Umweltkonzept haben die WM-Organisatoren vom Deutschen Skiverband (DSV) und der Stiftung Sicherheit im Skisport (SIS) eindrucksvoll belegt, dass eine sportliche Großveranstaltung auch im ländlich geprägten Raum wie Garmisch-Partenkirchen klima- und ressourcenschonend durchgeführt werden kann. Ein Schlüssel zum Erfolg war das umfassende Verkehrskonzept, dass durch die Kombination von WM-Ticket und kostenfreier Anreise aus Bayern und Tirol große Teile der WM-Besucher zur Anreise mit der Bahn und dem Bus animiert hat.

In 88 Sonderzügen hatte die Bahn zusätzliche Kapazitäten für bis zu 1000 Skisportfans geschaffen. Auf Strecken unter 40 km kamen im Linienverkehr 55 zusätzliche Shuttle-Busse zum Einsatz, die Zehntausende kostenlos zu den Wettbewerben beförderten. Zusammen mit dem Park&Ride-System und dem Shuttle-Verkehr zwischen den Veranstaltungsorten lag der Anteil des Öffentlichen Personennahverkehrs (ÖPNV) am Anreiseverkehr bei rund 43 %. An den Wochenenden lag der ÖPNV-Anteil mit bis zu 61 % noch wesentlich höher (vgl. www.deutscherskiverband.de/umwelt; www.ski-online.de/sis.).

5.2 Klimaschutz und energieeffiziente Bewirtschaftung beim Deutschen Alpenverein

Das sensible Ökosystem der Alpen ist zunehmend durch die Auswirkungen des Klimawandels gefährdet. Um seiner Verantwortung für den Alpenraum gerecht zu werden, engagiert sich der DAV für den Klimaschutz und ist seit 2011 in der Bayerischen Klima-allianz mit zwei geförderten Projekten, dem Klimafonds und zusätzlichen Maßnahmen aktiv.

Die Bedeutung und Dringlichkeit liegen auf der Hand, denn die Veränderungen des Klimawandels wirken sich massiv auf die unterschiedlichen Aktivitäten der Bergsport-ler aus. So nehmen Hang- oder Felsinstabilitäten aufgrund der ansteigenden Temperatu-ren im Alpenraum in Zukunft rapide zu: Die Folge sind u. a. Murenabgänge, Felsstürze und Steinschlag. Gleichzeitig leistet ein Großteil der Bergsportler selbst einen erheb-lichen Beitrag zum Klimawandel. An- und Abreise bei Bergsportaktivitäten finden laut einer Umfrage des DAV zu fast 70 % mit dem Pkw statt und sind folglich mit einer ent-sprechend großen Emission von Treibhausgasen verbunden. Die Hauptziele des DAV bestehen daher darin, den CO_2-Fußabdruck der Bergsportler zu verkleinern und den Betrieb DAV-eigener Infrastruktur (Hütten, Kletteranlagen, Geschäftsstellen) klima-freundlicher zu gestalten.

In den beiden vom Bayerischen Umweltministerium geförderten Projekten „Klima-freundlicher Bergsport" (2012–2014) und „Bergsport mit Zukunft" (2016–2020) wurden folgende Maßnahmen entwickelt und umgesetzt (Auswahl):

- Öffentlichkeitsarbeit und Bewusstseinsbildung im Bereich Klimaschutz, alternative Mobilität und Nachhaltigkeit, Veranstaltung Klimaschutzsymposium, Kampagne #mach's einfach zum Klima- und Ressourcenschutz, Wanderausstellung „KLIMA-wandel – KlimaSCHUTZ", Hüttenspiel, Broschüren
- Überarbeitung der Bildungsangebote im Sinne einer Bildung für nachhaltige Ent-wicklung (BNE)
- Best-Practice-Sammlung zum Klimaschutz in DAV-Sektionen
- Sammlung von ÖPNV-Touren auf dem Tourenportal alpenvereinaktiv.com
- CO_2-Bilanzierungen von ausgewählten Geschäftsstellen, Hütten und Kletteranlagen, inkl. Beratung der Sektionen
- Modellhafte Re- und Upcycling-Projekte (z. B. Taschen aus Bannern von Kletterwett-kämpfen)

Beim Betrieb der über 300 Hütten spielen eine energieeffiziente Ver- sowie ökologisch verträgliche Entsorgung nach dem aktuellen Stand der Technik schon lange eine zentrale Rolle. Neben Photovoltaikanlagen werden – unter Berücksichtigung der Naturverträg-lichkeit – beispielsweise auch Wasserkraftanlagen eingesetzt. Einen besonderen Anreiz für den umweltverträglichen Betrieb von Hütten liefert das Umweltgütesiegel. Voraus-setzung für die Vergabe ist eine umweltgerechte und energieeffiziente Bewirtschaftung der Hütte. Mit der Einführung eines Klimafonds werden seit 2018 weitere Maßnahmen zur CO_2-Einsparung gefördert. Darunter fallen bauliche Maßnahmen an Geschäfts-stellen, Kletteranlagen und Hütten, aber auch Konzepte, Beratungen und Wanderbusse (vgl. www.alpenverein.de/Natur/Klimaschutz/).

5.3 Abtauchen, entdecken und berichten: Initiativen des Verbandes Deutscher Sporttaucher

Last but not least kann der Natursport zur Information und Aufklärung seiner Mitglieder beitragen und Wissenschaft und Forschung unterstützen. So unterstützt zum Beispiel der Verband Deutscher Sporttaucher (VDST) die Initiative „Reef-Check" bei der interessierte Sporttaucher/-innen während ihres Urlaubs bei der Erfassung des „Gesundheitszustandes" der Korallenriffe mitmachen können. Korallenriffe sind spektakuläre Lebensräume mit einem großen Artenreichtum. 2018 war das Internationale Jahr des Korallenriffes. Dennoch sind Riffe weltweit stark gefährdet. So sind beispielsweise nach Meldungen australischer Forscher große Teile des Great Barrier Reef ausgebleicht. 35–50 % der von ihnen untersuchten Korallen sind bereits tot oder kurz davor abzusterben (vgl. www.reefcheck.de).

Mit seinem vom Bundesamt für Naturschutz (BfN) unterstützten Projekt „NEO-BIOTA – Neue Arten in Tauchgewässern" widmet sich der VDST seit 2005 einer weiteren Folge des Klimawandels: den so genannten invasiven (gebietsfremden) Arten. Da diese häufig Indikatoren für Störungen innerhalb eines Ökosystems sind, entsteht Handlungsbedarf für den Naturschutz. Mit Hilfe eines interaktiven Internet-Portals (www. neobiota.de) können Sporttaucher/-innen alle relevanten Informationen bezüglich neuer Arten in ein Online-Meldeformular eingeben und auch Fotos hochladen. Diese Meldungen werden gesammelt, wissenschaftlich ausgewertet und in eine Datenbank eingepflegt. Die jeweiligen Fundorte werden auf einer Deutschlandkarte markiert. Bei Meldungen über das Vorkommen neuer Arten werden diese von ehrenamtlich tätigen Biologen/-innen aus den VDST-Landesverbänden vor Ort überprüft.

6 Fazit

Beim Thema Klimaschutz und Energiewende sind alle gesellschaftlichen Akteure gefragt – somit auch der Sport. Auf der einen Seite ist der Sport Verursacher von klimaschädlichen Emissionen, auf der anderen Seite ist er selbst vom Klimawandel betroffen, insbesondere im Bereich der Natursportarten. Auf der anderen Seite gibt es im Sport zahlreiche Optionen aktiv zu werden und einen Beitrag zum Klimaschutz – und damit auch zur Energiewende – zu leisten. Das gilt insbesondere für die Bereiche der energetischen Versorgung der Sportstätten und – anlagen und der sportbezogenen Mobilität.

Der DOSB stellt sich seiner Verantwortung und arbeitet seit vielen Jahren gemeinsam mit vielen Partnern an Lösungen zum Schutz von Natur und Umwelt. Als Dachorganisation initiiert er gemeinsam mit seinen Mitgliedsorganisationen beispielhafte Projekte und Einzelmaßnahmen. Die Bandbreite der Aktivitäten im Rahmen des Klimaschutzes reicht über die Entwicklung von Konzepten und Strategien, die Durchführung von Tagungen und Fortbildungen oder die Begleitung wissenschaftlicher Forschungsvorhaben bis hin zur Veröffentlichung von Publikationen und Leitfäden, insbesondere des DOSB-Fachinformationsdienstes „SPORT SCHÜTZT UMWELT".

Der organisierte Sport steht zu seiner Verantwortung gegenüber Mensch, Natur und Umwelt und nimmt die Herausforderungen – nicht nur im Rahmen der nationalen Klimaschutzstrategien an. Aktuell erarbeitet der DOSB u. a. eine Nachhaltigkeitsstrategie für seine Geschäftsstelle. Erfolgreiche Projekte und Initiativen der letzten Jahre bestärken ihn auf diesem Weg. Die Energiewirtschaft sollte die Potenziale des Sports über die bereits bestehenden Kooperationen hinaus nutzen, um in einer starken Allianz den Klimaschutz weiter zu stärken. Darüber hinaus ist es notwendig, die Sportorganisationen und v. a. die Vereine in die öffentlichen Handlungs- und Förderstrategien substanziell zu integrieren und damit als Akteure für den Klimaschutz ernster zu nehmen.

Literatur

BMU, BMBF, UBA, DE-IPCC (Hrsg) (2013) Fünfter Sachstandsbericht des IPCC Teilbericht 1 (Wissenschaftliche Grundlagen). www.bmub.bund.de/fileadmin/Daten_BMU/Download_PDF/Klimaschutz/ipcc_sachstandsbericht_5_teil_1_bf.pdf. Zugegriffen: 31. März 2019

Breuer C et al (Hrsg) (2017) Sportentwicklungsbericht 2015/2016 – Analyse zur Situation der Sportvereine in Deutschland. Sportstättensituation deutscher Sportvereine. Hellenthal https://cdn.dosb.de/user_upload/www.dosb.de/Sportentwicklung/Sportstaetten/Sanierungsbedarf_DOSB-DST-DStGB.pdf. Zugegriffen: 24. Apr. 2019.

Bundesministerium für Umwelt, Naturschutz und Reaktorsicherheit, Deutscher Olympischer Sportbund (2007) Green Champions für Sport und Umwelt. Leitfaden für umweltfreundliche Sportgroßveranstaltungen. Berlin

Bundesministerium für Wirtschaft und Energie (BMWi) (Hrsg) (2018) Sportwirtschaft - Fakten & Zahlen, Ausgabe 2018

Deutscher Alpenverein (2013) Auswirkungen des Klimawandels auf Skigebiete im bayerischen Alpenraum. Projektabschlussbericht. Studie im Auftrag des Deutschen Alpenvereins. Innsbruck. www.alpenverein.de/chameleon/public/bb5fd1b0-2450-2b72-ae88-e790db87e2c5/Beschneiungsstudie-Bericht_21661.pdf. Zugegriffen: 11. Juni. 2015

Deutscher Olympischer Sportbund (2010) Nachhaltiges Sportstättenmanagement. Dokumentation des 17. Symposiums zur nachhaltigen Entwicklung des Sports vom 10.–11. Dezember 2009 in Bodenheim/Rhein. Frankfurt a. M.

Deutscher Olympischer Sportbund (2011a) Klima- und Ressourcenschutz in Sportstätten. Status und Perspektiven von Beratungsangeboten im Sport. Frankfurt a. M.

Deutscher Olympischer Sportbund (2011b) Klimaschutz im Sport. Frankfurt a. M.

Deutscher Olympischer Sportbund (2011c) Nachhaltige Sportgroßveranstaltungen. Dokumentation des 18. Symposiums zur nachhaltigen Entwicklung des Sports vom 09.–10. Dezember 2010 in Bodenheim/Rhein. Frankfurt a. M.

Deutscher Olympischer Sportbund (2014) Nachhaltige Mobilität im Sport. Dokumentation des 21. Symposiums zur nachhaltigen Entwicklung des Sports vom 12.–13. Dezember 2013 in Bodenheim/Rhein. Frankfurt a. M.

Deutscher Olympischer Sportbund (2015a) Sport und Biologische Vielfalt. Grundlagen – Herausforderungen – Handlungsfelder. Frankfurt a. M.
Deutscher Olympischer Sportbund (2015b) Sport und Biologische Vielfalt. Arbeitsmaterialien für das Qualifizierungssystem im Sport. Frankfurt a. M.
Deutscher Olympischer Sportbund, Kuratorium Sport und Natur (Hrsg) (2011) Klimawandel und Naturschutz. Dokumentation der Fachtagung am 12. Dezember 2010 in Berlin. Frankfurt a. M.

Internetquellen

Bund für Umwelt und Naturschutz (BUND) www.bund.net. www.bund.net/klimawandel/folgen-fuer-die-natur/. Zugegriffen: 24. Apr. 2019
Bundesumweltministerium. BMU Pressemitteilung Nr. 193/18 Klimaschutz www.bmu.de/pressemitteilung/wissenschaft-sieht-schon-bei-15-grad-erwaermung-weltweite-risiken-fuer-mensch-und-natur/. Zugegriffen: 31. März 2019
BMWi Sportwirtschaft Fakten & Zahlen Ausgabe 2018. Berlin https://www.bmwi.de/Redaktion/DE/Publikationen/Wirtschaft/sportwirtschaft-fakten-und-zahlen.pdf?__blob=publicationFile&v=12. Zugegriffen: 31. März 2019
Deutscher Alpenverein (DAV) www.alpenverein.de. Zugegriffen: 31. März 2019
Deutscher Olympischer Sportbund (DOSB) www.dosb.de. Zugegriffen: 31. März 2019. www.klimaschutz-im-sport.de. Zugegriffen: 31. März 2019. www.green-champions.de. Zuggegriffen: 15. Apr. 2019. www.dosb.de/Sportentwicklung/Sportstaetten/Sanierungsbedarf_DOSB-DST-DStGB.pdf. Zuggegriffen: 24. Apr. 2019
Deutscher Skiverband (DSV) www.deutscherskiverband.de/umwelt. Zugegriffen: 14. Jan. 2015. www.ski-online.de/sis. Zugegriffen: 14. Jan. 2015
Gletscherarchiv.de www.gletscherarchiv.de/klimawandel?DokuWiki=8e7a5636cc2e36d25c2b60d50885270c Zugegriffen: 31. März 2019
Greenpeace.de https://www.greenpeace.de/themen/klimawandel/folgen-des-klimawandels/klimawandel-deutschland. Zugegriffen: 31. März 2019
Helmholtz-Zentrum Geesthacht Klimabericht Hamburg 2017 www.hzg.de/public_relations_media/news/073747/index.php.de. Zugegriffen: 31. März 2019
Klimaschutz Niedersachsen www.klimaschutz-niedersachsen.de/umweltbildung-und-projekte/klima-s-check-fuer-sportvereine.html. Zugegriffen: 31. März 2019
Potsdam-Institut für Klimafolgenforschung (PIK) www.pik-potsdam.de. Zugegriffen: 31. März 2019
REEF CHECK e. V. www.reefcheck.de. Zugegriffen: 31. März 2019
SC Freiburg www.scfreiburg.com/verein/engagement/umwelt/spieltag. Zugegriffen: 31. März 2019. www.scfreiburg.com/verein/engagement/umwelt/stadion. Zugegriffen: 31. März 2019
Umweltbundesamt (UBA) www.umweltbundesamt.de. Fünfter Sachstandsbericht des Weltklimarats. www.umweltbundesamt.de/themen/klima-energie/klimawandel/weltklimarat/fuenfter-sachstandsbericht-des-weltklimarats#textpart-1. Zugegriffen: 31. März 2019
Verband Deutscher Sporttaucher (VDST) www.neobiota.de. Zugegriffen: 31. März 2019. www.vdst.de. Zugegriffen: 31. März 2019

© Hans-Joachim Neuerburg

Hans-Joachim Neuerburg Jahrgang 1957, studierte an der Universität Hamburg u. a. Volks- und Betriebswirtschaft, Sport-, Erziehungswissenschaften und Germanistik mit dem Abschluss 1. Staatsexamen für das Lehramt an Gymnasien in Sport und Deutsch. Im Anschluss daran war er ab 1986 für zwei Jahre als Stipendiat der Universität Hamburg im Bereich Sportwissenschaften tätig und engagierte sich in seiner Freizeit ehrenamtlich in der Arbeitsgemeinschaft „Tourismus mit Einsicht", in der er sich vor allem mit den ökologischen, ökonomischen und sozialen Auswirkungen des Sporttourismus beschäftigte. 1989 gründete er – gemeinsam mit Thomas Wilken – den Verein Sport mit Einsicht e. V., für den er bis zur Auflösung Anfang 2019 als ehrenamtlicher Geschäftsführer tätig war. Als Freiberufler koordinierte und bearbeitete er seit über 30 Jahren zahlreiche bundesweite Projekte im Handlungsfeld Tourismus, Sport und Nachhaltigkeit sowie Bildung für nachhaltige Entwicklung – vor allem in Zusammenarbeit mit dem Deutschen Olympischen Sportbund (DOSB; ehemals Deutscher Sportbund) und der Deutschen Sportjugend (dsj). Bis heute zeichnet er für die seit 1993 gemeinsam mit dem DOSB veranstaltete Symposiumsreihe zur nachhaltigen Entwicklung des Sports mit verantwortlich.

© Bianca Quardokus

Bianca Quardokus 1981 in Göttingen geboren, hat Diplom Geographie mit den Nebenfächern Politik und Betriebswirtschaftslehre an den Universitäten Göttingen und Bonn studiert. Sie arbeitet seit 2009 beim Deutschen Olympischen Sportbund (DOSB) als Referentin im Ressort „Sportstätten und Umwelt" und ist dort für die Themen „Umweltschutz und Nachhaltigkeit im Sport" zuständig. Zu den Schwerpunkten ihrer Arbeit zählen die Themen Klimaschutz im Sport, nachhaltige Sportveranstaltungen sowie Nachhaltigkeit im Sport. Vor ihrer Zeit beim DOSB war sie beim Bundesamt für Naturschutz in Bonn als wissenschaftliche Mitarbeiterin in dem Bereich „Gesellschaft, Nachhaltigkeit, Tourismus und Sport" tätig.

Die Energie der Bewegung

Tanja Walther-Ahrens

1   Einleitung

Dieser Beitrag widmet sich dem Schwerpunkt „Batterien der Lebenskraft", die durch Bewegung aufgeladen werden- beispielsweise durch Joggen. Aus der Pädagogik ist bekannt, dass Kinder durch Bewegung die Welt be-greifen – das gilt auch für Erwachsene. Sie erfahren dadurch auch, was im Leben wirklich zählt: alles, was mit Wachsamkeit und dem Gespür und der Bewahrung dessen verbunden ist, was gut tut und Sinn stiftet. Vor dem Hintergrund persönlicher Erfahrungen wird beschrieben, dass ohne körperliche Bewegung die geistige und emotionale Bewegung oder Lebendigkeit (Lebensenergie) verloren geht.

2   Batterien der Lebenskraft

2.1   Von innen bewegt

Bewegung ist für mich wie Meditation. Am Wasser entlang joggen lässt zur Ruhe kommen und die leeren Lebensbatterien neu aufladen. Damit verbunden sind befreiende und beglückende Gefühle. Ähnlich wie nach dem Aufräumen, dem Aussortieren und

T. Walther-Ahrens (✉)
Berlin, Deutschland
E-Mail: tanwal@gmx.de

© Springer-Verlag GmbH Deutschland, ein Teil von Springer Nature 2019
A. Hildebrandt und W. Landhäußer (Hrsg.), *CSR und Energiewirtschaft*,
Management-Reihe Corporate Social Responsibility,
https://doi.org/10.1007/978-3-662-59653-1_25

Weggeben alter Dinge oder gar der Möglichkeit Zeit mit geliebten Menschen zu verbringen oder die Tageszeitung von vorne bis hinten in der Sonne sitzend zu lesen.

Zu den Energiefressern im Alltag gehören für mich Streitereien, eine missverständ-
liche Kommunikation, Stress im Arbeitsleben oder das „Stressenlassen" durch alltägliche
Dinge, wie lange Schlangen an der Kasse oder ein Stau auf dem Weg nach Hause.

Energie gibt mir das Lachen meiner Tochter oder einfach einen Tag spielend mit ihr
zu verbringen, Treffen mit Freund_innen, kleine und große alltägliche und besondere
Erfolge: Das reicht von einem/einer Schüler_in, die etwas verstanden hat über Spaß an
der Vermittlung von Sport und Bewegung bis hin zum Schreiben eines Buches.

Laufen ist eine weitere Form Energie aufzuladen und die alltäglichen Energiefresser
an Bedeutung verlieren zu lassen. Darüber hinaus ist Laufen für mich auch ein Symbol für meinen unabhängigen Geist, der mich auf seinen Schwingen durchs Leben trägt.
Zumindest ist mein Geist, seit der Körper wieder in Bewegung ist, freier. Es sprudelt
wieder mehr in meinem Kopf. Es fliegen mir Ideen zu. Und gleichzeitig wird der Akku
wieder aufgeladen, um diese Ideen und Gedanken auch umsetzen zu können. Durch
die Bewegung entsteht Energie – vorausgesetzt natürlich, dass ich nicht an meinem
Leistungslimit laufe. Dann ist es zwar für den Geist immer noch sehr erfrischend, aber
der körperliche Energielevel ist doch eher geringer.

Die Behauptung, dass sich nur konzentrieren kann, wer sich nicht bewegt, ist
inzwischen widerlegt. Ich bin davon überzeugt, dass die Konzentration beim Laufen eine
ganz andere ist als beim Sitzen. Für mich fühlt es sich so an, als wenn ich mich beim
Laufen auf das Wesentliche konzentrieren kann ohne Dinge, die ablenken (Stift auf dem
Tisch; wackelnde Gardine; Kolleg_innen im Zimmer). Es scheint fast so, als wäre die
totale Konzentration auf eine Sache möglich. Und gleichzeitig auch diese Sache oder
Idee durch Bewegung in Bewegung zu bringen, sodass neue Gedanken oder Ideen entstehen können.

2.2   Ab-Läufe

Ich laufe meistens mit einer Pulsuhr und einem GPS-Gerät. Manchmal laufe ich allerdings auch ganz bewusst ohne alles, sogar ohne Uhr. Das gibt dann ein absolutes Gefühl
von Freiheit und Unabhängigkeit. Ich nutze nicht die ganze Breite solcher technischen
Erfindungen, weil es mir einfach zu viel ist, aber es sind interessante Produkte, um sich
selbst zu motivieren oder Trainingspläne zu erstellen bzw. abzulaufen und zu dokumentieren. Mit einem GPS-Gerät kann ich zum Beispiel später am Computer nachverfolgen,
wo ich lang gelaufen bin, was gerade bei einem Aufenthalt im Ausland eine nette Spie-
lerei ist. Als anstrengend empfinde ich solche Geräte immer dann, wenn sie zum Zwang

werden, oder wenn ich das Gefühl habe, jede meiner Bewegungen wird kontrolliert. Laufen ist ja auch gerade ein Freiraum: einfach Zeit weglaufen, entspannen, dem Stress davon laufen bzw. ihn rauslaufen, Konzentration auf Gedanken und Körper und nicht auf PC, Handy oder ähnliches.

Dass mir beim Laufen andere Bilder oder Gedanken kommen als im Sitzen, glaube ich nicht. Es sind überhaupt Gedanken, die nur so möglich sind, weil keinerlei Ablenkung da ist. Natürlich achte ich auch auf den Weg beziehungsweise auf Dinge oder Menschen, die mir begegnen, was gegebenenfalls auch zu neuen Ideen oder Assoziationen führen kann, aber alles in allem funktioniert das Laufen ja wunderbar ohne darüber nachzudenken. Es gibt dann auch Momente, wo ich ganz verwundert irgendwo um die Ecke biege und mich frage, wie es kommt, dass ich schon so weit gelaufen bin, oder ich kann mich gar nicht erinnern, was mir bis dahin auf der Strecke begegnet ist. Einfach faszinierend.

Das Wesen eines Menschen steckt auch in der Art zu laufen. Selbst laufe ich eher langsamer, mache nicht so große Schritte, laufe flach und rolle fast über den ganzen Fuß ab. Ich laufe lieber lang und langsam als kurz und schnell und bin, was das Laufen angeht, auch eher kein Wettkampfmensch. Wenn, dann messe ich mich mit mir und meinen längsten oder schnellsten Läufen, aber ich kann auch gut einfach aus Freude an der Bewegung laufen. Am liebsten laufe ich alleine. Wahrscheinlich macht es mir deswegen aber auch immer wieder Spaß, mit anderen zu laufen. Dann wird geredet und gelacht oder einfach alle Probleme der Welt gelöst.

Immer wieder begegne ich Menschen, die aussehen, als würden sie sich sehr anstrengen, wenn sie laufen. Oder es gibt welche, die fast hüpfen beim Laufen. Manche setzen ihre Arme extrem ein, andere bewegen diese fast gar nicht. Da glaube ich dann schon, dass das auch Ausdruck ihres Wesens ist und sie Menschen sind, denen Leben schwer fällt, die nervös sind oder sich immer durchsetzen müssen, egal wie.

2.3   Orte der Bewegung

Ich liebe es, durch Städte zu laufen. Wälder oder nur Natur können mich nicht wirklich zum Laufen begeistern. Die vielen Bäume langweilen mich, und ich fühle mich fast eingesperrt und eingeengt. Aber da sind die Vorlieben sicherlich sehr unterschiedlich. Für mich gibt es nichts Schöneres als in Städten oder am Wasser zu laufen. Am tollsten ist es natürlich, wenn sich beides verbindet. Meine Lieblingsstrecke in Berlin führt an der Spree entlang zwischen Reichstag und Schloss Bellevue. Ganz grandios ist es natürlich, in Städten wie Sydney, Vancouver oder Barcelona zu laufen! Überhaupt ist es fantastisch, beim Marathon durch eine Stadt zu laufen. Im November 2014 in New York war es ein einzigartiges Erlebnis[1]. Diese Stadt einmal aus einem völlig anderen Blickwinkel zu sehen und Strecken zu laufen, die sonst nie möglich wären – wie das Überqueren von Brücken mit einem atemberaubenden Blick auf Manhattan oder alle Hauptstraßen der Stadtteile entlang zu laufen, ohne ein einziges Auto, dafür mit einem wundervoll enthusiastischen Publikum!

Es ist nicht so leicht zu erklären, was genau den Reiz ausmacht eine Stadt „laufend zu erfahren". Im Grunde ist es dieses Gefühl des „sich treiben lassen", einfach laufen und schauen. Mehr nicht. Vor allem Zeit haben beziehungsweise sich Zeit nehmen um zu schauen. Wodurch es wiederum möglich ist, Dinge zu entdecken und zu sehen, die sonst nicht wahrgenommen werden: Menschen die vorbei gehen; Pflanzen, die da anscheinend schon immer standen, aber noch nie gesehen wurden; ein Eichhörnchen, welches den Baum hochläuft. Einfach die Schönheit des Alltäglichen wahrnehmen und genießen.

In fremden Städten ist es eine Möglichkeit ganz viel von einer Stadt kennen zu lernen und das aus einem völlig anderen Blickwinkel. Hinzu kommt, dass ich bei allem Genuss meinem Körper auch noch etwas Gutes tue.

Laufen ist für mich etwas, was ich alleine und für mich mache. Das Schöne daran ist ja, dass ich es immer und überall machen kann. Im Grunde benötige ich nur meine Sportkleidung, und schon kann es losgehen. Auch bei einer großen Laufveranstaltung wie bei einem Marathon ist Laufen für mich erst mal ein sehr individuelles Erlebnis, auch wenn das, wie in New York mit 50.000 Teilnehmer_innen schwierig ist.

Ich bin diese Rennen mit einer Freundin zusammen angegangen, wir konnten die Aufregung vor dem Start teilen oder auch hinterher berichten, was wir gesehen und erlebt haben, auch wenn wir nicht zusammen gelaufen sind. Auch weil wir in unterschiedlichen Startgruppen waren, war das eine ganz tolle gemeinsame Erfahrung. Und ein Gemeinschaftsevent ist der New York Marathon dann für mich, wenn ich daran denke, dass bei jeder Überquerung einer Zeitmessungsmatte meine Freund_innen und meine Familie zu Hause sitzen und mit mir mitfiebern beziehungsweise, wenn sie mir vor dem Lauf Energie und gute Wünsche schicken und sich hinterher mit mir freuen, dass ich schnell im Ziel angekommen bin! Das ist ein ganz wunderbares Gefühl und gibt wahnsinnig viel Kraft und Energie. Vor allem hat es mich gerade in New York dazu gebracht, auch an dem Punkt noch weiter zu laufen, wo mein Körper definitiv der Meinung war, dass es doch besser wäre, einfach stehen zu bleiben. So gesehen ist Laufen in diesem Fall ein wundervolles Gemeinschaftsgefühl, auch wenn ich 42 km ganz alleine durch die Straßen New Yorks gelaufen bin.

Es ist interessant, dass wir alle immer mehr nach Individualisierung streben und dann in einer Masse von tausenden von Menschen laufen gehen. Es ist aber genau diese Mischung, die so spannend und interessant ist. Das Lauf-Großereignis ist häufig ein

---

[1]http://www.tcsnycmarathon.org

Highlight im Laufjahr entweder ist es die Erfüllung eines Traumes, wie zum Beispiel der Marathon in New York, Berlin oder Boston für viele Laufende das Größte ist oder es ist das Ziel allen Trainings und somit die Krönung eines Laufjahres.

Das Laufen in der Gruppe beziehungsweise bei solchen Großereignissen ist emotional völlig anders als eine Joggingrunde, die ich alleine durch die Stadt drehe. Ein offizieller Lauf, egal ob 10 km-Lauf, Halb- oder Marathon ist immer ein Wettkampf, begleitet von Nervosität und Aufregung. Das ist das spannende an Wettkämpfen: Egal wie oft ich teilnehme, die Aufregung ist immer da. Das gilt ebenso für das Stolz sein und die Freude am Ende, weil ich es geschafft habe. Das „was" ich geschafft habe ist individuell sehr unterschiedlich und reicht von einer bestimmten Zeit bis hin zu einer bestimmten Strecke, die bewältigt wurde.

2.4   Vom Profi-Fußball zum Marathon

Ich habe als Bundesligaspielerin immer gedacht, ich kann nirgendwo anders laufen als auf einem grünen Feld mit weißen Linien. Und dann wurde ich eines Besseren belehrt. Aus Spaß haben meine beste Freundin und ich etwa Ende der 90er Jahre mal an einem lesbisch-schwulen 10 km-Fun-Run teilgenommen. Ich kann mich noch gut erinnern, dass ich hinterher das Gefühl hatte, als hätte ich noch nie Sport gemacht, so geschmerzt hat mein ganzer Körper. Aber irgendwie sind wir bei diesen Läufen hängen geblieben. Nach dem Ende meiner Fußballkarriere bin ich regelmäßig joggen gegangen, und dann kam durch eine weitere, sehr laufverrückte Freundin die Idee: Warum denn nicht mal ein Marathon? Ja, warum denn nicht?! Inzwischen habe ich schon fünf Marathonläufe und einige Halbmarathonläufe gemacht und gehe immer noch wahnsinnig gerne joggen. Natürlich spiele ich nach wie vor auch noch leidenschaftlich gerne Fußball, wofür das Joggen ja ganz gut ist.

Die Idee, einmal den New York Marathon zu laufen, ist schon einige Jahre alt. Ich glaube die gab es sogar schon vor dem ersten Marathon, den ich in Berlin gelaufen bin. Irgendwie hat es sich nie ergeben, dort zu laufen. Der New York Marathon ist für viele Menschen, die Marathon laufen, das Größte. Die Strecke und die Atmosphäre sind etwas ganz Besonderes und das alles in einer Stadt, die wahnsinnig faszinierend ist. Als ich dann Anfang 2014 tief in einer persönlichen Krise steckte, hab ich mich einfach für den New York Marathon angemeldet. Schon die Anmeldung hat gut getan, hat mir ein Ziel gegeben, etwas worauf ich hinarbeiten konnte. Und das Ganze war einfach nur für mich.

Die laufverrückte Freundin, die mich zum Marathonlaufen gebracht hat, bereitete mich auf den New York-Marathon vor und versorgte mich mit Trainingsplänen und Lauftipps. Mit dem Training habe ich im Mai 2014 begonnen. Ab da bin ich so zwischen 60 km und

80 km in der Woche gelaufen. Marathontraining ist sehr umfangreich – für mich war es genau richtig, weil ich jeden Schritt des Trainings genießen konnte beziehungsweise weil mir diese Bewegung einfach sowohl körperlich als auch mental so gut getan hat.

Die Gefühle nach einem Fußballspiel sind völlig andere als nach einem Marathon. Das gilt genauso für das körperliche Empfinden. Ein Marathonlauf bringt den Körper einfach an seine physische Grenze der Leistungsfähigkeit. Das schafft ein Fußballspiel so nicht. Die Belastung ist auch eine völlig andere. Für mich fühlt es sich auch anders an, ob ich eine Leistung alleine erbringe oder im Team. Im Team kann ich sogar einer Niederlage gute Momente abgewinnen, wenn wir zum Beispiel gut gekämpft oder schöne Tore erzielt haben. Sieg oder Niederlage teilen zu können, ist etwas Tolles, es macht die Siege noch strahlender und die Niederlagen weniger schmerzhaft.

Beim Laufen steht für mich nicht der Wettkampf im Vordergrund. Mir bereitet es große Freude ab und zu an Wettkämpfen teilzunehmen und ich finde auch, es bereichert zum Beispiel einen Urlaub um ein schönes Erlebnis, wenn ich während des Aufenthaltes an einem Lauf vor Ort teilnehmen konnte, aber die Wettkämpfe sind nicht das vorrangige Ziel. Sie dienen dazu, für ein hohes Trainingspensum zu motivieren, sind ein Highlight im Laufjahr oder ein Event, der mit Freund_innen geplant und erlebt wird.

Ich laufe heute aus reiner Freude und kann dabei sozusagen nebenher nachdenken, entspannen, Ideen entwickeln oder einfach den Herbstwind genießen.[2]

Laufen bedeutet sich selbst etwas Gutes zu tun, sich um sich zu kümmern, sich für sich in Bewegung zu bringen und das, obwohl ein Marathon-Lauf für Körper und Geist eine enorme Herausforderung ist, die ohne Selbstdisziplin und Selbstsorge kaum zu bewältigen ist. Der menschliche Körper kann nicht ohne Übung 42 km am Stück rennen, dazu braucht es Training. Für alle, die einen Marathon dann auch noch in einer bestimmten Zeit laufen möchten gilt: je kürzer meine gewünschte Zeit ist, umso mehr und umso intensiver muss ich trainieren. Das beinhaltet Laufumfänge von über 60 km in der Woche, was wiederum einen Zeitaufwand von mindestens 6 h bedeutet. Sowohl für diesen zeitlichen Aufwand, als auch für die Inhalte des Trainings ist Disziplin unabdingbar.

Beim Lauf selber gilt ähnliches. Bei den meisten, die einen Marathon laufen kommt früher oder später ein Punkt wo der Körper sagt „können wir bitte aufhören". Dann braucht es sehr viel Selbstdisziplin noch weiter zu laufen! Wer während eines Laufes nicht von Anfang an für sich sorgt, dass heißt ausschlafen, richtig essen und trinken und so weiter, wird diesen Punkt früher erreichen als andere.

Sicherlich ist für viele nicht nachvollziehbar, was daran reizvoll ist. Wahrscheinlich muss es selbst erlebt werden. Es geht um Grenzen überschreiten, es geht darum über sich selbst hinaus zu wachsen und es geht darum etwas zu bewältigen was nicht vorstellbar ist. Wer sich und seine Grenzen einmal überschritten hat, ist beglückt und beseelt. Im Einklang mit sich und dem, direkt nach einem Lauf, wohlig schmerzenden Körper.

---

[2]http://nachhaltigkeit-im-fussball.de/kolumne/warum-der-new-york-marathon-ein-lebenslauf-ist/

2.5   Nachhaltige Innovationen

Das tolle am Laufen ist ja, dass es immer und überall möglich ist und keinerlei Kenntnisse und Fähigkeiten vorhanden sein müssen. Laufen können wir alle! Im Prinzip ist es auch nicht nötig sich spezielle Kleidung für diese Sportart zuzulegen. Laufen geht auch in einer Fußballhose. Hier kommen jedoch die Sportartikelhersteller ins Spiel. Die vermitteln, dass ich nur mit einem bestimmtem Schuh oder einem bestimmten Shirt schnell oder gesund laufen kann. Viele vergessen, dass wir dafür trainieren müssen und das die Kleidung völlig nebensächlich ist. Sie wollen lieber die Laufergebnisse gleich kaufen. Aber auch der ultraleichte, super moderne Trainingsschuh und das atmungsaktivste, schnelltrocknenste Shirt laufen nach wie vor, trotz aller Innovationen nicht von alleine.

Gerade im Laufbereich gibt es immer wieder Innovationen, das reicht von immer weiter und anders entwickelten Schuhen bis hin zur atmungsaktiven, ultraleichten Kleidung. Für mich ist bei der Laufkleidung am wichtigsten, dass sie strapazierfähig ist. Ich lege keinen Wert darauf, immer die neueste Technik an den Füßen oder am Körper zu tragen. Ich brauche Kleidung und Schuhe zum Wohlfühlen. Wenn es denn dann unbedingt das neueste und trendigste und coolste Bekleidungsstück sein muss, was die Laufszene zu bieten hat, finde ich Ideen wie die der Brüder Lunge[3], die selbst aus dem Laufsport kommen und die Laufschuhe in Deutschland mit Schadstofffreiem und langlebigem Material produzieren, sehr gelungen. Es wäre schön, darüber hinaus Laufbekleidung aus recycelten Materialien herzustellen. So hat Nike zum Beispiel für die Olympischen Spiele 2012 die Männerfußballteams aus den Niederlanden und Brasilien mit Trikots ausgestattet, die aus PET-Flaschen hergestellt wurden[4]. PUMA verfolgt die Idee von kompostierbarer oder recyclebarer Sportkleidung[5], womit die Sportartikelhersteller sicher noch nicht am Ende sind mit den Möglichkeiten, diesen sehr nachhaltigen Sport noch nachhaltiger zu gestalten.

2.6   Laufen als Ent-Spannung

2009 fragte das Meinungsforschungsinstitut Allensbach die Deutschen, was sie an ihrem Charakter am liebsten verändern würden. Die meisten wünschten sich, dass sie gern „viel ruhiger" wären. Laufen ist auch eine Möglichkeit, Stress abzubauen. In sehr stressigen Situationen holt es mich wieder „runter", „erdet" mich, nimmt Anspannung weg. Laufen ist eine gute Möglichkeit, die Seele aktiv „baumeln" zu lassen und im wahrsten Sinne des Wortes durchzuatmen. Gleichzeitig gibt das Laufen Energie, die wir ja in stressigen oder angespannten Phasen auch häufig verlieren.

---

[3]http://www.lunge.com/

[4]http://www.love-green.de/themen/recycling-und-muell/nike-fertigt-fussballtrikots-aus-plastikflaschen-id5477.html und http://www.feelgreen.de/die-brasilianische-nationalelf-kickt-jetzt-in-recycling-trikots/id_54097026/index.

[5]http://www.feelgreen.de/gibt-es-bald-kompostierbare-sportmode-von-puma-/id_51433658/index

Für die meisten dürfte das Laufen dazu dienen, auch mal aus der Welt zu „verschwinden". Ich laufe beispielsweise immer ohne Handy oder ohne Musik. Ich gönne mir diese Auszeit, gönne mir den Luxus der Nichterreichbarkeit und die Möglichkeit des Abschaltens. Die meisten Menschen, die ich kenne und die laufen, machen das auch aus genau den Gründen.

Laufen auf dem Laufband finde ich völlig kontraproduktiv. Es strengt eher an, als das es entspannt. Hinzu kommt, dass zu den wundervollen Dingen des Laufens gehört, das Wetter direkt zu genießen. Egal ob Regen, Wind, Schnee oder Sonne auf der Haut, es wird direkt in Energie umgesetzt.

Ich laufe gerne, und manchmal macht das Laufen noch mehr Spaß, wenn da irgendein Ziel ist, auf welches ich zulaufen kann. Es muss nicht immer ein Marathon sein. Es kann auch einfach darum gehen, endlich mal eine Stunde am Stück laufen zu können oder einfach mal auszuprobieren wie es ist, einen Wettkampf zu laufen. Wenig erfolgversprechend ist es dann, alles auf einmal machen zu wollen. Es geht aber immer nur ein Schritt nach dem anderen. Einen Marathon kann ich nicht laufen, wenn ich es vorher nicht schaffe mindestens eine Stunde am Stück zu laufen. Ein Trainingsplan steigert sich sowohl in Umfang und Intensität Monat für Monat.

Der New York Marathon oder irgendein anderes Laufgroßereignis ist im Endeffekt der kleinste Teil auf dem Lauf oder Weg zu mir selbst. All die gelaufenen Kilometer davor sind das. Der Weg ist das Ziel! Das wird beim regelmäßigen Laufen ganz deutlich. Der New York Marathon ist dann am Ende das Sahnehäubchen. Und es war sicher nicht das letzte Sahnehäubchen! Es gibt ja mittlerweile in jeder größeren Stadt einen Marathon, da stehen also noch einige Wege zu mir selbst auf dem Programm.

Normalerweise werden die Worte Energie und Laufen mit dem Kalorienverbrauch beim Laufen in Verbindung gebracht. Das ist natürlich ein Gedanke, den viele haben, wenn sie mit dem Laufen beginnen beziehungsweise ist es häufig für viele der Grund mit dem Laufen zu beginnen. Die Energie, die ich jedoch gewinne wenn ich laufe: die Lebensenergie und Lebensfreude ist meiner Einschätzung nach weit höher einzuschätzen als alles andere. Der Kalorienverbrauch ist dabei sicherlich ein willkommener Nebeneffekt.

Wir leben in einer Gesellschaft, in der Menschen sich immer weniger bewegen. Arbeiten am PC, entspannen vor dem TV, Sitzen in Schule und Studium, abhängen in Cafés, kommunizieren mit Smartphones... Die Bewegung reduziert sich also häufig auf die Bewegung der Hände. Trotz oder gerade wegen dieser „Nichtbewegung" ist die Bedeutung eines gut funktionierenden und vor allem gut aussehenden Körpers in den letzten Jahrzehnten immer mehr gestiegen.

Wer nicht körperlich arbeitet, muss den Körper anders in Form bringen. Laufen ist dazu ideal. Es ist immer und überall möglich und verlangt auch keine besonderen Kenntnisse oder Fähigkeiten. So ist es also nicht verwunderlich, dass in den Städten so viele Menschen Sport treiben.

Weiterführende Literatur

Feel Green. Die Brasilianische Nationalelf kickt jetzt in Recycling Trikots. http://www.feelgreen. de/die-brasilianische-nationalelf-kickt-jetzt-in-recycling-trikots/id_54097026/index

Feel Green. Gibt es bald kompstierbare Sportmode von Puma. http://www.feelgreen.de/gibt-es-bald-kompostierbare-sportmode-von-puma-/id_51433658/index

Interview mit Tanja Walther-Ahrens. Warum der New York Marathon ein Lebenslauf ist. http://nachhaltigkeit-im-fussball.de/kolumne/warum-der-new-york-marathon-ein-lebenslauf-ist/

Love Green. Nike fertigt Fußballtrikots aus Plastikflaschen. http://www.love-green.de/themen/recycling-und-muell/nike-fertigt-fussballtrikots-aus-plastikflaschen-id5477.html

Lunge Manufaktur. http://www.lunge.com/

New York City Marathon. http://www.tcsnycmarathon.org

© Tanja Walther-Ahrends

Tanja Walther- Ahrens geboren 1970 in Hessen. Nach mehrmaligem Gewinn der Meisterschaft der Landesverbände mit dem hessischen Auswahlteam in den 80er-Jahren erfolgte nach dem bestandenen Abitur und mit kleinen Umwegen der Umzug nach Berlin. Beginn des Studiums der Sonder-Pädagogik und Sportwissenschaften und der erfolgreichen Karriere in der Bundesliga von 1992–1994 bei Tennis Borussia Berlin. Sportliche Herausforderung in den USA durch ein Sport-Stipendium am William Carey College, Mississippi von 1994 bis 1995. Danach spannende Jahre bei Turbine Potsdam in der Bundesliga von 1995 bis 1999. Heute eine immer noch leidenschaftliche Fußballerin in der Berliner Landesliga beim SV Seitenwechsel. Seit 2006 Delegierte der European Gay and Lesbian Sport Federation (EGLSF). Von 2011 bis 2013 leitete sie die Arbeitsgruppe „Bildung" als Teil der Kommission Nachhaltigkeit des Deutschen Fußball Bundes (DFB). Von 2013 bis 2015 saß sie im Präsidium des Berliner Fußball-Verbandes. Hauptberuflich ist sie Sonderpädagogin. Sie lebt mit ihrer Familie in Berlin. 2008 erhielt Tanja Walther-Ahrens zusammen mit Philip Lahm und Dr. Theo Zwanziger den TOLERANTIA-Preis. 2011 den Augsburg-Heymann-Preis und den Zivilcouragepreis des Berliner CSD.

Teil VIII

Energie und Mobilität

Mobilität in der dritten Dimension

Wie Flugtaxis und vernetzte Infrastrukturen Verkehrsprobleme der Zukunft lösen

Werner Neumüller

1 Die Faszination des Fliegens: Historischer Überblick

Was Visionäre von anderen Menschen unterscheidet, ist das ständige Hinterfragen, wie das Leben und die Welt verbessert werden können. Sie „sehen" Dinge, die andere nicht sehen bzw. können sich vorstellen, wie sie sein könnten. Ein Visionär kann, muss aber meiner Ansicht nach nicht selbst „ans Werk" gehen, sondern kann auch andere inspirieren, die die seine Visionen dann umsetzen. Der Begriff setzt sich etymologisch mit „wirken" (auch mit „Wirklichkeit") zusammen (Hildebrandt 2018a). Im Buch „Visionäre von heute – Gestalter von morgen", das ich gemeinsam mit Dr. Alexandra Hildebrandt herausgegeben habe, spielt der italienische Maler und Ingenieur Leonardo da Vinci (1452–1519) eine wichtige Rolle: „Er wollte die Realität verstehen, indem er ihre Gesetzmäßigkeiten zu entschlüsseln versuchte. Und er war der Erste, der erkannte, dass zeichnerische Entwürfe von Maschinen das perfekte Werkzeug und Hilfsmittel für Forschung und Analyse sind" (Hildebrandt 2018b). 1483 skizzierte er ein Flugzeug mit Luftschraube, genauer eine Wendelschraube mit senkrechter Welle und einer Plattform als Nabe. Eine darauf stehende Person sollte die Luftschraube antreiben. Sein Fluggefährt gilt als ein Vorläufer des modernen Helikopters, auch wenn da Vinci seine Erfindung seinerzeit nicht umsetzen konnte, so blieben seine Visionen und wurden Jahrhunderte später Wirklichkeit: Im Jahr 1901 hob der erste Hubschrauber in Berlin ab. Die vertikale Mobilität, mit dem charakteristischen senkrechten Starten und Landen, nahm ihren Anfang. Das erste Patent für ein fliegendes Auto meldete Dr. Trajan Vuia am 17. August 1903 an (Hildebrandt 2018b) Wirklich funktionsfähig war der Flugapparat zwar nicht,

W. Neumüller (✉)
Neumüller Ingenieurbüro GmbH, Nürnberg, Deutschland
E-Mail: wn@neumueller.org

© Springer-Verlag GmbH Deutschland, ein Teil von Springer Nature 2019
A. Hildebrandt und W. Landhäußer (Hrsg.), *CSR und Energiewirtschaft*,
Management-Reihe Corporate Social Responsibility,
https://doi.org/10.1007/978-3-662-59653-1_26

aber die Idee, mit einem Auto fliegen zu können, war nun endgültig geboren. Auch der Entwurf eines „Autoplane" von Glenn Curtiss aus dem Jahr 1917 konnte nicht in Serie gehen, denn sein größtes Problem war, dass es nicht einmal vom Boden abhob (n-tv.de).

Es vergingen knapp 20 Jahre, bis in den USA das Pitcairn Autogyro AC-35 in die Luft ging. Das Einzelstück war allerdings ein Tragschrauber mit geschlossener Kabine, der auch auf Straßen fahren konnte. Das erste fliegende Auto kam 1937, als der über sechs Meter lange Waterman Arrowbile mit gut elfeinhalb Meter breiten Flügeln abhob. Nach nur drei Exemplaren wurde der Serienbau gestoppt, insgesamt entstanden sechs Arrowbiles. Das letzte wurde 1957 hergestellt. Mario Hommen weist in seinem Beitrag „Der Traum vom Zwittern" nach, dass es sich bei allen historischen Flugautos um „hochtrabende Pläne" handelte, die nie zu mehr als ein paar Einzelstücken reichten. „Umso erstaunlicher ist es, dass in der jüngeren Vergangenheit an mehreren Serienmodellen gearbeitet wird, die bereits zeitnah auf den Markt kommen sollen. Die ambitioniertesten Projekte sind ein fahrender Gyrocopter der holländischen Firma PAL-V sowie Flug-Fahrzeuge der Unternehmen Terrafugia und Aeromobil." (Hommen 2018) Heute stehen „Drehflügler" besonders im Fokus der Öffentlichkeit: Sie könnten ein wichtiges Bindeglied in der Vernetzung von Verkehrsmitteln werden – als Material- und Warentransporter für Inspektionsaufgaben, aber auch als Lufttaxi.

2   Innovationen in der Mobilität: Flugtaxis

Da Vinci ist in unserem Herausgeberband auch ein wichtiger Impulsgeber für Unternehmer, deren „Werk" hier umfassend vorgestellt wird und das erst durch sinnvolle, unser Leben bereichernde Produkte und durch die Schaffung sinnvoller Arbeit entsteht. Mit der Schaffung und Etablierung neuer Produkte verbunden ist nicht nur die Umsetzung technologischer Neuerungen und die Realisierung neuer Organisationsformen, sondern auch die Überwindung des gesellschaftlichen Widerstands gegenüber dem Neuen: So wurde man Anfang 2018 mit der Erwähnung von Flugtaxis öffentlich noch belächelt: Nach einem Interview im heute-journal erntete Staatsministerin für Digitalisierung Dorothee Bär (CSU) damals Häme (Flugtaxi statt Breitbandausbau 2018).

Heute sind für den Bundesverkehrsminister Flugtaxis längst keine Vision mehr. Fast jeder zweite Deutsche (41 %) würde schon bald in ein Flugtaxi steigen oder mit einem autonomen Auto fahren. Insbesondere junge Menschen sind offen für Innovationen in der Mobilität. Das ergab eine Umfrage der forsa Politik- und Sozialforschung GmbH im Auftrag der Standortinitiative „Deutschland – Land der Ideen": 65 % der 18- bis 29-Jährigen wünschen sich Flugtaxis und unbemannte Drohnen für kurze Strecken und 60 % autonom fahrende Autos (Köllner 2018).

Sogar Tesla-Gründer Elon Musk verkündete trotz seiner unternehmerischen Erfolge mit E-Autos sehr häufig, dass er auch Pläne für elektrische Flugzeuge habe: 2020 soll mit dem Probebetrieb in Städten wie Dubai, Los Angeles, Dallas und Singapur gestartet werden (Holzer 2019). Experten schätzen, dass ab 2023 der kommerzielle Betrieb startet.

Drohnen könnten von 2025 an autonom über den Dächern der Metropolen schweben. Die Unternehmensberatung Roland Berger prognostiziert, dass dann etwa 3000 Flugtaxis zu diesem Zeitpunkt weltweit im Einsatz sein werden. In den Folgejahren soll die Zahl wachsen: auf rund 12.000 im Jahr 2030, 53.000 im Jahr 2040 und knapp 100.000 im Jahr 2050 (Bärschneider 2018).

Nach Expertenangaben arbeiten weltweit derzeit etwa 75 Unternehmen an der Entwicklung von automatisierten Flugtaxis. Aktuell arbeiten unter anderem Google, Bosch, Autohersteller wie Daimler, Airbus, der Ride-Sharing-Dienst Uber sowie diverse Start-ups an technischen und organisatorischen Konzepten, darunter die deutschen Firmen Lilium Aviation und Volocopter. Auch Eviation gehört zu den zahlreichen Start-ups, die mit elektrisch betriebenen Fluggeräten den Verkehr revolutionieren wollen. Sieben Passagiere und zwei Crew-Mitglieder kann das Modell von Eviation transportieren. Angetrieben wird es von einer großen Batterie. Die wäre zwar für ein Auto viel zu teuer, sie kostet etwa 400.000 US\$. Aber bei den Gesamtkosten eines Flugzeuges in Millionenhöhe fällt das nicht so sehr ins Gewicht (Martin-Jung 2018). Das holländische Pal-V Liberty wiederum ist ein zweisitziges Motor-Dreirad, das von der Straße abheben und über einen Stau wegfliegen können soll, mit maximal 170 km/h auf der Straße und 180 km/h in der Luft. Für den Flugverkehr soll es als Kleinhubschrauber zugelassen werden. Das erfordert allerdings eine Pilotenlizenz für den Fahrer beziehungsweise Piloten.

Auch Rolls-Royce arbeitet an einem eigenen Flugtaxi-Konzept, das im Rahmen der Farnborough Airshow 2018 vorgestellt wurde: Das Fluggerät soll Strecken von etwa 800 km mit einer Geschwindigkeit von bis 400 km pro Stunde zurücklegen können. Der Hybridflieger setzt auf eine Gasturbine, die wiederum sechs Elektrotriebwerke antreiben soll. Diese können um 90 Grad rotiert werden, um so senkrechte Starts und Landungen zu ermöglichen. Als zusätzlicher Energiespeicher soll ein Akku integriert werden. Im Betrieb soll dieses Flugtaxi-Konzept besonders leise sein. Schon Anfang der 2020er könnten erste Modelle verfügbar sein – allerdings nur unter der Voraussetzung, dass für die Fluggeräte ein sinnvolles Geschäftsmodell gefunden und am Markt etabliert werden kann (Rolls-Royce präsentiert elektrisches Flugtaxi mit 800 km Reichweite 2018).

Unter der Leitung des ehemaligen Google-X-Chefs Sebastian Thrun und mit Kapital von Alphabet-CEO Larry Page will das Startup Kitty Hawk demnächst autonome Flugtaxidienste in Neuseeland anbieten. Mit dem Startup Lilium in Weßling bei München arbeitet auch ein deutsches Startup an einem ähnlichen Konzept. Es möchte schon in den kommenden Jahren ein Elektro-Flugtaxi auf den Markt bringen (Elektro-Flugtaxi soll in wenigen Jahren an den Start gehen 2018).

Konstrukteure bauen an einem senkrecht startenden und landenden Elektro-Jet, der fünf Passagiere mit einer Geschwindigkeit von bis zu 300 km/h bis zu 300 km weit transportieren soll. Der Jungfernflug fand 2017 statt. Das chinesische Internet-Unternehmen Tencent, Skype-Gründer Niklas Zennström, der deutsche Investor Frank Thelen und die Investmentfirma LGT investieren insgesamt etwa 90 Mio. \$ in das Unternehmen von vier jungen Uni-Absolventen aus München. Das Unternehmen plant, vor allem in Innenstädten zahlreiche Plattformen zu errichten, damit sich die Kunden

ihr Flugzeug bequem per Smartphone zum nächst gelegen Landeplatz ordern können. Das vertikale Starten und Landen der Maschine soll den Verkehr innerhalb der
Stadt zusätzlich deutlich vereinfachen (Kern 2017). Audi treibt die Idee der individuell nutzbaren Flugtaxis zusammen mit der Tochter Italdesign und Airbus noch weiter: Italdesign entwickelt für Audi und Kunden rund um den Globus zukunftsfähige
Fahrzeug-Konzepte. Dabei wird auf ein Netzwerk aus Städten, Universitäten und verschiedenen Stakeholdern gesetzt, „um die Zukunft der Mobilität in Städten besser
zu antizipieren" (Audi, Italdesign und Airbus mit neuer Idee für Flugtaxi 2018). Die
Ingolstädter setzen beim Pop. Up Next gemeinsam mit ihren Partnern auf ein modula-
res Konzept: Die Passagierkabine wird entweder von einer Drohne oder einem Elektro-
auto transportiert (Gomoll 2018). Die ultraleichte, zweisitzige Passagierkabine lässt
sich entweder mit einem Auto- oder einem Flugmodul koppeln. Im Innenraum dominiert ein 49 Zoll-Bildschirm, die Mensch-Maschine-Interaktion erfolgt über Sprach-
und Gesichtserkennung, Eye-Tracking sowie Touch-Funktion (Weinzierl 2018). Airbus
hat einen elektrisch fliegenden Helikopter („CityAirbus") entwickelt, der künftig drei
bis vier Passagiere auf festen Routen zu wichtigen Zielen bringen soll. Anfangs werde
aber aus Akzeptanzgründen ein Pilot mit an Bord sein. Gebaut wird er in Donauwörth
in Nordschwaben. Parallel dazu arbeitet Airbus A3 in Silicon Valley an einem Einsitzer
namens „Vahana". Auch dieses elektrische Luftfahrzeug mit Rotoren und Kippflügeln
soll autonom fliegen können. Am 18. Januar 2018 war es erstmals in der Luft. Ziel ist,
dass eine Fahrt pro Passagier nicht mehr kostet als eine Taxifahrt auf der Straße über
eine entsprechende Strecke (Kleim 2018).

In Bruchsal, wenige Kilometer von Karlsruhe entfernt, entwickelt das Start-up
Volocopter, an dem Daimler beteiligt ist, sein gleichnamiges Flugtaxi: Die elektrisch
angetriebenen Rotoren des Volocopters sind so leise, dass der Mensch sie nicht hört.
Gelenkt wird das Flugtaxi per Joystick, bei Bedarf fliegt es auch autonom per Auto-
pilot. Unterbrechen die Passagiere die Steuerung, bleibt das Taxi einfach schwebend
stehen. Für die nötige Energie sorgen derzeit noch neun Batterien, die von Robotern
direkt nach der Landung auf sogenannten Volo-Ports gewechselt werden. Aktuell
beträgt die Reichweite noch weniger als 50 km – dies wird sich jedoch mit Weiterentwicklung der Akkus verbessern. In Zukunft sollen 100.000 Passagiere pro Stunde
einen Volocopter nutzen.

Zwei Personen mit zusammen maximal 160 kg haben Platz, bei 70 km/h kommen sie
27 km weit. Die Akkus sind wechselbar, so dass der Copter gleich wieder abheben kann.
Die Schnellladung auf 80 % braucht 40 min, vollständig betankt sind die Akkus in zwei
Stunden. Die 18 Rotoren finden auf einer ringförmigen Konstruktion mit einem Durch-
messer von 9,15 m Platz, mit nur 2,15 m in der Höhe ist das Gerät ziemlich flach. Die
Motorsteuerung der Rotoren stammt von Intel, und wurde aus dessen bisherigen Modell-
drohnen abgeleitet. Seit 2016 ist der Chiphersteller über seine Beteiligungsgesellschaft
Intel Capital an Volocopter beteiligt (Kugoth 2018).

Die Volocopter GmbH ist weltweit führend bei der Entwicklung von senkrechtstartenden, vollelektrischen Multikoptern (eVTOLs) als Lufttaxi. Die technische Plattform ist äußert flexibel und lässt den pilotierten, ferngesteuerten und voll-autonomen Flugbetrieb zu. Bereits 2011 schrieb das Unternehmen Luftfahrtgeschichte mit dem bemannten Flug des weltweit ersten, rein elektrischen Multikopters. Seitdem setzte die Volocopter GmbH weitere Meilensteine: 2016 erhielt Volocopter die vorläufige Verkehrszulassung durch die deutsche Luftfahrtbehörde für einen 2-Sitzer-Volocopter und 2017 zeigte das Luftfahrt-Startup den ersten autonomen Flug eines Lufttaxis im urbanen Raum in Zusammenarbeit mit der RTA Dubai. Die Gründer Stephan Wolf und Alexander Zosel haben mittlerweile ein schlagkräftiges Team von erfahrenen Managern wie CEO Florian Reuter, CTO Jan-Hendrik Boelens und CFO Rene Griemens um sich versammelt. Damit wurden die Weichen für das weitere Wachstum des Unternehmens gestellt. Daimler, Intel, Lukasz Gadowski und ich sind einige der Investoren des Unternehmens.

Als weltweit erste Luftrettungsorganisation prüft die ADAC Luftrettung den Einsatz von bemannten Multikoptern im Rettungsdienst. Für das zukunftsweisende Pilotprojekt startete das gemeinnützige Unternehmen aus München eine auf 1,5 Jahre angelegte Machbarkeitsstudie, in die rund 500.000 EUR fließen sollen. Gefördert wir sie von der gemeinnützigen ADAC Stiftung im Rahmen ihres Förderschwerpunktes „Rettung aus Lebensgefahr". Wissenschaftlich begleitet wird das Projekt vom Deutschen Zentrum für Luft- und Raumfahrt (DLR), mit dem die ADAC Luftrettung im Bereich Forschung und Entwicklung kooperiert (Kugoth 2018).

In Deutschland wurden dazu zwei Modellregionen ausgewählt: der Rettungsdienstbereich Ansbach mit Luftrettungsstandort Dinkelsbühl in Bayern und das Land Rheinland-Pfalz. Für beide Regionen simuliert das Institut für Notfallmedizin und Medizinmanagement der Ludwig-Maximilians-Universität München (INM) ab Frühjahr 2019 Luftrettungseinsätze mit Volocoptern am Computer. Im Rahmen des Pilotprojektes werden sie eigens für den Rettungsdienst weiterentwickelt und als Notarztzubringer eingesetzt. Ziel ist es, den Arzt schneller als im Notarzteinsatzfahrzeug zu Patienten bringen und so die Versorgung zu verbessern. In den kommenden Monaten soll es erste Forschungsflüge geben. Erste Ergebnisse der Studie über das Einsatzpotenzial und die Wirtschaftlichkeit dieser Fluggeräte im Rettungsdienst sind für Herbst/Winter 2019 geplant.

Für Frédéric Bruder, Geschäftsführer der ADAC Luftrettung, ist die Studie der Beginn einer neuen Zeitrechnung im Rettungsdienst aus der Luft. „Der ADAC gehörte vor 50 Jahren zu den ersten in Deutschland, die den Einsatz von Rettungshubschraubern in einem Feldversuch getestet haben. Da ist es nur folgerichtig, dass wir jetzt die ersten sind, die die Luftrettung in Deutschland mit neuen Technologien in die Zukunft führen." (Rettungsdienst 2018) Gerade an diesem Beispiel zeigt sich besonders deutlich, dass Flugtaxis eine wichtige Innovation im Bereich Nachhaltigkeit darstellen, die der gesamten Gesellschaft zu Gute kommt und das umsetzen, was Generationen vor uns geträumt haben. Visionen werden Wirklichkeit.

3   Chancen und Herausforderungen

Vorteile:

- Flugtaxis könnten den Auto- und Schienenverkehr in den immer schneller wachsenden Metropolen entlasten.
- Gegenüber dem Auto haben Flugtaxis einen Geschwindigkeitsvorteil, der vor allem in den Metropolen der Welt enorm ausfällt.
- Flugtaxis sind kleiner, leiser und umweltfreundlicher und billiger als Hubschrauber.
- Flughäfen könnten sich durch den Einsatz von Flugtaxis mit Bahnhöfen verbinden lassen oder andere zentrale Orte einer Stadt anfliegen, später womöglich auch Bewohner aus dem Umland ins Zentrum bringen.
- Flugtaxis können schneller gebaut werden als ein neues S-Bahn-System.
- Die aus dem modernen Auto übernommene Technik ist erheblich günstiger als die für den Bau klassischer Helikopter genutzte Luftfahrttechnologie.
- Das Buchungs- und Bezahlsystem könnte aus dem Fahrzeuggeschäft übernommen werden.

Herausforderungen:

- Bislang fehlen die gesetzlichen Grundlagen für den Drohneneinsatz (z. B. die Freigabe von Start- und Landeplätzen, Anforderungen an eine Start- und Landestelle, Schaffung von Kontrollinstanzen oder Definition von Lufträumen).
- Da elektrische Antriebe zunächst nur für Kurzstrecken infrage kommen, ist die Nachfrage nach Flugtaxis noch relativ klein.
- Es müssen Start- und Landeplätze gebaut werden, weil davon auszugehen ist, dass der Transport auf festen Routen und nicht individuell stattfindet, zudem müssen Warteräume für die Passagiere sowie Auflade- oder Tauschmöglichkeiten für die Akkus errichtet werden.
- Für den breiten Einsatz voll- und hybridelektrischer Systeme im Flugzeugbau muss vor allem die Speicherdichte von Batterien deutlich steigen, außerdem sind leichte und gleichzeitig leistungsstarke Motoren nötig, die auch völlig neue Bauweisen, beispielsweise mit mehreren Propellern, erlauben.
- Menschen mittels autonomer Flugdrohne über dicht besiedelte Gebiete zu transportieren, birgt enorme Sicherheitsrisiken und Gefahrenpotenziale.
- Die Flugzeugführer müssten ausgebildet beziehungsweise die Ausbildungsinhalte festgelegt werden.
- Offen ist weitgehend, wie das Taxifliegen für die Kundinnen und Kunden organisiert sein soll.
- Nicht nur die Copter, sondern auch alle anderen Fluggeräte müssen komplett vernetzt werden.
- Es muss die Frage geklärt werden, wem die Daten in einer total vernetzen Stadt (Smart City) gehören.

Literatur

ADAC Luftrettung prüft Einsatz von bemannten Multikoptern im Rettungsdienst (2018) https://press.volocopter.com/index.php/adac-luftrettung-prueft-einsatz-von-bemannten-multikoptern-im-rettungsdienst. Zugegriffen: 8. Jan. 2019

Audi, Italdesign und Airbus mit neuer Idee für Flugtaxi (2018) https://intellicar.de/hardware-and-software/audi-italdesign-und-airbus-mit-neuer-idee-fuer-flugtaxi/. Zugegriffen: 8. Jan. 2019

Bärschneider N (2018) Studie: Passagierdrohnen kommen im nächsten Jahrzehnt. In: Edison Handelsblatt. https://edison.handelsblatt.com/ertraeumen/studie-passagierdrohnen-kommen-im-naechsten-jahrzehnt/23683682.html. Zugegriffen: 8. Jan. 2019

Elektro-Flugtaxi soll in wenigen Jahren an den Start gehen (2018) https://www.muenchen.tv/elektro-flugtaxi-soll-in-wenigen-jahren-an-den-start-gehen-276563/. Zugegriffen: 8. Jan. 2019

Flugtaxi statt Breitbandausbau (2018) Bär erntet Spott und Häme im Netz. https://www.nw.de/blogs/games_und_netzwelt/22078575_Flugtaxi-statt-Breitbandausbau-Baer-erntet-Spott-und-Haeme-im-Netz.html. Zugegriffen: 7. Apr. 2019

Gomoll W (2018) Transrapid war gestern: Warum Flugtaxis keine Spinnerei sind. https://amp.focus.de/auto/neuheiten/zkunft-der-flugtaxi-transrapid-war-gestern-warum-flugtaxis-mehr-als-eine-spnnerei-sind_id_9207449.html. Zugegriffen: 8. Jan. 2019

Hildebrandt A (2018a) Digitalisierung: Die wichtigsten Fragen zum Thema Flugtaxi. https://dralexandrahildebrandt.blogspot.com/2019/01/digitalisierung-die-wichtigsten-fragen.html. Zugegriffen: 9. Jan. 2019

Hildebrandt A (2018b) Meisterjahre. Die Welt verstehen und selbst gestalten. In: Visionäre von heute – Gestalter von morgen. Inspirationen und Impulse für Unternehmer. Hg. von Alexandra Hildebrandt und Werner Neumüller. Springer Gabler, Heidelberg, S 17

Holzer H (2019) Wettlauf um die Riesendrohnen. ZEIT online. https://www.zeit.de/mobilitaet/2018-12/flugtaxis-drohnen-mobilitaet-personenbefoerderung. Zugegriffen: 8. Jan. 2019

Hommen M (2018) Der Traum vom Zwittern. https://www.zeit.de/mobilitaet/2018-08/flugautos-versuche-pioniere-mobilitaet-aeromobil. Zugegriffen: 9. Jan. 2019

Kern M (2017) Mehr Kapital für elektrisches Flugtaxi von Lilium. https://gruene-startups.de/mehr-kapital-fuer-elektrisches-flugtaxi-von-lilium/. Zugegriffen: 8. Jan. 201

Kleim N (2018) Die Zukunft am Tegernsee: Ein Flugtaxi? https://tegernseerstimme.de/tegernsees-zukunft-ein-flugtaxi/. Zugegriffen: 8. Jan. 2019

Köllner C (2018) Abheben im Flug-Taxi. https://www.springerprofessional.de/mobilitaetskonzepte/transportroboter/abheben-im-flug-taxi/16003678

Kugoth J (2018) Der ADAC will den Volocopter zum gelben Engel machen. https://ngin-mobility.com/artikel/adac-volocopter-test/. Zugegriffen: 8. Jan. 2019

Martin-Jung H (2018) Flugtaxi, bitte! https://www.sueddeutsche.de/wirtschaft/luftfahrt-flugtaxi-bitte-1.4037546!amp. Zugegriffen: 8. Jan. 2019

n-tv.de. https://amp.n-tv.de/wirtschaft/Wie-realistisch-Flugtaxis-wirklich-sind-article20328471.html. Zugegriffen: 9. Jan. 2019

Rolls-Royce präsentiert elektrisches Flugtaxi mit 800 km Reichweite (2018) https://www.ingenieur.de/technik/fachbereiche/luftfahrt/rolls-royce-praesentiert-elektrisches-flugtaxi-mit-800-km-reichweite/. Zugegriffen: 7. Apr. 2019

Weinzierl F (2018) Wir wollen fliegen oder gefahren werden. https://www.produktion.de/technik/forschung-entwicklung/wir-wollen-fliegen-oder-gefahren-werden-123.html. Zugegriffen: 9. Jan. 2019

© Fotocredit: Neumüller
Unternehmen

Werner Neumüller Jahrgang 1965, ist verheiratet und Vater von drei Kindern. Nach der Schule, Berufsausbildung und Fachabitur studierte er Maschinenbau an der Fachhochschule Regensburg. Seine Diplomarbeit schrieb der gebürtige Franke bei der BMW AG. Nach einer ersten Anstellung bei der Jungheinrich AG Hamburg wechselte er nach fünf Jahren zur Herberg Ingenieurbüro GmbH in die Personaldienstleistung. Nach weiteren fünf Jahren erfolgte die Gründung der ersten Unternehmungen der heutigen Neumüller Unternehmensgruppe in Nürnberg. Das inhabergeführte, mittelständische Familienunternehmen beschäftigt aktuell ca. 300 Mitarbeitern, davon ca. 200 Ingenieure/Naturwissenschaftler (je m/w). Neumüller ist Partner der Industrie im Umfeld der Personal- und Ingenieurdienstleistung. Kerngeschäft ist die Rekrutierungsunterstützung im Kundenauftrag über die Personaldienstleistung – mit anschließender Gelegenheit zur Übernahme der Mitarbeiter (m/w) durch die Kunden.

Für die außergewöhnliche Arbeitsweise wurde Neumüller vielfach in Form von Kunden-, Mittelstandspreisen und Ehrungen ausgezeichnet. Das Unternehmen gehört zu den Gründungsmitgliedern von Ethics in Business – der Werte-Allianz des Mittelstands (seit 2012). Buchveröffentlichungen bei Springer Gabler: Rekrutierungsunterstützung über Personaldienstleistung und Arbeitnehmerüberlassung. Am Beispiel der Neumüller Unternehmensgruppe. In: CSR und Digitalisierung. Der digitale Wandel als Chance und Herausforderung für Wirtschaft und Gesellschaft. Hg. von Alexandra Hildebrandt und Werner Landhäußer. Springer Gabler Verlag, Heidelberg Berlin 2017, S. 755–776. Das resiliente Unternehmen im Mittelstand – Am Beispiel der Neumüller Unternehmensgruppe. In: Zukunftsvision Deutschland. inovation für Fortschritt und Wohlstand. Hg. von Marion A. Weissenberger-Eibl. SpringerGabler Verlag. Heidelberg, berlin 2019, S. 97–111. Visionäre von heute – Gestalter von morgen, Inspirationen und Impulse für Unternehmer. Hg. von Alexandra Hildebrandt, Werner Neumüller. Springer Gabler Verlag, Heidelberg Berlin 2018, S. 145–158.

Teil IX

Die Energie der Veränderung: Wandel in der Arbeitswelt

Chancen einer nachhaltigen Digitalisierung für Unternehmen und Arbeitskräfte

Eine nachhaltige Digitalisierung als Gewinn für Unternehmen, für Zielgruppen mit nachhaltigkeitsorientierten Konsummustern und für Arbeitskräfte jüngerer Generationen, die auf Suche nach einem Job mit einem höheren Sinn sind

Felix Sühlmann-Faul

> *If your work isn't what you love, then something isn't right.*
> Talking Heads – Found a Job

1   Begriffe und Zusammenhänge

Nachhaltigkeit ist ein Begriff, der in den vergangenen Jahrzehnten einen steigenden Stellenwert und im öffentlichen Diskurs gewonnen hat. Nachhaltigkeit wird im Allgemeinen häufig anhand der Brundtland-Definition von 1987 definiert. Demnach beinhaltet Nachhaltigkeit einen Generationenvertrag, der künftigen Generationen ermöglicht, ihre Bedürfnisse mindestens so befriedigen zu können wie aktuelle Generationen[1].

Digitalisierung ist einer der größten zeitgenössischen Megatrends überhaupt. Der Begriff selbst bezeichnet ursprünglich nichts anderes als die Umwandlung analoger Daten in eine diskrete, maschinenlesbare – eben digitale – Form, bspw. durch das Scannen eines Buchs. Heute beinhaltet aber ‚Digitalisierung‘ sehr viele technologische Aspekte und Artefakte, die einen starken Einfluss auf gesellschaftliche Ebenen haben – gerade wenn es um Bildung im digitalen Zeitalter geht, um medizinische Anwendungen, ethische Fragestellungen oder Privatsphäre.

---

[1] un-documents.net/our-common-future.pdf

F. Sühlmann-Faul (✉)
Braunschweig, Deutschland
E-Mail: kontakt@suehlmann-faul.com

© Springer-Verlag GmbH Deutschland, ein Teil von Springer Nature 2019
A. Hildebrandt und W. Landhäußer (Hrsg.), *CSR und Energiewirtschaft*,
Management-Reihe Corporate Social Responsibility,
https://doi.org/10.1007/978-3-662-59653-1_27

367

Inzwischen wird langsam auch vermehrt der Zusammenhang zwischen den zwei The-
men Digitalisierung und Nachhaltigkeit gesehen – bspw. wenn in großen Tageszeitungen
Artikel darüber erscheinen, dass Streaming durch Energieverbrauch die verbundenen
Emissionsbelastungen einen negativen Einfluss auf unsere Umwelt hat.

Wie hängt nun die soziotechnische Transformation unserer Gesellschaft mit Nachhaltigkeit und Arbeit zusammen? Gehen wir davon aus, dass wir uns tatsächlich in einer
vierten industriellen Revolution befinden, wie es verschiedentlich immer wieder betont
wird. Und wenn man die vorangegangenen industriellen Revolutionen zum Vergleich
heranzieht – also die Mechanisierung, die Elektrifizierung und die Automatisierung –, so
gingen diese stets mit einer großen Menge an Freisetzung von Arbeitskraft einher. Dieses
Potenzial besteht aktuell ebenfalls, wenn bspw. Themen wie Automatisierung weiter und
intensiver verfolgt werden. Daher wird viel darüber spekuliert, ob und wie viele Arbeitsplätze die aktuelle Transformation kosten wird. Je nachdem, welche Quelle man zu Rate
zieht, gehen die Schätzungen vom Wegfall jedes zweiten Jobs bis 2050 (Manyika et al.
2017) bis hin zu ca. 30.000 Arbeitsplätzen in Deutschland, die nicht kompensiert werden können bis ins Jahr 2030 (Wolter et al. 2016). „Nicht kompensiert" bedeutet hier: Es
wird insgesamt eine Umschichtung von Arbeitskräften geben, deren Arbeitsinhalt wegfällt, aber gleichzeitig neue Arbeitsplätze in bisher nicht existenten Arbeitsbereichen entstehen. Jedoch wird ein Nettoverlust von 30.000 Jobs entstehen.

Diese Tendenz zur Umschichtung zeigt, dass man sich den Arbeitsmarkt nicht als
großen Kuchen vorstellen, darf, bei dem sich die Digitalisierung oder vorangegangene
Transformationen ein großes Stück herausbeißen und diese Lücke für immer starr
bestehen bleibt. Vielmehr ist der Arbeitsmarkt eine stetig fluktuierende, sich wan-
delnde Menge an vielen Teilchen. Und auf diesen haben gesellschaftliche Wandlungs-
prozesse, aktuell eben recht deutlich die Digitalisierung, einen Einfluss. Wie sich dieser
Einfluss mittel- und langfristig auswirken wird, ist aber unklar. Momentan entstehen
eher viele Jobs in neuen Feldern, wenn es bspw. um die Planung und Organisation des
Digitalisierungsprozess in Unternehmen geht (Kupka 2018). Aber das ist ein sehr spezia-
lisiertes Feld.

2   Veränderte Bedingungen des Arbeitsmarkts

So manche Eltern – auch die des Autors dieser Zeilen – fragen sich angesichts der
Wandlungen des Arbeitsmarkt vergangener Jahrzehnte, wie es überhaupt möglich sein
soll, unter diesen Umständen z. B. eine Familie zu gründen. Kurze Arbeitsverträge,
Erwartung hoher Flexibilität und die Forderung, sich parallel weiterqualifizieren
zu müssen, dann aber mit über 100 % mit Projektarbeit überhäuft zu werden, sind
denkbar schlechte Randbedingungen. Hinzu kommt die zunehmende Aufweichung
zwischen Privat- und Berufsleben, was eine typische Begleiterscheinung der Digitalisierung ist. Die elterliche (Nachkriegs-)Generation hat nicht selten das Modell einer
Kaminkarriere – Schule, Studium, Eintritt in einen Konzern, um sich dort nach und

nach die kommenden Jahrzehnte die Leiter hinauf zu bewegen, erlebt. Und wenn man vermieden hat, sich als Querulant*in unbeliebt zu machen, konnte man sein Dasein problemlos bis in den Renteneintritt sicher fristen, ohne Sorgen um ein finanzielles Auskommen: in Ruhe eine Familie gründen, einen Sohn zeugen/zur Welt bringen, ein Haus bauen, einen Baum pflanzen. Dieser Berufsentwurf ist für die Generationen Y (Kohorten der frühen 1980er bis späte 1990er), Z (Kohorten der späten 1990er bis Mitte der 2010er Jahre) und Spätausläufer der Generation X (Kohorten ~ 1970–1980) auch heute durchaus noch teilweise möglich – eben in jenen großen, altehrwürdigen deutschen Großkonzernen der Old Economy. Abseits dieser ist jedoch für Viele ein klarer Entwurf einer ‚Karriere‘, eines beruflichen Daseins viel mehr aufgeweicht, unklarer, unabsehbarer und gleichzeitig auch weniger wichtig. Das hängt damit zusammen, dass Werte wie Work-Life-Balance und Selbstverwirklichung in diesen Generationen einen deutlich größeren Stellenwert besitzen. Spätausläufer der Generation X haben dieses Aufweichen noch miterlebt, können also durchaus beurteilen, dass der Mythos ‚berufliche Sicherheit‘ bis vor nicht allzu langer Zeit kein Mythos war. Jüngere Leute, also die Generationen Y und Z, kennen dieses ‚Vorher‘ nicht, werden aber durch vermeintliche Zauberformeln wie der Bologna-Reform und Modellen wie einem 12jährigen Abitur gleich von früh an zu einer Elite von Supersoldat*innen ausgebildet. Diese sollen dann möglichst früh (Bachelor), aber dabei eigentlich deutlich unterqualifiziert durch eine Schnellbleiche aus vielen kleinen thematischen Töpfchen als unterbezahlte Infanterie den Wirtschaftsstandort Deutschland im Rahmen einer äußerst kurzfristig gedachten Strategie verteidigen.

3   Maximale Pluralisierung

Hier nochmals ein Schritt zurück. Woher kommt die beschriebene ‚Aufweichung‘ von Karrieren und verstärkte Abhängigkeit von Arbeitsmarkt und gefühlte Notwendigkeit einer starken Flexibilisierung als Arbeitnehmer*in? Ulrich Beck formulierte bereits Mitte der 1980er Jahre, aufbauend auf Marx'schen und Weber'schen Ideen einer gesellschaftlichen Strukturierung in Klassen, die Auflösungen eben genau dieser Klassen hin zu einer biografischen Individualisierung. Dies entstünde trotz des nach wie vor existenten Moments des Verkaufs der eigenen Arbeitskraft und dem dabei sichtbar werdenden und klassenbildenden Gegensatz zwischen Kapital und Arbeit. Verschiedene Faktoren führten laut Beck zu einer Individualisierung von Biografien wie a) die Auflösung der lenkenden und vorbestimmenden (Groß-)Familie, b) die beinahe Trivialisierung von ehemals angesehenen Bildungsabschlüssen („Fahrstuhl-Effekt" nach oben, „Abitur und Studium für alle!"), c) funktionale Differenzierung durch stetigen Wissenszuwachs (Hermes 2012). Bedeutet: Der Eintritt in den Arbeitsmarkt wurde die neue, prägende Entität und ersetzte die Familie, die ehemals Biografien geprägt und bestimmt hat. Das zeigt sich auch daran, dass es in und nach der ersten industriellen Revolution das Familienunternehmen eine übliche und sehr weitverbreitete Form von Unternehmen darstellte.

Parallel dazu entstand in den vergangenen Jahrzehnten eine enorme Pluralisierung – ebenfalls erst so richtig durch die explosionsartige Vernetzung im Rahmen der Digitalisierung ermöglicht – was Lebensentwürfe auch abseits des Arbeitsmarkts angeht. Hinterfragung von Geschlechterrollen, exotische Ernährungsformen, Cosplay, Steampunk, Vaporwave, Furries, Vampyre etc., kurz: eine Stil- und Subkulturenexpansion.

4 Neue Berufsbilder – eine Kodetermination aus kultureller Evolution in Gesellschaft und Unternehmen

Und diese Pluralisierung weicht ebenso ‚bottom up' Karriereleitern auf und im selben Maß die Vorstellung, was beruflicher Erfolg und Karriere heute bedeutet. Zu individuell und unterschiedlich sind die Lebensentwürfe und die kulturelle Evolution, ‚weiche Faktoren' wie Nachhaltigkeit auch im Berufsfeld wichtig zu finden, tut ihr Übriges dazu.

Ohnehin sind die Aufstiegschancen (‚top down') nicht dieselben wie in den Kaminkarrieren der Nachkriegsgeneration. Weltweit wünschen sich 76 % der Menschen mehr Autonomie und weniger Abhängigkeit und Kontrolle von externen Autoritäten (Beckert Schuhmacher 2013). Damit werden auch in Konzernen Hierarchien hinterfragt, was die mittlere Managementebenen zunehmend auflöst. Weniger mittleres Management bedeutet dann in Folge ebenfalls weniger Aufstiegschancen. Gleichzeitig werden offene und partizipative Prozesse in vielen Unternehmen und öffentlichen Einrichtungen eingeführt. Autoritätsverlust droht heute den Hierarchien, wenn sie nicht inhaltlich begründet sind bzw. sich nicht auf eine breite Legimitation vieler Beteiligter berufen können (Enste et al. 2018). Und besonders in einer vernetzten Welt verliert triviales Machtgefälle seine Existenzberechtigung, da ständig und überall hinterfragt und kommentiert werden kann.

5 Eine nachhaltige Digitalisierung als Jobfaktor

Aber wie sieht das mit der Nachhaltigkeit bei neuen Berufsfeldern im Bereich der Digitalisierung aus? Häufig besteht die irrige Annahme, dass Digitalisierung automatisch Nachhaltigkeit mit sich bringt durch hohe Effizienzpotenziale oder weil der entstehende Raubbau an Klima und Energiereserven nicht direkt ersichtlich ist. Dass Effizienz in der Regel aber keineswegs zu einer Einsparung von Netto-Energie führt sondern häufig das Gegenteil erzeugt, ist ein vielbeschriebenes und altes Phänomen – es nennt sich Rebound-Effekt (Fichter et al. 2012; Jevons und Stanley 1865; Santarius und Lange 2015), Backfire oder Jevons Paradox.

Nachhaltigkeit besteht jedoch eben nicht nur aus Effizienz, also Einsparungsmaßnahmen, sondern auch aus Konsistenz – bspw. Recycling – und der Suffizienz, der grundsätzlichen Reduzierung von Konsum und Ressourcenverbrauch, sei es nun Energie, sei es nun Material oder seien es Rohstoffe. Suffizienz ist der Faktor, mit dem Nachhaltigkeit steht und fällt – und das gilt auch im Kontext der Digitalisierung. Auf Jobs der Zukunft bezogen bedeutet das: Jobs sind nachhaltig, wenn sie sich in einem Feld bewegen, der sich diesen Zusammenhang, nämlich Nachhaltigkeit durch Digitalisierung zur Aufgabe macht. Nur drei Beispiele, bei denen Digitalisierung intelligent eingesetzt werden kann und dabei ein deutlich höheres Maß an Nachhaltigkeit erzeugen sind, sind:

- im Energiesektor zur dezentralen Speicherung und Verteilung von Energie aus erneuerbaren Quellen (Agentur für Erneuerbare Energien 2018; Santarius et al. 2018). Die Energiewende bringt charakteristisch die Notwendigkeit mit sich, Energie aus vielen dezentralisierten Quellen schnell umzuverteilen. Diese Vorgänge sind ohne Digitalisierung schlicht unmöglich.
- im Rahmen der Kreislaufwirtschaft – auch hier kann die Digitalisierung den Einsatz wiederverwendbarer Materialien deutlich steigern (Lacy et al. 2015), indem in Datenbanksystemen Zusammensetzung und Güte von überschüssigen Materialien transparent gemacht wird, sodass eine Weiterverwertung gefahrlos und effektiv stattfinden kann.
- oder für intermodale Verkehrskonzepte, die die Menge von privaten PKWs reduziert, welche jedoch regional stark unterschiedlich umgesetzt werden müssen. Hier braucht es enorm viel (Wo)manpower zur Analyse und Umsetzung dieser Konzepte.

6 Nachhaltige Digitalisierung als mehrfacher Nutzen für Unternehmen

Zunächst muss bemerkt werden, dass Unternehmen, die heute nachhaltig sein wollen, unter den Randbedingungen der Digitalisierung vor besonders großen Herausforderungen stehen. Was gefragt ist, ist Resilienz – sprich: Flexibilität im Umgang mit großen Veränderungen und erfolgreiche, für das Unternehmen produktive Bewältigung dieser. Da die Digitalisierung im Rahmen der Logik des exponentiellen Wachstums von Rechenleistung ständig neue Entwicklungen und Veränderungen mit sich bringt, ist Resilienz auch zunehmend wichtiger – gerade für Unternehmen (Kirchgeorg 2014). Kleinere Unternehmen, die bereits einen höheren Grad an Digitalisierung erreicht haben, sind hier flexibler aufgestellt.

Technologische Regimes neigen dazu, disruptiv auf Märkte einzuwirken. Sie entwickeln sich häufig in geschützten Nischen, werden dort durch Investor*innen unterstützt, gewinnen schließlich an Reife und Konkurrenzfähigkeit und können dann relativ abrupt auf dem Markt auftauchen. In diesem Moment sind große Unternehmen und Branchen anfällig (Kemp 1994; Schot et al. 1994; Borup et al. 2006). Man denke an Plattformen wie Uber und die Taxibranche oder ehemalige Großunternehmen wie Blockbuster und Kodak, die Streamingdiensten bzw. der digitalen Fotografie ‚zum Opfer fielen‘.

Ein höherer Grad an Digitalisierung eines Unternehmens macht flexibler für Veränderungen in der Unternehmensumwelt oder auch bei Notwendigkeit selbst größerer

Umstellungen. Das hängt mit der Digitalisierung der Prozessketten innerhalb der Unternehmen zusammen. Der Vorteil besteht u. a. in der höheren Transparenz: Möglichkeiten zur Optimierung, Grenzkostenanalysen etc. sind wesentlich einfacher und besser zu erzeugen, als das in Zeiten vor der digitalen Transformation möglich war. Ein höherer Anteil Automatisierung in der Produktion ist ebenfalls durch einfache Prozesse anstatt durch langwierige Umschulungen einfacher zu bewältigen. Das gilt ebenso für Ebenen der Administration und Organisation. Hier reicht es häufig bereits eingeführte Softwarelösungen entsprechend an neue Randbedingungen anzupassen.

Hinzu kommt noch folgendes: Schon seit Jahrzehnten lässt sich eine Umorientierung von Konsument*innen hin zu nachhaltiger Wertschöpfung beobachten (Perrini et al. 2006). Themen wie Klimawandel, gentechnisch veränderte Lebensmittel oder Plastik in den Weltmeeren befeuern dies zusätzlich. Das erhöht die Notwendigkeit, als Unternehmen vermehrt gesamtgesellschaftliche Verantwortung zu übernehmen (Javed et al. 2016). Hinzu kommen die vertretenen Normen und Werte eines Unternehmens und die ,Sinnhaftigkeit' einer Tätigkeit vor Ort. Erzeugt die Tätigkeit einen Mehrwert bspw. im Bereich Ökologie oder im Bereich sozialen Engagements sind das inzwischen Kriterien, die die Auswahl eines Arbeitgebers für junge Fachkräfte prägen und attraktiv machen (Becker et al. 2013; Kirchgeorg 2014; Weinrich 2014; Hildebrandt und Landhäuser 2017). Das bedeutet, dass Unternehmen, die heute bereits einen hohen Digitalisierungsgrad und eine deutliche Bekenntnis hin zur Nachhaltigkeit besitzen, zum aktuellen Zeitpunkt gut aufgestellt sind.

7   Handlungsempfehlungen

Digitalisieren sie sich! Es handelt sich um keine ,kurze Phase' oder einen Trend, der schon wieder abflachen wird. Die Digitalisierung wandelt jede Ebene der Gesellschaft und setzt besonders auf ökonomischer Ebene extreme Disruptivkräfte frei. Sich gegen diese Transformation zu verwehren, ist vielleicht für die Bäckerei an der Ecke noch möglich – alle anderen Unternehmen sind gezwungen, sich dem Trend mehr oder weniger zu beugen. Auf Basis dieser Tatsache, sollte man die Digitalisierung des eigenen Unternehmens aktiv, offensiv und gründlich angehen, um die Chancen voll nutzen zu können und die Risiken zu vermeiden.

Digitalisierung ist weit mehr als IT oder das Anschaffen eines neuen Kopierers. Digitalisierung bedeutet eine neue Form von Arbeitsformen und –möglichkeiten. Dabei geht es nicht nur um Home Office, sondern um Formen der Zusammenarbeit, die flache und wechselnde Formen von Hierarchien vorsieht. Das hält Unternehmen jung und flexibel. Das ist inzwischen beinahe eine Minimalforderung selbst für kleine Unternehmen, da durch die Digitalisierung Disruption beinahe an der Tagesordnung steht. Dazu muss der Faktor Nachhaltigkeit von Minute eins an mitgedacht werden – im Sinne des Unternehmens selbst, wie gezeigt wurde und im Sinne der Erhaltung der menschlichen Lebensgrundlage.

Um nur zwei sehr unterschiedliche von vielen Beispielen zu nennen, welche Firmen sich als Vorbild in den Gebieten Digitalisierung und Nachhaltigkeit eignen, wären die folgenden zu nennen:

Die Hostsharing eG nimmt sich direkt zwei zentralen Nachhaltigkeitsdefiziten an, die durch die Digitalisierung entstehen – Plattformmonopole auf ökonomischer Ebene und Energieverbrauch durch ständig steigende Anforderungen im Bereich des Datenflusses auf ökologischer Ebene. Es handelt sich um einen genossenschaftlich organisierten Hosting-Anbieter mit eigener Managed Operations Plattform. Die Mitglieder*innen der Genossenschaft teilen sich die Kosten für den Hosting-Betrieb an drei Rechenzentrumsstandorten. Nachhaltigkeit wird hier mit Digitalisierung durch den Einsatz erneuerbarer Energien, durch die Beachtung ökologischer und sozialer Gesichtspunkte in der Lieferkette der Hardware, starke Beachtung des Themas Datenschutz und durch durch Managed Hosting. Das bedeutet, dass sich Unternehmen, die Mitglied der Genossenschaft sind, sich um ihre Kernkompetenzen kümmern können, während Hostsharing sich um das Management der Server bzw. der Cloud kümmert. Dadurch kann Speicherplatz und Energie besonders effizient genutzt werden[2]. Nachhaltigkeit ist hier ebenfalls durch die Geschäftsform der Genossenschaft gegeben, in der Entscheidungen gemeinschaftlich getroffen werden. Das ist in Zeiten von Tech-Monopolen, bei denen es beinahe zum Markenkern gehört, mangelhafte Rücksicht auf ökologische und soziale Aspekte zu nehmen, eine Besonderheit.

In einem ganz anderen Bereich ist die Vaude Sport GmbH angesiedelt. Trotzdem sind hier Digitalisierung und Nachhaltigkeit eng miteinander verbunden (Hildebrandt und Landhäußer 2017). Der mittelständische Outdoor-Ausrüster stellt Bekleidung und Ausrüstung für Berg- und Bikesportler her und achtet dabei besonders auf ökologische und soziale Standards. Teil der Unternehmensphilosophie ist die Verpflichtung zur Verantwortung gegenüber Umwelt, nachfolgenden Generationen, Angestellten und Partnerfirmen weltweit. Die Digitalisierung wird hier u. a. dazu eingesetzt, mit höchster Transparenz die komplexen Lieferketten detailliert auf Nachhaltigkeit zu überprüfen[3]. Gerade in diesem Bereich von Datenerfassung von Produktions- und Logistikprozessen gibt es viel Potenzial auch für andere Unternehmen, Effizienz und Transparenz zu gewährleisten – ein essenzieller Faktor für den Unternehmenserfolg, wenn Nachhaltigkeit mehr und mehr in den Vordergrund rückt.

Im Rahmen der Digitalisierung jedweden Unternehmens ist die ist auch die Rücksicht auf Ängste von Kolleg*innen und Mitarbeiter*innen im Zuge einer Unternehmenstransformation essenziell. Das Schlagwort Digitalisierung ist groß und es ranken sich viele Vorurteile, Missverständnisse, Unwissen und Ängste um das Thema. Daher ist es wichtig, einer ‚Digital Divide‘ im eigenen Unternehmen aktiv entgegen zu wirken, indem

---

[2]Unternehmensporträt auf der Plattform nachhaltig.digital nachhaltig.digital/index.php?menuecms=2830&id=301.

[3]Unternehmensporträt auf der Plattform nachhaltig.digital nachhaltig.digital/index.php?menuecms=2830&id=303.

alle Ebenen gleich von vornherein mitgenommen werden. Wenig erfolgreich sind Unternehmen, in denen ‚von oben durchdigitalisiert' wird. Sämtliche Mitarbeiter*innen müssen Teil des Prozesses sein. Und es muss offen angesprochen werden, wo ggf. Probleme auftreten können: Wo liegen ihre Ängste? Was möchten sie wissen? Das muss berücksichtigt werden, wenn man ehrlich über die Chancen der Digitalisierung gegenüber der Belegschaft sprechen möchte und die Mitarbeiter*innen mitnehmen möchte in eine erfolgreiche und nachhaltige Unternehmenszukunft.

8   Fazit

Wie in vielen anderen Bereichen bietet Digitalisierung viele Chancen und viele Risiken. Ob es sich um ökologische Themen dreht oder um die Zukunft eines Unternehmens.

Digitalisierung muss kulturell eingebettet und vom Menschen aus gedacht und geleitet werden. Technologischer Fetisch führt leider zu nichts, da hier Technologie als Ziel verkannt wird. Technologie ist aber ein Weg und bietet Unternehmen konsequent durchdacht viele Möglichkeiten. Dazu gehören neue Formen der Zusammenarbeit, Flexibilisierung von Arbeit und eine Stärkung der Resilienz gegenüber den Dynamiken der Digitalisierung selbst. Wenn Digitalisierung, kombiniert mit dem Gedanken der Nachhaltigkeit in Unternehmen in die Struktur integriert wird, kann das eine optimale Situation für die Zukunft sein: Attraktivität für junge Arbeitskräfte, denen Themen wie Nachhaltigkeit wichtig sind und feste Hierarchien hinterfragen, Attraktivität auch für die Zielgruppe, die gerne nachhaltig konsumieren möchte. Und nicht zuletzt stellt eine nachhaltige Digitalisierung einen essenziellen Beitrag für die Zukunft der Weltgesellschaft dar. Bei allen ‚digitalen Risiken' besteht aber auch die Chance für eine grüne Zukunft, in der Digitalisierung nicht als technokratisches Mittel zum Selbstzweck eingesetzt wird, sondern nur an den Stellen tatsächlich Verwendung findet, an denen eine digitale Lösung nachweislich nachhaltig wirkt. Digitalisierung ist nur ein Werkzeug, aber kein Ziel. Ziel ist, unsere Zivilisation davor zu bewahren, sich selbst die Lebensgrundlage zu vernichten. Diesen Fehler haben bereits viele hochkultivierten Zivilisationen vor unserer Globalgesellschaft begangen.

Wir befinden uns an der Weggabelung. An dieser Gabelung stehen bei weitem nicht nur Unternehmen – nein, die gesamte Menschheit. Nur gemeinsam können wir den chancenreichen Weg der Digitalisierung beschreiten. Hier gibt es viel Potenzial und auch viele Arbeitsplätze. Dafür muss aber verstanden worden sein, dass es um den Fortbestand der menschlichen Zivilisation geht. Blinder Rohstoffabbau, fehlende Stoffkreisläufe, ständig steigender Energiehunger und steigende Emissionen können aufgrund der exponentiellen Wachstumskräfte der Digitalisierung nicht ignoriert werden.

"Together we stand, divided we fall".
Pink Floyd

Literatur

Agentur für Erneuerbare Energien (2018) Metanalyse – Die Digitalisierung der Energiewende

Becker W, Ulrich P, Brandt B, Vogt M (2013) Empirische Studie zum Absolventenverhalten. Deloitte Mittelstandsinstitut an der Universität Bamberg, Bamberg

Beckert B, Schuhmacher J (2013) Szenarien für die Gigabitgesellschaft – Wie die Digitalisierung die Zukunft verändert. Fraunhofer, Stuttgart

Borup M, Brown N, Konrad K, van Lente H (2006) Expectations in science and technology. Technol Anal Strategy Manag 18:285–299

Enste D, Orth AK, Lübke S (2018) Die Lebenslage der Generation X – Unterstützung durch Haushaltshilfen macht zufriedener, Kurzgutachten des Instituts der Deutschen Wirtschaft

Fichter K, Hintemann R, Behrendt S et al (2012) Gutachten zum Thema „Green IT – Nachhaltigkeit" für die Enquete-Kommission Internet und digitale Gesellschaft des Deutschen Bundestages

Hermes V (2012) Wir Zauberlehrlinge. Interview mit Peter Kruse. vernetzt! Das Magazin der Gordleik AG 6(2):4–7

Hildebrandt A, Landhäuser W (2017) CSR und Digitalisierung: Der digitale Wandel als Chance und Herausforderung für Wirtschaft und Gesellschaft. Springer Gabler, Wiesbaden

Javed M, Rashid MA, Hussain G (2016) When does it pay to be good – a contingency perspective on corporate social and financial performance. Would it work? J Clean Prod 133:1062–1073

Jevons WS (1866) The coal question. An inquiry concerning the progress of the nation, and the probable exhaustion of our coal-mines. Macmillan, London

Kemp R (1994) Technology and the transition to environmental sustainability. Futures 26:1023–1046

Kirchgeorg M (2014) Sustainable Marketing bei zunehmenden ökologischen Diskontinuitäten. In: Meffert H, Kenning P, Kirchgeorg M (Hrsg) Sustainable Marketing Management Grundlagen und Cases. Springer, Wiesbaden, S 37–54

Kupka K (2018) „Digitalisierung führt zu einem Stellenrekord für IT-Spezialisten und Ingenieure". t3n News. t3n.de/news/digitalisierung-fuehrt-zu-einem-stellenrekord-fuer-it-spezialisten-und-ingenieure-1109216/

Lacy P, Rutqvist J, Buddemeier P (2015) Wertschöpfung statt Verschwendung. Redline, München

Manyika J, Chui M, Miremadi M et al (2017) A future that works: automation, employment and productivity. McKinsey Global Institute, New York

Perrini F, Tencati A (2006) Sustainability and stakeholder management. The need for new corporate performance evaluation and reporting systems. Bus Strategy Environ 15(5):296–308

Santarius T (2015) Der Rebound-Effekt. Metropolis, Marburg

Santarius T, Lange S (2018) Smarte grüne Welt? Digitalisierung zwischen Überwachung, Konsum und Nachhaltigkeit. Oekom, München

Schot J, Hoogma R, Elzen B (1994) Strategies for shifting technological systems – the case of the automobile system. Futures 26:1060–1076

Weinrich K (2014) Nachhaltigkeit im Employer Branding – Eine verhaltenstheoretische Analyse und Implikationen für die Markenführung. Springer, Wiesbaden

Wolter MI, Mönning A, Hummel M et al (2016) IAB-Forschungsbericht 13/2016· Wirtschaft 4.0 und die Folgen für Arbeitsmarkt und Ökonomie. doku.iab.de/forschungsbericht/2016/fb1316.pdf

© Roman Brodel

Felix Sühlmann-Faul geboren 1979 in Stuttgart, ist freier Technik-soziologe, Speaker und Autor mit Spezialisierung auf Digitalisie-rung und Nachhaltigkeit. Er ist seit 2002 Werbekaufmann (IHK), studierte Soziologe, Germanistik und Politikwissenschaft und war zwischen 2006 und 2009 Versuchsleiter in der Daimler Kunden-forschung. Dort verfasste er auch seine Magisterarbeit über Technikinnovation und ökologisches Mobilitätsverhalten. 2010 bis 2016 war Projektleiter für sozialwissenschaftliche Begleitforschung an Stephan Rammlers Institut für Transportation Design in Braun-schweig zu Themen wie alternativer Energieerzeugung, autonomem Fahren und intermodalen Verkehrskonzepten. 2017 bis 2018 ver-fasste er eine Studie zu den Nachhaltigkeitsdefiziten der Digitalisie-rung und möglichen Handlungsempfehlungen im Auftrag des WWF Deutschland und der Robert Bosch Stiftung. Aktuell promoviert er über das Thema Digitalökonomie. Seit September 2018 ist sein Buch „Der blinde Fleck der Digitalisierung" im Oekom Verlag erhältlich. Kontaktmöglichkeiten und weitere Informationen finden sich unter www.suehlmann-faul.com

Bewegte Jugend. Die Generation Y erobert den Mittelstand – Zwei Praxisbeispiele, ein Rückblick und ein Ausblick

Ulrike Böhm

1 Einleitung

Wie viel hat die theoretische Beschreibung der Generation Y mit der Wirklichkeit zu tun? Inwieweit müssen und können sich Unternehmen auf die Anforderungen der Generation Y und der nachfolgenden Generation Z einstellen? Was kann der Mittelstand den Vertreterinnen und Vertretern dieser Generationen bieten?

Fünf der insgesamt 85 Mitarbeiterinnen und Mitarbeiter des mittelständischen Druckluft- und Pneumatikspezialisten Mader berichten über ihre persönlichen Erfahrungswerte und Einschätzungen. Die Mader GmbH & Co. KG, mit Sitz in Leinfelden-Echterdingen bei Stuttgart, widmet sich seit 1935 dem Energieträger Druckluft. Seit mehreren Jahren arbeitet das schwäbische Unternehmen daran, die gesamte Druckluftkette von der Erzeugung der Druckluft im Kompressor bis zur Anwendung, zu digitalisieren. Damit will Mader seinen Kunden einen Vorsprung in der energieeffizienten Erzeugung und Nutzung von Druckluft verschaffen und die Versorgungssicherheit mit dem Energieträger beträchtlich erhöhen. Um diesen Weg zu gehen, ist das Unternehmen mehr denn je auf engagierte Mitarbeiterinnen und Mitarbeiter mit Verantwortungsbewusstsein und Gestaltungswillen angewiesen. Wie aber schafft man ein Umfeld, das den Generationen Y und Z gerecht wird und gleichzeitig die Vertreterinnen und Vertreter der vorangegangenen Generationen „mitnimmt"?

Werner Landhäußer, bis Mitte 2019 geschäftsführender Gesellschafter des Unternehmens, Jahrgang 1957, beschreibt im ersten Abschnitt seine Perspektive aus Sicht

U. Böhm (✉)
Mader GmbH & Co. KG, Leinfelden-Echterdingen, Deutschland
E-Mail: ulrike.boehm@mader.eu

© Springer-Verlag GmbH Deutschland, ein Teil von Springer Nature 2019
A. Hildebrandt und W. Landhäußer (Hrsg.), *CSR und Energiewirtschaft*,
Management-Reihe Corporate Social Responsibility,
https://doi.org/10.1007/978-3-662-59653-1_28

eines „Babyboomers" und vor dem Hintergrund des Generationenwechsels in der Unternehmensführung. Im zweiten und dritten Abschnitt berichten zwei „typische" Vertreterinnen der Generation Y über ihren Werdegang im Mittelstand, ihre Motive und Überzeugungen. Eine davon, Stefanie Kästle, übernahm Ende 2017 den „Staffelstab" von Werner Landhäußer und ist seither verantwortlich für den kaufmännischen Bereich des Unternehmens. Im letzten Abschnitt beschreiben zwei Personalerinnen ihre persönliche Sicht auf die nachkommende Generation Z.

2   Ein „Babyboomer" berichtet

Werner Landhäußer (Abb. 1) ist ein Unternehmer durch und durch. Die Werte des „ehrbaren Kaufmannes" verinnerlicht er bereits im unternehmerisch geprägten Elternhaus. Dort lernt er schon früh die Freiheiten, aber auch Pflichten eines Unternehmers kennen. Obwohl ihm das Unternehmertum in die Wiege gelegt scheint, wird er erst mit 47 Jahren (Mit-) Eigentümer eines Unternehmens – zuvor macht er einige „Umwege". Im Rückblick bewertet er diese als besonders wertvoll für seine persönliche Entwicklung. Er ist seit 29 Jahren verheiratet, hat drei Kinder im Alter zwischen 24 und 29 Jahren und sieht „Neugier" als seinen persönlichen Schlüssel zum Erfolg. Mit 61 wird er zum Start-up-Gründer – mit LOOXR will er nichts anderes „als den Druckluftprozess revolutionieren".

Abb. 1 Werner Landhäußer. (Copyright: LOOXR GmbH)

1. Wie war dein eigener Einstieg ins Berufsleben?

Ich habe zunächst eine Ausbildung zum Fernmeldehandwerker bei der Deutschen Bundespost, heute Deutsche Telekom, gemacht. Bei der Auswahl des Ausbildungsberufs haben meine Eltern durchaus Einfluss genommen. Für mich war nach vier Wochen in der Ausbildung aber bereits klar: Das ist nichts für mich. Dennoch habe ich die dreijährige Ausbildung fertig gemacht, auch weil meine Eltern gar nicht zugelassen hätten, dass ich einfach abbreche. Man muss dazu sagen, ich habe zuvor einen Hauptschulabschluss gemacht. Ich war während meiner Grundschulzeit eine längere Zeit krank, habe aber damals die Klasse nicht wiederholt. So hatte ich eine große Wissenslücke, die sich auch in den Noten widerspiegelte. Beim Übergang in die weiterführende Schule, stand damit nur die Hauptschule für mich zur Debatte. Einen wirklichen Anreiz weiter zu lernen hatte ich erst durch die Erfahrung aus der Ausbildung. Das Ausbildungsunternehmen war sehr stark „verbeamtet", eine Einstellung mit der ich meine Schwierigkeiten hatte, auch weil ich selbst in einem Unternehmerhaushalt groß geworden bin. Mir war klar, der Beruf ist nichts für mich, das möchte ich nicht die nächsten vierzig Jahre machen. Also bin ich zurück in die Schule, habe zunächst die Mittlere Reife nachgeholt und dann das Fachabitur. Nach dem Abitur habe ich ein technisches Studium begonnen. Nach zwei Semestern dann die Erkenntnis: Das ist nicht meine Welt. Meine Vater sagte dann aber ganz klar: „Bevor du deine Füße aufs Sofa legst, gehst du bei mir arbeiten." Also arbeitete ich im Familienbetrieb, einem technischen Handelsunternehmen und stellte fest: Betriebswirtschaft liegt mir. Ich studierte dann BWL mit Schwerpunkt IT/Organisation. BWL war immer einfach für mich. So habe ich über Umwege dann schließlich das gefunden, was mir wirklich liegt.

2. Wie ging es dann weiter? Bist Du nach dem Studium im Familienbetrieb eingestiegen?

Nein, das wollte ich erst einmal nicht. Nach dem Studium war mein erster Job in einem Industriebetrieb in Mannheim. Kurze Zeit später bat mich meine Familie aber um Hilfe. Die ERP-Einführung im Familienbetrieb war nicht so erfolgreich verlaufen und ich sollte dabei helfen zu retten, was zu retten war. Ich formulierte ganz klar: „Danach hau' ich wieder ab". Aus dem „Danach" wurden insgesamt zwölf Jahre im Familienunternehmen. Ich genoss einen großen Freiheitsgrad und initiierte und begleitete viele Umstrukturierungen. Als mein Bruder krankheitsbedingt die Geschäftsführung nicht mehr übernehmen konnte, schlug der Mitanteilseigner des Unternehmens, ein großer Multimarkenkonzern, vor, dass ich als Interims-Geschäftsführer die Position übernehmen sollte. Meine Reaktion damals: „Ihr habt ja einen Knall!". Mein Gesprächspartner sagte nur: „Das ist genau die richtige Einstellung." Also übernahm ich die Geschäftsführung. Zusammen mit dem zweiten Geschäftsführer aus dem Konzern leitete ich fünf Jahre lang die Geschäfte, bevor das Unternehmen komplett in den Konzern integriert wurde.

3. Was hat Dich bewegt auch nach dem Verkauf des Familienunternehmens an den Konzern, dennoch dort zu bleiben?

In der Zeit als Geschäftsführer habe ich viel gelernt. Ich habe mich intensiv mit dem Thema Führung auseinandergesetzt und einen klaren Stil entwickelt. Der Satz eines Mitarbeiters aus dieser Zeit, hat meine Art zu führen komplett verändert: „Ich weiß ja nicht, wo sie hinwollen." Und er hatte Recht! Also habe ich mich hingesetzt und aufgeschrieben, wie ich mir vorstelle zu führen. Das habe ich mit meinen Mitarbeitern geteilt und sie wiederum gebeten sich damit auseinanderzusetzen und festzuhalten „Wo willst du hin?". Die Ergebnisse haben wir intensiv diskutiert und zwar in regelmäßigen Abständen. Aus diesen Diskussionen hat sich ein ganz besonderer „Spirit" ergeben; die Leute haben wirklich mitgezogen, was sich bald auch in der positiven Unternehmensentwicklung zeigte. Diese Erfahrung hat mich auch nach dem Verkauf des Unternehmens dort gehalten. Mein Vorgesetzter ließ mich frei arbeiten, ich habe verschiedenste Aufgaben übernommen, die Einführung von SAP in zehn Konzerntöchtern und deren Verschmelzung begleitet sowie viele Bereiche neu aufgebaut.

4. Was hat Dich letztendlich dazu bewegt einen anderen Weg einzuschlagen?

Als die Vorgaben von Konzernseite für mich nicht mehr nachvollziehbar waren und ich nicht mehr so frei agieren konnte, wie es mir wichtig war, habe ich das Unternehmen schließlich doch verlassen. Meine bisherigen Vorgesetzten und die Zeit im Familienunternehmen haben mich im Rückblick „versaut". Den Freiraum, den ich bis dahin hatte, wollte ich nicht mehr aufgeben. Deswegen war zu diesem Zeitpunkt der einzig richtige Weg für mich, das Unternehmen zu verlassen.

5. Wie kam es dazu, dass Du schließlich selbst Unternehmer wurdest?

2003 übernahm ich bei Mader die Geschäftsführung. Mader war damals von einem Schweizer Konzern gekauft worden. Ziel des Konzerns und damit meine Aufgabe war es, Mader in ein anderes Unternehmen zu integrieren, das Unternehmen profitabel zu machen, notwendige Umstrukturierungen umzusetzen und meinen Job mehr oder weniger überflüssig zu machen. Als ich mich intensiver mit Mader und der geplanten Integration auseinandergesetzt hatte, war für mich klar, dass eine Integration kontraproduktiv sein würde. Ich entschloss mich, genau das mit dem Vorstand zu diskutieren. Ein riskantes Unterfangen, aber ich hätte nicht etwas umsetzen können, von dem ich von Anfang an wusste, dass es keinen Erfolg bringen würde. In der Vorstandssitzung haben wir richtig gestritten – schlussendlich pflichtete mir der Vorstand aber bei: „Sie haben Recht. Und was machen wir jetzt mit Mader?" Eine Lösung hatte aber auch ich erst einmal nicht. Aus einer Weinlaune heraus entstand dann aber die Idee eines Management-Buy-Outs. Mit viel Unterstützung durch den Schweizer Konzern machten wir mit drei Kollegen genau das – wir kauften das Unternehmen aus dem Konzern und ich war „plötzlich" Unternehmer.

6. Was hat Dich motiviert diesen Weg zu gehen?

Mich hat es motiviert, selbst freie Entscheidungen treffen zu können. Auch in der Zeit, bevor ich Unternehmer wurde, hatte ich Vorgesetzte, die mir den Freiraum gegeben haben, den ich benötigte. Ich wollte selbst Verantwortung übernehmen, Menschen dabei unterstützen, ihr Potenzial zu entfalten – sie fordern und fördern. Ich wollte dabei auch immer noch selbst in den Spiegel schauen können. Geld war für mich immer nur Mittel zum Zweck – ich bin nicht Unternehmer geworden, um viel Geld zu verdienen. Im Mittelstand spielt sicherlich auch der Gedanke eine Rolle, dass das Unternehmen auch ein wenig wie das eigene „Baby" ist und damit auch ein Stück Familie.

7. Welche Unterschiede hast Du bei den nachfolgenden Generationen im Vergleich zu Deiner Generation festgestellt?

Meine Generation war weniger obrigkeitsorientiert als noch die Generationen davor, dennoch denke ich, dass wir nicht das Selbstbewusstsein hatten, wie die Generation Y oder Z heute. Selbst die vorhergehende Generation X würde ich als weniger selbstbewusst einordnen.

Mir war damals wichtig, ernst genommen zu werden und die Möglichkeit zu haben, Vorschläge zu machen. Die Generation Y nehme ich dagegen als sehr „smart" wahr. Sie wissen was sie können und wollen. Sie sind gut ausgebildet, sie sind selbstbewusst und haben durchaus ein gewisses Anspruchsdenken. Sie wollen nicht nur das „Wie" ihrer Arbeit bestimmen, sie wollen auch das „Wann" und „Wo" festlegen. Sie sind engagiert und bereit, dann wenn es notwendig ist, auch intensiv zu arbeiten. Bei einem Teil der Vertreterinnen und Vertreter dieser Generation ist das Anspruchsdenken, aber nicht zwingend mit Verantwortungsübernahme gekoppelt. Hier sehe ich die Gefahr, dass alle Freiheiten gewünscht werden, man aber nicht bereit ist, auch die Verantwortung, die mit der Freiheit einhergeht, zu tragen. Aus unternehmerischer Sicht sollte aber beides in Balance sein – ich bekomme die Freiheit und gehe verantwortungsvoll im Sinne des Unternehmens damit um.

8. Wie verändern die Vertreter der Generation Y die Unternehmen? Was hast Du bei Mader beobachtet?

Die Vertreterinnen und Vertreter der Generation Y sind aus der Sicht eines „Babyboomers" eine Herausforderung. Mit dem Selbstbewusstsein und Anspruchsdenken dieser Generation musste ich erst einmal lernen umzugehen, beispielsweise mit der Forderung nach individuellen Arbeitszeitlösungen. Unternehmen müssen sich organisatorisch und kulturell darauf einstellen. Auch die Art zu führen, verändert sich durch diese Generation erheblich. Sie ist „lockerer", entspannter.

9. Deine eigenen drei Kinder gehören der Generation Y/Z an. Welche Unterschiede stellst Du in Vergleich zu Dir selbst in diesem Alter fest? Welche Gemeinsamkeiten?

Ich stelle fest, dass sie anspruchsvoller sind als ich noch in ihrem Alter. Auch ihre Erwartungshaltung gegenüber anderen Menschen ist höher. Sie sind allgemein selbstbewusster – auch in der Gestaltung ihres Lebens. Sie „leben" mehr und halten Freizeit und

Arbeit in Balance. Engagement im Job ja, aber Reisen und Hobbys nehmen einen ebenso wichtigen Stellenwert ein. Was das angeht, habe ich meine Generation ganz anders wahrgenommen. Arbeit stand an erster Stelle und der Rest musste warten. Gemeinsam haben wir definitiv die Werte – die meine Frau und ich vorgelebt haben und die uns wichtig waren. Außerdem sind sie ähnlich ehrgeizig, wie ich in ihrem Alter.

10. Was glaubst Du wie Unternehmen sich auf die Generation Y und die nachfolgende Generation Z einstellen können/müssen? Wie stellt Mader sich ein/hat sich Mader eingestellt?

Entscheidend wird sein, die „Leitplanken" im Unternehmen so zu setzen, dass die Menschen das Richtige richtig tun und nicht „weil wir es schon immer so machen". Eine Herausforderung wird es sein, entsprechende Organisationsformen zu entwickeln, die die Möglichkeit bieten, sich einzubringen und es auch einfordern. Überhaupt die richtigen Menschen zu finden, die mitdenken und mitgestalten wollen und diese richtig „abzuholen" wird und ist eine große Aufgabe – gerade im Mittelstand.

Durch die Berufung von Stefanie Kästle und Marco Jähnig in die Geschäftsführung, beide Anfang der 80er Jahre geboren, haben wir die Weichen für die Zukunft gestellt. Darüber hinaus haben wir uns durch den Umzug in ein neues Gebäude sehr intensiv mit der Gestaltung der Arbeitsplätze auseinandergesetzt und dabei auch die Mitarbeiterinnen und Mitarbeiter bewusst in die Entscheidungsprozesse einbezogen. Durch die neu geschaffene Stabsstelle „Change Management" versprechen wir uns zudem eine wirksame Unterstützung bei der organisatorischen Transformation und der Weiterentwicklung des Unternehmens.

11. Wie glaubst Du wird sich das Unternehmen durch die beiden Vertreter der Generation Y in der Geschäftsführung verändern? Was machen sie anders?

Der Umgang mit der Geschäftsführung ist anders, als noch vor 15 Jahren – er ist lockerer und entspannter, was ich positiv sehe. Durch die neue „weibliche" Perspektive in der Geschäftsführung beobachte ich, dass die Führungskultur sich verändert. Sie ist mehr von Geduld und Verständnis geprägt.

3   Mit Vollgas – In 10 Jahren von der Personalsachbearbeiterin zum Mitglied der Geschäftsleitung

Stefanie Kästle (Abb. 2), Jahrgang 1982, ist eine Powerfrau – sie strahlt nicht nur einen unbändigen Optimismus aus, sie ist auch zielstrebig, fokussiert und kämpft im Interesse der Sache. Man spürt ihre Überzeugung für das, was sie tut und die Energie, die sie antreibt. Eingestellt wird sie 2011 als Personalsachbearbeiterin bei Mader.

Abb. 2 Stefanie Kästle. (Copyright: Mader GmbH & Co. KG)

Jahr um Jahr übernimmt sie mehr Verantwortung, wird zunächst Qualitätsmanagement-beauftragte, führt erstmals ein Umweltmanagementsystem bei Mader ein, und kurze Zeit später das Energie- und Arbeitssicherheitsmanagement. In dieser Funktion ist sie mehrere Jahre hintereinander für Neu- und Rezertifizierungen zuständig. 2015 über-nimmt sie die Leitung des neu geschaffenen Bereichs „Energieeffizienz", der für den Vertrieb und die Entwicklung von Energieeffizienzdienstleistungen verantwortlich ist und erweitert ihr persönliches Spektrum in dieser Zeit um die vertriebliche Perspektive. Seit Ende 2017 ist sie Mitglied der Geschäftsleitung bei Mader und verantwortlich für den gesamten kaufmännischen Bereich im Unternehmen.

1. Wie war Dein eigener Einstieg ins Berufsleben? Welche Ausbildung und welches Studium hast Du gemacht und warum hast Du dich dafür entschieden?
Nach dem Wirtschaftsgymnasium habe ich mich für eine Ausbildung zur Rechts-anwaltsfachangestellten entschieden. Ich wollte bewusst nicht gleich studieren und erst einmal einen Einblick in die Praxis haben und erste Berufserfahrungen sammeln. Nach der Ausbildung habe ich Wirtschaftsrecht an der HfWU Geislingen studiert. Reines Jura wollte ich nicht studieren, das wäre mir zu „trocken" gewesen. Die Mischung aus Recht und BWL fand ich optimal, da ich nach dem Studium in die Wirtschaft wechseln wollte.

2. Erinnerst Du Dich daran, was Deine Erwartungshaltung in der Ausbildung/im Studium war?

Während der Ausbildung war es mir wichtig, möglichst in sämtliche Bereiche des Berufsbilds einen Einblick zu bekommen. Gleichzeitig war die Ausbildung für mich die Basis meiner persönlichen Weiterentwicklung – zu sehen: welche Aufgaben gefallen mir, was brauche ich und was ist nicht mein Ding. Durch das Studium wollte ich meine Berufsaussichten verbessern, um danach eine möglichst breite Auswahl an Einsatzfeldern zu haben.

3. Wie war dein Berufseinstieg? Was war Deine Erwartungshaltung und was war Dir bei Deinem Arbeitgeber wichtig?

Nach dem Studium habe ich mich für die Stelle im Personalwesen bei Mader entschieden. Mir war von Anfang an wichtig, möglichst vielseitige Aufgaben zu haben und in einem Unternehmen mit offener Unternehmenskultur und einem guten Betriebsklima zu arbeiten. Von meiner neuen Stelle erhoffte ich mir, möglichst viel Neues zu lernen und das Wissen aus dem Studium in der Praxis anwenden zu können. Nicht zu vergessen: meine persönliche Weiterentwicklung war mir wichtig – nicht auf der Stelle stehen zu bleiben, sondern immer neue Herausforderungen anzunehmen.

4. Wie war Dein weiterer Werdegang?

Nach einem Jahr im Personalwesen habe ich das Thema Qualitätsmanagement bei Mader übernommen. Die Stelle war kurzfristig vakant geworden und die Geschäftsleitung fragte mich, ob ich mir vorstellen könnte, die Position zu übernehmen. Anfangs hatte ich gehörigen Respekt davor, das zu übernehmen, da ich keinerlei Erfahrungen in diesem Bereich hatte. Aber ich war dann doch sehr neugierig und habe mich auf die neue Herausforderung gefreut. Im Laufe der Jahre habe ich als Qualitätsmanagementbeauftragte nicht nur viele Rezertifizierungen verantwortet, 2012 habe ich auch erstmals das Umweltmanagement bei Mader eingeführt und schließlich das Energie- und Arbeitsschutzmanagement. Auch die Zertifizierungen in diesen Bereichen habe ich vorbereitet und verantwortet. Ich war dann nicht mehr nur Qualitätsmanagementbeauftragte, sondern auch Umweltmanagement-, Energiemanagement- und Arbeitsschutzbeauftragte. 2015 dann erneut ein Aufgabenwechsel – ich übernahm die Leitung des neu gegründeten Bereichs Energieeffizienzmanagement. Im Zuge der Neuausrichtung des Unternehmens nahm die Bedeutung von Energieeffizienzdienstleistungen zu und ich sollte diesen Bereich neu aufbauen. Mir half das Wissen aus der vorherigen Position, denn nun sprach ich mit anderen Umwelt- und Energiemanagementbeauftragten, um sie von der Notwendigkeit zu überzeugen, die Energieeffizienz ihres Druckluftsystems zu optimieren. Gleichzeitig war es etwas komplett Neues für mich, denn plötzlich hatte ich Umsatzverantwortung und musste etwas verkaufen! Von dieser Erfahrung, die mich vielfach auch wirklich herausgefordert hat, habe ich sehr profitiert. Sie war ein wichtiger Meilenstein für den nächsten Schritt. Seit Ende 2017 bin ich Mitglied der Geschäftsleitung und mein Verantwortungsbereich ist nochmals gewachsen. Ich trage die Verantwortung für den gesamten kaufmännischen Bereich, das sind insgesamt 16 Personen und gemeinsam mit meinen drei Kollegen aus der Geschäftsleitung auch für die strategische Weiterentwicklung und Zukunft des gesamten Unternehmens.

5. Was hat Dich dabei motiviert?

Mich hat besonders motiviert, dass die Geschäftsführung und Vorgesetzten mir das Vertrauen geschenkt haben. Außerdem habe ich immer viel Unterstützung bekommen, um in die neuen Aufgaben hineinzuwachsen. Mich haben immer auch meine persönlichen Erfolge und die Anerkennung für die geleistete Arbeit motiviert. Unabhängig davon, gestalte ich gerne aktiv mit und finde es spannend und wichtig Neues auszuprobieren.

6. Was hat Dich dazu bewegt bei Mader zu bleiben?

Im Grunde hat sich das erfüllt, was ich mir zu Anfang gewünscht habe. Meine Aufgaben waren und sind abwechslungsreich, ich konnte mich über die ganzen Jahre persönlich und fachlich weiterentwickeln – was mir sehr wichtig ist. Darüber hinaus kann ich meine eigenen Ideen einbringen und umsetzen. Nicht zu vergessen das gute Betriebsklima und der Zusammenhalt im Kollegenkreis.

7. Was treibt Dich in Deinem heutigen Job an?

Ich möchte die Förderung und das Vertrauen, die ich selbst erfahren habe, weitergeben. Gleichzeitig finde ich es ungemein spannend wieder etwas Neues zu lernen und diese neue Herausforderung zu meistern.

8. Was glaubst Du sind die Erfolgsfaktoren, um als Mitarbeiterin/Mitarbeiter im Mittelstand erfolgreich zu sein? Wie war das bei Dir?

Der Mittelstand zeichnet sich oftmals durch eine hohe Kundenorientierung und damit Dynamik aus. Aufgabenbereiche verändern sich, die Bereitschaft Neues zu lernen und über den eigenen Tellerrand hinauszuschauen ist wichtig. Das sieht man auch an meinem Werdegang – ein Wechsel aus dem Personalbereich ins QM und dann in den Vertrieb wäre in größeren Unternehmen eher, sagen wir mal, unüblich. Außerdem sind mittelständische Unternehmen noch stärker darauf angewiesen, dass jeder Einzelne seine Ideen einbringt und vor allem auch Lust hat, sie umzusetzen. Wer Verantwortung übernehmen möchte und dies tut, hat in einem mittelständischen Unternehmen wie Mader zudem sehr gute Chancen auch die Möglichkeit dazu zu bekommen und sich fachlich und persönlich weiterzuentwickeln.

9. Wie verändern die Vertreter Deiner Generation (Y) die Unternehmen? Was hast Du bei Mader beobachtet?

Vertreterinnen und Vertreter der Generation Y sind motiviert, bereit Verantwortung zu übernehmen und bringen neue Ideen ein. Es ist eine selbstbewusste Generation, die auch so agiert und Dinge einfordert. Für diese Generation ist es zudem wichtig, dass sie ihre Arbeit als sinnstiftend wahrnehmen.

10. Welche Generation prägt das Unternehmen aktuell am stärksten und wie?

Wir sind ein „junges" Team mit einem Durchschnittsalter von ca. 37 Jahren. Daher haben wir viele Mitarbeiterinnen und Mitarbeiter der Generationen X und Y, wobei die Generation Y aus meiner Sicht am prägendsten ist.

Ich nehme die Generation Y als eine sehr selbstbewusste Generation wahr, die Dinge aktiv einfordert. Auch das Thema Work-Life-Balance hat für diese Generation eine sehr hohe Bedeutung, z. B. flexible Arbeitszeiten und die Balance zwischen Arbeit, Freizeit und Familie. Für Unternehmen und Führungskräfte ist es eine große Herausforderung auf die unterschiedlichen Bedürfnisse einzugehen und gleichzeitig handlungsfähig zu bleiben.

11. Was glaubst Du wie Unternehmen sich auf die Generation Y und die nachfolgende Generation Z einstellen können/müssen? Wie stellt Mader sich darauf ein?

Unternehmen müssen sich auf geänderte Bedürfnisse, Wünsche und Einstellungen der Generationen einstellen. Es rücken andere Werte in den Vordergrund, als sie vielleicht noch bisher gegolten haben. Die Generationen Y und Z legen mehr Wert auf die Vereinbarung von Familie und Beruf, Freizeit ist ihnen sehr wichtig. Die Generation Z erscheint mir wechselwilliger, die Bindung zum Unternehmen ist nicht mehr so stark. Interessante Projekte, neue Herausforderungen und Entwicklungsmöglichkeiten könnten eine Möglichkeit sein, sie dennoch an Unternehmen zu binden.

Beide Generationen sind in der digitalen Welt aufgewachsen, die digitale Kommunikation ist „normal". Dem muss man auch im Unternehmen durch entsprechende Kommunikationsmittel Rechnung tragen. Zum Vergleich – bis vor ein paar Jahren, war es absolut ausreichend im Intranet von einzelnen Personen wichtige Informationen verbreiten zu lassen. Inzwischen möchte jeder „teilen" dürfen. Dem tragen wir durch einen internen „Mader-Blog" Rechnung. Hier kann sich jeder Mader-Mitarbeiter registrieren, kommentieren, liken und selbst Beiträge erstellen.

12. Welche Vorteile bietet der Mittelstand den Vertretern der Generationen Y/Z? Welche Vorteile bietet speziell Mader?

Großes Plus von mittelständischen Unternehmen sind die oftmals flacheren Hierarchien und kurzen Entscheidungswege im Vergleich zu Konzernen oder großen Unternehmen. Aufgrund ihrer Größe sind diese meist deutlich regulierter, „bürokratischer". In kleinere Unternehmen hat man auch oftmals abwechslungsreichere Aufgaben und ein breiteres Aufgabenspektrum. Bei Mader wird die Verantwortungsübernahme jedes Einzelnen aktiv gefördert und die Kolleginnen und Kollegen in viele Themen eingebunden. Bei uns finden beispielsweise monatliche Informationsveranstaltungen der Geschäftsführung statt, bei denen jeder die Chance und Verantwortung hat, sich aktiv an Diskussionen zu beteiligen. Durch die überschaubare Unternehmensgröße begegnet man auf dem Flur immer bekannten Gesichtern, denn „jeder kennt jeden".

13. Was glaubst Du, werden Dein Kollege in der Geschäftsleitung Marco Jähnig und Du anders machen als die beiden langjährigen Unternehmenslenker? Was werdet Ihr übernehmen?

Das ist eine schwierige Frage. Wir werden sicher einige Themen anders angehen – einfach weil jeder anders ist. Vermutlich wird sich die Herangehensweise auch im Laufe der Zeit verändern, wenn wir mehr Erfahrungen in der neuen Position gesammelt haben. Ich persönlich nehme mir vor, genauso mutig zu sein, einfach mal was auszuprobieren – ohne zu wissen, ob es klappt oder nicht. Denn nur so kommt man voran.

4 Schritt für Schritt in die Führungsposition – Vom Azubi zur Chefin

Auch Marina Griesinger, Jahrgang 1990, scheint mit einer unerschöpflichen Energiequelle gesegnet zu sein. Sie reißt mit, begeistert und diskutiert, wenn notwendig, ebenso energisch wie kontrovers. Ihre Begeisterung, gepaart mit ihrem großen Engagement, ließen sie Stufe um Stufe auf der „Karriereleiter" erklimmen. Als Auszubildende zur Kauffrau im Groß- und Außenhandel beginnt sie 2007 ihren Werdegang bei Mader. Nach ihrer Ausbildung und zwei Jahren im Finanz- und Rechnungswesen, in den sie „nebenher" ihr Fachabitur nachholt, absolviert sie weitere drei Jahre lang ein Duales BWL-Studium mit dem Schwerpunkt Industrie- und Dienstleistungsmanagement. Kurze Zeit danach unterstützt sie Stefanie Kästle beim Aufbau des Bereichs Energieeffizienzmanagement. Als Stefanie Kästle in die Geschäftsleitung aufsteigt, übernimmt Marina Griesinger ihre Position als Bereichsleiterin.

1. Wie war dein eigener Einstieg ins Berufsleben? Welche Ausbildung hast Du gemacht und warum hast Du dich dafür entschieden?

Ich habe ein Jahr lang ein kaufmännisches Berufskolleg besucht. Da wusste ich schon, dass ich eine kaufmännische Ausbildung machen möchte und habe mich dann für die Ausbildung zur Kauffrau im Groß- und Außenhandel entschieden.

2. Erinnerst Du Dich daran, was Deine Erwartungshaltung in der Ausbildung war?

Mir ging es vor allem darum, mir ein möglichst breites Wissen anzueignen und alles zu lernen, was ich später für die Erledigung meiner Aufgaben benötigen würde. Vom Unternehmen und den Ausbildern erhoffte ich mir, Hilfe und Unterstützung sowie die Vermittlung der notwendigen (Fach-) Kenntnisse und Kompetenzen. Mir war es auch wichtig, Verantwortung übertragen zu bekommen und dass man mir Vertrauen entgegenbringt; ebenso eine Kultur, in der Probleme offen und ehrlich angesprochen werden.

3. Wie war dein Berufseinstieg nach der Ausbildung? Was war Deine Erwartungshaltung und was war Dir bei Deinem Arbeitgeber wichtig?

Meine Ausbildung endete 2010 – mitten in der Wirtschaftskrise. Damals wurde mir eine Stelle im Finanz- und Rechnungswesen angeboten – unbefristet – das war ein großer Vertrauensbeweis. Anschließend war ich knapp zwei Jahre in der Buchhaltung beschäftigt, währenddessen besuchte ich die Abendschule, um mein Fachabitur zu machen. Das Unternehmen unterstützte mich dabei; ich bekam Zeit, um zu lernen und mich auf die Prüfungen vorzubereiten.

4. Wie war Dein weiterer Werdegang und was hat Dich dabei motiviert?

Nach dem Ende der Abendschule bot mir das Unternehmen an, ein Duales Studium zu absolvieren. Über drei Jahre studierte ich BWL mit dem Schwerpunkt Industrie- und Dienstleistungsmanagement. In dieser Zeit war ich abwechselnd an der Hochschule und im Unternehmen und hatte so nochmals die Möglichkeit die verschiedenen Abteilungen zu durchlaufen und aus einem anderen Blickwinkel kennenzulernen. In dieser Zeit hat mich die Perspektive motiviert, nach dem Studium das Erlernte in die Praxis umsetzen zu dürfen. Ebenso war der Abschluss selbst Motivation für mich.

5. Was hat Dich dazu bewegt bei Mader zu bleiben?

Nach meinem Studium war es ganz klar die Aufgabenvielfalt und der neu geschaffene Bereich, den ich mit aufbauen durfte. In meiner Bachelorarbeit habe ich über ein Dienstleistungspaket geschrieben, das bei Mader dann im „realen" Leben auf den Markt gebracht wurde. Das neue Dienstleistungspaket durfte ich durch den Einstieg im Energieeffizienzmanagement von Anfang an mitbetreuen. Auch das sehr gute Verhältnis zu meiner Chefin war ein Grund für mich dem Unternehmen treu zu bleiben.

6. Was motiviert Dich heute in Deinem Job?

Mich begeistert das Thema an sich – Kunden dabei zu unterstützen ihr Druckluftsystem energieeffizienter zu gestalten und damit einen Beitrag zum nachhaltigen Einsatz von Druckluft zu leisten. Aber auch die Führungsverantwortung, die ich trage, der Spaß, den ich bei der Arbeit habe und das gute Verhältnis zu den Kolleginnen und Kollegen.

7. Wie verändern die Vertreter Deiner Generation (Y) die Unternehmen? Was hast Du bei Mader beobachtet?

Ich denke, dass Vertreterinnen und Vertreter der Generation Y sich mehr zu ihren Interessen und Erwartungen äußern und für diese einstehen. Sie übernehmen Verantwortung und wollen/benötigen keine Kontrolle. Der Teamgedanke ist auch auf einer nichtberuflichen Ebene sehr wichtig. Meiner Meinung nach, hinterfragt die Generation Y öfter den Sinn von Aufgaben und Aussagen oder fordert gewisse Dinge deutlich ein. Das zumindest beobachte ich bei Mader.

8. Welche Generation prägt das Unternehmen aktuell am stärksten und wie?

Meiner Meinung nach, noch die Generation X, da finanzielle bzw. materielle Anreize sehr wichtig sind und noch einiges nach „älteren" Vorgaben bzw. Vorschriften (Organisationsanweisungen/unflexible Arbeitszeitmodelle etc.) funktioniert. Darüber hinaus gibt es in einigen Fällen noch immer Kontrolle, die vielleicht nicht notwendig wäre. In einigen Bereichen wie z. B. im Personal setzt sich die Generation Y durch. So wird z. B. bei der Suche nach neuen Mitarbeitern verstärkt auf Networking gesetzt. In anderen Abteilungen beobachte ich, dass der Teamgedanke extrem wichtig ist.

9. Was glaubst Du, wie Unternehmen sich auf die Generation Y und die nachfolgende Generation Z einstellen können/müssen?

Ich denke, dass es den Vertretern der beiden Generationen nicht vorrangig um Geld geht (natürlich auch, aber nicht alleine) – allerdings muss ein Unternehmen mehr bieten als „nur" flexible Arbeitszeitmodelle. Es geht ihnen mehr um Selbstbestimmung und die Arbeit im Team – darüber hinaus sind Aufstiegschancen sehr wichtig. Die Generation Z fordert meiner Meinung nach, noch stärker ein eigenbestimmtes und abwechslungsreiches Arbeiten. Es müssen spannende Projekte und die Aussicht auf einen Aufstieg geboten werden. Darüber hinaus zählt die Digitalisierung bei diesen Mitarbeitern stärker als bei anderen Generationen zuvor als Mittel zum Erfolg. Ein weiterer Punkt ist die Identifikation mit dem Unternehmen und dessen Produkten/Marken/Werten etc. – wenn dies nicht gewährleistet ist, kann die Generation Z nicht im Unternehmen gehalten werden.

10. Welche Vorteile bietet der Mittelstand den Vertretern der Generationen X/Y? Welche Vorteile bietet speziell Mader?

Im Mittelstand ist man nicht nur eine Nummer, die Hierarchien sind sehr flach. Jeder darf und soll Verantwortung übernehmen, mitwirken und teilhaben. Bei Mader spielt Loyalität und Vertrauen eine große Rolle – und das in beide Richtungen. Das hat sich im Umgang in der Wirtschaftskrise gezeigt. Es wurde, trotz des drastischen Umsatzeinbruchs von rund 30 %, kein Personal abgebaut. Die Unternehmensleitung hat auf Kurzarbeit gesetzt, sowohl die Gesellschafter als auch die Belegschaft haben in dieser Zeit Einbußen in Kauf genommen – so hat das Unternehmen die Krise überstanden. Darüber hinaus leben wir im Mittelstand vom Teamgedanken. Es geht darum, gemeinsam Herausforderungen zu meistern und die gemeinsamen Ziele im Fokus zu behalten.

5   Was kommt morgen? Ein Ausblick

Wie ist das nun wirklich mit der nachkommenden Generation Z? Wie tickt die neue Generation der Auszubildenden und Studierenden, die sich dank der demografischen Entwicklung darauf verlassen kann, dass sie von Arbeitgebern heiß umkämpft werden wird? Janine August (Jahrgang 1987), Leiterin Personalwesen bei Mader, und Carolin Lenz, Ausbildungsleiterin (Jahrgang 1989) wagen eine Einschätzung und einen Ausblick – aus ihrer ganz eigenen Perspektive als Vertreterinnen der Generation Y.

1. Wie nehmt Ihr die Generation Z wahr, im speziellen die Auszubildenden?

Carolin Lenz: Ich nehme sie als sehr selbstbewusst und (welt-) offen wahr. Sie sind engagiert, aber begrenzen ihr berufliches Engagement sehr bewusst auf die Arbeitszeit. Das hängt sicherlich damit zusammen, dass ihnen die „Work-Life-Balance" sehr wichtig ist. Mein Eindruck ist außerdem, dass sie wechselbereiter sind als noch andere Generationen, z. B. wenn sie der Meinung sind, dass das Gehalt nicht passt.

Janine August: Ich sehe das ähnlich wie Carolin. Das Selbstbewusstsein dieser Generation äußert sich durch ihre starke Meinung, die sie auch vertreten und aussprechen. Freizeit ist ein wichtiger Faktor und damit ein geregelter Feierabend. Arbeit nimmt zwar einen wichtigen Teil des Lebens ein und sie sind auch leistungsbereit – aber eben in einem sehr klar abgegrenzten Bereich. Arbeit und Privatleben wird strikt getrennt. Ihre Unabhängigkeit zeigt sich, wie Carolin es schon formuliert hat, in einer höheren Wechselbereitschaft.

2. Was unterscheidet die nachkommende Generation von den bisherigen? Woran macht Ihr das fest?

Carolin Lenz: Mein Eindruck ist, dass Azubis mit den Möglichkeiten, die ihnen durch Globalisierung, Individualisierung, Digitalisierung etc. gegeben sind, teilweise auch überfordert sind. Gerade hinsichtlich der Berufswahl haben sie so viele Möglichkeiten, dass es ihnen schwer fällt eine Entscheidung zu treffen. Nebenbei sollen sie sich dann noch selbst finden und möglichst individuell sein.

                  In Vorstellungsgesprächen geben die Bewerber zum Teil ein großes Spektrum an möglichen Ausbildungsberufen an. Zum Beispiel sagte mir ein Bewerber, er würde eigentlich gerne Musik studieren, würde sich jetzt aber auch mal für eine Ausbildung im Groß- und Außenhandel bewerben.

                  Ich beobachte außerdem, dass die Ausbildung, besonders die handwerkliche, einen schweren Stand hat. Bei unserem Bewerbertag mit angehenden Abiturienten war niemand dabei, der einen handwerklichen Beruf erlernen wollte. Die meisten haben sich für ein Studium an der Berufsakademie interessiert. Auch die jungen Frauen wollen nach eigenem Bekunden Karriere machen.

Janine August: Ich habe den Eindruck, dass sich die nachkommende Generation entfalten will, aber angesichts der vielen verschiedenen Möglichkeiten auch etwas hilflos und unsicher ist. Oftmals probieren sie sich erst einmal aus, reisen ins Ausland, um hinterher zu entscheiden, wie es weitergeht. Diese Unentschlossenheit zeigt sich auch bei den

Bewerbern; wir haben immer wieder Bewerber für einen Ausbildungsplatz, die ihr begonnenes Studium in den ersten Semestern wieder abgebrochen haben.

Generell nehme ich es ähnlich wie Carolin wahr – viele Schulabgänger wollen direkt ins Studium gehen, anstatt eine duale Berufsausbildung zu absolvieren.

Die neue Generation ist selbstbewusst. Ich denke, sie ist sich ihrer Wichtigkeit in Zeiten des Fachkräftemangels durchaus bewusst und weiß, dass sie es sich leisten kann, anspruchsvoll zu sein und hohe Erwartungen zu haben.

3. Was glaubst Du, kann ein mittelständisches Unternehmen tun, um sich auf die Generation Z einzustellen und Fachkräftemangel vorzubeugen?

Carolin Lenz: Unternehmen müssen die Ausbildung für die nachkommende Generation attraktiv gestalten, ihnen beispielsweise die eigenständige Bearbeitung von Projekten in Aussicht stellen. Auch der persönliche Kontakt auf Messen und direkt in den Schulen über Bildungspartnerschaften ist wichtig. Zudem müssen die Auswahlverfahren überdacht werden und „B-Kandidaten" eine Chance bekommen – auch wenn sie nicht mit den besten Noten glänzen, können sie vielleicht auf anderer Ebene überzeugen. Der Mittelstand kann mit seiner „Übersichtlichkeit" und dem „familiären Teamgefühl" punkten. Oder mit unternehmerischen Besonderheiten – in unserem Fall z. B. mit dem „WerteCodex", in dem unsere Unternehmenswerte festgehalten sind. Nicht zu vergessen: Social Media sollte im Recruiting keinesfalls vernachlässigt werden.

Janine August: Ich halte die frühzeitige Ansprache, bereits in der Schulzeit für sehr wichtig. Das kann z. B. über Schülerpraktika, Berufsorientierungsmessen, Unternehmensevents und Bewerbertrainings in Schulen sein. Neben der persönlichen Ansprache müssen aber auch andere Kanäle genutzt werden. Das Smartphone ist das zentrale Kommunikationsmedium dieser Generation – Mobile Recruiting und Active Sourcing über soziale Netzwerke ist ein Thema – direkte Kommunikation und schnelle Rückmeldungen sind Voraussetzung. Eine ansprechende Präsentation beim Recruiting z. B. durch starke Bilder und Videos statt langer Texte und gute Auffindbarkeit im Netz, z. B. auch auf Bewertungsportalen wie „Kununu", sind essenziell. Eine starke Arbeitgebermarke zu entwickeln wird zukünftig entscheidend sein, um im „War for Talents" zu bestehen.

Generell glaube ich, dass Arbeitgeber sich zukünftig auch mehr um das „Umfeld" der (zukünftigen) Arbeitnehmer kümmern müssen, beispielsweise um den Partner/die Partnerin des Bewerbers, wenn ein Umzug erforderlich wird. Wir sind aus diesem Grund, unter anderem Mitglied im „Dual Career Netzwerk" und haben damit bereits gute Erfahrungen gemacht.

6   Fazit

Panta rhei – alles ist im Fluss. Bereits die griechischen Philosophen Heraklit und Platon wussten, dass nichts bleibt, wie es ist. Das gilt auch für die Menschen und deren Verständnis von Arbeit, für Unternehmen und deren Gestaltung von Arbeit. Wer auf dem Alten beharrt, wird stehenbleiben; Erfolg hat, wer es schafft, eine Balance herzustellen zwischen den eigenen Ansprüchen und den Ansprüchen der „Anderen" – das gilt für Arbeitgeber und Arbeitnehmer gleichermaßen und damit auch alle Generationen.

Für die Generation der „Babyboomer" heißt das vor allem: „loslassen", offen bleiben, den Jüngeren etwas zutrauen und bestenfalls gemeinsam Lösungen finden, von denen alle gleichermaßen profitieren. Die Vertreterinnen und Vertreter der Generation Y, die bei Mader mehr und mehr Führungsverantwortung übernehmen, erfahren dieses Zutrauen, dürfen Fehler machen und um Rat fragen. Die Erfahrung der Babyboomer, ihre Fähigkeit, Entwicklungen und Trends in das „große Ganze" einzuordnen und ihnen mit „erfahrener" Gelassenheit zu begegnen, „erdet" die nachkommenden Generationen. Gerade in schwierigen Phasen wie der Wirtschaftskrise im Jahr 2009 hat sich das auch für Mader bezahlt gemacht. Mit ruhiger Gelassenheit steuerten die Eigentümer das Unternehmen aus der Krise, zogen ihre strategischen Lehren für die Zukunft; während die Jüngeren erst einmal den „Rezessionsschock" überwinden mussten – kannten sie doch „so etwas" nur vom Hörensagen.

So gilt die Forderung nach Offenheit ganz klar auch für die nachfolgenden Generationen: Zuhören, Fragen stellen, wirklich verstehen wollen und schließlich für sich selbst die Schlüsse ziehen. Die Kombination aus zwei erfahrenen Geschäftsführern und den beiden „Jungen" aus der Generation Y ist für das Unternehmen eine einmalige Gelegenheit diesen Balanceakt zu üben und das Beste aus allen Perspektiven zu holen. Für die einen wird es nicht leicht sein loszulassen und nur Rat zu geben, wenn er gefragt ist, für die anderen wird es manchmal Überwindung sein, genau diesen Rat einzuholen und sich einzugestehen dass man nicht alles weiß.

© Mader GmbH & Co. KG

Ulrike Böhm, Jahrgang 1981, ist studierte Diplom-Betriebs-wirtin(Schwerpunkt Marketing) und PR-Referentin. Nach praktisch-enErfahrungen im Konzern und im Mittelstand entschied sie sich nachdem Studium bewusst für den Einstieg in einem mittelständi-schenUnternehmen. Seit 2006 arbeitet sie beim Druckluft- und Pneu-matikspezialistenMader; bis 2017 im Bereich Marketing, danach übernahmsie die neu geschaffene Stabsstelle Change Management. Indieser Funktion unterstützt sie die Geschäftsführung bei der orga-nisatorischenTransformation und Weiterentwicklung des Unter-nehmens.Darüber hinaus betreut sie weiterhin die Pressearbeit. Die Vielfalt derAufgabengebiete, kurze Entscheidungswege und eine offene Unternehmenskultursind für sie die großen Pluspunkte des Unternehmens.

Beruf und Berufung: Vom CSR Expert zum Head of Brand & Marketing

Sabine Nixtatis und Alexandra Hildebrandt

1 Interview mit Sabine Nixtatis

Frau Nixtatis, was gehört für Sie zu den derzeit wichtigsten Herausforderungen Ihrer Branche?

Vor dem Hintergrund der Globalisierung und Digitalisierung gehört die Überführung von Technologien, Strategien, Führungsstrukturen und Prozessen ins digitale Zeitalter für uns heute zu den wichtigsten Herausforderungen. Die sich verändernde Arbeitswelt führt auch zu einer verstärkten Nutzung digitaler Technologien. Die Investition in Bildung und die Stärkung des Bildungssektors sind deshalb der Schlüssel zur nachhaltigen Entwicklung. Es ist deshalb wichtig, für alle Menschen eine chancengerechte und hochwertige Bildung sowie Möglichkeiten zum lebenslangen Lernen sicherzustellen. Dabei sind auch die 17 Sustainable Development Goals (SDGs), die bis 2030 universelle und klare Ziele für alle 193 ratifizierenden Nationen gesetzt haben, unverzichtbar. Bildung (Ziel 4) spielt eine zentrale Rolle. Die Vereinten Nationen haben alle Länder dazu aufgerufen, an dieser Entwicklung auf der Basis der Eigeninitiative und der Selbstverantwortung mitzuwirken. Auch karriere tutor® leistet einen entsprechenden Beitrag dazu.

S. Nixtatis (✉)
karriere tutor®, Königstein im Taunus, Deutschland
E-Mail: Sabine.Nixtatis@karrieretutor.de

A. Hildebrandt
Burgthann, Deutschland

© Springer-Verlag GmbH Deutschland, ein Teil von Springer Nature 2019
A. Hildebrandt und W. Landhäußer (Hrsg.), *CSR und Energiewirtschaft,*
Management-Reihe Corporate Social Responsibility,
https://doi.org/10.1007/978-3-662-59653-1_29

Nachhaltigkeit ist für Sie kein neues Feld. Die Position des CSR Expert wurde in ihrem Vorgängerunternehmen für Sie neu geschaffen. Haben Sie sich auch schon vorher in diesem Bereich engagiert?

Ja, bereits 2014 leitete ich das Projekt „Go Green" für die Unternehmensgruppe und setzte erste Zeichen in Richtung Nachhaltigkeit. Schwerpunktthemen waren hier neben dem klimaneutralen Firmensitz inklusive CO_2-Bilanz die Einführung der klimaneutralen Tankkarte, die Etablierung einer einheitlichen Kommunikationsstrategie sowie erste Maßnahmen zur CO_2-Reduzierung.

Was waren weitere Tätigkeitsschwerpunkte?

Zu meiner Arbeit gehörten unter anderem die konzeptionelle Entwicklung, Umsetzung und ständige Weiterentwicklung einer Nachhaltigkeitsstrategie, die Beratung und Unterstützung aller Fachabteilungen in allen Nachhaltigkeitsfragen, die generelle Sensibilisierung der Mitarbeiter und sukzessive Integration wichtiger Nachhaltigkeitsaspekte in bestehende Geschäftsprozesse und in die Unternehmenskultur. Ebenso gehörte die Durchführung regelmäßiger Benchmarks und Monitoring von Best-Practice-Erfahrungen im CSR-Umfeld sowie Reporting über alle aktuellen Nachhaltiggkeitskennzahlen und -trends dazu sowie die Entwicklung, Umsetzung und Begleitung der nationalen und internationalen Nachhaltigkeitskommunikation.

Ein wichtiger Aspekt war auch die Weiterentwicklung, Umsetzung und Steuerung sowie die strategische Ausrichtung des Nachhaltigkeitswettbewerbs „Eco Performance Award" und der begleitenden Kommunikation mit Fokus auf Web, die Entwicklung und Umsetzung von Key-Kundenevents sowie Key-Messen.

Hatten Sie für Ihre Arbeit ein Budget?

Ja, die projektbezogenen Budgets und ihren effektiven Einsatz samt Kontrolle mit monatlichem Reporting sowie Erfolgsmessung habe ich eigenverantwortlich verwaltet. Zudem war ich für die Planung und Steuerung des unternehmensweiten Marketingbudgets zuständig. Enthalten war hier auch die eigenständige Auswahl, Beauftragung und Steuerung von Werbeagenturen und anderer externer Dienstleister.

Was muss getan werden, um die globalen Klimaziele zu erreichen?

Um im Branchenfokus zu bleiben: Dazu ist es notwendig, dass alternative Energieträger neben dem Energiesektor auch im Transportsektor gefunden werden. Erforderlich dafür sind umfangreiche verkehrs- und energiepolitische Maßnahmen sowie technologische Veränderungen. Ein wichtiger Schritt zum Klimaschutz liegt beispielsweise in der drastischen Reduktion der Nutzung fossiler Kraftstoffe wie Benzin und Diesel. Wichtig ist allerdings die strategische Verankerung, denn erst aus einer umfassenden CSR- bzw. Nachhaltigkeitsstrategie lassen sich entsprechende Maßnahmen und Ziele ableiten.

Welche Rolle spielen dabei Nachhaltigkeitsberichte?

Ein solcher Bericht bildet die Grundlage für eine nachprüfbare Messung der nachhaltigen Unternehmensaktivitäten und einen Fahrplan für die Zukunft. Damit werden die gestiegenen Informationsbedürfnisse seitens der Stakeholder befriedigt, indem sich das Unternehmen an Kriterien wie Transparenz, Offenlegungspflichten und Selbstverpflichtungen orientiert.

Welche Rolle spielen in diesem Zusammenhang die neuen Medien?
Sie führen heute zu einem kontinuierlichen Wandel im kommunikativen Umfeld von Organisationen und Unternehmen und sind deshalb von zunehmender Bedeutung für die Reputation eines Unternehmens. Zudem spielen sie insbesondere für die strategische Einbindung der Stakeholder eine wichtige Rolle.

Warum?
Immer mehr Anspruchsgruppen hinterfragen kritisch, wie Organisationen ihrer gesellschaftlich-sozialen und ökologischen Verantwortung nachkommen und entsprechende Risiken managen. Im Rahmen der Nachhaltigkeitsstrategie ist der Stakeholder-Dialog neben dem Nachhaltigkeitsbericht eines der wichtigsten Instrumente der Unternehmenskommunikation. Erst das Zusammenspiel von transparenter Berichterstattung und der Dialog mit der Öffentlichkeit bilden eine vollständige CSR-Strategie.

Damit CSR langfristig den Unternehmenserfolg befördert, bedarf es neben einer strategischen Ausrichtung in den Unternehmenszielen auch eines ganzheitlichen Verständnisses und einer Handlungskompetenz für die praktische Umsetzung. Wie ist dies in Ihrem Vorgängerunternehmen gelöst worden?
Um die Maßnahmen des Unternehmens noch besser aufeinander abzustimmen, wurde beim DKV zum 1. Januar 2016 die Position einer CSR-Beauftragten im Bereich Marketing geschaffen, die als Kommunikator, Vermittler und Verstärker des Gesamtthemas agiert. Das Nachhaltigkeitsverständnis war eng mit unseren Unternehmenswerten verbunden: verantwortungsvoll und innovativ zu sein und an der Zukunftsfähigkeit der modernen Gesellschaft mitzuarbeiten.

Was haben Sie aus dem CSR-Kontext in Ihr neues Aufgabenfeld bei karriere tutor® mitgenommen? Warum ist es besser, das Thema in den Bereich Marketing und Kommunikation zu integrieren?
Viele Aspekte und Ansatzpunkte aus dem CSR-Kontext kommen mir heute als Head of Brand & Marketing bei karriere tutor® zugute, etwa die Einordnung relevanter Nachhaltigkeitsthemen in aktuelle Prozesse, die Berücksichtigung international führender Nachhaltigkeitsstandards – von der Stakeholder-Analyse, der Selbstverpflichtung/Nachhaltigkeitsstrategie, über die Realisation eines Nachhaltigkeitsmanagements, seinem Controlling bis hin zur Nachhaltigkeitskommunikation. Als CSR-Managerin habe ich die Entwicklung einer professionellen Systematik für die Unternehmenspositionierung mit ökonomischen, ökologischen und sozialen Mehrwerten begleitet. All das fließt in meine jetzige Arbeit ein.

Mir war schon damals bewusst, dass eine ständige Weiterbildung zu allen relevanten Nachhaltigkeitsthemen „erste Pflicht" ist. Die entscheidende Frage heute ist, wie Unternehmen und Organisationen gestaltet sein müssen und wie Management in Zeiten der Digitalisierung funktionieren muss. Begriffe wie New Work und ein neues Verständnis von Work-Life-Balance prägen derzeit die Debatte um die Zukunft unserer Arbeitswelt. Ich bin sehr glücklich, bei karriere tutor® die neue Zeit aktiv mitgestalten zu können, ohne die eigene Familie vernachlässigen zu müssen.

Das Interview führte Dr. Alexandra Hildebrandt.

© Sabine Nixtatis

Sabine Nixtatis wurde am 29. Dezember 1982 in Düsseldorf geboren und ist seit 01.06.2019 bei karriere tutor® und als Head of Brand & Marketing verantwortlich für das strategische Marketing, Corporate Design, Brand, CSR, Sponsoring und Marktforschung. Zuvor war sie als Expert CSR & Events für die DKV Mobility Services Business Center GmbH & Co. KG in Ratingen tätig, wo sie verschiedene berufliche Stationen durchlief: Expert Marketing & Events, Manager Marketing & Events. Nach ihrer Ausbildung zur Informatikkauffrau absolvierte sie parallel ein Studium der Betriebswirtschaftslehre mit Schwerpunkt Marketing-Kommunikation an der WAK in Köln. Seit Ende 2015 ist sie zertifizierter CSR-Manager (IHK).

© Peter Stumpf

Dr. Alexandra Hildebrandt ist Publizistin, Nachhaltigkeitsexpertin und Bloggerin. Sie studierte Literaturwissenschaft, Psychologie und Buchwissenschaft. Anschließend war sie viele Jahre in oberen Führungspositionen der Wirtschaft tätig. Bis 2009 arbeitete sie als Leiterin Gesellschaftspolitik und Kommunikation bei der KarstadtQuelle AG (Arcandor). Beim den Deutschen Fußball-Bund (DFB) war sie 2010 bis 2013 Mitglied der DFB-Kommission Nachhaltigkeit. Den Deutschen Industrie- und Handelskammertag unterstützte sie bei der Konzeption und Durchführung des Zertifikatslehrgangs „CSR-Manager (IHK)". Sie leitet die AG „Digitalisierung und Nachhaltigkeit" für das vom Bundesministerium für Bildung und Forschung geförderte Projekt „Nachhaltig Erfolgreich Führen" (IHK Management Training). Im Verlag Springer Gabler gab sie in der Management-Reihe Corporate Social Responsibility die Bände „CSR und Sportmanagement" (2014), „CSR und Energiewirtschaft" (2015) und „CSR und Digitalisierung" (2017) heraus. Aktuelle Bücher bei SpringerGabler (mit Werner Neumüller): „Visionäre von heute – Gestalter von morgen" (2018), „Klimawandel in der Wirtschaft. Warum wir ein Bewusstsein für Dringlichkeit brauchen" (2020).

Zur nachhaltigen Wettbewerbspositionierung von Energieversorgungsunternehmen. Eckpunkte für die Personal- und Kooperationsstrategie

Christiane Michulitz, Hartwig Kalhöfer und Tim Ronkartz

1 Einleitung

Energieversorgungsunternehmen (EVU) unterscheiden sich von Unternehmen anderer Branchen vor allem deswegen, weil sie in einem Spannungsfeld zwischen Versorgungssicherheit, Umweltverträglichkeit und Wirtschaftlichkeit verhaftet sind. Die zuverlässige Versorgung regionaler oder überregionaler Märkte mit Infrastruktur und Energie und der damit verbundene Auftrag der heutigen und zukünftigen *Daseinsvorsorge* ist von gesamtgesellschaftlichem Interesse. Die damit verbundenen Investitionen in Infrastruktur wie Energienetze und Kraftwerke mit einer technischen Nutzungsdauer von teilweise über 50 Jahren erfordern vor dem Hintergrund des Klimawandels einen immer höheren Standard von Maßnahmen zum Klimaschutz. Gleichzeitig steigen weltweit die Energiepreise und der Druck der Haushalte und Unternehmen, die Preise möglichst gering zu halten. EVU stehen vor der Herausforderung, sich in diesem Markt *wirtschaftlich* und damit *effizient* zu positionieren. Insbesondere seit der Liberalisierung der Energiewirtschaft stehen die Unternehmen damit vor einer Zerreißprobe.

Die in der Regel kommunalen Anteilseigner von EVU fordern eine aktive Unterstützung des Umbaus der Energiewirtschaft und einen Nachhaltigkeitsbeitrag. Dieser

C. Michulitz (✉) · H. Kalhöfer · T. Ronkartz
B E T Büro für Energiewirtschaft und technische Planung GmbH,
Aachen, Deutschland
E-Mail: christiane.michulitz@bet-energie.de

H. Kalhöfer
E-Mail: kalhoefer@pm23.de

T. Ronkartz
E-Mail: tim.ronkartz@bet-energie.de

© Springer-Verlag GmbH Deutschland, ein Teil von Springer Nature 2019
A. Hildebrandt und W. Landhäußer (Hrsg.), *CSR und Energiewirtschaft*,
Management-Reihe Corporate Social Responsibility,
https://doi.org/10.1007/978-3-662-59653-1_30

umfasst nicht nur den Aspekt der Langfristigkeit, denn aufgrund des besonderen Auftrags für die Daseinsvorsorge sind EVU per se auf langfristige Entwicklungen hin aufgestellt. Sie entsprechen also einer eng gefassten Sicht des Begriffs Nachhaltigkeit: Es gehört zum Grund für die Existenz dieser Unternehmen, langfristige Versorgungssicherheit sicher zu stellen, um entweder Gemeinden, Städte, Bürger oder Industriebetriebe zuverlässig mit Strom, Gas, Wasser und Wärme zu versorgen. Sowohl die Prozesse als auch die Strukturen in diesen Unternehmen sind darauf ausgerichtet, Stabilität und Kontinuität zu stützen. Allerdings erhöht sich der Wettbewerbsdruck auf die Unternehmen: Geschäfts- und Privatkunden haben realisiert, dass ein Anbieterwechsel einfach ist. Neue innovative Wettbewerber drängen in den Markt. Die Wahl eines Energieversorgers ist heute nicht nur eine Frage des Preises, sondern auch die Wahl eines Partners mit einer zukunftsfähigen Weltanschauung. Die Kunden fordern neben Preiswertigkeit, dass Strom und Wärme nachhaltig erzeugt werden. Industriekunden, die selbst eine Nachhaltigkeitszertifizierung besitzen, verlangen dies auch von ihren Lieferanten. In diesem Sinne heißt Nachhaltigkeit für EVU im weiteren Sinne die Vereinbarung sozialer, ökonomischer und ökologischer Dimensionen.

Die *Nachhaltigkeitszertifizierung* ist für EVU eine Herausforderung. In der Regel erfolgt der Nachweis durch einen zertifizierten Nachhaltigkeitsbericht (z. B. nach GRI-Standard der Global Reporting Initiative) sowie einen entsprechenden strategischen Markenauftritt. In großen Unternehmen hat sich in den vergangenen Jahren auf diesem Weg neben der regulären, ökonomisch geprägten Berichterstattung eine weitere (freiwillige) Berichterstattung zur erweiterten Unternehmensverantwortung etabliert. Nachhaltigkeitsberichte werden heute auch von öffentlichen Unternehmen herausgegeben (IÖW/future 2012, S. 6). Sie signalisieren die Bereitschaft des Unternehmens zu einer Übernahme von gesellschaftlicher und betrieblicher Verantwortung und führen eine entsprechend transparente Diskussion über die Machbarkeit. In den Berichten wird u. a. Rechenschaft zur Corporate Social Responsibility (CSR) abgelegt, d. h. über die verantwortungsvolle Verwendung von Einnahmen aus dem Verkauf von Strom, Gas, Wasser und Wärme gegenüber BürgerInnen, politischen Vertretern und Eignern.

Insbesondere bezeichnet „Corporate Social Responsibility […] ein integriertes Unternehmenskonzept, das ausgehend vom Wertegerüst und den Zielen des Unternehmens dessen Rolle in der Gesellschaft und der damit einhergehenden Verantwortung konkretisiert." (Meffert und Münstermann 2005, S. 20). CSR gehört zu den nur schwer fassbaren Kategorien für Unternehmen. Egal ob CSR mit Werteverständnis, Führungsprinzipien, Unternehmenskultur oder ethischen Begriffen beschrieben wird: Sie bezieht sich auf das Verhalten der Führungskräfte und Repräsentanten einer Organisation – und wird erst dann zum Thema, wenn ein Missstand vorliegt. Nicht-wahrgenommene Verantwortlichkeit, mangelnde Glaubwürdigkeit, ressourcenverschwendende Prozesse und zu schwach auf die zukünftigen Entwicklungen ausgerichteten Entscheidungen, z. B. zum strategischen Personalmanagement weisen auf ein Defizit im Managementhandeln hin. Von einer nachhaltigen Gestaltung eines EVU soll hier immer dann die Rede sein, wenn das Unternehmen sich so ausrichtet, dass es langfristig erfolgreich am Markt bestehen kann.

Ausgangspunkt ist die Wettbewerbsstrategie.

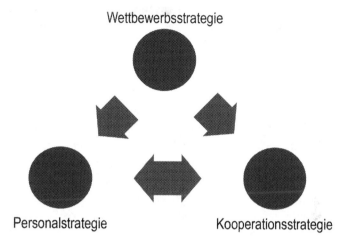

Wettbewerbsstrategie

Personalstrategie   Kooperationsstrategie

Abb. 1 Wettbewerbspositionierung hat drei Dimensionen. (© Büro für Energiewirtschaft und technische Planung GmbH)

Der vorliegende Artikel beschäftigt sich mit den Konzepten der CSR und der nachhaltigen Gestaltung von Unternehmen in der Energiewirtschaft. Er fokussiert die Besonderheiten von EVU im Kontext einer geeigneten Wettbewerbsstrategie, der dazu passenden Personalstrategie und von Kooperationsstrategien in Netzwerken. Die jeweils richtige Strategie für diese Teilbereiche ist der Ausgangspunkt für eine erfolgreiche Positionierung im Markt. Zentraler Hintergrund der Überlegungen ist der demografische Wandel als Treiber einer gesamtgesellschaftlichen Veränderung. Er schafft in nie gekanntem Ausmaß die Notwendigkeit, die notwendigen Kompetenzen zur Positionierung im Wettbewerb über ein geeignetes Kooperationsmodell zu binden. Abb. 1 zeigt das Grundmodell des Beitrags mit den drei konsequent aufeinander aufbauenden Strategieelementen.

Um den Gedanken einer nachhaltigen Wettbewerbspositionierung zu verfolgen, wird Porters in den 80er Jahren entwickeltes Grundmodell der generischen Wettbewerbsstrategien aufgenommen, beschrieben und auf die heutige Wettbewerbssituation von EVU übertragen. In der Folge wird die Frage gestellt: Wie stelle ich nach der Wahl der geeigneten Strategie das EVU so auf, dass es einerseits nachhaltig agiert, andererseits aber auch bei radikalen Veränderungen der Umweltbedingungen überlebensfähig bleibt? Dabei werden einerseits die Auswirkung der Wettbewerbsstrategie auf die Personalstrategie fokussiert und andererseits die Möglichkeit, über eine Kooperationsstrategie fehlende Kompetenzen zu akquirieren. Kooperationen werden dabei als besondere Formen von Netzwerken beleuchtet. Durch diese Verbindung aus strategischer Grundaufstellung, einer geeigneten Personalpolitik und der Wahl passender Kooperationsmodelle sind die Unternehmen in der Lage, sich nachhaltig auf dem zukünftigen Markt aufzustellen.

2   Nachhaltige Unternehmensgestaltung braucht drei strategische Grundpfeiler: eine Positionierung am Markt, das geeignete Personal und ein tragfähiges Kooperationskonzept

2.1   Positionierung am Markt

Die derzeit geführte Diskussion in Versorgungsunternehmen ist stark von wettbewerblichen und regulatorischen Unsicherheiten geprägt. Klar ist, dass die Unternehmen aufgefordert sind, ihre Technologien so umzustellen, dass nicht mehr überwiegend konventionell, sondern CO_2-neutral erzeugt wird. Das Maßnahmenpaket zum Kohleausstieg zeigt den politischen Willen für eine Neuausrichtung der Energieversorgung. Zudem werden in der politischen Diskussion Dezentralität, Digitalisierung und Autonomie zunehmend als Nebenziele eines Umbaus der Energielandschaft diskutiert und als grundsätzliches Wertesystem in den politischen Meinungsbildungsprozess eingebracht. Klar ist auch, dass heute alle EVU vertrieblich im Wettbewerb stehen und neue Wettbewerber in den Markt drängen. Die individuelle Positionierung in diesem Wettbewerb ist eine zentrale Aufgabe des Managements, um auf dieser Basis die politischen Erwartungen an die Versorgungsaufgabe erfüllen zu können.

Als Hilfe bei der Orientierung im Wettbewerb können die generischen Wettbewerbsstrategien von Porter herangezogen werden. Diese empirischen Modelle sind auch heute noch in der betriebswirtschaftlichen Literatur umstritten[1], haben sich aber insbesondere für die Anwendung in der Praxis als Grundmodelle etablieren können. Porter sieht, das zeigt Abb. 2, zwei grundlegende Möglichkeiten, Wettbewerbsvorteile zu erringen: durch **Kostenführerschaft** oder durch **Differenzierung.** Als dritte Option sieht er einen mehr oder weniger engen Fokus, die er als **Nischenstrategie** bezeichnet. Das kann eine lokale Konzentration auf ein begrenztes Marktsegment, z. B. mit einer spezifischen Kundengruppen bedeuten. Eine solche *Fokus-Strategie* wird insbesondere dann als erfolg versprechend angesehen, wenn ein Unternehmen sich nicht durch Kosten- und Preisführerschaft oder Differenzierung gegenüber dem Wettbewerb hervortut. Porters Modell ist vor allem umstritten, weil es zum Einen ausschließlich die Sichtweise von Industrieunternehmen darstellt und zum Anderen nur eine geringe Ausarbeitung der Nischenstrategie liefert[2]. An diesen Kritikpunkten setzt dieser Beitrag an und erläutert die generische Wettbewerbsstrategie für die Besonderheiten der Versorgungswirtschaft. Die Autor*innen stellen unter Betrachtung der aktuellen Situation der EVU alle drei Grundstrategien als gleichwertig nebeneinander.

---

[1]Vergleiche Christina Kühnl Klassiker der Organisationsforschung (31): Michael Porter in Organisationsentwicklung Nr. 1, 2019 S. 100 ff.
[2]Vgl. z. B. Wright, P. (1988).

Grundstrategien von EVU nach Porter.

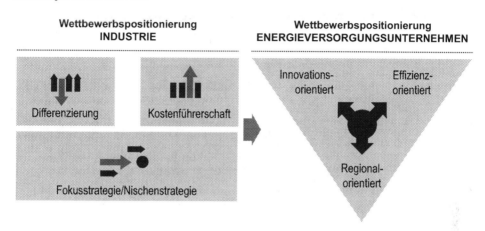

Abb. 2 Nach Porter (1980)

Im Kontext der nachhaltigen Unternehmensführung ist dieser Ansatzpunkt vor allem deshalb gewählt worden, weil Porter in der späteren Ausweitung seiner Grundideen, den Begriff des ‚Shared Value' geprägt hat. Dieser aus wettbewerblicher Sichtweise geprägte Begriff wird von ihm definiert, als Richtlinien und Praktiken, die die Wettbewerbsfähigkeit eines Unternehmens steigern und auch zugleich die wirtschaftlichen und sozialen Bedingungen einer Gesellschaft verbessern[3]. Damit ist aus heutiger Sicht ein zentraler Gedanke der Nachhaltigkeit mit angesprochen. Dieser Blickwinkel der nachhaltigen Unternehmensführung und diese Grundstrukturen lassen sich in wettbewerblich agierenden EVU wiederfinden. Die konsequente Differenzierung von den klassischen EVU kann man heute als **Innovationsstrategie** bezeichnen. Die zweite Grundausrichtung lässt sich in der betrachteten Branche unter dem Begriff **Effizienzstrategie** zusammenfassen. Die Dritte und in der Versorgungswirtschaft am weitverbreitetsten Wettbewerbsstrategie wird im Folgenden als **Regionalorientierung** bezeichnet.

2.1.1 Innovationsorientierung als Differenzierung

Differenzierung meint die konsequente Abwendung der eigenen strategischen Position von Produkten und Dienstleistungen etablierter Mitbewerber. Schauen wir in die heutige Kostenstruktur der Strom- und Gasversorgung: Durch die Deregulierung und die wettbewerbliche Marktöffnung der Versorgung haben sich die Strom- und Gas-Versorgungsprodukte zu weitestgehend austauschbaren Standardprodukten entwickelt. Eine neue Initiative des Bundesjustizministeriums will zudem selbst die heutigen Vertragsstrukturen

---

[3]Vergleiche Christina Kühnl Klassiker der Organisationsforschung (31): Michael Porter in Organisationsentwicklung Nr. 1, 2019 S. 100 ff.

bezüglich der Vertragslaufzeiten weiter standardisieren[4]. So sollen primär zukünftig die Verbraucher geschützt werden. Gleichzeitig erfolgt aber auch eine Minimierung von vertraglichen Differenzierungen bei gleichzeitiger Erhöhung des Wettbewerbsdrucks. In dieser Situation ist eine Strategie der Einzigartigkeit für Strom- und Gasprodukte fast nicht mehr realisierbar. Eine Wettbewerbsstrategie kann hier die Ausprägung innovationsorientierter, nicht strom- oder gasbasierter Versorgungsprodukte sein. Für diese Strategie finden sich zahlreiche Beispiele im Markt. So ist in diesem Jahr die DEW21 mit einem neuen Produktportfolio ,Echte Wärme' für ihre Wärmeprodukte am Markt aufgetreten[5]. Hier werden den Kunden eine Vielzahl von Innovationen und gekoppelten Qualitätsoptionen angeboten, die eine deutliche Differenzierung von den Mitbewerbern auch bei dezentraler Heiztechnik erlauben. Zudem wird die Produktlandschaft ständig erweitert. Die hier gewählte Strategie funktioniert dann gut, wenn es gelingt, flexibel, adaptiv und agil auf Bedürfnisse der Kunden und technischen Fortschritt zu reagieren.

2.1.2 Effizienzorientierung als Kostenführerschaft

Effizienzorierung bedeutet, dass ein EVU die Kosten der Erstellung von Dienstleistungen in den Mittelpunkt der strategischen Ausrichtung stellt. Die heutigen Versorgungsprodukte Strom und Gas sind in der Kostenstruktur vollständig transparent und werden im Endkundenpreis durch die staatlich festgelegten Netzentgelte, Abgaben und Umlagen dominiert. Unterschiede in der Preislandschaft bestehen im Wesentlichen durch zumindest aktuell noch großzügig angebotene Wechselboni. Zudem drängen neue Wettbewerber in den Markt, für die Stromprodukte nur Nebenprodukte ihres Kerngeschäftes sind. So bietet die 1&1 Energy GmbH den Kunden neben Internetservices nun auch Stromprodukte an. Der entscheidende Unterschied zu den klassischen EVU ist aber, dass diese Stromprodukte zu Grenzkosten angeboten werden können, weil das strategische Ziel nicht die Gewinnerzielung, sondern die Kundenbindung ist. Zudem sind diese Mitbewerber fähig, ihre Produkte als reine Internetprodukte und durch eine Gesamtabrechnung über mehrere Produkte zu sehr geringen Kosten anzubieten (Effizienzorientierung). Klassische EVU haben eine historisch gewachsene Kostenstruktur und können diese Strukturen nur schwer verlassen. Die neuen Wettbewerber aber sind in einer Ausgangslage, die einem klassischen EVU diese Strategieoption, als Kostenführer am Markt zu agieren, mehr und mehr versagt.

2.1.3 Regionalorientierung als Fokusstrategie

Regionalorientierung ist eine Strategie, die sich insbesondere bei Stadtwerken wiederfinden lässt. Unter Regionalorientierung wird die Identifikation mit den Menschen in einer regional klar differenzierbaren Örtlichkeit verstanden. So positionieren sich beispielsweise die Stadtwerke Leipzig GmbH im Zusammenspiel mit den lokalen Verkehrs- und

---

[4]Vergleiche Süddeutsche Zeitung 31. März 2018 Nur noch ein Jahr gebunden.
[5]Vergleiche den Internetauftritt der DEW21 https://echte-waerme.dew21.de/.

Wasserbetrieben seit einigen Jahren als Leipziger Stadtwerke. Leipzig wird als Teil der Unternehmensmarke in der Vermarktung in den Vordergrund gestellt. Die Internetseite der Leipziger Stadtwerke ist unter L.de erreichbar. Sie bildet die Basis des Markenauftritts und des Produktvertriebes. In der Realisierung der Strategie wird Wert auf eine qualitativ hochwertige Versorgung gelegt. So wird die Wärmeversorgung nachhaltig weiterentwickelt mit dem Ziel, den Leipziger Bürgern zukünftig ‚saubere' Wärme zur Verfügung zu stellen. Dabei erfolgt eine langfristige Umstellung der Versorgung bis 2030. Hier zeigt sich die konsequente qualitätsorientierte Weiterentwicklung auf einem kundennahen und evolutionären Weg. Radikale Neuausrichtungen werden vermieden, die Marke und die Produkte werden aus dem Bestand sukzessive weiterentwickelt und an die Kundenbedürfnisse angepasst.

Abb. 3 zeigt die drei beschriebenen Wettbewerbsstrategien mit den dazu gehörigen Hauptmerkmalen. Ein EVU, das sich innovationsorientiert aufstellt, strebt nach den Merkmalen flexibel, adaptiv agil. Bei der Wahl der Wettbewerbsstrategie Effizienzorientiert sind die Charakteristika: stabil, schlank, standardisiert. Für ein regionalorientiertes EVU sind die Merkmale qualitätsorientiert, evolutionär und kundennah.

Unabhängig davon, welcher Weg gewählt wird: Das Unternehmen trifft mit der Wahl der Strategie eine Grundsatzentscheidung zur Wettbewerbspositionierung. Diese Positionierung gilt es über eine geeignete Personal- und Kooperationsstrategie weiter zu konkretisieren. Daher werden im Folgenden diese beiden für nachhaltige Unternehmen wesentlichen Strategiedimensionen ebenfalls entlang des Porterschen Grundmodells differenziert und in die Landschaft der Versorgungswirtschaft eingebettet.

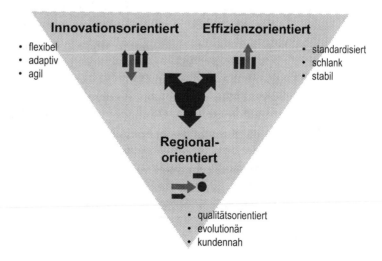

Abb. 3 Ausprägung Grundmodell strategischer Ausrichtung in EVU. (© B E T Büro für Energiewirtschaft und technische Planung GmbH)

2.2   Personalstrategie: Demografiefest und kompetenzbasiert

Die skizzierten Wettbewerbsstrategien zeigen denkbare Positionen der heutigen strategischen Aufstellung von EVU. Sie entsprechen den Veränderungen des Umfelds und fordern wie jede Strategie Neuausrichtung eine Veränderung der Personalstrategie. Diese ist vor dem Hintergrund für eine nachhaltige Unternehmensführung wichtiger denn je:

- Einerseits führt der *demographische Wandel* dazu, dass sich die Unternehmen vor einem bisher unbekannten Engpass an personellen Ressourcen stehen. Insbesondere in den MINT-Fächern ist der Mangel an Nachwuchskräften betrieblich bereits heute deutlich spürbar. Die Unternehmen stehen damit vor der Herausforderung, dem Thema Gewinnung und Bindung von jungen Fach- und Führungskräften besondere Aufmerksamkeit schenken zu müssen.
- Andererseits fordern die unterschiedlichen Wettbewerbsstrategien eine passgenaue Akzentuierung in der *personellen Gesamtaufstellung.* Die in Abb. 3 gezeigten grundsätzlichen Merkmale der gewählten Grundstrategie wirkt sich unmittelbar auf die für die Kernprozesse notwendigen Kompetenzen aus. Ändert sich der strategische Pfad, so ändern sich die Anforderungen an das Personal. Die heutige Altersstruktur von EVU ist der Ausgangspunkt für die ‚make-or-buy‘-Frage. Die Unternehmen müssen im Zuge der Wettbewerbspositionierung ihre Personalstrategie mit bedenken. Entweder sie positionieren sich im Wettbewerb um die klugen Köpfe als attraktiver Arbeitgeber, d. h. sie verfolgen die Personalstrategie ‚make‘ (Kompetenzen im EVU vorhalten) oder sie entscheiden sich für die Personalstrategie ‚buy‘ (Kompetenzen am Markt hinzukaufen) und prüfen in der Folge die denkbaren Kooperationsmodelle.

Der deutsche Arbeitsmarkt hat sich von einem Arbeitgebermarkt in einen *Arbeitnehmermarkt* entwickelt. Es sind nicht mehr die Arbeitgeber, die sich aus dem Pool an Bewerber*innen den-/diejenige aussuchen, den sie einstellen möchten, sondern die potenziellen Arbeitnehmer*innen suchen sich den für ihre Bedürfnisse optimalen Arbeitgeber. Die Arbeitgeberattraktivität wird damit für junge Menschen bei der Wahl des Arbeitsplatzes immer ausschlaggebender (Michulitz und Heimes 2013, S. 34). Leistungsstarker Nachwuchs erwartet ein junges Umfeld, in dem Innovationen und Flexibilität die Regeln und Teil der Unternehmenskultur sind (Klaffke 2014). Für viele EVU ist diese Tatsache ein Dilemma, denn die typische Altersstruktur (siehe Abb. 4) zeigt einen *stark alterszentrierten Aufbau* des Personalkörpers. Das mittlere Alter in einem EVU liegt heute bei ca. 48 Jahren. Die Betriebszugehörigkeit liegt im Schnitt bei über 18 Jahren. Die Überalterung der Belegschaft (Becker 2013, S. 8) mit der damit verbundenen relativ schwachen Wechselquote in der Belegschaft führt aufgrund fehlender neuer Impulse zu einer Dämpfung der Innovationsfähigkeit. Häufig zeigt eine unternehmensinterne Demografieanalyse eine stark unterrepräsentierte Gruppe

Der heutige Altersdurchschnitt in einem EVU liegt bei 48 Jahren.

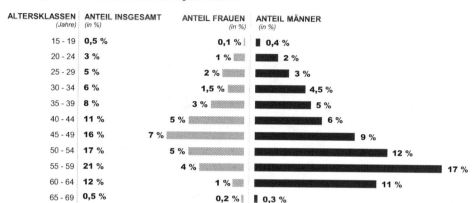

Abb. 4 Altersstruktur eines durchschnittlichen EVU. (© B E T Büro für Energiewirtschaft und technisch Planung GmbH)

der 20- bis 35-jährigen. In den nächsten fünf Jahren stehen die Unternehmen vor der Herausforderung, mit dem Ausscheiden der Babyboomer Nachwuchskräfte gewinnen zu müssen. Da der demografische Wandel aber ein gesamtgesellschaftliches Phänomen ist, müssen sich die Unternehmen im Kampf in Zukunft Fachkräfte in einem nie dagewesenen Ausmaß dem bestehenden Wettbewerb um qualifiziertes Personal stellen.

Die Durchführung einer unternehmensspezifischen Altersstrukturanalyse und deren Interpretation schaffen die Grundlage für einen strategischen Personalplan. Dieser fußt mit dem zweiten Standbein auf der Wettbewerbsstrategie des Unternehmens. Der strategische Personalplan ist dann passgenau, wenn er sowohl auf fachlicher als auch auf überfachlicher Ebene beschreibt, welche Fähigkeiten für eine erfolgreiche Abwicklung des Kerngeschäfts der Zukunft notwendig sind. Innerhalb der drei o. g. Grundszenarien bedarf es hierzu folgender Überlegungen zum Aufbau des Personalkörpers:

1. Welchen Typ Menschen braucht die Organisation, um ihre Strategie realisieren zu können?
2. Welche Kompetenzen müssen vorgehalten bzw. entwickelt werden?
3. Welche Qualifikationen braucht das Unternehmen in 5, 10 oder 15 Jahren?

Keine dieser Fragen ist ohne eine Differenzierung des spezifischen Geschäftsmodells eindeutig zu klären. Wichtig ist an dieser Stelle das Grundprinzip: Die reine Fokussierung auf die schulisch erworbenen Berufsqualifikation (technische bzw. kaufmännische Qualifikation mit Fachausbildung bzw. akkadischem Grad) reicht in der Regel nicht aus. Es bedarf einer unternehmensspezifischen Beantwortung der Fragen (1) und (2). Diese kann nach der Bestimmung der Strategie aufgrund einer Ausdifferenzierung zukünftiger

Die Ausprägungen fokussieren auf die Kompetenzen und Qualifikationen.

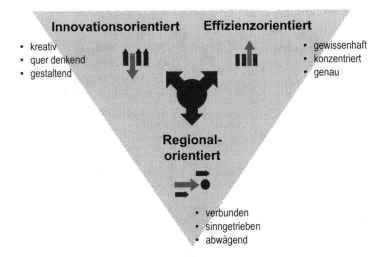

Abb. 5 Grundtypen der Personalstrategie. (© B E T Büro für Energiewirtschaft und technisch Planung GmbH)

Aufgaben und Funktionen und anhand von Persönlichkeitsprofilen[6] oder Kompetenz-modellen[7] erfolgen. Alternativ können generisch Grundtypen beschrieben werden. Die Abb. 5 zeigt einen exemplarischen Aufbau:

Ein *innovationsorientiert aufgestelltes EVU* braucht für den Erfolg am über-regionalen Markt tendenziell Personal, dass kreativ, quer denkend und gestaltend ist. Die Menschen ist einer solchen Organisation müssen bereit und in der Lage sein, neue Impulse aus der Umgebung zu adaptieren und – auch disruptive Veränderungen – aktiv aufnehmen und verarbeiten können. Zu den herausragenden Fähigkeiten dieses Personalkörpers gehören Know-how zur Produktentwicklung, Ambiguitätstoleranz und Projektmanagement.

Ein *effizienzorientier aufgestelltes EVU* braucht hingegeben für den Erfolg in der Kostenführerschaft tendenziell eher gewissenhaftes, konzentriertes und genau arbeitendes Personal, das Standardprozesse hocheffizient abwickelt. In einer strategisch schlank auf-gestellten Organisation zählen v. a. zertifizierte und maximal effiziente Prozesse, die zuver-lässig abgewickelt werden. Zu den herausragenden Merkmalen dieses Personalkörpers gehört ein Denken in Kennzahlen und technisch-betriebswirtschaftlicher Optimierung.

---

[6]Zum Beispiel mit einem DISG®-Profil, Reiss-Profil, Myers-Briggs-Typenindikator (MBTI), Bochumer Inventar zur berufsbezogenen Persönlichkeitsbeschreibung (BIP) o. ä.
[7]Zum Beispiel mit dem Kasseler Kompetenzraster (KKR).

Ein *regionalorientiertes EVU* braucht zur Fokussierung auf die gewählte Marktnische prototypisch (orts-)verbundene Menschen, die mit hoher Identifikation für die Heimat sinngetrieben und tendenziell risikoavers abwägend das Geschäft gestalten. Die Menschen in einer solchen Organisation sind tendenziell verbindlich, sichersheitsafin und der regionalen Mentalität verbunden.

Alle drei Typen sind hier nur holzschnittartig beschrieben. Die Beschreibung dieser Typen dient dazu, deutlich zu machen, dass zu einer strategischen Positionierung auch eine Personalstrategie gehört. Sie basieren auf der Grundüberzeugung, dass ein nachhaltiges Geschäft nur dann erwirtschaftet werden kann, wenn Strategie, Aufgaben und Menschen im Einklang miteinander stehen. Nachhaltig ist in diesem Sinne das, was dem Unternehmen hilft, auch übermorgen noch erfolgreich am Markt zu sein. Ganzheitlich ist in diesem Sinne die Betrachtung des Unternehmens als eine Einheit, in der eine Vielzahl von Rahmenbedingungen zu einem konsistenten und zielgerichteten Verhalten aller Unternehmensvertreter beitragen.

2.3 Tragfähige Netzwerke: Kooperationsmotive und -formen

EVU stehen im Wettbewerb mit über 1000 weiteren Strom- und Gasanbietern und zusätzlich einigen neuen Marktteilnehmern, wie Internet- und Autokonzernen. In einem solch umkämpften Markt können kleine und mittelgroße EVU in der Regel nicht vollständig alleine bestehen. Auch wenn es gelingt, die passenden Mitarbeiter*innen zu finden und an das Unternehmen zu binden, kann das eigene Personal nicht alle Anforderungen erfüllen, die an ein modernes EVU gestellt werden. Neben dem Tagesgeschäft müssen die Unternehmen neue regulatorische Bestimmungen umsetzen, die IT-Systeme fit für die Zukunft machen, Innovation fördern, neue Produkte entwickeln und die Prozesseffizienz erhöhen.

Um all diesen Anforderungen gerecht werden und allen Herausforderungen begegnen zu können, sollte die Personalstrategie daher um eine Kooperationsstrategie ergänzt werden. Hierbei empfiehlt es sich, die Strategie hinsichtlich der präferierten Kooperationsform (Schumann und Hagenhoff 2004) unter Berücksichtigung der Wettbewerbsstrategie insbesondere im Hinblick auf folgende Dimensionen zu konkretisieren:

1. **Richtung:** Es kann die horizontale (gleiche Wertschöpfungsstufe), diagonale (unterschiedliche Branchen) und vertikale (unterschiedliche Wertschöpfungsstufen) Kooperation unterschieden werden.
2. **Formalisierung:** Hier kann die lose (mündliche Absprachen oder Letter Of Intent) von der formalen (vertragliche Bindung) und fixierten (gesellschaftsrechtliche Bindung) Kooperationen abgegrenzt werden.
3. **Umfang:** Eine Kooperation kann sich auf ein einzelnes Thema, ein Themenkomplex oder die gesamte Geschäftstätigkeit beziehen.

Kooperation ist jedoch kein Selbstzweck, eine Kooperation kann daher auch als ,Zweckbeziehung' bezeichnet werden. Daher steckt hinter jeder Kooperation mindestens ein Motiv, das die Partner aneinander bindet. So lassen sich für jeden Typ des zuvor beschriebenen Grundmodells unterschiedliche Gründe für das Eingehen von Kooperationen identifizieren:

Ein **innovationsorientiertes EVU** wird Kooperationen insbesondere zu dem Zweck verfolgen, gemeinsam neue Produkte zu entwickeln. Dies kann z. B. in Partnerschaft mit einem Unternehmen aus einer benachbarten Branche, einem Start-up oder mit einem Technologieanbieter erfolgen. So installierte die Allgäuer Überlandwerk GmbH beispielsweise gemeinsam mit ABB und John Deere ein Energie-Management-System zur intelligenten Steuerung von Fotovoltaik- und Kraftwärmekopplungsanlagen, Batteriespeichern und Ladeinfrastruktur für elektrische Landmaschinen. Da innovationsorientierte Unternehmen überdurchschnittlich häufig Wagnisse eingehen, kann Kooperation auch dem Zweck dienen, das Risiko (und damit auch die Chance) zu teilen. Daneben kann auch der Zugang zu neuen Kunden zum Hauptmotiv werden, da sich das hohe Risiko einer Innovation vor allem dann auszahlt, wenn auf eine potenziell breite Kundenbasis zurückgegriffen wird.

Ein **effizienzorientiertes EVU** wird eine Kooperation insbesondere dann eingehen, wenn durch die Kooperation die spezifischen Kosten gesenkt und damit Skaleneffekte erzielt werden können. Daneben sind die Reduktion der Kosten durch das gemeinsame Erbringen von redundanten Leistungen bzw. durch das Zusammenlegung von redundanten Organisationseinheiten – sprich Synergieeffekte – für effizienzorierntierte EVU häufig ein wichtiger Beweggrund für Kooperation. Auch die Erschließung neuer Märkte kann für diese Art von Unternehmen sinnvoll sein, weil die bestehenden Fixkosten auf diese Weise auf eine größere Anzahl an abgesetzten Produkten gewälzt werden können.

Ein **regionalorientiertes EVU** hat häufig das Ziel, eine hohe Qualität und die Versorgungssicherheit zu gewährleisten. Kooperationen dienen also häufig dazu, die Qualität zu sichern oder sogar zu steigern. Auch die Verlängerung der Wertschöpfungskette oder die Beschaffung von Know-how und Ressourcen, beispielsweise um bei der Digitalisierung voran zu kommen, können Motive für eine unternehmensübergreifende Zusammenarbeit sein. Regionalorientierte EVU sind in ihrem Wachstum durch eine bewusste Fokussierung räumlich beschränkt. Dennoch kann auch ein regional orientiertes EVU seinen regionalen Fokus ausweiten, indem Kooperationen mit benachbarten EVU eingegangen werden (Abb. 6).

Vor dem Hintergrund dieser abweichenden Motive unterscheidet sich auch die *idealtypische Kooperationsform*. Während innovationsorientierte EVU eher zu losen und einzelthemenbezogenen Kooperationen tendieren, um schnell auf Marktveränderungen reagieren zu können und für jede Art von Produkt und Markt die spezifisch passende Partnerschaft einzugehen, sind effizienzorientierte Unternehmen in der Regel an horizontalen Kooperationen bis hin zur Vollintegration interessiert, da auf diese Weise die meisten Synergien erzielt und diese langfristig gesichert werden können. Regionalorientierte EVU werden dagegen häufiger vertikale Kooperationen anstreben, wie z. B.

Die Ausprägungen fokussieren auf die spezifischen Herausforderungen.

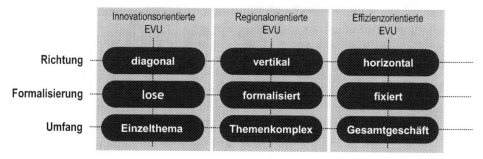

Abb. 6 Bevorzugte Kooperationsformen unterschiedlicher Typen von EVU. (© B E T Büro für Energiewirtschaft und technisch Planung GmbH)

die Zusammenarbeit mit dem lokalen Handwerk oder die überregionale Bündelung von – für den Kunden unsichtbaren – Leistungen. Letzteres manifestiert sich beispielsweise in den zahlreichen Beschaffungskooperationen von Stadtwerken. Daneben legen regionale EVU wert auf eine langfristige Stabilität der Partnerschaft und damit zusammenhängend auf eine formale Bindungswirkung.

In der Praxis ist es natürlich nicht so einfach, die passende Kooperationsform zu finden, da die Motive oft nicht eindimensional und die Interessen der beteiligten Partner nicht immer deckungsgleich sind. Im Sinne der mittel- bis langfristigen Strategie ist es jedoch wichtig, Kooperation nicht nur opportunitätsgetrieben einzugehen, sondern sich die eigenen Kooperationsmotive transparent zu machen, und vor diesem Hintergrund die Richtung, den Grad der Formalisierung und den Umfang der Kooperation in Abstimmung mit den potenziellen Partnern auszuloten. Nur so gelingt es, einen nachhaltigen Nutzen für alle an der Kooperation beteiligten Unternehmen zu schaffen.

3   Fazit

Die nachhaltige Wettbewerbspositionierung von Energieversorgungsunternehmen fordert eine Positionierung in drei Strategiedimentionen: Die Positionierung im Wettbewerb *(Wettbewerbsstrategie),* die daran orientierte *Personalstrategie,* die mit einer demografiefesten Auswahl geeigneter Mitarbeiter*innen und Kompetenzen einher geht sowie die Wahl einer *Kooperationsstrategie* mit einem adäquaten Kooperationsmodell. Dieser *Dreiklang* stellt sicher, dass die Aufstellung des Unternehmens in der Innen- und Außen kommunikation kongruent und damit nachhaltig ist. Ein wesentlicher Aspekt des Erfolgs bei der Personalgewinnung ist eine für Fachkräfte ansprechende Aufstellung. Diese wird im *Arbeitnehmermarkt* durch eine hohe Arbeitgeberattraktivität sicher gestellt. Eine deutliche Positionierung als nachhaltiges Unternehmen fördert die Arbeitgeberattraktivität in der Zukunft noch stärker als bisher. In diesem Sinne sollten Kooperationen und Netzwerke nicht nur gelegenheitsgetrieben sein. Vielmehr ist im Rahmen der Kooperationsstrategie systematisch zu bewerten, in welchen Feldern mit welcher Art von Unternehmen kooperiert und wie die Kooperation ausgestaltet werden soll. In der Nach-Energiewende-Welt werden Privat- und Geschäftskunden die Energieversorger als Lieferanten wählen, die ganzheitlich nachhaltig aufgestellt sind.

Literatur

Becker S (2013) „Höchstmaß an Vertrauen in die Mitarbeiter setzten". Interview mit Timm Krägenow. Energie & Management Special Karriere, Herrsching

IÖW/future (Hrsg) (2012) IÖW/future-Ranking der Nachhaltigkeitsberichte deutscher KMU 2011: Ergebnisse und Trends. IÖW/future, Münster

Klaffke M (2014) Generationen-Management: Konzepte, Instrumente, Good-Practice-Ansätze. Springer, Berlin

Meffert H, Münstermann M (2005) Corporate Social Responsibility in Wissenschaft und Praxis – eine Bestandsaufnahme. Wissenschaftliche Gesellschaft für Marketing und Unternehmensführung e. V, Münster

Michulitz C, Heimes K (2013) BET-Studie Arbeitgeberattraktivität 2020, Paradigmenwechsel in der Personalentwicklung. ew 112(13):34–37

Porter ME (1980) Competitive strategy: techniques for analyzing industries andcompetitors. Free Press, New York

Schumann M (Hrsg), Hagenhoff S (2004) Kooperationsformen: Grundtypen und spezielle Ausprägungen. Arbeitsbericht des Instituts für Wirtschaftsinformatik an der Georg-August-Universität Göttingen, Nr. 4

© Christiane Michulitz

Dr. Christiane Michulitz, Jahrgang 1971, Studium der Germanistik und Biologie an der Universität Bonn und an der RWTH Aachen, Staatsexamen 1998. Von 1999 bis 2008 wissenschaftliche Mitarbeiterin und Leiterin des Bereichs Personal & Controlling am Zentrum für Lern- und Wissensmanagement/Lehrstuhl Informatik im Maschinenbau der RWTH Aachen. Von 2004 bis 2008 Geschäftsführerin des Instituts für Unternehmenskybernetik e. V. an der RWTH Aachen und Beraterin bei der OSTO Systemberatung GmbH. Promotion 2005 im Fachbereich Erziehungswissenschaften und Soziologie an der Universität Dortmund, MBA Entrepreneurship 2006 an der FH Aachen. Seit 2008 Senior-Beraterin für Organisationsentwicklung bei der Büro für Energiewirtschaft und Technische Planung GmbH. 2011–2017 Teamleiterin Organisations- und Personalentwicklung, seit 2017 Partnerin für Organisation & Prozessmanagement. Mitglied im Herausgeberbeirat der Zeitschrift für Systemdenken und Entscheidungsfindung im Management. Lehrbeauftragte an der FH Aachen. Ausgebildete Trainerin für Systemisches Management. Autorin diverser Fachartikel zur Kommunikation in Organisationen. Thematische Schwerpunkte: Prozessmanagement und Reorganisationen, Prozessbegleitung, Change Management, Personalmanagementkonzepte, Moderation von Klausurtagungen und Strategieworkshops, Coaching von Führungskräften.

© Hartwig Kalhöfer

Dipl.-Wirt.-Ing. Hartwig Kalhöfer, Jahrgang 1965, Studium Wirtschaftsingenieurwesen, Fachrichtung Maschinenbau an der Technischen Hochschule Darmstadt, Vertiefung: Wirtschaftsprüfung/Controlling, Abschluss: Dipl. Wirtschaftsingenieur 1996. Von 1997 bis 2003 Manager im Bereich Energieversorgung mit Schwerpunkt: Kennzahlenvergleiche und Prozessanalysen bei der Accenture Unternehmensberatung in Kronberg. Von 2003 bis 2012 Bereichsleiter Controlling und Unternehmenssteuerung einschließlich Risiko- und Nachhaltigkeitsmanagement mit Schwerpunkt: Risikomanagement und Frühwarnsysteme bei der Mainova AG in Frankfurt. 2013–2017 Teamleiter Unternehmensstrategie im Bereich Managementberatung bei der B E T Büro für Energiewirtschaft und technische Planung GmbH in Aachen. Seit 2018 selbstständig mit der Unternehmensberatung pm23. Thematische Schwerpunkte: Strategieentwicklung von Stadtwerken, Begleitung von Konzessionsverfahren, Leitung von Organisationseinheiten im mittelständischen Umfeld, erfolgreich in Restrukturierungen und dem damit verbundenen Change Management, umfassende Erfahrungen in der Standardisierung von Prozessen sowie bei der Leitung und Umsetzung von multidimensionalen Projekten. Er ist Autor diverser Fachartikel und Studien zu strategischen Fragen der Energiewirtschaft.

© Tim Ronkartz

Dipl.-Wirt.-Ing. Tim Ronkartz, LL.M. Jahrgang 1987. Studium des Wirtschaftsingenieurwesens an der RWTH Aachen mit den Schwerpunkten Bauingenieurwesen, Projektmanagement sowie Energie und Umwelt, Diplom 2012. Anschließend Tätigkeit als Managementberater im Team Unternehmensstrategie bei der B E T Büro für Energiewirtschaft und technische Planung GmbH, Aachen. Von 2013 bis 2015 berufsbegleitendes Zweitstudium Mergers & Akquisition an der Westfälischen Wilhelms-Universität Münster, Abschluss Master of Laws (LL.M.). Zwischen 2016 und 2018 Senior Referent Strategie bei der Trianel GmbH. Dort Leitung von Großprojekten mit Schwerpunkten in der Unternehmens- und Organisationsentwicklung entlang der gesamten energiewirtschaftlichen Wertschöpfungskette sowie in der Durchführung von Unternehmenstransaktionen. Seit 2018 Senior-Manager und Leiter des Kompetenzteams Kommunale Infrastruktur und Innovation bei B E T. Thematische Schwerpunkte: Strategie- und Geschäftsmodellentwicklung, kommunale Infrastruktur, Transaktionsberatung (M&A), Organisationsentwicklung, Vergabeverfahren und Ausschreibungen, Businessplanung. Diverse Publikationen und Vortragstätigkeiten sowie langjährige Betreuung einer großen Stadtwerkekooperation.

Nachhaltig menschliche Energie erzeugen und bewahren

Gesa Köberle, Catherine Rommel und Jens Kraiss

1 Einleitung

1.1 Was ist Energie?

Energie begegnet uns in vielen Facetten des Lebens, von der Gravitation bis zur Photosynthese, von der fossilen Verbrennung bis zur Zellteilung. Letztendlich benötigt jedes Leben eine Form der Energie zur Begründung, zum Erhalt und zur Fortführung seiner Existenz.

Im Film Matrix, in einer unbekannten Zukunft, gibt es riesige Farmen zur Energieerzeugung. Dort halten Roboter Menschen quasi als Bio-Batterien, um aus ihnen die Energie zu gewinnen, die ihren Maschinenpark antreibt. Der Körper ist in einen Kokon gebettet, bewegungslos, der menschliche Geist erlebt eine vorgespielte Realität in seinen Träumen. Er wird am Aufwachen gehindert, um seine Funktion als Akku konstant auszuüben.

G. Köberle (✉) · C. Rommel
Tomorrows Business GmbH, Stuttgart, Deutschland
E-Mail: gesa.koeberle@tomorrows.biz

C. Rommel
E-Mail: catherine.rommel@tomorrows.biz

J. Kraiss
Cooning GmbH, Urbach, Deutschland
E-Mail: jens.kraiss@cooning.de

© Springer-Verlag GmbH Deutschland, ein Teil von Springer Nature 2019
A. Hildebrandt und W. Landhäußer (Hrsg.), *CSR und Energiewirtschaft*,
Management-Reihe Corporate Social Responsibility,
https://doi.org/10.1007/978-3-662-59653-1_31

1.2   Was macht menschliche Energie aus?

Zum einen gibt es natürlich die rein physikalische Verbrennung von Stoffen und Erzeugung von Energie (und gleich mehrerer Energiearten wie kybernetische, thermische, elektrische Energie et al.) – und zwar schadstoffarm. Ausscheidungsprodukte, CO_2-Austritt und Partikelabrieb/Haarausfall sind gegenüber vergleichbaren Bio-Batterien bis jetzt unbestritten effizient. Zum anderen entsteht Energie durch die Erzeugung von geistigen Verarbeitungsprozessen in einem neuralen Computer mit unglaublich vielen Verschaltungsmöglichkeiten, die bisher von keinem Rechner nachgebildet werden können. Energie entsteht auch durch seelische Kraft, die uns Werte und Richtung gibt, damit wir Ziele und Visionen formulieren und diese leben und einen Sinn in unserem Tun und Leben erkennen können.

Interessanterweise müssen die menschlichen Bio-Batterien von den Robotern in der Matrix durch eine Kopie des realen Lebens quasi beschäftigt werden, um eine Revolution zu verhindern[1].

1.3   Kommen wir zu unserer Realität

Wir erleben so viele und schnelle Veränderungen wie noch keine Generation vor uns: Technologieschübe, mediale Brüche, Kulturrevolutionen, Klimaverschiebungen, Währungsreformen, Globalisierung und tausend weitere.

Die körperliche Energieaufwendung reduziert sich in den industrialisierten Ländern durch vermehrten Roboter-/Maschinen- und Computereinsatz stetig. Die Entwicklung geht in Richtung Fabrik 4.0[2]. Herbert Henzler, langjähriger Frontmann von McKinsey in Deutschland und Honorarprofessor für Strategie- und Organisationsberatung an der Universität München, postulierte das weitere Abnehmen der körperlichen Arbeit

---

[1]Zitiert aus https://de.wikipedia.org/wiki/Matrix_(Film): „Nach einiger Zeit erzählt ihm Morpheus den Hintergrund der aktuellen Lage: Die Menschheit verlor vor langer Zeit, vermutlich zu Beginn des 21. Jahrhunderts, einen Krieg gegen von ihr selbst erschaffene Maschinen mit künstlicher Intelligenz. Gegen Ende des Krieges verdunkelten die Menschen den Himmel, um die Maschinen an der Sonnenenergiegewinnung zu hindern und so auszuschalten. Die Maschinen reagierten jedoch, indem sie menschliche Körper zur Energiegewinnung nutzen, und entwickelten die Computersimulation der Matrix, um die bewusstlosen Menschen unter Kontrolle zu halten. Ernährt werden diese unter anderem mit den aufgelösten Leichen der Verstorbenen. Die Agenten in der Matrix sind Schutzprogramme, die gegen menschliche Revolutionäre wie Morpheus und Trinity vorgehen, die sich durch Telefonleitungen in die Matrix hacken, um Menschen zu befreien. Dies ist gefährlich, da man, sofern man in der Matrix zu sterben glaubt, auch in Wirklichkeit stirbt. Laut Morpheus handelt es sich bei Neo um den ‚Auserwählten‘, der laut des ominösen Orakels die Matrix bezwingen wird.“

[2]Die Produktionstechnik als Innovationsmotor für Deutschland, Fraunhofer Institut www.fraunhofer.de, http://www.fraunhofer.de/de/forschungsfelder/fraunhofer-eitprojekte/e3-produktion.html.

und der Arbeiten, die durch intelligente Rechner übernommen werden, so: „Wir haben heute noch viele Jobs, die so strukturiert sind, dass wir sie nicht werden retten können[3]." Gleichzeitig gibt es Berechnungen, dass ein höherer Anteil an (nicht-körperlichen) Arbeitsplätzen für Ingenieure entstehen werden[4].

Parallel steigt der geistig-seelische Energiebedarf den wir haben, um unsere tägliche Arbeit zu bewältigen, stark und ständig an. Beim Lesen der Wochenendbeilage unserer Tageszeitung nehmen wir die gleiche Menge schriftlicher Informationen auf, die einem Menschen im Mittelalter in seiner gesamten Lebenszeit zur Verfügung stand. Kurz, unsere Gegenwart ist vielfältiger und wesentlich komplexer geworden. Aber wie gehen wir damit um?

1.4   Was hat sich verändert?

Im Gegensatz zur rasanten technologischen und Umfeld-Entwicklung sind wir evolutionsbiologisch körperlich-mental noch in der Steinzeit unterwegs. Unser Körper unterscheidet sich nicht wesentlich von dem unserer Vorfahren vor hunderttausenden von Jahren[5].

Anfangs körperbetont aber clever. Der „Homo sapiens" hat in seinen Zellen noch immer zwei Programme aktiv, die sein Überleben gewährleistet haben: Bewegungseinsparung um unnötigen Energieeinsatz zu vermeiden und Risikovermeidung. Das, was lange sinnvoll war, degradiert uns heute zum Sofa-Tiger in unserer Komfortzone, denn Unbekanntes bedeutet Gefahr, wir bleiben gerne sitzen und setzen Polster an. Diese biologischen Prinzipien hatten aber einen berechtigten Hintergrund.

Jede Herausforderung bringt einen Adrenalinausstoß mit sich; in Zeiten der Jäger und Sammler eine für das Überleben notwendige Aktivierung, um das Mammut zu jagen oder dem Säbelzahntiger zu entkommen. Heute allerdings wird der mehrmalige tägliche Kick, zum Beispiel die morgendliche Autofahrt, oder wenn der Chef durchs Büro ruft, „Meeeier, wo sind die Unterlagen??!!" nicht mehr durch Bewegung abgebaut, denn das Adrenalin durchflutet weiter die Adern. Ein ständiger Überreizungszustand mit den unangenehmen körperlichen und seelischen Folgeerkrankungen des von Multitasking,

---

[3]Herbert Henzler im Focus Online Interview „Roboter machen Arbeitsplätze überflüssig", erschienen am Montag, 19.01.2015, 13:21 von FOCUS-Online-Redakteur Markus Voss www.focus.de/finanzen/karriere/berufsleben/roboter-uebernehmen-jobs-ex-mckinsey-chef-henzler-wir-werden-viele-jobs-nicht-retten-koennen_id_4413720.html/.

[4]https://www.zeit.de/campus/2017/06/industrie-4–0-maschinen-robotor-arbeitsplatz,   490.000 Arbeitsplätze an Maschinen gehen verloren, 430.000 neue Stellen für hochqualifizierte Ingenieure werden entstehen.

[5]Jeder, der die Diskussion über die Gewichtszunahme und körperliche Degeneration unseres Skeletts und Muskulatur kennt, weiß, dass wir für einen pfleglichen Umgang mit uns selbst ein ständiges bewusstes Ernährungs- und Bewegungsprogramm brauchen.

tausend Projekten gleichzeitig und ständigen Unterbrechungen geplagten modernen Büro-Menschen ist die Folge, die Reste der Abbauprodukte können Blutgefäße und Organe schädigen.

Leider ist der von uns jeden Tag erneut erzeugte Stress meist nicht der fröhlich machende, motivierende Eustress, sondern sein dunkler Bruder Dysstress. Unser Vorfahr, der Savannenmensch, lief täglich auf der Jagd nach Nahrung bis zu 40 km. Dies hat er nur auf sich genommen, da er keinen fahrbaren Untersatz zum Supermarkt vor der Haustür hatte. Dadurch war aber auch das Adrenalin abgebaut. Fakt ist, dass wir den entstehenden Stress nicht durch Bewegung und Leisure-Time abbauen. Die Folgen sind körperliche und seelische Erkrankungen wie Burn-out und Depressionen: In Deutschland war 2014 der höchste Burn-out-Stand aller Zeiten erreicht, seitdem wird das hohe Niveau weiter gehalten.

2   Warum gibt es eine immer größere Unzufriedenheit?

Was raubt uns die Energie für ein ausgeglichenes Leben? Neben den bereits genannten Energiekillern leiden wir unter einer steten medialen Überflutung und Zunahme des Arbeitsdrucks. Internationalisierung, Globalisierung, Technologisierung und Ökonomisierung, die Versprechungen größeren Wissens und Unterstützung durch Technikeinsatz entpuppen sich als Danaer-Geschenke[6] und fordern ihren Tribut. Perfide zwingen uns die komplexen Arbeitsbedingen neue Mühlen auf. Der Zeitphänomenforscher Hartmut Rosa verwendet hier das Bild einer nach unten führenden Rolltreppe und des ständig nach oben laufenden Menschen, der nie stehen bleiben oder sich ausruhen darf, da er sonst sofort wieder nach unten getragen wird („Slippery-Slope-Phänomen"). Sobald er inne hält, erfährt er einen Nachteil durch die sich laufend ergebenen Änderungen in der Außenwelt, die er nicht mehr aufholen kann, es gibt für ihn keine Steuerungsmöglichkeiten mehr, da sich das Tempo der Beschleunigung verselbstständigt hat.[7]

Es gibt keine klare Trennung mehr zwischen Arbeitszeit und Privatzeit. Durch die rasante technische Entwicklung und die einhergehende Einsparungswelle sind von fünf Mitarbeitern heute oft nur noch zwei oder gar einer übrig. Diese bearbeiten aber nicht die bisherige, gleiche Menge an Aufgaben, sondern oft eine noch größere!

„Information overflow" und die Vorstellung, permanent erreichbar und informiert sein zu müssen (die TV-Nutzung liegt bei über vier Stunden am Tag, zusätzlich kommt noch Radio, Internet, Chats, Computerspiele etc. dazu, so das die Mediengesamtnutzung bei über 9 h in 2018 lag! Vaunet Mediennutzungsanalyse Mediennutzung in Deutschland 2018), erzeugen steten Druck und häufig ein Gefühl der Unzulänglichkeit.

---

[6]„Timeo Danaos et donas ferrentes!" Ich fürchte die Danaer, denn sie bringen Geschenke, Vergil, Aeneis Buch 22, Vers 48.

[7]siehe Hartmut Rosa Seite 14.

Der Informationsfluss verdoppelt sich mittlerweile nicht mehr alle vier sondern heute ca. alle zwanzig Monate[8], d. h. heute 50 Emails in der inbox, übermorgen 100 Stück zum Bearbeiten, parallel zu einer Zunahme an Unterbrechungen und Perfektionismus. Wissen hat je nach Fachgebiet eine Halbwertszeit von 2 bis 5 Jahren (das heißt im Bereich Medizin wird das Wissen alle 10 Jahre komplett überholt). Der Beruf der einmal erlernt wurde, existiert möglicherweise ein paar Jahre später nicht mehr. Lebenslanges Lernen ist gefordert, die Unsicherheit grassiert, da einmal Gelerntes nicht mehr trägt bzw. erlernte Lösungsstrategien nicht mehr passen und der Wegfall repetitiver Tätigkeiten führt dazu, dass Mitarbeiter ihren Kompetenzrahmen ausweiten und stärker Verantwortung übernehmen müssen. Die Schere zwischen moderner Arbeitswelt und den biologischen und mentalen Ansprüchen unseres Selbst geht immer weiter auseinander.

Als Antwort auf die geschilderten Verschlechterungen in der Arbeitswelt müsste Führung heute viel besser greifen als früher. Aber ist dies so? Führungskräfte sind von den beschriebenen Entwicklungen oft selbst überfordert. Gerne überschätzen sie sich, fast 100 % halten sich für gute oder sogar sehr gute Vorgesetzte, die in dieser Rolle von ihren Mitarbeitern in hohem Maße anerkannt sind (den gleichen Effekt der Selbstüberschätzung kennen wir bei den Autofahrern). Die Realität sieht anders aus. Die letzte Gallup-Studie spricht von 71 % der Deutschen, die „Dienst nach Vorschrift" machen, 14 % haben „innerlich gekündigt" und nur 15 % sind wirklich motiviert[9].

Seit Jahren steigen die Krankschreibungen und Frühverrentungen wegen psychischer Störungen[10]. Aus dem Gesundheitsreport der Techniker Krankenkasse 2013 geht hervor, dass die Menschen am längsten wegen Depressionen bei der Arbeit fehlen. Die psychischen Krankheiten tragen zu knapp 7,5 % aller Fehltage bei. Leider scheint parallel zu den Herausforderungen die Qualität und Quantität von Führung abzunehmen. Laut

---

[8]2016: ca. 215 Mrd. E-Mails pro Tag weltweit, heute mehr als 281 Mrd. Die Prognose lag für 2020 bei 247 Mrd. d. h. hier existiert ein exponentielles Wachstum (Marktforschungsunternehmen The Radicati Group).

[9]Gallup Studien 2012 bis 2018. Auszug aus der Pressemitteilung zum Gallup Engagement Index 2018: „Über fünf Millionen Arbeitnehmer (14 %) haben bereits innerlich gekündigt und besitzen keine Bindung zum Unternehmen, Schlechte Chefs kosten die deutsche Volkswirtschaft bis zu 103 Mrd. €. Neben dem Verhalten der direkten Führungskraft, die den Grad der Mitarbeiterbindung beeinflusst, entscheidet die Kultur, wie schnell Unternehmen sich auf veränderte Rahmenbedingungen einstellen Neue Indikatoren: Agilität erhöht sich durch mehr Handlungsspielraum, größere Eigenständigkeit, bessere Zusammenarbeit und Mut für Neues".

[10]Arbeitsunfähigkeitstage aufgrund von Burn-out-Erkrankungen in Deutschland (2004 bis 2015) (Quelle: Axel Springer (17.07.2017), https://de.statista.com).

DAK Krankenkasse: Jede achte Krankschreibung hat einen arbeitspsychologischen Hintergrund, Anstieg um 74 % seit 2006. Arbeitsausfälle und Berufsunfähigkeit aufgrund psychischer Erkrankungen nehmen zu. Krankheitskosten für psychische Störungen betragen derzeit mehr als 28 Mrd. € pro Jahr in Deutschland.

Kelly Global Workforce Index[11] behaupten nur 37 % der Arbeitnehmer weltweit, dass ihr Chef gute Arbeit leistet und 45 % fühlen sich für zukünftige Erfolge nicht gut vorbereitet. Die beste Bewertung erhielten Chefs in Nord- und Südamerika. Dort würde man den Chef am ehesten weiterempfehlen. In Europa, im mittleren Osten und Afrika fällt die Bewertung der Chefs am schlechtesten aus, weil man weitgehend davon überzeugt ist, dass Leistungen nicht anerkannt werden. Deutsche Manager erhalten im Durchschnitt eine „vier" als Note!

Betrachten wir Führungsfehler wie Überforderung, fehlende Wertschätzung und unangemessene Kontrolle, die alle als Motivationskiller wirken und nach einigen Wochen und Monaten zu Dauerstress und Dauerfrustration führen. Die Große Sozialstudie 2013 in Deutschland spricht von 49 Mio. Krankheitstagen in dieser Rubrik für das Jahr 2012 mit stark steigender Tendenz. Die Gallup-Studie 2018 führt volkswirtschaftliche Kosten aufgrund innerer Kündigung von bis zu 103 Mrd. € jährlich auf. Die Fluktuationskosten liegen in der gleichen Größenordnung. Beide Werte gelten als konservativ angesetzt. Schlecht umgesetzte Projekte dürften nochmals für 150 bis 200 Mrd. €[12] in Deutschland pro Jahr verantwortlich sein[13].

Betrachten wir die gesamten volkswirtschaftlichen Schäden einschließlich der betriebswirtschaftlichen, welche durch Führungsfehler verursacht werden, dann sprechen wir über einen Betrag im dreistelligen Milliardenbereich (Euro) für Deutschland pro Jahr. Grob überschlägig müssen wir mit einem Wert oberhalb von 400 Mrd. € rechnen.

3   Wie könnte diese fatale Entwicklung aufgefangen werden?

Führung ist heute wichtiger denn je (Führung im Sinne von Vorangehen, Licht ins Dunkel bringen, Türen öffnen). Führung ist umso wichtiger, je mehr Alternativen zur Verfügung stehen. Leider sind sich viele Führungskräfte ihrer Verantwortung nicht bewusst, sie wissen nicht was sie tun, wenn sie es nicht machen. Analog zu „es gibt keine Nicht-Kommunikation" von Watzlawick gibt es auch „keine Nicht-Führung". Durch das entstehende Vakuum, das Nicht-Führen, findet eben auch Führung statt. Führungsmodelle von früher

[11]Der Kelly Global Workforce Index 2011 misst die Zufriedenheit von Mitarbeitern mit ihrem Chef. 97.000 Menschen aus 30 Ländern weltweit, rund 2200 in Deutschland. Auf einer Punkteskala von 10 wurden die Vorgesetzten im Durchschnitt mit 6,4 bewertet, Deutschlands Arbeitnehmer geben ihren Vorgesetzten im Durchschnitt gerade einmal ein „ausreichend". Der Grund für das schlechte Zeugnis: Vorgesetzte erkennen den Einsatz ihrer Mitarbeiter zu wenig an und unterstützen diese nur unzureichend bei den anstehenden Herausforderungen.

[12]„Deutschlands Projekte vernichten jährlich 150 Mrd. €" – Schätzung von 2004, Prof. Dr. Manfred Gröger.

[13]Towers Watson, Global Workforce Study 2012. 32.000 Mitarbeiter aus 28 Länder, darunter 1000 aus Deutschland: Nur 39 % haben Vertrauen in die Unternehmensleitung.

wie Patriarchat oder Autokratischer Stil können auf moderne Formen der Arbeitswelt nicht mehr angewendet werden.

Betriebswirtschaftlich ist eigentlich klar, dass, reduzieren wir einmal den Menschen auf den Begriff Produktivkraft, Führung besser werden muss, um den meist teuersten Input so zu behandeln und zu pflegen, dass das menschliche Kapital reiche Zinsen trägt. Zu diesem Return on Investment-Effekt existieren zahllose Belege in Arbeitswelt, Forschung und Literatur.

Zu den Eigenschaften, die gute Führung ausmachen, zählen der Führungsstil, die Vision des Chefs, dessen Kommunikationsfähigkeit und Anregung zur Teamarbeit. Am Arbeitsplatz wird vor allem ein ansprechendes Umfeld geschätzt, gefolgt von der Tätigkeit selbst und den Möglichkeiten zur Weiterbildung.

4 Anforderungen an Führung

4.1 Warum ist Führung so schwierig?

Neben der oft nicht vorhandenen Zielklarheit und mangelnder Unterstützung der Unternehmensleitung, haben die meisten nie gelernt zu führen, es hat keiner in die Wiege gelegt bekommen. Dabei ist Führung zu 80 % Handwerkszeug und der Rest Menschenliebe, Inspiration, Gabe, Leidenschaft. Das Handwerkszeug ist erlernbar.

Gute Führung trägt dazu bei, die oben erwähnten riesigen volkswirtschaftlichen Schäden zu verhindern, bringt Erfolg für Unternehmen, Mitarbeiter und Gesellschaft und kann vieles auffangen von Mobbingprävention bis Zielfindung.

4.2 Wie ist Führung erlernbar?

Nur wenige werden als gute Führungskräfte geboren. Und viele werden zu Führungskräften, weil sie einfach zur rechten Zeit am rechten Ort waren (oder zur falschen Zeit am falschen Ort). Wenn man erst einmal Führungskraft ist, dann erwartet das Umfeld auf einmal, dass man nun alles weiß. Und wie schwierig ist es, die Hand zu heben, wenn man etwas eben (noch) nicht weiß. Das kann vermutlich jeder problemlos nachvollziehen. Wer aber anerkennt, dass Führung erlernt werden kann und auch erlernt werden sollte, der kann viel dazu beitragen, eine gute Führungskraft zu werden.

Der Wunsch, eine gute Führungskraft zu werden, durch Vorbild, Abschauen, durch Korrigieren der eigenen Ansätze, durch Nachfragen, ist dafür die Voraussetzung. Neben gezielten Weiterbildungsprogrammen für Führungskräfte und Handbüchern zum Thema Führung ist ein Training-on-the-job unabdingbar auf dem Weg zur guten Führungskraft. Dieses Training kann sowohl von einem externen Coach als auch von einem Mentor aus dem eigenen Kollegenkreis begleitet werden. Und sollte, wenn möglich, eine Führungskraft dauerhaft begleiten.

Interessant ist, dass Unternehmen viel in die Weiterbildung ihrer Mitarbeiter investieren, aber wenig in die gezielte Weiterbildung ihrer Führungskräfte.

4.2.1 Online Business Coaching als effiziente Entwicklungsmaßnahme

Der Trend zum Online Coaching hat sich in den letzten zwei Jahren deutlich verstärkt. Die Digitalisierung hält Einzug in eine Branche, die lange Zeit analog geprägt war. Das liegt auch und insbesondere daran, dass es nun technisch stabile und wirklich nutzbare digitale Tools gibt und sich gezeigt hat, dass professionelles Coaching eine weit höhere Wirkung hat als klassische Weiterbildungsmaßnahmen. Daher wird Online Coaching insbesondere zur Steigerung des Transfers in den Alltag in Blended Learning Maßnahmen eingebunden. Gerade für Führungskräfte, die wenig Zeit haben, viel unterwegs sind, keine Fahrzeiten wünschen oder in der gewohnten Umgebung bleiben wollen ist Online Business Coaching eine gute Option, um sich und damit auch das Unternehmen voranzubringen.

1. **Wie funktioniert Online Coaching und was sind die Vorteile?**

   Online Coaching ist die vollständige digitale Begleitung der Führungskraft. Der Kunde und der Coach begegnen sich quasi nicht face-to-face, sondern online. Bei einem Blended Coaching Ansatz dagegen findet eine Mischung zwischen Online Coaching und Präsenz-Coaching statt. Online Coaching findet dabei mit einer Video-/Audiosoftware oder einem geschriebenen Chat statt. Eine Kombination daraus ergibt Sinn.

   Online Business Coaching steht methodisch dem Präsenz Coaching in nichts nach. Durch die Anwendung von Funktionen wie z. B. Whiteboards, Bildschirmteilung, Chat oder Dokumententeilung bietet es genauso gute methodische Möglichkeiten wie beim Präsenz Coaching.

   Die Vorteile von Online Coaching liegen auf der Hand. Beginnen wir mit den harten Fakten. Online Coaching ist 35 % kosteneffizienter als Präsenz-Coaching. Der weitere große Vorteil ist die ortsunabhängige Durchführung. Quasi zu jeder Zeit an jedem Ort der Welt – anywhere, anytime. Die große Herausforderung, die Online Coaching löst, ist den TOP Coach aus Hamburg mit einer Führungskraft in München einfach zu verbinden. Weiter ist Online Coaching deutlich leichter in den Alltag zu integrieren. Das geht in der Mittagspause, früh morgens oder spät abends.

2. **Wann ist Online Coaching für Führungskräfte sinnvoll?**

   Bei der Frage nach der Sinnhaftigkeit stellt sich zuerst immer die Frage nach dem Ziel. Was soll erreicht werden? Wo drückt der Schuh?

   Dabei gilt es zunächst nach drei Formen zu unterscheiden, die eine erste Eingrenzung zulassen: handelt es sich um Sparring, Beratung oder Coaching? Oftmals werden aus unserer Erfahrung heraus alle drei Formen unter dem Begriff Coaching gleichgesetzt. Inhaltlich und von der Qualifikation des Gegenübers unterscheiden sie sich jedoch wesentlich.

- Beim Sparring steht der Sparringspartner, mit dem ich mich beispielsweise auf Augenhöhe zu meinem Anliegen austauschen möchte im Vordergrund. Das kann auch der erfahrene Kollege, ohne eine spezielle Ausbildung, sein.
- Suche ich eine Beratung zu einem konkreten Thema, bedarf es dagegen eines Experten für das Thema.
- Der Coach dagegen ermöglicht das Erkennen von persönlichen Mustern oder Ursachen und dient zur Identifikation und Lösung eines Ziels. Der Kunde lernt so seine Ziele eigenständig zu lösen, sein Verhalten oder seine Einstellungen weiterzuentwickeln und effektive Ergebnisse zu erreichen. Ein Merkmal des professionellen Coachings ist die Förderung des Bewusstseins, der Selbstreflexion und -wahrnehmung. Coaching erzielt durch diese Vorgehensweise eine extrem hohe Nachhaltigkeit und Effektivität. Profundes Coaching fördert dabei Unbewusstes zutage und öffnet neue Perspektiven. Klassische Themen sind Führungsthemen, Kommunikation, Feedbackgespräche, Konflikte, Stress-/Zeitmanagement.
Es ist nicht ausgeschlossen, dass der Coach auch die Rolle des Sparringspartners oder des Beraters einnimmt. Das hängt stark von seinem Background ab.
- Coaching ist auch dann sinnvoll, wenn es einer intensiven Eins zu eins Begleitung bedarf. Bestimmte Themen möchte man einfach nicht in der Gruppe (kollegiale Fallberatung) besprechen. Gerade bei komplexen Führungsthemen bietet sich Coaching als effiziente Weiterbildungsmaßnahme an.

3. **Was macht Online Coaching erfolgreich?**

Im Online Coaching wird man vom virtuellen Gegenüber weniger wahrgenommen. Emotionen, Beobachtungen, Hinweise, die wir sonst non-verbal oder unbewusst geben, müssen expliziter gemacht und gezeigt bzw. direkt angesprochen oder eingefordert werden.

Dies bedeutet sowohl für den Kunden als auch Coach beispielsweise klar, deutlich, ruhig, nicht zu laut oder zu leise zu sprechen. Dabei in Bildern zu sprechen und Beispiele zu nutzen erleichtert das Explizit-Machen von Inhalten. Zur Klarstellung von Sachverhalten ist es wichtig, Rückfragen zu stellen und zu wiederholen. Es hilft auch ein verstärktes Visualisieren und Nutzen von Metaphern.

Wichtig ist auch Gefühle, Emotionen und Körperreaktionen auszusprechen. Das hört sich komplizierter an als es ist. Die Erfahrung zeigt, dass jemand nach zwei Sessions z. B. die Kamera nicht mehr wahrnimmt. Ein qualifizierter Online Coach kann dies gut steuern.

Online Coaching ist damit eine sehr gute Alternative, sich persönlich schnell und effizient weiterzuentwickeln. Wichtig ist jedoch vorab in sich zu gehen und heraus zu finden, ob man sich online auch wohl fühlt.

Die folgenden Zahlen helfen dabei dies für sich einzuordnen.

- 93 % der Klienten sind nach dem ersten Online Coaching weitgehend bis vollkommen zufrieden. Vor dem Online Coaching waren 62 % eher skeptisch.
- 86 % sind nach der virtuellen Erfahrung, was den Aufbau einer vertrauensvollen Beziehung mit dem Coach betrifft, vollkommen und weitgehend zufrieden. Vor der virtuellen Erfahrung waren 50 % eher skeptisch und sehr skeptisch.
- 81 % Zufriedenheit erhält Online Coaching bei der persönlichen Entwicklung 12 Monate nach dem Coaching.

4.3 Was macht eine gute Führungskraft anders?

Der Kern der Tätigkeit einer Führungskraft ist das Vorangehen, das Aufzeigen des Wegs oder auch Licht ins Dunkel zu bringen, also die Übernahme von Verantwortung für einen bestimmten Teilbereich im Unternehmen.

Um einen vorgegebenen Weg zu gehen, braucht es eine funktionsfähige Struktur. Es liegt in der Verantwortung der Führungskraft, diese zu geben. Dabei kennen wir fünf Gebiete: Zielsetzung und Zielerreichung, Organisation und Kontrolle, das Einsetzen der richtigen Werkzeuge, das Vorgeben und Vorleben von Werten & Grundsätzen und sich immer wieder selbst infrage stellen.

4.4 Führung im digitalen Zeitalter

Die digitale Transformation ist seit einigen Jahren voll im Gange. Die Digitalisierung hat dabei erheblichen Einfluss auf die Gesellschaft, Märkte, Kunden, Wettbewerb oder Arbeit. Die Treiber der digitalen Transformation wie beispielsweise künstliche Intelligenz, Big Data, Vernetzung von Menschen und Gegenständen oder digitale Geschäftsmodelle, die leicht weltweit skalierbar sind, beschleunigen diese Veränderung maßgeblich und rasant mit.

Dabei sollte man nicht unterschätzen wie diese Veränderungen sich auf die gesellschaftliche Entwicklung auswirken. Es ist ein Wertewandel erkennbar und die Art und Weise unserer Kommunikation verändert sich rapide. Was beispielsweise in der Gesellschaft diskutiert wird, hängt nicht mehr an institutionellen Meinungsbildenden wie Politikern oder Journalisten, sondern kann über Soziale Netzwerke aus der Gesellschaft heraus sehr schnell entstehen.

In diesen Entwicklungen und Veränderungen finden sich heute Führungskräfte wieder. Was heißt das für mich als Führungskraft? Welche Fähigkeiten sind dabei gefordert?

Zunächst spricht man von einer „VUCA-World" als Rahmenbedingung unter der heute Führung stattfindet. Das V steht dabei für „Volatility" und damit für häufige Veränderungen und rasante Entwicklungen. Die Anforderung an die Führungskräfte ist die Fähigkeit sich unterschiedliche Optionen offen zu halten und dann schnell und flexibel zu agieren. Die Fähigkeit sich dabei schnell neuen Erfordernissen und Gegebenheiten (Anpassungsfähigkeit) anzupassen hilft. U steht für „Uncertainty" und damit für viele unklare Situationen im Arbeitsalltag und hohe Unsicherheit im Entscheidungsverhalten oder der Vorgehensweise. Das bedeutet für Führungskräfte besonders gut die Flut an Informationen zu bewältigen. Insbesondere relevante von irrelevanten Informationen voneinander zu unterscheiden und diese gut zu strukturieren. Der Umgang mit Unsicherheiten erfordert dabei nicht nur seine Arbeitsweisen zu überdenken, sondern auch die psychische Stabilität zu erhalten. Resilienz zeigen ist dabei eine wichtige Anforderung an Führungskräfte. C bedeutet „Complexity" und steht für Komplexität und Vielschichtigkeit bei Problemstellungen. Dabei gilt es für Führungskräfte Komplexität durch gegenseitiges Vertrauen, einer klaren gemeinsamen Vision, Werte, Ziele und Grundregeln zu reduzieren. Zudem ist die Schaffung von guten funktionierenden internen Netzwerken ein Filter zur Komplexitätsreduzierung. Kurz die Kollegin anrufen und gemeinsam die Herausforderung zu betrachten kann den Umgang mit einer komplexen Situation schnell vereinfachen. Unter dem A wie „Ambiguity" steht Ambivalenz und Mehrdeutigkeit. Das sind Situationen mit unklaren Ursachen-Wirkungs-Beziehungen. Damit umzugehen erfordert die Fähigkeit Hypothesen aufzustellen, zu testen und aus Fehlern schnell zu lernen. Dies ist auch der Hintergrund weshalb Unternehmen aktuell den Ansatz des agilen Arbeitens in den Vordergrund rücken. Damit soll es gelingen, schnell diese Ursachen-Wirkungs-Beziehungen zu verstehen und dann darauf zu reagieren.

Aus der beschriebenen Situation ergeben sich veränderte Erwartungen an Führung.

Im Grundsatz ist ein flexibleres Vorgehen und schnelleres Agieren notwendig (agile Führung). Es erfordert einen deutlich höheren partizipativen Führungsstil. D. h. Führungskräfte sind nicht allwissend und Führung muss mehr verteilt werden. Es sollte gelingen einen Rahmen zu schaffen in dem sich die Mitarbeiter entfalten können (Mitarbeiter können intrinsische Motivation und spezifische Fähigkeiten deutlich besser einbringen). Die Steuerung von Fachthemen kann dabei der sozialen Selbststeuerung von Teams („Self Organised Teams") überlassen werden. Damit werden die Entscheidungsfähigkeit und Macht verstärkt auf Teams und Projektgruppen verlagert. Das ist ein Paradigmenwechsel in deutschen Unternehmen. Weiter ist Offenheit eine wichtige Fähigkeit, um in der VUCA-World gut zu führen. Die Führungskraft sollte offen kommunizieren, noch verstärkter als bisher offenes Feedback geben und selbst offen für Kritik sein. Zudem spielt eine hohe Medienkompetenz eine bedeutende Rolle. Ein Team ausschließlich über Telefonate, Videokonferenzen, Chat, Mails zu führen, erfordert hierbei ganz besondere Anforderungen z. B. an Kommunikation, Story-Telling oder Medienkompetenz.

Wichtig dabei ist jedoch nicht alle bisherigen traditionellen Managementansätze über Bord zu werfen. Eine Ausgewogenheit und ein gesunder Umgang damit ist wichtig. Weiterhin Managementansätze, die auf Effizienz und Exzellenz ausgerichtet sind, mit einzubeziehen ist genauso wichtig wie Fähigkeiten, die Innovation und Geschwindigkeit berücksichtigen. In diesem Fall spricht man heutzutage von der „Beidhändigkeit der Führung". Daraus ergibt sich die Fähigkeit von Führungskräften dieses Pendel individuell und spezifisch für seine Organisation und Mitarbeiter ausgeglichen zu halten. Aktuell versuchen Unternehmen auch eine Kombination einzuführen und bestimme Betriebsteile in agiler Form zu organisieren und andere Bereiche in regulärer Art.

4.5   Grundlagen wirksamer Führung

1. *Ziele und Zielerreichung:* Wer das Ziel nicht kennt oder einfach so vor sich hin-
   arbeitet, bringt in der Regel nur durch Zufallstreffer etwas hervor. Wer sich mit
   der Machete durch den Dschungel hackt, um zur nächsten Straße zu gelangen,
   tut gut daran auf einen hohen Baum zu steigen und nach dem nächsten Ziel, einer
   Straße oder einem Dorf, Ausschau zu halten. Wenn der Mitarbeiter den Auftrag
   erhält, einen Brief zu schreiben, macht es einen erheblichen Unterschied, ob es ein
   Liebesbrief oder ein Schreiben ans Finanzamt wird. Mitarbeiter benötigen klare
   Ziele und sie benötigen ein klares Verständnis, welche Rolle ihnen bei der Zielerreichung zukommt. Eine Führungskraft muss also Ziele vorgeben und auch die
   Zielerreichung überprüfen (also „Führung durch Zielvorgaben", „Management by
   objectives", kurz MbO).

MbO als Grundsatz von Zielvereinbarung und Anreizsystem geht zwingend mit einer
hohen Umsetzungs- und Resultate-Orientierung in der Führung einher. Speziell von den
operativen Führungskräften wird das Erreichen von Ergebnissen erwartet und nicht in
erster Linie die Diagnose von Problemen oder das Erstellen von Konzepten.

2. *Organisation & Kontrolle:* Es ist Aufgabe der Führungskraft für eine klare und
   effektive Organisation zu sorgen. Diese Aufgabe ist nicht delegierbar. In jeder Organisation stehen täglich Entscheidungen an. Viele davon müssen von den Führungskräften selbst getroffen werden. Insbesondere in komplexen Situationen fällt es
   Führungskräften jedoch oft nicht leicht Entscheidungen zu treffen. Dies wird dadurch
   erschwert, dass niemals alle für eine Entscheidung relevanten Informationen vor-
   liegen und dadurch die Chance, dass eine Entscheidung falsch ist, natürlich gegeben
   ist. Dennoch muss entschieden werden und es ist insbesondere bei herausfordernden
   Entscheidungen äußerst sinnvoll Mitarbeiter einzubeziehen und deren Meinung einzuholen, um darauf aufbauend eine möglichst ausgewogene Entscheidung zu treffen.
   Keine Entscheidungen zu treffen ist eine der häufigsten Vorwürfe, die Mitarbeiter
   über ihre Vorgesetzten haben. Von der Energie, die in einem Entscheidungsvakuum
   entsteht, wollen wir einmal gar nicht sprechen.

Entscheidungen spielen immer dann eine Rolle, wenn etwas anders gemacht werden
muss, als eigentlich geplant und/oder zwischen verschiedenen möglichen Optionen entschieden werden muss. Je frühzeitiger man an einer Entscheidung arbeiten kann, umso
mehr Zeit verbleibt alle dafür notwendigen Informationen zusammenzutragen. Dies
gelingt nur dann, wenn die Organisation und alle damit verbundenen Handlungen regelmäßig überprüft und anhand der richtigen Kennzahlen kontrolliert werden. Es ist Aufgabe der Führungskraft, die richtigen Kennzahlen und Kontrollzyklen für den jeweiligen
Verantwortungsbereich zu definieren und zu implementieren.

3. *Werkzeuge:* sind u. a. Sitzungen, Besprechungen und Stellenbeschreibungen. Neben Teamsitzungen sind auch Einzelgespräche mit den direkten Mitarbeitern unbedingt notwendig. Eine häufige Quelle für Demotivation und Konfusion in Organisationen ist nämlich die unklare oder fehlende Beschreibung der Aufgabe, sowie der Kompetenz der Führungskräfte und deren Mitarbeiter.

Nur wer genau weiß, was von ihm erwartet wird, kann auch tatsächlich und effizient leisten. Dabei ist nichts so typisch für gutes Management, wie eine eigene, persönliche und durchdachte Arbeitsmethodik. Das größte Wissen, die höchste Intelligenz und die besten Begabungen liegen brach, wenn sie nicht durch eine methodische Arbeitsweise in Ergebnisse transformiert werden.

Das bedeutet nicht, dass alle effizienten Führungskräfte notwendigerweise dieselbe Arbeitsmethodik haben. Diese kann im Gegenteil oftmals grundverschieden sein. Aber alle arbeiten mit System im Hinblick auf ihr Zeitbudget, sowie die Sicherstellung der Qualität ihrer Tätigkeit. Damit aus guten Absichten gute Ergebnisse werden, sind Änderungen von Gewohnheiten in der persönlichen Arbeitsmethodik sowie im Umgang mit Ressourcen sinnvoll. Hier helfen einige bewährte Grundsätze:

- Konzentration auf die wichtigsten Prioritäten. Delegation oder Automatisierung von Routinearbeiten
- Optimieren der Selbstorganisation (Zeitmanagement, Regelkommunikation)
- Führung mit Agenden, Maßnahmen-, Check- und To-Do-Listen. Ständige Kontrolle unerledigter Aufgaben und kurzfristiges Einfordern der Abarbeitung von Defiziten
- Lessons learned: Lernen von guten Beispielen (intern und extern)
- Verantwortung für Verbesserung und Innovation

4. *Das Vorgeben und Vorleben von Werten und Grundsätzen:* Dabei wird unterschieden zwischen internen Grundsätzen: Welche Werte sind im Umgang zwischen Führungskraft und Mitarbeiter sowie zwischen Führungskräften einzuhalten? und externen Grundsätzen: welche Werte sind im Umgang zwischen Unternehmen und Externen (insbesondere Kunden) einzuhalten? Werte helfen Menschen sich zu orientieren und im Labyrinth Unternehmen zurechtzufinden. Dies gilt allerdings nur dann, wenn diese Werte konsequent und für alle gelten. Auch hier kommt insbesondere Führungskräften eine entscheidende Rolle zu – weil Werte sich nur dann etablieren können, wenn zuallererst die Führungskräfte eines Unternehmens sich daran orientieren. Gelebte Werte schaffen außerdem Sicherheit und ein echtes Zugehörigkeitsgefühl und das ist wiederum etwas, was vielen Menschen heute fehlt.

5. *Sich immer wieder selbst infrage stellen* gehört unbedingt in das Repertoire einer guten Führungskraft. Wenn niemand als Führungskraft geboren ist und auch niemand immer unfehlbar ist, dann sollte auch klar sein, dass sich jeder immerzu weiterentwickeln kann und darf.

Zunächst gehört zur Übernahme von Führungsverantwortung das Vorhandensein verschiedenster Kompetenzen. Dazu gehört Fach-, Methoden- und Sozialkompetenz, sowie organisatorische Klarheit des Zuständigkeitsbereichs und Weisungsbefugnis für die unterstellten Mitarbeiter. Die Weisungsbefugnis findet ihre Grenzen in den rechtlichen Vorgaben sowie den Führungsgrundsätzen.

Je nach Aufgaben müssen Kompetenzen weiterentwickelt und gefördert werden – auch oder insbesondere bei Führungskräften in den obersten Ebenen. Ein Defizit zuzugeben wird häufig noch als Schwäche ausgelegt, obwohl eben sehr viel Mut und Selbstsicherheit dazu gehört, sich seinen Schwachstellen zu widmen und offen an diesen zu arbeiten. Nur wer als Führungskraft „in sich ruht", sich trotz Unsicherheiten und mangelndem Know-hows jederzeit in der Lage sieht, das Ruder zu halten, nur der kann wiederum seine nächste Ebene sinnvoll führen und klar delegieren. Ansonsten entsteht ein Machtvakuum, und damit in der Regel Stillstand.

4.6   Menschen fördern und fordern

Alle genannten Bereiche sind wichtig. Für den langfristigen, nachhaltigen Unternehmenserfolg kommt der Förderung von Mitarbeitern jedoch die größte Bedeutung zu. Dabei sind Förderung und Entwicklung von Menschen nicht zu verwechseln mit Motivation.

Menschen zu fördern und zu fordern heißt zuallererst, sie nicht ändern zu wollen, sondern sie so zu nehmen, wie sie sind. Nämlich mit allen Stärken und Schwächen. Organisatorisch bedeutet das, dass Führungskräfte in erster Linie Stärken und Talente fördern. Dies kann am besten im Rahmen einer mittelfristig angelegten Entwicklungsplanung für jeden Mitarbeiter erfolgen. An dieser und an der Beurteilung des Mitarbeiters durch den Vorgesetzten orientieren sich dann die fachlichen und methodischen Qualifizierungen für jeden Mitarbeiter.

Führungskräfte sind Vertreter der Unternehmenskultur. Sie transportieren diese an die Mitarbeiter. So geben Sie z. B. eine Orientierung am Unternehmensleitbild und an der Unternehmenspolitik. Ihre Grundhaltung trägt auch zur Entwicklung von Einstellungen zu Gesundheit und Sicherheit der Mitarbeiter bei. Mitarbeiter orientieren sich am Verhalten von Führungskräften. Deshalb sollten Führungskräfte so handeln, wie sie es auch von anderen erwarten (Werte vorgeben und vorleben!). Das Gesundheits- und Sicherheitsverhalten von Mitarbeitern spiegelt oft das Verhalten der Führungskräfte wider. Als Mensch gehen wir in der Regel von unserem eigenen Weltbild, unseren Erfahrungen und Ansichten aus (Konstruktivismus), das Gegenüber hat aber andere Erfahrungen und Ansichten. Die herausragende und am meisten geforderte Disziplin einer Führungskraft ist Kommunikation, d. h. nicht nur die Abstrahierung, sondern das Einfühlen in die Situation des Gegenübers und das Abfragen des Standes, was der Mitarbeiter mitbekommen hat. Es ist bekannt, wie schnell das Gehirn abschaltet, wenn gesprochen wird. Bei

Anweisungen muss immer sichergestellt werden, dass das, was als Anweisung formuliert wurde auch so verstanden wird. Wie bereits erläutert, müssen regelmäßige Gespräche geführt werden. Mitarbeiter dürfen nicht im Unklaren gelassen werden, was ihre Rechte und Pflichten sind.

„Kommunikation ist das, was der andere versteht!"

Durch Delegation können Aufträge übergeben werden, das heißt die Führungskraft gibt das Ziel und die Zielerreichung vor, den Weg kann der Mitarbeiter bestimmen. Durch die Eigenverantwortung der Aufgabenerfüllung werden Mitarbeiter gestärkt und entwickelt. Auch dazu braucht es regelmäßige Kommunikation. Auch eine Fehler-toleranz ist notwendig, Mitarbeiter werden im Verlauf der eigenen Bearbeitung Fehler machen.

Viele Führungskräfte kommunizieren ungern, und dann oft nur indirekt. Das Risiko dabei missverstanden zu werden ist zu groß. Dabei ersetzt nichts den direkten Kontakt zum Mitarbeiter. In der Vergangenheit waren Chefs gezwungen, direkt und persönlich zu führen. Technische Möglichkeiten waren fast nicht gegeben. Kommunikation ist der Schlüssel für gute Führung. Nichts ist so effektiv wie die persönliche Verbindung: Reden statt Schreiben! Heute machen viele den Fehler per email zu kommunizieren, das ist die Schlechteste aller Varianten. Nur bei einem direkten Kontakt kann die Reaktion des anderen bemerkt, eigenes Verhalten korrigiert und auch durch nonverbale Signale die Kommunikation ergänzt werden.

Was zählt ist Unterstützung

Führungskräfte unterstützen aktiv die ihnen unterstellten Führungskräfte und Mitarbeiter bei deren Maßnahmen zur Erreichung der vereinbarten Ziele.

Ohne Anleitung geht vieles schief

Die Relevanz von Anleitung durch die Führungskraft zeigt sich in einer guten Führungs-kultur, z. B. an der Sicherstellung von Einarbeitungsplänen für alle neuen Mitarbeiter.

Eine klare Delegation schafft Sicherheit

Aufgabenübertragung, genau erklärt, das „Was" definieren, das „Wie" dem Mitarbeiter überlassen. Den Erfolg der Aufgabenerfüllung kontrollieren und nachjustieren.

Lob, Kritik und Feedback gehören zur Firmenkultur

Woher wissen Mitarbeiter, dass sie ihren Job gut erledigen? Nun, natürlich gibt es wirtschaftliche Erfolge, an denen klar nachzuvollziehen ist, ob eine Arbeitsleistung erfolgreich war oder nicht. Viel häufiger sind aber Tätigkeiten, die im Team oder in der Zuarbeit entstehen und wo der Beitrag zum Gewinn nicht klar erkennbar ist. Dazu kommen eine Menge Faktoren, die nicht direkt wirken. Menschen wollen Lob

und Anerkennung, und zwar nicht nur einmal im Jahr in Form einer monetären Aus-
schüttung. Wichtig ist auch ein differenziertes Feedback. Lob sollte immer konkret und
spezifisch, zeitnah, authentisch und angemessen erfolgen. Die Stärken des Mitarbeiters
in Form von Fragen erarbeiten: Was hat der Mitarbeiter aus seiner Sicht gut gemacht?
Wie haben Sie was gemacht, um diesen Erfolg zu erreichen? Kritik sollte auch in Form
von Fragen erfolgen. Zum Beispiel: Wie schätzen Sie Ihre Ergebnisse ein? Was ist Ihr
Anteil an diesem Problem? Welche Alternativen gab es zu Ihrem Vorgehen? Wie hätten Sie sicherstellen können, die Arbeit rechtzeitig beenden zu können? Verbesserungs-
möglichkeiten/Zielvereinbarung: Wie können Sie in der Zukunft sicherstellen, dass das
gewünschte Ergebnis oder Verhalten eintritt?

5   „Die ideale Führungskraft"

Was will der Mitarbeiter von den Führungskräften, um sein volles Potenzial zu entwickeln? Zum einen sind es Aspekte wie Zuverlässigkeit, Verlässlichkeit, Konflikt-
lösung, eine gewisse Loyalität und Sicherheit, Wertschätzung und Geradlinigkeit, zum
anderen bestimmte Werte und Grundsätze, die den Rahmen für das Management definieren und die Richtschnur und den Verhaltenskodex für die Zusammenarbeit zwischen
Geschäftsleitung, Führungskräften und allen Mitarbeitern bilden.

Wer ist denn nun die ideale Führungskraft? Ausgangspunkt für das Verhalten jeder
Führungskraft sollte ein humanistisches Weltbild sein. Das bedeutet, dass wir das
Wohl und die Würde der Menschen, mit denen wir in Kontakt kommen, achten und
bewahren.

Die ideale Führungskraft hat ein hohes Ausmaß an sozialer Sensibilität, Verständnis und Einfühlungsvermögen gegenüber ihren Mitarbeitern und bemüht sich sichtbar
um deren Entwicklung durch Förderung von Kompetenzen und Formulierung hoher
Erwartungen – bei gleichzeitiger Signalisierung von Vertrauen, selbst in risikoreichen
Situationen.

Zur Durchsetzung von Zielen und der Übermittlung von für das Unternehmensziel
wichtigen Botschaften demonstriert sie ggfs. auch ihre eigene Opferbereitschaft und verfolgt im Bedarfsfall konsequent Strategien bzw. Visionen, die unter Umständen auch den
Status quo infrage stellen.

Soviel zum Ideal. Wie sieht die Führungskräfteausbildung in den Betrieben aus?
In vielen Unternehmen existieren Führungskräftenachwuchsprogramme. Anwärter
auf Führungspositionen holen sich damit den ersten Input. Nach dem Programm
erfolgt meist der Aufstieg in die erste Führungsposition. Leider hört damit dann
die Aus- und Weiterbildung der Führungskräfte auch schon auf. Wenn die ersten
Erfahrungen mit den Mitarbeitern gemacht sind, fehlt in der Regel der Sparringspartner um erste aufkommende Probleme und Themen zu besprechen. Und das

Panoptikum der Führungsaufgaben ist groß. Es reicht vom zwischenmenschlichen Ausgleichen Müssen bis zu dem Lesen von Reports, vom Schreiben von Berichten und Zeugnissen bis zur Delegation der anstehenden Betriebsfeier. Fragen kann man nur zulassen, wenn man es selber verstanden hat.

6   Schlussbemerkung

Wie sieht die Welt in zehn bis zwanzig Jahren aus? Wird der bestehende Wirtschaftsansatz noch Bestand haben? Wie wird die Führung dann aussehen? Vor dem Hintergrund immensen volkswirtschaftlichen Schadens und des gesellschaftlichen Wandels, der einen menschlicheren Umgang mit Mitarbeitern fordert, ist es folgerichtig, schleunigst in die Führungskräfte zu investieren, und zwar nachhaltig und differenziert. Die vielen Erkenntnisse zu guter menschlicher Führung zwingen uns geradezu[14], die bestehende Personalentwicklung zu überarbeiten und die Führung nicht als zufällig entstandenes Ergebnis einer vorher erfolgten Beförderung nach dem Peter-Prinzip (Peter 1972, Kap. 1) zu betrachten.

Re-Charge: Menschliche Energie steht nur bedingt zur Verfügung. Wir alle sollten dafür sorgen, dass Führungskräfte und Mitarbeiter nicht als Bio-Energie für den Maschinenpark enden und wir den Roboterwesen ähnlicher werden, sondern im Gegenteil als Antwort auf immer komplexer werdende Systeme und Automatisierung die Menschlichkeit und die Balance Körper-Seele-Geist wahren und neue Energie aus befriedigender Arbeit ziehen. Im Berufsalltag liegt der Schlüssel bei den Führungskräften, der Mitarbeiter muss die Chance nutzen und durch die geöffnete Tür gehen.

Credo: Wer Menschen nicht mag, wer sich nicht für Menschen interessiert, sollte niemals führen!

---

[14]Report 2014/2015 von der Hays AG in Kooperation mit dem Institut für Beschäftigung und Employability (IBE): Das Thema Führung wurde von den 665 befragten Entscheidern aus Unternehmen seit 2011 wieder zum Top-Thema gewählt. Dabei gelten das Managen von Veränderungen (72 %), der Umgang mit steigender Komplexität im Unternehmen (52 %) und die Wahrnehmung der Vorbildfunktion (44 %) als größte Herausforderungen für Führungskräfte.

In der Studie wird eine Entwicklung der Führungsorientierung weg von fachlichen Themen hin zu verstärkter Mitarbeiterorientierung deutlich. Während das operative Tagegeschäft auf den letzten Platz gewählt wurde, sehen 71 % der Befragten die Etablierung einer Feedbackkultur als wichtigste Führungsaufgabe. Weiterhin zählen die Motivation der Mitarbeitenden (69 %) und das Aufzeigen von Entwicklungsmöglichkeiten (66 %) zu den wichtigsten Aufgaben einer Führungskraft.

Literatur

Gröger M (2004) Studie Projekte – Wertgewinner oder Wertvernichter? München

Kelly Global Workforce Index 2011 bis 2013 Lorenz, Michael: Digitale Führungskompetenz: Was Führungskräfte von morgen heute wissen sollten (Springer/Gabler)

Peter LJ, Hull R (1972) Das Peter-Prinzip oder die Hierarchie der Unfähigen, Reinbek bei Hamburg Kap. 1

TK – Techniker Krankenkasse (2013). Bleib locker, Deutschland! TK-Studie zur Stresslage der Nation. Hamburg: TK-Hausdruckerei

Vaunet Mediennutzungsanalyse Mediennutzung in Deutschland 2018 auf vau.net

©Tomorrows Business GmbH

Dr. Gesa Köberle arbeitete nach dem Studium der Geo- und Politikwissenschaften und ihrer Promotion zum Thema „Nachhaltiges Wassermanagement" zunächst acht Jahre als Senior Consultant für das kanadisch-amerikanische Beratungsunternehmen Five Winds International. 2008 wechselte sie zur Sachverständigenorganisation DEKRA SE, wo sie zunächst bei der DEKRA Umwelt GmbH den Beratungsbereich Nachhaltigkeitsmanagement aufbaute, dann innerhalb der DEKRA Industrial GmbH den Geschäftsbereich Umwelt-, Arbeits- und Gesundheitsschutz leitete und seit 2012 als Geschäftsführerin der DEKRA Consulting GmbH und Service Unit Head mit weltweiter Verantwortung eingesetzt war. 2014 gründete sie mit zwei Kollegen die Tomorrows Business GmbH, ein Beratungs- und Beteiligungsunternehmen zu nachhaltiger Unternehmensentwicklung. Dort ist sie seit Mitte 2014 als geschäftsführende Gesellschafterin tätig. Seit über 15 Jahren beschäftigt sie sich intensiv mit dem Thema Nachhaltigkeit. Sie verfügt über zahlreiche praktische Erfahrungen auf den Bereichen Unternehmens- und Führungsanalyse sowie integrierte Managementsysteme und hat eine Vielzahl von Unternehmen bei der Implementierung dieser Systeme erfolgreich unterstützt. Darüber hinaus verfügt sie über umfangreiches Wissen zu einschlägigen EU-Direktiven wie REACH, WEEE, RoHS und EuP und unterstützt Unternehmen dabei, diese zu interpretieren und in bestehende Systeme zu integrieren. Sie ist Gründungsmitglied und Alumni des Think Tank 30 des Club of Rome und Vizepräsidentin der Energy Globe Foundation.

©Tomorrows Business GmbH

Catherine Rommel verfügt über langjährige Erfahrung als Businesscoach, Beraterin und Trainerin, sowie als selbständige Unternehmerin und Marketingleiterin einer Konzerntochter. In über 1000 Coachingstunden begleitet sie Führungskräfte in allen Fragen rund um Führung und Persönlichkeit mit Blick auf Organisationen und Netzwerke. Als Beraterin entwickelt sie komplette Personalentwicklungskonzepte für Organisationen aller Art und begleitet sie aktiv bei der Umsetzung. Catherine Rommel studierte nach einer Banklehre Volks- und Betriebswirtschaft in Freiburg und Mannheim mit den Schwerpunkten Arbeits- und Personalwissenschaften, Organisation und Marketing. Ihre Diplomarbeit schrieb sie über Personalentwicklung für Führungskräfte. Erste internationale Erfahrungen sammelte sie in zwei amerikanischen Beratungsgesellschaften.

© Cooning GmbH

Jens Kraiss arbeitete knapp 15 Jahre bei der Porsche AG in verschiedensten Fach- und Managementfunktionen im HR Bereich und mehrere Jahre nebenbei als Business Coach. Seit 2018 führt er gemeinsam mit seinem Geschäftspartner Florian Model das Unternehmen Cooning. Das Unternehmen hat sich auf Online Business Coaching spezialisiert. Das Coaching ist dabei von der Auftragsklärung bis zur Durchführung und Evaluation digital, effizient und in hoher Qualität. Das Coaching wird in der Regel bei Unternehmen in Blended Learning Module integriert. Er hat eine professionelle Coachausbildung absolviert und ist als Business Coach von der Universität Salzburg zertifiziert. Er arbeitet selbst seit mehreren Jahren als Online Coach und Trainer. Studiert hat er an der Universität Freiburg Politikwissenschaften, Betriebswirtschaftslehre und Jura.

Gute Energie: Wie Nachhaltigkeit in Familienunternehmen wirkt

Warum es wichtig ist, um Nachwuchs zu werben

Gisela Rehm

1   Ohne Handwerk lassen sich Zukunftsthemen nicht bewältigen

Nachhaltige Lebensweisen gewinnen in der Gestaltung des Alltags und Lebensumfelds vor allem auch bei jungen Menschen immer mehr an Bedeutung.

Das gilt auch für die Einrichtung und Nutzung der Küche, die heute ein offener und einladend gestalteter Lebensraum sein soll, der 24 h funktionieren muss, und in dem sich Familien, Freunde und Gäste versammeln. Inzwischen ist jede zehnte Küche ein Luxusprodukt, Tendenz steigend. In Deutschland ist der Küchenmarkt ein Milliardengeschäft mit stetig wachsenden Umsätzen. Viele Deutsche investieren inzwischen mehr in die eigene Küche als ins Auto, das vor allem bei der Generation Y (ungefähr 1985–1999) längst kein Statussymbol mehr ist (Hildebrandt, 10.8.2018). Die moderne Küche stillt unsere Sehnsucht nach Heimat und Wärme in einer globalisierten Welt (Hildebrandt 10.7.2018).

Ohne Handwerk werden wir Zukunftsthemen nicht bewältigen und neue technologische Möglichkeiten nachhaltig nutzen können. Es bedeutet Hingabe und Vorgehen Schritt für Schritt sowie mit den Konsequenzen des eigenen Tuns konfrontiert zu sein. Dazu braucht es Können und Meisterschaft (Hildebrandt 19.6.2018). Leider entscheiden sich viele junge Menschen nicht für einen handwerklichen Beruf: Tausende Lehrstellen sind unbesetzt, weil die meisten an die Hochschulen drängen. „Akademikerschwemme" bzw. „Akademisierungswahn" führt dazu, dass viele studieren, um dann eventuell festzustellen, dass dies doch nicht das Passende für sie ist.

G. Rehm (✉)
Marketing, Häcker Küchen GmbH & Co. KG, Rödinghausen, Deutschland
E-Mail: g.rehm@heacker-kuechen.de

© Springer-Verlag GmbH Deutschland, ein Teil von Springer Nature 2019
A. Hildebrandt und W. Landhäußer (Hrsg.), *CSR und Energiewirtschaft,*
Management-Reihe Corporate Social Responsibility,
https://doi.org/10.1007/978-3-662-59653-1_32

Einer der Gründe ist in der Regel der Wunsch nach einer praktischen Tätigkeit. Deshalb müssen Unternehmen darüber nachdenken, wie sie die Attraktivität betrieblicher Lehrberufe sichtbarer machen können und Schüler besser über die Möglichkeiten informiert werden, die diese Berufswahl für sie bringt. Beispielsweise erhielten 350 Schüler der Bünder Erich-Kästner-Gesamtschule (EKG) am Berufsinformationstag Anfang 2018 Einblicke in den Berufsalltag. Insgesamt 15 Unternehmen und Betriebe aus der Region waren dazu in die Bildungseinrichtung gekommen und stellten verschiedene Ausbildungsberufe wie Tischler, Rechtsanwaltsgehilfe oder Industriemechaniker vor. Erstmals beteiligte sich auch Häcker Küchen: An vier Stationen brachten die Mitarbeiter den jungen Menschen die Berufe des Fachinformatikers, Industriekaufmanns, Holzmechanikers und Elektronikers für Betriebstechnik näher. Auch aufgrund des zunehmenden Fachkräftemangels hat sich das ostwestfälische Familienunternehmen zur Teilnahme entschlossen.

Bei Häcker verbindet sich Expertenwissen aus dem Schreinerhandwerk mit langjähriger Erfahrung in Küchenplanung und -fertigung, solider Fachkenntnis und der persönlichen Liebe zum Kochen. (Häcker 2018, S. 19) Das inhabergeführte Familienunternehmen Häcker Küchen besteht seit 1898. Damals legte Hermann Häcker mit der Produktion von Zigarrenkisten den Grundstein für die Ausrichtung auf die Holzverarbeitung. Rödinghausen und das weitläufige Ostwestfalen waren damals die Metropole der weltweiten Zigarrenindustrie. Die Schreinerei von Häcker wurde 1938 von Friedrich Häcker weitergeführt und 1965 von dessen Schwiegersohn Horst Finkemeier übernommen. Dies war gleichzeitig der Start in die moderne Küchenproduktion. 1972 erfolgte die Wandlung des Handwerksbetriebs hin zur industriellen Fertigung. Nach einer traditionellen Tischlerlehre trat 1996 der Sohn von Horst Finkemeier in die Geschäftsführung ein. Jochen und Horst Finkemeier arbeiten bis heute eng zusammen. Der Senior bringt immer noch all seine Erfahrung in das Unternehmen ein und steht unterstützend zur Seite. Jochen Finkemeier baut das Unternehmen weiter aus und erarbeitet Perspektiven, wenn es um die Ausrichtung des Unternehmens geht, weiterhin am Markt weltweit erfolgreich zu sein. Eine perfekte sich über vier Generationen ergänzende Verbindung (Abb. 1).

Häcker produziert moderne Einbauküchen, die höchsten Ansprüchen an Qualität, Funktionalität, Langlebigkeit und Design gerecht werden. 2018 produzierte Häcker erstmals mehr als 2,3 Mio. Schränke. Eine Erweiterung der Produktionskapazitäten ist in Planung (Häcker 2018, S. 16). Der neue Standort sichert auch eine perfekte Integration bestehender Zulieferstrukturen und schafft gleichzeitig die notwendigen logistischen Voraussetzungen wie Lagerkapazitäten und Materialfluss, um zukünftiges Wachstum auch von der Versorgungsseite her sicherstellen zu können.

Errichtet wird eines der modernsten Werke für hochwertige Küchenmöbel, in dem mehrere hundert qualifizierte Arbeitsplätze entstehen. Durch den Neubau in Venne hat das Unternehmen die Möglichkeit, modernste Produktionsabläufe auf der Basis

Abb. 1 Vater und Sohn: Jochen und Horst Finkemeier. (Copyright: Häcker Küchen)

digitalisierter Prozesse aufzubauen. Ein hoher Automatisierungsgrad wird Maßstäbe in der Prozessqualität und in der Produktivität setzen. Ende August 2018 haben die ersten Erdarbeiten auf der Fläche begonnen. Bis zum Frühjahr 2020 sollen die Bauarbeiten abgeschlossen sein und die neue Produktionsstätte auf 215.000 m² eröffnet erstmals ihre Pforten. Danach werden die Fertigungsmaschinen in die Hallen eingebaut und der Produktionsstart ist für den Herbst 2020 vorgesehen.

Über 1750 Mitarbeiter aus mehr als 39 Nationen bilden das Fundament von Häcker Küchen. 2018 betrug die Exportquote 39 % (Häcker 2018, S. 17). Bildung und Ausbildung sind die wichtigsten Zukunftsinvestitionen. Zur großen Hausmesse, welche vom 15. bis 21. September 2018 stattfand, zeigte sich der neue Häcker Campus mit hochmodernen Räumlichkeiten auf mehr als 1000 m² und wird die Schulungsteilnehmer bald auch online begeistern. Die Investition in das neue Ausbildungszentrum „Häcker Campus" hat sich mehr als gelohnt. Die Räume sind mit modernster Technik ausgestattet. Der Clou ist die immens große Ausstellungsfläche, die die Teilnehmer auf interaktive und anschauliche Art und Weise in einer unglaublichen Vielfalt schult. Die Unternehmenskultur begünstigt hier das lebenslange Lernen, das eine der wichtigsten Voraussetzungen ist, um die Digitalisierung zu meistern und positiv in die Zukunft blicken zu können.

1.1   Aus- und Weiterbildung

Panoramablick und Überblickswissen, richtige Rahmenbedingungen für Persönlichkeits-
bildung, Kompetenz- und Wissenserwerb sowie Werteerziehung sind heute unabdingbar (Hildebrandt 10.9.2018). Der Übergang von der Schule ins Berufsleben ist dabei
ein wesentlicher Schritt bei Häcker Küchen. In Rödinghausen wird deshalb bereits seit
1980 ausgebildet. Die erste Auszubildende zur Industriekauffrau ist dem Unternehmen
auch nach 30 Jahren immer noch treu. Für einen Produktionsbetrieb wie Häcker Küchen
waren gut ausgebildete Mitarbeiter von Beginn ein Garant für Qualität. 1992 starteten
die ersten Holzmechaniker ihre Ausbildung. Inzwischen wird in sechs Berufen ausgebildet. Neben den klassischen Ausbildungsberufen Industriekaufmann/frau, Holz-
mechaniker/in und Fachinformatiker/in den Fachrichtungen Anwendungsentwicklung
und Systemintegration, werden die dualen Studiengänge Ingenieur/in Holztechnik (BA)
und Bachelor of Arts Betriebswirtschaft angeboten. Insbesondere der Fachinformatiker
mit Schwerpunkt Anwendungsentwicklung taucht in die Produktionsabläufe tiefer ein:
Dort erfährt er, wie und wo Anforderungen für neue Programme entstehen können.
Zusätzliche Schnuppertage in allen Meisterbereichen der Fertigung ermöglichen einen
weitreichenden Wissenstransfer.

Das erste Lehrjahr absolvieren die gewerblichen Auszubildenden traditionell in der
hauseigenen Lehrwerkstatt. Hier werden den Jugendlichen unter anderem Kenntnisse
in der Verarbeitung von Holz und Holzwerkstoffen nähergebracht. Im zweiten Jahr lernen sie alle drei Wochen eine andere Fertigungslinie kennen, im dritten Jahr kehren sie
nochmals in die Lehrwerkstatt zurück. Die Abschlussarbeit der gewerblichen Azubis
ist ein Möbelstück, welches im eigenen Betrieb gefertigt wird. „Bei uns ist es gelebte
Philosophie, junge Menschen vielseitig und fundiert auszubilden, um sie als zukünftige
Fachkräfte in unserem Unternehmen weiter zu beschäftigen", sagt Geschäftsführer und
Inhaber Jochen Finkemeier. Neben dem Training in allen gängigen Office-Programmen
erhalten alle Auszubildenden in der hauseigenen Schulungsabteilung „Fit for Häcker"
eine intensive Einführung zum Produkt Küche und zum Portfolio des Unternehmens.

Bis dato wurde in der langen Firmengeschichte über 260 jungen Menschen zu einem
erfolgreichen Start in ihren beruflichen Werdegang verholfen. Der größte Teil von ihnen
ist noch bei Häcker Küchen tätig und bringt sich mit ihren Qualifikationen und Fähigkeiten tatkräftig ins Unternehmen ein. Diese Tatsache ermöglicht der hohe Ausbildungs-
standard, von welchem am Ende alle Beteiligten profitieren. „Unsere Auszubildenden
sind von Anfang an ein wertvoller Teil des Teams, mit dem wir in den kommenden Jahren weitere Meilensteine erreichen können", sagt Jochen Finkemeier, Häcker vergibt ca.
30 bis 50 Praktikantenstellen pro Jahr. 2017 und 2018 und 2019 auch wurde Häcker
Küchen mit dem Gütesiegel „Ausgezeichneter Ausbildungsbetrieb" prämiert. Diese
Auszeichnung ist das hervorragende Ergebnis einer umfassenden anonymen Befragung
aller aktuellen Auszubildenden bei Häcker Küchen. Jochen Finkemeier, Geschäftsführer und Inhaber von Häcker Küchen und Personalleiter Simon Hartwich freuen sich:

„Qualifizierter Nachwuchs ist unverzichtbar. Diese Auszeichnung bestätigt uns darin, weiter in eine gute Ausbildung zu investieren um auch in Zukunft ein attraktiver Arbeitgeber und Ausbildungsbetrieb zu bleiben." Die heutige Arbeitswelt verändert sich rasant. Gegenwart und Zukunft halten viele Herausforderungen für Unternehmen bereit. Arbeitnehmer haben heute andere Erwartungen an einen Arbeitgeber als noch vor einigen Jahren. Arbeitsklima, Reputation und Nachhaltigkeitsaspekte spielen eine immer größere Rolle.

Häcker Küchen sucht und bindet qualifizierte und begeisterte Fachkräfte, um für die Herausforderungen der Branche und des Marktes bestens vorbereitet zu sein. Dazu zählt die fortwährende Entwicklung der Ausbildungsprogramme. Die Mitarbeiterförderung und –qualifizierung ist ein Instrument der strategischen Führungs- und Planungsprozesse. Wer sich wohl fühlt, empfindet mehr Lebensqualität, ist zufriedener, ausgeglichener und auch engagierter.

Ein Beispiel

Markus Melchior ist Vorarbeiter in der Lehrwerkstatt von Häcker. Mit seiner Familie wohnt er in Rödinghausen. Ihm war schon früh bewusst, dass er unbedingt Tischler werden wollte. Sein Großvater hatte den gleichen Beruf erlernt, und er war stets fasziniert vom handwerklichen Geschick seines Enkels. Nach dem Realschulabschluss ging es für Markus Melchior gleich in die Ausbildung in einer ortsansässigen Bautischlerei, wo ihm alle Grundfertigkeiten vermittelt wurden. Bevor er 2011 zum Familienunternehmen Häcker wechselte, arbeitete er etwa 15 Jahre als Geselle in einer regionalen Tischlerei. Bei Häcker Küchen wurde er als Maschinenbediener im Werk 3 bei der Hochschranklinie eingesetzt, wo er sechs Jahre lang die *classic*-Fertigung unterstützte. Um seinen beruflichen Horizont zu erweitern, beschloss er, noch die Prüfung zum Tischlermeister zu absolvieren. Mit dem Meisterbrief in der Tasche erhielt er dann auch gleich die Chance, sich bei Häcker zu beweisen. Seit über einem Jahr ist er in der Lehrwerkstatt als Teamleiter Fertigung und Ausbilder tätig. „Einen besseren Job hätte ich auch kaum bekommen können, denn die Arbeit mit jungen Menschen ist sehr abwechslungsreich. Außerdem ist es ein tolles Gefühl, den Azubis etwas beizubringen und mit den Grundstein für ihren beruflichen Werdegang zu legen" (Melchior 2018, S. 33), schreibt er im Häcker-Mitarbeitermagazin INTERN.

Zu den weiteren Tätigkeiten in der Ausbildungswerkstatt gehören die zu fertigenden Frontwangen und Kaminhauben, welche jedoch nicht von den Auszubildenden, sondern den Mitarbeitern gebaut werden. Zusammen mit dem Ausbildungsleiter Thomas Brinkjost werden sie selbstverständlich auch an den Produktionsalltag herangeführt, damit sie nach der bestandenen Prüfung zum Holzmechaniker ihre erlernten Fähigkeiten in den Werken einsetzen können. Diese Fähigkeiten werden in individuellen Projekten gefördert, in denen die Azubis Handproben mit verschiedenen Holzverbindungen herstellen, Maschinen- und Sicherheitsunterweisungen erhalten oder auch zum Teil selbst konstruierte Möbelstücke anfertigen. Letzteres macht den jungen Menschen am meisten Freude, besonders wenn sie diese Möbel für sich selbst fertigen können.

2   Aufrichtig werben

Als Familienunternehmen in vierter Generation wird Nachhaltigkeit bei Häcker Küchen auch als Führungs- und Managementaufgabe gesehen. Aufgrund der positiven wirtschaftlichen Situation des Unternehmens waren hier zu jeder Zeit alle Arbeitsplätze sicher. Beispielsweise gab es seit Bestehen der Firma nie betriebsbedingte Kündigungen. Über Jahrzehnte hinweg wuchs das Unternehmen stabil und blieb solide. „Made in Germany" ist eine unserer Hauptstrategien – die Fertigung ist und bleibt in Deutschland. Richtiges Nachhaltigkeitsmanagement ist für uns die Voraussetzung dafür, auch in Zukunft in der Branche führend zu bleiben.

Auch wenn Qualitätsprodukte in erster Linie für sich selbst sprechen, so ist es dennoch wichtig, auch mit Werbung auf dem globalen Markt eine gute Marktposition zu festigen. Die Herausforderungen in diesem Bereich nehmen auch bei uns an Komplexität zu. Veränderungen und Innovationen finden zunehmend schneller statt. Deshalb müssen wir uns, wie alle Marktteilnehmer stets am Puls der Zeit bewegen und den Überblick über neue Online-Marketingkanäle, Innovationen, Technologien und Trends behalten, um wettbewerbsfähig zu bleiben. Die Innovationskraft bei Häcker ergibt sich aus der Mitwirkung aller Beteiligten. Die Leitung des Unternehmens und das Management gibt die Innovationskultur vor. Die Entwicklung und Marketing/Vertrieb sind wesentliche Innovationstreiber. Aber auch Verwaltung und Produktion sind gefordert, innovativ(er) zu werden und Neuerungen sowohl zu akzeptieren als auch zu unterstützen. Wichtig ist u. a., dass eine hohe Fehlertoleranz erlaubt ist, um auch anfänglich holprigen Ideen, die sich nach einiger Zeit als sehr wertvoll erweisen, eine Chance zu geben.

Das Aufmerksamkeits-Dilemma in Zeiten des Informationsüberflusses erfordert neue Formate in den Bereichen Werbung und Content Marketing. Wertvoller Content sind für uns vor allem Inhalte, die die Interaktion mit dem User erleichtern und diese fördern – und nachhaltig sind (Hildebrandt 22.8.2018). Im Jahr 2020 werden mehr als 50 % der deutschen Arbeitnehmer mit Themen wie Internetboom, Globalisierung und Online-Kommunikation aufgewachsen sein. Diese neue Generation denkt und arbeitet anders als ihre Vorgänger. Sie erwarten ein digitales und flexibles Umfeld sowie innovative Tools, die fest in die Unternehmenskultur integriert sind. Hier setzen Aufrichtigkeit und Authentizität wichtige Akzente, indem beispielsweise Produkte nicht plump mit grünem Gewissen oder sozialen Gefühlen vermischt, sondern nachvollziehbar verknüpft und kommuniziert werden. Nachhaltigkeit, Verträglichkeit für den Menschen, Umweltverträglichkeit und Abbaubarkeit sind bei Häcker Küchen Faktoren, die bei der Auswahl der verwendeten Materialien ein wesentliches Entscheidungskriterium sind.

Häcker Küchen kennzeichnet sein auf formaldehydreduzierte Holzwerkstoffe umgestelltes Küchenprogramm seit September 2017 mit dem Label „PURemission". Damit wird ein neuer Standard gesetzt, der in der Küchenmöbelindustrie außergewöhnlich ist. Durch eine sorgfältige Auswahl der Holzwerkstoffe und der Lieferanten ist es gelungen, die Richtlinien der Emissionen gemäß CARB2 93.120 und TSCA title 6 einzuhalten. Die Höchstwerte der europäischen Richtlinien Emissionsklasse E1 werden eingehalten bzw. weit unterschritten. Diese komplette Umstellung des vollen Häcker Sortiments garantiert eine saubere Luft in jeder Küche und führt zu einem größeren Wohlbefinden in unserem Zuhause.

Seit 2009 ist das Umweltmanagement des Unternehmens zertifiziert. Wir achten u. a. auf Energieeffizienz, nachhaltige Abfallentsorgung und Emissionssenkung.

3 Holz – ein zukunftsfähiges Material

Die Herstellungsprozesse von Produkten sind heute in weite Ferne gerückt oder kaum sichtbar. Auch sind die natürlichen Eigenschaften des Holzes vielen industriellen Holzprodukten nicht mehr anzusehen. Dadurch verlieren die Menschen auch die Beziehung zum Wesen der Dinge und deren Wertschätzung. Über 100 Jahre muss ein Baum wachsen, bis sein Holz für die Möbelherstellung zur Verfügung steht. Vom ersten Zuschnitt bis zum letzten Feinschliff ist ein langer Weg handwerklicher Verarbeitung erforderlich: Sägen, Fräsen, Schleifen und der Einsatz von Maschinen. Holz ist nicht nur als Bau-, Werk- und Brennstoff unentbehrlich, sondern auch zukunftsfähig und sinnlich. In Absprache mit der Gemeinde suchten wir einen geeigneten Platz für die Bepflanzung heimischer Sträucher und Gehölze wie Säuleneichen, Weiß- und Schwarzdorn sowie Hasel, Eberesche, Wildkirsche, Schneeball und Hartriegel.

Westlich des Wiehenstadions in Rödinghausen befindet sich ein eingezäuntes Grundstück, das die Bäume vor Wild schützt. Hier pflanzte Forstwirt Paul Fubel, Forstbezirksleiterin Anna Rosenland, Häcker-Seniorchef Horst Finkemeier und Gisela Rehm im Frühjahr 2018 die erste Säuleneiche in den Boden der Grünfläche. Die Forstbetriebsbezirksleiterin koordiniert die weiteren Pflanzungen in Absprache mit dem Unternehmen und dem Forstwirt. Künftig soll es ein großes Schild mit den Namen der Paten geben. Auf der Hausmesse im September 2017 wurde für die Aktion erstmals geworben. Hunderte Besucher haben den Vordruck ausgefüllt und unterstützen „moralisch" die Aktion des Unternehmens, welches die Kosten für die Bäume und Sträucher trägt und auch von allen Mitarbeitern unterstützt wird. Das, was der Natur entnommen wird, soll ihr auch wieder zurückgeben werden. Denn wir nutzen bei der Herstellung unserer Küchen ja natürliche Rohstoffe. Die Haushaltung der Natur ist die Basis für Ökonomie. In diesem Begriff schwingt auch das Erbe der Natur mit: So steckt im lateinischen „oeconomia" das griechische „oikos" (Haus, Haushalt). Ökonomie, Ökologie und Soziales sind zu allen Zeiten das tragende Fundament einer nachhaltigen.

Literatur

Häcker (2018) Aus Tradition verantwortungsvoll. Nachhaltiges Handeln als Unternehmenswert. Häcker Küchen, Rödinghausen

Hildebrandt A Die Neuerfindung des Lernens: Voraussetzungen für Digital- und Medienkompetenz. In: Blogspot (10.9.2018) https://dralexandrahildebrandt.blogspot.com/2018/09/die-neuerfindung-des-lernens.html. Zugegriffen: 3. Mai 2019

Hildebrandt A Aufrichtig werben: Welche Rolle spielen dabei Nachhaltigkeit und digitales Marketing? Interview mit Gisela Rehm. In: Blogspot (22.8.2018) https://dralexandrahildebrandt.blogspot.com/2018/09/die-neuerfindung-des-lernens.html. Zugegriffen: 4. Dez. 2018

Hildebrandt A Die Küche als Ort des Seins. In: UmweltDialog (10.8.2018) https://www.umweltdialog.de/de/verbraucher/leben-und-wohnen/2018/Die-Kueche-als-Ort-des-Seins-gestern-und-heute.php. Zugegriffen: 4. Dez. 2018

Hildebrandt A Was es für die Digitalisierung des Handwerks braucht. In: Blogspot (19.6.2018) https://dralexandrahildebrandt.blogspot.com/2018/11/handwerk-und-digitalisierung-warum-wir.html. Zugegriffen: 4. Dez. 2018

Melchior M (2018) Ausbilder der Holzmechaniker. In: INTERN. Das Magazin für Häcker MitarbeiterInnen (November 2018). Ausgabe 21, S 33

Copyright: Häcker Küchen

Gisela Rehm, Jahrgang 1972, ist seit Dezember 2016 Marketingleiterin bei Häcker Küchen in Rödinghausen. Das Familienunternehmen mit über 1750 Mitarbeitern ist weltweit erfolgreich. Zu ihrem Verantwortungsbereich gehören neben dem Marketing auch der Bereich Musterküchenplanung. Sie ist für die Marke weltweit verantwortlich und kümmert sich gemeinsam mit ihrem 37 köpfigen Team sowohl um den Markenauftritt in den jeweiligen Ländern, die Außendarstellung als auch um klassische Marketingmaßnahmen. Davor arbeitete Gisela Rehm als Marketingleiterin bei der Smeg Hausgeräte GmbH und verantwortete unter anderem die Marketing-Strategie für Deutschland und Österreich. Darüber hinaus führte sie die Smeg Academy ein, die Trainings und Schulungen für Händler anbietet. Auch der Ausbau des Online-Marketings und die Etablierung eines länderübergreifenden Marketingaustausches zwischen internationalen Organisationen fielen in ihr Aufgabengebiet. Zuvor arbeitete Gisela Rehm 15 Jahre bei BSH Bosch Siemens Hausgeräte: u. a. im Produktmarketing und Vertrieb bei den Marken Bosch, Siemens, Neff und Gaggenau. Auslandserfahrung sammelte sie darüber hinaus zwei Jahre lang als Vertriebsdirektorin bei Kitchen Ressource in den USA.

Energiewirtschaft bei Change Prozessen – vom gesunden motivierten Individuum zum Gesamterfolg

Miriam Goos

1 Energiewirtschaft bei Change Prozessen – Relevanz des Einzelnen auf dem Weg zum Erfolg

Eine der größten Herausforderungen für Unternehmen besteht heutzutage darin, in Zeiten ständiger Turbulenzen und Unterbrechungen wettbewerbsfähig zu bleiben. Für viele Unternehmen, die die Gründungsphase hinter sich gebracht haben oder die Restrukturierungsprozesse durch neue Firmenzusammenschlüsse durchliefen, ist das keine einfache Aufgabe. Sie sind meistens stark auf Effizienz ausgelegt. Strategische Agilität und die Fähigkeit, Chancen schnell und selbstbewusst zu nutzen, kommen dabei häufig zu kurz. Relevante Bedrohungen rechtzeitig einzuschätzen und kompetent auszuweichen bleiben bei systematischem Einsatz erlernter Veränderungsstrategien häufig auf der Strecke.

Der Begriff „Change Management" hat sich in den letzten Jahren zu einem Schlüsselwort der Managementdiskussion entwickelt. Stetiger und vor allem immer schneller werdender Wandel von Unternehmensstrukturen treibt die Zahl der Veränderungen und Reorganisationsprozesse in Unternehmen rasant in die Höhe.

Die Mitarbeiter fühlen sich dabei häufig ungefragt und fremdbestimmt. Sie nehmen die wechselnden Regulierungen und aufoktroyierten Ziele häufig mit einem Gefühl der Machtlosigkeit hin. Dabei sind sie nicht aktiv an der neuen Wertfindung und Entwicklungsrichtung des Unternehmens beteiligt. Die Unbeteiligtheit und das Gefühl der Machtlosigkeit führen bei den Mitarbeitern zu einer reduzierten Identifikation mit ihrer

M. Goos (✉)
Stressfighter Experts, Amsterdam, Niederlande
E-Mail: miriam.goos@stressfighter-experts.de

© Springer-Verlag GmbH Deutschland, ein Teil von Springer Nature 2019
A. Hildebrandt und W. Landhäußer (Hrsg.), *CSR und Energiewirtschaft*,
Management-Reihe Corporate Social Responsibility,
https://doi.org/10.1007/978-3-662-59653-1_33

Arbeit und resultieren in verringertem Engagement und Einsatz des Einzelnen. In manchen Fällen führt diese Entwicklung sogar zu einem erhöhten Krankenstand im Unternehmen.

Auch wenn inzwischen ein deutlicher Erfahrungszuwachs aus der Praxis heraus die Kompetenz zum Change Management gefördert hat, scheitern Studien zufolge bereits seit den 1970er Jahren nach wie vor bis zu 70 % aller Change Projekte (Ashkenas 2013). Erfolge sind beim Change Management rar. Eine Studie von McKinsey von 2008 mit 3199 Managern (Aiken und Keller 2009) bestätigt dies: Nur eine von drei Change Management Initiativen ist erfolgreich. Woran liegt das?

Theoretisch haben wir uns in den letzten Jahren viel mit Wissen über Veränderungsprozesse angeeignet. Es scheitert jedoch noch häufig an der Fähigkeit der Manager, dieses Wissen erfolgreich umzusetzen. Die Notwendigkeit eines strategischen Wechsels wird häufig rechtzeitig erkannt, jedoch misslingt oft die Realisation.

Für einen Richtungswandel im Unternehmen ist die Befriedigung der Grundbedürfnisse der Individuen von essenzieller Bedeutung. Nur, wenn jedes Individuum hochmotiviert und veränderungsbereit seine volle Kapazität innerhalb seines Verantwortlichkeitsbereichs ausschöpft, kann der Change-Prozess ein Erfolg werden. Nur dann gelingt es dem Unternehmen, effektiv und mit großer Brandbreite auf die schnellen Veränderungen zu reagieren und rechtzeitig erfolgreiche neue Strategien zu entwickeln. Als wichtigste Faktoren zeigen sich in zahlreichen Studien der Hirnforschung hier zwei Schlüsselfaktoren:

Die Erfahrung von Selbstwirksamkeit und der wertschätzende und faire Umgang untereinander (Hüther 2011).

Jeder Mensch hat das Bedürfnis, die eigenen Kompetenzen und Fähigkeiten weiter zu entwickeln. Dabei ist ein fairer und wertschätzender Umgang ein wichtiger Bindungsfaktor, der in deutlicher Korrelation mit dem Leistungsvermögen des Menschen steht.

Kaum etwas vermissen Arbeitnehmer in ihrem Betrieb so sehr wie Respekt, vor allem vonseiten des Vorgesetzten. Studienergebnisse des Hamburger Forschungsprojekts RespectResearchGroup zeigten, dass Respekt seitens der Vorgesetzten an zweiter Stelle der Dinge steht, die sich Arbeitnehmer wünschen. Nur „interessante Aufgaben" sind noch wichtiger. Gleichzeitig fehlt es ihren Antworten zufolge viel zu oft an Wertschätzung und Anerkennung. Mitarbeiter wollen sich respektvoll behandelt fühlen, vor allem von ihren Führungskräften. Umgekehrt wollen sie auch ihrerseits ihre Führungskraft respektieren können. Beide Bedürfnisse sind tief im Menschen verwurzelt. Viele Studien zu Voraussetzung von Respekt am Arbeitsplatz, zu Führungsbildern oder Wertevorstellungen von Geführten erhärten die Erkenntnis: Ein respektvolles Miteinander ist essenziell für eine gute Arbeit- vor allem bei Problemlösungen, die Kreativität erfordern, oder bei der Verzahnung von Arbeit, wie beispielsweise in multinationalen Teams (Decker et al. 2014).

Dies geht auch deutlich mit Untersuchungen zu den Faktoren für hohe krankheitsbedingte Berufsausfälle in Unternehmen einher. Professor Badura von der Universität Gießen untersuchte die ausschlaggebenden Faktoren, die für eine hohe Rate krankheitsbedingter Fehlzeiten verantwortlich sind. Hierbei kommen drei Faktoren zum Tragen:

1. Das Verhältnis zum Chef
2. Die Einbindung und der persönliche Umgang im Team
3. Das authentische Ausleben und Vorhandensein der Firmenwerte (Badura et al. 2001).

Die Untersuchung der „Werte" stellt in den vielzähligen Studien einen hochinteressanten Aspekt dar. Die von den Firmen propagierten Werte zeigen einen wesentlich geringeren Einfluss als die Persönlichkeit einer Führungskraft auf den Grad einer respektvollen Führung. Persönlichkeitsmerkmale wie Verträglichkeit, Gewissenhaftigkeit und emotionale Stabilität und Offenheit für Erfahrungen sind demnach die wichtigsten Eigenschaften einer respektvollen Führungsperson. Im Umkehrschluss bedeutet das auch eine deutliche Empfehlung für einen energieoptimierten Führungsstil: Wer in seinem Unternehmen respektvolle Führung fördern will, sollte die richtigen Personen auswählen anstatt die vorhandenen Führungskräfte später über Werteschulungen anzupassen (Borkowski 2011).

Laut des Gallup-Engagement Index 2014 sehen 67 % der Mitarbeiter täglich das Ziel für sich darin, lediglich den an sie gerichteten Ansprüchen gerecht zu werden. Nur 16 % verfügen über eine hohe emotionale Bindung zu ihrer Arbeit (Nink 2014). Eine emotionale Bindung zum Unternehmen und bestenfalls auch zum Produkt hilft jedoch enorm bei der Identifikation und dem damit verbundenen Leistungseinsatz des Einzelnen im Veränderungsprozess.

Für die meisten Menschen stellt es während des Change Prozesses einen enormen Energieaufwand dar, vorbestehende Prozeduren und Gewohnheiten aufzubrechen und infrage zu stellen. Daher wird auch in Change-Prozessen häufig auf bewährte Strategien aus früheren Zeiten zurückgegriffen. Das Problem jedoch bei diesem Verhalten ist, dass sich dafür ein zu schneller Wandel der äußeren Welt vollzieht. Keine Situation kann mit einer früher bestandenen Lage gleichgesetzt werden.

Effektiver Wandel benötigt Wachsamkeit, extreme Flexibilität und schnelle exzellente Reaktion jedes einzelnen Mitarbeiters der Organisation. Das Gehirn verleitet die Menschen jedoch meist dazu, häufig durchlebte und gedachte Muster als gegeben vorauszusetzen. Eine Hauptaufgabe für ein Unternehmen im Change-Prozess ist demnach seinen Mitarbeitern genau diese Fähigkeiten zu entwickeln und zu fördern: Offenheit und Flexibilität forcieren, Verurteilen von Veränderungen reduzieren und ein bestmögliches und motiviertes Ausschöpfen eigener Talente und Fähigkeiten motivieren.

Damit bei einem Change-Prozess für das Unternehmen ein maximales Energie-Output erreicht wird, muss jedes Rad in diesem Prozess seine persönliche volle Energie ausschöpfen können und wollen. Mit den Möglichkeiten und Werkzeugen, die uns auf dem Weg zu diesem Ziel hilfreich sind, wollen wir uns im Folgenden beschäftigen.

2   Der Einzelne – wer ist das?

In einem üblichen System oder Unternehmen existieren stets verschiedene Positionen und Organisationsschemen. Es sind konventionelle Hierarchien vorhanden, die meistens offen in der Organisationsstruktur abgebildet sind. Es wirken jedoch auch immer weniger offensichtliche Positionen und Funktionen mit und sollten nicht aus dem Fokus gleiten. Schlüsselrollen, wichtige Gruppierungen, Meinungsbildner, die viel wesentlichen Einfluss auf die Masse ausüben spielen häufig eine nicht zu unterschätzende Rolle. Auch größere Gruppen von ausführenden Subjekten (häufig im Dienstleistungs- oder herstellenden Gewerbe) tragen oft wesentlich zum Gesamterfolg des Unternehmens bei. An welcher Stelle ist es nun richtig, zu beginnen? Auf welches Element sollten wir zuerst unseren Fokus richten, um von Anfang an die richtige Reihenfolge und damit die effektivste Wirkung im Unternehmen zu erzielen?

2.1   Der Manager als Vorbild

Am Kopf der Organisation sitzt nicht allein das hierarchische Oberhaupt. Hier beginnt die gesamte Atmosphäre des Unternehmens. Der CEO determiniert die Stimmung, den Umgang miteinander und die Zielorientierung. Besetzt diese Position jemand, der Energie und Enthusiasmus repräsentiert, der flexiblen und offenen Umgang mit seinen Mitarbeitern pflegt und aktiv seine Ziele verfolgt, so überträgt sich diese Haltung auf die gesamte Organisation. Dabei zählen die Inhalte, aber auch Gestik, Mimik und Körperhaltung beeinflussen stark in Gesprächen, Meetings und Verhandlungen. Besonders die Fähigkeit, unter hohem Druck ruhig und ausgeglichen zu agieren und selbst bei größtem Stress nicht die Kontrolle zu verlieren, wirkt sich maßgeblich auf das Verhalten und Leistung der Mitarbeiter aus. Ein Chef, der die überwiegende Zeit ruhig und ausgeglichen wirkt, jedoch in einer Stresssituation die Kontrolle verliert, wird immer wieder mit dieser (aus der Rolle fallenden) Reaktion in Verbindung gebracht. Ein respektvoller Führungsstil, der emotionale Stabilität repräsentiert ist deutlich effektiver und schafft weniger Unsicherheit bei den Mitarbeitern. Fällt ein Vorgesetzter in Drucksituationen aus der Reihe, reagiert er überemotional, wütend, aggressiv oder auf andere Weise negativ, so schlägt sich dieses Verhalten in einer stetigen Unsicherheit bei seinen Mitarbeitern nieder. Wie wird er jetzt reagieren? Die Unsicherheit und Angst führen beim Mitarbeiter zu einem deutlichen Energieverlust und enden zunächst häufig in verminderter Arbeitsleistung, jedoch später auch häufig in vermehrtem Krankheitsausfällen. So ist auch das Ergebnis einer großen VW-Studie aus dem Jahr 2001 zu erklären (Nieder et al. 2001).

„Jeder Manager kreiert eine für ihn spezifische krankheitsbedingte Fehltage-Ratio innerhalb seines Teams, völlig unabhängig von den Menschen." Das Fazit von Professor Nieders Studie bei Mitarbeitern und Führungskräften des Automobilkonzerns ist auf einen klaren Nenner zu bringen: Eine Führungskraft nimmt ihren Krankenstand mit, wenn sie versetzt oder befördert wird. Das Ergebnis der Studie liefert einen deutlichen Hinweis darauf, dass es Chefs gibt, die krank machen können. Damit wird das Krankheitsmotiv zur einer Exit-Strategie des Mitarbeiters gegenüber dem Verhalten seiner Führungskraft. Wer dafür allein den Mitarbeiter verantwortlich macht, verkennt den Einfluss des Vorgesetzten auf die Fehlzeiten. Denn das Führungsverhalten des Vorgesetzten wird vom Mitarbeiter als relevante Arbeitsbedingung wahrgenommen. Ist diese für ihn unzumutbar oder anstrengend, wird er sich zurückziehen, krank werden oder gehen. Für ein Unternehmen mit Mitarbeitern im höheren Alter ist nach einer Studie von Ilmarinen/ Tempel aus dem Jahr 2010 sogar ein guter Führungsstil und gute Arbeit von Vorgesetzten der einzig signifikante Faktor, um die Arbeitsfähigkeit und Kraft der zwischen dem 51. und 62. Lebensjahr liegenden Mitarbeiter zu verbessern (Ilmarinen und Tempel 2010).

Um die Energie jedes Mitarbeiters im Betrieb auf ein optimales Level zu bringen und dort zu halten, ist das Führungsverhalten des Chefs enorm ausschlaggebend. Ein Change Prozess ist häufig mit einem Chefwechsel verbunden. Ein neuer CEO kann für alle als neue Chance betrachtet werden, führt zu Beginn jedoch meist zu Unsicherheit und Ablehnung. Fragen wie: Wie wird der neue Chef? Welche Veränderungen ergeben sich für mich? Ist mein Arbeitsplatz noch sicher? In welchem Team werde ich arbeiten? Was wird mein neuer Chef von mir halten? etc. führen zunächst zu einem Energieverlust bei jedem einzelnen Mitarbeiter. Die relevanten Qualitäten der neuen Führungsperson wie Authentizität, Engagement, Charisma, Ruhe und Vertrauen benötigen zu Beginn Zeit, um glaubhaft gelebt und transportiert zu werden.

Jedoch ist der Wechsel auch immer eine Möglichkeit. Jeder Mitarbeiter hat eine neue Chance, neu und ohne Vorurteile bewertet zu werden. Am Besten sollte der gemeinsame zukünftige Weg mit dem *gemeinsamen* Erarbeiten der *gemeinsamen* Mission und Vision beginnen. Während dieser Zeit erhält der Chef die Chance, sein Team kennen und einschätzen zu lernen. Was sind die Stärken, worin liegen die individuellen Motivationen? Worin liegen die individuellen Ziele jedes Mitarbeiters, worin genau liegen die Ziele für das gesamte Unternehmen? Welchen Weg wollen wir in Zukunft gemeinsam und mit vollem Einsatz gehen? Wodurch fühle ich mich herausgefordert und wie kann ich mich in Zukunft noch sinnvoller und gewinnbringender für das Unternehmen einbringen?

Das Ziel ist, die emotionale Bindung des Einzelnen an seine tägliche Arbeit wieder bewusst werden zu lasen und über sich und seine Tätigkeit zu reflektieren, damit am Ende jeder voll aktiv und bewusst seine gesamte Energie in den Wandel miteinbringen kann. Eine Studie der University of California verglich Stressmessungen (Cortisolmessungen im Speichel und Ausfüllen von Stress-/Angstfragebögen) von Führungskräften mit den Ergebnissen der übrigen Mitarbeiter. Obwohl angenommen wurde, dass mit größerem Verantwortungsbereich auch der Stresslevel steigt, zeigte sich ein zunächst unerwartetes Ergebnis. Die Führungskräfte zeigten ein niedrigeres Stresslevel als ihre Mitarbeiter. Dieses Ergebnis konnte in weiteren Studien durch das Innehaben eines größeren Kontrollvermögen erklärt werden. Alle Ergebnisse zeigen deutlich, dass es eine klare inverse Relation von Führung, Macht und Kontrolle gegenüber Stress gibt (Shermana et al. 2012, S. 17.903–17.907).

Das ist ein wichtiger Grund dafür, dass Kontrolle, Eigenverantwortung, Selbstständigkeit als enorm wichtige Eigenschaften bei den Mitarbeitern gefördert werden müssen, um ein Minimum an Stress und ein Maximum an Energie zu generieren.

Für den Chef sind in einem Change Prozess vor allem zwei Faktoren entscheidend, damit jedes Bindeglied im Unternehmen sein Energiemaximum ausschöpfen kann:

1. *Leistung:* Tut er alles in seiner Macht stehende, dass seine Mitarbeiter ihr Bestes geben? Und bringt sein Team nun konstant Leistungen, die die Erwartungen derjenigen, für die gearbeitet wird, ob Kunden oder Chefetage, übertreffen.
2. *Menschlichkeit:* Ausgezeichnete Leistung allein macht noch keinen guten Chef. Ein guter Chef hat ein besonderes Gespür dafür, wie seine Mitarbeiter die Zusammenarbeit mit ihm erleben. Er sorgt dafür, dass sich seine Mitarbeiter wertgeschätzt fühlen und stolz sein können, auf das, was sie leisten.

Ist die Stimmung im Unternehmen von vornherein schlecht und lässt die Arbeitsleistung von Einzelnen zu wünschen übrig, dann muss der Chef seine Qualitäten zum Einsatz bringen: mit lobenden, motivierenden und aufmunternden Worten. Doch genau das können die wenigsten Führungskräfte. Eine aktuelle Hay Group-Studie zeigt: Fast die Hälfte (49 %) der Manager in Deutschland sorgt für ein demotivierendes Arbeitsklima; global gesehen sind sogar über die Hälfte der Chefs (55 %) für ein demotivierendes Arbeitsklima verantwortlich.

Lediglich gut jeder dritte Chef (37 %) schafft es, ein leistungsförderndes oder motivierendes Arbeitsklima zu schaffen. 15 % der deutschen Führungskräfte verhalten sich neutral. 95.000 Führungskräfte aus mehr als 2200 Unternehmen weltweit wurden für dieses Studie befragt. Der Blick über die Landesgrenzen hinaus zeigt: Weltweit führen Japan (73 %), Indien (70 %) und Chile (67 %) die Liste der Länder an, in denen die meisten Manager für ein unmotiviertes Klima sorgen. In Europa drücken vor allem italienische Manager die Stimmung (70 %), vor den Niederländern (68 %) und den Spaniern (62 %) (Hay Group 2013).

„Wir wissen, dass inkompetentes Führungsverhalten ein wichtiger Stressfaktor ist", sagte Vorstandsmitglied Hans-Jürgen Urban der Deutschen Presse-Agentur (ntv 2013). Wenn die Mitarbeiter durch das Führungsverhalten Ihres Vorgesetzten konstant unter Stress stehen, können Sie nicht Ihr volles Energiemaximum ausschöpfen und demnach auch nur einen begrenzten Wertbeitrag für die Neuausrichtung des Unternehmens liefern.

In Unternehmen ab einer bestimmten Größe ist natürlich nicht mehr der CEO allein das Vorbild, dass sich durch das gesamte Unternehmen trägt. Für ihn ist es wichtig, sich ein handfestes vertrauensvolles Team aufzubauen, das seinen Führungsstil in Verbundenheit mit den wichtigen Eigenschaften wie Authentizität, Engagement, Charisma, emotionale Stabilität und Vertrauen in die gesamte Firma hineinträgt. Nur auf diese Weise kann sich der Energiestrom wie ein Fluss mit vielen Ästen von ganz oben bis in alle Ebenen ausbreiten.

2.2 Das Team

Mitarbeiter sehen sich im Unternehmen immer weniger als einzelne Individuen. Sie sind Teil einer Gesamtgruppe von Menschen, die ein gemeinsames Ziel verfolgen. Dafür arbeiten sie mehr oder weniger intensiv und regelmäßig mit ihren Kollegen zusammen. Oft verstehen sie sich deshalb selbst als Team. Das ist prinzipiell eine hilfreiche und unterstützende Sichtweise bei Veränderungen. Jedoch zeigt es auch, wie wichtig, der Umgang innerhalb des Teams ist und welche Auswirkungen sich durch bestimmte Faktoren auf die Produktivität der Teamarbeit ergeben. Um einen erfolgreichen Wandel im Unternehmen anzugehen und die maximale Energie aus den einzelnen Teams für die Innovationen auszuschöpfen, kommt es bezüglich der Teamarbeit vor allem auf zwei Faktoren an:

1. Die richtige Auswahl in der Teamzusammenstellung zu treffen und
2. die ausschlaggebenden Faktoren, die die Energie des Teams erhöhen, zu stimulieren.

In den letzten Jahren erschienen viele Studien, die die Leistung in Team in Abhängigkeit von ihrer Diversität untersuchten. Denn genau dies ist der Zweck des Arbeitens im Team: Die Mitarbeiter ergänzen sich durch ihre persönlichen Stärken und Fähigkeiten und schaffen auf diese Art und Weise im Idealfall ein bestmögliches Ergebnis. Am effektivsten arbeiten daher Teams, die zwar möglichst heterogen und divers aufgestellt sind, jedoch das gleiche Ziele verfolgen. Für Unternehmen im Wandel und in Veränderungsprozessen, ist es essenziell, flexibel und schlagkräftig zu sein und sie müssen das Wissen und die Erfahrungen, die unterschiedliche Mitarbeiter in ihr Team einbringen, nutzen.

Die meisten Innovationen entstehen in Teams. Welche Teamfaktoren begünstigen dabei die Entstehung neuer Produkte oder Prozesse?

Ute Hülsheger (Associate Professor für Organisationspsychologie, Fakultät für Psychologie und Neuroscience), Neil Anderson (Professor für Arbeits- und Organisationspsychologie an der Universität Amsterdam) und Jesus Salgado (Universität Santiago de Compostela) haben im Journal of Applied Psychology eine Metaanalyse zum Einfluss von Teamfaktoren auf Innovationsprozesse im Unternehmen vorgelegt (Hülsheger et al. 2009). Sie werteten dabei 104 Studien aus den letzten 30 Jahren aus, bei denen insgesamt über 50.000 Personen untersucht wurden. Ziel war es, die *Teamfaktoren herauszufinden, die maßgeblich neue Potenziale, Produkte und Prozesse in Organisationen bestimmen.* Diese Studie ist enorm relevant, denn sie zeigt, welche Faktoren in Teams besonders in Veränderungs- und Innovationsprozessen eine ganz bedeutende Rolle spielen.

Im Ergebnis zeigte sich, dass sieben Teamfaktoren einen deutlich nachweisbaren Einfluss auf Innovationen haben. Diese sieben Faktoren beeinflussen die Entstehung von Innovationen wie folgt (von oben nach unten mit abnehmender Effektstärke).

Teamfaktoren, die maßgeblich neue Potenziale, Produkte und Prozesse in Organisationen bestimmen:

- **Teamvision.** Sie ist das Leitbild und das übergeordnete Ziel, der sich die Teammitglieder verpflichtet fühlen. Dieses Ziel motiviert die Mitarbeiter und hilft ihnen, sich ihren Auftrag immer wieder vor Augen zu führen. Die Teamvision hängt am stärksten mit Innovationen zusammen.

- *Externe Kommunikation.* Kommunikation mit Personen außerhalb der Arbeitsgruppe ist der zweitwichtigste Faktor. Externe Kommunikation stellt sogenannte „schwache Bindungen" (weak ties) zwischen den beteiligten Personen her gemessen an ihrer Interaktion und ihrer emotionalen Beteiligung. Gerade diese schwachen Bindungen ermöglichen den nicht redundanten Informationsaustausch und sorgen für neue Ideen bei den Teammitgliedern.
- *Unterstützung von Innovationen.* Damit ist der Support gemeint, den Mitarbeiter im Team dafür erhalten, neue Wege zu beschreiten. Unterstützt werden sie dabei auch vor allem vom Chef oder von den Kollegen, die Fehler und Risiken beim Austüfteln neuer Produkte bewusst tolerieren. Mitarbeiter beschreiben diese Atmosphäre mit „Offenheit für Veränderungen" oder „neue Ideen sind gern gesehen".
- *Leistungsorientierung.* Sie steht für das Ausmaß, mit dem die Teammitglieder eine hohe Arbeitsleistung anstreben. Dabei sind ihnen die Arbeitsziele und die Wege, diese zu erreichen, klar. Leistungsorientierung steht auch für die intrinsische Motivation, mit der Mitarbeiter von sich aus auf Leistung setzen. Damit geht einher, dass man sich auch für neue Problemlösungen interessiert, was letztlich zu mehr Kreativität führt.
- *Interne Kommunikation.* Diese ist, ob von Angesicht zu Angesicht oder virtuell, für den Austausch zwischen den Teammitgliedern geradezu überlebensnotwendig. Sie ermöglicht, Ideen auszutauschen, Wissen zu teilen, den anderen an Erfahrungen teilhaben zu lassen, neue Lösungsansätze zu diskutieren und sich gegenseitig Feedback zu geben. Durch dieses Miteinander wird der Innovationsprozess begleitet und beschleunigt.
- *Gruppenzusammenhalt.* Kohäsion oder Gruppenzusammenhalt ist seit den 1950er ein Thema in der Gruppenforschung. Mitglieder eines Teams mit hohem Zusammenhalt geben an, gerne im Team zu sein und sich für dieses engagieren und anstrengen zu wollen. Damit fühlen sie sich auch in der Pflicht, wenn es beispielsweise darum geht, eine neue Produktlinie zu entwickeln. Innovationen können durch dieses Zusammengehörigkeitsgefühl angestoßen werden.
- *Zielabhängigkeit.* Wenn diese im Team besteht, sind die Ziele der einzelnen Mitglieder von denen anderer abhängig. Eigene Ziele können damit nur in gemeinsamer Anstrengung erreicht werden. Das setzt voraus, dass sich die Kollegen untereinander besser absprechen und sich auch gegenseitig zur Zielerreichung motivieren. Dieser Austausch bringt ebenfalls mehr neue Ideen in Umlauf als wenn die Mitarbeiter unabhängig voneinander ihr eigenes Ziel verfolgen.

Zusammenfassend lässt sich aus diesen Untersuchungen, die ein breites Abbild über die letzten 30 Jahre organisationspsychologischer Forschung abbilden, deutlich ableiten, welche Faktoren in den Teams am stärksten zu Energiegewinn, jedoch bei Nichtvorhandensein auch zu Energieverlust führen:

Am wichtigsten ist vor allem die *Teamvision*. Daher ist es essenziell, alle Team-mitglieder in den Erstellungsprozess der Vision miteinzubeziehen. Denn nur, wenn es eine Vision ist, die jedes Teammitglied auch authentisch selbst mit formuliert hat, ist es die echte und wahrhaftige Vision des Teams und führt zu großer Motivation und persön-lichem Einsatz für das Ziel. Extrem hilfreich ist es, in den ersten Wochen *gemeinsam* eine prägnante *Vision in einem kurzen Satz und ein aussagekräftiges Bild* zu erarbeiten, damit alle Mitarbeiter etwas Greifbares vor Augen haben, für das sie in Zukunft arbeiten wollen. Diese Vision sollte so aussagekräftig und machtvoll sein, dass jeder Mitarbeiter genau weiß, wofür er morgens aufsteht und auch harte Zeiten in Kauf nimmt.

Als zweitwichtiger Punkt gilt die *externe Kommunikation,* die sogenannten „weak ties". Untersuchungen zeigen, dass schwache Bindungen zwischen den einzelnen Teams hilfreich sind, um relevantes Wissen in anderen Einheiten zu finden und Redundanzen zu vermeiden. Diese externe Kommunikation beschleunigt und vereinfacht viele Pro-zesse und trägt deutlich zur Energieeffizienz des Teams bei. Nicht umsonst stellt „Apple" seine Toiletten und Café-Bereiche in den Büros in die Mitte der Räume. Auf diesem Weg kommen viele zufällige Kontakte und Austäusche zustande, die genau diese „weak ties" fördern und den einfachen unstrukturierten Austausch über Informationen erleichtern. Ständiger strukturierter Informationsaustausch kostet zu viel Zeit und ist ab einem bestimmten Maß ineffektiv.

Und der drittwichtigste Punkt ist die *Unterstützung von Innovationen* im Team. Wie stark wird das Team in seinen Entwicklungen unterstützt, motiviert und respektiert? Will man ein erfolgreiches innovatives Team erzeugen, so ist es essenziell, die ersten Schritte zu vereinfachen und als Katalysator und nicht Blockade aufzutreten. Die wertschätzende Anerkennung erster Schritte und die Diskussion über Fragen wie: „Was ist durch diese Veränderung besser? Wie können wir eventuelle Defizite der Innovation ausgleichen?" sind enorm wichtig und sollten sowohl vonseiten des Vorgesetzten als auch von anderen Personen und Teams kommen.

2.3 Der einzelne Mitarbeiter

Nicht zuletzt zählt jedoch natürlich jedes Bindeglied im Unternehmen. Jedes Individuum sollte sein Maximum an Energie für den Veränderungsprozess zur Verfügung haben, um mit den Schwierigkeiten und Unsicherheiten, die mit dem Change Prozess verbunden sind, bestmöglich umzugehen. Denn nur, wenn alle das gleiche Ziel verfolgen und dafür auch kraftvoll und energetisch bereit sind, mitzukämpfen, dann wird der Change Prozess ein Erfolg. Dazu gehören vor allem natürlich die höchsten Management-Ebenen. Sie haben zum Einen die Vorbildfunktion für das gesamte Team, sollten jedoch ebenfalls darauf ach-ten, den Energiezustand jedes Teammitglieds im Auge zu halten und ggf. darauf einzu-wirken. Mit diesem Thema wollen wir uns nun im letzten Teil des Artikels beschäftigen.

3   Energiegewinn des Einzelnen

Jeder Mensch kann langfristig nur dann seine volle Energie zur Verfügung haben, wenn er bestimmte Kriterien in seinem Leben erfüllt sieht. Dabei geht es sowohl um psychologische Faktoren als auch um körperliche Faktoren. In den folgenden Abschnitten soll zunächst auf die psychologischen Motive eingegangen werden und danach die körperlichen Eigenschaften betrachtet werden, die jeden Menschen zu einem Maximum an Energie verhelfen.

3.1   Sinnfindung und Vision

Wenn wir uns die gut bekannte Maslowsche Bedürfnispyramide (Maslow 1943, S. 370–396) ansehen, die in einer hierarchischen Struktur die menschlichen Bedürfnisse und Motivationen beschreibt, wird schnell deutlich, dass zunächst die Erfüllung der Grundbedürfnisse wie physiologische Bedürfnisse (Hunger, Durst, Schlaf, etc.), Sicherheitsbedürfnisse und soziale Bedürfnisse (Kontakt zu anderen, Liebe, Freundschaft, Teil einer Gesellschaft sein, etc.) Erfüllung bedürfen. Um das Energieniveau jedes Menschen auf ein Maximum zu bringen, sind jedoch auch die beiden höchsten Bedürfnisstufen der Pyramide zu beachten. *Individuelle Bedürfnisse* sollten befriedigt werden durch Anerkennung, Geltungsbewusstsein, Status und Einfluss, aber auch vor allem die höchste Ebene: Der *Drang nach Selbstverwirklichung,* nach der Entwicklung der eigenen Persönlichkeit.

Wir brauchen eine Sinnhaftigkeit in unserem Tun. Wir wollen zu positiven Zielen beitragen, wir wollen eigenständig Entscheidungen treffen und selbstständig handeln. Warum tun wir das, was wir heute tun? Und: Wo wollen wir in fünf bis zehn Jahren stehen? Diese Fragen sollte sich jeder Mitarbeiter beantworten können, um täglich engagiert und motiviert anzupacken. Diese Sinnfindung und auch die Beschreibung einer eigenen ganz persönlichen Lebensvision ist nicht trivial und geht selten schnell von der Hand. Häufig lohnt es sich, hier professionelles Coaching in Anspruch zu nehmen, die dem Mitarbeiter dazu verhilft, diese Fragen ehrlich und tief gehend für sich zu beantworten. Danach kann konkreter auf seine Position im Unternehmen eingegangen werden. Ist dies die bestgeeignete Stelle, um seine Vision und Sinnfindung auszuleben? An welcher Stelle ergibt sein Einsatz das beste Ergebnis für Mitarbeiter und Unternehmen? Nur wenn die individuelle Vision die Arbeit mit einbezieht, wird der Mitarbeiter sein volles Energieniveau auch für den Arbeitseinsatz nutzen.

3.2   Definition eigener Werte, Stärken und Ziele

Die klare Definition der eigenen höchsten Werte und Ziele ist von hoher Relevanz. Um ein Maximum an Energie zur Verfügung zu haben, darf die Arbeit nicht im Konflikt mit den eigenen höchsten Werten stehen? Verfolgt der Mensch mit seinem täglichen Tun ein Ziel, das ihm wichtig ist? Kommen dabei persönliche Leidenschaft und Stärken zum Einsatz? Was kann er/sie besonders gut und was macht er/sie besonders gern? Häufig hilft es enge Mitarbeiter der Person zu fragen. Was schätzen diese besonders an dem Kollegen, welche seiner Eigenschaften finden sie wertvoll und bereichernd? Daraufhin sollte genauer betrachtet werden, an welcher Position die Person im Unternehmen eingesetzt werden sollte, damit sie wertvollen Beitrag leistet, jedoch auch ein Optimum bezüglich der persönlichen Werte, Ziele und Stärken ausleben kann.

3.3 Übernahme von Selbstverantwortung

Selbstwirksamkeit und die Übernahme von Eigenverantwortung sind ein absoluter Schlüsselfaktor zu einem gesunden und energievollen Arbeiten. Nicht umsonst zeigen die Stresshormonwerte bei Personen in verantwortlichen Führungspositionen niedrigere Werte als die Vergleichsgruppe der weniger verantwortlichen Berufe (Shermana et al. 2012, S. 17.903–17.907). Selbstwirksamkeit und Übernahme von Selbstverantwortung gibt Kontrollvermögen. Kontrollvermögen lindert Stress und Druck. Ständiges Gefühl von Fremdbestimmung und Kontrollverlust ist häufig eine Ursache für Stress. Sie führt zu einer Wahrnehmung von Ausgeliefertsein und führt in vielen Fällen dauerhaft zu belastungsbedingten psychosomatischen Erkrankungen. Ein hohes Stresslevel, wenig Selbstbestimmtheit und die prompte Reaktion auf die Bedürfnisse anderer: Alle diese Eigenschaften haben Berufe gemeinsam, bei der die Beschäftigten besonders häufig wegen der Diagnose Depression krankgeschrieben sind. Das zeigen die Ergebnisse des „Depressionsatlas" der Techniker Krankenkasse (TK), eine Sonderauswertung des TK-Gesundheitsreports 2014, für den die Krankschreibungen des Jahres 2013 der 4,1 Mio. bei der Krankenkasse versicherten sogenannten Erwerbspersonen betrachtet wurden (Wrobel 2015, S. 5).

3.4 Physische und psychische Gesundheit

Bei jeder Form von Krankheit steht jedem Menschen nur einen Bruchteil seiner möglichen Energie zur Verfügung. Daher ist eine vollkommene physische und psychische Gesundheit der Mitarbeiter ein enorm essenzieller Faktor, um einen aufwendigen und energiefördernden Change Prozess erfolgreich zu gestalten. Für die psychische Gesundheit aller Arbeitnehmer kann vom Arbeitnehmer nur bis zu einem gewissen Grad die Kontrolle und Verantwortung vollständig übernommen werden. Wichtig sind hier im Unternehmen gut bekannte Anlaufstellen, Notrufnummern und unabhängige Vertrauenspersonen, die rechtzeitig Menschen mit beginnenden psychischen Problemen helfen und ihnen den weiteren Weg der Therapie weisen.

Für die physische Gesundheit der Arbeitnehmer kann das Unternehmen hingegen
sehr viele effektive Methoden anwenden. Auch hier sollte vor allem die *Relevanz der
Führung* als Vorbild beachtet werden. Gesunde Ernährung, Pausen zur Regeneration,
Bewegung, alle diese Faktoren müssen von der Management Ebene mit gutem Beispiel vorgelebt werden, damit die Mitarbeiter diesen Lebensstil übernehmen. Regelmäßige Angebote wie beispielsweise Meetings in gemeinsame Spaziergänge oder
Joggingrunden zu legen, Meditationssequenzen als Pausen, Bewegungsübungen,
die für alle Mitarbeiter regelmäßig stattfinden und vor allem auch von höheren Ebenen wahrgenommen werden, können riesige Unterschiede in der Gesundheit des
Personals herbeiführen. Eine Kantine, die ausschließlich gesunde, frische und ausgewogene Ernährung anbietet und Fortbildungen von Ernährungsexperten sind
sehr effektiv. Aber vor allem hier ist die Vorbildfunktion der Führungskräfte enorm
relevant. Auch die Durchsetzung bestimmter Rituale in den Teams durch die Teamleiter können zum Teil zunächst auf Widerstand stoßen, zeigen sich nach einiger Zeit
jedoch häufig als extrem effektiv und teamfördernd. Mit der Einführung bestimmter
neuer Rituale wie beispielsweise eine 15 min Bewegungssequenz im Team nach der
Mittagspause oder die regelmäßige Verlegung eines Teammeetings in einen Mittags-
spaziergang an der frischen Luft hilft stark dabei, die Köpfe der Mitarbeiter bereit
für Veränderungen zu machen. Die Dinge einmal bewusst anders zu tun als gewohnt,
erhöht die Flexibilität des Denkens. Durch die Einführung neuer Rituale trainieren
wir das Gehirn, offener und flexibler auf Veränderungen zu reagieren. Dies führt
deutlich zur Reduktion von Ablehnung und Verachtung neuer Methoden und steigert
die Kreativität.

4   Inwiefern profitiert das Unternehmen?

Nur wenn jedes Rad und jedes Bindeglied im Unternehmen sein Maximum an Energie zur Verfügung hat, kann ein Change Prozess die besten Aussichten auf einen
Erfolg haben. Das Scheitern der aktuell so vielzähligen Change Prozesse wird derzeit zumeist auf eine geringe Flexibilität, Spontaneität und ein zu eingeschränktes
Reaktionsvermögen der Firmen zurückgeführt. Um genau dies zu gewährleisten,
muss ein Unternehmen in seiner gesamten Entität als Summe seiner einzelnen
Bestandteile gesehen werden. Als Zusammenschluss aus Teams und Individuen, bei
denen jeder zählt. Nur die Summe der Energien jeder Einzelperson einen erfolgreichen Wandel katalysieren kann. Es lohnt sich, diesen Energiefaktor ernst zu nehmen. Gesunde aktive Mitarbeiter, deren Ziel und Vision klar ist, deren Arbeit einen
Einsatz ihrer Stärken und Ziele gewährleistet, haben eine hervorragende Kraft zur
Verfügung, von dem das Unternehmen in schwierigen Veränderungsprozessen enorm
profitieren kann.

Literatur

Aiken C, Keller S (2009) The irrational side of change management. McKinsey Q. http://www.mckinsey.com/insights/organization/the_irrational_side_of_change_management.

Ashkenas R (2013) Change management needs to change. Harvard business review, blog. https://hbr.org/2013/04/change-management-needs-to-cha. Zugegriffen: 25. Jan. 2015

Badura B, Münch E, Ritter W (2001) Partnerschaftliche Unternehmenskultur und betriebliche Gesundheitspolitik. Fehlzeiten durch Motivationsverlust, 4. Aufl. Verlag Bertelsmann Stiftung, Gütersloh

Borkowski J (2011) Respektvolle Führung. Wie sie geht, was sie fördert und warum sie sinnvoll ist. Gabler, Wiesbaden

Decker C, Mölders C, Van Quaquebeke N (2014) Mehr als ein Kuschelfaktor: Die Sehnsucht nach Respekt. Wirtschaftspsychologie aktuell 4:46–48

Hay Group (2013) Fast jeder zweite Chef in Deutschland demotiviert seine Mitarbeiter, Frankfurt. http://www.haygroup.com/de/press/details.aspx?id=37320. Zugegriffen: 25. Jan. 2015

Hülsheger U, Anderson N, Salgado J (2009) Team-level predictors of innovation at work: a comprehensive meta-analysis spanning three decades of research. J Appl Psychol 94(5):1128–1144

Hüther G (2011) Was wir sind und was wir sein könnten, 12. Aufl. Fischer, Frankfurt a. M.

Ilmarinen J, Tempel J (2010) Arbeitsfähigkeit 2010-Was können wir tun, damit Sie gesund bleiben? Herausgegeben von Marianne Giesert im Auftrag des DGB-Bildungswerk e. V., VSA Verlag ISBN 3-87975-840-9 1

Maslow AH (1943) A theory of human motivation. (Originally Published in) Psychol Rev 50:370–396

Nieder P, Michalk S (2001) Reduzierung von Fehlzeiten durch Organisationsentwicklung. In: Griesche D (Hrsg) Innovative Anforderungen, Methoden, Lösungen, Transfer. Gabler Verlag, Wiesbaden, S 283–296

Nink M (2014) Engagement Index Deutschland 2013, Pressegespräch Gallup GmbH. http://www.inur.de/cms/wp-content/uploads/Gallup%20ENGAGEMENT%20INDEX%20DEUTSCHLAND%202013.pdf. Zugegriffen: 28. Jan. 2015

ntv (2013) Stress am Arbeitsplatz, Chefs sind Opfer und Täter. http://www.n-tv.de/ratgeber/Chefs-sind-Opfer-und-Taeter-article10033036.html. Zugegriffen: 29. Jan. 2015

Shermana GD, Leea JJ, Cuddyb AJC, Renshonc J, Oveisd C, Grosse JJ, Lernera JS (2012) Leadership is associated with lower levels of stress. Proc Natl Acad Sci (PNAS) 109(44):17903–17907

Wrobel C (2015) Fremdbestimmt im Job, Junge Welt, S 5. https://www.jungewelt.de/loginFailed.php?ref=/2015/01-29/039.php. Zugegriffen: 29. Jan. 2015

© Miriam Goos

Dr. med. Miriam Goos, Jahrgang 1977, ist Neurologin und Gründerin einer Firma, die sich dem nachhaltigen Umgang mit Gesundheit am Arbeitsplatz und der Burnout Prävention verschrieben hat. Mit ihrer Firma Stressfighter Experts begleitet sie Unternehmen während Veränderungsprozessen mit Seminaren, Einzelcoachings und organisatorischer Beratung, um einen gesunden Umgang mit der zunehmenden Geschwindigkeit durch die Digitalisierung und Technologisierung zu fördern.

Nach Medizinstudium und Promotion an den Universitäten Hamburg, St. Gallen und Kings College in London 2003 sammelte sie als Neurologin am Universitätsklinikum Göttingen klinische Erfahrungen mit Stresspatienten. In der Notaufnahme und auf der Intensivstation registrierte sie eine drastisch steigende Anzahl von

Patienten mit stressbedingten Erkrankungen. Professionelle und ärztlich fundierte Unterstützung müssen ihrer Meinung nach präventiv vor dem Auftreten erster Symptome eingesetzt werden, um Leistungsausfälle und Krankheit zu verhindern. Parallel zu ihrer klinischen Arbeit forschte Miriam Goos auf molekularbiologischer Ebene im Bereich der Neurobiologie. Die Erkenntnisse aus der Neuroplastizität und die Reaktionen des Gehirns auf kontinuierlichen Stress bilden den Kernpfeiler für das von ihr entwickelte Programm zur Gesundheitsförderung. Heute arbeitet sie mit branchenübergreifenden Unternehmen in Europa zusammen und ist als Dozentin für die Hochschule St. Gallen (HSG) tätig.

Teil X

Leben neu denken

Kultur schafft Gesellschaft, Kultur prägt neues Denken

Monika Griefahn und Petra Reinken

1 Einleitung

Der Mensch unterscheidet sich von allen anderen Lebewesen dadurch, dass er ein kulturelles Wesen ist. Das heißt, er kann Dinge gestalten. Diese Gestaltungsfähigkeit hat nun in den vergangenen zwei- bis dreihundert Jahren eine Welt hervorgebracht, in der es an allen Ecken und Enden hakt. Grund dafür, dass vieles nicht mehr so funktioniert wie es sollte, ist, dass der Mensch sein Tun nicht zu Ende denkt. Der Mensch hat Flüsse umgeleitet und begradigt ohne an die Folgen durch veränderte Fließgeschwindigkeit und Wasserstauungen zu denken. Der Mensch hat Verbrennungsmotoren erfunden ohne zu wissen, welche Konsequenzen die Abgase für die menschlichen Lungen und das Klima haben. Er hat Pestizide erfunden, deren Ausbreitung er nicht kontrollieren kann. Er hat die Atomenergie entwickelt – die Biologin Christine von Weizsäcker prägte dafür den Begriff einer Technologie, die nicht „fehlerfreundlich" ist. Heute wissen wir um viele Zusammenhänge auf dieser Welt. Schonungslos, unter Umständen unbeherrschbar, bekommen wir die Fehler der Vergangenheit vor Augen geführt. Das eröffnet eine Chance, die der Mensch nutzen muss. Es ist die Chance der menschlichen Kulturen zu

M. Griefahn (✉)
Institut für Medien Umwelt Kultur, Monika Griefahn GmbH, Buchholz, Deutschland
E-Mail: buero@griefahn.de

P. Reinken
Wortwolf, Soltau, Deutschland
E-Mail: info@wortwolf.de

© Springer-Verlag GmbH Deutschland, ein Teil von Springer Nature 2019
A. Hildebrandt und W. Landhäußer (Hrsg.), *CSR und Energiewirtschaft*,
Management-Reihe Corporate Social Responsibility,
https://doi.org/10.1007/978-3-662-59653-1_34

zeigen, dass sie auch positiv gestalten können. Drei Prinzipien sind dabei von elementarer Bedeutung: die Betrachtung aller Materialien als Nährstoffe, die Nutzung erneuerbarer Energien und die Achtung der Vielfalt – kulturell und biologisch. Unter strengster Einhaltung dieser Prinzipien wird sich der Mensch vom Störenfried auf dieser Welt zum Nützling wandeln.

2   Kultur schafft Gesellschaft

Was die Individuen in den Gesellschaften mehr als bisher in positiver Weise nutzen müssen, um die Chance zu ergreifen, die ihre Existenz als kulturelle Wesen ihnen bietet, ist ihre Kreativität. Die Entwicklung der Umweltpolitik und die Nachhaltigkeitsdebatte der vergangenen Jahrzehnte zeigt, wie sehr sich Werte und Handlungsweisen in den vergangenen drei Jahrzehnten in Deutschland verschoben haben. In den 1980er Jahren trennte niemand den Müll, heute tut es vielen Menschen in der Seele weh, wenn sie Papier zu Teebeuteln in einen Eimer werfen. Es waren Menschen mit neuen Ideen, mit neuem Aktionismus – kurzum, mit hoher Kreativität -, die die Aufmerksamkeit der Gesellschaft einforderten und bekamen.[1] Auch die Energiewende in Deutschland hat in der Gesellschaft eine hohe Akzeptanz, was in einer so technikfixierten Gesellschaft, die sich einst den Errungenschaften der Atomphysiker hingab wie andere Nationen auch, fast erstaunlich anmutet. Künstler und kreative Aktive begleiten die Transformation von einer fossilen zu einer Erneuerbare-Energien-Gesellschaft individuell mit und stärken den Kurswechsel in ihrem jeweiligen Wirkungskreis.[2]

Kreativität und Lösungsorientierungen, die schon in der frühkindlichen Phase entwickelt werden, und Kreativität im gesellschaftlichen Kontext, der positiv oder negativ sanktioniert ist, entscheiden mit, ob Menschen mit den Herausforderungen, die sie sich selbst geschaffen haben – Krieg, Ressourcen- und Klimazerstörung – fertig werden. Das, was heute Nachhaltigkeit genannt wird, ist auch eine gesellschaftliche Aufgabe von kulturellen Einrichtungen, Künstlern und Kulturpolitik. Schaffen wir als Gesellschaft das Potenzial zu sehen?

Nachhaltigkeit, so wie wir sie heute verstehen, ist von vielen Akteuren zu kurz gedacht. Der zentrale Begriff, der um Nachhaltigkeit kreist, ist „Effizienz". Wir sollen „weniger" von dem Schlechten tun: Abläufe effizienter machen, Ressourcen und Energie sparen. Das mag ein guter Ansatz sein in einer menschlichen Welt, die noch von fossilen Brennstoffen abhängig ist und mithin ein Konzept für die Gegenwart. Es ist jedoch

---

[1]In „Mindbombs" zum Beispiel wird beschrieben, wie Greenpeace die hohe Kreativität seiner Aktivisten nutzte, um Aufmerksamkeit zu erregen. Hofmann 2008.
[2]Zum Beispiel Pablo Wendel mit seinem Kunststrom-Projekt „Performance Electrics" (http://www.performance-electrics.com/) oder das „Energieinart"-Projekt in der Region Bayreuth. (http://energy-in-art.de/).

nicht das richtige Mittel in einer menschlichen Welt, die sich in Zukunft aus erneuerbaren Energien versorgt. Denn diese sind in unendlichem Maße vorhanden, eine effiziente Nutzung wird mit jedem Entwicklungsschritt hin zu 100 % Erneuerbaren immer weniger wichtig.

Effizienzdenken hat in der Vergangenheit tatsächlich auch zu Recycling-Aktivitäten geführt. Ob aber der Prozess oder das Produkt dann nachhaltig ist, ist nicht gesagt. Zu nennen ist zum Beispiel das Recycling von Lkw-Planen zu Taschen. Im Prinzip scheint die Idee bestechend. Aber die Lkw-Plane an sich ist bereits aus einem Material gefertigt, das die Umwelt und die Gesundheit der Menschen schädigt: PVC mit Weichmachern, die Krebs auslösen können. Wenn Menschen dann aber eine Tasche aus diesem Material in ihre Innenräume mitnehmen, dann steigt die Wahrscheinlichkeit, Allergien oder anderen Erkrankungen zu bekommen. Das „Weniger schlecht" hat also nicht zur Nachhaltigkeit geführt. Es gilt, erst einmal das „Positive" zu definieren und Produkte und Prozesse neu zu erfinden, um zum positiven Fußabdruck zu kommen.

Effizientere Abläufe führen, wenn man sie konsequent zu Ende denkt, zu Konformität, zu Gleichmacherei. Sie nehmen das Schöne und die Vielfalt. Zu Ende gedacht brauchen wir keine vielfältigen Speisen und Getränke, um Genuss zu empfinden. Um satt zu werden, reichen auch eine Tablette und ein Glas Wasser. Energie zu sparen mag ein gutes Gefühl für die Einen sein, ist aber für Andere Ausdruck von Verzicht. Dies ist der Grund dafür, dass es häufig zu einem Rebound-Effekt kommt. Nicht umsonst besteht zum Beispiel ein hoher Anteil des Absatzes von bestimmten Automobilherstellern in SUV-Modellen, die sicherlich energiesparender als vor zehn Jahren sind, aber durch den Rebound-Effekt wird die Effizienz der Motoren in größeren Einheiten wieder aufgebraucht. So erzählte Audi, dass es ein Drittel ihres Absatzes durch SUVs erzielt – gekauft häufig von Müttern mit dem Anspruch, ihre Kinder vermeintlich sicher zur Schule oder in den Kindergarten zu bringen. Dass sie neben der Umweltbelastung eher die Kinder, die zu Fuß oder mit dem Fahrrad kommen, gefährden, wird in der Gesamtbetrachtung außen vor gelassen.

3   Effektivität und Schönheit

Wichtig ist es also, nicht nur nach der Effizienz zu fragen, sondern nach der Effektivität. Was ist das Richtige, und zwar das Richtige in der gesamten Produktionskette? Das richtige Produkt, der richtige Prozess, die richtigen Materialien, der richtige Service. Wenn Nachhaltigkeit nicht mehr mit Vermeiden, Sparen und Verringern zu tun hat, sondern mit Freude und Schönheit, dann sind die Menschen auf dem richtigen Weg. Nur dann ist Nachhaltigkeit wirklich umsetzbar.

Die Grundlage einer nachhaltigen Gesellschaft ist eine Kultur der Partizipation, der Empathie und Fairness, der Vielfalt und Schönheit. Diese Begriffe orientieren sich an den ureigensten Bedürfnissen des Menschen, und nur, wenn diese Bedürfnisse erfüllt werden, können Menschen zu einer Form der Nachhaltigkeit kommen, die diesen Namen verdient und die dauerhaft umsetzbar bleibt. Denn nur etwas, das den Bedürfnissen der Menschen entspricht, wird von ihnen freiwillig und mit Lust umgesetzt. Wie erklärt es sich sonst, dass trotz zunehmender Klimaereignisse internationale Konferenzen in dem Bereich nur Miniergebnisse vermelden?

Diese Gedanken sind noch nicht in die Breite der Umweltbewegung vorgedrungen. Der Philosoph Michael Schmidt Salomon schreibt dazu:

> Ökologisch korrektes Verhalten wird bei uns gerne mit Verzicht und Buße assoziiert – keineswegs mit intelligenter Verschwendung oder gar Schönheit. Wer sich für eine intakte Natur einsetzt, der zieht oftmals einen nicht unwesentlichen Teil seines Selbstwertgefühls daraus, dass er zu der Gruppe jener Auserwählten gehört, die aus moralischen Gründen für eine bessere Welt leiden und durch Verzicht auf unökologische Konsumgüter stellvertretend für all die schrecklichen Dinge büßen, die wir Menschen der geschundenen Erde antun (Schmidt-Salomon 2014).

Rufen wir uns kurz ins Gedächtnis zurück, wie Nachhaltigkeit 1987 im Brundtland-Report definiert wurde:

> Humanity has the ability to make development sustainable to ensure that it meets the needs of the present without compromising the ability of future generations to meet their own needs (United Nations General Assembly 1987, S. 24).

Es ist eine Definition von Nachhaltigkeit, die einen großen Spielraum für Herangehensweise und Ausgestaltung einer nachhaltigen Gesellschaft lässt. Verwerflich ist es somit nicht, der Theorie von Askese und „Degrowth" die Strategie der Effektivität und Schönheit an die Seite zu stellen. Und diese ist eng verwoben mit der Anerkennung der Menschen als kulturelle Wesen.

Harald Heinrichs et al. zeigen in ihrem (2014) erschienenen Buch „Nachhaltigkeitswissenschaften" das Vier-Dimensionen-Modell der Nachhaltigkeit – und die vierte Dimension ist die Dimension der Kultur. Darunter vereinen sich: ethische Vergewisserung, nachhaltigkeitsgerechte Lebensstile, ganzheitliche Naturwahrnehmung, ästhetische Wahrnehmung nachhaltiger Entwicklung, lokale kulturelle Vielfalt der Wege zu einer nachhaltigen Entwicklung, traditionelles Wissen, Umgang mit Zeit, Konsumentenbewusstsein, lokale Öffentlichkeit, internationaler Austausch, globale Verantwortung und „cosmopolitan culture" (Heinrichs und Michelsen 2014).

In der politischen und gesellschaftlichen Debatte hingegen ist Effizienz das Zauberwort in der nach wie vor gängigen Interpretation von Nachhaltigkeit, es wird also vorwiegend wirtschafts- oder umweltpolitisch argumentiert. Nach dieser Effizienztheorie leben Menschen nachhaltig, wenn sie sparen: zum Beispiel Strom sparen durch A+++-Geräte, Heizkosten sparen durch eine energetische Sanierung des Hauses. Das ist alles im Grunde nicht falsch, aber es passt nicht, wenn es die falschen Dinge sind, die effizienter gemacht werden. Was nutzt einem Bewohner ein Haus, das besser isoliert ist, aber im Innenausbau keine Materialien enthält, die dafür gemacht sind? Wie reagiert man auf Schimmel, der bei einer zu geringen Luftzirkulation entsteht, oder auf den Teppichbodenkleber, der krank machen kann, weil er womöglich Lösungsmittel enthält, die ausdünsten? Untersuchungen zufolge ist der Kohlendioxidgehalt in den Klassenzimmern einer gut isolierten Schule erheblich höher als in weniger gedämmten Schulräumen, mit der Folge, dass die Kinder nicht mehr gut denken oder lernen können.[3] Nachhaltigkeit ist mehrdimensional, und mit einer höheren Effizienz wird in der aktuellen Diskussion vorwiegend die ökonomische Seite bedient. Energiekosten sind hoch – wer Energie spart, spart Geld und schont das Klima, heißt es.

4   Ganzheitliche Betrachtung

Oft bleibt eine ganzheitliche Betrachtung von Produktionsprozessen dabei auf der Strecke. Wenn wir beim Hausbau ein Passivhaus verwirklichen, aber das mit Materialien gebaut ist, die in der Gewinnung der Rohstoffe und der Produktion der Baustoffe schon große Mengen Energie verschlungen haben, kann unter dem Strich ein Haus besser sein, das in der Nutzungsphase weniger optimal ist, in der Herstellungsphase aber bessere Werte hat und womöglich in vielen Bestandteilen wiederverwertet werden kann. Die Experten des Bauplaners Drees & Sommer rechnen vor:

> Für jedes eingesetzte Material ist ein im wahrsten Sinne des Wortes nützlicher Verwertungsweg zu definieren. Dieser Ansatz hat nicht nur das Potenzial, Ressourcen zu schonen, sondern insbesondere auch Werte zu erhalten. Denn mit 20 bis 30 % steckt ein erheblicher Teil der Bruttobaukosten in den Materialien. Können die eingesetzten Stoffe am Ende der Nutzungszeit wieder zurückgewonnen und zur Grundlage neuer, hochwertiger Produkte werden, bleibt ein nennenswerter Teil dieses Wertes erhalten. Steigen die Preise für Baustoffe aufgrund der großen globalen Nachfrage weiter überinflationär, wird die Immobilie gar zu einem wortwörtlichen Rohstoffdepot (Brenner und Mösle Altop-Verlag 2014, S. 28).

Auch heißt es:

> Viele Anstrengungen konzentrierten sich auf Energiesparen und haben dabei häufig die Probleme vom Betrieb in die Rückbauphase verschoben. Beispielsweise sind in Wärmedämmverbundsystemen bis zu 20 verschiedene Stoffe auf untrennbare Weise miteinander verbunden, die nichts als Sondermüll hinterlassen (Ebd.).

Im Effizienzdenken sind die ökologischen und gesundheitlichen Aspekte der Nachhaltigkeit ein Nebenprodukt, und oft genug steht Effizienz einer gesunden und vielfältigen Ökologie entgegen. Denn diese braucht Vielfalt, sie braucht Nischen und Schlupflöcher. Sie braucht Verschwendung, um sich selbst reproduzieren zu können – das haben biologische und kulturelle Vielfalt im Übrigen gemein. Aber auch Artenschutzbemühungen erreichen seit Jahren ihre Ziele nicht. Mit den Fehlentwicklungen der erneuerbaren Energien ist die

---

[3]Untersuchung der EPEA Internationalen Umweltforschung, Hamburg.

Vielfalt der Landschaft noch mehr eingeschränkt worden. Großflächiger Maisanbau zur Gewinnung von Biogas sorgt in einigen deutschen Bundesländern für eine erschreckend strukturarme Landschaft, Ausdörren des Bodens sowie Verseuchung des Grundwassers.

Wo steht der soziale Aspekt der Nachhaltigkeit im Effizienzdenken der westlichen Industriegesellschaften? Effizienz verschwendet grundsätzlich kaum Gedanken daran. Treffpunkte in Städten, gesunde Innenräume, Areale, in denen Menschen Kraft schöpfen, sich an Schönem erfreuen und Erholung finden, all das ist beim Effizienzdenken nicht vorgesehen. Die Menschen in der Türkei haben 2013 für den Erhalt eines Parks gekämpft! Die Aufstände sind fraglos auch politischer Natur gewesen, aber auch ein Zeichen dafür, dass die Vielfalt und das Ursprüngliche von Menschen mit einer Sehnsucht danach mühsam wiedererobert werden. Genauso war es in Kabul nach dem Ende des Regimes der Taliban 2003, als der Baburgarten sofort wieder aufgebaut wurde und ein wichtiger Treffpunkt für Familien und Freunde wurde (Ebd.). Ein Beispiel aus Deutschland ist Urban Gardening. So schreibt Christa Müller:

> Die Kultivierung der städtischen Natur – das ist etwas, was ebenfalls ins Auge springt – ist mit neuen Formen von Sozialität und Kollektivität verbunden: Urbanes Gärtnern ist in aller Regel soziales Gärtnern, es ist partizipativ und gemeinschaftsorientiert (Müller 2011, S. 23).

Mit welchen Konzepten will nun die Bundesregierung Nachhaltigkeit erreichen? Ein Blick in die Nachhaltigkeitsstrategie des Bundes gibt Antwort auf diese Frage. „Am 11. Januar 2017 beschloss das Bundeskabinett die ‚Deutsche Nachhaltigkeitsstrategie – Neuauflage 2016‘. Sie novelliert damit die bereits im April 2002 verabschiedete nationale Nachhaltigkeitsstrategie ‚Perspektiven für Deutschland‘. Seitdem ist eine nachhaltige Entwicklung als zentrales Ziel des Regierungshandelns und Verwaltungshandelns verankert", heißt es auf der Internetseite des Bundesumweltministeriums.[4] Damit wird klar, dass diese Strategie die Leitlinien der Politik in diesem Themenkomplex bestimmt.

Die nationale Nachhaltigkeitsstrategie sieht Nachhaltigkeit als Mittel zum Zweck für mehr Wachstum: „Die Orientierung am Leitprinzip der Nachhaltigkeit ist ein Treiber für mehr Wohlstand und Wachstum und eine Chance für die Wirtschaft, neue Wege zur Wertschöpfung zu erschließen." (Bundesregierung, Deutsche Nachhaltigkeitsstrategie 2016, S. 19)

Zu diesem Thema schreiben Griefahn/Rydzy:

> Hier ist festzuhalten, dass – was den stofflichen Ressourcenverbrauch betrifft – Wachstum und Konsum in der nationalen Nachhaltigkeitsstrategie in einem Widerspruchsverhältnis stehen. Sie befinden sich nicht in einem Konflikt, der sich balancieren oder dessen Lösung sich noch lange aufschieben ließe…. Hinsichtlich der getroffenen Umwelt-Aussagen besteht das strategische Moment der Nachhaltigkeitsstrategie in Stillstand, denn hier soll sprichwörtlich ein Pferd in zwei Richtungen auf einmal laufen (Griefahn und Rydzy 2013, S. 82).

---

[4]https://www.bmu.de/themen/nachhaltigkeit-internationales/nachhaltige-entwicklung/strategie-und-umsetzung/nachhaltigkeitsstrategie/ (abgerufen am 24.1.2019).

Die Bundesregierung stellt lediglich dar, inwieweit Wachstum von dem Verbrauch natürlicher Ressourcen entkoppelt werden konnte:

„Die Erhöhung der Energieproduktivität und die Verringerung des Primärenergieverbrauchs sind zusammen mit dem ebenfalls ausgewiesenen Bruttoinlandsprodukt wichtige Kennzeichen dafür, inwieweit wirtschaftliches Wachstum vom Einsatz natürlicher Ressourcen entkoppelt werden konnte. Insoweit kommt den Indikatoren im Rahmen der Nachhaltigkeitsstrategie eine Schlüsselposition zu. Sie zeigen, wie ernst es die Bundesregierung mit der Verringerung der Inanspruchnahme der natürlichen Ressourcen meint und wie weit Deutschland auf dem Weg zu einer der ressourceneffizientesten Volkswirtschaften der Welt ist" (Bundesregierung, Deutsche Nachhaltigkeitsstrategie 2016, S. 117).

Die Lust am Konsum und die Lust an der Gewinnmaximierung konnte die Nachhaltigkeitsstrategie des Bundes noch nicht in nützlichere Bahnen lenken. Entsprechend ist das Effizient-Machen von Bestehendem nur die Optimierung des Falschen. Niko Paech, ein Vertreter der Postwachstumsökonomie, geht sogar noch einen Schritt weiter. Er sieht bei jeglicher Art von technischer Effizienz den Rebound-Effekt als systemimmanent:

> Ganz gleich, wie man es wendet, gesteigerte technische Effizienz ist systematisch nicht ohne Zuwächse an materiellen Verbräuchen zu haben, weil der nötige Übergang entweder alte Strukturen entwertet oder die neuen Anlagen, wenn sie die alten nicht ersetzen, als reine Addition zusätzliche Ressourcenflüsse verursachen (Paech 2013, S. 34).

Die Postwachstumsökonomie bezeichnet eine Wirtschaft, die ohne Wachstum des Bruttoinlandsprodukts über stabile Versorgungsstrukturen verfügt, allerdings mit einem reduzierten Konsumniveau. Sie geht davon aus, dass es nicht möglich ist, durch eine Fortentwicklung der Technik Wachstum von den gegebenen ökologischen Grenzen zu entkoppeln, glaubt also nicht an einen Erfolg der deutschen Nachhaltigkeitsstrategie. Industrielle, globale Strukturen sollen partiell zugunsten einer regionalen Selbstversorgung zurückgefahren werden. Eigenarbeit, Tauschringe, Nachbarschaftshilfe und Community-Gärten sind einige der Umsetzungsmöglichkeiten, die Fremdversorgung zugunsten der Selbstversorgung zurückzufahren.

Das Konzept geht auch davon aus, dass ab einem bestimmten Konsumniveau eine weitere Steigerung nicht zu mehr Glück oder Lebensqualität führen wird. So heißt es bei der Erklärung von Postwachstum und Degrowth auch im Lexikon der Nachhaltigkeit: „Weniger Konsum sei aber nicht gleichbedeutend mit weniger Lebensqualität, ganz im Gegenteil. Das Wohlbefinden der Menschen könne sogar erhöht werden, indem überflüssige Aufgaben und Arbeitsstress wegfallen und sich Menschen vom materiellen Überfluss befreien."[5]

---

[5]Aachener Stiftung Kathy Beys. Lexikon der Nachhaltigkcit. http://www.nachhaltigkeit.info/artikel/degrowth_1849.htm. (abgerufen am 16.9.2014).

Wohl wissend um die beschränkte Steigerung von Glück gibt es kaum Anzeichen dafür, dass irgendein Staat der Welt sich vom Wachstumsdogma verabschieden will. Kein europäischer Staat erklärte zum Beispiel seinerzeit dem krisengeschüttelten Griechenland, es solle sich auf andere Werte besinnen, Nachbarschaftshilfe leisten und Gärten anlegen (obwohl die Griechen sich aus der Not heraus genau auf diese Dinge besonnen haben). Kontinuierlich wurde vermittelt, dass Griechenland Wachstum benötigt, um aus der Krise zu kommen.

5 Gesellschaftliche Transformation

Unüberschaubar sind auch die Verflechtungen und Selbstverständlichkeiten, die für eine Transformation zur Postwachstumsgesellschaft aufgebrochen werden müssten. Zu unmöglich scheint es, eine Gesellschaft, eine Marktwirtschaft, umzubauen. Wir sehen diese hohen Hürden auch bei der deutschen Energiewende. Die großen Unternehmen der Energiebranche klagen gegen den Atomausstieg und beugen sich nur widerstrebend dem Umstieg auf Erneuerbare Energien.[6] Hermann Scheer, einer der wichtigsten Architekten der Energiewende in Deutschland arbeitet in seinem Buch „Der energethische Imperativ" heraus, dass der Umstieg auf erneuerbare Energien zu Machtverschiebungen weltweit führt und Gegenwehr somit selbstverständlich ist. Er schreibt:

> Wenn die Energieexportländer ihre neue Rolle im der Weltwirtschaft bewahren wollen, müssen sie diese Chance jetzt nutzen. Dies setzt jedoch voraus, dass sie die enormen Investitionsmöglichkeiten, die ihnen die Niedergangsphase des konventionellen Energiesystems beschert, dazu nutzen, ihre wirtschaftliche Zukunftsstrategie auf die Produktion Erneuerbarer-Energien-Techniken auszurichten – ohne die Erschöpfung aller noch vorhandenen konventionellen Energievorkommen abzuwarten (Scheer 2012, S. 225).

Denn was sich ändern müsste für eine Transformation der Gesellschaften sind Werte. Leistungsstreben, Konsum und Besitz müssten sich wandeln in Ziele wie Gemeinwohl, Teilen und Suffizienz[7] – also Dinge als ausreichend zu betrachten, auch wenn man nicht das Maximum in Anspruch genommen hat.

Wer die Postwachstumsökonomie will, und wer will, dass sie nicht nur eine wissenschaftliche Debatte unter den „Satten" bleibt, der wird nicht umhin kommen, den Menschen ihre kulturelle Grundlage wieder bewusst zu machen. Das wird nicht ad hoc geschehen, und es funktioniert oft auch nicht in Krisen. Von sich entwickelnden Ländern

---

[6]Markus Balser: Eon und Vattenfall machen gemeinsame Sache bei Atomklage. In: Süddeutsche Zeitung, 26.10.2014. http://www.sueddeutsche.de/wirtschaft/umstrittene-milliarden-klage-eon-und-vattenfall-machen-gemeinsame-sache-bei-atomklage-1.2189880 (abgerufen am 12.12.2014).
[7]Lexikon der Nachhaltigkeit: „Der Begriff Suffizienz (aus dem Lateinischen sufficere = ausreichen, genügen) steht für, das richtige Maß', ,ein genügend an'." (abgerufen am 16.9.2014).

wird es oft als Hohn und imperiales Ansinnen verstanden, wenn ihnen Wachstum verweigert wird, wie selbst alternative Denker wie Vandana Shiva es formulieren.

Aber schauen wir in die Kommunen. Dort finden sich erste Anzeichen einer kulturellen Veränderung. Es gibt Seniorenbeiräte, deren Mitglieder andere Senioren, die zum Beispiel nicht mehr mobil sind, zum Einkaufen fahren. Es entstehen Bürgerbusse in immer mehr Gemeinden, die in einer Kombination aus Ehrenamt und kommunaler Finanzierung wieder öffentlchen Transport anbieten, wo keine Linienbusse mehr fahren. Es gibt die Initiative Slow Food, und das Siegel „Culinary Heritage/Regionale Esskultur" in mehr als 20 Ländern Europas. Es gibt mit den mehr als 30 Höfen solidarischer Landwirtschaft in Deutschland ein Konzept der regionalen Wertschöpfung, das bestens in eine Postwachstumsökonomie passt. Es gibt Stadtwerke, die in lokale Blockheizkraftwerke investieren, um die Wege der Energieversorgung kurz zu halten. Es gibt die Initiative „Buy local", die deutlich machen will, dass es ohne den Einkauf beim regionalen Einzelhandel auch keine Lebensqualität in der Stadt, kein kulturelles Angebot und kein Miteinander in der Nachbarschaft mehr geben wird. Was bliebe, wäre schlicht eine effiziente Verödung.

Neben der Nachhaltigkeitsstrategie der Bundesregierung und der Postwachstumsökonomie gibt es auch noch das Konzept „Cradle to Cradle" – und dieses wiederum enthält eine weitere kulturelle Dimension: die Wandlung der Besitz- zu einer Service-Gesellschaft. Dieses Konzept ist geeignet, den Zwang zu Besitztum aufzubrechen und eine deutliche kulturelle Veränderung in der Gesellschaft herzustellen. Auch hier ist im Praktischen bereits viel in Bewegung.

Cradle to Cradle („Von der Wiege bis zur Wiege") ist ein Design-Konzept, das die Natur zum Vorbild hat. In der Natur sind alle Produkte eines Stoffwechsel-Prozesses für einen anderen Prozess von Nutzen. Ressourcen und Materialien werden zu Nährstoffen für neue Produkte. Das Laub eines Baumes beispielsweise bietet Nahrung für ihn selbst und andere Pflanzen und Lebewesen wie Insekten und Vögel. Es ist Winterschlafplatz für Igel oder Versteck für Mäuse. Aus einer verschwenderischen Fülle von Kirschblüten entsteht eine neue Generation von Kirschbäumen und wertvoller Humus. Gleichzeitig erfreuen sie unser Auge und damit unser kulturelles ästhetisches Sein – ganz ohne Effizienz, aber effektiv. Jedes Produkt, mag es noch so sehr als Abfallprodukt erscheinen wie welkes Laub, ist nützlich. Denn das Laub und die verwelkte Blüte wird wieder wertvoller Boden, der wiederum CO_2 bindet.

Produkte und Produktionsverfahren nach der Idee von „Cradle to Cradle" funktionieren genauso. Sie werden im besten Falle von Ingenieuren und Designern und Marketingexperten gemeinsam so entwickelt, dass ihre Stoffströme für sämtliche Güter in technischen oder biologischen Kreisläufen zirkulieren. Ein T-Shirt zum Beispiel, dessen Produktionsprozesse nur haut- und umweltverträgliche Bestandteile enthalten und das biologisch abbaubar ist, kann kompostiert werden. Es geht in den biologischen Kreislauf zurück und ist ein biologischer Nährstoff. In einem technischen Kreislauf können entsprechend ausgewählte Materialien zirkulieren – Voraussetzung dabei ist, dass Produkte sich wieder in ihre Bestandteile zerlegen lassen und dadurch technische Nährstoffe für Folgeprodukte werden. So kann jeder Fernseher und jede Waschmaschine wieder zu einen neuen Gerät werden. Was in einer Nutzungsperiode theoretisch Abfall ist, wird in einer anderen, gleichwertigen Nutzungsperiode wichtiger Nährstoff, wenn die Substanzen, Materialien und Prozesse positiv entsprechend dieses Leitbildes ausgesucht und in Kaskadennutzung verwendet sind.[8]

Das „Cradle to Cradle"-Konzept unterscheidet sich von der Postwachstumsökonomie insbesondere dadurch, dass es nicht daran glaubt, dass eine Gesellschaft sich auf der Maxime des Verzichts weiterentwickeln wird. Es gibt immer Gewinner und Verlierer bei einer Verzichtsökonomie. Auch muss anerkannt werden, dass Wachstum ein eigendynamischer Prozess ist.

> Wenn gilt, dass Leben generell Wachstum bedeutet, dann gilt auch: menschliches und gesellschaftliche Leben bedeuten exponentielles und exponentiell beschleunigtes Wachstum. Bei beidem handelt es sich um einen eigendynamischen Prozess, der sich nicht außer Kraft setzen lässt, durch Natur- bzw. soziale Katastrophen allerdings unterbrochen und auch beendet werden kann.[9]

Es gilt also, politisch wie kulturell, eine Lösung zu finden, die Wachstum nicht negiert, aber jene Natur- und sozialen Katastrophen, deren Ursache im nicht natürlichen Wachstum liegt, nicht zulässt. Das Cradle-to-Cradle-Design-Konzept geht davon aus, dass, wenn wir die richtigen Dinge tun, Produkte richtig und von umfassender Qualität herstellen (ökonomisch, ökologisch, sozial und kulturell), dann alle etwas davon haben. Denn der Erde und den Produktionsprozessen wird alles zurückgegeben, was zuvor entnommen wurde. Die Natur kennt das Konzept „Abfall" nicht und wir Menschen sind Teil der Natur. Wenn man also so will, ist der einzige Verzicht, den der Mensch nach diesem Konzept leisten muss, der auf Abfall.

Wer nun aber sagt, ein Fernseher oder eine Waschmaschine ist eigentlich Nährstoff, der kann noch einen Schritt weiter gehen: Ein Fernseher oder eine Waschmaschine ist letztlich nur Mittel zum Zweck: Der Nutzer will ja nur fernsehen, er möchte nicht zwangsläufig das Gerät und damit 4360 Chemikalien besitzen. Waschmaschinen-Nutzer wollen auch nur saubere Wäsche, sind nicht grundsätzlich bestrebt, das Gerät zu besitzen. Was beim Auto gerade wieder eine Renaissance erlebt – Carsharing als Teil des Mobilitätskonzept für Städte – das lässt sich auf eine Vielzahl von Situationen anwenden. Neben Carsharing etabliert sich in den Großstädten auch das Teilen von Fahrrädern. Auf www.foodsharing.de ist es möglich, Lebensmittel zu verschenken, die man nicht benötigt. Es gibt erste Schritte, Lampensysteme zu leasen, also nur die Dienstleistung „Hellsein" zu kaufen. Und je mehr wir zu einer Kultur der Dienstleistungen kommen, desto mehr wird dieses Konzept selbstverständlich und es kann sich durchsetzen, denn

---

[8]Generell zum Konzept „Cradle to Cradle" siehe: Braungart und McDonough (2011) und Braungart und McDonough (2013).
[9]Griefahn und Rydzy, S. 107.

der Hersteller hat selbst ein Interesse, die eingesetzten Materialien und Rohstoffe so zu verarbeiten, dass er sie einfach wieder separieren und nutzen kann. Bei Handys, die eine Menge seltener und auch recylefähiger Rohstoffe beinhalten, liegt die Recyclingquote in den USA bei 20 % (Löffelholz und Martin-Jung 2014, S. 26). Das ist zu wenig und hat etwas mit fehlender Sensibilisierung zu tun – also damit, dass nicht alle alten Handys abgegeben und gesammelt werden –, aber sicher auch damit, dass die Produkte nicht von Anfang an so entwickelt wurden, dass eine Rückführung der einzelnen Stoffe in einen Materialkreislauf leicht und kostengünstig zu machen ist.

Mindestens in der Postwachstumsökonomie, aber genauso auch beim Cradle-to-Cradle-Konzept benötigen wir dafür einen anderen Blick auf die Dinge. Das bedeutet, es sind kulturelle Veränderungen, Wertveränderungen. Besinnung auf das, was den Menschen ausmacht, vonnöten. Die Kultur des Besitzens war sicherlich nach dem Zweiten Weltkrieg, in dem der Bevölkerung alles genommen worden war, logische Schlussfolgerung. In einer Zeit, in der häufige Umzüge, Arbeitsplatzwechsel, auch Partnerwechsel dem Leben immer wieder neue Wendungen geben, ist die Kultur des Besitzens eher hinderlich. So gesehen ist der Zeitgeist günstig, um zu einer Kultur des Gebrauchens, des Nutzens, zu kommen. Es ist ein gesellschaftlicher Wandel, der nicht zum Verzicht auffordert, sondern zu intelligenten Lösungen.

Für Michael Schmidt-Salomon ist das Cradle-to-Cradle-Konzept am ehesten dazu angetan, intelligente Lösungen zu finden, da es an die Kreativität im Menschen glaubt und dem Menschen nicht negiert. Er beschreibt es so:

> Während der traditionelle Ökologismus in jedem neugeborenen Kinde eigentlich nur eine Verschärfung des Umweltproblems sehen kann, ist mit ihm aus Cradle-to-Cradle-Perspektive die Hoffnung auf mehr Kreativität verbunden, die uns dazu verhelfen könnte, bessere, menschen- und umweltfreundlichere Lösungen zu finden. Dieser positive Blick auf die Entwicklungspotenziale des Menschen weist Cradle to Cradle als den ersten ökologischen Ansatz aus, der zutiefst humanistisch ist (Schmidt-Salomon 2014).

Kultur und Kulturpolitik beeinflussen die Gesellschaft aktiv mit. Deshalb dürfen sie sich nicht vor dem Politischen scheuen. Lokale Initiativen zeigen, dass Potenzial und Bedürfnisse für eine andere Art zu leben vorhanden sind. Allein im Deutschen Genossenschafts- und Raiffeisenverband sind 850 Energie-Genossenschaften organisiert, 180.000 Menschen engagieren sich darin für die deutsche Energiewende.[10]

Die derzeitige Gesetzgebung tut nicht gerade alles, um diese positive Ausrichtung in der Gesellschaft zu fördern. So müssen sich beispielsweise auch Ökostromproduzenten an der EEG-Umlage beteiligen.[11]

---

[10]Deutscher Genossenschafts- und Raiffeisenverband e. V.: http://www.genossenschaften.de/bundesgesch-ftsstelle-energiegenossenschaften. (abgerufen am 24.1.2019).

[11]Siehe zum Beispiel: Andreas Mihm: Koalition kassiert Strom-Eigenerzeuger ab. In: Frankfurter Allgemeine Zeitung, 24.6.2014, http://www.faz.net/aktuell/wirtschaft/wirtschaftspolitik/eeg-umlage-koalition-kassiert-strom-eigenerzeuger-ab-13008319.html. (abgerufen am 12.12.2014).

6   Die Rolle der Kulturpolitik

Gehen wir davon aus, dass von den drei Denkströmungen, die derzeit den Diskurs
beherrschen, zielführend und für die meisten Menschen lustvoll im großen Stile nur das
Cradle-to-Cradle-Design-Konzept in die Praxis umgesetzt werden kann, finden die eigentlichen Entscheidungen in den Unternehmen statt. Die Nachhaltigkeitsstrategie der Bundesregierung wird wegen ihrer Zielkontradiktion („wir müssen sparen – wir müssen wachsen")
letztlich nicht erfolgreich sein, die Postwachstumsökonomie wird daran kranken, dass Verzicht für die meisten nicht „sexy" ist. Die Stoffe nicht zu verbrauchen, sondern zu gebrauchen
und zurückzuführen, erfordert in erster Linie unternehmerische Urteile[12] und Kreativität.

Bislang besteht die deutsche Kulturpolitik ohne Berührungspunkte neben dieser Strö-
mung. Griefahn und Rydzy stellen fest:

> Aufgrund ihrer Ansiedlung im konservativen-defensiven, schwerpunktmäßig industrie- und
> konsumkritischen sowie ethik-fokussierten Strang der Nachhaltigkeitsdebatte übt Kultur-
> politik direkt hinsichtlich der zu gewinnenden Lösungen faktisch keine beschleunigende
> Wirkung aus. Aber sie verfügt über entscheidende Voraussetzungen, um nicht nur die all-
> gemeine Nachhaltigkeits-Wachstums-Debatte zielführend zu fokussieren, sondern auch,
> um im Blick auf das Mensch-Natur-Verhältnis Initialzündungen für wünschenswerte
> gesellschaftliche Entwicklungen auszulösen.[13]

Griefahn/Rydzy fordern das, was auch die Kulturpolitische Gesellschaft in ihr Grund-
satzprogramm geschrieben hat:

> Ziel der Kulturpolitischen Gesellschaft ist es, die Kulturelle Demokratie weiterzuentwickeln
> und die Freiheit der Künste zu schützen. Gemeinsam mit den Akteuren aus Kunst, Kultur
> und Kulturpolitik entwickelt sie Leitbilder und Zielsetzungen für die Kulturpolitik und
> wirkt an deren konzeptioneller Ausgestaltung mit. Sie versteht sich als Plattform für kultur-
> politische Diskurse und Impulsgeberin für Reformprozesse, um auf aktuelle gesellschaft-
> liche Herausforderungen zu reagieren.[14]

„Leitbilder" ist das Schlüsselwort in diesem Zitat. Kultur und Kulturpolitik können neue
Leitbilder entwickeln und sie mithilfe der kulturellen und kulturpolitischen Akteure
transportieren, in die Gesellschaft transmittieren und so Werte und Ansichten – grob
gesagt Kultur – verändern. Das Leitbild des Verzichts kann durch Kultur und Kulturpolitik ersetzt werden durch das Leitbild des Gebrauchens statt Verbrauchens. Das
bedeute „deutliche Verschiebungen bzw. Revisionen von Denkpositionen"[15] prognosti-
zieren Griefahn/Rydzy, es ist mithin kein einfacher Prozess.

---

[12]Griefahn und Rydzy, S. 181–182.

[13]Griefahn und Rydzy, S. 183.

[14]http://kupoge.wordpress.com/2012/06/11/entwurf-fur-ein-neues-kupoge-grundsatzprogramm/.
(abgerufen am 17.9.2014).

[15]Griefahn und Rydzy, S. 185.

Das zu erstrebende Leitbild müsse

- den Menschen als aktiven Teilnehmer im Naturprozess definieren
- den lustvollen Konsumenten darlegen, der aber die Produktion von Müll ablehnt
- Effizienz und Sparen nicht als eine Lösung präsentieren, sondern als Hilfe bei der Verfolgung der richtigen Lösung
- Nicht nur an die Moral der Menschen appellieren, sondern auch an seine Intelligenz und Klugheit, an „die Lust zum neu Entdecken und neu Erfinden der Welt, die er selbst täglich hervorbringt" (Ebd., S. 186).

Kulturpolitik muss aber auch generell das fördern, was Menschen sich als kreativen, nachhaltig denkenden und handelnden Menschen entfalten lässt. Das heißt, sie muss die Fähigkeit, Probleme zu erkennen und Lösungsmöglichkeiten zu finden, nach ethischen Grundsätzen zu handeln, eigene Initiativen mit Handlungsmöglichkeiten anderer Menschen zu verbinden, fördern. „Quer" denken und Lösungen finden, das schaffen wir nur mit einer offenen Kultur. Sie muss Bildung und Teilnahme in diese Richtung fördern – zum Beispiel durch eine Neuentfachung der Lokalen Agenda 21, durch die Strategie der Zukunftswerkstätten in der Bildungsarbeit. Es geht dabei nicht nur um Kinder, sondern auch um die Umsetzung in Firmen oder Verwaltungen. Da ist dann auch ein neuer Einkommenszweig für Kulturschaffende. Mit einem so ausgerichteten Schwerpunkt unterstützt Kulturpolitik ein Verständnis und Wissen, das nicht zwangsläufig Müll und Zerstörung nach sich zieht.

Zusammenfassend folgern Griefahn/Rydzy in ihrem Buch:

Aus unserer Sicht müsste eine Kulturpolitik, die sich als Gesellschaftspolitik versteht und Beiträge zur Neugestaltung der Mensch-Natur-Verhältnisse leisten will, hauptsächlich an drei strategischen Schwerpunkten arbeiten: An der Neu-Erarbeitung entsprechender Leitbilder, an der Ausweitung ihrer Debattenräume und an der Schaffung ortskonkreter kulturbasierter Gestaltungsräume. Gemeinsam mit Bildungs- und Familienpolitikern: An Konzepten, Mehrheiten und der Realisierung frühkindlicher und schulischer ästhetischer Bildung (Ebd., S. 198).

Literatur

Braungart M, McDonough W (2011) Einfach intelligent produzieren.Cradle to Cradle: Die Natur zeigt, wie wir die Dinge besser machen können Aus dem Amerikanischen von Karin Schuler und Ursula Pesch. Berliner Taschenbuchverlag, Berlin (Erstausgabe 2003)

Braungart M, McDonough W (2013) Intelligente Verschwendung. The Upcycle. Auf dem Weg in eine neue Überflussgesellschaft. oekom Verlag, München

Brenner V, Mösle P (2014) Die Stadt als Rohstoff-Depot. Forum nachhaltig wirtschaften. Sonderheft Cradle to Cradle. Altop Verlag, München, S 28–29

Die Bundesregierung (2016) Deutsche Nachhaltigkeitsstrategie. Neuauflage 2016. https://www.bundesregierung.de/breg-de/themen/nachhaltigkcitspolitik/eine-strategie-begleitet-uns/die-deutsche-nachhaltigkeitsstrategie

Griefahn M, Rydzy E (2013) Natürlich wachsen. Erkundungen über Mensch, Natur und Wachstum aus kulturpolitischem Anlass. Springer, Wiesbaden

Heinrichs H, Michelsen G (Hrsg) (2014) Nachhaltigkeitswissenschaften. Springer Spektrum, Berlin und Heidelberg

Hofmann ML (2008) Mindbombs. Was Werbung und PR von Greenpeace & Co. lernen können. Fink Wilhelm, München

Löffelholz J, Martin-Jung H (2014) Das Handy als Leergut. Süddeutsche Zeitung, 17. Sept

Müller C (Hrsg) (2011) Urban Gardening. Über die Rückkehr der Gärten in die Stadt. oekom Verlag, München

Paech N (2013) Befreiung vom Überfluss. Auf dem Weg in die Postwachstumsökonomie. oekom Verlag München

Scheer H (2012) Der energethische Imperativ. Wie der vollständige Wechsel zu erneuerbaren Energien zu realisieren ist. Kunstmann-Verlag, München, S 225

Schmidt-Salomon M (2014) Auf dem Weg zu einer humanistischen Ökologie. Vortrag beim Cradle-to-Cradle-Kongress „Verstehen. Umdenken. Gestalten." An der Leuphana Universität in Lüneburg, 15.Nov.2014

United Nations General Assembly (1987) Report of the world commission on environment and development. 4.Aug.1987

Internetquellen

Auswärtiges Amt. https://www.auswaertiges-amt.de/de/newsroom/mediathek/babur-garten/241762 Bundesregierung. http://www.bundesregierung.de/Webs/Breg/DE/Themen/Nachhaltigkeitsstrategie/1-die-nationale-nachhaltigkeitsstrategie/nachhaltigkeitsstrategie/_node.html.

Bundesministerium für Umwelt, Naturschutz und nukleare Sicherheit. https://www.bmu.de/themen/nachhaltigkeit-internationales/nachhaltige-entwicklung/strategie-und-umsetzung/nachhaltigkeitsstrategie/.

Deutscher Genossenschafts- und Raiffeisenverband. http://www.genossenschaften.de/bundesgesch-ftsstelle-energiegenossenschaften.

Frankfurter Allgemeine Zeitung (2014) Mihm A Koalition kassiert Strom-Eigenerzeuger ab. In Frankfurter Allgemeine Zeitung, 24. Juni. http://www.faz.net/aktuell/wirtschaft/wirtschaftspolitik/eeg-umlage-koalition-kassiert-strom-eigenerzeuger-ab-13008319.html.

Kulturpolitische Gesellschaft. http://kupoge.wordpress.com/2012/06/11/entwurf-fur-ein-neues-kupoge-grundsatzprogramm/.

Lexikon der Nachhaltigkeit. Aachener Stiftung Kathy Beys. Lexikon der Nachhaltigkeit. http://www.nachhaltigkeit.info/artikel/degrowth_1849.htm.

Süddeutsche Zeitung (2014) Balser M Eon und Vattenfall machen gemeinsame Sache bei Atomklage. Süddeutsche Zeitung, 26. Okt. http://www.sueddeutsche.de/wirtschaft/umstrittene-milliardenklage-eon-und-vattenfall-machen-gemeinsame-sache-bei-atomklage-1.2189880.

© Bianca Schueler

Dr. Monika Griefahn (Diplom-Soziologin) ist Gründungsmitglied von Greenpeace Deutschland und war dort Co-Geschäftsführerin von 1980 bis 1983. Sie organisierte Kampagnen für den Schutz der Nordsee und gegen die chemische Verschmutzung der Meere und Flüsse. Von 1984 bis 1990 arbeitete Monika Griefahn als erste Frau im internationalen Vorstand von Greenpeace und war verantwortlich für die Gründung neuer Büros weltweit und für die Aus- und Fortbildung. Von 1990 bis 1998 war sie Umweltministerin in Niedersachsen im Kabinett Gerhard Schröder. Damals wie heute setzt sie sich für eine neue Energiepolitik ein: für erneuerbare Energien und den Ausstieg aus der Atomenergie sowie für eine nach Cradle to Cradle optimierte Produktion und entsprechende Produktionsprozesse. Von 1998 bis 2009 war Monika Griefahn Mitglied des Deutschen Bundestages. Dort war sie in der SPD-Fraktion schwerpunktmäßig zuständig für die Bereiche Kultur und Medien, Neue Medien und auswärtige Bildungs- und Kulturpolitik. Zum Jahresbeginn 2012 gründete sie die „Monika Griefahn GmbH institut für medien umwelt kultur". Das Institut berät Unternehmen und Organisationen bei der Umgestaltung ihres Hauses hin zur umfassenden Qualität und ist in der Nachhaltigkeitsbildung tätig. Im Jahr 2013 promovierte Monika Griefahn gemeinsam mit Edda Rydzy zu dem Thema „Der Grundwiderspruch der deutschen Nachhaltigkeitsstrategie. Cradle to Cradle als möglicher Lösungsweg. Ansatzpunkte und strategische Potenziale von Kulturpolitik" an der FU Berlin. Monika Griefahn ist vielfältig ehrenamtlich tätig – unter anderem als Vorstands- und Jurymitglied der Right Livelihood Award Foundation („Alternativer Nobelpreis") und als Vorsitzende des Vereins „Cradle to Cradle – Wiege zur Wiege" e. V.

© Petra Reinken

Petra Reinken arbeitet als freie Journalistin, Lektorin und Autorin in der Lüneburger Heide. Sie ist außerdem im Institut für Medien Umwelt Kultur (Geschäftsführerin Dr. Monika Griefahn) in der Nachhaltigkeitsberatung tätig. Geboren wurde sie 1970 in Soltau. Nach dem Abitur, einem Volontariat beim örtlichen Zeitungsverlag und einem Redakteursjahr studierte sie in Göttingen Anglistik, Politik und Publizistik. 1999 schloss sie das Studium mit dem Titel M.A. ab. Seitdem arbeitet sie in den Bereichen Öffentlichkeitsarbeit und Journalismus – letzteres mit dem Schwerpunkt Natur- und Umweltschutz. Seit 2005 ist sie freiberufliche Journalistin – zu ihren Auftraggebern gehören unter anderem die Deutsche Presse-Agentur, die Zeitschrift Landgenuss und die Böhme-Zeitung in Soltau. Im Institut für Medien Umwelt Kultur in Buchholz (Nordheide) ist Petra Reinken außerdem Junior-Beraterin für Unternehmen und Organisationen, die ihre Strukturen und Entscheidungswege nachhaltig überarbeiten und zu einem Wirtschaften von umfassender Qualität kommen wollen.

Die moralische und kulturelle Bedeutung des Gutes Energie

Jessica Lange

1 Einleitung

Die Energiewirtschaft steht heute vor großen Herausforderungen. Die Energiewende ist politisch beschlossen und gesellschaftlich gewollt. Die Bevölkerung spürt die Belastbarkeitsgrenzen des Erdsystems („planetary boundaries" (Rockström et al. 2009)) und hat eine größere Sensibilität für umwelttechnische Fragen entwickelt. Das gesellschaftliche Umweltbewusstsein hat sich stark verändert und ist auch noch immer weiteren Veränderungen unterworfen. Darauf musste die Politik reagieren und hat inzwischen parteiübergreifend Umweltthemen in ihre Programme aufgenommen. Das Ende der Energieerzeugung aus Atomenergie wurde dauerhaft beschlossen. Eine Umkehr dieser Entscheidung ist unwahrscheinlich bis unmöglich aufgrund gesellschaftlicher Widerstände. Die Energieerzeugung soll in den kommenden Jahren und Jahrzehnten vermehrt aus erneuerbaren Energieträgern erfolgen. Denn auch die Erzeugung aus den konventionellen Energieträgern Kohle, Öl und Gas ist durch den Klimawandel in ihrer gesellschaftlichen Legitimität bedroht. Zumal deren Verfügbarkeit auf längere Sicht durch Erschöpfung der Quellen und Förderung in politisch unsicheren Regionen eingeschränkt ist. Das langfristige Ziel ist eine post-fossile Energieerzeugung.

Die Energiewirtschaft muss auf diese Entwicklungen mittels geeigneter strategischer Maßnahmen reagieren, um ihre wirtschaftliche Existenz und gesellschaftliche Legitimation („social license to operate" (Thomson und Boutilier 2011, S. 1779–1796)) dauerhaft zu erhalten. Dazu sind neben technischen Innovationen vor allem grundsätzliche

J. Lange (✉)
WERTEmanagement Jessica Lange, Bokholt-Hanredder, Deutschland
E-Mail: lange@wertemanagement-lange.de

© Springer-Verlag GmbH Deutschland, ein Teil von Springer Nature 2019
A. Hildebrandt und W. Landhäußer (Hrsg.), *CSR und Energiewirtschaft*,
Management-Reihe Corporate Social Responsibility,
https://doi.org/10.1007/978-3-662-59653-1_35

Änderungen des bestehenden Energiesystems vonnöten. Durch neue Anbieterstrukturen, Dezentralisierung und der Notwendigkeit des Netzausbaus macht sich innerhalb der Branche ein wachsender Veränderungsdruck bemerkbar, der mit steigender Unsicherheit bezüglich der potenziellen Zukunft der Energieversorgung einhergeht. Diejenigen Energieversorgungsunternehmen, die frühzeitig auf diese Entwicklung reagieren, können den Wandel des Systems entscheidend mitprägen und eine Vorreiterrolle einnehmen, die sich positiv auf die Unternehmensreputation auswirkt.

Aus diesem Grund ist eine intensive Beschäftigung mit dem aktuellen Bedeutungsgehalt des Gutes Energie zielführend. Während in der Vergangenheit bei der Beschäftigung mit Energie vor allem die Faktoren Wirtschaftlichkeit und Versorgungssicherheit ausschlaggebend waren, kommen heute moralische und kulturelle Faktoren wie Nachhaltigkeit und Umweltschutz hinzu. Dieser Fachbeitrag soll die Fragestellung beleuchten, inwiefern bzw. wodurch das wirtschaftliche Gut Energie heute bedingt durch gesellschaftliche Entwicklungen (Energiewende, Umweltbewusstsein) eine moralische und kulturelle Bedeutung erlangt hat, die von der Energiewirtschaft berücksichtigt werden muss. Er soll der Energiewirtschaft helfen, das Gut Energie als zentralen Teil ihrer Wertschöpfung aus einer ganzheitlicheren Perspektive zu sehen. Nicht nur die wirtschaftlichen Faktoren sind im Rahmen des heutigen Energiemarktes relevant, sondern auch die moralischen und kulturellen Faktoren um die notwendige gesellschaftliche Legitimation (license to operate) zu erlangen. Für das Verständnis der moralischen und kulturellen Bedeutung des Gutes Energie wird im vorliegenden Beitrag zuerst die Energiewende hinsichtlich ihre grundsätzlichen Inhalte und Zielsetzungen sowie vertiefend im Blick auf die Herausforderungen durch die wesentlichen Änderungen des Energiesystems und die moralische und kulturelle Relevanz beleuchtet. Anschließend erfolgt aus diesen Erläuterungen heraus die Beschäftigung mit dem moralischen und kulturellen Bedeutungsgehalt des Gutes Energie.

2   Die Energiewende

Die Ziele der Energiewende sind eine nachhaltige Energieerzeugung (Atomausstieg, erneuerbare Energien, Verminderung des Klimawandels) und ein nachhaltiger Energieverbrauch (Energieeinsparung, Energieeffizienz, energetische Sanierung von Gebäuden). Deutschland hat sich bis 2050 hohe Ziele gesetzt:

- Ausstieg aus der energetischen Nutzung der Kernenergie bis 2022,
- Ausbau der regenerativen Stromversorgung auf mindestens 80 % des Bruttostromverbrauchs,
- Reduktion der Treibhausgasemissionen um mindestens 80 % gegenüber 1990,
- Ausbau des KWK-Anteils im Stromsektor auf 25 % bis 2020,
- Reduktion des Energieverbrauchs im Stromsektor um 25 % gegenüber 2008,
- Reduktion des Energieverbrauchs im Wärmesektor um 20 % bis 2020 und langfristig bis 2050 eine Klimaneutralität des Gebäudebestandes.

Um diese Ziele zu erreichen, sind innerhalb der Energiewirtschaft erhebliche Investitionen in Anlagen, Netze und Technologien notwendig. Dafür wurden im Energiewirtschaftsgesetz drei Oberziele für die Energieversorgung festgeschrieben: Versorgungssicherheit, Wirtschaftlichkeit und Umweltschutz.[1] Diese Zielsetzungen stehen in ihrer Priorität gleichberechtigt nebeneinander. Während die ersten beiden Zielsetzungen schon lange gelten, hat das Ziel Umweltschutz erst heute eine umfangreiche politische, gesellschaftliche und wirtschaftliche Relevanz erhalten.

Die gesellschaftliche Relevanz der Energiewende als Konzept oder als Vision hat erst in den letzten Jahren deutlich zugenommen. Besonders die Ereignisse von Fukushima können als Verstärker oder Beschleuniger der Entwicklung angesehen werden. Vor diesem Ereignis waren die Zielsetzungen der Energiewende stärker umstritten und noch in Diskussion. Es wurde sogar über eine Laufzeitverlängerung der Kernkraftwerke in Deutschland nachgedacht („Ausstieg aus dem Ausstieg"). Am 11.03.2011 jedoch löste in Fukushima in Japan ein Erdbeben einen Tsunami aus, der in einem nahegelegenen Atomkraftwerk eine Kernschmelze in drei Reaktoren bewirkte. Dadurch bedingt wurden große Mengen an Radioaktivität freigesetzt, mit langfristigen Folgen, die sich heute noch nicht abschließend benennen lassen. Dieser Unfall führte im weit entfernten Deutschland zu einem radikalen gesellschaftlichen Umdenken in der Energiepolitik. Die gesellschaftliche Akzeptanz von Atomstrom sank deutlich. Die Politik war gezwungen auf diese Wünsche zu reagieren und forcierte die heutigen Zielsetzungen der Energiewende. Inzwischen haben die Energiewende und insbesondere der Atomausstieg eine hohe gesellschaftliche Legitimation. Sie ist ein wirtschaftliches, technisches und gesellschaftliches Großprojekt für alle Beteiligten, deren Relevanz für die Zukunftsfähigkeit unserer Gesellschaft und der nachfolgender Generationen weithin anerkannt ist. Die Energiewende ist ein „disruptiv event" (Silverman 1970, S. 135), das durch eine erhebliche Größenordnung und komplexe Vernetzung zu wesentlichen Systemänderungen führt. Ein Aussitzen dieser Entwicklung durch die Energiewirtschaft wäre nicht zielführend und kann im Wettbewerb bedingt durch Forderungen nach Transparenz und moralische Sensibilität zu merklichen Einbußen führen.

Zum Abgleich werden an dieser Stelle einige Fakten zum aktuellen Stand der Energiewende genannt. Die Energiesektoren zusammengenommen ist es das Ziel der Bundesregierung bis 2020 18 % des Bruttoenergieverbrauchs aus Erneuerbaren Energien zu erreichen. Der Bruttoenergieverbrauch aus Erneuerbaren ist von 11,5 % in 2010 bis 2017 auf 15,9 % angestiegen. Diese Entwicklung zeigt also in eine richtige Richtung. Dennoch sind weitere Anstrengungen nötig, um das angestrebte Ziel bis 2020 zu erreichen, denn nicht in allen Energiesektoren zeigt sich eine solch positive Entwicklung. Der Anteil am Bruttostromverbrauch der Erneuerbaren Energien ist von 17 % in 2010 bis auf 36 % in 2017 gestiegen. Bezogen auf den Stromsektor hat sich im Bereich Energiewende folglich schon einiges getan. Anders sieht dies jedoch nach wie vor in den

---

[1]siehe § 1 EnWG.

Bereichen Wärme und Verkehr aus. Der Endenergieverbrauch für Wärme aus Erneuerbaren ist von 12,5 % in 2010 nur leicht auf 13,9 % in 2017 gestiegen. Noch schlechter sieht die Entwicklung im Kontext des Endenergieverbrauchs für Erneuerbare im Verkehrssektor aus. Dort hat sich der Verbrauch zwischen 2010 (5,8 %) und 2017 (5,2 %) sogar um 0,6 % verringert (Umweltbundesamt 2018, Stand 12/2018). Trotz einem gewissen Voranschreiten der Energiewende gibt es also noch weiteren Verbesserungs- bzw. Entwicklungsbedarf, wie die nachfolgenden Inhalte zeigen. Es werden zentrale Entwicklungen/Parameter für Erfolg innerhalb der Energiewende betrachtet: Wandel des bisherigen Energiesystem und gesellschaftliche Relevanz.

2.1   Herausforderungen durch Änderungen des Energiesystems

Die Energiewende bedeutet nicht nur einen Wechsel der bevorzugten Energieträger, sondern einen umfassenden Wandel bei Strukturen und Akteuren: „Bei dem sich abzeichnenden Wandel der Energieversorgung geht es nicht nur um einen technologischen Wechsel. Es genügt nicht, den einen Energieträger durch einen anderen zu ersetzen. Gefragt sind neue Muster in der Art des Wirtschaftens, Produzierens und Konsumierens, in der Mobilität und den Siedlungsstrukturen sowie in der gesellschaftlichen Kommunikation" (Ostheimer und Vogt 2014, S. 8 f.). Nach Rosenbaum und Mautz ist die Energieversorgung ein komplexes soziotechnisches System aus technischen Kraftwerks-und Netzstrukturen und sozialen Strukturen durch die darin agierenden Menschen (Rosenbaum und Mautz 2011, S. 405). Die Energiewirtschaft ist in das nationale und das globale System mit speziellen kulturellen Normen und wirtschaftlichen Erwartungen eingebettet. Die Handlungen in der Energiewirtschaft sind von Werten und Einstellungen geprägt und wirken in eine unsichere Zukunft aus Intransparenz und Komplexität. Beide Strukturen haben untereinander erhebliche Wechselwirkungen, deren Folgen nur schwer vorab komplett prognostiziert werden können. Durch diese gegebene Komplexität des Energiesystems sind Änderungen schwer zu konzipieren und erfolgreich umzusetzen. Dennoch ist ein ganzheitlicher Wandel nötig, da die bisherigen, zentralisierten Strukturen die neuen Herausforderungen (z. B. Pluralisierung der Anbieter, Dezentralisierung der Strukturen) nicht bewältigen können (Scheele und Schäfer 2013, S. 319). Eine besondere Herausforderung für die Energiewirtschaft im Rahmen der Energiewende ist die zunehmende Dezentralisierung. Durch vermehrte Nutzung von kleineren Anlagen zur Energieerzeugung aus erneuerbaren Energien müssen die bisherigen Oligopolstrukturen der Energiewirtschaft in kleiner Einheiten mit flexibler Gestaltung umgebaut werden. Dies berührt die Werte Regionalität und Lokalität, die auch beispielsweise in der Ernährungswirtschaft heute vermehrt wichtiger werden.

   Zwischen den traditionellen und den neuen Anbietern der Energiewirtschaft bestehen in der Entwicklung der Energiewende häufig Interessenskonflikte (Bestandsinteressen (Scheer 2012, S. 22) vs. Gestaltungsinteressen). Für eine erfolgreiche Weiterführung der Energiewende müssen diese Konflikte jedoch gelöst werden durch eine vollständige Systemintegration aller Akteure (Mautz et al. 2008, S. 117 ff.). Zum Verständnis für den dabei richtigen Weg und die Akzeptanz aller Beteiligten ist die Beschäftigung mit dem moralischen und kulturellen Gehalt der Energiewende notwendig. Die Akteure der Energiewirtschaft sehen sich aufgrund der notwendigen gesellschaftlichen Legitimation ihrer Handlungen in einem wirtschaftlichen und moralischen Dilemma. In diesem Dilemma ist die Resilienz der Akteure der Energiewirtschaft von Bedeutung. Resilienz bezeichnet die Anpassungsfähigkeit von Systemen an neue, unsichere Umweltbedingungen zur Weiterentwicklung des Unternehmens und der Gesellschaft (Scheele und Schäfer 2013, S. 319 ff.).

Wesentliches Diskussionsthema im Rahmen des Umbaus des Energiesystems sind immer wieder die Energiepreise. Aufgrund der EEG-Umlage und Steuern steigen diese unabhängig von den Preisen für konventionelle Energieträger (z. B. Rohölpreis). Dies ist vor allem durch den Merit-Order-Effekt bedingt. Die Politik hat auf diese Kritik bereits in der EEG-Novelle 2012 und 2014 mit Degressionen auf die EEG-Fördersätze und der Etablierung des Marktmodells als Regelfall der Vergütung reagiert. Langfristig gesehen sollte der Umbau des Energiesystems und die vermehrte Nutzung von erneuerbaren Energien die Preise allerdings stabilisieren. Sobald die Technologien zur Erzeugung aus erneuerbaren Energieträgern in Bezug auf die Investitionskosten eine Wettbewerbsfähigkeit erreicht haben, sollten die Erzeugungskosten von erneuerbarer Energie unter denen von Kohle, Öl und Gas liegen. Denn Sonne und Wind stellen keine Rechnung. Somit muss für den Bezug des Energieträgers an sich kein Geld aufgewendet werden, während bei konventionellen Trägern Investitionen in Erzeugungskapazitäten (Rohstoffabbau, Transport, Kraftwerke) und Bezugskosten für den Rohstoff zu bezahlen sind. Wenn der Umbau des Energiesystems abgeschlossen ist, sollte auch die EEG-Umlage sinken bzw. abgeschafft werden. Damit verschwindet der Merit-Order-Effekt. Bei den herkömmlichen Energieträgern kommen hingegen neben dem direkten Kostenvergleich im Hinblick auf Investitionen und Bezugspreise noch weitere Parameter der potenziellen Preiserhöhung hinzu. Durch die Endlichkeit von Kohle, Öl und Gas müssen deren Preise im Zeitverlauf durch Angebotsverknappung steigen. Dazu kommen bereits jetzt Preisschwankungen durch die politische Instabilität in Förderregionen (z. B. Kriege im Nahen Osten). Weiterhin sind die steigenden Kosten durch CO_2-Emissionen zu bedenken. Volkswirtschaftlich betrachtet entsteht auf lange Sicht durch den Umbau des Energiesystems ein großer Nutzen durch die Verringerung von teuren Importen und von Folgenkosten des Klimawandels. Diese Folgekosten sind in den jetzigen Energiepreise für konventionelle Energieträger nicht enthalten und belasten die Bevölkerung zusätzlich durch Finanzierung aus dem Steueraufkommen. Positiv zu sehen, ist hingegen die Stärkung der lokalen Wertschöpfung durch die Dezentralisierung der Energieversorgung und die Schaffung neuer innovativer Arbeitsplätze und Zukunftstechnologien, deren Nutzung und Knowhow auch weltweit exportiert werden können. Dieser Gedankengang führt zum nächsten Unterabschnitt bezüglich der moralischen und kulturellen Relevanz der Energiewende.

2.2   Moralische und gesellschaftliche Relevanz der Energiewende

Die ökologische Bewegung, die in den 1970er Jahren in Deutschland begann, ist das Fundament, auf dem die heutige Energiewende entstehen konnte. Bei dieser Bewegung ging es um einen sozialen und kulturellen Wandel, der bis heute anhält. Ökologische Zielsetzungen wurden nach und nach zum gesamtgesellschaftlichen Leitbild, zu einer moralischen Norm. Interessant zu beobachten ist, dass der Wandel, der letztendlich auch zur Energiewende führte, nicht durch die direkten Akteure (Energiewirtschaft), sondern durch externe Akteure (Gesellschaft) ausgelöst wurde (Mautz et al. 2008, S. 33–86). Aus diesem Grund spielt die gesellschaftliche Legitimation in diesem Problemfeld eine entscheidende Rolle. Auch für die Wahrnehmung von relevanten Stakeholdern (über die eigenen Kunden hinaus auch die Öffentlichkeit als potenzielle Kunden oder Meinungsführer beachten) ist diese Feststellung von Bedeutung.

Die Energiewende wird durch die gesellschaftliche Entwicklung unterstützt. Die Gesellschaft wünscht einen Wandel der Energieversorgung, begründet durch die Gefahren des Klimawandels und der Atomenergieerzeugung. Die Verantwortung dafür liegt neben der Politik auf Bundes-, Landes- und Kommunalebene bei der Energiewirtschaft. Es werden neben politischen auch neue wirtschaftliche Strategien benötigt. Für das Verständnis der gesellschaftlichen Unterstützung der Energiewende ist das sogenannte Framing hilfreich. Frames entstehen, wenn „Mitglieder und Anhänger sozialer Bewegungen ein gemeinsames Verständnis gewisser problematischer Bedingungen oder Situationen entwickeln, für die sie einen Wandel für notwendig erachten, indem sie Zuweisungen machen, wer oder was verantwortlich ist, oder indem sie alternative Szenarien entwickeln und andere dazu bringen, gemeinsam für einen entsprechenden Wandel einzutreten" (Benford und Snow 2011, S. 615). Gesellschaftliche Frames werden in sozialen Praktiken sichtbar und durch Austausch und Anpassung mit dem Zeitverlauf dynamisch verändert (della Porta und Parks 2013, S. 44). Die ethische Relevanz der Energiewende zeigt sich politisch beispielsweise auch in dem Umstand, dass die Bundesregierung kurz nach den Ereignissen von Fukushima eine sogenannte Ethik-Kommission „Sichere Energieversorgung" einberief. Es sollte eine moralisch legitimierbare Lösung für den Wandel der Energieversorgung gefunden werden (Gethmann 2013, S. 52). Doch warum sind gerade die Ereignisse von Fukushima ein so entscheidender Wendepunkt innerhalb der Energiewende? Die Ethik-Kommission „Sichere Energieversorgung" begründete diese Tatsache mit verschiedenen Aspekten. Der erste Faktor ist die reale Erfahrung, dass die atomaren Risiken nicht nur hypothetisch sind, sondern eintreffen können. Aus einer Fiktion wurde Wirklichkeit. Dieser Faktor wurde der Öffentlichkeit zwar bereits 1986 beim Reaktorunglück von Tschernobyl bewusst, jedoch fehlten die weiteren Faktoren, um eine ähnliche gesellschaftliche Umkehr auszulösen. Als zweiter Faktor kommt bei den Ereignissen von Fukushima hinzu, dass diese sich einem hochindustrialisierten Land wie Japan ereignet haben, dessen Entwicklungsstand mit dem von Deutschland absolut vergleichbar ist. Somit wird gedanklich die

Möglichkeit eines ähnlichen Ereignisses in Deutschland wahrscheinlicher. Als letzter Faktor ist relevant, dass die Ereignisse von Fukushima nicht durch einen Fehler im Atomkraftwerk, sondern durch eine nicht steuerbare Naturkatastrophe ausgelöst wurden. Die Realitätsnähe der bisherigen Risikoeinschätzungen bezüglich der Wahrscheinlichkeit von Katastrophen an Kraftwerksstandorten wurde damit infrage gestellt. Die Realität hat die alten Annahmen der Risikokalkulationen eindrucksvoll widerlegt. Dies führt zur Unsicherheit in der Bevölkerung, ob die Experten, die die Atomkraftwerke als sicher ausweisen, tatsächlich glaubhaft sind (Ethik-Kommission Sichere Energieversorgung 2011, S. 11 ff.). Bei auftretender Unsicherheit werden moralische Werte wie Vertrauen und Verantwortung zu bedeutenden Faktoren. Durch diese genannten Faktoren wurde der Atomenergieerzeugung rasant die gesellschaftliche Legitimation entzogen und die Energiewende bekam erheblichen gesellschaftlichen „Rückenwind".

Neben der Beschleunigung bzw. Verstärkung der Energiewende durch die Ereignisse von Fukushima hängt deren moralischer Bedeutungsgehalt von vielen unterschiedlichen und wechselseitig bezogenen Faktoren ab. Das weltweite Umweltbewusstsein – nicht nur bezogen auf die Energieversorgung – nimmt stetig zu. Dieses Bewusstsein steht im Gegensatz zum Klimawandel. Es wird im Sinne kommender Generationen eine nachhaltige Versorgung gefordert, die die zukünftigen Ressourcen bewahrt. Für jedes verantwortungsvolle Unternehmen – nicht nur innerhalb der Energiewirtschaft, jedoch dort verstärkt – ist heute die Beachtung von Umweltaspekten wesentlich (Aßländer 2011, S. 390 f.). In der Energiewirtschaft ist vor allem die erhöhte Nachfrage nach sauberem Strom mit gutem Gewissen zu beobachten (Ökostrom). Neben dem Angebot solches Stroms ist auch die Positionierung im Rahmen der Erneuerbaren Energien für eine positive Reputation und eine stabile Wettbewerbsposition von Bedeutung. Vielfach sind inzwischen Bemühungen hinsichtlich Windparks, Solarparks oder Investitionen in Bioenergie zu verzeichnen. Für die Versorgungssicherheit mit der immer stärker abhängigen Bevölkerung (z. B. durch Technologisierung) ist die Endlichkeit der konventionellen Energieträger Kohle, Öl und Gas langfristig ein Problem. Auch die politischen Unsicherheiten in vielen Förderregionen tragen zu einem verringerten Sicherheitsgefühl bei. Es entsteht eine Gewissheit, dass die Energieversorgung von morgen auf Dauer andere Ressourcen nutzen muss. Die Nutzung von erneuerbaren Energien kann diese Parameter mindern. Sie sind theoretisch unbegrenzt verfügbar und auch in politisch sicheren Regionen förderbar. Allerdings tauchen mit ihnen neue Probleme der Versorgungssicherheit durch schwankende Produktion auf. Diesen neuen Unsicherheiten kann mit einem geeigneten Umbau des Energiesystems durch Netzausbau, intelligente Netzstrukturen (Smart Grids) und der Nutzung von Speichertechnologien begegnet werden.

Mit Bezug auf die derzeit wissenschaftliche relativ intensiv betrachteten Netzwerke und Netzwerktheorien kann die Energiewende als Erweiterung des Netzwerks Energiewirtschaft verstanden werden. Netzwerke sind ein Verbund von mehreren Einheiten, die zueinander in wechselseitigen Austauschbeziehungen stehen (Schulz-Schaeffer 2000, S. 187). Innerhalb von Netzwerken sind generell Kooperationsbeziehungen vorteilhaft und teilweise sogar notwendig. Um Kooperationsbeziehungen eingehen zu können, sind verantwortungsvolles und glaubhaftes Verhalten die Voraussetzung. Die Akteure innerhalb eines Netzwerks sind zumeist nicht formell, aber merklich informell durch gemeinsame moralische und gesellschaftliche Normen verbunden (Bolz 2013, S. 60–66). Netzwerke sind dabei jedoch nicht starr, sondern entwickeln sich dynamisch weiter – aus sich selbst heraus, aber auch durch Anfragen und Anforderungen aus der Umwelt. Luhmann bezeichnet Netzwerke als autopoietische Systeme, die sich selbst reproduzieren, aber auch durch die Umwelt reproduziert werden (Luhmann 1989, S. 52). Deshalb sind Stakeholder im Sinne des Netzwerksdenkens wesentliche Akteure, deren Anforderungen für langfristigen Netzwerkerfolg berücksichtigt werden müssen. Innerhalb der Netzwerkstruktur ist Vertrauen immanent. Nur wenn Erwartungen an ein Verhalten in der Regel erfüllt werden, kann Vertrauen entstehen. Nur dann sind in der Energiewirtschaft Kooperationen zwischen den Akteuren (Anbieter, Kunden, Politik, Öffentlichkeit) möglich.

Im Netzwerk Energiewirtschaft lassen sich folgende Akteure und Anforderungen in Tab. 1 skizzieren:

Tab. 1 Netzwerk der Energiewirtschaft

Akteure	Anforderungen (Beispiele)
Energieversorgungsunternehmen	• Neue Anbieter und Marktakteure (z. B. Windparkbetreiber oder Energiegenossenschaften) • Neue Wettbewerbsstrukturen (z. B. Positionierung hinsichtlich Verantwortung und Vertrauen, Legitimierung, Reputation) • Dezentralität und Pluralität (Entstehung einer Vielzahl kleiner lokaler Anbieter)
Kunden	• Neue Ziele und Anforderungen (Nachhaltigkeit und Umweltschutz zusätzlich zu den bisherigen Zielsetzungen Versorgungssicherheit und Wirtschaftlichkeit)
Mitarbeiter	• Wunsch nach Identifikation mit Arbeitgeber • Arbeitgeberattraktivität • Vertrauen, Image, Kommunikation
Gesellschaft/Öffentlichkeit	• Neue Forderung zu mehr Verantwortlichkeit der Marktakteure • Wunsch nach Glaubwürdigkeit und Transparenz • Insgesamt höhere moralische Sensibilität
Politik	• Neue politische Interessen und Anforderungen der Wähler (Nachhaltigkeit, Umweltschutz, Generationengerechtigkeit)
Justiz	• Neue Problemstellungen durch Systemveränderungen und neue Akteure • Globalisierte Anforderungen • Neue Gesetze (EEG-Novelle, EnWG-Novelle, Netzausbaugesetze)

Im Bereich der Energieversorgungsunternehmen auf der Anbieterseite entstehen im Netzwerk durch neue Kundenanforderungen und Dezentralisierung neue Anbieter. Diese verändern die Wettbewerbsstrukturen der Branche und machen Maßnahmen der Anpassung hinsichtlich Legitimation und Akzeptanz im Wettbewerb notwendig. Im Bereich der Kunden entwickeln sich durch neue Anforderungen neue Zielgruppen, die eine veränderte Kundenansprache notwendig machen und neue Geschäftsmodelle wünschen (z. B. Ökostromtarife). Es sind nun innerhalb der Bereiche Marketing und Services neue Strategien gefragt, da sich die Kunden stärker differenzieren nicht mehr wie früher über Preis und Zuverlässigkeit integrieren lassen. Die Mitarbeiter innerhalb der Energiewirtschaft wiederum haben ebenfalls neue Forderungen hinsichtlich der Identifikation mit ihrem Arbeitgeber und eine gewünschten Arbeitgeberattraktivität. Gerade im Hinblick auf den steigenden Fachkräftemangel sind diese Forderungen ernst zu nehmen und mittels der Berücksichtigung von gewünschten Werten zur Orientierung und Integration umzusetzen. Innerhalb der Öffentlichkeit ist passend dazu ein verantwortungsvolles Handeln der Unternehmen für den Erhalt der gesellschaftlichen Legitimation (license to operate) notwendig. Die höhere gesellschaftliche Sensibilität für moralische und ökologische Themen, die medial vielfältig unterstützt wird, verlangt nach Verantwortungsübernahme, Glaubwürdigkeit und vermehrter Transparenz. Diese Wünsche wirken auch auf die Politik ein, die in der Verfolgung der neuen Interessen der Wähler mit Programmen hinsichtlich Nachhaltigkeit und Umweltschutz reagiert. Die bisherige politische Steuerung der Energiewende steht allerdings bisher von verschiedenen Seiten in der Kritik. Die Entscheidungen der Politik ließen keinen roten Faden erkennen und führen zu Unsicherheiten für beide Marktakteure (Anbieter und Nachfrager). Für eine erfolgreiche Energiewende ist an diesem Punkt Verbesserungspotenzial feststellbar. Die politischen Programme und Entscheidungen wirken letztendlich auch auf die Justiz, was sich an vielfältigen Gesetzesänderungen oder neuen Gesetzgebungen zeigt.

Insgesamt ist die Energiewende ein großer systemischer Veränderungsprozess, der mit vielen Risiken und vor allem Unsicherheiten behaftet ist. Zur Begegnung von Unsicherheiten bietet sich die intensive Beschäftigung mit ethischen Werten, wie z. B. Vertrauen und Verantwortung an. Diese Werte können die durch Unsicherheit entstehenden Lücken füllen und für einen Energieversorger bei proaktivem Umgang zu einem strategischen Wettbewerbsvorteil führen. Nach der allgemeinen Beschäftigung mit der moralischen und kulturellen Relevanz der Energiewende folgt nun die genaue Betrachtung des Bedeutungsgehaltes des Gutes Energie in Bezug auf Moral und Gesellschaft.

3   Moralische und kulturelle Bedeutung des Gutes Energie

Die Energiewirtschaft befindet sich heute in einem moralisch diffizilen Feld. Energie ist ein existenzielles Gut für die Gesellschaft. Es besteht eine Abhängigkeit der Bevölkerung vom Gut Energie. Gethmann bezeichnet die Preise von Strom und Wärme als die „Brotpreise von heute" (Gethmann 2013, S. 52). Ein modernes Leben ist ohne Strom und

Wärme nicht möglich. Zentrales Problem, das die Wesentlichkeit des Faktors Energie begründet, ist die zwingend notwendige Versorgungssicherheit. Mit dem Gefühl der Abhängigkeit hängt auch ein Gefühl der geringen Kontrolle der Situation zusammen, das Unsicherheit auslöst. Diese Unsicherheit bezieht sich auf alle drei Zielsetzungen der Energiewende: Versorgungssicherheit (sind Strom und Wärme jederzeit zuverlässig verfügbar?), Wirtschaftlichkeit (sind die Preise für Strom und Wärme angemessen und transparent?) und Umweltschutz (was welchen Quellen wird die bezogene Energie erzeugt?). Dieser Unsicherheit kann und sollte mit der Berücksichtigung von moralischen Werten begegnet werden. Damit kann Vertrauen hinsichtlich Zuverlässigkeit, fairer Preisgestaltung und Nachhaltigkeit der Energieerzeugung erlangt werden. Aufgrund dieser Notwendigkeit von Vertrauen ist im Energiebereich eine hohe staatliche Regelungsdichte vorhanden, um eine geeignete Rahmenordnung zu schaffen. Aber auch die Unternehmen der Energiewirtschaft sind gefordert, dieses Vertrauen durch glaubwürdige strategische Maßnahmen aufzubauen und zu erhalten.

In einer niederländischen Studie aus dem Jahr 2010 wurde der Zusammenhang zwischen Umweltaktivitäten und Moral untersucht. Dabei konnte festgestellt werden, dass zwischen Moral und Umwelthandlungen eine eindeutige Korrelation besteht (De Groot und Steg 2010, S. 1364). Der moralische Bedeutungsgehalt des Gutes Energie hängt vor allem von zwei Faktoren ab. Zum einen der Abhängigkeit der Bevölkerung vom Energiebezug und zum anderen von den negativen Folgen der bisher konventionellen Energieerzeugung (Klimawandel, Atomkatastrophen, Endmülllagerung etc.). Mit dem Faktor der Abhängigkeit hängt wie erwähnt ein Drang nach Kontrolle zusammen, um die Verfügbarkeit des Gutes sicherzustellen. Für die Verbraucher ist jedoch eine direkte Kontrolle aus ihrer Marktposition heraus nicht möglich. Deshalb ist für sie die Einhaltung kultureller und moralischer Normen der Weg, um der Abhängigkeit zu begegnen und die Unsicherheit zu mindern. Energie als moralisches Gut mit der notwendigen Berücksichtigung von moralischen Werten ist folglich für jede unternehmerische Transaktion innerhalb des Marktes relevant. Die Ausgestaltung des Faktors Abhängigkeit zeigt sich in der geforderten Versorgungssicherheit und der stetigen Diskussion über die Energiepreise. Neben der technischen Möglichkeit der Verfügbarkeit (Versorgungssicherheit, jederzeitiger Zugang zur Energie) ist auch die wirtschaftliche Möglichkeit des Bezugs durch faire und bezahlbare Preise wichtig. Wesentliche Werte um diese Möglichkeiten sicherzustellen und den Handel des Gutes Energie für den Verbraucher zu ermöglichen, sind Vertrauen und Integrität. Der Kunde muss darauf vertrauen können, dass Energie zur Verfügung steht und er für diese einen angemessenen Preis bezahlt (transparente Preisgestaltung und keine Kundenmanipulation durch versteckte Klauseln oder Preiserhöhungen). Der zweite Faktor der negativen gesellschaftlichen Folgen der bisherigen Energieerzeugung hängt mit anderen Werten zusammen. Bei diesem Punkt geht es vor allem um eine aktive Verantwortungsübernahme und der Beachtung von Nachhaltigkeit bei allen Unternehmensprozessen der Energiewirtschaft. In der Gesellschaft herrscht eine diffuse Angst vor dem Klimawandel und den Gefahren aus der Atomenergieerzeugung. Es wird erwartet, dass die Unternehmen der Energiewirtschaft dieser Angst geeignet begegnen. Aus diesem Grund fordert die Gesellschaft eine aktive Verantwortungsübernahme für den Umbau des Energiesystems (Energiewende), um Nachhaltigkeit und Sicherheit für kommende Generationen zu generieren. Dazu gehört neben der Unterstützung des Ausbaus der Energieerzeugung aus erneuerbaren Energien auch die Berücksichtigung von Energieeinsparung und Energieeffizienz (sowohl als Beratungsleistung für die Kunden als auch im Unternehmen selbst – Umweltmanagement). Die ernsthafte Berücksichtigung der zwei Faktoren des moralischen Gutes Energie ist zwingende Voraussetzung für den langfristigen Erhalt der gesellschaftlichen Legitimation auf dem Energiemarkt (license to operate). Moralische Güter zeichnen sich dadurch aus, dass sie für ihren Handel am Markt grundsätzlich gesellschaftliche Legitimation benötigen (Wieland 2005, S. 276 ff.).

Zu beachten ist jedoch, dass sich die moralischen Bedeutungszuweisungen von Gütern dynamisch im kulturellen Kontext ändern (Pfriem 2007, S. 148 ff.). Dies wird an der radikalen Veränderung der gesellschaftlichen Denkweisen innerhalb der Energiewende nur allzu anschaulich. Erst im Zeitverlauf wurde das Gut Energie zu einem moralischen. Die Abhängigkeit vom Gut nahm seit der Industriellen Revolution durch die dynamische technische Entwicklung bis heute stetig zu. Ein besonders Ereignis, durch das die Abhängigkeit für die Bevölkerung bewusst wurde, sind die Ölkrisen in den 70er Jahren. Von da an konnte sich die gesellschaftliche Umweltbewegung hin zu einer autarken, dezentralen Energieerzeugung für Sicherheit und Vertrauen zunehmend vergrößern. Seit den 80er Jahren wurden die negativen Folgen der konventionellen Energieerzeugung vermehrt wissenschaftlich erforscht (Klimawandel und Atomkatastrophe von Tschernobyl 1986) und der Gesellschaft bewusst. Durch diese Entwicklungen nahm der moralische Bedeutungsgehalt des Gutes Energie bis heute zu. Die Ereignisse von Fukushima haben in diesem Sinne nochmal als erheblicher Verstärker dieser moralischen Aufladung gewirkt. Die abschließende Entscheidung zum wirklich endgültigen Atomausstieg war gemäß Patel dann auch eher ein moralischer als ein wirtschaftlicher Imperativ (Patel 2013, S. 36). Die gesellschaftliche Legitimation von Atomenergie war quasi über Nacht rapide gesunken, während die gesellschaftliche Legitimation der Erneuerbaren weiter stieg und zum Motor der Energiewende wurde (Scheer 2012, S. 172). Wie die Entwicklung des moralischen und gesellschaftlichen Bedeutungsgehalts des Gutes Energie weiterverläuft kann nicht sicher gesagt werden. Sicher ist jedoch, dass es für die Akteure der Energiewirtschaft wesentlich ist, auf die Entwicklung geeignet zu reagieren.

4   Fazit und Handlungsoptionen

Die Energiewende ist für die Energiewirtschaft die zentrale Herausforderung der Zukunft. Sie führt zu grundsätzlichen Änderungen des Energiesystems (neue Quellen, Anbieter und Strukturen). Diese Änderungen führen zu Unsicherheit bei den Beteiligten (Unternehmen, Kunden, Gesellschaft, Staat). Aus diesem Grund ist die Beschäftigung mit den für die Energiewende zentralen Werten wichtig, um dieser Unsicherheit zu begegnen. Ursache und Begleitfaktoren der Energiewende sind die höhere Sensibilität der Öffentlichkeit für moralische und ökologische Themen resultierend aus dem stetig steigenden gesellschaftlichen Umweltbewusstsein. Diese Aspekte bedingen die Notwendigkeit der gesellschaftlichen Legitimation der Akteure der Energiewirtschaft für das Überleben am Markt. Zielführend für den Erhalt der gesellschaftlichen Legitimation sind die Berücksichtigung moralischer Werte und relevanter Stakeholderinteressen (Stakeholderdialog). Das vorab rein wirtschaftliche Gut Energie hat durch die gesellschaftliche Entwicklung eine moralisch-kulturelle Aufladung erfahren. Energie ist zu einem moralischen Gut geworden, bei dem die Berücksichtigung der wirtschaftlichen Aspekte für den Handel am Markt alleine nicht mehr ausreichend ist. Der moralische und kulturelle Bedeutungsgehalt des Gutes hängt dabei von den Faktoren Abhängigkeit und den negativen Folgen der bisherigen Energieerzeugung ab. Aus dem Faktor Abhängigkeit leitet sich die zwingende Versorgungssicherheit und der notwendige Wert Vertrauen ab. Aus dem Faktor negative Folgen leitet sich die gesellschaftliche Forderung nach der Änderung des Energiesystems mit den zentralen Werten Verantwortung und Nachhaltigkeit ab.

Vertrauen und Verantwortung sind folglich für die Energiewirtschaft die zentralen Faktoren um dem moralischen und kulturellen Bedeutungsgehalt des Gutes Energie gerecht zu werden. Gemäß dem Vertrauensindex der Gesellschaft der PR-Agenturen aus dem Jahr 2013 sah es in Bezug auf den Faktor Vertrauen jedoch nicht gut aus: 70 % der Deutschen misstrauen demnach den Aussagen ihres Energieversorgers und halten diesen nicht für glaubwürdig. Der Einsatz der Branche für die Energiewende wird von der Mehrheit der befragten Bevölkerung nicht als ausreichend erachtet (Förster 2013, S. 16). Um diese Situation zu verbessern und die Glaubwürdigkeit der Energiewirtschaft als Branche zu stärken, ist es für Unternehmen der Energiewirtschaft sinnvoll sich mit ihrer eigenen Unternehmensidentität (Weick 1995; Wieland 2004) zu beschäftigen. Die Implementierung eines Compliance-Managements (Grüninger et al. 2010) und eines Wertemanagements (Wieland 2004) kann bei dieser Zielsetzung hilfreich sein.

Literatur

Aßländer MS (2011) Neue Herausforderungen der Wirtschafts- und Unternehmensethik. In: Aßländer MS (Hrsg) Handbuch der Wirtschaftsethik. J.B. Metzler, Stuttgart, S 387–397

Benford R, Snow D (2011) Framing processes and social movements. Zeitschrift Annual Review of Sociology 26:611–639

Bolz N (2013) Das neue Soziale in den Netzwerken. In: Wirtschaftsrat der CDU e. V. (Hrsg) Deutschland im Jahr 2035. Europäischer Wirtschaftsverlag, Darmstadt, S 55–66

Boutilier T, Thomson I (2011) Social license to operate. In: SME CO: Society for Mining, Metallurgy and Exploration (Hrsg) Mining engineering handbook. P. Darling, Littleton, S 1779–1796

De Groot J, Steg L (2010) Morality and nuclear energy: perceptions of risks and benefits, personal norms, and willingness to take action related to nuclear energy. Zeitschrift Risk Analysis 30(9):1363–1373

Della Porta D, Parks L (2013) Framing-Prozesse in der Klimabewegung. In: Dietz M, Garrelts H (Hrsg) Die internationale Klimabewegung. Springer VS, Wiesbaden, S 39–56

Ethik-Kommission Sichere Energieversorgung (2011) Deutschlands Energiewende – Ein Gemeinschaftswerk für die Zukunft. Ethik-Kommission Sichere Energieversorgung, Berlin, S 8–15

Förster U (2013) Ohne viel Power. Horizont – Zeitung für Marketing, Werbung und Medien 10:16

Gethmann CF (2013) Ethik und Energiewende: „Man kann nicht beliebig an der Preisspirale drehen". Zeitschrift et- Energiewirtschaftliche Tagesfragen 63(6):51

Grüninger S, Steinmeyer R, Wieland J (2010) Handbuch Compliance-Management. Schmidt, Berlin

Luhmann N (1989) Die Wirtschaft der Gesellschaft, 2. Aufl. Suhrkamp, Frankfurt a. M.

Mautz R et al (2008) Auf dem Weg zur Energiewende. Universitätsverlag, Göttingen

Ostheimer J, Vogt M (2014) Die Energiewende als moralisches Problem. In: Ostheimer J, Vogt M (Hrsg) Die Moral der Energiewende. Kohlhammer, Stuttgart, S 7–18

Patel S (2013) Germany`s Energy Transition Experiment. Zeitschrift Power, 01, Mai, S 35f

Pfriem R (2007) Unsere mögliche Moral heißt kulturelle Bildung. metropolis, Marburg

Rockström J et al (2009) Planetary boundaries: exploring the safe operating space for humanity. Zeitschrift Ecology and Society Heft 14/2, Artikel 32

Rosenbaum W, Mautz R (2011) Energie und Gesellschaft. Die soziale Dynamik der fossilen und erneuerbaren Energien. In: Groß M (Hrsg) Handbuch Umweltsoziologie. Springer VS, Wiesbaden, S 399–420

Scheele U, Schäfer E (2013) Urban Living Labs – Ein Ansatz zum Umgang mit Unsicherheit bei Innovationen in Infrastruktursystemen? Zeitschrift Infrastruktur Recht- Energie – Verkehr – Abfall – Wasser 10. Jg. Heft Nr. 11 vom 11.11.13, S 319

Scheer H (2012) Der energethische Imperativ. Antje Kunstmann, München

Schulz-Schaeffer I (2000) Akteur-Netzwerk-Theorie. Zur Koevolution von Gesellschaft, Natur und Technik. In: Weyer J (Hrsg) Soziale Netzwerke: Konzepte und Methoden der sozialwissenschaftlichen Netzwerkforschung. Oldenbourg, München, S 187–201

Silverman D (1970) The theory of organizations. Heinemann, London

Umweltbundesamt (2018) Aktuelle Informationen: Erneuerbare Energien im Jahr 2017, Arbeitsgruppe Erneuerbare Energien, Stand 12/2018. https://www.erneuerbare-energien.de/EE/Navigation/DE/Service/Erneuerbare_Energien_in_Zahlen/Aktuelle-Informationen/aktuelle-informationen.html. Zugegriffen: 25. Jan. 2019

Weick KE (1995) Sensemaking in organizations. Sage Publications, Thousand Oaks

Wieland J (2004) Handbuch Wertemanagement. Murmann, Hamburg

Wieland J (2005) Governanceethik und moralische Anreize. In: Beschorner T, Hollstein B et al (Hrsg) Wirtschafts- und Unternehmensethik. Rückblick-Ausblick-Perspektive. Rainer Hampp, München, S 251–280

Prof. Dr. Jessica Lange arbeitet als Professorin im Bereich Rechnungswesen und Controlling an der FOM Hochschule für Oekonomie & Management. Zusätzlich ist sie als freiberufliche Beraterin mit ihrer Firma WERTEmanagement Dr. Jessica Lange in den Themenbereichen Leitbildentwicklung, Unternehmenskultur, werteorientierte Führung und Feel Good Management tätig. Hierin gibt Jessica Lange Workshop, Trainings, Impulsvorträge und bietet Coachings an.

© Jessica Lange

Bildung und Zukunft der Arbeitswelt. Warum Weiterbildung unverzichtbar ist und was das mit CSR und Energiewirtschaft zu tun hat

Lars Kroll

> *Bildung und Deutschland sind so eng verknüpft wie die USA mit dem Grand Canyon und der Freiheitsstatue. Deutschland wird sich sehr nachhaltig negativ verändern, wenn der Fokus nicht auf Bildung liegt.*
> Oliver Herbig, Gründer und Geschäftsführer der karriere tutor GmbH

1 Wie die Digitalisierung unsere Arbeitswelt beeinflusst

Die Digitalisierung beeinflusst alle gesellschaftlichen Bereiche und stellt Unternehmen und Organisationen weltweit vor große Herausforderungen. Gewohnte Prozesse werden dermaßen umgewälzt, dass wir derzeit nur erahnen können, in welche Richtung die Arbeit der Zukunft (4.0) gehen wird. Haupttreiber dieser Veränderung sind neue Geschäftschancen, veränderte Kundenanforderungen und der allgemeine technologische Wandel. Um die Rolle der Digitalisierung zu verstehen, müssen wir sie mit entsprechenden Grundkompetenzen richtig gestalten. Dazu müssen auch Unternehmen neue Wege gehen und verstärkt in die Weiterbildung ihrer (jungen) Mitarbeiter investieren, damit diese über die Fähigkeiten der Zukunft verfügen (noch bevor die Zukunft eintritt).

Begriffe wie New Work und ein neues Verständnis von Work-Life-Balance prägen die Debatte um die Zukunft unserer Arbeitswelt. Neben den traditionellen Werten wie Sicherheit und Verlässlichkeit am Arbeitsplatz kommen heute weitere Faktoren hinzu,

L. Kroll (✉)
karriere tutor®, Königstein im Taunus, Deutschland
E-Mail: Lars.Kroll@karrieretutor.de

© Springer-Verlag GmbH Deutschland, ein Teil von Springer Nature 2019
A. Hildebrandt und W. Landhäußer (Hrsg.), *CSR und Energiewirtschaft*,
Management-Reihe Corporate Social Responsibility,
https://doi.org/10.1007/978-3-662-59653-1_36

die uns ebenso wichtig sind. Denn niemand möchte mehr nur irgendetwas tun, sondern etwas, das Freude macht, uns fordert und Perspektiven aufzeigt, am besten einen Sinn stiftet und unseren Stärken entspricht. Beruflicher Erfolg ist heute so individuell wie niemals zuvor. Wir wollen selbst entscheiden, wie wir arbeiten, wann wir arbeiten und unter welchen Bedingungen wir arbeiten. Wer beruflich seine Kompetenzen und Leidenschaften ausleben kann und dafür angemessen bezahlt wird, ist zufriedener. Der Begriff „New Work" wurde vom amerikanischen Philosophen Frithjof Bergmann bereits in den 1980er Jahren geprägt. Er definiert Freiheit nicht nur als Wahl zwischen Alternativen, sondern vor allem als Handlungsfreiheit, die früher zumindest ansatzweise Heimarbeiter hatten. Für die Lederindustrie fertigten ganze Ortschaften von daheim aus. Das Unternehmen lieferte den Rohstoff und der Angestellte die Handtaschen. Wann er produzierte, war nicht relevant. Der Vorteil lag auf beiden Seiten: Die Feintäschner konnten die Arbeit mit ihrem Privatleben in Einklang bringen und die Firmen sparten Platz.

In Anlehnung an das New-Work-Prinzip wurde 2015 auch karriere tutor®, ein von der Bundesagentur für Arbeit zertifizierter Weiterbildungsanbieter mit Sitz in Königstein bei Frankfurt von Andrea Fischer und Oliver Herbig gegründet.

Der Wille und der Glaube an den Erfolg treiben Oliver Herbig an. Sein Abitur und sein Studium der Biochemie absolviert er mit Bestnoten. Doch als er die Uni Hamburg 1996 mit einem Diplom verlässt, ist das überhaupt nicht das, was er beruflich will. Denn seine Leidenschaft gilt schon damals intelligenten IT-Lösungen und zukunftsfähigen Technologien. Die nächsten Jahre nutzt er deshalb dazu, genau hier seine Expertise auszubauen. Er ist als Microsoft Certified Trainer tätig, bildet sich zum ITIL® Expert und Prince2® Practitioner weiter und ist schließlich viele Jahre Geschäftsführer eines Weiterbildungsanbieters. Doch dort stößt er immer wieder auch an Grenzen und starre Beharrungstendenzen. Als schließlich niemand in der Geschäftsführung das enorme Potenzial der Idee von Andrea Fischer erkennt, beschließt er, einen Cut zu machen und mit ihr gemeinsam das Lernen der Zukunft zu gestalten. Er ist überzeugt davon, dass jeder Mensch sein volles Potenzial ausschöpfen und beruflich erfolgreich und glücklich sein kann, wenn er nur will und die richtigen Wege nutzt. Genau diese Wege möchte er mit seinem Team zur Verfügung stellen. Damit beruflicher Erfolg und Glück kein Widerspruch, sondern für möglichst viele Menschen Realität werden.

Seine wertvollen Führungserfahrungen gibt Geschäftsführer Oliver Herbig auch als Dozent des Leadership-Coaching-Lehrgangs sowie als Mentor an die Mitarbeiter von karriere tutor® weiter. Er ist der Visionär, der das Unternehmen mit klarem Plan gezielt und erfolgreich in die Zukunft lenkt. Wohin soll sich das Unternehmen entwickeln und wie kommen wir dort hin? Diese Fragen bewegen ihn nachhaltig. Als überzeugter Netzwerker hat er dafür schon im deutschen Markt die entscheidenden Weichen gestellt, unter anderem indem er erfolgreich Bildungspartnerschaften und akademische Netzwerke auf- und ausgebaut hat.

Auf der von ihm gegründeten Weiterbildungsplattform karriere tutor®, können Nutzer ihre Karriere in den Bereichen IT, Management oder Marketing gefördert voranbringen. Das alleinige Lernen wird hier mit dem Gruppenlernen kombiniert. Dabei treffen Nutzer mit anderen Menschen zusammen und können sich austauschen – allerdings komplett online. Dabei wird alles benutzt, was die moderne Technologie hergibt und nicht nur Digital Natives mittlerweile gewohnt sind. Bei den Kursen mit Dozenten wird auf Video-Konferenzen gesetzt, sodass sich alle sehen und hören können. Die Teilnehmer können sich aber auch in Arbeitsgruppen in virtuelle Räume zurückziehen oder mit dem Dozenten zusammentreffen. karriere tutor® setzt auf Online, weil alles, was künftig an Technologien kommt (künstliche Intelligenz oder Virtual Reality), auch in der Weiterbildung relevant sein wird.

Mit dem digitalen Zeitalter scheint der New-Work-Ansatz also keine Utopie mehr zu sein. Er ermöglicht den Mitarbeitern von karriere tutor®, mit ihren Familien auch außerhalb ihres eigentlichen Urlaubs wegzufahren. Niemand muss wegen Arbeit das Haus verlassen, denn das eigene Büro lässt sich überall aufschlagen, wo der Internet-Anschluss funktioniert. Die gesamte Kommunikation läuft über das Netz. Auch die Bundeswehr lässt hier schulen. Arbeitssuchende und Soldaten melden sich ebenso nach eigener Recherche an wie Berufstätige. Die Kunden nehmen über Pakete der Agentur für Arbeit oder der Bundeswehr an Kursen wie E-Commerce oder Online-Marketing teil. Zunehmend buchen Unternehmensmitarbeiter Angebote wie Angebote wie Scrum® Master, ITIL® Expert oder Six Sigma Green Belt.

Das Angebot des Unternehmens beschränkt sich nicht nur auf Weiterbildungen, sondern ist ganzheitlich angelegt. So bietet karriere tutor® Teilnehmern Unterstützung bei der Suche nach dem Traumjob an oder bereitet sie mit kostenlosen Bewerbercoachings auf die optimale Präsentation beim Wunscharbeitgeber vor. Neben dem aktuellen, technischen Stand schätzen die Kunden wohl auch die Teilhabe am New-Work-Prinzip. Dozenten und Teilnehmer sitzen nämlich über ganz Deutschland verteilt vor den Bildschirmen. Vielen ermöglicht das, sich weiterzubilden, ohne solange ihre Kinder anderswo unterbringen zu müssen.

Unternehmen brauchen oft Jahre, um den Break-even-Point zu schaffen. Bei karriere tutor® dauerte es sechs Monate – auch dank der langjährigen Erfahrung in der Weiterbildungsbrache. Daraus resultierte das Gespür, was mit dem neuen Konzept möglich sein kann. **Wir ermöglichen unseren Kunden die Qualifizierung für aussichtsreiche Berufe der Zukunft und den Erwerb international anerkannter Zertifikate in den Bereichen Technik, Finanzen und Immobilien, Gesundheitsmanagement, IT und Projektmanagement, Marketing, Management, Personal, SAP und Persönliches Wachstum.**

Weiterbildungen sind der Schlüssel zum Erfolg, denn wer konsequent in sich selbst investiert, wird dafür am Ende belohnt werden. Oliver Herbig ist es wichtig, dass die Teilnehmer den Glauben an sich selbst wiederfinden und so lange an ihrem beruflichen Profil feilen, bis es ihnen den Erfolg bringt, der ihnen zusteht. Besonders gewinnbringend ist es für ihn, die Entwicklung der Teilnehmer zu begleiten und das wachsende Selbstbewusstsein während der Kurse zu spüren. Wenn sie sich am Ende der gemeinsamen Lernzeit dann bestärkt fühlen und voller Elan neue berufliche Ziele angehen, ist das für ihn die größte Bestätigung.

Das Wichtigste zum Begriff New Work

Der Begriff ist ein typisch „denglischer", der zwar in den Sprachgebrauch eintritt, dabei aber nie wirklich klar definiert wird. Ich glaube, „New Work" zählt längst zu den sogenannten Buzzwords, die ohne Einordnung und ohne zu wissen, wofür sie konkret stehen, inflationär verwendet werden. Genau deshalb bin ich ein großer Freund davon, Behauptungen und Thesen zu begründen und immer auch mit Beispielen zu belegen. Was genau bedeutet New Work im jeweiligen Unternehmen? Ein Beispiel: Manche verstehen unter einem Tag Homeoffice pro Woche bereits New Work, andere setzen das deutlich stringenter um und bieten Mitarbeitern komplette Vollzeitstellen im Homeoffice an. Bei karriere tutor® gibt es sogar zahlreiche Leitungsstellen, die komplett aus dem heimischen Büro ausgeführt werden. New Work ist natürlich viel mehr, besonders bei karriere tutor®, wie nachfolgend ausgeführt.

New Work im Kontext von karriere tutor®

Die Weiterbildungsplattform definiert New Work als Flexibilisierungschance der Arbeitswelt. Konkret arbeiten bis auf die Karriereberatung und Teile des IT-Teams alle Mitarbeiter im Homeoffice: Marketing, Produktion, Lehrgangsbetreuung etc. Wir organisieren uns dabei komplett digital, nutzen E-Mails, treffen uns in Online-Meetingräumen und arbeiten mittels Tools für kollaboratives Projektmanagement miteinander. Persönliche Treffen vor Ort, also auch Fahrtzeiten für den einzelnen Mitarbeiter, werden auf wenige Ausnahmen im Jahr reduziert. Unsere Definition von New Work erlaubt den Mitarbeitern dadurch größtmögliche Flexibilität und macht die Unternehmensabläufe gleichzeitig sehr effizient.

Arbeit im digitalen Zeitalter

Arbeit im digitalen Zeitalter sollte die technischen Möglichkeiten, die uns heute zur Verfügung stehen, im positiven Sinne nutzen. Arbeit darf flexibler werden und sich mehr und mehr den verschiedenen Lebensentwürfen und Bedürfnissen anpassen. Aber jetzt ist auch das Zeitalter, in dem Arbeit mehr denn je den eigenen Stärken entsprechen, Spaß machen und sinnstiftend sein darf. Denn wenn Mitarbeiter ihr volles Potenzial entfalten dürfen, stärkt das immer auch das Unternehmen.

Arbeitsplatz der Zukunft und Umgang mit Digitalisierung

Mitarbeiter sollten ihren Arbeitsplatz selbst gestalten können, dazu gehört auch die Frage, ob sie remote oder im Büro arbeiten möchten. Sofern es die IT ermöglicht, halte ich auch viel davon, wenn Mitarbeiter ihr Arbeitsmaterial auswählen dürfen, konkret beispielsweise, ob jemand lieber Windows oder Apple nutzt. Der Arbeitsplatz ist der Rahmen, in dem das Potenzial des Einzelnen optimal gefördert werden sollte. Darüber hinaus wird sich der Arbeitsplatz der Zukunft weg von Abteilungs-Silos und hin zu teamübergreifender Kommunikation entwickeln.

Form des Denkens für Innovation

Es braucht Menschen, die ein offenes Mindset haben, eine proaktive Denkweise und eine Prise Verrücktheit mitbringen. Menschen, die Dinge ausprobieren, auch wenn manchmal nicht klar ist, ob diese auch funktionieren werden. Genau diese Offenheit, ohne Angst vor Fehlern zu haben, bringt neue Ideen ins Laufen.

Einfluss technischer neuerungen

Die technischen Neuerungen, sofern sie zielführend eingesetzt werden, können ein enormer Produktivitätsfaktor sein. Deshalb ist es wichtig, sie anzunehmen und als Chance zu begreifen statt schwarzmalerisch als „Jobkiller". Die Digitalisierung hilft dabei, repetitive Tätigkeiten zu automatisieren, und schafft dadurch mehr Zeit für kreatives und innovatives Arbeiten.

Führungsverständnis

Führung muss heute auf Augenhöhe stattfinden. Das heißt, die Führungskraft muss das Tätigkeitsfeld des Mitarbeiters, seine Sprache – englische Buzzwords – und das technische Verständnis sehr gut kennen und sich mit dessen Themenwelt auseinandersetzen. Wir brauchen meiner Meinung nach weniger bürokratische Regelungen und Verkomplizierungen, sondern mehr Freiheit und stärkenbasiertes Arbeiten. Kurze Kommunikationswege sind wichtig, denn gerade in der Online-Kommunikation werden Entscheidungen „just in time" getroffen und können keinen langen Dienstweg abwarten. Denn sonst ist der Trend vorbei, bevor es zu einer Entscheidung kam.

Geschäftsmodelle

Unternehmen müssen sich viel schneller anpassen und manchmal auch neu erfinden, um Schritt halten zu können. Geschäftsmodelle brauchen heute vor allem mehr Agilität, um in einer schnelleren digitalisierten Welt auch schnell reagieren zu können.

Komplexität und Algorithmen

Wenn Unternehmen die neuen Möglichkeiten der Technik – Stichwort Künstliche Intelligenz – zielführend einsetzen, schaffen diese mehr Freiheit und Zeit für die Arbeit. Letztlich bleiben dadurch auch der Führungskraft mehr Ressourcen, um passende Entwicklungs- und Weiterbildungsmöglichkeiten für die Mitarbeiter zu schaffen. Führungskraft zu sein verlangt heute mehr denn je, ein Coach oder Mentor zu werden, der das Team für die gemeinsame Vision stärkt und motiviert. Wie heißt es so schön? „Lehre sie nicht, ein Schiff zu bauen, sondern die Sehnsucht nach dem Meer." Genau das ist die Aufgabe moderner Führungskräfte: Mitarbeiter lenken, motivieren und in ihren Stärken fördern. Denn sie sind heute wortwörtlich MITarbeiter und keine Angestellten mehr.

Lernen
Lernen wird immer digitaler, räumlich und zeitlich flexibler, sowie geräteunabhängig funktionieren. Es macht dann keinen Unterschied, ob ich im Bett, am Strand, im Café oder irgendwann auf dem Mars bin und von dort lerne oder in Arbeitsgruppen an einem Projekt virtuell zusammenarbeite. Lernen wird außerdem noch individueller, persönlicher und zielführender werden.

Marketing-Kommunikation
Die Marketing-Kommunikation wird noch datengetriebener und dadurch individueller werden. Denn mithilfe erhobener Daten können Rückschlüsse auf das Nutzerverhalten gewonnen und Marketing-Aktivitäten noch maßgeschneiderter umgesetzt werden. Analyse-Tools werden es ermöglichen, stark individualisierte Kampagnen zu erstellen, die die Bedürfnisse der Menschen noch besser bedienen. Dadurch sind wir beispielsweise in der Lage, unsere Lehrgänge fortlaufend zu optimieren, um unsere Teilnehmer beruflich bestmöglich zu unterstützen.

Gestaltung der digitalen Transformation
Führungskräfte können sowohl technische Tools als auch agile Methoden nutzen, um aktiv an der digitalen Transformation mitzuwirken. Wer seine digitalen Kompetenzen jetzt ausbaut, bleibt wettbewerbsfähig und stärkt sowohl den persönlichen als auch den Unternehmenserfolg. Wichtig ist auch, fortlaufend in die Mitarbeiter zu investieren, denn sie sind das größte Kapital jedes Unternehmens. Digitale Weiterbildungen, die sowohl fachlichen Input als auch methodische Kompetenz vermitteln, sind hier eine hervorragende Möglichkeit.

2   Die Generation Y: Wer sie ist und was sie will

Seit meinem Studium gehören Weiterbildungen zu meinem Lebenslauf wie Hashtags zu Instagram. Dadurch konnte ich mir in den vergangenen Jahren einige Zertifikate im Online- und Social-Media-Bereich aneignen, Lehrgänge mit aufbauen und das größte regelmäßige Socia-Media-Event in Deutschland etablieren: die Mercedes-Benz Media Nights (MBSMN) in Stuttgart. Wie Oliver Herbig bin auch ich davon überzeugt, dass jeder Mensch, der lebenslang seine Weiterbildung in den Vordergrund stellt, nicht nur zufriedener sein, sondern auch ein Leben mit hoher Bedeutung führen wird. Social Media ist zum wichtigsten Kommunikationsinstrument geworden. Vor allem für die Generation Y, die mit sozialen Medien aufgewachsen ist, ist das Kommunizieren durch soziale Netzwerke eine Selbstverständlichkeit und gehört fest zum Tagesablauf. Im Mittelpunkt stehen der Austausch und die Kommunikation untereinander. Die Kommunikation in sozialen Netzwerken findet über multimediale Inhalte wie Fotos, Videos, Chats, Gruppendiskussionen usw. statt. Für die virtuelle Identität wird ein Profil erstellt – und der Austausch in sozialen Netzwerken kann stattfinden.

Für die Generation Y ist nicht mehr Besitzen das Wichtigste, sondern Sein. Damit ist auch eine hohe Flexibilität verbunden. So werden eher eine Bahncard 100 und ein Tablet bevorzugt als ein Geschäftswagen, ein Auto wird via Carsharing geliehen und einfach wieder abgestellt, wenn es nicht mehr benötigt wird. Selbstbestimmung bezieht sich aber auch auf Themen, die Vertreter der Generation Y interessieren und die sie zu der Zeit und an dem Ort sehen möchten, an dem sie gerade sind (Videostreaming wie You-Tube, Netflix, Spotify und Co.). Dies wirkt sich auf die Unternehmensorganisation aus, denn die Millenials wollen diese erwähnten Annehmlichkeiten auch im Unternehmen vorfinden:

- Flexible Arbeitszeiten
- Pakete auch ins Unternehmen liefern lassen anstatt nach Hause (wo sie sich manchmal nur zum Schlafen aufhalten)
- Moderne Führungskräfte, Stichwort CEO 2.0 – eine Führungsperson, die das Potenzial der neuen Medien erkannt hat und am besten auch selbst lebt
- Kooperation mit Personen, die bereits die passende Zielgruppe um sich haben (Stichwort Influencer)

Wie kommen wir dahin?

- Jeder sollte die Bereitschaft zur Veränderung mitbringen.
- Das Unternehmen sollte sich auch von außen spiegeln und hinterfragen.
- Sämtliche Prozesse sollten kritisch durchleuchtet werden.
- Eine Analyse von Datenschnittstellen ist unabdingbar.
- Die IT- Umgebung muss an aktuelle Gegebenheiten angepasst werden.
- Mitarbeiter sollten in Entscheidungsprozesse aktiv mit einbezogen werden.
- Eine digitalen Kultur ist Bestandteil von zeitgemäßen Unternehmensprozessen (Unternehmensdemokratisierung).
- Das kontinuierliche Verfolgen gemeinsamer Ziele und Authentizität sind wesentliche Voraussetzungen für eine zeitgemäße Unternehmenskultur.

Wir müssen alte Rollenbilder aufbrechen:

- Jeder Mensch kann im Internet heute von anderen gefunden werden.
- Menschen möchten mit Menschen arbeiten und gemeinsam Sinn finden.
- Vor allem in Tech-Kreisen zählen Wissen und Neugierde heute mehr als Status und Macht-Symbole.
- Der Aufbau einer digitalen Kultur funktioniert nur durch Kooperation, Austausch und kontinuierliche Zusammenarbeit.

Wir müssen Vorteile überdenken.

- Wie sollen Menschen angesprochen werden (Sie oder Du)?
- Was passt zur Unternehmenskultur: Krawatte oder Kapuzenpullover?
- Wann und wo ist professionelle Strenge erforderlich und wann unprofessionelle Leichtigkeit?
- Wo ist effiziente Ordnung oder kreatives Chaos sinnvoll?
- Wo sind Frauenberufe und Männerberufe sinnvoll?
- Was ist besser: Schreibtisch oder Café?
- Wo braucht es Kontrolle, und wo kann auf Vertrauen gesetzt werden?

Als Führungskraft ist es wichtig, besonders dann auf die Zielgruppe der Millennials einzugehen und Ansagen zu machen, damit sich diese vor lauter Optionen nicht verlieren. Sie sollten deshalb klare Leitplanken aufzeigen. Die Arbeitszeit ist gleichzeitig auch Lebenszeit, Arbeit mit Freunden. Wir verbringen grob gesagt den halben, mindestens ein Drittel des Tages an diesem Ort: Arbeit darf Spaß machen.

Die Zielgruppe der Millennials – siehe Tab. 1 – tickt so und verlangt besonders nach diesen Themen (Deloitte Millennial Survey 2016).

Eine Studie in den Staaten hat ergeben, dass Jugendliche eher bereit sind, auf Essen und Sex zu verzichten als auf ihr Smartphone. Darum bitte verbieten Sie diese Geräte bitte nicht, sondern setzen sich mit diesen Mitarbeitern an einen Tisch und überlegen gemeinsam, wie Sie die Fähigkeiten, Skills und Stärken für das Unternehmen nutzen können.

Wie erreicht man sie?

- Junge Menschen wollen individuell angesprochen werden.
- Sie legen Wert auf Authentizität statt auf einstudiertes Rollenverhalten.
- Sie werden überzeugt mit der Antwort: auf die Frage What's in it for me?!

Und wo erreicht man sie?

- Die Zielgruppe der Millennials wird vor allem in der digitalen Welt erreicht.
- Junge Menschen haben mit ihren Smartphones heute über das mobile Internet Zugang zu mehr Echtzeit-Informationen. Es ist für sie das wichtigste Werkzeug, über das sie nicht nur finden, sondern auch gefunden werden können.
- Erreicht werden die jungen Menschen aber auch in der „sozialen" Welt, wenn die Ansprache an sie angepasst ist.

Tab. 1 Die Zielgruppe

Abwechslung	44 %	… der Millennials haben vor, in den nächsten zwei Jahren ihren Job zu wechseln.
Flexibilität	75 %	… der Millennials wünschen sich die Möglichkeit im Homeoffice oder von anderen Orten aus zu arbeiten.
Mobile & Social	42 Tage	… verbringen die Millennials im Jahr am Smartphone.

Eine Studie von Microsoft soll herausgefunden haben, dass ein Goldfisch eine größere Aufmerksamkeitsspanne hat als ein Digital Native. Das spricht für sich. Ein Beispiel: Jeder kennt die Werbeanzeigen, die YouTube Videos vorgeschaltet werden. Wie lange können bitte fünf Sekunden sein? (PS: Die Aufmerksamkeitsspanne eines Goldfisches liegt bei neun Sekunden; die eines bei sieben.) Ich denke sogar, dass wir in Zukunft zwischen drei bis fünf Sekunden landen werden. Das heißt, man muss, um sich an die Generation Y anzunähern, die Aufmerksamkeit innerhalb von mehreren Sekunden erhalten – sei es für das Recruiting, den Produktverkauf oder einfach nur, damit diese Zielgruppe aufmerksam auf Sie wird.

Haben Sie die Aufmerksamkeit der Person, sind Sie – verglichen mit dem klassischen AIDA-Modell – erst bei Stufe A. Sie haben die Aufmerksamkeit gewonnen und dürfen nun schauen, wie Sie eine langfristige Verbindung herstellen. Sie sollten nun durch ein Angebot via Mailing oder Newsletter bzw. durch Ihren Social-Media-Auftritt versuchen, die Personen zu gewinnen, die Sie dauerhaft binden möchten.

Durch die stetige Kommunikation und verschiedene Touchpoints (Stichwort Remarketing durch das Setzen von Cookies auf der Webseite) können Sie Ihre Zielgruppe überall im Netz ansprechen, wo sie sich bewegt. Sie können sich nun in die Gespräche der Zielgruppe einbringen, die diese sonst nur hinter verborgenen Kulissen, auf Feiern, in Kneipen etc. mit ihren Freunden führen.

Möchten Sie einen Abschluss (im Fachjargon: Conversion) erreichen, sollten Sie es Digital Natives so einfach wie möglich machen. Fragen Sie in einem Bewerbungsformular nicht nach ihrer Sockengröße, Blutgruppe und 50 weiteren Punkten, sondern halten Sie nur ein sehr einfaches Formular bereit, das beispielsweise den Namen und die Telefonnummer enthält. Sie wollen ja erst einmal die Person kennenlernen. Gleiches gilt auch für den Online-Handel. Jeder Extraklick erhöht die Wahrscheinlichkeit eines Abbruchs. Das Gleiche gilt auch für die Ladegeschwindigkeit einer Webseite. Wer länger als nötig warten muss, bis eine Webseite geladen wurde, empfindet ähnlich, als würde er sich bei einem Horrorfilm erschrecken. Getestet werden kann das mit diesem Tool: https://testmysite.withgoogle.com.

Digital Natives wollen auf Augenhöhe angesprochen werden. Gewonnen werden sie mit modernen Inhalten, in den Netzwerken, die junge Zielgruppen nutzen, und an den Orten, an denen sie sich bewegen. Deshalb ist es wichtig, eine eigene Community mit passenden Inhalten mit Mehrwert aufzubauen, die ihre Interessen berücksichtigt. Durch die stetigen Touchpoints und das Sammeln von Likes, Kommentaren, Nachrichten, Newslettern, Webseite- und Blogbesuchen bleibt man in Kontakt und somit im Gedächtnis seiner Zielgruppen. Inspiration bieten Websites wie karrieretutor.de, bvg.de und true-fruits.com. Am meisten fürchten sich Digital Natives davor, dass der Akku ihres Smartphones leer ist, sie kein Netz oder ihre Daten verbraucht haben. Wenn Ältere dies berücksichtigen und als Incentive für diese Generation bieten, können sie als Mentoren wahrgenommen werden.

Zusammenfassend lässt sich sagen: New Work, die Verknüpfung von flexiblem Arbeiten und einer energiegeladenen Unternehmenskultur, hat zur Folge, dass sich Mitarbeiter verwirklichen und somit ihr volles Potenzial im Sinne des Unternehmens entfalten können.

Des Weiteren spart die Nutzung der digitalen Kommunikation und Zusammenarbeit Ressourcen und damit Energie. Beispielsweise ermöglicht Social Media allen Menschen auf dieser Welt, miteinander online in Verbindung zu treten, zu kommunizieren und Persönliches auszutauschen, aber auch eigene Inhalte zu erstellen und diese öffentlich zu verbreiten. Der aktive, kritische und kreative Umgang mit digitalen Medien wird künftig auch über Lebens- und Berufsperspektiven entscheiden. Bestehende Berufe müssen deshalb neu gedacht und neue Berufsfelder definiert werden, in denen Mensch und Maschine nachhaltig und leistungsstark zusammenarbeiten können. Die Grundprinzipien von und die Arbeit mit Systemen im jeweiligen Berufsfeld zu lernen sind auch wichtige Bestandteile in der zukünftigen Aus- und Weiterbildung. Zur größten wirtschaftlichen Herausforderung in Deutschland gehört deshalb die Qualität des Bildungssystems. Unsere wirtschaftliche Stabilität und nachhaltiges Wirtschaftswachstum hängen unmittelbar davon ab.

Die Devise von Oliver Herbig war und ist: „Never stop learning." Im Interview mit der Huffington Post verweist er darauf, dass er häufig beobachtet, dass viele Menschen nur inhaltlich wachsen: „Wenn die Persönlichkeitsentwicklung aber auf der Strecke bleibt, entstehen die berühmten Fachidioten, die sicher nie ein Team anführen können." (Hildebrandt 2018a) In den Kursen von karriere tutor® werden deshalb auch Sozialkompetenzen vermittelt, denn je weiter jemand im Beruf kommt, desto mehr hat er es auch mit Menschen und mit Führung zu tun.

Vor diesem Hintergrund hat Oliver Herbig, CEO der karriere tutor GmbH, fünf Trends für 2019 (Hildebrandt 2018b) herausgearbeitet, die zum Mit- und Weiterdenken inspirieren sollen:

Trend 1: Digitalisierung
Die Digitalisierung ist die stärkste Triebkraft der Transformation. Die zunehmende Vernetzung von immer mehr Lebens- und Arbeitsbereichen führt zu einer enormen Komplexität, mit der Organisationen konfrontiert sind. Der aktive, kritische und kreative Umgang mit digitalen Medien wird künftig auch über Lebens- und Berufsperspektiven entscheiden. Es geht darum, die inhärente Logik der Technologie zu verstehen und einen verantwortungsvollen Umgang mit ihr zu lernen. Die digitale Kompetenz der Mitarbeiter ist deshalb der entscheidende Faktor für die Zukunftsfähigkeit von Unternehmen. Digitalisierung ist allerdings ohne Menschen nicht möglich. Deshalb kommt HR auf dem Weg zur digitalen Organisation eine besondere Aufgabe und Bedeutung zu: Personalabteilungen sollten die Entwicklung mithilfe von Rahmenbedingungen, Weiterbildungsprogrammen sowie kontinuierlichen Verbesserungsmaßnahmen begleiten.

Trend 2: Adaptives Lernen
Mitarbeiter und Führungskräfte benötigen heute unterschiedlichste Kompetenzen. Agilität und Belastbarkeit sind für den Erfolg in der digitalen Wirtschaft von entscheidender Bedeutung. Adaptives Lernen (lat. adaptare = anpassen) bedeutet vor diesem Hintergrund, Lern- und Weiterbildungsangebote zu finden, die Mitarbeiterinnen und Mit-

arbeiter trotz unterschiedlicher Lernvoraussetzungen (Heterogenität) gleichermaßen fördern. Es ist eine wichtige Voraussetzung, um dem Fachkräftemangel entgegenzuwirken und Qualifikationslücken zu schließen.

Trend 3: Lernen in digitalen Communitys

Hierarchische Entscheidungsstrukturen und starre Projektpläne weichen agilen kompetenzbasierten Arbeiten in wechselnden Projektteams. Technologie-gestützte Lösungen können dabei helfen, die nötigen Maßnahmen zu skalieren. Die Führungskraft ist nicht mehr der einsame Entscheider, sondern fungiert als Impulsgeber und Coach.

Trend 4: Lebenslanges Lernen, mehr denn je

Es gibt keine Patentlösungen für die digitale Transformation, deshalb sind lebenslanges und übergreifendes Lernen, mehr Vernetzung und bessere Kommunikation entscheidend. Da Spezialkenntnisse heute sehr schnell veralten können, sind Fortbildung, Qualifizierung, Prozess- und Medienkompetenz gleichermaßen erforderlich. Aber auch Kompetenzen, die den Menschen von Maschinen unterscheiden und nicht automatisiert werden können, beispielsweise Kreativität oder Empathie, sind nötig, um die digitale Transformation zu unterstützen.

Trend 5: Nach dem Lernen ist vor dem Lernen

Bildung ist heute mehr als Wissen und Können, sie entfaltet die Talente eines Menschen und versetzt ihn in die Lage, sich eine eigene Meinung zu bilden, zu urteilen, eigene Entscheidungen zu begründen, in Zusammenhängen zu denken und Probleme zu lösen. Bildung in allen Lebensphasen ist die Ressource der Zukunftsfähigkeit einer Gesellschaft.

Literatur

Hildebrandt A (2018a) Digitale Technologien und Bildungsprozesse: Worauf es jetzt ankommt. Interview mit Oliver Herbig. Blogspot. https://dralexandrahildebrandt.blogspot.com/2018/12/digitale-technologien-und.html. Zugegriffen: 10. Dez. 2018

Hildebrandt A (2018b) Qualifikation und Weiterbildung: Die wichtigsten Trends 2019. Blogspot. https://dralexandrahildebrandt.blogspot.com/2018/12/qualifikation-und-weiterbildung-die.html. Zugegriffen: 10. Dez. 2018

https://www2.deloitte.com/content/dam/Deloitte/global/Documents/About-Deloitte/gx-millenial-survey-2016-exec-summary.pdf. Zugegriffen: 11. Dez. 2018

https://www.syzygy.net/new-york/en/news/how-to-win-the-hearts-minds-and-wallets-of-adult-millennials. Zugegriffen: 11. Dez. 2018

https://www.bbc.com/news/health-38896790   oder   https://de.scribd.com/document/265348695/Microsoft-Attention-Spans-Research-Report. Zugegriffen: 11. Dez. 2013

Lars Kroll ist seit September 2017 Geschäftsführer der socialtelligence GmbH mit Sitz in Stuttgart. Dort übernimmt er Aufgaben als Marketingleiter, Social-Media-Konzepter, Projektleiter und Stratege für diverse Unternehmen aus den Bereichen NGO, E-Commerce, Personalwesen und Automobilindustrie – immer mit dem Blickwinkel auf die Marketing- und HR-Abteilungen. Er unterstützt Unternehmen beim Einsatz von Management- und Analyse-Tools und berät sie in Fragen zu Marketing-Budgets, um das Beste aus ihrer Online-Kommunikation herauszuholen. Mit zwei Geschäftspartnern entwickelt er außerdem ein Tool, mit dem kreative Social-Media-ansätze und Personalgewinnung verbunden mit künstlicher Intelligenz (Patent angemeldet) automatisiert werden können.

Bei karriere tutor® ist Lars Kroll als Marketingmanager tätig. Seit dem Studium gehören Weiterbildungen für Lars Kroll zu seinem Lebenslauf, wie Hashtags zu Instagram. Dadurch konnte er sich in den vergangenen Jahren einige Zertifikate im Online- und Social-Media-Bereich aneignen, Lehrgänge mit aufbauen und das größte regelmäßig stattfindende Social-Media-Event in Deutschland etablieren: die Mercedes-Benz Media Nights (MBSMN) in Stuttgart. Weiterführende Informationen: www.lars-kroll.me.

Die Energie des Handelns. Zur Bedeutung des lebenslangen Lernens, Weiterbildung und Coaching in der Friseurbranche

Julia Göring-Krebs, Olaf Krebs und Alexandra Hildebrandt

1 Interview mit Julia Göring-Krebs

Frau Göring-Krebs, was ist für Sie das Faszinierende am Friseurberuf?
Das Faszinierende für mich am Friseurberuf sind Menschen, die handwerkliche Excellence in Verbindung zur Mode zu schätzen wissen und für mich als Stylistin jeden einzelnen Menschen mit seinen Bedürfnissen zu erkennen. Es kommt heute darauf an, die individuelle Persönlichkeit sichtbar zu machen – im Business wie auch privat. Als Person einen Raum zu betreten, sollte zum eigenen Vorteil wirken -das Gesicht, die Augen und die zum Zeitgeist passende Frisur. Die Eigenschaften und Gefühle tragen einen wesentlichen Teil dazu bei wie Menschen wahrgenommen werden. Der richtige Unterton der Haar- und Kleiderfarbe lässt das Gesicht frischer, attraktiver und strahlender wirken. Unabhängig davon, welche Kleidung getragen wird: Der Kopf schaut oben heraus. Und dies sollte er besonders gut – auch den eigenen Werten und dem beruflichen Kontext entsprechend. Dabei stehen folgende Fragen im Fokus: Wie möchten Menschen wahrgenommen werden? Die richtigen Farben, dem Kontext entsprechende Kleidung und die richtigen Make-up-Farben sind ihre Unterstützer. Genau in diesem Bereich

J. Göring-Krebs (✉)
Julia Göring Intercoiffeure, Coburg, Deutschland

O. Krebs
Olaf Krebs Intercoiffeure, Feucht, Deutschland
E-Mail: info@olaf-krebs.de

A. Hildebrandt
Burgthann, Deutschland

© Springer-Verlag GmbH Deutschland, ein Teil von Springer Nature 2019
A. Hildebrandt und W. Landhäußer (Hrsg.), *CSR und Energiewirtschaft*,
Management-Reihe Corporate Social Responsibility,
https://doi.org/10.1007/978-3-662-59653-1_37

verstehe ich mich als gute Zuhörerin, Beraterin und Stylistin. Ganz klar motiviere ich bewusst und unbewusst dadurch meine Klienten, da sie wissen, wie sie positiv wirken.

Die Westwing-Mitbegründerin Delia Fischer, die mit 34 Jahren nicht nur Chefin von 1100 Mitarbeitern, sondern auch das Aushängeschild der E-Commerce- Plattform mit ihren rund 900.000 Kunden war, sagte im Interview mit dem Handelsblatt: „Ich habe damals überlegt, ob ich mich weniger modisch anziehen oder weniger Make-up auflegen soll. Aber so bin ich, und es gibt ein Zitat von Oscar Wilde, an dem viel Wahres dran ist: ‚Sei du selbst, jede andere ist schon vergeben!‘ Mittlerweile ist es für mich eine Art Mission zu zeigen, dass man sich für Mode und Make-up interessieren und trotzdem eine smarte Unternehmerin sein kann." (Handelsblatt 2018) Das ist die Faszination in unserem Beruf, Menschen nachhaltig bei ihrer Performance zu begleiten.

Welche Kindheitserfahrungen verbinden Sie mit dem Friseur? Was war früher anders?

Als Kind war es für mich nicht unbedingt das Ziel Friseurin, Make-up Artistin und Friseurunternehmerin zu werden. Ich glaube, jedes Kind hat den Drang, das Leben zu entdecken und zu schauen, wie es andere tun. Es gibt ein Foto, auf dem ich mit Mutters High Heals durch den Hof laufe. Verkleiden und sich zu inszenieren ist vielleicht ein wichtiges Attribut der Kindheit dazu. Vielleicht trägt einen in der Kindheit mehr diese Freiheit und Unbeschwertheit. Bis ca. zum 15. Lebensjahr prägen sich unsere hauptsächlichen Talente – auch dadurch, dass wir uns in unserem eigenen Erleben immer an Vorbildern orientieren und dann ausprobieren was zu uns passt und uns antreibt. Irgendwann werden uns dann unsere Talente zu eigen. Lust an Leistung, Wissbegier, Verantwortungsgefühl, Fokus und Bindungsfähigkeit haben mich in meiner beruflichen Entwicklung von Anfang an begleitet.

Mit welchen Argumenten überzeugen Sie junge Menschen, eine Ausbildung in diesem Bereich anzustreben?

Vor allem über meine Liebe und Leidenschaft. Für mich ist der Friseurberuf als Basis einer der schönsten Berufe der Welt: frei, kreativ und super Entwicklungschancen. Der Weg nach ganz oben ist immer offen, und vieles ist möglich. Ich komme mit den unterschiedlichsten und tollsten Menschen zusammen und jeder hat seine ganz eigene Geschichte. Dadurch wurden mir schon viele Türen geöffnet, oder ich konnte Türen für Menschen öffnen. Ich freue mich über jeden einzelnen, mit dem ich in Kontakt komme. Mein Wissen weiterzugeben und zu sehen, wie Mitarbeiter und Menschen in meinem Umfeld wachsen, ist meine Passion. Dafür biete ich viel kreativen Freiraum, die Möglichkeit der Teilnahme an Meisterschaften und Fortbildungen (in fachlicher sowie persönlicher Richtung u. a. bei Intercoiffure und im Ausland) und auch präventive Gesundheitsmaßnahmen an, z. B. regelmäßige Coachings, Physiotherapie, Bio-Obst und Gemüse für die Mitarbeiter, sowie immer ein offenes Ohr bei deren Anliegen. Diese Angebote werden gerne und freudig angenommen. Gerade auch für Generation Y und Z sind hier auch Webinare und Nachhaltigkeit ein Thema für das ich offen bin. Mit Stolz kann ich deshalb sagen, dass meine Mitarbeiter top motiviert und sehr positiv und lösungsorientiert handeln und gestimmt sind.

2016 wurden Sie zur Unternehmerin des Jahres im Friseurhandwerk vom Zentralverband des Friseurhandwerks geehrt. Wie kam es dazu?

Das war ein langer Weg. Ich wurde damals darauf aufmerksam gemacht und habe mit meinen Mitarbeitern gesprochen, die sofort eine E-Mail geschrieben und mich beim Zentralverband vorgeschlagen haben. Daraufhin erhielt ich den Fragebogen mit den Eckdaten, die relevant für die Jury waren. Nach kurzer Überlegung habe ich mich dann auch beworben. Es ging darum, nicht nur das handwerkliche Können, sondern auch das Wirken als Unternehmerin zu dokumentieren. Genau dies auch mit Ergebnissen, Aktionen, Maßnahmen und Fotos zu belegen. Im Fokus stand die Summe aus handwerklicher Exzellenz, unternehmerischen Tun, Marketing und auch menschliche Kompetenz – alles, was als Unternehmerin dazu gehört mit Ergebnissen zu belegen und zu dokumentieren. Im Nachgang habe ich erfahren, dass die damalige Jury überwältigt war. Über 200 Seiten Dokumentation, ca. 100 Arbeitsstunden in der Summe und viele Anschauungsmaterialien, die ich zur Repräsentation meines Unternehmens mit einschickte – eine Arbeit, die sich für mich gelohnt hat. Auch alles, was ich in den vergangen zehn Jahren erlebt hatte, noch einmal Revue passieren zu lassen, war schon eine besondere Motivation für die Zukunft.

Was bedeutet Ihnen diese besondere Zuschreibung und Ehre?

Ich glaube in der heutigen schnelllebigen Zeit geht es auch darum zu wissen, wofür man selbst einsteht. Welche Wertekultur bestimmt das eigene Handeln, und wie steht all dies mit meinem Wirken im Einklang? Das ist für mich auch eine Eigenschaft, die mich antreibt. Die Auszeichnung und Ehre, die mir dann im Nachhinein entgegenbracht wurde, war schon überwältigend. Auch das Friseurbild in der Öffentlichkeit hat sich in meinem Wirkungskreis sehr zum Positivem verändert. Gleichwohl bekam ich in der Arbeit mit meiner Consulting Firma, die ich mit meinem Mann Olaf Krebs zusammen führe, noch mal ein ganz neues Ansehen. Nicht nur reden, sondern machen – und genau auch dies mit Ergebnissen aus der Praxis beweisen. Das macht Spaß und Freude, welche sich auf mein Umfeld überträgt.

Welche Herausforderungen hatten Sie als junge Gründerin zu meistern?

Am Anfang ist ja noch nicht so viel da. Das Image als Friseurin war relativ schlecht in den Medien dargestellt. Immer wenn es etwas Negatives zu berichten gab, war die „Friseuse" von nebenan das erste Beispiel. Hier gilt es, mit fachlicher Spitzenleistung zu bestehen. Mich aufs Unternehmertum einzulassen, war schon sehr sportlich: 24 h, 7 Tage in der Woche. Es war ja mein eigenes Baby. Zehn bis zwölf Stunden handwerklich zu arbeiten und die unternehmerischen Aufgaben wie Werbung, Marketing, Aktionen und andere Maßnahmen zu bewältigen, war sehr herausfordernd. Am wichtigsten war die Kontrolle der Ergebnisse. Hinzu kamen Mitarbeiterverantwortung und Führung. Es ging auch darum, dem öffentlichen Klischee der „Friseuse" entgegenzuwirken und zu zeigen, was eine erfolgreiche Friseurin, Handwerksmeisterin, Unternehmerin, Dozentin und Trainerin ausmacht.

Haben es Frauen in Führungspositionen schwerer oder leichter als Männer?

Ich denke, dass es Frauen hier schwerer haben. Einige haben anfangs gedacht, dass ich eine Mitarbeiterin sei, andere haben mich als Friseuse abgestempelt, die nur für die Haare da ist. Und alles, weil ich jung war. Auch die Mitarbeiterführung zwischen Lockerheit und Strenge war eine Gradwanderung, und natürlich habe ich auch Fehler gemacht – und daraus gelernt.

Dabei habe ich in der ersten Zeit 80 h und darüber hinaus, in der Woche gearbeitet und war jeden Samstag und Sonntag in meinem Unternehmen. Heute habe ich viele männliche Unternehmer als Kunden in meiner Coaching Firma und auch als Kunden im Salon, die dankbar für meine Begleitung und Beratung sind.

Welche Frisuren werden von der jungen Generation Y und Z am liebsten gewählt (Männer und Frauen), und was sagt das möglicherweise über das Wesen dieser Generationen aus?

Ein zentraler Wesenspunkt der Generation ist Individualität. Das heißt, dass die Kunden beraten werden wollen, aber dennoch selbst entscheiden möchten. Oft ist es so, dass sie mit Bildern von Bloggern o. ä. zu mir kommen und fragen, ob ihnen das steht, und wie es umsetzbar ist. Derzeit sind viele Ballayage-Looks dabei in den unterschiedlichsten Nuancen und Haarlängen, ebenso gestylte Waves, die wie ungestylt wirken. Die Generation möchte wirken und sich in ihrem eigenen Lebensbereich inszenieren. Sie legt Wert auf ihr Aussehen und ist auch bereit, dafür etwas zu tun. Da die Generation Y immer online ist, ist sie auch oft fähig, sich Frisurenstyles selbst zu kreieren. Die jungen Menschen googlen oder gehen auf Youtube, um Anleitungen für die gewünschte Frisur zu finden. Gerne nehmen sie auch Tipps und Trainingseinheiten von mir an, um ihr gewünschtes Styling umzusetzen.

Bei der Generation Z liegt die besondere Herausforderung darin, das eigene Selbst zu sehen und nicht die Frisur, wie auf dem Foto: heute die Haarfarbe so und morgen so. Hier sind Beratung und Individualität wichtige Aspekte. Die Wahrnehmung in Social Media nimmt einen beträchtlichen Anteil ihres Lebens ein – sei es privat oder auf der Arbeit. Sie sind weniger optimistisch als die Generation Y, vorsichtig und sicherheitsorientiert, aber dafür realistischer und inspiriert, die Welt zu verbessern. Hier liegt auch klar der Fokus auf Nachhaltigkeit der Produkte und Methoden. Ein klares Erscheinungsbild und die Abgrenzungen zwischen Arbeit- und Privatleben ist der Generation Z wichtig. Der Wunsch, sich selbst zu inszenieren, ist hier besonders ausgeprägt. Es geht um die Frisur, die zu den Bedürfnissen im eigenen Lebensmodell am besten passt. Die zwischenmenschliche Kommunikation und das gegenseitige Verstehen der aktuellen Bedürfnisse bekommt eine neue Dimension. Vertrauen und Qualität zählt.

Wie sieht das Friseurgeschäft der Zukunft aus? Welche Rolle spielt die Digitalisierung?

Ich denke, dass uns die Digitalisierung im Friseurberuf eine neue vielfältige Form der Informationsgewinnung bringt. Auch die Unternehmensführung wird sich hier ändern.

Natürlich sind wir auch sehr digital. Wir haben eine Salon-App, Onlineterminierung und SMS-Terminerinnerungen. Auch die „Frisurenhefte" sind digital auf den Salon-iPads. Kassenführung, Kundenkartei und Marketing (u. a. Facebook, Instagram...) sind genauso digitalisiert wie das Lernen mit Webinaren und der schnelle Kommunikationsweg per WhatsApp. Eine aktuelle Website ist mit das wichtigste. Leider gibt es in unserer Branche immer noch viele Unternehmen ohne Onlineauftritt. Für mich unverständlich!

Wir möchten aber noch mehr bieten! Eine Welt außerhalb der Digitalisierung. Eine Erlebniswelt der Mode und Rückzugszone für die Kunden, gerade aus dem Überfluss zu sich selbst. Die Menschen inszenieren sich in ihrer Rolle, Beruf Freizeit etc. Ich bin mir sicher, dass auch wieder der Trend zur Emotion, zu Herzensgefühlen und wahrer Emotionen kommt. Diese ist schwer zu digitalisieren, und hierin sind wir Meister. So erzeugen wir echte Gefühle, die nachhaltig positiv wirken.

Im Wesentlichen wird es darum gehen, das Wissen und die Information anzuwenden und ins Handeln zu bringen – gerade wenn ich an die Mode denke. Die Emotionen, Kontakt zu Menschen, Liebe zum TUN und Vertrauen, Menschen berühren zu dürfen auch in ihrem innersten Selbstwert und ihrer Wahrnehmung, wird ein neuer Megatrend für die Profis in der Branche sein.

Olaf Krebs, der den Intercoiffure Salon in Feucht bei Nürnberg führt, lernten sie 2013 bei Intercoiffure kennen und gehen seither beruflich und privat gemeinsame Wege. Wie sehen diese konkret aus?

Wir führen die beiden Salons in Feucht und in Coburg mit aktuell 28 Mitarbeiter zusammen, ebenso die Consulting Firma www.o-k-consulting.com und treten bei Schulungen und Seminaren oft als Duo auf. Gemeinsam blicken wir auf 55 Jahre Berufserfahrung zurück. Wir haben beide schon viel erlebt – sowohl getrennt als auch gemeinsam – das ist der Schlüssel zum Erfolg. Unsere aktuelle Innovation ist der Color Indikator www.colorindikator.com, der Menschen hilft, besser auszusehen. Zudem ergänzen wir uns perfekt: Ich arbeite als handlungsstarke Macherin sehr zielorientiert, Olaf ist der innovative Kopf und strategische Visionär. Zusammen bringen wir gestandene Unternehmer und begeisterte Friseure auf Erfolgskurs. Ständige Weiter- und Fortbildung sind für uns selbstverständlich, auch und vor allem im eigenen Team. Wir wollen den Beruf des Friseurs nicht nur optimieren, sondern weiterentwickeln.

2   Olaf Krebs: Warum positive Energie die Basis für nachhaltoigen erfolg ist

Gerade bei uns im Handwerk ist lebenslanges Lernen ein begleitender Lebenskontext. Für uns als Friseurunternehmer gibt es hier drei verschiedene Entwicklungs- und Wachstumsfelder.

1. Die fachliche Entwicklung
2. Emotionale und menschliche Entwicklung
3. Die Ebene der Umsetzung, um Ebene 1 und 2 ins Handeln zu bringen und mit Ergebnissen zu untermauern.

Aus- und Weiterbildung hat hier eine besondere Bedeutung. Als Basis ist natürlich zuerst die fachliche Excellence im Mittelpunkt. Kennen, Können, Trainieren sind hier die hauptsächlichen Begleiter, die im Friseurhandwerk an einen Berufseinsteiger gestellt werden. Die in jungen Jahren startenden Berufseinsteiger sind fachlich top motiviert. Das handwerkliche Geschick und das Lernen der handwerklichen Basiskompetenzen geht relativ schnell. Je höher das fachliche Können, desto schneller entsteht der Bedarf, das Gelernte mit und an eigenen Kunden umzusetzen.

Gerade jetzt beginnt die Phase, sich auch mit Kommunikation und seiner menschlichen Kompetenz zu beschäftigen – gemäß des bekannten Autors Dale Carnegie: „Wie gewinne ich Freunde". Jetzt ist besonders die Begleitung durch einen guten Coach und Ausbilder wichtig: genau hier die individuellen Talente des Mitarbeiters zu erkennen und im Sinne seiner eigenen und beruflichen Ziele zu begleiten.

Die Entwicklung der besonderen Talente und Gaben eines Menschen sind ca. mit dem 16 Lebensjahr abgeschlossen und ändern sich nicht mehr grundlegend. Mit dem Erfolg im Beruf und voranschreitender Lebenserfahrung ändern sich natürlich auch, je nach Lebensphase und Wirkungsfeld (Kontext) die besonderen Werte, die für den Menschen je nach Zielsetzung in den Mittelpunkt rücken. Wenngleich sich die jeweiligen Werte je nach Zielsetzung auf Zieldienlichkeit anpassen lassen, nach dem Motto welche besonderen Tugenden unterstützen mich um meine Ziele zu erreichen. So bleiben doch die eigenen Talente als eigene Gaben erhalten und ändern sich nur wenig.

Lebenslanges Lernen ist besonders im Nachhaltigkeitskontext wichtig für ein erfolgreiches Bestehen in der Geschäftswelt. Für selbstständige Handwerker, Stylisten und Unternehmer ändern sich die wirtschaftlichen Anforderungen ständig. Liebe, was du tust, ändere was du brauchst, gemäß der Zieldienlichkeit und lass los, was dich hindert. Im Friseurhandwerk liegt die Zahl der Betriebsschließungen in den ersten fünf Geschäftsjahren der Selbstständigkeit bei nahezu 80 % der neu gegründeten Unternehmen. Um wirtschaftlich zu bestehen, haben viele Jungunternehmer/innen einen

Berater oder Coach an ihrer Seite. Das ist oft die Basis für einen nachhaltigen Erfolg. Viele große Unternehmen tun sich leichter, Kompetenzfelder im Netzwerk auszulagern. Einkauf, Personalabteilung, Marketing, Werbung, wirtschaftliche Potenziale… usw. Als Handwerker und Unternehmer erfüllst du die einzelnen Systemaufgaben oft selbst durch deine eigene Person. In meinem Springer Gabler-Buchbeitrag „Der Meistertitel im Friseurhandwerk" (Krebs 2018), bin ich auf die Rolle der Meisterprüfung eingegangen. Aus meiner Sicht kann hier ein Coach mit der besonderen Marktausrichtung und Kenntnis entscheidend zum nachhaltigen Erfolg eines Unternehmens beitragen.

Der Begriff Coaching wurde in den 1980er-Jahren besonders geprägt. Coaching ist ein individueller Prozess bezüglich einer Person oder eines Teams. Im Handwerk, im Rahmen der Arbeitswelt und durch die Menschen definiert. Der Coach (engl. Kutscher) unterstützt den Gecoachten auf seinem Weg vom unerwünschten Ist- zum erwünschten Soll-Zustand. Dieser Weg wird lösungs- und ressourcenorientiert und mit hoher Selbst-Verantwortung beschritten. Der erwünschte Soll-Zustand ist oft die Spitzenausprägung eines bestimmten Verhaltens: Coaching als Unternehmer, Mitarbeiter im Unternehmen und Selbst-Coaching ist einer der Schlüssel zum nachhaltigen Erfolg.

In meiner eigenen Entwicklung habe ich selbst den Weg vom Auszubildenden, Ausbilder, Geschäftsführer, Trainer und Seminarleiter bis hin zur Ausbildung in Organisations-und Unternehmensentwicklung beschritten. Daraus hat sich eine Systemische Ausbildung in Organisationsaufstellung, Cert. mental Master Coach und Hypno Coach entwickelt. Neugierde und Wachstum bleibt lebenslang. Das ist eines unserer Alleinstellungsmerkmale in der O-K-Consulting. Heute führe ich ein erfolgreiches Dienstleistungsunternehmen, bin als Coach und Berater aktiv. Die Tätigkeit aus der Friseurbranche hat sich in viele Geschäftsfelder der Dienstleistung und handwerklicher Unternehmensführung in viele andere Branchen erweitert. Aus unserem eigenen Erleben haben wir heute Coaching-Kunden aus vielen weiteren menschlichen und beruflichen Bereichen heraus, die wir weiter nach vorne bringen, im persönlichen, fachlichen und unternehmerischen Bereichen. Ich denke, als Resümee aus meinem Blick und Erlebnisfeld hört lernen erst auf, wenn wir aufhören zu atmen.

Dieses Interview führte Dr. Alexandra Hildebrandt.

Literatur

Handelsblatt 30.08.2018 Interview mit Kirsten Ludowig und Delia Fischer
Krebs O (2018) Der Meistertitel im Friseurhandwerk. In: Neumüller W (Hrsg) Visionäre von heute Gestalter von morgen. Inspirationen und Impulse für Unternehmer. Springer Gabler, Heidelberg, S 71–78

© Julia Göring-Krebs

Julia Göring-Krebs Jahrgang 1983, startete mit ihrer Ausbildung im September 2001 und konnte aufgrund ihrer herausragenden Leistungen die Gesellenprüfung im Januar 2004 um ein halbes Jahr verkürzt als Jahrgangsbeste abschließen. Sie erhielt als Anerkennung den bayrischen Staatspreis der Handwerkskammer Oberfranken. Ihre Meisterprüfung legte sie im Dezember desselben Jahres ab und war dann als Führungsverantwortliche tätig. 2006 machte sie sich mit ihrem Unternehmen „Friseur Julia Göring" (www.friseur-julia-goering.de) selbstständig und entwickelte sich und ihr Unternehmen stetig weiter. Es folgte eine Dozententätigkeit für den Meisterkurs an der HWK Coburg. Nebenbei frisiert sie bis heute auf Modenschauen und bei Fotoshootings, bildet sich permanent weiter und kreiert eigene Fotokollektionen. 2011 wurde sie Mitglied bei Intercoiffure mit erst 28 Jahren. 2016 wird sie im Rahmen der Fachmesse Haare 2016 in Nürnberg zur Unternehmerin des Jahres im Friseurhandwerk ausgezeichnet. Neben vielen anderen Aktivitäten unterrichtete Julia Göring-Krebs den Meisterkurs an der Handwerkskammer Coburg, ist Redken Certified Haircolorist, Make-up Artist, und hat sich bis zum NLP-Master (DVNLP), Mastercoach (DQV), Hypno-Coach und Systemischer Organisations- und Unternehmensaufstellung ausbilden lassen. Gemeinsam mit Olaf Krebs führt sie ein gemeinsames Beratungs- und Coachingunternehmen, die O.K. Consulting GbR.

© Olaf Krebs

Olaf Krebs machte nach seiner Gesellenprüfung 1986 die Meisterprüfung im Friseurhandwerk. Im Jahr 1987 gründete er die O.K. Consulting, wo er seit 01.01.2018 die OK Consulting GbR zusammen mit seiner Lebensgefährtin und Friseurunternehmerin Julia Göring-Krebs in nationalen und internationalen Seminaren für die Haarkosmetikindustrie Mitarbeiter, Führungskräfte und Unternehmer trainiert, coacht und berät. Im Jahr 1986 absolvierte er eine Ausbildung zum NLP Practitioner+Master, 1991 wurde Olaf Krebs für ein Jahresprojekt, freier Mitarbeiter in der Friseurindustrie in Frankfurt Key Account Seminarservice, 1999 folgte die Trainerausbildung im Bereich Transaktionsanalyse und Psychodrama, Organisations- und Unternehmensentwicklung cert. Dta Hamburg, 2010 die Ausbildung in CQM Chinesische Quanten Methode (Mental Coach) und 2016 in systemischer Organisations- und Unternehmensaufstellung. Das Friseurunternehmen Intercoiffure Olaf Krebs www.olaf-krebs.de wurde 1993 in Feucht bei Nürnberg gegründet. Heute beschäftigt Olaf Krebs 18 Mitarbeiter. Veröffentlichungen bei Springer Gabler: Der Meistertitel im Friseurhandwerk. In: Visionäre von heute – Gestalter von morgen. Inspirationen und Impulse für Unternehmer. Hrsg. von Alexandra Hildebrandt und Werner Neumüller. Verlag Springer Gabler, Heidelberg, Berlin 2018.

© Peter Stumpf

Dr. Alexandra Hildebrandt ist Publizistin, Autorin und Nachhaltigkeitsexpertin. Sie studierte Literaturwissenschaft, Psychologie und Buchwissenschaft. Anschließend war sie viele Jahre in oberen Führungspositionen der Wirtschaft tätig. Bis 2009 arbeitete sie als Leiterin Gesellschaftspolitik und Kommunikation bei der Karstadt-Quelle AG (Arcandor). Beim den Deutschen Fußball-Bund (DFB) war sie 2010 bis 2013 Mitglied der DFB-Kommission Nachhaltigkeit. Den Deutschen Industrie- und Handelskammertag unterstützte sie bei der Konzeption und Durchführung des Zertifikatslehrgangs „CSR-Manager (IHK)". Sie leitet die AG „Digitalisierung und Nachhaltigkeit" für das vom Bundesministerium für Bildung und Forschung geförderte Projekt „Nachhaltig Erfolgreich Führen" (IHK Management Training). Im Verlag Springer Gabler gab sie in der Management-Reihe Corporate Social Responsibility die Bände „CSR und Sportmanagement" (2014), „CSR und Energiewirtschaft" (2015) und „CSR und Digitalisierung" (2017) heraus. Aktuelle Bücher bei SpringerGabler (mit Werner Neumüller): „Visionäre von heute – Gestalter von morgen" (2018), „Klimawandel in der Wirtschaft. Warum wir ein Bewusstsein für Dringlichkeit brauchen" (2020).

Energie der Bildung: Vom Sinn des eigenen Tuns

Andrea Fischer und Katharina Pavlustyk

Frau Fischer, inwiefern trägt karriere tutor® mit seinem Homeoffice-Ansatz zum Klimaschutz bei?

Zunächst einmal fällt bei uns die tägliche Fahrt zur Arbeit und zurück weg, ebenso das damit häufig verbundene Stehen im Stau. Denn gerade bei Kollegen in ländlichen Bereichen sind die Möglichkeiten öffentlicher Verkehrsmittel eingeschränkt. Wenn außerdem alle Mitarbeiter in einem Büro arbeiten, werden entsprechende Räumlichkeiten benötigt. Und dort wird fast immer Energie verbraucht, unabhängig davon, ob sich in den Räumen eine Person befindet: Geräte verbrauchen auf Standby Strom, die Heizung läuft. Ebenso müssen Geräte und andere Ausstattung in doppelter Ausführung vorgehalten, gepflegt und gewartet werden, wenn Arbeit und Leben an unterschiedlichen Orten stattfinden. Dies ist ein erhöhter Ressourcenbedarf, der bei karriere tutor® so nicht vorhanden ist. Es ist mit jedoch wichtig zu betonen, dass der Homeoffice-Ansatz nicht immer und überall zu 100 Prozent umsetzbar ist. In manchen Branchen, etwa im produzierenden Gewerbe oder in der Pflege, ist das gar nicht so einfach möglich.

Welche Nachhaltigkeitsaspekte sind in Ihrem Arbeits- und Lebensumfeld besonders wichtig?

Zum einen ist mir ein verantwortungsbewusster Umgang mit Ressourcen wichtig. Darauf achte ich im Alltag und habe das auch an meine vier Kinder weitergegeben. Wir haben

A. Fischer (✉)
karriere tutor®, Königstein im Taunus, Deutschland
E-Mail: Andrea.Fischer@karrieretutor.de

K. Pavlustyk
Öffentlichkeitsarbeit, Königstein im Taunus, Deutschland
E-Mail: Katharina.Pavlustyk@karrieretutor.de

© Springer-Verlag GmbH Deutschland, ein Teil von Springer Nature 2019
A. Hildebrandt und W. Landhäußer (Hrsg.), *CSR und Energiewirtschaft*,
Management-Reihe Corporate Social Responsibility,
https://doi.org/10.1007/978-3-662-59653-1_38

zu Hause Steckdosenleisten mit Schalter und Feldfreischaltungen. Wir versuchen, nicht zu viel Müll zu produzieren. Deshalb kaufe ich bewusst und wäge, bevor ich online bestelle, ab, ob ich den Artikel nicht auch beim Händler vor Ort besorgen kann. Das ist mir ein wichtiges Anliegen, aber es läuft natürlich nicht immer perfekt. Es geht einfach darum, innerhalb seiner Möglichkeiten das Beste im Sinne der Umwelt zu tun.

Ein weiterer Aspekt, der mir wichtig ist, hat mit Nachhaltigkeit in dem, was ich tue, zu tun. Ich bin nicht auf dieser Welt, um irgendwie über die Runden zu kommen. Das, was ich mache, soll einen Sinn ergeben, einen Wert haben. Ich möchte, dass durch mein Tun etwas zurückbleibt, etwas, das nachhaltigen Effekt hat. Deshalb habe ich die Entscheidung getroffen, mich mit dem Bereich Bildung zu beschäftigen, weil ich festgestellt habe, dass sich viele gesellschaftliche und auch globale Probleme mit Bildung lösen lassen.

Weshalb sollte Energiesparen nicht nur ein äußerlicher Aspekt, sondern auch ein innerer sein?

Innen und Außen gehören für mich zusammen, wenn es ums Energiesparen geht. Wenn ich sage, wie wichtig es ist, vernünftig mit Ressourcen umzugehen, selbst aber nicht danach handle, ist das für mich ein Konflikt. Energiesparen bedeutet für mich außerdem, effizient zu sein in dem, was ich tue, und meine Zeit sinnvoll zu nutzen. Zeit ist für mich das Wertvollste, was ich habe. Und mit dem Alter und einer wachsenden Erfahrung wird es immer wichtiger zu selektieren und zu entscheiden, welchen Themen ich mich widmen und wo ich mich einbringen möchte.

Wer oder was gibt Ihnen Energie?

Energie bekomme ich in erster Linie durch den Rückhalt meiner Familie und die Bestätigung in meiner Arbeit. Der Erfolg unserer Kursteilnehmer, wenn sie nach einer Weiterbildung bei karriere tutor® ihre beruflichen Ziele erreichen, bestärkt mich ebenso wie das Feedback meiner Mitarbeiter. Außerdem habe ich das Glück, über eine ausgeprägte Neugier zu verfügen. Diese sorgt dafür, dass ich immer wieder motiviert bin und mich darauf freue, Neues kennenzulernen und Veränderungen zu erleben und mitzugestalten. Ich schätze mich sehr glücklich, dass mir beim Eintauchen in neue Themen nicht nur das Ziel – etwa ein Abschluss – wichtig ist, sondern dass mir auch der Weg dorthin viel Spaß macht.

Inwiefern trägt karriere tutor® dazu bei, vor allem bei Müttern den „Energiehaushalt" wieder zu füllen, der in anderen Unternehmen möglicherweise leer wurde?

Die Vereinbarkeit von Familie und Beruf hat bei karriere tutor® von jeher eine hohe Priorität. Basierend auf meinen eigenen Erfahrungen als alleinerziehende berufstätige Mutter von vier Kindern war es mir wichtig, für Mütter und Väter ein Arbeitsumfeld zu schaffen, in dem sie ihrem Job nachgehen und den Anforderungen der Familie gerecht werden können. Durch das Arbeiten im Homeoffice sparen Mütter ebenso wie Väter die Fahrtzeit ins Büro. Diese Zeit kann bereits der Familie zugutekommen. Die weitestgehend flexible Arbeitszeit ermöglicht es Müttern außerdem, dass sie ihre Arbeitszeit an die Betreuungszeiten ihrer Kinder anpassen können. Sie können ihre Kinder zum Beispiel aus der Schule abholen und mit ihnen zu Mittag essen oder ihre Hausaufgaben durchgehen. Wenn dann später zusätzliche Betreuung da ist, können sie an ihren beruflichen Aufgaben weiterarbeiten.

Zudem gibt es bei karriere tutor® zahlreiche Teilzeitmodelle – angefangen bei fünf Stunden pro Woche – die so gewählt werden können, wie es die aktuelle persönliche Situation erfordert. Eine kurzfristige Änderung des Arbeitsmodells, sowohl eine Ausweitung als auch eine Verringerung der Stunden, kann sehr unbürokratisch erfolgen.

Bei Veranstaltungen, die eine Anwesenheit vor Ort erfordern, können die Kinder mitgenommen werden. Die Kosten dafür übernimmt karriere tutor®, wenn es erforderlich ist. Zudem sorgen wir für eine qualifizierte Kinderbetreuung, damit sich die Mütter auf die Veranstaltung konzentrieren können.

Durch diese Unterstützung wollen wir erreichen, dass Mütter keinen zusätzlichen Stress erfahren. Ich weiß aus eigener Erfahrung, wie es ist, wenn die Kinder aus dem Kindergarten oder der Schule immer auf den letzten Drücker abgeholt werden, weil es im Büro doch länger gedauert hat. Das ist für die Kinder eine unschöne Situation und sorgt bei Müttern dafür, dass sie permanent unter Stress stehen. Und dies wirkt sich wiederum negativ auf die ganze Familie aus.

Wie gehen Sie mit Ihrer Zeit um?

Das hat für mich viel mit Energiesparen und Nachhaltigkeit zu tun. Mir ist es wichtig, gut auszuwählen, in welchen Bereichen ich mich einbringe. Außerdem möchte ich Dinge auf den Punkt bringen und spreche sie sofort an. Ich habe schon häufig erlebt, dass Menschen Zeit vergeuden, weil sie nicht direkt fragen, sondern versuchen zu interpretieren, was der andere meint. Andere erwarten wiederum, dass man interpretiert. Ich schätze einen offenen Umgang. Wer in meinem Team arbeitet, weiß, dass ich Themen sofort unter vier Augen anspreche und gleich einen Lösungsvorschlag anbiete, sollte es ein Problem geben. Und nicht nur meine Zeit ist mir wichtig. Ich finde, es ist ein Ausdruck von Respekt dem anderen gegenüber, wie ich mit seiner Zeit umgehe.

Was sind für Sie die größten Energiekiller in der Arbeitswelt?

Im Grunde ergibt sich das als Umkehrschluss des vorher Gesagten: wenn man nicht offen miteinander redet, Themen umschifft und nicht direkt anspricht, wenn man nicht lösungsorientiert vorgeht. Viele verwenden reichlich Zeit und Energie darauf, zu jammern und sich zu beschweren, doch das führt nie zum Ziel. Eine offene Gesprächskultur und ein lösungsorientierter Ansatz sparen Energie und schonen ganz neben bei die Nerven. Das gilt auch für den Weg ins Büro und nach Hause: Wer täglich im Stau steht und im Kopf durchspielt, was er noch zu erledigen hat – das Einkaufen, Kochen, Zeit mit der Familie verbringen –, kommt zu Hause mitunter genervt an, zum Leidwesen von Partner und Kindern.

Wie sehen Sie die Debatte, die heute rund um die Themenkomplexe „Arbeitende Mütter" und „Wiedereinstieg in den Beruf" geführt wird? Ist sie unehrlich, weil den Frauen eingeredet wird, dass es lediglich eine Frage der Organisation sei, Job und Kind unter einen Hut zu bringen?

Mittlerweile gibt es auch immer mehr arbeitende Väter, die Job und Kind vereinbaren. Aber ist es tatsächlich so, dass uns viele Kursteilnehmerinnen berichten, dass sie ihren Job nach der Geburt der Kinder verloren haben. In den Führungsetagen der Unternehmen ist wenig Verständnis für Mütter. Sicher ist es auch eine Frage der Organisation, Job und Kind unter einen Hut zu bringen. Aber eine Mutter kann organisieren und machen und planen, soviel sie will. Wenn die Firma ihr nicht entgegenkommt und Unterstützung anbietet oder zumindest Verständnis signalisiert, dann wird es schwierig. In den meisten Fällen geht es um fehlende Toleranz. Es gibt nicht nur das eine Familienmodell und nicht DEN Familienalltag. Vielleicht fehlt es da auch an Flexibilität. Ja, möglicherweise muss eine Mutter pünktlich oder früher aus dem Büro kommen, aber sie kann abends oder am Wochenende nacharbeiten. Es geht alles, wenn die verschiedenen Familienbilder akzeptiert und respektiert werden.

Bedeutet heute Vollzeit oft Burnout und Babypause und Teilzeit oft Karrierestillstand?

Den Karrierestillstand nach der Babypause habe ich selbst erlebt und kenne es auch aus Erzählungen unserer Kursteilnehmerinnen. Ich glaube, es ist leider tatsächlich noch so, dass die Karriere ins Stocken gerät, wenn eine Frau Mutter wird. Was Burnout angeht, geht es, glaube ich, gar nicht um die Menge an Aufgaben, die Vollzeit arbeitende Eltern erledigen müssen. Es ist eher die permanente Anspannung und ein ständiger Kampf, weil auf der einen Seite das Verständnis des Arbeitgebers fehlt und Mütter und Väter auf der anderen Seite die meiste Zeit das Gefühl haben, nicht genug zu leisten und immer wieder zu versagen.

Weshalb hat das Modell „Teilzeit" heute einen negativen Beigeschmack?

Bei „Teilzeit" schwingt etwas Abwertendes mit. In vielen Unternehmen heißt es, dass man keine Führungskraft werden kann, wenn man in Teilzeit arbeitet. Das habe ich früher selbst erlebt. Viele tun sich schwer mit dem Begriff und denken, dass Teilzeit-Mitarbeiter nicht die volle Leistung bringen oder mit dem Kopf eh nicht richtig dabei sind. Das ist aber Unsinn. Wir haben bei karriere tutor® verschiedene Arbeitsmodelle, manche arbeiten sieben Stunden die Woche, andere 22 – und das voll motiviert.

Warum ist es häufig so, dass gut ausgebildete, hochmotivierte und gut organisierte Frauen, die ein Kind bekommen haben, am starren Unternehmenskorsett, an Mobbing, an kontrollsüchtigen Chefs, Arbeits- und Betreuungszeiten scheitern? Was muss sich ändern?

Vielleicht sollten mehr Mütter Führungskräfte werden, oder Väter, die die Elternzeit in Anspruch genommen haben. Dann kommt Verständnis auf, dass es unterschiedliche Lebenssituationen und -umstände gibt. Da muss die Mischung viel bunter werden. Das ist aktuell leider nicht gegeben.

Wie war das bei Ihnen?

Meine Kinder sind zwischen 16 und 28 Jahre alt, das heißt, meine Erfahrungen liegen schon ein bisschen zurück. Aber es war bei mir so, dass ich mich entscheiden musste zwischen Job und Familie. Es ist mir passiert, dass ein Kind krank wurde und ich mir freinehmen musste, weil es keine andere Möglichkeit gab. Dies hatte zur Folge, dass mir meine Fachkompetenz abgesprochen wurde. Ich dachte, dass es von guter Organisation zeugt, wenn ich als alleinerziehende Mutter den Alltag mit vier Kindern manage und dabei in Vollzeit arbeite und ein berufsbegleitendes Studium absolviere. Doch das wurde nicht honoriert, im Gegenteil. Deswegen war es mir, als wir karriere tutor® gegründet haben, wichtig, dass wir das anders machen. Ich bin überzeugt, dass da sehr viel Potenzial am Arbeitsmarkt vorhanden ist – gerade bei den Frauen, die sehr gut ausgebildet sind und Job, Kinder und Haushalt managen können.

War Ihre persönliche Situation der Auslöser, karriere tutor® mitzugründen?

Zum Teil. Zum einen hatte ich mit Oliver Herbig zusammengearbeitet, und wir hatten eine Idee, die von den anderen im Unternehmen nicht mitgetragen wurde. Wir haben aber daran festgehalten. Zum anderen spielt meine persönliche Erfahrung in die Entscheidung hinein, ein Unternehmen zu gründen. Eines, das sich auf die Bedürfnisse von Mitarbeitern und Kursteilnehmern einstellt.

Wie trägt karriere tutor® dazu bei, dass Frauen Beruf und Familie wirklich vereinbaren können?

Neben Homeoffice, flexiblen Arbeitszeiten und -modellen – ab fünf Stunden pro Woche ist bei uns jedes Modell möglich – bekommen Mütter und Väter, die sich neben dem Beruf um die Betreuung ihrer Kinder kümmern, die Möglichkeit, Führungspositionen zu bekleiden und wichtige Projekte zu leiten. Gerade diese Kollegen können aufgrund ihrer Lebenssituation oft hervorragend organisieren, sind konsequent, effizient, übernehmen Verantwortung, haben keine Angst zu handeln oder Entscheidungen zu treffen, sind empathisch und im hohen Maße verbindlich und verlässlich.

Weshalb wird die Bedeutung von Homeoffice künftig weiter zunehmen?

Zeit wird immer wertvoller, vor allem auch unsere Freizeit, die wir nach unseren Wünschen und Vorstellungen gestalten wollen. Wenn die Fahrt ins Büro und nach Hause wegfällt, bleibt mehr Zeit für andere Dinge. Außerdem ist die Arbeitszeit effizienter, weil sich der Mitarbeiter auf seine Aufgaben konzentriert. Ohne das Pendeln ins Büro sind die Mitarbeiter außerdem motivierter und glücklicher. Ich erlebe es in meinem Bekanntenkreis auch, dass es für Familien mit Kindern immer attraktiver wird, in ländlichen Gegenden zu wohnen. Mit Homeoffice kann das sehr einfach möglich sein.

Das Interview führte Katharina Pavlustyk.

© karriere tutor®

Andrea Fischer ist seit 2015 Inhaberin und Geschäftsführerin der karriere tutor® GmbH. Von 2000 bis 2006 absolvierte die Marketingexpertin das Studium der Betriebswirtschaftslehre mit Abschluss Diplom-Kauffrau (FH) an der AKAD Hochschule Pinneberg, 2013 bis 2015 studierte sie an der Leipzig School of Media (Mobile Marketing, Master of Science). Berufliche Stationen: Assistentin der Geschäftsleitung bei der Port Media GmbH (1999 bis 2000), Marketing Manager bei der IWT Verlagsgesellschaft mbH (2000 bis 2001), Marketing Manager bei der Logic-Net GmbH (2001 bis 2002), Sales Manager (TM Nord 2002 bis 2005), Key Account Manager Best Media-Service (2005 bis 2010), Mitarbeiterin Rechnungswesen/Controlling beim Deutschen Roten Kreuz (2010 bis 2012), Sales Coordinator webculture GmbH Netcareer Academy Social Media Akademie (2012 bis 2014).

© Ben Pawils

Katharina Pavlustyk hat während ihres Studiums der Literaturwissenschaft, Sprachwissenschaft und Pädagogik als freie Journalistin gearbeitet. Nach ihrem Volontariat war sie als Redakteurin bei einer Tageszeitung und anschließend als PR-Redakteurin bei einer Kommunikationsagentur tätig, bevor sie sich als Texterin und Lektorin selbstständig machte. Aktuell ist sie beim Online-Weiterbildungsanbieter karriere tutor® für die Öffentlichkeitsarbeit zuständig. Publikationen bei Tredition: „Liebe deine Arbeit" (2016), „Sei dir selbst ein guter Freund" (2017), „Auf Umwegen zum Glück" (2018).

Erneuerbares Denken: Warum Selbstverantwortung Energie in eigener Hand ist

Alexandra Hildebrandt

> *„Eine neue Art zu denken ist notwendig, wenn die Menschheit überleben will. "*
> Albert Einstein

1 Einleitung

Der Frage, warum so viele Strategien scheitern, widmete sich bereits der Biochemiker, Systemforscher und Umweltexperte Frederic Vester, der vor einer Kapitulation vor der Komplexität warnte. Er empfahl, komplexen Herausforderungen grundsätzlich mit komplexen Herangehensweisen zu begegnen. Das gilt in besonderer Weise auch für die Energiebranche, denn Energie wird nicht mehr zentral, sondern in Zukunft dezentral produziert.

Vordenker wie der deutsche Verfahrenstechniker und Chemiker Michael Braungart, dem es um den Blick auf die nachhaltige Steuerung der gesamten Wertschöpfungskette in ihrer Komplexität geht, greifen die Debatte immer wieder auf. Er entwickelte das Cradle to Cradle-Prinzip. Dabei geht es um Verwendung statt Verschwendung und die bewusste Nutzung des Vorhandenen sowie die Teilhabe an gesellschaftlichen Entwicklungen und Prozessen, die mit der Lust an Eigeninitiative und einem anderen Umgang mit Nachhaltigkeit verbunden ist.

A. Hildebrandt (✉)
Burgthann, Deutschland

© Springer-Verlag GmbH Deutschland, ein Teil von Springer Nature 2019
A. Hildebrandt und W. Landhäußer (Hrsg.), *CSR und Energiewirtschaft*,
Management-Reihe Corporate Social Responsibility,
https://doi.org/10.1007/978-3-662-59653-1_39

2   Energiesparen ist sexy

2.1   Mutmacher sind Marktmacher

Der ehemalige kalifornische Gouverneur Arnold Schwarzenegger zeigte schon vor Jahren, wie es gehen könnte: Wer auf eine „sexy Weise" Energie sparen wolle, könne das auch mit Whirlpool und Geländewagen tun, sagte er im Juni 2013 bei einem Besuch der EU-Kommission in Brüssel. Wo er auch gleich ein paar Ratschläge für das Stromsparen ohne Verzicht gab: „Wenn Sie einen Whirlpool haben wollen, dann nutzen Sie ihn ruhig den ganzen Tag lang, aber bauen sie Solarzellen ein"[1]. Es geht hier nicht darum, dass dies mit Mehrkosten verbunden und im Alltag eines „Normalbürgers" nicht einfach umzusetzen ist, sondern im ersten Schritt um ein verändertes Bewusstsein, Nachhaltigkeitsthemen „hipper, flotter, moderner und mehr sexy" zu machen anstatt Schuldgefühle zu verbreiten.

Aber wie? Einer Untersuchung vom Marketing Center Münster zufolge besitzen Papiertaschentücher eine höhere Markenrelevanz als Strom.[2] Produkte sind greifbar und mit Gefühlen verbunden, aber Energie? Es sind vor allem innovative mittelständische Unternehmen und Führungskräfte, die ihr gern das Attribut „sexy" zuschreiben. Energiekonzerne dagegen werben mit austauschbaren Slogans wie „Mit Energie was unternehmen", „Energie fürs Leben" oder „Die Kraft für neue Wege". Sie bestätigen einmal mehr Walther Rathenaus Erkenntnis, dass eine Klage über die Schärfe des Wettbewerbs „in Wirklichkeit eine Klage über den Mangel an Einfällen"[3] ist.

In einem wachsenden Verdrängungswettbewerb, in dem viele konkurrierende Akteure im Spiel sind, stehen schon lange nicht mehr allein technische Daten der Produkte im Vordergrund. Heute werden Emotionen (lat. motivare = „in Bewegung setzen"), die nicht nur das menschliche Verhalten, sondern auch den Informationseinbehalt beeinflussen, mit verkauft nach dem Motto: „Facts tell – stories sell"[4].

Eine emotionale und unverwechselbare Markeninszenierung findet sich vor allem in der Kosmetik-, Mode- und Automobilbranche. Gerade in diesen Bereichen zeigt sich auch, dass die Konsumfeindlichkeit und Askese-Neigung der alten Nachhaltigkeitsbewegung einem konsumorientierten Lebensstil gewichen ist, für den Genuss und Verantwortung keine Gegensätze sind. Aufgeklärte Konsumenten sind sogar bereit, für Komfort und Wohlbefinden mehr Geld auszugeben, allerdings muss das Produkt auch den versprochenen Mehrwert leisten können.

---

[1]http://www.mz-web.de/panorama/schwarzenegger-wirbt-fuer-sexy-umweltschutz,20642226,23502980.html

[2]http://www.fluter.de/de/energie/thema/5173/

[3]http://de.wikiquote.org/wiki/Wettbewerb

[4]http://www.contexta.ch/agentur/unsere-idee/

Aber der Stromkunde? Interessiert ihn der Preis einer Kilowattstunde nicht mehr als die Herkunft der Energie? Es kommt hinzu, dass Gleichheit im Angebot auf Kundenseite „zu Gleichgültigkeit und auf Anbieterseite nicht selten zu einem ruinösen Preiskampf" führt. Es ist für den Business-Experten Hermann Scherer daher nicht die Frage, ob sich Unternehmen verändern müssen – die Frage ist, ob sie schnell genug sind: „Wer im immer härteren Wettbewerb am Markt bestehen will, muss es verstehen, sein Leistungsspektrum bestmöglich zu verdeutlichen (oder zumindest besser als die Mitbewerber). Wer das nicht schafft, läuft Gefahr, ganz vom Markt zu verschwinden" (Scherer 2013, S. 24), schreibt er in seinem Standardwerk „Jenseits von Mittelmaß".

Für ihn gibt es den Wettkampf um die Qualität und den um die Kommunikation der Qualität. Es reicht nicht, nur gut zu sein, wenn es niemand weiß im Zeitalter der „Zuvielisation". So wie er warnen auch Konsumforscher vor der „toten Mitte" (mittleres Preissegment), deren Marktanteile seit Jahren rückläufig sind. Gleiche Angebote führen zu durchschnittlicher Aufmerksamkeit und durchschnittlichem Gewinn – und auf Kundenseite zu Gleichgültigkeit. Eine der Ursachen der Gleichmacherei ist es, sich an dem zu orientieren, wie es die anderen machen, was sich auch in den Werbemaßnahmen zeigt.

Sie werden „wie eine Handvoll Spaghetti behandelt, die an die Wand geworfen wird: Irgendwas wird schon hängen bleiben" (Riederle 2013, S. 24), resümiert auch der Vertreter der neuen Generation Y, Philipp Riederle, in seinem Buch „Wer wir sind und was wir wollen". Vor diesem Hintergrund erhält die Devise von Hermann Scherer ein besonderes Gewicht: Differenzieren und fokussieren oder verlieren. Denn Unternehmen werden in Zukunft nur überleben können und überdurchschnittlichen Erfolg haben, wenn sie ihren Kunden neben Qualität auch Exklusivität bieten. Besser zu sein als die anderen bedeutet, aufgetretene Pfade zu verlassen und Branchengesetze auch einmal kritisch infrage zu stellen, denn „Mutmacher sind Marktmacher", die ständig neu inspiriert werden wollen und nicht das erfahren wollen, was sie ohnehin schon wissen.

Veränderung und Erfolg sind dabei eng miteinander verbunden: Im Hebräischen heißt das Wort für Erfolg „hazlacha" („überqueren"): Wer einen Fluss, der ja selbst dynamisch ist, von einem Ufer zum anderen Ufer überquert, ist erfolgreich. Ziel ist das andere Ufer. Wer das Neuland betreten will, muss auch Mut haben und bereit sein, den Sprung ins Unbekannte zu wagen und seine „Komfortzone" zu verlassen. Echte Weiterentwicklung findet dort statt, wo es keine Sicherheitsnetze gibt. Das Beispiel der Mader GmbH & Co. KG mit Sitz in Leinfelden-Echterdingen bei Stuttgart steht nachfolgend stellvertretend für viele.

2.2   Jenseits von Mittelmaß: Die Mader GmbH & Co. KG

Von 1935 bis 1945 gehörte der Verkauf von Kompressoren, Hebebühnen und Druckluftkomponenten für Werkstatteinrichtungen zum Kerngeschäft des als Handelshaus von Max Mader gegründeten Unternehmens. Bis in die späten 1980er Jahre weitete das Unternehmen seine Kompetenz durch Produkt- und Geschäftsbereichserweiterungen im

Segment Pneumatik aus. 1972 folgte die Unternehmensfusion mit der UHE Heizungs-
armaturen. Daraus entstand der Geschäftsbereich Wärmetechnik. 1988 gelang der Einstieg in das Geschäftsfeld Industrieautomation und Handhabungstechnik. 1990 wurde
das damals noch als GmbH geführte Unternehmen aus dem Privatbesitz an die Schweizer
Bossard Holding AG verkauft. 1999 erfolgte der Verkauf an die Dätwyler Teco GmbH.
2004 entschlossen sich Mitglieder der damaligen Geschäftsführung zu einem Management-Buy-Out, sodass die Mader GmbH & Co. KG heute wieder inhabergeführt ist.

In den folgenden Jahren stand die Anpassung interner Prozesse an aktuelle Markt-
anforderungen im Vordergrund. Auf dem Weg zur alten Stärke stellte sich heraus,
dass der Bereich Wärmetechnik nicht in das Portfolio von Mader passt. 2008 zog die
Geschäftsführung die Konsequenzen und verkaufte diesen Geschäftsbereich. Es folgte
eine Fokussierung auf die Kernkompetenzen Pneumatik und Drucklufttechnik, die
mit der Erkenntnis verbunden war, dass die zunächst voneinander getrennt agierenden Geschäftsbereiche Synergiepotenziale aufweisen und deshalb nicht länger isoliert
betrachtet, sondern als ein durchgehender Prozess wahrgenommen werden sollten.

Dieser Nebenweg war die Route zum Ziel und führte zu einer entscheidenden
Systemveränderung, die mit der Lektion verbunden war: Weniger ist mehr. Als innovativ
erwies sich schließlich die Zusammenlegung der Bereiche. Inzwischen deckt das Unternehmen deutschlandweit die gesamte Druckluftstrecke von der Erzeugung der Druckluft
im Kompressor über deren Aufbereitung und Verteilung bis zur Druckluftanwendung ab
und gehört zu den erfolgreichen mittelständischen Unternehmen in Baden-Württemberg.

Die neue Mader-Geschäftsführung sah sich in der Veränderungsphase zunächst
einer unmotivierten und verunsicherten Belegschaft sowie einer schlechten wirtschaftlichen Situation gegenüber, sodass der Prozess für alle Beteiligten eine enorme Herausforderung war. Hinzu kam, dass die traditionell geprägten Organisationsstrukturen
aufgelöst werden mussten, um den aktuellen Anforderungen hinsichtlich Anpassungsfähigkeit, Flexibilität und Innovationskraft gerecht zu werden.

„Das Unternehmen war bei der Übernahme Ende 2004 tief in der Verlustzone und
ohne Orientierung", sagt Geschäftsführer Werner Landhäußer (bis Frühjahr 2019): „Es
war eine sehr angespannte Situation bei Mitarbeitern und Kunden. Nach innen gab
es keine Motivation, was sich auch in der Qualität der Arbeit ausdrückte. Das Wort
Führungskultur hatte keine Bedeutung, weil sie nicht vorhanden war. Jeder zweite
Kundenanruf war eine Beschwerde". Für die Geschäftsführung gehörte es deshalb zu
den wichtigsten Führungsaufgaben, die Selbstverantwortung der Mitarbeiter zu stärken.
Dabei ging es nicht darum, sie zu „entwickeln", sondern ihr Potenzial zur Entfaltung zu
bringen und ihnen Orientierung zu geben. Damit verbunden war die Entwicklung einer
Firmenkultur, die einer verantwortungsvollen Wirtschaftsweise gerecht wird.

In „Jenseits von Mittelmaß" forderte der Business-Experte Hermann Scherer:
„Arbeiten Sie nicht (nur) im Unternehmen, sondern am Unternehmen!" (Scherer 2013,
S. 300). Das wurde entsprechend umgesetzt: Führungskräfte und Mitarbeiter schu-
fen gemeinsam die Voraussetzungen, um den Kulturwandel einzuleiten. Dazu gehörte
zum Beispiel ein im Team erarbeiteter WerteCodex, der auch noch zehn Jahre danach

im Eingangsbereich der Unternehmenszentrale hängt. Auf dieser Grundlage wurde ein wertebasiertes Management aufgebaut. Gemeint sind hier keine materiellen Werte, sondern jene, die dafür stehen, was ein Unternehmen ausmacht. Das englische Wort für Wert (value) kommt vom lateinischen Wort „valere", das stark sein und gesund sein bedeutet. Werte geben also innere Stärke und Stabilität, und wer auf sie setzt, ist auch fähig, besser mit Veränderungen umzugehen, ohne seinen Kern zu verlieren.

So begann das Unternehmen damit, seine Grundwerte festzuschreiben (kodifizieren), um sie anschließend in Arbeitsprozesse einzubringen (implementieren). Das anschließende Systematisieren und Organisieren bezog sich auf Managementsysteme und Verantwortlichkeiten zur Durchführung eines wertebasierten Managements. „Innovation ist zu wichtig, um das Thema allein dem Zufall zu überlassen. Sie muss systematisch orchestriert und inszeniert werden", bestätigt die Marketingexpertin Tina Müller in ihrem Buch. Das hat Mader, inzwischen auch ein erfolgreicher Automobilzulieferer, nachhaltig umgesetzt: So klärte das Unternehmen zuerst seine Identität, verständigte sich dann über gemeinsame Werte und baute schließlich die Markenbildung darauf auf, die „keine losgelöste Aufgabe im luftleeren Raum" (Müller und Schroiff 2013, S. 23) ist, sondern für die Autorin zur Gesamtstrategie eines Unternehmens gehört.

Lange bevor das wichtige Marketingbuch von Tina Müller erschien, hat der Mittelständler aus Leinfelden-Echterdingen umgesetzt, was hier klug zusammengefasst wurde: dass es innerhalb einer Organisation darauf ankommt, dass die Verantwortlichen den Rücken gerade machen und sich „stark dafür einsetzen, dass Markenwerte nicht kurzfristiger Umsatz- und Gewinnmaximierung zum Opfer fallen oder in Preisaktionen oder auf dem Promotion-Wühltisch verramscht werden" (Müller und Schroiff 2013, S. 23).

Wer nachhaltig erfolgreich sein will, muss auch unpopuläre und mutige Entscheidungen treffen und in der Lage sein, mit Veränderungsprozessen und Unsicherheiten umzugehen. Zeit und Energie spart, wer Probleme sofort anpackt, anstatt um sie herumzureden.

2.3   Der Stecker, mit dem sich höhere Energien anzapfen lassen

Dass es eine enorme Herausforderung ist, ein nicht greifbares Produkt, das niemanden interessiert, in einem gesättigten Markt erfolgreich anzubieten, zeigt das Beispiel der Mader GmbH, in dem auch Hermann Scherer den Stecker entdeckt hat, mit dem sich höhere Energien anzapfen lassen. Am Beispiel des Messestandes zeigte sich mit seiner Unterstützung vor einigen Jahren sehr erfolgreich, dass rationale Werbung immer auch emotionalen Treibstoff braucht.

So wurde die Präsentation des Kerngeschäfts in einen völlig neuen und überraschenden Kontext gestellt. „Chancen pfeifen nämlich auf Regeln" (Scherer 2012, S. 22). Wer echte Chancen haben will, passt sich nicht an und orientiert sich am Mittelmaß der Mehrheit. Durchschnitt gewinnt nie.

Am Beispiel Mader zeigt sich allerdings auch, dass ein hoher emotionaler Ansatz einen umso tieferen rationalen Unterbau braucht. Als einziges Unternehmen deutschlandweit deckt das Unternehmen mit seinem Leistungsspektrum die gesamte „Druckluftstrecke" (von der Erzeugung der Druckluft im Kompressor über deren Aufbereitung und Verteilung bis zur Druckluftanwendung, beispielsweise mit Pneumatik-Zylindern) ab. Druckluft ist in vielen Unternehmen des verarbeitenden Gewerbes unverzichtbar. Gleichzeitig ist sie eine der teuersten Energieformen, da nur ca. 5 bis 10 % der eingesetzten Energie in Form von Druckluft tatsächlich genutzt werden. Bestehende Druckluftanlagen sind meist mit den Betrieben mitgewachsene Anlagen, die häufig Stück für Stück erweitert wurden. Da Energie immer teurer wird, steigen auch deren Kosten.

Je nach individueller Kundensituation werden von Mader die betriebswirtschaftlich und ökologisch sinnvollsten Lösungsvarianten erarbeitet. Sie beinhalten die Möglichkeiten zur alternativen Nutzung der erzeugten Energie. Dabei geht es immer um einen langfristigen, ganzheitlichen und prozesshaften Ansatz, denn Einsparungsmaßnahmen allein sind zwar wertvolle und gut gemeinte Initiativen, wirken aber häufig nur kurzfristig. Energie ist kein isoliertes Phänomen – vielmehr muss sie im Zusammenhang mit anderen Faktoren gesehen werden.

Für Werner Landhäußer ist die Energiewende ein gelungenes gesellschaftliches Projekt, wenn es für den Einzelnen fassbar wird. Dem Thema mit Sorge zu begegnen, kostet wiederum nur Energie, die sinnvoller in die Entwicklung von Lösungen und in deren Umsetzung investiert ist.

Dazu gehört auch ein nachhaltiger emotionaler Markenaufbau, der auch mit wenig Geld funktionieren kann. Allerdings setzt dies voraus, dass das Unternehmen etwas besser kann als alle anderen, was zugleich zu einer Konzentration auf die eigenen potenziellen Stärken führt, um dauerhaft Wettbewerbsvorteile zu generieren. Mit über 80 Mitarbeitern und einem Umsatz von rund 12 Mio. € gehört Mader gehört mittlerweile zu den erfolgreichen mittelständischen Unternehmen in Baden-Württemberg und hat in seiner Branche die Marktführerschaft übernommen.

Die „Linie anders" wählte das Unternehmen auch bei einer Broschüre für Energiebeauftragte: Der Titel „Erste Hilfe für ineffiziente Druckluftanlagen"[5] orientiert sich an bekannten Wahrnehmungsmustern aus dem Gesundheitsbereich. Die Drucksache ist Bestandteil einer gleichnamigen Kampagne („Erste-Hilfe-Maßnahmen"). Wie es nach individuellen Gesprächen weitergeht, bestimmt der Kunde. Das Spektrum reicht vom Druckluft-Audit bis zur Planung und Installation neuer Anlagen.

Werner Landhäußer ist sich bewusst, dass vor dem Hintergrund der aktuellen Herausforderungen, denen sich auch sein Unternehmen zu stellen hat, ein Umdenken notwendig ist – weg vom reinen Energie-Lieferanten hin zum Energiemanagement-Partner. Denn der Kunde ist heutzutage nicht nur an einem angemessenen Preis interessiert, sondern auch an einer kompetenten Unterstützung im richtigen Umgang mit Energie. Er wandelt sich

---

[5]http://www.mader.eu/mader-effekt/erste-hilfe-gegen-ineffiziente-druckluftanlagen/

vom passiven Konsumenten zum aktiven Marktgestalter, wie Philipp Riederle für die neue Generation Y bestätigt: „Wir wollen nicht nur empfangen, wir wollen dabei sein – nicht nur konsumieren, sondern aufgeklärt entscheiden, auch über Informationen und darüber, was uns gefällt und nicht gefällt." (Riederle 2013, S. 88) Dabei gehören Inhalt und Emotionen zusammen.

Dass vor allem mittelständische Unternehmen ihre Produkte und Prozesse sexy machen möchten und dabei im Bereich Marketing und Kommunikation zu Regelbrechern werden, hat auch mit Leidenschaft und Gestaltungsfreude und zu tun, die so viel Energie erzeugen, dass sie – im Gegensatz zu den Regelkonformisten – ihre eigenen Ziele mühelos erreichen und nicht die der anderen: „Erfolg ist eben nicht durch das Mit-, sondern ausschließlich durch das Voranmarschieren realisierbar. Und solange Menschen oder Unternehmen nur das bieten, was alle bieten, werden sie auch nur das bekommen, was alle bekommen: durchschnittliche Erlöse, durchschnittliche Anerkennung, durchschnittliche Aufmerksamkeit." (Scherer 2012, S. 142)

3   Energie in eigener Hand

3.1   Innere Antriebskräfte

„Die Welt retten, Ideale verwirklichen, für andere einstehen. Wo soll diese Kraft herkommen, wenn nicht aus dem Körper?" Schreibt der experimentelle Schriftsteller Christian Zippel in seinem Beitrag „Jeder kriegt sein Fett weg" im Debatten-Magazin „The European" (Juli 2014). Der Körper ist für ihn Komfort- und Kulturzone – erst dann wird er auch zur Kraftzone, aus der ein Mensch erwächst, der mit sich im Einklang ist.

Der inneren Stabilität und Motivation als dem Bewegenden und Tragenden kommt dabei ein hoher Wert zu, weil die Gesellschaft immer komplexer und instabiler wird. Sie ist geprägt von einem unstillbaren Durst nach Energie und dem Aufspüren immer neuer Energiequellen. Sie geht verschwenderisch mit Bedürfnissen um, ja die Vergeudung geht sogar so weit, dass ständig neue Bedürfnisse hinzukommen. „Die Fülle des Materiellen ist im Leben nicht allein auf physische Art eine Belastung – vielmehr macht uns die Energie zu schaffen, die es braucht und kostet, all diese Dinge in unseren Köpfen zu verwalten, zu ordnen und wiederzufinden. Zudem erhöht sich der Material- und Energieverbrauch wie die Müllberge – und das Materielle gewinnt immer mehr Herrschaft über ihre Besitzer und Nutzer."

Deshalb sollten Kultur und Wirtschaft eine nachhaltige Energie erzeugen, um im globalen Wettbewerb die tief greifenden Veränderungen der Gesellschaft erfolgreich mitzugestalten. Sozialkontakte und die Gestaltung von Beziehungsreichtum, die sich vor allem in der Pflege von Freundschaften ausdrückt, werden vor dem Hintergrund des demografischen Wandels künftig wichtiger sein als wachsender Konsum.

Unser Leben würde wertvoller erscheinen, „wenn wir es konsumärmer, aber beziehungsreicher gestalten". Diese wichtige Botschaft der Journalistin Susanne Lang

(Lang 2014, S. 176) zeigt zugleich, dass die Nachhaltigkeitsdebatte, zu der auch die Energiewende gehört, abstrakt und leer bleibt, wenn sie ohne Berücksichtigung des Freundschaftsthemas geführt wird.

Es findet sich bei ihr sogar eine sprachliche Nähe zur Energieversorgung, wenn sie darauf verweist, dass Freunde eine „erneuerbare Ressource" sind. Interessant ist der Vergleich, weil es sich bei dieser Beziehungsform schließlich um einen „Treibstoff" handelt, der eine Grundvoraussetzung für ein menschenwürdiges Leben ist.

Energie ist kein isoliertes Phänomen, das ohne Zusammenhang mit anderen gesellschaftlichen Bereichen und Entwicklungen zu sehen ist. Es findet sich bei der Germanistin Susanne Lang sogar eine sprachliche Nähe zur Energieversorgung, wenn sie darauf verweist, dass Freunde eine „erneuerbare Ressource" sind. Gewiss, so ganz überzeugen kann sie dies nicht. Sie würde ihre Freunde nie als erneuerbare Ressource bezeichnen, weil sie alle für sich einzigartig sind. Interessant ist der Vergleich aber dennoch, weil es sich bei dieser Beziehungsform schließlich um einen „Treibstoff" handelt, der eine Grundvoraussetzung für ein menschenwürdiges Leben ist.

3.2   Energie des Lebens

Energie ist eine wertvolle und identitätsstiftende innere Ressource. In der deutschen Sprache taucht das Wort „Energie" erst im frühen 19. Jahrhundert zur Zeit der Industrialisierung, auf. Mit dem Interesse für das Thema entstanden auch die Vorstellungen von „Leistung" (die Beziehung zwischen „Arbeit" und „Zeit"). (Fritz Reheis: Die Resonanz-Strategie. Warum wir Nachhaltigkeit neu denken müssen. Oekom Verlag, München 2019, S. 83/84.)

Dass Energie auch vielfach im übertragenen Sinne verwendet wird, zeigen die folgenden Beispiele: Für einige Menschen mit Freundschaft gleichgesetzt wird, zeigt sich an vielen Beispielen im Buch der Autorin und Unternehmerin Katja Kraus „Freundschaft. Geschichten von Nähe und Distanz" (2015). Sie befragte Prominente aus Politik, Wirtschaft, Wissenschaft und Kultur zum Phänomen der Freundschaft in ihrem Leben. Ihr Werk ist aber auch ein schönes Beispiel dafür, dass sich ein gutes Buch nie beim ersten Lesen erschöpft, ja dass sich seine Energie ständig erneuert, wenn der Leser sich auf die wiederholte Lektüre einlässt. Es ein geistiger Energiespender für all jene, die es anders lesen, nutzen und im besten Wortsinn sogar brauchen.

Einige der Gesprächspartner finden in wenigen, aber intensiven Freundschaften Sinn und Erfüllung. Die von ihnen ausgehende Energie, die über den Freundestod hinausreicht, genügt den Zurückgebliebenen für ein „ganzes" Leben. Neuer Treibstoff ist nicht notwendig, weil der vorhandene ausreicht. Vielleicht ist diese Einsicht aber auch zeitlich bedingt: Wer die längste Wegstrecke des Lebens hinter sich hat, geht mit der verbleibenden restlichen Energie anders um.

Zum Beispiel der SPD-Politiker Egon Bahr, Jahrgang 1922, dessen Freundschaft zu Willy Brandt hier als „kongeniale Verbindung" beschrieben wird. Zwei seiner wichtigsten Freunde sind bereits tot, „mit dem dritten spricht er inzwischen nur noch in unregelmäßigen

Abständen. Neue Freundschaften hat er schon lange nicht mehr geschlossen" (Kraus 2015, S. 10). Vor allem aber deshalb, „weil seine Freundschaften weit über den Tod hinaus wirken. Da braucht es keinen Ersatz, obschon er hin und wieder mal jemanden richtig sympathisch findet" (ebd.), so Katja Kraus.

Generationsübergreifend und unabhängig von gesellschaftlichem Status und Funktion ist das Bedürfnis einiger Gesprächspartner, Qualitätszeit mit wenigen Freunden zu haben und mit der eigenen Energie nachhaltig umzugehen. So heißt es über die Piraten-Politikerin Marina Weisband: „Überhaupt hat sie aktuell keine Energie, neue Freundschaften zu schließen. sie am liebsten über Twitter." (Kraus 2015, S. 24)

Der Fußballtrainer Jürgen Klopp ist jetzt in einem Lebensalter, in dem er nicht mehr nach neuen Freunden sucht: „Ich kenne genug Menschen, damit bin ich eigentlich durch." (Kraus 2015, S. 38) Der Fernsehmoderatorin und Produzentin Bettina Böttinger bedeuten flüchtige Begegnungen, die nicht vertieft werden können, nicht allzu viel: „Ich kann am Sonntagvormittag auch nicht mehr als zwei Menschen anrufen." (Kraus 2015, S. 55) Und der Literaturwissenschaftlerin Silvia Bovenschen ist suspekt, wer ihr erzählt, „er habe zwanzig Freunde" (Kraus 2015, S. 111).

Mehr zu „haben", kostet auch mehr Energie, die sinnvoller in bestehende Beziehungen eingebracht werden kann. Vielleicht werden überschaubare Freundschaften mit ihrer besonderen Qualität vor allem von Menschen gepflegt, die immer auch große Ziele im Auge haben und wissen, dass sie es nur erreichen können, wenn sich die Energien von gleichgesinnten, leidenschaftlichen und gesellschaftlich engagierten Menschen bündeln und sich der Fokus jedes Einzelnen überlagert. „Eine solche sinngerichtete kleine Gemeinschaft muss sich um ihre Zukunft nicht sorgen."

Schon bei Aristoteles ist nachzulesen, dass die „philia", die Freundschaft zwischen den Bürgern, eines der Grunderfordernisse eines gesunden Gemeinwesens ist. Führungskräfte aus der Wirtschaft bestätigen dies – zum Beispiel Uwe Johänntgen von der memo AG.

Es macht für ihn „energetisch keinen großen Unterschied, ob es sich um ein nachhaltiges Unternehmen oder einen konventionellen Konzern handelt". Der positive Energiefluss ist für ihn vielmehr „eine Frage der Kommunikation, des respektvollen, partnerschaftlichen Miteinanders, der Anerkennung der Leistung anderer. Energien können fließen, wenn alle Beteiligten ganzheitlich auf ein gemeinsames Ziel hin arbeiten und dieses gemeinsame Big Picture gilt es im Unternehmen zu entwickeln."

Viele Energiefresser hält er häufig für selbstgemacht: die persönliche Sicht auf die Dinge, das eigene „Kopfkino", die Sorge um die (oft nur gefühlte) Meinung von Dritten oder die eigene Unzufriedenheit. Auch wenn es immer wieder Meinungsverschiedenheiten und unterschiedliche Interessen oder Standpunkte innerhalb der zwischenmenschlichen Begegnungen im privaten und beruflichen Bereich gibt: „Hier kommt es darauf an, tolerant zu sein und nicht ständig zu provozieren oder zu blockieren – wer es möchte, findet Kompromisse."

Auch Informations- und Reizüberflutung sind für ihn „echte Killer", weil es immer schwieriger, aufwendiger und zeitintensiver wird, „wichtige von unwichtigen Dingen zu unterscheiden". Energie und Motivation erhalten Menschen (und er selbst) aus einer

„positiven und lebensbejahenden Grundeinstellung, erfreulichen Erlebnissen, guten Erfahrungen, wohltuenden, inspirierenden Begegnungen und Gesprächen, aus positiv auf sie wirkenden Menschen, aus der Natur und der Liebe." Familie und Freunde spielen für ihn dabei die größte Rolle, weil Vertrautheit, Offenheit und gemeinsames Teilen seine Lebensenergien fließen lassen.

Claudia Silber, Leiterin der Unternehmenskommunikation bei der memo AG, lädt ihre Energie ebenfalls im privaten Umfeld auf: durch Zeit mit ihrer Familie und mit Freunden. Zu Freundschaft gehören für sie gegenseitiges Vertrauen, Respekt, eine große Portion Nachsichtigkeit und der Mut, sich auf einen Menschen einzulassen. Werden diese Aspekte über einen längeren Zeitraum „missbraucht" oder sind nur einseitig, „dann geht Freundschaft verloren und kann nur schwer wieder aufgebaut werden." Werden sie aber langfristig gegenseitig erbracht, dann kann auch schon einmal ein „Auge zugedrückt werden". Freundschaft ist für sie ein schwer erreichbares, aber auch schnell „verlierbares" Gut.

Mit Energiezufuhr verbindet sie auch „ruhige Momente" ganz für sich selbst, um zu reflektieren und Dinge zu überdenken. Andererseits hole ich mir auch im beruflichen Umfeld durchaus neue Energie: Das kann durch ein erfolgreich abgeschlossenes Projekt, durch spannende und konstruktive Kontakte im Alltag oder auch durch den Besuch einer inspirierenden Veranstaltung sein. Mit Lebensenergie verbindet sie etwas sehr Positives: „Sie gibt (Antriebs)Kraft, ist Triebfeder für Motivation, Entschlossenheit und Mut zu Neuem." Ohne diese Energie würde nur wenig bis gar nichts gelingen.

Mit Energiefressern assoziiert sie beispielsweise die täglichen schlechten Nachrichten, die oft mutlos machen, aber auch Menschen, die nur an sich selbst denken oder deren Universum sich ausschließlich um sich selbst dreht, Kollegen oder Freunde im Alltag, „die dauernörgelnd Kraft entziehen". In einem solchen Umfeld kann keine neue Energie entstehen, weil keine Energie mehr vorhanden ist und durch die Energiefresser vollständig verbraucht wurde.

„Dann ist es sehr schwer, neue Energie für ein bestimmtes Projekt oder für einen neuen zwischenmenschlichen Schritt aufzubringen." Wenn jedoch ein „kleiner Funke" Energie vorhanden ist, kann er schon durch einen weiteren „kleinen Funken" zu einem „Brand" werden. „Für etwas brennen" bedeutet ja, eine Unmenge an Energie zur Verfügung zu haben.

Ein alltägliches Beispiel: „Die Laune am Morgen ist nicht ganz so gut, und der Bürotag läuft schlecht an. In diesem Moment kann ein nettes Wort, eine nette Geste oder ein kleines Lob Wunder vollbringen" Auch wenn es nicht leicht ist: Sie versucht, sich von diesen vielen „Kleinigkeiten" nicht zu sehr vereinnahmen zu lassen, was nicht immer gelingt. Dann helfen ihr „kleine Auszeiten", um Energiefresser zu ermitteln und auszuschalten.

In ihrer beruflichen Laufbahn erlebte sie es immer wieder, dass viel Energie vor allem durch „politische Befindlichkeiten" und durch die Beachtung konstruierter Hierarchien innerhalb der Unternehmen verloren geht: „Wenn ich mir jede Minute darüber Gedanken machen muss, was ich wann zu wem sagen darf oder nicht darf, dann kostet das eine Menge Energie, die durchaus sinnvoller eingesetzt werden kann. Wenn Status mehr zählt als Kompetenz und Einsatz, dann läuft etwas falsch. Das es aber auch richtig laufen kann, erlebe ich jetzt bei der memo AG: Bei uns zählt Eigenverantwortung, und es besteht ein großes Vertrauensverhältnis zwischen allen Mitarbeitern und Führungskräften. So lässt es sich leben und vor allem arbeiten."

3.3 Energiefresser und Energiespender in der Arbeitswelt

Manja Hies arbeitet als Leiterin Qualitäts- und Umweltmanagement/Manager Quality and Environmental Management bei der J. Schmalz GmbH. Durch ihre Erfahrungen im asiatischen Markt ist sie eine enorme Bereicherung für das Unternehmen. Sie machte in der Vergangenheit die Erfahrung, dass es regelrechte „Energievampire" oder „Energiestaubsauger" gibt. Im beruflichen Umfeld verbindet sie damit Menschen

- die von anderen etwas fordern, das sie selbst nicht einlösen können.
- die schwierige Aufgaben delegieren und später die Lösung „womöglich noch unproduktiv und öffentlich kritisieren".
- die zuhören, um etwas zu erfahren, das sie an anderer Stelle manipulativ oder ausnutzend verwenden können.
- die vertrauliche Informationen gezielt streuen, die eine offene Kommunikation einfordern und dann die Aussagen umdrehen („Wenn das Ihre Meinung ist, sollten Sie sich ernsthaft fragen, ob Sie im richtigen Unternehmen arbeiten …")
- die eigene Aussagen vergessen oder verdrängen und bei Konfrontation vorgeben, sich entweder an nichts zu erinnern oder es anders gemeint zu haben.
- die eigene Zusagen oder übernommene Aufgaben vergessen, verschieben oder verleugnen, bei anderen aber „die Latte" hochhängen ohne jegliche Priorisierung.
- die Fragen um der Fragen willen stellen, für die alles gleich wichtig ist, die unwesentliche Details so lange in den Vordergrund stellen, bis das eigentliche Thema in Vergessenheit gerät.
- die das Ungetane in Vordergrund stellen, aber nicht das Erledigte.
- die sich Deckung suchend bei Fehlern sofort hinter den vermeintlichen Verursacher stellen.
- die Personen, die Probleme in ihrer Abteilung offen angehen und lösen wollen, als unfähig betrachten und sie bloßstellen.
- die Erfolge anderer als eigene verkaufen oder (wenn dies nicht geling), die Idee oder den Erfolg anderer boykottieren.
- die Erfolg neiden, Mitarbeiter klein halten, ihnen Schwächen aufzeigen und sie verunsichern.
- die keine ausgeprägte Kritikfähigkeit haben (Kritik wird persönlich genommen, selbst wenn sie eingefordert wurde).
- die einen ständige Kontrollzwang, aber kein Zutrauen haben.

- die Misstrauen untereinander schüren und in einen internen Wettbewerb treten anstatt gemeinsam voranzugehen.
- die eine sicherer Daten- und Faktenlage vor jeglicher Entscheidung einfordern, ohne eigene Risikoabwägung.
- die Themen zurückdelegieren, weil sie angeblich unvollständig und „unsauber" vorbereitet wurden.
- die konkrete kritische Aussagen meiden („nicht ganz so wie wir uns das vorgestellt hatten").
- die Führung als Manipulationsmittel nutzen.
- die eigene Motive anderen unterstellen und schon negativ herangehen.

Die Umkehrung der genannten Beispiele sind für Manja Hies Energiespender. Ihre folgenden Erfahrungen und Reflexionen bestätigen, wie sehr die wertvollen, vollkommenen (die tugendhaften) Freundschaften, in denen sich die Menschen „um ihres Wesens willen lieben" noch immer von Bedeutung sind – seit Aristoteles, der zu folgendem Schluss kam: „Nun sind aber Menschen, die dem Freunde um des Freundes willen das Gute wünschen, die echtesten Freunde: denn sie sind es nicht im akzidentellen Sinn, sondern weil jeder des anderen Wesensart liebt."[6]

Zu den Energiespendern gehören für sie:

- die Erkenntnis, dass Freundschaft ein wichtiger Grundpfeiler im Leben ist – verbunden mit Offenheit, Ehrlichkeit, Vertrauen und der Wahrnehmung als Mensch – unabhängig von Leistung, Karriere oder Status.
- das Miteinander- und Aneinanderwachsen (z. B. Feedbackgespräche nach jedem Lieferanten-oder Kundentermin).
- ein gutes Betriebsklima, freies Denken und die Wahrnehmung des Wesentlichen.
- die Erkenntnis, dass Themen mit zunehmender Erfahrung leichter fallen.
- aus eigenen Fehlern zu lernen.
- aufstehen, weitergehen und nach vorn schauen statt endlos Wunden zu lecken und zu glauben, dass es andere leichter hätten.
- die Erfahrung, dass Krisen gemeistert werden können.
- die Erkenntnis, dass die Erfolgsspirale aufwärts geht („Wenn ich etwas gern tue, mache ich es gut. Wenn ich etwas gut mache, führt es zum Erfolg. Wenn ich Erfolg habe, geht es mir gut, und ich kann die Themen lösen etc.").
- an Schwächen arbeiten, aber sich nicht ausschließlich auf sie zu konzentrieren.
- sich über Erfolge definieren, nicht an den Misserfolgen orientieren und an eignen Schwächen verzweifeln.
- Kritik annehmen, aber hinterfragen – dazu gehört auch die Frage nach der Motivation der anderen.

---

[6]http://www.academia.edu/1913598/Freundschaft_und_Selbstverstaendnis_bei_Aristoteles

- die Erkenntnis, dass es nicht jeder gut mit einem meint und eigene Interessen oft im Vordergrund stehen.
- (Rück-)Halt zu haben, selbst wenn Fehler passiert sind.
- Motivation – gespeist aus der Freude, etwas gemeinsam im Team bewegen zu dürfen, sich weiter zu entwickeln, dazuzulernen und die eigenen Grenzen zu erweitern.
- Erfolge auch feiern zu dürfen das gute Ergebnis schätzen und nicht den eigenen Anteil darin suchen, um es gut zu finden.
- gemeinsam zu teilen und das damit verbundene Gefühl, mehr zurück zu erhalten.
- sich über das zu freuen, was ist und das, was kommt – und das Gute zu sehen.

Der HR-Experte und Geschäftsführer der Solopia GmbH, Jürgen Zahn, verbindet mit Energieverlust in der Arbeitswelt Geldsorgen und Existenzängste, schwere Krankheitsfälle in der Familie und ständige Erreichbarkeit. „Unternehmen, die schlechte Planungen vorweisen, haben oft gestresste Mitarbeiter, und diese lassen es wieder an anderen Kollegen aus.

Das ist eine typische Kettenreaktion. Die größten Energiekiller sind definitiv gestresste und unangenehme Vorgesetzte und Kollegen. Genauso wie eine schlechte Zeitplanung, Zeitdruck oder Angst Fehler zu machen.“ Er empfiehlt, sich mit Menschen zu umgeben und auszutauschen, die einem gut tun. Beruflich ist es wichtig, „nicht alles so nahe an sich ran zu lassen und auch das kleine Lob, das man bekommt, anzunehmen.“ Berufliche Erfolge hält er deshalb für besonders bedeutsam, weil sie motivieren und in besonderen Stresssituationen helfen, nicht zu verzweifeln.

Energie entziehen:

- Interesselosigkeit und Selbstverneinung, die mit der Konzentration der gesamten Energie auf das eigene Selbst verbunden ist.
- Optimierungsdruck und die Furcht, etwas zu Ende zu bringen.
- narzisstische Gefühle, die sich auf die zwanghafte Frage konzentrieren, „Bin ich genug?“
- Sucht nach Anerkennung und Ansehen und das Streben nach Ruhm zum Selbstzweck.

Energie geben:

- Selbstverantwortung (der Glaube an die eigene schöpferische Kraft und die Fähigkeit, das Leben selbst in die Hand zu nehmen und es zu gestalten).
- Aufmerksamkeit für das innerlich Bewegende.
- Nähe und Überschaubarkeit.
- Vertrauen und die Möglichkeit zu einem offenem Ausdruck von Gefühlen
- der Wunsch nach Sicherheit, Ruhe und Beständigkeit
- Freundschaften
- Gelassenheit im Umgang mit Leben und Tod

Was wir heute vor allem brauchen ist Zukunftskompetenz. Der vom Philosophen Peter Sloterdijk geprägte Begriff meint die Fähigkeit, sich an einer Neufassung des „Prinzips Hoffnung" zu beteiligen. Der Gedanke daran stärkt nicht nur das gesellschaftliche Immunsystem, sondern hilft auch, die inneren und äußeren Energien nachhaltig zu nutzen.

Literatur

Kraus K (2015) Freundschaft. Geschichten von Nähe und Distanz. Fischer, Frankfurt a. M.
Lang S (2014) Ziemlich feste Freunde. Blanvalet, München
Müller T, Schroiff H-W (2013) Warum Produkte floppen. Die 10 Todsünden des Marketings. Haufe, Freiburg
Riederle P (2013) Wer wir sind und was wir wollen. Ein Digital Native erklärt seine Generation. Knaur, München
Scherer H (2012) Glückskinder. Warum manche lebenslang Chancen suchen – und andere sie täglich nutzen. Campus, Frankfurt a. M.
Scherer H (2013) Jenseits vom Mittelmaß. Unternehmenserfolg im Verdrängungswettbewerb. Gabal, Offenbach

© Peter Stumpf, Düsseldorf

Dr. Alexandra Hildebrandt ist Publizistin, Nachhaltigkeitsexpertin und Bloggerin. Sie studierte Literaturwissenschaft, Psychologie und Buchwissenschaft. Anschließend war sie viele Jahre in oberen Führungspositionen der Wirtschaft tätig. Bis 2009 arbeitete sie als Leiterin Gesellschaftspolitik und Kommunikation bei der KarstadtQuelle AG (Arcandor). Beim den Deutschen Fußball-Bund (DFB) war sie 2010 bis 2013 Mitglied der DFB-Kommission Nachhaltigkeit. Den Deutschen Industrie- und Handelskammertag unterstützte sie bei der Konzeption und Durchführung des Zertifikatslehrgangs „CSR-Manager (IHK)". Sie leitet die AG „Digitalisierung und Nachhaltigkeit" für das vom Bundesministerium für Bildung und Forschung geförderte Projekt „Nachhaltig Erfolgreich Führen" (IHK Management Training). Im Verlag Springer Gabler gab sie in der Management-Reihe Corporate Social Responsibility die Bände „CSR und Sportmanagement" (2014), „CSR und Energiewirtschaft" (2015) und „CSR und Digitalisierung" (2017) heraus. Aktuelle Bücher bei SpringerGabler (mit Werner Neumüller): „Visionäre von heute – Gestalter von morgen" (2018), „Klimawandel in der Wirtschaft. Warum wir ein Bewusstsein für Dringlichkeit brauchen" (2020).

Das ganz persönliche Energiemanagement. Umgang mit einer knappen Ressource

Ina Schmidt

1 Einleitung

Die Energiewende beschreibt nicht nur eine Herausforderung an neue und zukunfts-fähige Technologien, die einen anderen Umgang mit begrenzten Ressourcen bzw. deren Regeneration ermöglichen, sondern sie bezeichnet einen Prozess gewichtigen Umdenkens, der sich auf eine grundsätzlich neue Form des Haushaltens, des Umgangs mit Innovation und der Auseinandersetzung mit dem eigenen Nutzerverhalten bezieht.

Aber es gibt neben den vorrangig technisch und wirtschaftlich ausgerichteten Aspekten einer notwendigerweise globalen Veränderung des Energiemanagements auch andere Facetten eines Nachdenkens darüber, wie wir mit Energien haushalten können und müssen – und zwar mit den menschlichen, den ganz persönlichen Kraftreserven. Energie, die wir für ein „gutes" Leben brauchen, ist nicht nur abhängig von Stromversorgung und Gaslieferungen bzw. von Rohstoffen und Ressourcen, die wir abbauen oder technisch gewinnen können, sondern sie steht uns auch auf anderem Weg zur Verfügung – wir selbst sind als komplexer Organismus aus Körper und Geist wahrscheinlich eines der komplexesten Kraftwerke, die sich denken lassen.

Aber schon auf dieser individuellen Ebene zeigt sich, wie schwer uns „nachhaltiges Handeln" im eigentlichen Sinne fällt, wie wenig geübt wir in dem sind, was es seinem Wesen nach ausmacht: einem ausgewogenen Gleichgewicht zwischen ökonomischen,

I. Schmidt (✉)
Denkräume, Reinbek, Deutschland
E-Mail: ina.schmidt@denkraeume.net

sozialen und ökologischen Aspekten unseres Handelns. Übertragen auf die individuelle Ebene bedeutet dies eine gelungene Mischung aus Elementen, die unsere eigene Leistungsfähigkeit ins Verhältnis zu einem persönlichen wie gemeinschaftlichen Nutzen setzen – uns darüber hinaus materiell absichern, ein Leben in einem stabilen sozialen Gefüge ermöglichen und gleichzeitig darauf achten, dass wir nicht beständig mehr Ressourcen verbrauchen, als notwendig sind, um unsere Gesundheit bzw. unser Wohlbefinden zu gewährleisten.

Von diesem Gleichgewicht sind wir aber oft weit entfernt und selbst ernstzunehmende Symptome dafür werden lange verschwiegen oder klein geredet. Zum einen geht es um den notwendigen Einsatz der eigenen Energien, um Leistungsbereitschaft und Engagement, zum anderen um eine verantwortliche Haltung im Umgang mit den eigenen Grenzen. Bei der Überbetonung des Ersteren betreiben wir auf verschiedensten Ebenen Raubbau an unseren Energiereserven und nehmen uns damit die wesentliche Grundlage für das, was wir im Leben mit Bedeutung füllen wollen – allerdings ist die Überbetonung von Leistungsbereitschaft und Erfolgsorientierung mittlerweile so selbstverständlich, dass wir vielfach verlernt haben, dafür ein Problembewusstsein zu entwickeln. Der Extremzustand an den eigenen Grenzen wird zur Normalität – angefangen von überforderten Grundschülern bis hin zum Vorstand, der 24-stündige Erreichbarkeit von sich selbst und seinen Mitarbeitern erwartet. Dass auch hier ein Umdenken und Haushalten notwendig wird, zeigen die von der Bundesregierung in Auftrag gegebenen Stressreports bzw. die regelmäßigen Gesundheitsberichte der DAK seit 1998, in denen die Wachstumszahlen der psychischen Erkrankungen[1] aufgrund von Stress und Überforderung am Arbeitsplatz eine deutliche Sprache sprechen. In dem Gesundheitsreport der DAK von 2018[2] stehen die psychischen Erkrankungen nach wie vor an zweiter Stelle und machten im Jahr 2017 16,7 % der Krankentage aus – weiterhin mit steigender Tendenz (0,2 % mehr als im Vorjahr 2016).

Die Unternehmen sind an dieser Stelle nicht untätig, sie investieren in Maßnahmen des Gesundheitsmanagements, führen Mitarbeiterbefragungen durch und integrieren sogar ein sogenanntes „Feelgood-Management". Aber die Problematik ist komplexer.

---

[1]Vgl. dazu u. a. den Stressreport 2012: Hierfür wurden rund 18.000 Erwerbstätige befragt. Die Ergebnisse wurden differenziert nach Alter, Geschlecht, Arbeitszeitumfang, Position, Wirtschaftszweigen und Berufen ausgewertet. Für 43 % der befragten Beschäftigten haben Stress und Arbeitsdruck in den letzten zwei Jahren spürbar zugenommen. 19 %, also ein knappes Fünftel der Befragten, fühlte sich von der reinen Arbeitsmenge überfordert.Rund ein Viertel der Befragten gab an, Pausen ausfallen zu lassen und begründet dies in mehr als einem Drittel der Fälle damit, zu viel Arbeit zu haben. Die damalige Arbeitsministerin Ursula von der Leyen stellte den Bericht am Dienstag, 29.01.2013 in Berlin auf der vom Bundesministerium für Arbeit und Soziales (BMAS) veranstalteten Fachtagung „Psychische Gesundheit in der Arbeitswelt" vor.

[2]Der Gesundheitsreport der DAK 2018 stellt die Ergebnisse von 5000 Befragungen im Jahr 2017 vor, und legt hierbei seinen Schwerpunkt auf die nach wie vor häufigste Krankenursache: Rückenbeschwerden.

Es geht nicht allein darum, das persönliche Wohlbefinden der Mitarbeiter durch Ruhe-räume oder Billardtische zu stärken bzw. wohldosierte Coachingmaßnahmen und Rücken-schulungen anzubieten, sondern um eine systematische Neuausrichtung der Arbeitswelt, an der sowohl Politik, Arbeitgeber wie Arbeitnehmer beteiligt sein müssen. Um dem immer lauter werdenden Ruf nach Lebensmodellen, die die veränderte Arbeitswelt mit den menschlichen Bedürfnissen nach Sinnhaftigkeit und sozialen Beziehungen zusammen-denken können, gerecht zu werden, sind zwar zum einen angemessene politische wie wirtschaftliche Rahmenbedingungen notwendig, aber auch die Bereitschaft – und die Kraft – des einzelnen, diesen Rahmen zu füllen und zu gestalten[3]. Wir brauchen also eine ernstzunehmende Debatte darüber, wie die Bedingungen für einen solche Arbeitswelt aus-sehen könnten, aber auch eine Diskussion darüber, welche Haltung wir ganz persönlich zu dem einnehmen, was „gute Arbeit" bedeutet: Was können wir von einem System, einem Unternehmen, einem Vorgesetzten erwarten und welche Rolle spielt die persönliche Ver-antwortung im Umgang mit den eigenen Kraftreserven, den Energieressourcen?

Wie also gehen wir mit dem um, was wir als unsere „Lebensenergie" bezeichnen, was ist das eigentlich, was uns Kraft gibt, Kraft raubt und wie gelingt es, unser persön-liches Gleichgewicht besser auszuloten? Zu diesen Fragen gibt es in letzten Jahren viel Literatur und neue Denkansätze, die uns mit Rat und Tat zu Hilfe stehen sollen, um dem „erschöpften" Selbst (Ehrenberg 2008) wieder auf die Beine zu helfen. Es gibt unter-schiedliche Ansätze, die zeigen, dass diese Maßnahmen auch von Generation zu Gene-ration andere sein müssen – die derzeit in die Unternehmen hineinwachsende Generation Y hat völlig andere Vorstellungen eines erfüllten Arbeitslebens als die Generation der Babyboomer – auch hier gilt es also zu differenzieren und genauer hinzusehen: Was bedeutet für wen ein gelingendes Arbeitsleben und in welchem Verhältnis stehen diese Vorstellungen zu den realistisch umsetzbaren Möglichkeiten? Es geht um ein Abwägen, das die eigene „Grenze" in einem positiven Verstehen auch als haltgebend und nicht nur als beschränkend ansieht. In sehr vielen Fällen streben wir aber nach wie vor das Optimie-ren des Bestehenden an, das die falsche wirtschaftliche Prämisse, nach der das Maximum auch das Optimum sei, auf den Menschen überträgt und darin häufig sogar zum Gegenteil führt – zur völligen Ausbeutung und oft irreversiblen Zerstörung von Energieressourcen. Dabei wird aber auch deutlich, dass dies nicht allein ein Problem überholter Prämissen aus einem analogen Arbeitszeitalter ist, das uns hier im Weg stellt, sondern ebenso eine kaum zu erreichende Erwartungshaltung an ein Leben, das wir für „gut" halten können, in diesem Sinne also auch und gerade für die jüngere Generation eine Messlatte, die letzt-lich sogar ein umfassenderes Ziel anstrebt: nämlich ein Leben, das nicht nur sinnvoll ist, erfüllt und zur Absicherung der eigenen Pläne dient, sondern am Ende glücklich machen muss. Tut es das nicht, sind wir an den selbstgesteckten Kriterien gescheitert, ein selbst-bestimmtes Leben zum Erfolg geführt zu haben. Die übersteigerten Ansprüche an ein Arbeitsleben, das uns zu jeder Zeit Spaß machen, unsere Träume erfüllen und Sicherheit

---

[3]Vgl. dazu u. a. das jüngste Buch von Thomas Vasek: Work-Life-Bullshit, München 2013.

stiften soll, sind also mindestens ebenso ausbeuterisch wie das, was wir derzeit an vermeintlich überkommenen Vorstellungen hinter uns zu lassen versuchen.

In den folgenden Abschnitten soll es daher auch weniger darum gehen, eine weitere Methode zu entwickeln oder ein Programm vorzustellen, sondern darum, ein grundsätzliches Verständnis für das menschliche Dilemma zu eröffnen, das sich zwischen dem Wunsch nach Leistung bzw. der Anerkennung für die eigene Leistung und der notwendigen Akzeptanz der eigenen Grenzen zwingend ergibt – ein Thema, das uns nicht nur als moderne Menschen einer global vernetzten Welt umtreibt, sondern schon zu Zeiten der griechischen Antike die Philosophie beschäftigte. Wir haben es hier nicht mit einem Problem zu tun, das sich ein für alle Mal lösen lässt, wenn wir nur die richtigen „tools" gefunden haben, sondern mit einer Herausforderung, die das Leben in existenzieller Hinsicht an uns stellt. Immer wieder aufs Neue – eingebettet in den zeitlichen und kulturellen Kontext der eigenen Situation.

Eine philosophische Perspektive

Wie aber gehen wir mit solchen grundlegenden Fragen um, an wen können wir uns wenden? Sich mit den existenziellen Sinnfragen des menschlichen Lebens zu beschäftigen, ist das Wesen des philosophischen Denkens, einem Denken, das sich der begrifflichen Differenzierung und der Klärung von Problemstellungen widmet und auf diesem Weg nicht nur neue Gedankengänge ermöglicht, sondern auch Handlungsspielräume und Perspektiven des Denkens eröffnet. Die Philosophie ist diesem Verständnis eine grundlegende Kulturtechnik, die uns dazu führt, relevante Fragen zu formulieren, bevor wir überstürzte Antworten als Lösungen missverstehen.

Dazu soll zu Beginn die Kernfrage des philosophischen Denkens gestellt werden, die platonische Frage nach dem „guten Leben", die das Gute nicht mit dem Nützlichen und Gewinnbringenden gleichsetzt, sondern die Güte des eigenen Tuns als eine notwendige moralische Qualität sieht, an der wir unser Handeln ausrichten wollen. Was aber genau macht dieses Gute aus, wie können wir uns bei widerstreitenden Interessen und Überzeugungen einigen und welche Werte legen wir einem solchen Prozess zugrunde? Um sich hier einer Antwort zu nähern, schließt sich im nächsten Schritt die Überlegung nach der Sinnhaftigkeit unseres Handelns an, in der die Empfindung von Sinn als die zentrale Ressource hervorgehoben wird, die wir als Kraftquelle erleben – selbst und manchmal gerade in mühsamen und kraftzehrenden Phasen. Die Frage, was wir selbst dazu beitragen können, die Sinnhaftigkeit unseres Lebens zu steigern, bildet den dritten Schwerpunkt, der die Begriffe der Selbstverantwortung bzw. den antiken Gedanken der Selbstsorge ins Zentrum rückt, um die alte aristotelische (Aristoteles 2006; Seneca 2010) bzw. stoische Lehre des rechten Maßes (Mesotes) für die Moderne zu übersetzen und lebbar zu machen. Schließen möchte ich im letzten Teil mit einer Neubewertung der antiken Tugend der Gelassenheit, die weniger die Abwesenheit von Aktivität bzw. Leistung als vielmehr den achtsamen Umgang mit dem beschreibt, was wir in einer Leistungsgesellschaft tatsächlich leisten (wollen und können), wenn wir tätig sind, wie es die Philosophin Hannah Arendt bereits Ende der 50er Jahre in ihrem Buch „Vita activa" herausgearbeitet hat (Arendt 1992).

2   Lebensenergie: Was gibt uns Kraft?

Wie bereits erwähnt, haben sich schon die antiken Philosophen die Frage nach dem „wesentlichen" Prinzip des Lebens gestellt. Dabei entstanden sehr unterschiedliche Konzepte, ausgehend von der Idee der Vorsokratiker, die so etwas wie ein „Urprinzip" allen Lebens voraussetzten, wie etwa das Wasser, das sie als energetische Grundlage des Lebendigen verstanden. Später war es z. B. die Idee der „Hyle", die eine Art Geist beschreibt, der uns wie ein Lufthauch durchweht, ein Gedanke, der nach wie vor unserem Bild der Seele recht nah kommt. In jedem Fall schien es ein Prinzip zu geben, das uns als rein körperliche Wesen ergänzt und uns eine andere Form des Bewusstseins ermöglicht – eine Qualität, die wir nicht recht greifen können, die nicht materiell, aber doch auf irgendeine Weise in unserem Körper verankert zu sein scheint. Die antiken Philosophen sahen in unserem Atem (als Pneuma oder Odem) den greifbaren materiellen Ausdruck dessen, was sie als Geist oder Seele bezeichneten – ein Ansatz, der in verschiedenen verstärkt östlichen Weisheitslehren auch im westlichen Denken an Bedeutung gewinnt. Um einen Zugang zu dem zu finden, was wir selbst als unsere „Energiequelle", unsere Lebenskraft beschreiben würden, brauchen wir offenbar beides: Körper und Geist, und zwar in einem ausgewogenen Miteinander. Denken wir beispielsweise an Komapatienten oder Menschen mit massiven seelischen Erkrankungen, dann sind die körperlichen Funktionen möglicherweise völlig unbeschadet, dennoch fehlt ein wichtiges Element für das, was wir als „gutes" Leben beschreiben würden.

Aber selbst, wenn es keine pathologische Beeinträchtigung gibt, führt ein „Mangel" an seelischer Kraft und Vitalität zu einer eingeschränkten Lebensqualität. Körper und Geist werden zwar auch in der philosophischen Tradition als Dualismus gedacht, aber unsere Erfahrung eine andere und wir spüren, dass seelische und körperliche Phänomen in Zusammenhang stehen – gerade wenn es darum geht, sich seiner vitalen Kräfte zu versichern. Bei aller sprachlichen Schwierigkeit, dieses Prinzip zu fassen oder es gar einer wissenschaftlichen Überprüfung zuzuführen, hat sich an diesem Empfinden seit der Antike nichts verändert. Wir sprechen auch heute davon, dass uns etwas Energie gibt, Energie raubt, dass wir auf der rein körperlichen Ebene Nahrung zu uns nehmen müssen, um bei Kräften zu bleiben, aber auch auf der seelisch-geistigen Ebene Impulse und Inspirationen brauchen, die uns „nähren". Nur dann können wir sicher gehen, dass wir uns „wohl befinden", dass wir unsere Energien nutzen können, um die Herausforderungen eines schnellen und anspruchsvollen Lebens zu meistern. Allerdings erleben wir gegenwärtig häufig eher den entgegengesetzten Trend – einen wenig fürsorglichen Umgang mit unserem inneren Kräftehaushalt, gern im Dienste angestrebter Hochleistungen oder gar zugunsten äußerlicher Schönheitsideale, die ähnlich auf Aufmerksamkeit und äußerliche Erfolgsaussichten gerichtet sind, auch wenn sie sich vermeintlich der „inneren" Selbsterkenntnis zuwenden. Was aber ist es, das uns antreibt, wenn wir beständig an den Grenzen unserer Belastbarkeit leben, und am Ende meinen, ebendas sei der Preis für ein erfolgreiches Leben?

Darin liegt die seltsame – meist natürlich nicht formulierte – Annahme verborgen, dass wir uns zugunsten einer bestimmten Zielsctzung bis an die Grenze der Belastbarkeit und darüber hinaus antreiben müssen, um ein gutes Leben führen zu können, eines, das gesellschaftlich anerkannt ist und als erfolgreich gilt. Es wird schlicht erwartet, dass wir rund um die Uhr im Vollbesitz all unserer Kräfte sind, auch wenn kein Raum für Regeneration bleibt – Multitasking, Multifunktion und die eigene „Rush Hour" des Lebens geben das Tempo vor. Dahinter verbirgt sich die Maxime, dass „Mehr" nicht nur „Mehr", sondern auch „Besser" ist – was keinesfalls selbstverständlich ist, da wir nicht zwingend einen qualitativen Sprung machen, wenn wir immer nur die Quantität des Bestehenden steigern.

Genau diese Maxime gilt es zu überprüfen bzw. zu durchbrechen, um die Qualität zu verändern. Auf der Ebene der persönlichen Lebensführung mögen wir dafür offen sein, aber nur wenig Führungskräfte haben Verständnis dafür, wenn ihre Mitarbeiter das eigene Wohlbefinden steigern, indem sie ihre Arbeit vernachlässigen – und das ist verständlich. Aber gerade dieser Dualismus im Denken ist ein Teil des Problems. Können wir nur dann gut und hart arbeiten, wenn es kaum Pausen gibt, es so richtig an die Substanz geht? Ist die Anerkennung, die wir für die eigene Selbstausbeutung erhoffen, so wertvoll, dass sie ausreicht, um unseren desolaten Zustand mehr oder weniger klaglos hinzunehmen?

Dafür nehmen wir in Kauf, Dinge zu tun, die wir eigentlich nicht wollen. Wir ergreifen Berufe, die vielversprechend klingen, aber wenig mit unseren Fähigkeiten zu tun haben, unsere Überzeugungen verraten, weil es ja sonst jemand anders täte und immer wieder Kraft aufbringen, um vor uns selbst zu rechtfertigen, dass das, was uns nicht gut tut, ein Fehler des Systems ist, an dem wir ohnehin nichts ändern können. All diese Anstrengungen bringen unseren Energiehaushalt gründlich aus dem Gleichgewicht – diese Kraft fehlt uns bei der Bewältigung unserer täglichen Aufgaben, und dieser Mangel hindert uns daran, Alternativen zu suchen, nachzudenken, innezuhalten und den eigenen Akku wieder aufzuladen. Ein Teufelskreis, ein Leben im Hamsterrad, aus dem es nicht leicht ist, herauszufinden.

Wie aber kann es gelingen, handlungs- und entscheidungsfähig zu bleiben, ohne sich vollständig aus seinem bisherigen Leben zu verabschieden? Wie aufrichtig sind wir bei der Einschätzung der eigenen Situation und was ist es, was den inneren „Akku", die Energiequelle eines menschlichen Organismus am Leben hält? Was ist das Prinzip dessen, was wir als „lebendig" bezeichnen und – denken wir an das Bild eines geistigen „Lufthauchs" – damit etwas meinen, das eine völlig andere Qualität bezeichnet, als das, was Motoren, technische Geräte und Apparaturen für ihre tägliche Leistungsfähigkeit brauchen? Lebendigkeit – und damit jedes soziale Gefüge – gehorcht eigenen Prinzipien und ebendiesen Prinzipien gilt es sich anzunähern, wenn wir nicht nur unser persönliches Energiemanagement besser verstehen wollen, sondern wenn es darum geht, organische Prozesse anders betrachten zu lernen, um soziale und gesellschaftliche Veränderungen angemessen einschätzen zu können.

Die Energie des Lebendigen

Der französische Philosoph Henri Bergson hat zu Beginn des 20. Jahrhunderts wesentliche Gedanken zu dieser Frage in seinem Buch „Schöpferische Entwicklung" (Bergson 1927) dargelegt und die Kraft des „Lebendigen" als sogenannten „èlan vital" bezeichnet. Er ging davon aus, dass die Natur, der Mensch und alle seine Handlungen von diesem „èlan" getragen sind, der vollkommen anderen Gesetzen gehorcht als denen der Naturwissenschaft. Denn selbst die Biologie oder die Physik würde sich nicht dem Prinzip des Lebens nähern, sondern die Welt in erklärbare Fragmente unterteilen, um sie kategorisierbar zu machen. Damit durchtrennt diese Form des rein theoretischen Denkens aber nach Bergson ihren eigenen Lebensnerv und – ist letztlich auf der Suche nach Erkenntnis in die falsche Richtung unterwegs.

So vergleicht er beispielsweise die Vorgehensweise der klassischen Physik mit der der „Kinematographie", die die Bewegung in minimale Momentaufnahmen und einzelne Bilder unterteilt, um sie damit für uns mess- und bewertbar zu machen. Um Filme zu drehen, um Experimente unter Laborbedingungen durchzuführen, ist diese Technik ideal, um das soziale Leben zu strukturieren eher nicht. Das, was die Lebendigkeit einer Bewegung, einer Handlung ausmacht, die Ganzheit, mit der wir sie in den Blick nehmen sollten, ist in dieser mechanischen Perspektive nicht einmal Gegenstand der Betrachtung. Die Schwierigkeit, die dem Begriff des „èlan vital" anhaftet, ist aber gerade seine „Unfassbarkeit", wir können ein solches Prinzip nicht (be)greifen, nicht einmal sprachlich festhalten und schon gar keine Prognosen oder Ziele garantieren. Damit steht dieses kosmologische Prinzip Bergsons in einer langen Tradition. Aber auch das bereits erwähnte Prinzip des beseelten Lebens in der Antike oder der Begriff der Seele sind Konzepte, die sich letztlich nicht „greifen" lassen – dennoch halten wir auf persönlicher Ebene an ihnen fest, aus dem schlichten Grund, dass wir dieses Leben leben, auch wenn wenn wir es nicht bis ins Letzte erklären können, was das genau bedeutet. Liegt darin nun ein Defizit, ein Mangel, den wir nur „noch nicht" beantwortet haben, oder sollten wir nicht gerade aufgrund ebendieser Phänomene viel häufiger danach fragen, wie wir ohne letzte Antworten gute Entscheidungen treffen können?[4]

Das, was wir tun, wenn wir uns all den Fragen nach einem gelungenen Leben stellen, ist das, was die Philosophie als den eigentlichen „Kraftspender" für unser persönliches Leben ansieht (auch wenn dieser Prozess schwer, anstrengend und hin und wieder auch schmerzhaft sein kann) – wenn wir uns auf diese existenziellen Fragen einlassen, gehen wir Beziehungen zur Welt ein – zu Menschen, zu Themen, zu Situationen, in denen wir uns engagieren. Es kommt weniger darauf an, ein Programm, eine wissenschaftliche Erkenntnis über das „richtige" Lebensmodell zu entwickeln, sondern es geht darum, Beziehungen zu dem einzugehen, was wir als wichtig erachten

---

[4]Zu dieser Frage lohnt sich das Buch der Philosophin Natalie Knapp: Kompass neues Denken, in dem sie unseren Umgang mit Komplexität und notwendiger Unsicherheit sehr konstruktiv beleuchtet.

und – diesen Schritt können wir nur individuell festlegen, dabei wird es kein System geben, das uns den Weg vorgibt. Es geht nicht darum, alles anders zu machen und die persönliche Revolution auszurufen, sondern darum, das persönliche Maß zu finden, nach dem ich mein Handeln als ein „gutes" bezeichnen kann, nach dem ich – übertragen auf kollektive Zusammenhänge – sicher sein kann, das „Wesen" meines Unternehmen auf festen Werten zu verankern. Ebenso wie es Sokrates in seiner Verteidigungsrede ausrief, die sich in Platons Dialog der Apologie wiederfindet: „Bester Mann, [...] schämst du dich nicht, für Geld zwar zu sorgen, wie du dessen aufs meiste erlangst, und für Ruhm und Ehre, für Einsicht aber und Wahrheit und für deine Seele, daß sie sich aufs beste befinde, sorgst du nicht und hieran willst du nicht denken?"[5]

2.1   Die Kategorie des Sinns als Quelle für Gesundheit

Wenn wir also versuchen, für unsere Seele (und die unseres Unternehmens) zu sorgen, es uns vielleicht sogar gelingt, dass sie „sich aufs Beste" befinde, dann werden wir schnell auf eine Kategorie stoßen, die wir in der Welt der Wirtschaft noch immer eher skeptisch beäugen. Mittlerweile findet sich die Suche danach aber auch in Unternehmenskontexten immer häufiger und das, was diese Suche auslöst bzw. antreibt, ist ein wertvoller Motor: Es geht um die Kategorie des Sinns. Sinn empfinden wir immer dann, wenn wir Zusammenhänge erleben, die wir für gut halten, wenn wir in Beziehung zu etwas stehen, das über uns hinausgeht und uns mit dem Gefühl erfüllt, „richtig" zu sein. Sinnlosigkeit stellen wir fest, wenn unser Handeln zu nichts führt, zu keinem Zusammenhang gehört und auch für uns selbst keinerlei positive Auswirkungen hat. Das, was jedem von uns allerdings als „sinnvoll" erscheint, welche Zusammenhänge, Beziehungen und Wertegefüge, ist ein individuell geprägtes Geflecht. Sinn ist – zwar nicht willkürlich, so doch immer relativ, also auf etwas bezogen. Auch hier stoßen wir eben wegen dieser Relativität auf Widerstände, denn ebenso wie das Prinzip der Lebendigkeit, lässt sich Sinn nicht greifen, messen oder festlegen. Das Empfinden von Sinn ist individuell und kontextgebunden – nichts, womit unser gegenwärtiges Denken gut umgehen könnte, gerade in einem Umfeld, in dem um Fakten und vermeintlich objektive Kriterien für erfolgsversprechende Unternehmensbilanzen geht. Wie aber gehen wir mit der Problematik um, dass das Fehlen von Sinn offenbar ein weitaus größeres Problem darstellt – mittlerweile eines, das sich in Form von Krankheitstagen und mangelnder Belastbarkeit sehr wohl in Zahlen und Bilanzen niederschlägt?

Wie also kann ein Kollektiv, ein Unternehmen dafür sorgen, dass es dem individuellen Sinnbedürfnis seiner Mitarbeiter entgegenkommt – wenn auch nur aus dem ureigenen Interesse heraus, dass die Arbeitskraft gesunder Menschen die Basis für ein funktionierendes Unternehmen bildet? Welche Rahmenbedingungen oder Grundsätze

---

[5]Platon (2006) Apologie, 29 d–e.

lassen sich formulieren, um der individuellen Sinnstiftung des einzelnen Rechnung zu tragen, ohne das Unternehmensziel dabei aus den Augen zu verlieren? Auch hier bedarf es eines Umdenkens, das andere Kriterien für das zugrunde legt, was zu einem „gesunden" Umgang mit den eigenen Ressourcen an Rahmenbedingungen gegeben sein muss, was aber auch als Anforderung an den einzelnen Menschen gestellt wird, um eben diesen Rahmen zu füllen. Das körperliche Wohlbefinden des Menschen befindet sich seit Jahrhunderten in den Händen der Medizin. Aber ähnlich wie in der Wirtschaft stoßen wir im traditionellen Gesundheitswesen auf ein Denken, das vielfach in einzelne Fachbereichen unterteilt ohne „Sinn" für das Ganze auszukommen versucht – wir erinnern uns an Bergson. Schon das Studium der Medizin zeigt, dass Differenzierung und Spezialisierung im Zentrum der Ausbildung zum Arzt steht und es weniger um ein „ganzheitliches Verstehen" von Krankheit und Gesundheit geht. Möglicherweise ein notwendiges Zugeständnis an das, was in einem medizinischen Systemen möglich und leistbar ist, aber eben hier stellt sich die Frage, ob wir gerade durch die beständige Spezialisierung und Differenzierung den Zugang zu den „grundlegenden" Fragen menschlicher Gesundheit und Lebenskraft eher verbauen als eröffnen. Und hier ist kein esoterisches Abwandern in zweifelhafte Überzeugungen gemeint, die allein auf den Erfahrungen einiger Auserwählter beruhen. Fangen wir bei einer sehr grundsätzlichen Frage an:

Was bedeutet Gesundheit, welche Rolle spielt Vitalität für das, was wir als gesund erleben und reicht die Abwesenheit von Krankheit, um gesund zu sein? Hier wird das Feld sehr viel weiter, wenn wir zu der klassischen pathologischen Perspektive der klassischen Medizin auch die ursprünglich philosophische Denkweise hinzuziehen, die schon der Scholastiker Isidor von Sevilla[6] (6. Jahrhundert) als untrennbar miteinander verbunden sah. Dieser antike Denker bezeichnete die Medizin als „secunda philosophia", eine Disziplin, in der der Arzt der Moderator des richtigen „Maßes" ist und damit in Zeiten der Gesundheit eine ebenso wichtige Rolle spielt wie in Zeiten der Krankheit – u. a. auch als Unterstützer auf der Suche nach einer Lebensweise, die uns entspricht.

Dieser Ansatz ist uns zwar in Zeiten von Vorsorgeuntersuchungen und Wellnessurlauben nicht fremd, dennoch bleibt es nach wie vor der pathologische Blick, der in der Medizin dafür sorgt, dass das Bekämpfen von Symptomen oft genug den Blick für mögliche Ursachen verstellt. Dieses Vorgehen entspricht dem Gedanken, dass der Körper eher ein funktionierender Mechanismus als ein ganzheitlicher – und damit auch geistiger – Organismus ist. Für viele akute Krankheiten ist dieses Vorgehen notwendig und rettet Leben, der medizinischen Forschung sei Dank. In Anbetracht der Tatsache aber, dass wir es bei den gegenwärtigen „Volkskrankheiten" immer mehr mit Krankheitsbildern zu tun haben, die den seelischen Bereich betreffen, greift diese medizinische Haltung zu kurz. Hier braucht es eine ergänzende Sichtweise, die vielfach in sogenannten Komplementärsystemen oder alternativen Heilmethoden groß geschrieben wird, nur fehlt es auch hier

---

[6]Isidor von Sevilla lebte von 560–636 und wurde als Nachfolger seines Bruders Leander Bischof von Sevilla, er gilt als einer der bedeutendsten Schriftsteller des Frühmittelalters.

vielfach an einem konstruktiven Dialog zwischen beiden Seiten. Völlig unabhängig aber von der inhaltlichen Ausrichtung dieser „komplementären" Methoden, muss es bei der Frage nach dem persönlichen „Energiemanagement" um eine ergänzende Perspektive gehen, die die Kategorie des Sinns in den Focus rückt und für die seelische Gesundheit des einzelnen neu bewertet. Und eben hier können auch Organisationen, Gesetzgebung oder Unternehmen ihren Teil beitragen, indem sie diese Umbewertung unterstützen und Räume eröffnen, die der Sinnstiftung dienen. Wichtige Anregungen für einen solchen Prozess finden sich in den Arbeiten des israelischen Medizinsoziologen Aaron Antonowsky (1923–1994), der in den 1970er das pathologische Denken des Gesundheitswesens um den Begriff der Salutogenese erweitert hat.

2.2   Salutogenese – die Kraft der inneren Sinnstiftung

Das Konzept der Salutogenese (der Begriff basiert auf der sprachlichen Umkehrung der Pathogenese und bezeichnet soviel wie „Gesundheitsentstehung" oder „Ursprung von Gesundheit") wurde von Antonovsky in den 1970er Jahren entwickelt. Nach seinem Salutogenese-Modell ist unsere Gesundheit kein Zustand, den wir, einmal erreicht, erhalten müssen, sondern ein Prozess, der permanent in Entwicklung begriffen ist. Darin liegt ein wesentlicher Unterschied zu unserer allgemein verbreiteten Haltung. Nach Antonovsky ist der menschliche Körper als Organismus stetig der Möglichkeit von Veränderung, also auch der Gefahr einer „Kränkung" oder „Unordnung" ausgesetzt und eben nicht nur gelegentlich oder in besonderen Situationen, wenn beispielsweise eine Grippewelle umgeht oder das Wetter umschlägt.

Diese Auffassung steht im Gegensatz zum pathogenetischen Modell, das von einem relativ konstanten Gleichgewicht ausgeht, welches durch unterschiedlichste Kontrollmechanismen und Regelkreise innerhalb des Körpers aufrecht erhalten wird. Hier finden wir also ein eher mechanistisches Bild vor, was dem von Bergson kritisierten Prinzip des „kinematographischen" Denkens entspricht. Wenn wir dieser Auffassung folgen, ist die Schlussfolgerung berechtigt, dass Krankheiten so etwas wie die Störung dieser Kontrollmechanismen beschreiben, damit also kuriert werden, indem man die Regelkreise in ihrer alten Form wieder herstellt. Wenn wir aber davon ausgehen, dass der körperliche Zustand sich eher durch einen „Schwebezustand" auszeichnet, der beständig genährt und im Gleichgewicht gehalten werden will, dann erfordert eine gesunde Lebenspraxis einen Umgang mit diesem Ungleichgewicht, der weit über das Einwerfen von Vitaminpillen und das Kurieren von Krankheiten hinausgeht, sondern den Zugang zu unseren inneren Kraft- und Sinnquellen erfordert.

Wie aber kommt Antonowsky zu diesen Aussagen? Der Ausgangspunkt seiner Forschung lag in der Untersuchung einer Gruppe von Frauen, die 1939 zwischen 16 und 25 Jahren alt und zu diesem Zeitpunkt in einem nationalsozialistischen Konzentrationslager interniert waren. Er verglich ihre emotionale Befindlichkeit mit der einer vergleichbaren Gruppe, die keine KZ-Vergangenheit hatte. In der zweiten Gruppe wurden 51 % der untersuchten Frauen als gesund beschrieben, in der ursprünglichen Gruppe lag der Anteil der Gesunden bei 29 %. Dabei war es nicht der Unterschied an sich, der Antonowsky überraschte, sondern die Tatsache, dass in der Gruppe der KZ-Überlebenden 29 % der Frauen trotz der unvorstellbaren Qualen eines Lagerlebens mit anschließendem Flüchtlingsdasein als (körperlich und psychisch) ‚gesund' beurteilt wurden. Diese Beobachtung führte ihn zu der Frage, welche Eigenschaften und Ressourcen diesen Menschen geholfen hatten, unter den Bedingungen der KZ-Haft sowie in den Jahren danach ihre (körperliche und psychische) Gesundheit zu erhalten. Um diese Frage über diesen Anlass extremster Bedingungen hinaus auf aktuelle Lebenssituationen zu erweitern, können wir heute fragen, warum manche Menschen offenbar sehr viel besser mit Belastungen am Arbeitsplatz, mit Rückschlägen, Konflikten oder Unsicherheiten in ihrem Leben umgehen können als andere. Auch für diese aktuelle Fragestellung gibt das Salutogenese-Modell wertvolle Hinweise, indem es weniger die „Krankheit" bzw. die Symptome in den Vordergrund stellt, sondern nach den Bedingungen und Voraussetzungen zur Entstehung von Gesundheit fragt. Antonowsky macht dabei ein zentrales Gefühl aus, das die eigene körperliche Entwicklung maßgeblich beeinflusst, er nennt es das Kohärenzgefühl (SOC – sense of coherence): „Das Kohärenzgefühl ist eine globale Orientierung, die ausdrückt, in welchem Ausmaß man ein durchdringendes, dynamisches Gefühl des Vertrauens hat, dass die Stimuli, die sich im Verlauf des Lebens aus der inneren und äußeren Umgebung ergeben, strukturiert, vorhersehbar und erklärbar sind; einem die Ressourcen zur Verfügung stehen, um den Anforderungen, die diese Stimuli stellen, zu begegnen; diese Anforderungen Herausforderungen sind, die Anstrengung und Engagement lohnen." (Antonovsky 1997, S. 36)

Aus dieser Beschreibung geht hervor, dass bei der Beurteilung oder vielmehr der Entstehung von Gesundheit und Krankheit viel weniger „objektive" Faktoren eine Rolle spielen, als die persönliche Haltung und das Vertrauen, welches ich in die Welt setze bzw. in meine Fähigkeiten, mit dieser Welt umzugehen. Das Kohärenzgefühl setzt Antonowsky der Instabilität des Gesundheitsprozesses entgegen, hieraus generiert der einzelne die nötige Energie, um mit Unsicherheit und Unordnung und komplexen Zusammenhängen fertig zu werden.[7] Es ist das, was Friedrich Nietzsche, der zeitlebens mit Phasen schwerster Krankheit umzugehen hatte, als die „große Gesundheit"

---

[7]Aus dem Salutogenese-Modell haben sich verschiedene Heilmethoden ergeben, die prominenteste ist die Logotherapie, die aus den Arbeiten des Psychologen Viktor Frankl zurückgeht und auf der Idee der Existenzanalyse beruht. Die ursprüngliche Sichtweise ist von Edmund Husserls Phänomenologie geprägt und v. a. von Karl Jaspers, Ludwig Binswanger, Medard Boss und Rollo May vertreten worden. In Abgrenzung zur Psychoanalyse Freuds. stellte Frankl neben die auf die Binnendynamik psychisch-triebhafter Kräfte gerichtete „Psycho" Analyse eine auf die Welt der Werte gerichtete „Existenz"-Analyse und präzisierte ihr therapeutisches Ziel im Begriff „Logo"-Therapie. Die existenzanalytische Psychotherapie hat zum Ziel, den Menschen zu befähigen, mit innerer Zustimmung zum eigenen Handeln und Dasein leben zu können vgl. hierzu die Arbeiten Viktor Frankls in: Der Mensch vor der Frage nach dem Sinn. Eine Auswahl aus dem Gesamtwerk, München 1985.

bezeichnet, die Fähigkeit, sich zu sich und der Welt so ins Verhältnis zu setzen, dass ich in der Lage bin zu wissen, was ich mir zumuten kann und was nicht, welche Grenzen zu überwinden sind und ab wann ich beginne, das eigene Gleichgewicht zu zerstören.

Das, was der Ausbildung eines solchen Kohärenzgefühls vorausgehen muss, ist also die Bereitschaft, sich mit den tatsächlichen Gegebenheiten und Bedingungen meines Lebens auseinanderzusetzen – sich auf das einzulassen, was sich „im Rahmen des Möglichen" für ebendieses Leben denken lässt. Kohärenz bedeutet etwas in Deckung zu bringen, ein inneres Potenzial mit dem, was sich in der Außenwelt umsetzen bzw. ausdrücken lässt.[8] Es gibt diese Momente, in denen wir das Gefühl haben, am rechten Ort, am richtigen Platz zu sein, eine Erfahrung der Stimmigkeit, die nicht in dem ewigen Wunsch nach Verbesserung erstickt, sondern einen Zustand beschreibt, in dem alles zusammenpasst. Dies sind Momente, die nicht lang anhalten müssen bzw. können, aber sofern wir diese Momente kennen, wissen wir, wie kraftspendend und wohltuend sie sind, um uns auch andere Phasen unbeschadet erleben zu lassen. Die Fähigkeit, sich solchen Momenten vertrauensvoll zu öffnen und daraus Kraft zu ziehen, ist das, was wir mit „Resilienz" beschreiben – eine individuell unterschiedlich ausgeprägte Fähigkeit, schwerste Erlebnisse und Aufgaben zu meistern, ohne daran ernsthaften gesundheitlichen Schaden zu nehmen, weil die Grundüberzeugung eines tieferen Sinnzusammenhangs nicht erschütterbar ist. Zu einer solchen Haltung können wir uns nicht entschließen, sondern wir müssen Erfahrungen sammeln, die in uns diese Haltung wachsen lässt und uns zur Besinnung kommen lässt, wie sich der Rahmen des Möglichen für mich und meinen Verantwortungsbereich gestaltet. Darin liegt die einzige Möglichkeit, ein Gleichgewicht zwischen äußeren Anforderungen und echter Leistungsbereitschaft auf der einen Seite und einem Widerstand gegen die exzessive Ausbeutung der eigenen Kraftreserven auf der anderen Seite lebbar zu machen.

2.3   Die Rückkehr zu sich selbst – Haushalten mit dem Eigenen

Schon der römische Dichter Horaz (65 v. Chr.–8 v. Chr.) hat es als die wertvollste Qualität des menschlichen Handels gesehen, das rechte Maß zu finden. Er war überzeugt, „es ist ein Maß in allen Dingen; denn es gibt bestimmte Grenzen, jenseits und diesseits welcher das Rechte nicht bestehen kann."[9] Das, was Horaz hier mit dem Rechten meint, ist das, was angemessen ist, das, was den Sinn eines Zusammenhangs ausmacht, der die innere Richtung einer Handlung, einer Entscheidung tragen sollte – ein Maß, das nicht nur eine sachliche Angemessenheit beschreibt, sondern auch eine moralische. Diese

---

[8]Welche Rolle dabei die Verbindung von Denken und Gefühl spielt, die sich in unserem Emotionen ausdrücken zeigt die Philosophin Heidemarie Bennent-Vahle in ihrem ihrem jüngsten Buch: Mit Gefühl denken. Einblicke in die Philosophie der Emotionen, Freiburg 2013.
[9]Horaz, Karl Blücher (1972): Sermones, Satiren (Lat./Dt.), 01.01.106.

Form der „Mäßigkeit" ist eine geistige Qualität, die uns das zeigt, was gut und richtig ist – und damit nicht auf einer quantitativen Ebene zu einem Maximum führt, aber auf einer andere Ebene zu einem qualitativen Wachstum – einer innerer Exzellenz führen kann.

Hier knüpft Horaz an eine philosophische Tradition an, die die Idee der „Selbstsorge" im Umgang mit den eigenen Qualitäten und Fähigkeiten betont. Der Begriff der „Selbstsorge" stammt aus den platonischen Dialogen, in denen Sokrates die Bürger Athens dazu aufruft, nicht das „Beste", sondern das „Bestmögliche" aus ihrer ganz persönlichen Selbsterkenntnis zu gewinnen – nicht, um die eigene Erfolgsbilanz zu steigern, sondern um der Gemeinschaft das Bestmögliche seiner selbst zur Verfügung zu stehen. Die Sorge um sich selbst ist in dieser Tradition ein philosophisches Paradigma, das uns selbst dazu verhilft, mit den persönlichen Möglichkeiten und Bedingungen in aller Freiheit umzugehen, ohne sich dabei zu überfordern und die gegebenen Grenzen ernst zu nehmen. Sich in der eigenen Selbstüberprüfung zu üben, bedeutet also auch, mein Gegenüber als jemanden zu respektieren, der mir an meinem Grenzen ebenfalls zeigt, was ich bin – und was nicht. Damit geht es nicht um eine beständige Selbstbespiegelung, sondern um den Bezug zum „Anderen", der uns als Gegenüber immer wieder vor neue und ungewohnte Herausforderungen stellt.

Das, was die Idee der Selbstsorge ihrem nach Wesen kennzeichnet, ist der verantwortungsbewusste Umgang mit den eigenen Aufgaben immer im Verhältnis zu den Ressourcen, die mir zur Verfügung stehen, um diese Aufgaben zu bewältigen. Ein „I prefer not to" im Sinne des Schreibers Bartleby aus der Erzählung von Herman Melville, der sich letztlich jeder Form von Tätigkeit verweigerte, weil die Bedingungen nicht die richtigen zu sein schienen,[10] ist ein ebensolcher Exzess wie die von Horaz verurteilte Überforderung des eigenen Maßes, das jede Aufgabe für sich zur Chance erklärt. Verantwortung bedeutet im Kern, den ernsthaften Versuch, eine Antwort auf eine gestellte Frage oder Aufgabe zu finden – die Betonung liegt hier auf dem „Geist der Ernsthaftigkeit", der in dem Wissen, dass es am Ende keine letztgültige Antwort geben kann, sich bemüht, doch die bestmögliche zu geben.

In dieser Haltung verbindet sich das „persönliche Energiemanagement" mit den notwendigen Anforderungen an das, was wir in anderen Zusammenhängen als Energiewende beschreiben – der ernsthafte Versuch, einer verantwortungsvollen Lösung im Dialog mit unterschiedlichen Interessen gekoppelt mit dem Mut, auch darin die Grenzen des Mach – bzw. Verantwortbaren anzuerkennen und in einer Begrenzung von Quantität den Gewinn an Qualität anzustreben.

---

[10]Herman Melville lässt seine Figur Bartleby als Kopist eines New Yorker Notars an der Unfähigkeit scheitern, die gegebenen Bedingungen seines Handelns zu gestalten bzw. zu verändern, so dass er letztlich in der Verweigerung der Umstände in einem gelähmten Nichthandeln erstarrt.

Literatur

Antonowsky A (1997) Salutogenese. Zur Entmystifizierung der Gesundheit. dgtv, Tübingen

Arendt H (1992) Vita activa. Oder vom tätigen Leben. Piper, München

Aristoteles (2006) Nikomachische Ethik. Reclam, Stuttgart

Bennent-Vahle H (2013) Mit Gefühl denken. Einblicke in die Philosophie der Emotionen. Alber, Freiburg

Bergson H (1927) Schöpferische Entwicklung. Coron, Zürich

DAK Gesundheitsreport (2018) www.dak.de

Ehrenberg A (2008) Das erschöpfte Selbst Depression und Gesellschaft in der Gegenwart. Suhrkamp, Frankfurt a. M.

Frankl V (1985) Der Mensch vor der Frage nach dem Sinn. Eine Auswahl aus dem Gesamtwerk. Piper, München

Horaz (Hrsg. von Karl Büchner) (1972) Sermones/Satiren. Reclam, Stuttgart

Knapp N (2013) Kompass neues Denken. Wie wir uns in einer unübersichtlichen Welt orientieren können. Rowohlt, Reinbek

Knapp N (2017) Der unendliche Augenblick. Warum Momente der Unsicherheit so wertvoll sind. Rowohlt, Reinbek

Lohmann-Haislah A (2012) Stressreport Deutschland 2012. Psychische Anforderungen, Ressourcen und Befinden, 1. Aufl. Bundesanstalt für Arbeitsschutz und Arbeitsmedizin, Dortmund

Melville H (2010) Bartleby der Schreiber. Anaconda, Köln

Platon (2006) Platons Apologie des Sokrates, Bd. 57. UTB, Stuttgart

Seneca (2010) Von der Gelassenheit. Beck, München

Vasek T (2014) Work-Life-Bullshit. Riemann, München

Veken D (2016) Sinn und Unternehmen. Murmann, Hamburg

Dr. Ina Schmidt geb. 1973, Studium der Kulturwissenschaften an der Universität Lüneburg bis 1998, ab 1999 wissenschaftliche Mitarbeit und Forschung zur Frage des Einflusses der Lebensphilosophie auf das frühe Denken Martin Heideggers. Abschluss der Promotion 2004, Gründung der denkraeume 2005. Mitglied der Internationalen Gesellschaft für philosophische Praxis (IGPP), Referentin modern life school in Hamburg sowie Honorarkraft des Enrichment-Programms für Hochbegabte des Landes Schleswig-Holstein. Außerdem freie Mitarbeiterin des Philosophie Magazins „Hohe Luft" und Autorin philosophischer Sachbücher. Sie lebt in Reinbek bei Hamburg.

Erratum zu: CSR und Energiewirtschaft

Alexandra Hildebrandt und Werner Landhäußer

Erratum zu:
A. Hildebrandt und W. Landhäußer (Hrsg.), *CSR und*
Energiewirtschaft, **Management-Reihe Corporate**
Social Responsibility,
https://doi.org/10.1007/978-3-662-59653-1

Die Originalversion der Titelei wurde korrigiert: Auf Seite X wurde das Copyright des Fotos korrigiert.

Kapitel 2: In der Originalversion wurden versehentlich folgende Autorkorrekturen nicht korrekt ausgeführt.

Auf Seite 15 in der 5. Textzeile musste folgendes gelöscht werden: mehr im.

Auf Seite 16 in der 13. Textzeile musste folgendes „Darauf der" zu „Darauf baut der" geändert werden.

Auf Seite 19 musste die Autorenbiographie korrigiert werden und lautet nun:

Dr. Colin von Ettingshausen, geboren 1971 in Düsseldorf. Seit 2012 kaufm. Geschäftsführer und Arbeitsdirektor der BASF Schwarzheide GmbH. Mitglied der Tarifkommission Bundesarbeitgeberverband Chemie, stellv. Vorsitzender des Verwaltungsausschuss Agentur für Arbeit Cottbus sowie Mitglied der Vollversammlung IHK Cottbus. Studium der Betriebswirtschaftslehre in Dortmund und Plymouth (UK). Studium der International Relations und Economics in Oxford. Von 1999 bis 2012 ver-

Die aktualisierte Version des Buches finden Sie unter
https://doi.org/10.1007/978-3-662-59653-1
https://doi.org/10.1007/978-3-662-59653-1_2

schiedene Positionen in Vertrieb und Marketing für Autoreparaturlacke des BASF Unternehmensbereichs Coatings Solutions in Münster, Johannesburg, Salzburg und Yokohama. Silbermedaille im Zweier ohne Steuermann bei den Olympischen Spielen von Barcelona 1992. Ruder-Weltmeister im Deutschlandachter in Prag 1993. Teilnehmer im Zweier ohne Steuermann bei den Olympischen Spielen von Atlanta 1996.

Printed in the United States
By Bookmasters